公民科学素质建设的中国模式

杨文志　编著

中国科学技术出版社
·北　京·

图书在版编目（CIP）数据

公民科学素质建设的中国模式/杨文志编著. —北京：中国科学技术出版社，2018.3

ISBN 978-7-5046-7813-3

Ⅰ. ①公… Ⅱ. ①杨… Ⅲ. ①公民—科学—素质教育—研究—中国 Ⅳ. ①G322

中国版本图书馆CIP数据核字（2017）第275500号

策划编辑 王晓义
责任编辑 方朋飞
责任校对 杨京华
封面设计 孙雪骊
责任印制 徐 飞

出　　版 中国科学技术出版社
发　　行 中国科学技术出版社发行部
地　　址 北京市海淀区中关村南大街16号
邮　　编 100081
发行电话 010-62173865
传　　真 010-62173081
投稿电话 010-63581202
网　　址 http：//www.cspbooks.com.cn

开　　本 720毫米×1000毫米 1/16
字　　数 600千字
印　　张 38.5
版　　次 2018年3月第1版
印　　次 2018年3月第1次印刷
印　　刷 北京盛通印刷股份有限公司

书　　号 ISBN 978-7-5046-7813-3/G·766
定　　价 98.00元

内 容 简 介

长期以来，特别是20世纪90年代以来，中国紧紧抓住公民科学素质建设机遇，开启了公民科学素质建设的中国模式，取得了巨大成就，为全球公民科学素质建设贡献了中国方案和中国模式。

本书以中国特色公民科学素质建设模式为主线，对公民科学素质建设全球浪潮、公民科学素质建设中国化、公民科学素质的标准及测度、全民科学素质系列行动、科技教育公共服务供给、科技传播公共服务供给、科技普及公共服务供给、科普产品创意生产与供给、开启公民科学素质建设的新模式等进行了深入系统的研究。公民科学素质建设的中国模式，是对世界公民科学素质建设的一大贡献，给公民科学素质建设后发国家以有益的启示。本书是作者20多年研究与实践的总结，在公民科学素质理论研究和实践探索方面具有很强的时代性、创见性、创新性、理论性、前瞻性、实践指导性，适合从事公民科学素质建设、科技教育、科技传播、科技普及等方面的理论研究、教学、培训、管理、实践工作者参阅。

内容提要

前　言

人类正在走进一个新时代—— 科技发展突飞猛进，创新创造日新月异。科技发展从来没有像今天这样深刻地影响着社会生产生活的方方面面，从来没有像今天这样深刻地影响着人们的思想观念和生活方式，从来没有像今天这样深刻地影响着国家和民族的前途命运。世界的今天，过去未去，未来已来，唯变不变，创新发展乃世界主流，是国家和民族发展的不二选择，而创新发展的引擎是科技创新、科学普及。面对这样的时代，把科学普及摆在与科技创新同等重要的位置，全力提高全民科学素质，是世界上一些先行发展国家的普遍选择。

科学素质是决定公民思维观念和行为方式、实现美好生活的前提，是国家发展抢占先机、赢得主动的核心竞争力，是国家实现从站起来、富起来向强起来根本转变的群众基础和社会基础。国民强，国家强，一个具有高水平科学素质的民族，才是真正有生机、有希望的民族。科技无处不在，国家强盛、民族复兴之路靠科技照亮，人的全面发展、幸福生活靠科技引领。无论是今天，还是面向未来，都需要人人具备科学素质。全球性科技创新步伐不断加快，科技教育、科技传播、科技普及随之提速，如何使人们更好地适应科技引领的时代，如何使每位公民最大限度地享有科学和技术带来的福利，避免技术的不恰当使用造成的负面影响，是每个国家和民族乃至公民自身所必须面对的重大现实课题和未来挑战。要破解这个难题，许多国家和地区都力图通过科技的教育、传播、普及来提高公民科学素质，进而提高国家的创新创造能力和综合竞争力，促进社会发展和改善人民生活。

随着时代的发展，一位具有科学素质的公民不仅必须掌握现今科学技术的基本知识，了解基本的科学方法，而且要具有科学思想和科学精神，懂得尊重客观规律，并且具有必要的应用科技来处理、解决个人生活问题和参与社会事务的能力。20世纪后半叶以来，国际社会普遍认识到提高公民的科学素质对于国家经济发展、社会进步以及对于公民个人全面发展所具有的重大而深远的影响。美国早在1985年就制定和开始实施“2061计划”，目标是到2061年使全体美国人具备科学素质。2001年，联合国教育、科学及文化组织制定《提高全人类科学技术素质手册》，呼吁世界各国大力促进公民科学素质的提高；2001年欧洲联盟制定《科学和社会行动计划》，以进一步提高盟国公众的科学意识，使科技政策制定更符合公众利益，使所有公共政策都建立在科学的基础上。

20世纪90年代以来，我国紧紧抓住公民科学素质建设全球浪潮的机遇，主动融入世界公民科学素质大潮，不失时机地推进全民科学素质行动。1999年在中华人民共和国成立50周年之际，中国科协向中共中央、国务院提出《关于实施全民科学素质行动计划的建议》，到2049年使18岁以上全体公民达到一定的科学素质标准，使全体公民了解必要的科学知识，并学会用科学态度和科学方法判断及处理各种事务。中国科协的建议得到中共中央和国务院的充分肯定；2002年6月29日，第九届全国人民代表大会常务委员会第28次会议通过《中华人民共和国科学技术普及法》；2006年2月，国务院颁布实施《全民科学素质行动计划纲要（2006—2010—2020年）》，开启公民科学素质建设的中国模式，取得巨大成就，堪称世界典范，为我国实施创新驱动发展战略和全面建成小康社会、建成世界科技强国、奋力实现中国梦奠定坚实基础。短短10多年，我国公民科学素质建设取得长足进步，据中国公民科学素质调查，2015年我国公民具备科学素质的比例达到6.20%，比2005年的1.60%和2010年的3.27%分别提高2.88倍与近90%，超额完成了“十二五”超过5%的目标，进一步缩小了与西方主要发达国家的差距。这意味着中国公民科学素质建设形成了自己的道路、理论、制度、文化，拓展了发展中国家公民科学素质建设的途径，给世界上那些公民科学素质建设后发的国家和地区提供了全新选择，为解决全球公民科学素质建设问题贡献了中国智慧和中国方案。

习近平总书记在2017年10月18日中共十九大报告中吹响决胜全面建成小康社会、开启全面建设社会主义现代化国家新征程的号角，对新时代中国特色社会主义发展的战略安排，向全世界作出庄严宣誓，从2020年到本世纪中叶，新时代中国社会主义现代化建设将分两个阶段来安排：第一个阶段，即从2020年到2035年，在全面建成小康社会的基础上，再奋斗15年，基本实现社会主义现代化；第二个阶段，即从2035年到本世纪中叶，在基本实现现代化的基础上，再奋斗15年，把我国建成富强、民主、文明、和谐、美丽的社会主义现代化强国。实现社会主义现代化、建成社会主义现代化强国，公民科学素质是前提和基础。我们应该看到，虽然我国公民科学素质建设取得很大成效，但与世界发达国家相比仍有较大差距。有研究表明，进入创新型国家行列的30多个发达国家，公民具备科学素质的比例最低都在10%以上，远超过目前我国的6.20%。同时，在地区之间、人群之间、性别之间，我国公民科学素质水平存在较大的不平衡。据中国公民科学素质调查，2015年公民具备科学素质比例最高的上海（18.70%），是公民具备科学素质比例最低的西藏（1.90%）的近10倍；城镇居民具备科学素质比例为9.72%，而农村居民具备科学素质比例仅为2.43%；男性公民具备科学素质的比例为9.04%，明显高于女性公民的3.38%。由此可见，我国公民科学素质还不能有效支撑建设创新型国家和全面建成小康社会。公民科学素质建设是一项庞大的社会系统工程，仍须举国之力推动我国公民科学素质跨越提升。

本书基于作者20多年公民科学素质研究和实践的经验，站在公民科学素质变革的时代潮头，力求突出时代性、创见性、创新性、理论性、前瞻性和实践指导性，以中国特色公民科学素质建设模式为主线，对公民科学素质建设全球浪潮、公民科学素质建设中国化、公民科学素质的标准及测度、全民科学素质系列行动、科技教育公共服务供给、科技传播公共服务供给、科技普及公共服务供给、科普产品创意生产与供给、公民科学素质建设的新模式等进行了深入系统的研究。公民科学素质建设的中国方案和中国模式，是对世界公民科学素质建设的极大贡献，给全球公民科学素质建设特别是后发国家以极大的启示。

希望本书能给新时期公民科学素质建设研究和实践探索添砖加瓦，对我国公民科学素质建设事业繁荣发展起到建设和推动作用；希望本书能对从事公民科学素质建设、科技教育、科技传播、科技普及等方面的理论研究、教学、培训、管理和实践工作者有所帮助。

本书编著过程中，得到中国科协书记处有关领导同志的悉心指导和大力支持，得到全民科学素质纲要实施工作办公室、中国科协科普部、中国科普研究所等单位的大力支持，在此表示衷心感谢！在本书编写过程中，作者参阅大量研究文献，并引用一些公开发表的文件、文献资料，在此也对文件起草者、文献作者表示衷心的感谢！

目　录

视窗目录

第一章　公民科学素质建设全球浪潮

科技发展从来没有像今天这样深刻地影响着社会生产生活的方方面面，从来没有像今天这样深刻地影响着人们的思想观念和生活方式，从来没有像今天这样深刻地影响着国家和民族的前途命运。对此，许多国家和地区都力图通过科技的教育、传播、普及来提高公民科学素质，进而提高国家的创新创造能力和综合竞争力，促进社会发展以及改善人民生活。

第一节　公民科学素质及其起源

公民科学素质与科技发展相伴而生，是每位现代公民必须具备的基本素质。公民科学素质建设是每个要步入现代化的国家和民族的必然选择。随着科技的发展，公民科学素质建设引起全世界的普遍关注，科学素质研究不断深入。

一、科学素质乃国民素质基石

对于素质概念、结构、内涵的认知和理解，是深入认识科学素质的前提与基础。素质的概念由来已久，在现代社会中素质已经成为一个包括科学素质的特定概念。

（一）公民素质的基本定义

"素质"一词始见于我国古代的典籍诗章中，《古典复音词汇集林》列出不下10种关于“素质”一词的使用类型[①]。不同的学者往往从语义学、哲学、社会学、心理学、教育学和人类学等不同的学科视角，对“素质”给出不同的解释和定义。

“素质”在《现代汉语词典》中释义为：事物本来的性质；素养，提高军事素养；心理学上，人的神经系统和感觉器官上的先天的特点[②]。《中国大百科全书·心理卷》界定“素质是能力的自然前提，人的神经系统以及感觉器官、运动器官的生理结构和功能特点，特别是脑的微观的特点，与能力的形成和发展有密切关系”[③]。我国一些学者认为，素质是人们的先天自然因素和后天社会因素的“合金”，亦即人们的一系列自然特点、知识技能、行为习惯、文化涵养、品质特征的有机结合[④]。还有一些学者将素质分为广义的素质和狭义的素质，认为广义的素质，是一个人在活动前所具有的稳定的身体的、精神的以及社会的基本特征[⑤]；狭义的素质是发生于人体中由生理运动向心理运动转化中的一种新的系统，是人的心理活动与行为发展方向的准备状态，即心理活动产生的潜势[⑥]。还有一些学者从教育学角度认为，素质是指人在先天生理的基础上在后天通过环境影响和教育训练所获得的、内在的、相对稳定的、长期发挥作用的身心特性及其基本品质结构，通常又称为素养[⑦]。

随着研究的深入，关于素质定义的分歧逐渐缩小。人们对素质的基本含义，有三点基本共识：①素质是有机体（人）特有的；②素质是人基本的、稳定的、内隐的特性（品质）；③素质形成的基本条件既包括先天生理基础，又离不开后天环境（含教育）的影响。由此，更多的学者从素质形成的基本条件和特征出发，认为素质主要是指机体在先天的生理基础上通过环境

---

① 杨家格. 古典复音词汇集林［M］. 台北：台湾鼎文书局，1978.

② 中国社会科学院语言研究所词典编辑室. 现代汉语词典［M］. 第2版. 北京：商务印书馆，1983：1096.

③ 潘菽，荆其诚. 中国大百科全书·心理卷［M］. 北京：中国大百科全书出版社，1996：1226.

④ 燕国材. 素质教育论［J］. 江西教育科研，1996（4）：11—15.

⑤ 燕国材. 向素质教育转轫是深化教育改革的必然趋势［J］，中小学教育管理，1990（2）：38—41.

⑥ 周冠生. 素质心理学［M］. 上海：上海人民出版社，2000：153.

⑦ 周冠生. 素质心理学［M］. 上海：上海人民出版社，2000：161.

和教育的作用逐渐发育和成熟，并通过实践活动而形成或内化为个体相对稳定的、基本的、具有衍生功能的品质①。其实质是在先天生理基础上，通过社会环境、教育与个体交互影响而形成的比较稳定的、基本的身心特质。素质具有基础性、相对稳定性、结构整合性和发展潜在性的特点。素质的结构包括生理素质、心理素质、社会文化素质（含思想道德素质）三个基本维度②。

在描述素质时，人们常常又用到素养的概念。素养一般被包含在素质之中，一般是指素质中能够通过后天习得的部分，两者既有联系又有区别。《辞海》（1999年版）对"素养"的解释为：经常修习涵养，也指平日的修养，如艺术素养、文学素养；平素所豢养③。"素"有平时之意，"养"则可解释为涵养、修养，是人的一种逐步形成的文化特质或者精神、观念和态度上的特点。多数学者认为，素养指个体或群体所逐步修得和具备的内在品质和涵养④。

素质的基本特征主要包括基本性、稳定性和内隐性①。

第一，基本性。意指素质是人或群体最一般、最基础的品质。如果一个人或群体缺少或不具备相应的基本素质，就无法适应他们所在社会和生活环境，就无法实现自身的全面发展。素质是每一个个体、群体的客观存在，而人与人、群体与群体之间的素质差异，不是有或无素质的差异，而是素质水平高与低的差异、素质结构合理与不合理的差异、素质功能发挥充分与不充分的差异。

第二，稳定性。一个个体、群体的素质一旦形成，便以一定的结构（自组织系统）的形式存在，具有相对的稳定性，它既可能表现为人体的神经生理系统的特性，又可能表现为人在主观与客观交互的心理系统的特性（品质），还可能表现为人的身心交互作用过程的知识结构系统的特性。因为素质是个体、群体先天生理基础和后天社会环境交互作用的结晶和沉淀，是有机体经过内化—外化的多次转化形成的内在的、相对稳定的身心特性（品质）结构，是生理—心理—环境三者的有机结合。个体或群体的素质一旦形成，既不会因一时一事的变化而改变或消失，也不会因一时一事的

① 张大均. 论人的素质［J］. 西华大学学报（哲学社会科学版），2004，23（1）：81—85.

② 赵洪海. 面向21世纪中小学素质教育论纲［M］. 济南：山东教育出版社，1996：13—17.

③ 程东红. 关于科学素质概念的几点讨论［J］. 科普研究，2007（3）：5—10.

④ 王秀红. 浅议技术素养［J］. 天津科技，2007，34（1）：63—64.

出现而形成或发展。个体或群体偶然的、一时的、片段的认识和行为都不是一般科学意义上的素质，只有那些惯常的、稳定的心理与行为特性才是素质。

第三，内隐性。一个个体或群体的素质是基于先天生理基础，个体或群体已有知识经验和外在环境刺激的交互作用而形成并内化的品质（或特性）。素质就其本身来说是以内隐的形式存在的，它不像人类知识体系可以脱离人体而独立存在，而是与人的生命及其活动密切联系在一起的。由此，素质一经形成即属于个体或群体内在的东西，主要体现在生理与心理的特性之中。在素质结构中，除少数素质（如生理素质）可以直接观察外，大多数素质很难通过直接观察对其优劣或水平进行准确测评。

（二）公民素质的主要构成

素质作为自组织系统，存在其自身的内部结构。对于素质的主要成分，不同的学者从不同的维度有不同的认识结果。借鉴前人研究，有学者将素质结构划分为生理素质、科学素质和心理素质[①]，科学素质是现代公民的最基础素质。

第一，生理素质。主要由人的先天遗传因素决定，表现为有机体的某些解剖、生理上的特征。例如，良好的体质、强健的体魄，感觉器官、神经系统的特点等都属于生理素质，而人脑的特点在人的素质结构中起基础作用。

第二，科学素质。主要由人的后天环境（尤其是学习与教育）所决定，主要表现为人的科学素养、政治思想素质、道德修养等方面，是素质结构的表现（外显）层次，是与个体或群体的学习、工作、生活等直接联系的适应性行为、发展性行为和创造性行为密切相关的。

第三，心理素质。由个体或群体先天生理因素与后天环境因素交互作用决定，表现为个体或群体的心理特性（亦称心理品质），处于素质结构的核心层次，起中介和核心作用。例如，在现代社会，一个个体或群体健康的兴趣爱好和情感、良好的品格、坚定的信念和坚强的意志，这些心理品质是适应各种自然环境、社会环境，应对各种艰苦生活、工作及各种社会劳动实践的心理基础。

（三）公民素质的基本功能

结构决定功能，素质作为自组织结构，其自身的结构就决定其特定的功

---

① 张大均. 论人的素质［J］. 西华大学学报（哲学社会科学版），2004，23（1）：81—85.

能。多数学者认为，素质的主要功能有基础功能、衍生功能和发展功能[①]。

第一，基础功能。素质作为人的基本品质，为人的自身发展和全面发展奠定基础。①素质是做人的基础。做人不但需要一个人具备道德修养，而且还需要科学素养、文明程度以及心理品质，这些既是人的素质的范畴，又是向更高素质水平发展的基础。②素质是成才的基础。个体能成为有用之才或杰出人才，必须具备健全的素质，并能充分发挥其应有的功能。③素质是适应环境的基础。适应是人类生存的第一目标，个体或群体生活在现实社会之中，要谋求发展，必须适应现实环境。现实环境是丰富多彩、变化无穷的，适应现实，必须具备相应的素质（例如，生物适应方面的体质、体能，社会适应中的正确处理人际关系、挫折耐受力等），否则就无法在现实环境中愉快地生存，实现人生理想。④素质是发展的基础。适应与发展是人生面临的两大根本任务，生理的发展离不开已有的生理基础；智能的发展既离不开生理条件，又离不开已有的科学文化素质和心理素质。⑤素质是整个民族素质的基础。当今世界，一个民族或国家要想永远立于不败之地，就必须不断提高整个民族的素质水平，而整个民族素质的提高，需要每个民族成员素质的凝聚、积淀、整合和升华。

第二，衍生功能。素质的衍生功能，主要表现为素质的前提性和派生性。前提性是指素质为新的发展提供前提条件。素质的这种条件作用指素质是个体和群体进一步生长和发展的前提条件。即个体或群体一旦获得某一方面的素质，便具备相应的、新的发展的内在条件。一般情况下，一种素质相对应的并非只有一种发展，可能影响若干种发展，但在若干种发展中，常常只有一种或少数几种发展直接受到这种素质的制约。

派生性是指人的素质一经形成，就以一定的观念、结构、模式等形式在个体或群体中储存着，只要情境或条件适宜，这些观点、结构、模式就会被激活，便可能派生出相应的行为反应，做出与某种情景相符的行为。素质的派生性既非都是先天具有的本能性行为，又非都是经过教育训练并形成的习得行为，大多情况下是受某种素质支配而产生的综合性应境或应时行为。

第三，发展功能。现代素质概念，已经远远超出传统素质概念发生性内

---

① 张大均.论人的素质［J］.西华大学学报（哲学社会科学版），2004，23（1）：81—85.

涵的限制，从发展的角度探讨素质及其养成已成为共识。素质的发展功能表明，素质是一个动态开放的系统，它的发展处于“平衡—不平衡—平衡”的循环之中。从素质发展水平上看，总是由低级向高级不断发展；从素质功能上看，总是从不系统、不完整、不健全向系统、完整、健全发展；从素质的结构上看，总是从单一性向综合性、整体性发展；从素质的调节机制上看，总是从低效率、外部调节为主向高效率、自我（内部）调节为主发展。素质的发展功能表明，素质既是相对稳定的，又是可变的、可塑的，可以通过教育培养使之发展。因此，提高全民科学素质是可能的和必要的。

二、公民科学素质的提出及定义

随着科技对政治、经济、社会、文化，以及公民个体的生产、生活方式产生影响的日益广泛和深刻，公民科学素质问题越来越多地引起学术界和社会各方面的关注。公民科学素质的概念提出虽然已有半个多世纪，但它仍然是一个历史和社会的概念，在不同历史时期和不同的社会文化环境中有着不同的内涵。

（一）科学素质概念的提出

科学素质（scientific literacy）这一概念诞生于20世纪50年代的美国，最初是作为美国科学教育改革的理念被提出来，然后不同的学者和组织结合特定时期的个人和社会目标赋予它不同的内涵和内容。据拜比（Rodger W. Bybee）的研究考证，是美国的教育改革家科南特（James Bryant Conant）1952年在为《科学中的通识教育》（*General education in science*）写的前言中，第一次使用“科学素质”一词[①]。1958 年，美国著名科学教育专家赫德（Paul Hurd）出版专著《科学素质：它对美国学校的意义》，使“科学素质”第一次成为科学教育的主题。在该文章中，赫德把科学素质解释为对科学的理解及其对社会经验的应用。此后，科学素质这一概念就愈来愈频繁地出现在有关教育和科学的文献中。1993年联合国教育、科学及文化组织（UNESCO，以下简称“联合国教科文组织”）和国际科学教育理事会（ICSU）首次提出“全民科学素质”（scientific and technological literacy for all）的概念，标志着

① 丁邦平. 国际科学教育导论［M］. 太原：山西教育出版社，2002.

科学素质研究突破学校科学教育范式，走向在终身学习背景下不断提高全民科学素质的更加广阔的领域[①]。

（二）科学素质的基本定义

2006年，国务院颁布的《全民科学素质行动计划纲要（2006—2010—2020年）》（以下简称《科学素质纲要》）把公民科学素质界定为："公民具备基本科学素质一般指了解必要的科学技术知识，掌握基本的科学方法，树立科学思想，崇尚科学精神，并具有一定的应用它们处理实际问题、参与公共事务的能力"[②]。这里不仅结合公民个人需求和国家目标，而且把提高处理实际问题和参与公共事务的能力作为科学素质建设的核心，同时又突出我国重视科学精神的传统。由此可见，这个界定的前半部分表述，是以科学素质的功能为主线，从"具备了基本科学素质"的结果的角度，追溯公民科学素质的构成和基本要求；而后半部分，则强调公民具备科学素质表现出解决问题能力的两个层面：①民生层面，即处理生存与发展、生活与工作等实际问题的能力；②民主层面，即参与公共事务的能力。这里可依稀辨认出本杰明·沈（Benjamin Shen）的"实用科学素质"（practical scientific literacy）和"公民科学素质"（civic scientific literacy）的印记[①]。

理解《科学素质纲要》对科学素质的界定，还需要把握"具备科学素质"的结果或目标所具有的动态性和层次性特征。公民具备科学素质的动态性，一方面是指科学素质的内涵、结构和功能随着时代的演进而变化，另一方面是指公民个体具备科学素质的状态在其生命过程及相应的社会实践中也是变化的。科学素质概念的动态性既突出地表现于科学知识的动态演进，也表现在不同社会发展阶段对于公民所应具有的科学素质的不同要求上。科学素质不是人的先天禀赋，而是从后天生活和实践中获得的。公民个体科学素质状态的动态性，正是源于人们在生活和实践中对于与科学技术相关的客观事物认识的不断变化和积累[①]。

不同国家、地区社会发展进程的差异性也是导致公民科学素质具有层次性特征的原因，如对生活在工业化国家和第三世界农业国家的公民来说，"具备科学素质"的含义不应是统一的。我国公民科学素质的研究，应基于

---

① 程东红. 关于科学素质概念的几点讨论［J］. 科普研究，2007（3）：5—10.

② 全民科学素质行动计划纲要（2006—2010—2020年）［M］. 北京：人民出版社，2006.

中国当前经济社会的发展阶段，在保留当今世界各国公民科学素质共性要求的同时，把公民科学素质和中国百姓生存与发展关系最为密切相关的内容凸显出来，把广大劳动者对于自身科学素质最迫切的需求表达出来。虽然科学素质的影响力已涉及人们的经济、政治、文化等活动领域，但依靠科学技术的力量摆脱贫困，过上殷实、文明、健康、体面的生活，仍是中国广大劳动者对于提高自身科学素质的首要需求。因此，在当前全民科学素质建设中，要适当强调科学素质的“生产力”要素，即与民生相关的科学知识和在民生层面解决实际问题的能力，以提高公民的科学素质，为经济与社会的可持续发展提供人力资源基础。与此同时，考虑到中国在长期封建文化濡染下仍然存在某些落后迷信思想，在国家创新能力建设中亟须厚积创新文化的土壤，应特别关注和弘扬以追求真知、敢于质疑、开拓进取、实事求是为主要特征的理性怀疑精神①。

（三）科学素质相关概念的厘清

在科学素质研究和实际工作中，由于关注范畴的不同、强调重点的不同，经常会涉及全民科学素质、公民科学素质、技术素质、信息素养等相关概念。

第一，公民科学素质的概念。我国各类文献中论及的“科学素质”和“科学素养”，从概念的内涵与外延看，皆源于英文scientific literacy，即对于scientific literacy 一词存在“科学素质”和“科学素养”两种中文译法。scientific literacy 应是后天修习而得而不是源于天生，是人们在生活经验或者学习经历中增长的一种修养。科学素质中“素质”的包容面似比心理学中的“素质”更宽泛，它不仅包括能力的自然前提，而且包括人们在实践中增长的科学修养。如果不考虑心理学上的特指，“科学素质”和“科学素养”作为scientific literacy 的汉译可以互换。在中文学术性文献中使用“科学素质”和“科学素养”两种表述均有，而政策性文献中多使用“科学素质”一词①。

第二，公民技术素质的概念。随着现代技术的广泛渗透，一个与科学素质相关的概念——技术素质随之提出。技术素质包含在广义的科学素质范畴之中。《美国国家技术教育标准》提出，技术素质指的是使用、管理、

① 程东红. 关于科学素质概念的几点讨论［J］. 科普研究，2007（3）：5—10.

评价和理解技术的能力[①]。美国技术素质委员会（CTL）、美国国家工程院（NAE）和国家研究理事会（NRC）认为，技术素质包括三个相互依赖的维度，即知识、思维和行为方式、能力[②]。我国一些学者认为，技术素质是指一个人对与技术有关的知识和方法的掌握、运用以及评价的总体水平。它包括对技术的基本知识和基本技能的掌握，运用技术解决问题的能力以及对技术的意识、态度和社会责任的理解。还有些学者认为，技术素质是指个体在技术方面所具有的较为稳定的内在品质与涵养，将技术素质的要素定义为技术知识、技术行为能力、技术思想和方法、技术态度和情感[③]。

技术素质主要包括对基本技术知识的了解、对基本技术的操作应用以及对技术与社会关系的认识。技术素质可以划分为面向生存、面向发展和面向参与公共事务三个层次[④]。技术素质的提出，本意是想在科学素质中更加凸显运用技术的方式和能力，强调"行"，是技术素质在科学素质中对科学本质和内容的理解与了解；"行"重于"知"，其在（理解问题）基础上更加受到重视，实现现代人的"知行合一"。

技术素质的内容由理解技术、选择技术、管理技术构成[⑤]。《美国国家技术教育标准》将技术素质内涵分为五个方面，即理解技术的本质；理解技术与社会；理解设计；培养应付技术世界的能力；理解设计的世界[①]。《从技术角度讲，为什么美国人需要对技术有更深入的了解》指出，一个具有技术素质的公民具有几个特点：①知识。能够识别出已经普遍地融入日常生活的技术；理解基本的工程概念和术语，例如系统、控制和权衡；了解工程设计过程的本质及局限性；知道技术塑造人类历史以及人类塑造技术的方式。知道一切技术都包含风险，有的风险可以预见，有的则不可预见；理解技术的发展及使用涉及利弊平衡，并涉及对成本和收益的平衡；理解技术背后所反映

① 国际技术教育协会. 美国国家技术教育标准：技术学习的内容［M］. 黄军英，等译. 北京：科学出版社，2003：9.

② National Technological Literacy Council，National Academy of Engineering Research Council. Technically speaking：why all Americans need to know more about technology［M］.Washington D.C.：National Academy Press，2002.

③ 王秀红. 普通高中学生技术素养现状调查及教育对策研究［D］. 南京：南京师范大学，2005.

④ 黄懿，刘立. 技术素质的定义及内涵初探［J］. 社会科学论坛，2006（8）：137—139.

⑤ 王秀红. 浅议技术素养［J］. 天津科技，2007，34（1）：63—64.

的社会价值观及文化。②思维和行为方式。能够就技术的益处和风险向自己与他人提出恰当的问题；寻求了解有关新技术的信息；在适当的时机参与有关技术发展和应用的决策。③能力。有一些实用技能，譬如利用计算机进行文字处理和浏览国际互联网以及操作多种家用和商用器具；在家居生活和工作中，能识别和处理一些简单的机械或技术故障；能应用和概率、比例以及估算有关的基本数学概念对技术的风险和好处进行基于可靠信息的判断[①]。

第三，公民信息素养的概念。随着信息社会的到来，一个与科学素质相关的概念——信息素养被提了出来。信息素养与技术素质一样，被包含在广义的科学素质之中。信息素养在当代科技迅速发展和信息资源极其丰富的环境下变得越来越重要。由于环境变得愈加复杂，个人在学习、工作和生活中面临着多样化的、丰富的信息选择。信息可以来自图书馆、社区、行会、媒体和互联网。越来越多的未经过滤的信息的出现使它们失去真实性、正确性和可靠性。另外，个人很难理解和评估以图片、声像与文本的形式存在的信息。信息的不可靠性和不断增加的数量对社会形成威胁。如果缺乏有效利用信息的能力，大量信息本身并不能使大众从中汲取知识。

1989年，美国图书馆协会下属的信息素养总统委员会就给出这样的定义："要成为一个有信息素养的人，他必须能够确定何时需要信息，并且他具有检索、评价和有效使用所需信息的能力"[②]。我国学者也有这样的观点，认为"中小学生信息素养的基本内涵恰恰就是信息处理能力""信息处理能力是指恰当地选择各种信息工具，主动地利用各类信息资源，有效地采集信息、加工信息、发布信息等处理信息的基本能力""采集信息包括：检索信息、获取信息、筛选信息；加工信息包括：整理信息、分析信息等；发布信息包括：表达信息、发表信息、表现信息、呈现信息"[③]。也有学者提出了图1-1的技术素养的维度与结构。

---

① National Technological Literacy Council，National Academy of Engineering Research Council. Technically speaking：why all Americans need to know more about technology［M］.Washington D.C.：National Academy Press，2002.

② American Library Association Presidential Committee on Information Literacy. 1989 Annual report［EB/OL］. http：//www. vla.org.acrlniliilitlst. html.

③ 董玉琦. 信息技术课程导论［M］. 长春：东北师范大学出版社，2001：115—161.

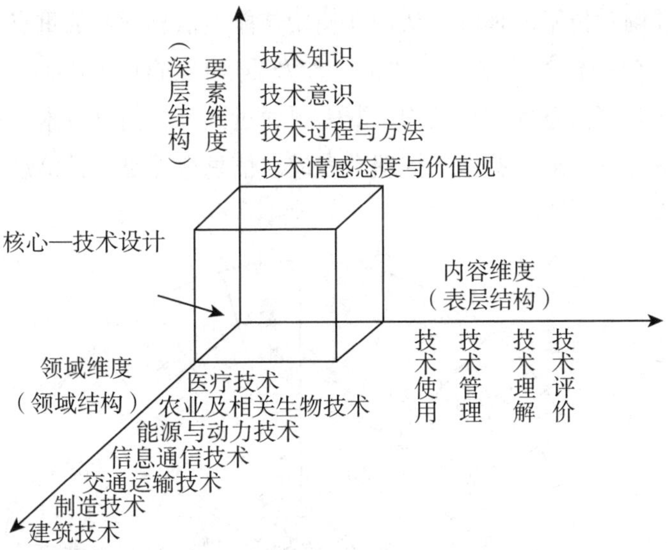

图1-1 技术素养的维度与结构[①]

我国《基础教育信息技术课程标准（2012版）》[②]认为，学生的信息素养表现在：利用信息技术工具获取、加工、管理、表达与交流信息的能力；对信息活动的过程、方法、结果进行评价的能力；在熟悉并利用技术条件和环境的基础上发表观点、交流思想、开展合作与解决学习和生活中实际问题的能力；积极探究技术应用给社会生活带来的变化，遵守相关的伦理道德与法律法规，形成与信息社会相适应的价值观和责任感。

信息素养是一种基本能力。信息素养是一种对信息社会的适应能力。美国教育技术CEO论坛2001年第4季度报告提出21世纪的能力素质，包括基本学习技能（读、写、算）、信息素养、创新思维能力、人际交往与合作精神和实践能力。信息素养是其中一个方面，它涉及信息的意识、信息的能力和信息的应用。

信息素养是一种综合能力。信息素养涉及各方面的知识，是一个特殊的、涵盖面很宽的能力，包含人文的、技术的、经济的、法律的诸多因素，和许多学科有着紧密的联系（图1-2）。信息素养需要信息技术支持，通晓

① 翁秀平. 公众技术素养及其调查问卷的编制［J/OL］.［2011-03-08］. http：//www.cnki.net/kcms/detail/33.1273.z.20110308.1255.004.html.

② 中国教育技术协会信息技术教育专业委员会. 基础教育信息技术课程标准（2012版）［S/OL］.［2012-06-21］. https：//wenku.baidu.com/view/bc256a6858fafab069dc0244.html.

信息技术强调对技术的理解、认识和使用技能。信息素养的重点是内容、传播、分析，包括信息检索以及评价，涉及更宽的方面。它是一种了解、搜集、评估和利用信息的知识结构，既需要通过熟练的信息技术，也需要通过完善的调查方法、通过鉴别和推理来完成。信息素养是一种信息能力，信息技术是它的一种工具。

图1-2　信息素养的维度与结构①

第四，全民科学素质与公民科学素质的概念。全民科学素质与公民科学素质是一个相对的概念，在政策性文献中使用频率较高。全民科学素质与公民科学素质是两个不同工作目标人群范畴的概念。

全民科学素质中的“全民”存在两种理解，即全民可以指“全体公民”；全民也可以指“所有人”。实际上，无论在美国，还是在中国，全民科学素质中的“全民”本身就具备这两层意思。从全民科学素质建设的目标看，全民瞄准的是所有成年公民，这里仅指全体公民。例如，在中国，全民是指18岁以上的全体公民。从全民科学素质建设的对象看，因为要实现一个人或群体到成年后具备基本的科学素质，就必须从未成年时期的养成开始。所以，这里的全民是指所有人。例如，在中国是指13亿多人，其中包括18岁

---

① 李艺，钟柏昌. 信息素养详解［J］. 课程·教材·教法，2003（10）：25—28.

以下的未成年人，即全国人一个都不能少。由此，笔者以为全民科学素质是指一个国家或区域所有人的科学素质。

公民科学素质是一个比全民科学素质相对较小的概念，仅指具有一个国家的国籍，根据该国的法律规范享有权利和承担义务的自然人的科学素质。例如，中国实施的“全民科学素质行动”中，工作目标人群包括未成年人、农民、城镇劳动者、领导干部和公务员、城镇社区居民等，覆盖全国的所有人群。在中国公民科学素质调查中，其所调查的对象仅为公民，即仅为18—69岁的成年公民，而没有包括未成年人和70岁及其以上的中国公众。

三、公民科学素质的基本特点

科学素质具有后天习得性、积累自增性、系统层次性、动态历史性等基本特点，这四方面基本特点从不同角度与“提高全民科学素质”相关联①。

（一）后天习得性

科学素质的后天习得性源于知识与技能的特殊性，它并不是人类与生俱来的，而是一个人通过后天的生活经验或者学习经历来获得的。这种后天习得性也凸显了学习的重要性，特别是在以知识为基础的社会中尤其如此。正如经济合作与发展组织（OECD，以下简称“经合组织”）《以知识为基础的经济》所指出的：“在知识经济中，学习是极为重要的，可以决定个人、企业乃至国家经济的命运。人们学习新技能和应用它们的能力是吸收和使用新技术的关键。”科学素质的“后天习得性”使通过对有效学习的倡导、组织而提高个体、公众乃至全民科学素质成为可能，这是实施全民科学素质行动的基础性根据。

（二）积累自增性

提高科学素质主要表现为增加与提高人们所掌握的相关知识与技能，而知识增加和技能提高的内在规律决定这个过程是一个不断积累的过程。但这个不断积累的过程，不是一个简单的累加过程。一方面，科

① 李正凤，刘小玲，等，提高全民科学素质的目的、意义［G］//全民科学素质行动计划制定工作领导小组办公室. 全民科学素质行动计划课题研究论文集. 北京：科学普及出版社，2005：285—315.

学知识内在的系统性，不同知识之间相互关联度的差异以及知识与技能和时代发展、社会需求之间的复杂关系，使在这个积累的过程中，科学素质的提高具有非线性的特征，也使人们在提高科学素质的过程中具有选择性和能动性。特别值得指出的是，在这个非线性的积累过程中，科学素质的提高具有自增强的特点。这种自增强性，一方面表现在已有的知识和经验成为吸收、加工和处理新知识的必要前提。另一方面，科学素质的提高必然不同程度地转化为特定主体的科学能力，这种能力反映在知识应用方面，更反映在知识学习和知识再生产的能力上，使科学素质的进一步提高成为一种自觉、自为的主动行为，而且使科学素质的提高具备了更有利的条件和机会。

（三）系统层次性

以对科学知识的正确理解和应用为基础，以对科学方法和科学研究过程的准确认识，对科学精神、科学与社会关系的深入把握为核心，以形成应用知识、学习知识和生产知识的能力为目的，"科学素质"成为一个具有丰富、复杂内涵的范畴。不同层次的科学素质之间具有递进性，同时也具有互促性。这种关系决定提高科学素质既不能超越这种层次性，又需要充分注意不同层次之间的内在联系。既要求全民达到基本科学素质，又不要求全民具有所有的科学素质，而是在使公民具备基本科学素质的条件下，使其科学素质具有多样性，并在科学素质的分布上整体具有系统性和层次性，唯有如此，才能适应社会发展对公民科学素质多种多样的需求。

（四）历史动态性

科学素质的内涵、结构与功能随着时代的演进呈现历史性的变化。这一个特点在科学知识这一层面表现得尤为突出。从历史的进程看，一方面，科学在不断演化、不断更新，不同时期人们对于自然界的认识会有所进步，"知识变化是不可避免的，因为，新的观察发现可以对流行的理论提出挑战""在科学界，不论理论新旧，总是不断地对其进行验证、修改，有时还会抛弃"[①]。另一方面，社会在不断进步，社会知识化的程度在不断提高，不同发展阶段的社会需求对人们所应具有的科学素质具有不同的要求，不但基本

① 美国科学促进会. 面向全体美国人的科学［M］. 中国科学技术协会，译. 北京：科学普及出版社，2001：4.

的科学素质的内涵在历史进程中不断扩展，而且科学素质的价值及其实现程度也具有与环境的高度相关性。

第二节　公民科学素质的内涵

公民科学素质的内涵是指科学素质内在的、隐藏在其深处实质性的因素。科学素质概念及其内涵一直是国际社会普遍关注的重要问题，目前国内外均有不同的认识和理解。

一、公民科学素质的价值取向

公民科学素质从来不是与价值无涉的，虽然科学素质已超出本土语言的范围成为“世界话题”，但审视公民科学素质的视角却无不带有“该时该地”经济社会发展阶段的印记。科学素质研究是伴随着世界范围科学教育改革浪潮而兴起的，提高公民科学素质的社会行动（联合国等国际组织的行动纲领、许多发达国家和发展中国家的国家战略）是随着知识经济的发展而成长的。不同社会群体的需求驱动着科学素质研究，科学素质的内涵、结构和功能的多种表述，反映不同主体对于公民科学素质研究的价值取向之各异。①

1985年美国科学促进会（AAAS）出版的《面向全体美国人的科学》对科学素质的定义为:“科学素养包括数学、技术、自然科学和社会科学等许多方面，这些方面包括熟悉自然界、尊重自然界的统一性；懂得科学、数学和技术相互依赖的一些重要方法；了解科学的一些重大概念和原理；有科学思维的能力；认识到科学、数学和技术是人类共同的事业，认识它们的长处和局限性。同时，还应该能够运用科学知识和思维方法处理个人和社会问题。”②

米勒（Jon D. Miller）关于科学素质的定义在国际上具有一定影响，他认为科学素质是指对科学术语和观点有一定程度的理解，从而通过阅读日报和

① 程东红. 关于科学素质概念的几点讨论［J］. 科普研究，2007（3）：5—10.

② 美国科学促进会. 面向全体美国人的科学［M］. 中国科学技术协会，译. 北京：科学普及出版社，2001.

杂志，理解给定的争论和论战的相竞争观点的本质[①]。米勒定义的科学素质，包含三个维度：①掌握一定量的基本科学观点方面的词汇，能够阅读报纸和杂志中相互竞争观点；②对科学探究的过程和本质有一定的理解；③对科学和技术对个人和社会的影响有一定的理解[①]。米勒的研究非常看重具备科学素质对于公民负责任地全面参与社会活动所发挥的作用，因此不难解释为什么他创造的公众科学素养测评指标体系很少涉及民生层面的诸多要素。这是由美国的经济社会发展水平所决定的——对于一般的美国公民而言，他们已经走过了需要“依靠科技脱贫致富”的发展阶段[②]。

赛加尔（Narender K. Sehgal）的研究则从印度的国情出发，因此他对科学素质内涵的关注点有所不同，他认为不能简单地照搬米勒的科学素质指标体系，而应从生存和发展的需要出发，提出“一个具有科学素质的劳动力和平民群体对于效率、功效、安全、质量和他们工作的经济性以及对可用资源的优化使用绝对是至关重要的”[③]。

近年来，在我国和世界其他一些地方相继引发对于米勒测度体系适用性问题的讨论，这表明学界对于科学素质概念的认识正逐步深化。如果科学知识的产生是社会建构的结果，那么对于科学知识正确性的考量，亦不能摆脱该知识建构于斯的社会土壤。因此，不仅要了解米勒体系的内容，还应关注这一体系的“生境”，明了这一体系的针对性以及由此所决定的适用范围，体会学界先辈们创建这一体系的目的。唯此方能在探讨中国公民科学素质测度问题时，准确地把握和借鉴米勒体系以及其他国内外研究成果的精髓[②]。

2016年，美国科学院科学教育委员会发布科学素养报告，对于科学素养的概念和情境进行重读。报告认为，科学素养问题的重要价值和意义：①经济价值。早在1918年英国自然科学与教育委员会就提出一个国家的科学教育程度直接影响其物质生产和经济繁荣。教育经济学家通过研究国家国内生产总值（GDP）与其公民知识水平测试表现之间的关系，指出一国的知识

---

① Jon D. Miller. The measurement of civic scientific literacy［J］. Public Understanding of Science，1998（7）：203—223.

② 程东红. 关于科学素质概念的几点讨论［J］. 科普研究，2007（3）：5—10.

③ Narender K. Sehgal. Scientific literacy & culture：minimum science for everyone［Z］. For UNESCO's Participation Programme 1998—1999 Promotion of Scientific Literacy & Culture，1999.

资本与GDP长期增长紧密相关。公民科学素养是培养科学技术及其他专业领域人才的基础，为提供经济发展的人力资本提供保障。②民主价值。一方面包括空气污染、清洁能源、气候变化等一系列现代公共问题需要具备科学知识和理性的公民参与；另一方面是社会公共资源，如空气、海洋、国家公园、公共图书馆、健康卫生设施等，也需要具有科学精神和科学理念的公民共同参与和保护。公民科学素养建设工作是保障社会稳定、和谐发展的重要基础。③文化价值。在现代社会，科学行为逐渐成为理解世界的文化行为，使人们对于世界的理解从平面化走向立体化。科学素养也成为文化素质的体现。④个人价值。科学素养能够帮助个体公民应对社会生活中的各种问题和挑战，促进社会和谐发展。在面对健康、卫生、能源、生活方式等一系列与个人生活息息相关的问题和决策时，科学的理念和知识能够帮助个人和家庭做出合理的判断和决策。科学素养的概念和内容包括对科学知识和事实的掌握、对科学过程的理解，以及对科学的社会过程的理解。科学素养是一个包容性很强的概念，远不止对科学事实和概念的理解，还包括对科学的本质以及科学与社会、科学与人文关系的认识。历史上，科学素养概念的主流观点局限在个人能力测量层面，然而在科技与社会高速发展的背景下，仅注重个人的基础素养已不足以促进科学素养的整体发展①。

二、公民科学素质的认知演进

公民科学素质的研究经历了一个历史的和社会的演变过程，不同历史时期和不同的社会文化环境的学者都为此做出了自己的贡献。

德波尔（George E. Deboer）研究认为，最初界定科学素质或对科学素质内容进行细化的是麦柯迪（Richard McCurdy），他在1958年发表一篇题为《面向全体的科学素质》的文章指出，原子裂变以及后来的科学发展需要一种新的科学教育观念，教育的目的不再是让学生漫无目的地追求学术，而是要能帮助学生参与人类和公共事务的东西。他认为，科学素质包括“科学的历史和成就及其与日常生活相关的东西”，而科学素质课程应该是描述性和启发性的，应该强调科学的文化根源和目标，以及影响我们理解周围世界的

---

① 鲁晓，周建中，张思光. 解读2016年美国科学院科学素养报告［EB/OL］.［2017-05-15］. 科学网，http：//news.sciencenet.cn.htmlnews/2017/5/376127.shtm.

无数方式方法[①]。

这一时期由科学家主导编写的新的中学教材就体现了这种倾向。这些教材在学术上非常严谨，重点放在抽象的科学概念和模型上，很少涉及科学的应用或与日常生活经验密切相关的内容，目的在于培养未来的科学家以及支持科学的普通公众。这种强调学科知识而不是日常应用的教育观念或对科学素质的认识，实际上是对美国战后国家需要的反映。“科学素质”强调科学概念、原理和方法，强调具备理解有关科技报道和争论所需的知识和能力，强调科学事业的自主性。科学教育旨在通过提高学生的科学素质，培养未来的科学家和工程师[①]。

1965年，柯尔希（C. L. Keolsche）选取1962—1963年间6个月中的若干种杂志和报纸，分析3000个与科学相关的词汇或术语出现在新闻媒介的频次，筛选出175个基本的科学原理和693个科学词汇，并且认为它们是一个具有科学素质的人应该掌握的，科学课程应该包含这些基本科学原理和词汇[②]。他开创了通过文献调研法研究科学素质内容的先河。

1966年，佩拉（M. Pella）等人通过文献调研提出了第一个系统的科学素质框架。他们认为，一个具有科学素质的人的特征是理解：科学和社会的相互关系，制约科学家工作中的伦理，科学的本质，科学与技术的区别，科学的基本概念，科学与人文的相互关系[③]。如果说佩拉等人重视科学与社会文化的联系，所提出的只是一项学术研究的结论，那么，从20世纪70年代初开始，学校科学教育领域对科学素质的理解已经表现为强调科学技术与社会的关系。美国国家科学教师协会在1971年一份声明中指出，“为了提高科学素质，科学课程必须平衡考虑概念构架、科学概念、科学过程、科学技术的社会特性以及来源于科学的价值观”，并且认为一个具有科学素质的人，能把科学概念、过程技巧和价值用于日常生活中的决策，与他人交流和适应生活环境，能理解科学、技术和社会的其他方面的相互作用，包括社会和经济发展[①]。

---

① 张增一，李亚宁. 科学素质概念的演变［J］. 贵州社会科学，2008，224（8）：11—15.

② Norris Stephen P， et al. University students' interpretation of media reports of science and its relationship to background knowledge， interest and reading difficulty［J］. Public Understand Science，2003（12）：123—145.

③ Laugksch Rüdiger C. Scientific literacy： a conceptual overview［J］. Science Education，2000，84（1）：71—94.

1974年，艾金（Michael Agin）研究认为，科学素质应当包括科学与社会、科学伦理学、科学的性质、科学概念、科学与技术以及科学与人文六大方面[①]。同年，肖沃尔特（Showalter）在佩拉等人的研究基础上提出了更具体的科学素质概念，他认为一个具备科学素质的人应该：理解科学知识的本质；准确地使用合适的科学概念、原理、定律和理论；在解决问题、做出决策和增进对宇宙的理解方面运用科学方法；以与科学所强调的价值观念相一致的方式与周围的世界打交道；理解和欣赏科学与技术共同的事业以及科学与技术、科学技术与社会之间的相互作用；作为科学教育的结果，养成更丰富、更令人满意、更令人激动的宇宙观，并且终身学习；掌握大量与科技有关的操作性的技巧[②]。

1975年，本杰明·沈（Benjamin Shen）提出三层次的科学素质功能性框架，即实用科学素质、公民科学素质和文化科学素质。其中，实用科学素质是指掌握某些科学知识和技术知识，直接用来解决实际问题；公民科学素质是指能够理解科学决策和与科学有关的政策及其背后的科学问题，以参与和影响公共政策；文化科学素质是指能把科学作为人类文化的结晶来学习和理解[③]。本杰明·沈对科学素质结构的分析对后人的研究产生了较大影响。1981年，布兰斯康（Branscomb）在其基础上，把科学素质定义为“具有读写能力，并能理解系统化的人类知识”，提出科学素质的8个范畴，即方法的科学素质、职业的科学素质、通用的科学素质、技术的科学素质、业余爱好的科学素质、新闻工作者的科学素质、科学政策的科学素质、公共科学政策素质[②]。

1982年，美国国家科学教师协会发表《科学—技术—社会：1980 年代的科学教育》，认为科学教育的目的是“培养具有科学素质的个体，他理解科学、技术与社会是怎样相互影响的，并且具备利用这些知识进行日常决策的能力”[④]。1983年美国艺术和科学院院刊出版的科学素质专刊表明科学界对这一

---

① Agin M. Education for scientific literacy：a conceptual frame of reference and some applications［J］. Science Education，1974，58（3）：405—415.

② Laugksch Rüdiger C. Scientific literacy：a conceptual overview［J］. Science Education，2000，84（1）：71—94.

③ Bybee RW. Achieving scientific literacy［M］. Portsmacth：Heinemann USA.，1997.

④ National Science Teachers Association. Science – technology – society：science education for the 1980s［M］. Washington D.C.，1982.

话题的关注，更重要的是米勒的论文探讨了科学素质的测量问题，奠定了公众科学素质（素养）调查的基础。在这篇文章中米勒提出科学素质的三维度定义：对科学规范和科学方法（即科学的本质）的理解；对重要科学词汇和概念（即科学知识的内容）的理解；对科技对社会的影响的认识和理解[①]。

同年，美国国家优质教育委员会（NCEE）在题为《国家在危机中：教育改革势在必行》的报告中指出，危机不仅是日本、韩国和德国在某些领域超过了美国，而且这些国家有了强大的人才队伍。知识、学问、信息和特殊的才智是当今世界国际商务中新的原材料。然而，10年前完成的学生成绩国际比较显示，在19种学业测试中，美国学生从来没有获得过第一或者第二；与其他工业化国家对比，有7次是倒数第一。在国内，“从1963年到1980年，大学入学的学术能力考试（SAT）成绩不断下降，语言部分的平均年成绩降了50多分，数学部分的平均成绩降了近40分”[②]。该报告认为，“优质教育”对于学习者个人意味着尽最大可能发挥自己的能力，在学校和工作岗位超越自己的极限；对于中小学或大学则是为所有学习者设定高的期望值和目标，并且近期能帮助学生实现这些期望和目标。关于“优质教育”的内容是什么，美国国家优质教育委员会并没有给出明确的界定。

1985年，由美国科学促进会发起的“2061计划”在很大程度上可以说是对美国国家优质教育委员会呼吁教育改革所做出的反应。该计划致力于提高全体美国人的科学素质，其纲领性文件取名为《面向全体美国人的科学》，文件提出一个兼顾个人目标和国家目标的系统学校科学教育改革纲领。它的基本理念是：“懂得科学、数学和技术知识的人，是有较强事业心和自知之明的独立的人；应理解科学核心概念和原理；熟悉自然界、认识自然界的多样性和统一性；能够按个人和社会目的运用科学知识和科学的思维方法”[③]。

与美国科学促进会开始致力于通过改革科学教育，提高全体美国人的科学素质几乎同时，英国皇家学会在1985年发表一个题为《公众理解科学》[④]的

① J D Miller. Scientific literacy ： a conceptual and empirical review［J］. Daedalus， 1983， 112（2）： 29—48.

② U. S. Govemment Printing Office. National Commission on excellence in education. A nation at rist［M］.Washington D. C.， 1983.

③ 美国科学促进会. 面向全体美国人的科学［M］. 中国科学技术协会， 译. 北京：科学普及出版社，2001.

④ 英国皇家学会. 公众理解科学［M］. 唐英英， 译. 北京： 北京理工大学出版社，2004.

研究报告，致力于提高英国公众的科学素质。该报告认为，所理解的科学是广义的科学，包括数学、技术、工程和医学，是指对自然世界的系统考察以及对由此考察所得知识的实际运用。理解不仅包括对一些科学事实的了解，还包括对科学活动及其科学探索之本性的领会。公众主要是指大多数非科学人士。概括地说，公众理解科学的意思是外行对科学事务的理解，它包括对科学方法和假说的实验检验的理解，以及对当前科学进展及其含义的意识①。该报告除了强调加强和完善正规教育之外，还强调促进公众理解科学是科学家共同体职业责任的一部分，鼓励企业通过在职培训提高各层次员工的科学知识水平，参与和资助有关促进公众理解科学的活动，并强调大众媒介、博物馆、公共讲座和其他科普活动在提高公众科学素质中的重要作用。

1993年，联合国教科文组织和国际科学教育理事会首次正式提出了“全民科技素质”（scientific and technological literacy of all）概念，它标志着科学素质建设已经成为一种全球共识，需要突破学校科学教育范式，走向在终身学习背景下不断提高全民科学素质的更加广阔的领域。

1997年，经合组织（OECD）发表《促进公众理解科学》报告，明确指出了科学家和工程师、公众、媒介和政府在促进公众理解科学过程中的角色和责任②。2000 年，经合组织将科学素质定义为应用科学知识、提出科学问题，并在证据的基础上得出结论的能力，以便认识自然界以及认识人类活动给自然界带来的变化，并帮助人们做出与之相关的决策。国际学生评估项目（PISA）是经合组织发起的评估学生（和学校、国家）阅读素质、数学素质和科学素质的项目，旨在考察各国学生是否具有适应生活所必需的知识和技能，是否能应对未来的挑战。它是在狭义上理解科学的，主要是指自然科学的基础学科，不包括数学。在具体测量中采用三个维度：科学基本概念、科学实践过程和科学场景③。

1999年，印度学者提出“全民基础科学”（minimum science for everyone），即每个印度人都需要具备的某种最低限度的、基本的科学（或技

① （英国）上议院科学技术特别委员会. 科学与社会［M］. 张东林，译. 北京：北京理工大学出版社，2004.

② OECD. Promoting public understanding of science and technology［R］. Paris，1997.

③ PISA. The PISA 2000 assessment of reading，mathematical and scientific literacy［R/OL］.［2000-04-01］http：// www. pisa. oecd.org/dataoecd/ 44/ 63/ 33692793. pdf.

术）知识，以及对科学方法有一个操作性的、实践性的熟悉和理解。其内容主要围绕以下几个方面：健康及相关问题、环境及相关问题、测量及其他多种问题、农业科学与技术、用于城市和城市化人口的技术。它是印度学者从国情出发给全民科技素质所做的本土化界定，对于包括我国在内的发展中国家全民科学素质建设具有重要的借鉴意义。

2002年，我国学者借鉴国外公民科学素质的研究成果，在我国科学教育和科学普及实践的基础上，对科学素质进行了本土化定义。参与中国基础教育课程改革、理科各门课程改革的专家提出，科学素质应包括四方面：科学探究（过程、方法与能力）；科学知识与技能；科学态度、情感与价值观；对科学、技术与社会关系的理解，提出“科学素养就是对个人决策、参与公共和文化事务以及经济生产所需要的科学概念和过程知识的理解”①。科学（3—6 年级）课程标准研制组认为，“科学素养是指对在日常生活、社会事务以及个人决策中所需要的科学概念和科学方法的认识和理解，并在此基础上所形成的稳定的心理品质”②。

2005年，韦钰注意到在我国科学素质研究中经常被提到的“科学精神”却鲜见于西方国家的同类文献，相近的词语有“批判性思维”（critical thinking）。她比较蔡德诚对于科学精神内涵的6条阐述与美国“2061计划”对科学态度的5条要求，发现两者是相当一致的。据此，她提出我国经常使用的“科学精神”一词在科学教育中的具体体现就是科学态度。她认为公民的科学素质应该包括三方面的内容：掌握必要的科学知识；习惯于对遇到的问题用探究的方式来对待，让探究成为基本的生活态度和思维方式；科学精神指导下的价值取向③。

程东红关注到科学素质概念众说纷纭，学界对其概念以及对中国科学素质建设影响的讨论方兴未艾，2007年明确提出科学素质研究从来不是与价值无涉的观点，并认为关于科学素质概念的知识建构，反映着社会的需求和价值观。她强调指出，中国公民科学素质的研究，应基于中国当前经济社会的

---

① 教育部基础教育司. 全日制义务教育科学（7—9 年级）课程标准解读［M］. 武汉：湖北教育出版社，2002：58.

② 教育部基础教育司. 全日制义务教育科学（3—6 年级）课程标准解读［M］. 武汉：湖北教育出版社，2002：23.

③ 韦钰，P. Rowell. 探究式科学教育教学指导［M］. 北京：教育科学出版社，2005：9—13.

发展阶段，在保留当今世界各国公民科学素质共性要求的同时，把公民科学素质与中国百姓生存与发展关系最为密切相关的内容凸显出来，把广大劳动者对于自身科学素质最迫切的需求表达出来[①]。

三、公民科学素质的文化差异

科学素质研究及其对内涵的界定涉及文化价值，很难形成整齐划一的观点。不同的文化背景对科学素质内涵的认识和理解不同，不同的国家或地区对科学素质内涵都有自己的观点。

（一）美国对科学素质内涵的界定

关于科学素质内涵的界定，在美国学界和社会各界也有多种观点，比较有影响和代表性的观点主要体现在“2061计划”、《美国国家技术教育标准》等文件，以及哈森（Hazen）和特菲尔（Trefil）等的学术文献中[②]。

“2061计划”的《面向全体美国人的科学》对科学素质的内涵界定：熟悉自然界，认识自然界的多样性和统一性；理解科学概念和科学原理；了解科学、数学与技术之间相互依赖的方式；知道科学、数学和技术由人类活动所发现，既显示了人类的力量，又可反映人类的局限；学会科学的思维方式；利用科学知识和科学思维达到个人和社会的目的。并规定科学素质的具体内容：科学的性质、数学的性质、技术的性质、自然环境、生存环境、人类机体、人类社会、被改造了的世界、数学世界、历史展望、通用概念、思维习惯。

《面向全体美国人的科学》对科学素质的内涵做了宽泛的、全面的界定。第一，要成为一个具备科学素质的人，掌握物理、化学、生物等学科中的传统概念和原理是不够的，还必须掌握数学、技术和社会科学中的概念和原理。把社会科学引入到科学素质的模型中，这是新颖的做法。第二，一个具有科学素质的人，应了解人类的努力，正是科学、数学和技术的联盟，才使人类的认知（knowing）取得如此的成功。要了解科学的世界观、科学探究的方法、科学事业的本质、数学和数学过程的特征、科学与技术的联系、

---

① 程东红.关于科学素质概念的几点讨论［J］.科普研究，2007（3）：5—10.

② 刘立，蒋劲松，等，我国公民科学素质的基本内涵与结构［G］//全民科学素质行动计划制定工作领导小组办公室.全民科学素质行动计划课题研究论文集.北京：科学普及出版社，2005：29—67.

科学—技术—社会之间的关系。还要求掌握跨越学科界限的“通用概念”。第三，把价值、态度和技能等内容亦纳入科学素质的内涵之中，如“思维习惯”[①]。

《美国国家科学教育标准》关于科学素质的内涵包括：作为探究的科学、物质科学、生命科学、地球和空间科学、科学与技术、从个人和社会视角所见的科学、科学的历史和本质。《美国国家技术教育标准》关于技术素质的内涵包括：理解技术的本质；理解技术与社会；理解设计；培养应付技术世界的能力；理解技术的世界，如医疗技术、信息技术、交通技术等。

1991年，哈森和特菲尔在《事关科学：提高科学素质》[②]中认为：“非科学家（non-scientist，即一般公众）需要的是一些背景知识，具有这些背景知识才能理解和处理那些与科技有关的事务。正是这种理解日常生活中碰到的科学的能力，我们称为科学素质……一个具有科学素质的非科学家，需要对各个学科都有一点了解，这样才能解决日常生活中的一些科学问题。”因此，科学素质是掌握一堆事实、词汇和原理。这并不是要求他们掌握专家们所掌握的那些专业知识，也不是要求他们能够运用专业术语和复杂的数学公式。同时，哈森和特菲尔还对做科学和用科学（doing and using science）做了明确的划分。做科学，是科学家的事情；而用科学，则是对一般公众具有科学素质的要求。例如，测定DNA的序列、计算宇宙飞船的轨迹，是科学家的事，完全属于科学家和工程师的事情，一般公众难以企及，而且也无须对一般公众做这样的要求。但是，一般公众应该了解一些相关的背景知识，这样才能理解科学技术领域的新进展是如何发生的，以及这些新进展对公民的生活和家庭产生哪些影响。所以，他们把科学素质定义为理解公共议题所需要掌握的知识，包括事实、词汇、概念、原理，以及历史和哲学方面的一些知识。还提出，如果一般公众能够理解当今有关科学的新闻，能够看懂报纸上有关基因工程和臭氧空洞的文章，并且能够跟相关的知识背景联系起来——

---

① 刘立，蒋劲松，等，我国公民科学素质的基本内涵与结构［G］//全民科学素质行动计划制定工作领导小组办公室. 全民科学素质行动计划课题研究论文集. 北京：科学普及出版社，2005：29—67.

② Hazen R M，Trefil J. Science matters：achieving scientific literacy［M］. New York：Achor Books Doubleday，1991.

简言之，如果公众处理有关科学的新闻，能够像处理进入视野中的其他任何事情一样，那么，就可以认为他已经具备基本科学素质①。

（二）经合组织对科学素质内涵的界定

关于科学素质的内涵，经合组织国际学生评估项目提出三个维度：①科学基本观点。科学基本观点能够帮助理解自然世界的某些现象和通过人类的活动对自然世界进行改变。科学基本观点包括公众熟知的物理学、化学、生物科学、地球和太空科学知识。对于科学素质测试的内容，主要由三个方面知识构成：生命与保健科学、地球与环境科学、技术中的科学。②科学实践过程。重点是获取证据、解释证据并在证据的基础上进行科学活动的过程。科学实践过程由五个阶段组成：确认科学问题、寻找证据、得出结论、与他人就结论进行交流、表明所了解的科学基本观点。③科学场景。主要选自人们日常生活中的科学问题，而不是学校教室、实验室的科学实践或专业科学家的工作②。

国际学生评估项目对科学素质维度中的科学的本质、基本科学概念、科学研究的过程、科学—技术—社会—环境的关系、科学技能和技术技能、科学背后的价值观、与科学有关的利益和态度等因素进行详细的解释和说明。

（三）印度对公民科学素质内涵的界定

印度作为发展中国家，由其政府支持的印度基层志愿科普组织（Vikas Bharati）提出关于提高印度公众科学素质的报告《全民基础科学》（*Minimum science for everybody*）。按照该报告的解释，一个具备科学素质的人应该具备保持自身健康、为群体的健康做出自己的贡献、理解与保护环境及生态平衡、日常生活中基本的测量和计算方法以及从科学的角度理解农业和工业产品的能力。

印度《全民基础科学》反映的内容，主要有健康及相关问题、环境及相关问题、测量及其他多种问题、农业科学技术、用于城市和城市化人口的技术等。

---

① 刘立，蒋劲松，等，我国公民科学素质的基本内涵与结构［G］//全民科学素质行动计划制定工作领导小组办公室. 全民科学素质行动计划课题研究论文集. 北京：科学普及出版社，2005：29—67.

② PISA. The PISA 2000 assessment of reading， mathematical and scientific literacy［R/OL］.［2000-04-01］. http：//www.pisa.oecd.org/dataoecd/44/63/33692793.pdf.

（四）我国对公民科学素质内涵的界定

国内学者一方面借鉴国外普遍接受并运用的基本观点，另一方面结合我国公民科学素质的发展状况，对公民科学素质概念及内涵做出如下界定：所谓公民科学素质，是指人们在社会生产、生活中通过学习和应用逐步形成的关于科学理念、科学知识和科学实践的相对稳定的、一般的个性品质。具有科学素质表征的客观性和真实性，科学素质内容的综合性和系统性，科学素质要求的基础性和本质性，科学素质形成的渐进性和稳定性，科学素质发展的历史性和阶段性等特点[①]。

公民科学素质内涵主要包括三个方面：①了解必要的科学知识。包括应能掌握基本的科学技术概念、原理，了解与日常生活相关的科技常识、术语，能读懂通俗的科学文章，解释基本的科学现象，了解科学研究的基本过程和方法。②能够运用科技判断和处理各种事务。包括能运用基本科学知识、方法进行决策、参与社会事务，熟悉、掌握并能处理科学信息资源，能识别社会生活中的科学问题，并提出有科学技术根据的见解，善于个性化学习，具有自我拓展的能力等。③具有科学精神和科学态度。包括具有唯物论与无神论观念；能够坚持客观的依据，理性的怀疑，多元的思考，平权的争论，实践的检验；实事求是，坚持真理，反对迷信，抵御盲从；具有严肃认真、客观公正、求真务实的科学态度，以及保持旺盛的科学兴趣和探究欲望等。在三者中，了解必要的科学知识是科学素质的基础；运用科学知识、方法于生产、生活实际之中，则是对科学理念、科学知识的升华和目的所在；而科学精神和科学态度是公民科学素质的核心，它作为人类文明的崇高境界，具有丰富的内涵和多方面特征，对于人们了解科技与社会的关系，具有极其重要的意义和作用，对人的影响十分深远[①]。

四、公民科学素质的基本功能

随着科技对政治、经济、社会、文化，以及公民的生产、生活方式产生的影响日益广泛和深刻，公民科学素质问题越来越多地引起学术界和社

---

① 张竺鹏，赖立，杨红，等. 我国公民科学素质现状和影响公民科学素质的因素［G］//全民科学素质行动计划制定工作领导小组办公室. 全民科学素质行动计划课题研究论文集. 北京：科学普及出版社，2005：115—154.

会各方面的关注。公民科学素质已经成为国家综合国力竞争的基础，日益成为决定个人的全面发展与生活质量的前提。公民科学素质的功能和作用可分为满足基本生存、满足一般的物质生活、满足在物质生活基础上更高的精神文化生活、满足现代公民参与公共事务和参政议政在内的社会生活等层次[①]。

（一）公民科学素质的生存功能

公民科学素质的生存功能中的“生存”，主要强调的是最低限度的物质生活，它需要职业的谋生活动而获得。即这种生存功能与劳动基本技能等科学素质密切相关。因此，公民必须首先具备生存科学素质，这是公民在现代社会赖以生存的最基本科学素质，是公民科学素质中要求最为迫切的部分，也是中国社会经济建设所必需的职业劳动素质的必要组成部分。它涉及的更多的是操作性的、实践性的科学知识，不必要求理论化、系统化的认知。

生存科学素质包括两个方面[①]：一方面是现代社会中基本生存所必需的知识和技能。包括基本的母语读写能力、利用最基本公共设施的能力，以及日常生活所必需的基本知识，衣食住行所需的基本知识。另一方面是各种职业与职业培训所需要的公共的、最低限度的知识和技能。包括基本运算能力、看懂简单基本图表的能力、基本自然常识、能够安全地使用家用电器、理解抽象语言的最低能力和逻辑推理的基本能力。

在公民科学素质的建设过程中，必须高度重视工作技能的提高。我国还有相当大比例的人口，特别在中西部贫困地区、少数民族地区、农村地区及边远地区，其主导需求是生存问题。

视窗1-1　愚昧封建迷信及其危害

人们从事迷信活动的主要心理祈求：一是消灾降福，即企图以求神拜佛、烧香叩头、驱魔赶鬼等方式，来为自己、为亲人消灾解难，化凶为吉，带来福运。二是摆脱困扰，即有些人在现实生活中遭到重大精神打击之后，变得心灰意冷、悲观绝望，便想以此来逃避现实。如有些

① 刘立，蒋劲松，等. 我国公民科学素质的基本内涵与结构［G］//全民科学素质行动计划制定工作领导小组办公室. 全民科学素质行动计划课题研究论文集. 北京：科学普及出版社，2005：29—67.

人在失恋后出家当尼姑或和尚。三是心理安慰，即有些人企图通过迷信活动来弥补一些无法挽回的过失，求得心灵上的慰藉。其突出表现为通过做道场、请法师来对死者进行悼念，以追悔对死者生前的照顾不周。

迷信活动的种类及表现：

一是传统世俗迷信。相信某些活动、仪式、数字、自然现象、日期会带来好运气，忌讳某些数字、现象并尽量避免。例如，许多地区都认为听见喜鹊叫，必有喜事到，因此当听见喜鹊在自家屋前屋后叫则满心欢喜，而听见乌鸦或猫头鹰叫，则认为是恶的前兆，一般认为是将要死人了，惶惶不安。西方国家认为“13”是个不吉利的数字，我国有些地区则认为“36”不吉利，36岁是人生的一个“结巴”，是多灾多难的一年，因此在过36岁生日时，亲戚朋友都要来好好庆祝一下，帮助他顺利度过这一年。许多人虽然知道这些做法无任何道理，却抱着“宁可信其有，不可信其无”的态度。

二是鬼神迷信。认为世间存在神仙和妖魔鬼怪，或相信生物具有超乎自然的“灵魂”或精灵，它们对自然现象（风雨雷电旱涝）和人类的生老病死有控制能力。例如，有的人生病或受惊，便认为是妖魔附体，不去看医生，而是请法师、巫婆来驱妖避邪；有的人认为山有山神，河有河神，每年要定期祭拜，以求风调雨顺，出现旱灾或涝灾，便是得罪了天神、龙王爷，使之发怒，是对人们的一种惩罚等。

三是人体功能迷信。以个别偶然现象为依据，认为某些人具有超越自然的神奇功能。例如，相信气功师“未卜先知”，能预测水灾、地震，预测他人未来等。

四是特殊的迷信活动。即算命术（包括算“八字”、测字、问卦等）、相术（包括看手相和面相）及看风水。这些迷信活动在我国流传甚广，不仅是在落后的农村，就是在繁华的城市中心，也常见到算“八字”的、看相的、抽彩头的“算命先生”在给人讲解吉凶福祸，听者全神贯注、诚惶诚恐。

从事此类迷信活动的人员一般都具有某些共同特点：一是有轻度精神或躯体异常，如癫痫、双目失明等，敏感性高、暗示性强；二是有较强的判断力及应变能力，能察言观色，一般都能较准确地揣摸到顾客的心理；三是能言善辩、表达能力强，有吸引力、说服力；四是有较好的情绪感染力，能控制他人的情绪活动。

在一些地方，愚昧迷信渗透在社会生活的各个层面。例如，在一些农村地区，结婚前要测“八字”，生孩子要算男女，盖房选坟地要看风水，婚丧嫁娶、出远门要择吉日，遇病逢灾、升学求官、祈福招财要进香求神，凡此种种，不一而足。

随着社会经济和文化水平的不断提高，一些迷信“职业者”在内容全盘沿袭传统封建迷信的同时，在形式上纷纷披上“顺应时代”的外衣，打着“科学”的旗号。例如，以“科学算命”的名义，推出计算机算命、特异功能预测、气功治病等；在一些非法宗教场所，利用现代技术手段，制造种种神秘效果，愚弄群众；有的号称弘扬祖国传统文化，推出《周易》算命、祖传秘方治病等，骗取钱财；一些地方以发展旅游、再现民俗文化为由，兴建各式各样的鬼府神宅、庙宇祠堂，为愚昧迷信推波助澜。参与迷信活动的不仅有老人、妇女、文盲，而且在党员、干部以及青少年中也有一定市场。

迷信是指没有任何证据的信仰。迷信的危害主要是：腐蚀人们思想，阻碍科学传播；蛊惑人心，妨碍政策法令贯彻执行；扰乱社会秩序，影响社会稳定；损害人民群众生命财产；诱使无知者触犯法律，沦为罪犯。迷信的后果非常严重，迷信者常常会被利用，别有用心者把迷信者引入歪路，甚至达到其政治野心。①

视窗1–2 世界如此未知 人类如此愚昧

科学发展到今天，我们看世界完全像盲人摸象一样。盲人摸象般地认识世界是科学吗？一定是科学。每个人摸的都是真实存在，而且都是客观存在的，都是看得见摸得着的，我们现在也是如此。只是我们不知道摸的是象的后背，还是尾巴，还是耳朵。人类认知极限就在于，我

① 封建迷信［EB/OL］.［2017–03–13］.http://www.baike.com/wiki/封建迷信.

们看到的世界是有形的，我们自己认为它是客观的世界，其实我们已知的物质的质量在宇宙中只占4%，其余96%的物质的存在形式是我们根本不知道的，我们叫它暗物质和暗能量。我们处在宏观世界，但希望隔着两个世界去看超微观世界。那是一个最美好的、极其美妙的世界[①]。

和1000年前人类不知道有空气，不知道有电场、磁场，不认识元素，以为天圆地方相比，我们的未知世界还要多得多，多到难以想象。随着搅乱了世界的3项科学成果的出现，公众对当代科技最前沿发现越发感兴趣，随之科学发展观也在改变。

一是暗物质的发现。我们原来认识的宇宙形态，是星球与星球之间通过万有引力相互吸引，你绕我转，我绕他转，星球们忙乱而有序。但后来，科学家通过计算星球与星球之间的引力发现，星球自身的这点引力远远不够维持一个个完整的星系。如果星系、星球间仅仅只有现有质量的万有引力支持的话，宇宙应是一盘散沙。

宇宙之所以能维持现有秩序，只能是因为还有其他物质。这种物质，目前为止我们都没有看到并找到，所以称之为暗物质。科学家通过计算，要保持现在宇宙的运行秩序，暗物质的质量，必须5倍于我们现在看到的物质。现在没有真正地测到暗物质，只是能发现光线在经过某处时发生偏转，而该区域没有我们能看到的物质，也没有黑洞。黑洞不是暗物质，黑洞只是光出不来，它发出其他射线，它仍然是常规物质。

二是暗能量。科学家观测发现，现在的宇宙不仅在不断膨胀，而且在加速膨胀。匀速膨胀还可以理解，加速膨胀，就需要有新的能量加入。这能量是啥？科学家也搞不清，取名叫暗能量。科学家通过计算，通过质能转换方程$E=mc^2$计算，要维持当前宇宙的这种膨胀速度，暗能量应该是现有物质和暗物质总和的1倍还要多。目前为止，没有找到暗能量。

三是量子纠缠。现代科学发现，对物质的研究，在进入分子、原子、量子等微观级别后，意外非常大，出现了超导体、纳米级、石墨烯等革命性的材料，出现从分子水平治愈癌症的奇迹，而最神奇的是——

① 施一公. 我的认知再度崩塌了，世界可能根本就不存在［EB/OL］.［2017-10-04］. http：//www.sohu.com/a/196070424_815101.

量子纠缠。即两个没有任何关系的量子，会在不同位置出现完全相关的相同表现。如相隔很远（不是量子级的远，是千米、光年甚至更远）的两个量子，之间并没有任何常规联系，一个出现状态变化，另一个几乎在相同的时间出现与之相应的状态变化，而且不是巧合。量子纠缠是经理论提出、实验验证了的。科学家已经实现了6—8个粒子的纠缠态。我国科学家实现了13千米级的量子纠缠态的拆分、发送。

我们原来认为世界是物质的，没有神，没有特异功能，意识是和物质相对立的另一种存在。现在发现，我们认知的物质仅仅是宇宙的4%。没有任何联系的两个量子，可以如神一般发生纠缠。把意识放到分子、量子态去分析，意识其实也是一种物质。

随着搅乱了世界的3项科学成果的出现，公众的疑问就来了。既然宇宙中还有96%我们不知道的物质，那灵魂、鬼是否可以存在？既然量子能纠缠，那第六感、特异功能也可以存在？同时，谁能否定在这些未知的物质中，有一些物质或生灵，它能通过量子纠缠，完全彻底地影响我们的各个状态？于是，神也可以存在？这些都需要科普，需要为公众释疑解惑。

现在所有的物理学理论，都以光速不可超越为基础。但是据测定，量子纠缠的传导速度，至少4倍于光速。科技发展到今天，我们看到的世界，仅仅是整个世界的4%。这和1000年前人类不知道有空气，不知道有电场、磁场，不认识元素，以为天圆地方相比，我们的未知世界还要多得多，多到难以想象。世界如此未知，人类如此愚昧，我们还有什么物事，难以释怀？①

（二）公民科学素质的生活功能

公民科学素质的生活功能中的“生活”，强调的是公民的身心健康和基本的社会参与，它比“生存”层次的生活水准更高。因此，所要求的公民科学素质的水准和丰富性也高于生存型的科学素质。这是公民在现代社会中保证基本生活品质的科学素质，也是中国现代化发展所需全

① 科学的最高层次是证明“迷信”的真实存在［EB/OL］．［2017-05-26］．http：//www.sohu.com/a/144497176...705226.

面文化素质的一个内在组成部分。

人类生活中每次大的变化，总是可以主要归结为科技思维创新、技术创新、发现发明。石器和火的使用，使人类从古猿人进化为人。青铜器和铁器的发明和使用，使人类社会从原始状态进入器物时代。近代科学理论的创新和蒸汽机、电机、火车、汽车、飞机的发明，使人类社会又从古代文明进入近代文明。现代科技的创立，计算机、电视、互联网、卫星通信、核能、激光、生物技术等一大批科技成果的获得和应用，把人类文明再次推到现在的信息社会。科技提升人们的生活品质，科技无处不在。科技发展到今天，步伐不但没有停止，而且越来越快。进入21世纪以来，世界科技正处于新一轮革命的拂晓，一些重要的科技领域发生革命性突破的先兆已经初显端倪。科技将不断引领人们的生活，改变未来的人类社会。这需要我们每一位公民不断提高自身科学素质，很好地了解、掌握科技，才能有效地驾驭科技，使科技惠及人类。公民只有具备一定的科学素质，才能适应现代生活方式（健康文明的生活方式）。

视窗1–3 SARS爆发检视国民科学精神①

2002年底，一种不明疾病悄然偷袭广东。几个月后，这种被命名为重症急性呼吸综合征（SARS）的致命传染病在中国内地多个省份大规模爆发，并波及中国香港特区、中国台湾地区以及世界上许多其他国家。近几十年来，还从未有一种疾病使中国如此恐慌。专家说，流感和车祸的死亡率远远高于SARS，所以仅从SARS自身性质未必能解释清楚人们的超常恐惧。SARS是突如其来的灾难，中国在应对SARS过程中暴露出来的问题，就像一面折射的镜子一样以放大的方式凸显中国在转型时期社会的矛盾沉淀和运转的不协调。随着SARS恐惧的逐渐消退，人们回味、反省着这一切，对一系列来自制度、法律、精神、科技、道德、伦理、心理等病象进行诊断和治疗，以期在以后遇到类似灾难时，不致束手无策、忧心忡忡。

1. 面对SARS——恐惧、焦虑、哀伤、希望。SARS不期而至，在广东以外一些地区甚至愈演愈烈，全世界超过25个国家和地区都发现同类

① 引用该文章时有删减。

病例。还没有研制出特效药，病毒却在不断变异。在香港，病人合并腹泻比例从广东的25%上升到70%；在北京，用广东探索出的大剂量激素退烧抗炎效果却不明显；一些具有新发病例的国家，发热已不是疾病首发症状。

广东SARS“毒王”是一名海鲜批发商，经营一家酒楼。2003年1月31日晚进入中山大学附属第二医院治疗，结果接诊他的放射科教授、呼吸科主任先后病倒。他自己的21名亲属、医院40多名医务人员，连救护车司机、担架工人、推轮椅的护工都无一幸免。“毒王”转送到中山大学附属第二医院，又放倒20多人。在北京，SARS病人也使众多的医护人员感染。全国医护人员感染SARS的比例达到整个SARS发病人数的1/4左右。很多医护人员倒下，自觉进病房“隔离”，他们甚至连剃须刀、拖鞋和替换的内衣裤都没有备齐。医院的护工也被吓跑了，连工资都不拿。

人们不敢去医院，纷纷戴着口罩，口罩加层越来越厚；到处在消毒，过氧乙酸的味道刺鼻难闻；出入任何场合都须检测体温；一切公共的聚集活动被取消；宾馆、餐馆冷冷清清，大多数服务人员放假回家；学校停课放假，大学封闭管理。这一切都成了有效隔离。

2003年2月10日，广东出现抢购。《羊城晚报》刊登第一篇政府公告，称广东出现一种“非典型肺炎”，有一定传染性，要求大家注意卫生，家居消毒可用食醋熏蒸。报纸发行两小时后，白醋、红醋、陈醋脱销。2月11日，在北京的一些邮局打包邮寄的箱子已卖光，大多是给广东寄白醋和板蓝根的。2月12日，广东省卫生厅的安民发布会消息上了各大报的头版。医生开始抢购“达菲”。有谣言称SARS是缺碘引起的，联系到美伊即将开战，好多市民连夜排队买米、买盐、买油。

4月20日后，随着北京SARS疫情的发展，商店里的消毒药水、洗涤用品、食盐、方便食品、防护用品等陆续脱销，医院、药店的一些传闻具有抗击SARS作用的药品断货；人们喝中药水、喷雾、洗手……

2. 对SARS敬畏的背后。中国依然身处一个科层制和等级制的社会。倘若在农村，尤其偏远的农村，即便发生非常严重的事故，也很难引起城里人由衷的关注，他觉得那离自己很远，是小事。然而在大城市里，一种传染病来了，处在不同等级上的人，危险的程度也明显不同。坐在公家或私家轿车里的，就比每天挤公共汽车的安全一些；有能力打高级营养针的，也比只能吃便宜的保健品、更不必说那什么也吃不起的，多几分免疫的可能。人数上，当然是站在低位的人多；可决策者却总是站得比较高，因此也是比较安全的人。这大概就是为什么每当有什么灾难突然发生，某些管理部门的第一个习惯性反应就是否认、推诿、封锁消息、瞒下哄上，好像承认发生灾难的事实，自己就要吃亏，越是把事情捂住，自己越占便宜。当然，眼光比较远大，或者出于信念、良知、职业道德的高阶位者当中，也不乏能超越私利、从社会整体利益来选择对策的人。

当SARS在广东严重爆发时，不但其他地方的官员无动于衷，这些地方的媒体和知识界，也多是漠然置之。原因很简单，自己所据的位置不同：那是在广东，与我有何相干。一直要到SARS在北京爆发，各个大城市的民众才和官员们一起紧张起来，原来SARS不像矿井里的瓦斯爆炸，轰隆一声就完了。SARS就在我们身边却不露痕迹，渺小得令人忽视却经常表现得比人类更聪明；SARS是如此刁钻，越是那些“现代化”“与世界接轨”的标志物，高楼林立的大都市，四通八达的交通网，中央空调的饭店、旅馆、商场、写字楼……越成了它赖以传播的通道。它的病毒会自我繁殖和变异、四处蔓延，无论城乡还是官民，它都一视同仁，谁都不给豁免权。

于是紧急动员，于是群情激愤，于是有人呐喊，于是有人丢官……似乎一夜之间，整个社会突然醒悟，令人欣慰。在它的背后，确有良知和远见在起作用，但让人们感觉最明显的是这一切完全是从自己出发。毕竟，醒悟是发生在知道城市并不比乡村更安全、中央空调的写字楼也并不比污水满地的小菜场更安全的情形以后。看清楚SARS是这样的一种“现代”病，社会的本能反应就是180度急转弯。关闭空调、堵截交通、取消社交、以邻为壑。门卫只对熟人放行，大家都尽可能待在家里。本地的疫情越凶猛，就越纷纷前往安全的大城市，先是北京，接着是上海。原因很简单，那里有最好的医疗条件，有最有效的管制力量，那里诊治SARS是免费的，就连口罩那里的供应也最充足……据说，正是这样的人流加剧了北京的疫情。

这样来看，人们感到的就不只是欣慰，那先前的漠然置之和现在的群情激愤，其实都在很大程度上是发自同一个“病原体”——社会生活的互相分离，以及因这种分离铸就的互相的隔膜。

3. 说实话，引发抗击SARS的转机。蒋彦永以一个退休医生的职业道德，向社会披露实情，从而引起中国SARS防治工作的大转折。有人说，是他把千百万人从SARS中拯救出来。他也在一夜之间成为全世界闻名的人物。以下是2003年4月4日他用电子邮箱发给CCTV-4和凤凰电视台的信。

“各位：近日来有关SARS的报道已经充斥香港新闻，国际上也十分重视这一危害人类生命健康的大事，做了大量的宣传，以使大众对此问题有个正确的态度。这是对人类负责的、很正常的工作。

“昨天中国卫生部部长张文康在新闻发布会上说中国政府已经十分认真地对待了SARS的问题，目前该病已经得到了控制。后来他提供的数字说，北京有12例SARS，死亡3例，我看了后简直不敢相信。今天我到病房去，所有的医生、护士看了昨天的新闻都非常生气。所以我就给各位发此信，希望你们也能努力为人类的生命和健康负责，用新闻工作者的正直呼声，参加到这一和SARS斗争的行列中来。

“下面我给各位提供一些我了解的很局限的情况：301医院在‘两会’刚开会时，遇到一位老人来看病，当时他的病情相当重，因疑为SARS就转到302医院传染病院去治疗。当时302医院也没经验，在对该病人诊治过程中就有近十位医生护士被传上了。那位老人因病情太重，入院两天就病故了，他的夫人也很快入了302医院，但也在短期内病故。不久，301医院的肝外科收了一个肝胆病人，入院后表现出SARS的情况，转309医院后不治身死。不幸的是肝胆病房有2位医生、3位护士被传上此病，幸好得到及时治疗现在都在康复中，肝胆病房被迫关闭。301医院还有其他几个病房也有类似情况，有些医护人员被传上，病房关闭，301医院的幼儿园也已关闭。

"昨天我看了新闻后就打电话向309医院（现在是总后指定收治SARS的医院）的同道咨询，他们也看了新闻，说张所说的完全不符合事实，309医院已经收治了近40例SARS病人，到昨天已有6人死亡。我所提供的情况完全属实，我对此负责。"

后来美国《时代周刊》（*Time*）驻中国记者苏珊（Susan Jakes）对蒋彦永进行专访，苏珊认为，他是一个不说假话的人，对"医生"这个职业看得很重。苏珊把采访内容在2003年4月8日晚上贴到网站上，当时他们意识到它很重要，但没想到会有那么大的影响。文章发表后的第2天或第3天，世界卫生组织（WHO）官员来北京，在记者招待会上，他们当时还用谣言来引用这个信息。在北京待了5天后，他们也开始对数字有所怀疑。12天之后，卫生部就改变了政策。

1931年出生的蒋彦永退休前是解放军301医院（解放军总医院）的"普通外科"主任。像很多中国人一样，在SARS大规模影响产生前的那一段时间，他大部分时间都花在看美国攻打伊拉克的电视直播上。其实3月初，蒋彦永就听说有位曾来过301医院就诊的病人，几天后转到302医院，传染了一批医生、护士。消息传回301医院，才知道有人得了SARS，并且这种病的传染能力特别强。3月20日左右，301医院的肝胆科、脑外科、呼吸科……开始不断出现被感染的病人。这个名为SARS的传染病开始引起蒋彦永的关注，但作为一名不可能接触到传染病一线的外科医生，他所知有限。

3月底，蒋彦永的大学同学、同在301医院工作的一位医学教授因咯血经检查患了肺癌，转到外科准备手术时，突然发高烧，肺部出现多片阴影。几位专家会诊疑为SARS，被单独隔离在301医院的重症监护室（ICU）。当时，全军SARS防治中心设在309医院，这位教授的资料被送到那里会诊。蒋彦永一直不相信同学得了SARS，打电话到309医院询问专家何为"3+1"诊断标准。就在当天他意外得知，包括确认和疑似，309医院已有40名病人，6人死亡；隔了一天，这组数字为60名病人，7人死亡；302医院也有40名SARS病人。

4月3日下午，国务院新闻办举行记者招待会，时任卫生部长张文康公布“截至3月31日，北京市12例，死亡3例”，并数次重复中国局部地区的SARS型肺炎疫情“已得到有效控制”。坐在电视机前的蒋彦永在第一时间听到这个讲话，“12例”这个数字与他了解到的真实情况差距实在太大。第2天，蒋彦永遇到解放军后勤部、卫生部两位前领导，谈起前一天公布的数字，大家一致认为有问题。4月4日，301医院也宣布有46名SARS病人，得知此讯，蒋彦永请医院医务部和门诊部的有关人员去向上级反映。4月4日晚，蒋彦永坐在电脑前，写了一封800字左右的信。在此前，他再次核实301医院、302医院以及309医院几个军队医院确诊与疑似的SARS病人数分别是：46、40、60。因为对伊拉克战争报道的印象颇深，对媒体接触不多的老医生挑选CCTV-4和凤凰卫视两家电视台，记下电子信箱后，将信发了出去。

4月8日，蒋彦永接到第一位记者——《华尔街日报》记者的电话采访。同天，美国《时代周刊》驻北京记者苏珊也联系到蒋彦永，对其进行采访。虽然在采访时间上并未抢到第一时间，但《时代周刊》迅速于当晚将采访内容发布在网站上。

4月10日，世界卫生组织公开批评北京的疫情报告系统：“北京只有少数医院每日汇报SARS病例”。WHO派专家组赴京调查；4月11日，北京被WHO重新定为疫区。但是卫生部并没有宣布这一消息，而在此前一天的新闻发布会上，卫生部负责人继续发布乐观的说法，表示“当天通报的疫情包括地方医院和部队医院所有目前能够确诊的病例数字”“这个数字是准确的”“截至4月9日……北京市22例”。

4月10日，蒋彦永在参加燕京校友会理事会时，得知儿童医院已有两个患儿染上SARS，他们的母亲也未能幸免，并且接到上面通知，以后各院对SARS病人要“就地消化”；协和医院芬兰籍国际劳工组织官员阿罗因感染SARS在中国去世后，和他接触过的人“还在到处跑”，那位芬兰人的秘书来协和医院看特需门诊，就被诊断为SARS，协和医院也接到“就地消化”的指示。“就地消化”的原因，实际是北京两个传染病医院（地坛、佑安）都已收满。4月11日，蒋彦永将这些情况向院方做了介绍，表达自己的看法：建议卫生部长引咎辞职；各医院自己

"消化" SARS病人不符合处理传染病的原则,"建议尽快将一些小医院改为传染病医院,配备有经验的医生护士"。

4月12日,蒋彦永又向301医院政治部递交一封写给卫生部负责人的信,再次对卫生部公布的数字提出意见。4月16日,WHO举行新闻发布会后,先后有两位记者给蒋彦永打电话,告之WHO官员确认他此前向媒体公布的数字。

4月17日,中共中央总书记胡锦涛在政治局会议上强调,任何人不得瞒报疫情。4月20日,在国务院新闻办举行的新闻发布会上,卫生部常务副部长高强确认,北京共确诊SARS病例339例,疑似病例402人。同日,新华社发布消息:中共中央"免去张文康的卫生部党组书记职务;免去孟学农的北京市委副书记、常委、委员职务"。4月26日,国务院副总理吴仪兼任卫生部部长。

4. 抗击SARS中凸显科学精神。2003年的春天,在广州,以钟南山院士为代表的科学家和医务人员,他们站在抗击SARS的最前沿,他们让我们深深地感到了责任、奉献、良知、对科学精神的执着和人的尊严。

2002年12月22日,广州医学院第一附属医院收治了一名从河源转来的特殊的危重肺炎病人。两天后,从河源传来消息:当地一家医院救治过该病人的8名医务人员均感染发病,症状与病人相同。医生们震惊了。66岁的广州呼吸疾病研究所(以下简称"呼研所")专家钟南山也震惊了。作为广东医疗卫生界首位中国工程院院士,作为在呼吸道疾病特别是慢性支气管炎与哮喘病诊治方面的国际级权威,广博的知识与多年的临床经验告诉钟南山,这是一例非常值得关注的特殊传染病。他马上指示将情况报告给广州市越秀区防疫站,同时要求做好一定的防护隔离工作。

一场没有硝烟的战争拉开了帷幕。2003年1月21日,钟南山接到省卫生厅通知,前往中山市两家医院调查。据中山市的报告,他们那里也出现类似河源的"怪病"与医务人员被感染的情况。"看来情况是越来越严重,当务之急应该弄清这种病的症结所在,找到预防与治疗方法。"钟南山说。

钟南山临危受命，被任命为广东省SARS型肺炎医疗救护专家指导小组组长。1月31日，除夕之夜，一份来自广州市卫生局的紧急通知将广医一院指定为SARS型肺炎病人收治医院。接到通知后不到一个小时，4名SARS型肺炎病人就从其他医院转来。医院连夜召集医务科、护理部、急诊科、呼研所进行紧急部署。2月1日，大年初一，广州医学院领导到广医一院进行新春慰问，将抗击SARS作为重大工作进行部署。2月8日8时30分，广医一院正式成立以叶广春院长挂帅的SARS型肺炎防治工作领导小组和以钟南山为组长的医疗救护专家指导小组，向全体医务人员发出总动员。

整个春节，广医一院全院职工放弃休假。他们紧急制订、印发《关于做好不明原因肺炎的上报和防治工作指引》《关于做好SARS型肺炎诊疗工作的指引》《关于认真做好SARS型肺炎标本采集和死亡病例报告工作的指引》等系列内部工作程序，为临床科室提供诊疗规范和操作指引；紧急采购抗病毒和抢救药品、呼吸机和抢救设备、消毒物品，加强消毒和隔离管理，启动消防应急排烟系统，加强通风换气，配置营养餐。

钟南山领导的呼研所成为SARS救治的技术核心与攻坚重地。面对一些医务人员的顾虑，钟南山说："医院是战场，作为战士，我们不冲上去谁上去？"他向省卫生厅主动请缨"鉴于呼吸研究所的技术力量较强，同时考虑到危重病人有较强的传染性，应集中治疗。把最危重的病人往我们医院送！"于是，被"毒王"感染、又再次感染十几人的外院司机送来了，多器官衰竭的加拿大籍青年从深圳送来了，中山二院、中山三院、市第八人民医院、市第二人民医院、广医二院、儿童医院等医院被传染的专家送来了……面对危重病人，钟南山身先士卒，顾不得与从新西兰回来的小孙子亲热，全力以赴投入工作。他亲自检查每一个病人，制订治疗方案，甚至抓起人工气囊为病人输氧。

抗击SARS需要大无畏的精神，但科学毕竟是科学，不能拿口号来解决问题。在北京，有关部门召开的一次新闻发布会上，钟南山坦率质疑"有效控制"之说。他说："在医学方面的角度来看，这个病并没有得到有效的控制。我们不要用‘控制’这个词，应该用比较客观的‘遏制’这个词，因为这个病本身病源都没搞清，你怎么能控制它？”

钟南山认为，广东防治SARS主要有三点经验：一是重视流行病学、病原学、临床医学的信息交流，最早提出SARS型肺炎的传染性与家庭、医院聚集性两大特征；二是总结出有效的临床治疗经验；三是及时将危重SARS型肺炎患者集中到专科医院，从而减少传染机会，并增加了抢救成功率。

有关SARS的病原体之争，使国家疾病预防控制中心首席科学家洪涛院士与钟南山院士成为民众关注的焦点。洪涛院士坚持衣原体说，钟南山院士坚持新型病毒说。5月23日，洪涛院士通过媒体表示，冠状病毒是SARS型肺炎的元凶。学术上的分歧似乎已经分出“胜负”。但在网络上对洪涛院士非议颇多，有人甚至提出要罢免他的院士资格。这时，钟南山却挺身而出，回到学术本身，提出“学术分歧无须政治化”。钟南山给某些喜欢“泛政治化”的国人泼了冷水。

5. 没有“红包”的白衣天使。由于少数医务工作者职业道德水准的下降，在平常人的眼里，医护工作者都是一些收取“红包”的人物。在抗击SARS的战斗中，我们的白衣战士不仅没有收“红包”，而且显示了英雄本色，得到社会的广泛赞誉。

无论在广东、北京，还是在山西、内蒙古，哪里有SARS，哪里就出现白衣战士。在抗击SARS的最前线，我们的白衣战士组成了“敢死队”，轮流进入隔离病房工作；为了不传染家人朋友，他们自觉地“自我隔离”。开始是住在医院值班房，趁家人不在时偷偷“摸”回家，冲个凉又离开。后来连值班房都不住了，自己掏钱住酒店，因为不想传染给同事。

在广东抗击SARS的前线，有这样一大批普通医务工作者……

黄子通——把自己的肺亮出来。中山二院副院长黄子通，2月16日抢救被“毒王”放倒的“二代毒王”感染后，一度病危送到呼研所ICU。病愈后，他把自己住院期间的9张X光片当成SARS型肺炎的活教材，向年轻医生讲授治疗经验。从中山二院到中山三院到市第八人民医院，3个医院100多名医护人员接力救一名病人，50多名医务人员病倒，而且到了后期，所有医务人员都知道他是一个传染性很高的“毒王”，仍然没有放弃抢救。黄子通身兼急诊科主任，常年工作在最紧张的医疗前线，这次严重的医护人员感染事件是该院建院160多年来的第一次，他本人则是93名医护人员中病情最危重的一个。

张天托——自己给自己开药。2月1日抢救“毒王”当天，呼吸科主任张天托与中山三院传染科副主任邓练贤、儿科主任王清文、医院感染科主任邓子德、传染科区护士长王乔凤等一起病倒。在感染了SARS后，居然喝一口水都要分两次呼吸，回答医生查房提问时只能使用“晕”“喘”等简单的单词。大年初三中午，张天托与其他科主任轮流为呼吸停止、心跳停止的男童做徒手胸外心脏按压达4个小时之久，男童也曾两度心跳复苏。那晚，他的胸部很痛，已经被感染SARS。当时这种病被命名为“不明原因肺炎”，病原体不明，传播途径不明，没有明确临床治疗方案。躺在病床上的张天托，经常要为其他同样病倒的同事会诊，为自己开医嘱输液。他在记忆中搜索出“肺鼠疫”这个名词，于是他自己开了特效药四环素。用了4天不见好转，他又使用了对抗革兰阴性杆菌的“左旋氧氟沙星”，不久又换成抗产霉细菌的“马斯平”，听到社会上有禽流感传言，他试了试“达菲”，听到病毒推断，他给自己上了“病毒唑”，想到中医对病毒有一定的疗效，他在自己的处方里又添了“穿琥宁”。张天托当了一轮白老鼠。因为有了这么多的试药经验，当有关方面宣布病原体是“衣原体”时，他大叫“不可能！”因为他已经给自己用过对衣原体有特效的四环素……张天托一直战斗在医疗一线上……白衣战士催人泪下的故事非常多。

6. SARS对封闭媒体的冲击。SARS危机时期，我国的媒体经历了一次全面的检验。很多媒体尤其是主流媒体经历“沉默”和无所作为的“痛苦”阶段，随之又经历从未有过的大有作为的“兴奋”阶段。“痛苦”的经历值得深刻地反省，“兴奋”的实践更应当全面地总结。我国媒体在短短几个月中所发生的重要变化，对媒体改革将产生不可估量的影响。

媒体通过SARS报道，把人对公共健康的恐惧推向前所未有的高度，现代媒体技术对病毒危险的扭曲、放大，致使恐惧本身成了公共健康中的“另一种公害”。这种“病毒”比SARS病毒传播速度快许多倍、比SARS的感染力强许多倍、比SARS的破坏力大许多倍。4月20日后，随便打开电视或一张报纸，“战争”“应急保卫战”“舍生忘死”“筑起铜墙铁壁”“勇闯SARS病区”“围追堵截”“火线入党”等，到处都是。这种比喻性说法无疑会引起紧张和焦虑。

SARS在某些西方媒体上，已成为一种政治报道的符号。西方不少媒体从政治角度和框架报道SARS，意图在公众中激起情绪化反应，额外增加其新闻价值，引起更多关注。通过激怒公众对中国政府和中国政治体制的不满，人们把SARS新闻更多地当成政治新闻而不是科学新闻来阅读。西方媒体大部分对中国持一种主观的攻击态度，其主要的“攻击点”就是所谓“中国没有及时将SARS疫情控制住，没有公开疫情状况”。很多西方媒体希望通过这点，进而打击中国的国际信用，并质疑中国的经济成长。《华尔街日报》在3月份提出“隔离中国”，引起一些国人愤怒，但理性告诉我们，“隔离”正是防止SARS蔓延的最简单有效的方法，而且全球110个以上国家事实上也确实“隔离”了中国人。对于新闻舆论监督，有利的是被监督对象所在的那个社会，因此无论它是本地的、跨地区的，还是跨国的，越来越开放的中国领导人、媒体和公众已经有气度接受和欢迎这种对我们改革和发展成本最低的兴利除弊之举。

4月20日后，整个国家的SARS信息披露终于走出内外有别的误区，但这些富有诚意的举动，在开始一周里，并没带来人心的迅速安定，反而使恐慌进一步蔓延。因为公共讨论空间的建设和形成有个滞后过程，讨论和交流至少需几天时间，人们才能对所公布信息有较理性的认识，据此采取理性行动。我国各级政府在及时、全面、准确发布信息的同时，还给媒体以充分的自由空间，进行广泛报道和讨论，逐步形成自由的公共空间，给各级政府、各种社会组织和公民提供了一个复杂而广阔的信息和意见交换平台，挤掉了谣言、各种无用信息和消极意见，自动过滤出很多有用信息和积极建议。

要使新闻媒体肩负起“社会守望者”的社会职责，现行的新闻传播的管控规则就应该转型，由过去的“官本位”转变为“以民为本”。

7. 从抗击SARS看与时俱进。国内不少学者提出，应该建立危机应对机制。其实，从某种意义上讲，中国过去也有危机应对机制，只不过危机的性质和处理危机的方式已经有了很大的不同。过去的危机大多被定性为事故或“工作中的失误”，解决危机的角色是中层干部，加上技术专家。中央政府解决危机的时候是通过体制内的渠道，依托的是上下级间的科层制，使用的撒手锏是罢免和升迁，往往是上司雷霆震怒，下级雷厉风行，这种紧急情况下的非制度处理方式可能是打破官僚主义或既得利益的最有效的方式。在传统的危机处理方式中，媒体并不参与，除了当事人和利益相关者，公众对危机事件大多情况下并不知情。

SARS充分显示当今社会危机的性质已经改变。SARS并不是人为的事故，它是天灾，但如果处理不当，天灾也会带来人祸。SARS对中国社会的影响是深远的，相比之下，它究竟会造成多大的GDP或外商投资损失甚至已经显得不那么重要。SARS像一次没有任何先兆的摸底测验，考验政府面对突如其来的灾难能否保持团结和效率；它像一道刁钻的追问，考验政府在患难时刻是否仍然能够把对公民的生命和健康的尊重放在最重要的位置。在一个处处透风的现代社会，真相已经不可能只在体制内传达，刻意地隐瞒反而助长了谣言的泛滥和公众的恐慌心理。SARS最初发生在中国，但是其传播和影响已经遍及全球。介入和关注这一事件的还有国际组织、其他国家的政府、外国游客、外国商人，甚至从海外媒体获得信息的普通公众。我们已经进入一个充满危机的风险社会，我们已经进入一个全球化的开放社会。极目所及，金融危机、财政危机、战争危机、石油危机、自然灾害、重大事故，都可能随时降临。从这一意义上讲，SARS是一次预演。

敬畏但不恐慌，这才是我们面对SARS一类灾难需要的心态。面对SARS，让我们敬畏自然的神秘，敬畏命运的无常，敬畏我们的对手。

这种敬畏能帮助我们体会到对生命的珍惜、对家庭的珍惜、对正常的社会秩序的珍惜。唯一值得我们恐慌的依然是恐慌本身。[①]

（三）公民科学素质的社会功能

公民科学素质的社会功能中的“社会”，主要是指公民参与社会和国家公共事务的社会生活。参与公共事务的科学素质比“生存的科学素质”“生活的科学素质”“文化的科学素质”的要求更高。它是实现公民参政议政权利所必需的能力，也是知识经济时代社会参与公共生活和民主决策必须具备的科学素质。它相当于本杰明·沈（1975）科学素质三个层次说中的“公民科学素质”。

公民要在现代社会中参与社会公共事务和民主决策，所具备的科学素质主要要素包括能理解与公共决策相关的科学知识、能理解公共决策对自身利益及社会利益影响的知识与能力、能理解科技与社会相互关系的相关知识与思考能力，以及能参加公共决策问题讨论所需的科学推理、论证的能力。

视窗1–4　“7·21”暴雨考量首都市民科学素质

2012年7月21日，北京市气象台连发6个预警，暴雨级别最高上升到橙色。全市平均降雨量170毫米，城区平均降雨量215毫米，为新中国成立以来最大一次降雨过程。房山、近郊区、平谷和顺义平均雨量均在200毫米以上，降雨量在100毫米以上的面积占北京市总面积的86%以上；强降雨持续近16小时。全市最大点房山区河北镇为460毫米，接近500年一遇，城区最大点石景山模式口328毫米，达到百年一遇；山区降雨量达到514毫米；小时降雨超70毫米的站数多达20个。

降雨导致北京受灾面积1.6万平方千米，成灾面积1.4万平方千米，全市受灾人口190万人，其中房山区80万人。全市163处不可移动文物不同程度受损；全市道路、桥梁、水利工程多处受损；全市民房多处

① 杨文志. SARS后中国社会的成熟［EB/OL］.［2009–02–11］. http：//blog.sciencenet.cn/blog–212814–214367.html.

倒塌，几百辆汽车损失严重。全市经济损失约116.4亿元，造成79人遇难，被称为“7·21”暴雨的灾难日为北京这座城市留下浓重的精神伤痛。在大暴雨遇难的人中，有不少是因为汽车被水淹窒息而亡，网络热传的一套汽车淹水逃生术，在那几天浏览量达到数千万次。

1. 6次暴雨预警：市民是否无感。2012年7月21日，北京市气象台从早上开始，连发6个预警，特别是下午的预警频率很高，暴雨级别最高上升到橙色。可是，这天的北京，也许是没有读懂这连发的6个预警，也许是毫不在乎……毫无准备。不少家长都没有提醒孩子带雨具，不少车辆仍然停在低洼地，政府层面的提醒和应急措施也不到位。但灾难真的来了，城区95处道路积水断路，莲花桥、复兴门桥、东直门桥、安华桥、十里河桥、方庄桥、北太平庄桥、玉泉营桥、丽泽桥、六里桥、岳各庄桥、五路桥等断路；房山受灾最严重的12个乡镇交通中断；5条地铁线路12个站口因漏雨或进水临时封闭；航班大面积延误，首都机场取消航班571架次、延误航班701架次，近8万乘客滞留；机场线东直门至T3航站楼段停运；降雨造成京原等铁路线路临时停运8条。

2. “7·21”暴雨：灾难中的悲哀。在“7·21”暴雨带来的灾难中，发生了很多事情。7月27日，中央电视台主播逐人读出北京暴雨遇难者名单，有66名遇难者身份已经确认，11名遇难者身份还在确认中。这些死难者中，有几位曾引起网友的极大感慨。

在京港澳高速公路溺亡的28岁女子郑东洁，曾引发众多网友的感慨。她在最后时刻给老公所发的短信在网上热传。21日晚7点21分，“老公，我回不去家了，桥下都是水，都在等雨停才能过，我估计得下半夜才能到家”。7点29分，“桥下没有一辆车”。7点35分，“老公，你来救我吧”，最后一条短信竟成永别。还有一位遇难者石珊珊生前给丈夫发的最后一条短信是：“我听不到你说什么，我抓住一棵树了”，可惜这只是一棵小树，也被冲走了。

引起更多媒体和网友感慨和惋惜的是在广渠门桥下的积水里遇难的丁志健，他是科学出版社《阿阿熊》编辑部主任，生于1978年，北京大学研究生毕业。2012年7月21日晚7点半，北京，暴雨如注。丁志健给妻子打电话说，他在广渠门桥下的积水里被困住了，不知道是外面水压太大，还是被什么东西挡住了，他打不开车门，也打不通报警电话，让妻子代为报警救他。妻子急匆匆赶往现场。“水下可能还有一个人，没跑出来！”“水下还有人，没跑出来！”她不停地向桥两边的人群呼喊、求救，她自己甚至一度跳进积水里，打算游到沉车附近去亲自救人。

晚上7点34分，消防、急救等部门终于接到了求救电话，随后赶到现场开始施救，但由于水太深、积水面积过大，到场后他们先在现场侦察情况，然后让求救的女子用扩音器喊丈夫的名字，无果。随后，大批消防官兵陆续赶到，10余名穿着救生衣的消防员分为3个搜救组，拿着绳子和救生圈走进水内，向广渠门桥下游去，由西向东地毯式搜索。同时，“岸上”也有数10名消防员，手拉着绳子，以保证下水消防员的安全。两三分钟后，消防员找到了被淹车辆位置。车拉上来了，里面的丁志健已经溺水身亡。但救援人员还是将其抬上救护车，急送北京医院……医生对丁先生电击抢救超过1小时，终因他肺部积水太多抢救无效离世。据悉，危急之下，丁志健想尽办法自救，还用头去撞车玻璃，但头都破掉了，也没有撞开。妻子曾打电话提醒他后备厢有锤子，但他已经没力气。

丁志健当年34岁，一直以来因为学习成绩拔尖、工作优秀，是他们丁家的骄傲。丁志健当年考上了常州最好的高中之一——前黄高中，后来又到北京上学，并留在了北京工作，在北京买了房买了车，并把妻子、父母也都接到了北京生活，日子过得非常幸福。这辆越野车也是才换不久。怎么也想不到，他会在一场暴雨中丧身。丁志健的同事朋友在网上给他建天堂纪念馆，名为“2012.7.21北京暴雨遇难者丁志健天堂纪念馆”，这样的为暴雨遇难者建立的纪念馆，在“天堂纪念网”上，还有好几个。“如果生命，没有遗憾，没有波澜，你会不会，永远没有说再见的一天……”在一首《等一分钟》的歌曲声里，花圈肃穆、烛光摇动。丁志健的“生平简介”一栏写得很简单，“去世原因：暴雨致广渠门桥下积水4米，驾车被困水中，溺水罹难”，寥寥数语，让人扼腕而又沉痛。2012年7月25日，丁志健遗体告别仪式在八宝山殡仪馆梅厅举行。

3. “7·21”暴雨：忙碌的媒体和焦急的网民。2012年7月21日至7月23日，媒体关于“北京7·21暴雨”的新闻报道有1.27万篇，报道的主要网站有新华网、人民网、凤凰网、中国广播网、腾讯网等。通过对这些信息进行关键词提取、主题聚类分析，可知其倾向性是：报道暴雨灾害伤亡情况的新闻占39%，报道救灾情况的新闻占32%，报道后续工作开展情况的新闻占14%，报道灾害中如何自救的新闻占9%，其他报道占6%。

2012年7月21日至7月23日，网民关于“北京7·21暴雨”的言论有475万多条，言论主要来自新浪微博。通过对这些信息进行关键词提取、主题聚类分析，可知其倾向性是：有关救援与求救的言论占36%，讨论灾难面前人情与人心的言论占34%，质疑灾害响应机制的言论占17%，质疑排水系统与城市规划的言论占8%，其他言论占5%。不少网民质疑：为何没群发信息提醒？水快没过半个轮胎仍收费？车主不得已停路边遭贴条？城市供排水系统升级？应急避难场所？漫天要价的出租司机？理性自救？社会互助？一场大雨，北京交通瘫痪？到底死亡多少人？……

4. “7·25”无雨：北京空城避雨。事隔“7·21”北京暴雨4天后的2012年7月25日，中央气象台发布最低级别的暴雨预警，即预计25日14时至26日14时，京津地区等地的部分地区有大雨或暴雨。有关方面对市民发出11次信息提示。当天下午，北京市民迅速做出快速反应，纷纷避免出行，躲避暴雨。结果北京的这场暴雨迟迟未下。

视窗1–5　科技促使人类步入文明

在人类发展史上，科技的发展和应用给人类带来巨大的福祉，使人类从野蛮、愚昧、无知进入现代文明。近代和现代科技的发展，为人类带来持续的文明和进步。

第一，科技使人类远离蒙昧。科学的本质是发现、探索、研究事物运动的客观规律，科学讲求理性、真实客观、实证、可重复性，科技排斥野蛮、愚昧、无知。人类在古代曾经取得无数技术发明和创造，如古代中国的四大发明，但真正科学理性的出现是在欧洲的文艺复兴以后。文艺复兴是人类历史上绝无仅有的最伟大的进步和变革，它推动包括科技、艺术等多方面的发展，随着近代科技的诞生和发展，使人类逐步远离蒙昧。

科学理性和迷信相对而立，根治迷信和恐惧的灵丹妙药是科学理性。现代社会以崇尚科学为荣、以愚昧无知为耻，需要每位公民都必须牢固树立爱科学、学科学、重思想的观念，认真学习和掌握人类文明发展的成果，学习和掌握现代科学技术知识，不断提高科学素养，反对各种封建迷信、愚昧落后的思想和行为。

第二，科技创造积累人类财富。当今世界，科技比历史上任何时期都更加深刻地决定着经济发展、社会进步、人民幸福。一个国家的科技竞争力决定了其在国际竞争中的地位和前途，而科技竞争力的根本标志就是科技创新能力，而科技创新能力竞争的关键是人才的竞争，人才成为第一资源，公民科学素质成为科技创新的文化支撑。培育新的经济增长点、抢占国际经济科技制高点已经成为当今和未来世界发展的大趋势，科技竞争在综合国力和财富分配竞争中的地位更加突出。科技创新是人类财富之源，是经济增长的根本动力，是财富分配的依据。德国经济学家弗里德里希·李斯特（Friedrich List）在100多年前就曾说："一个国家可能很穷，但它若是有创造财富的生产力，它的日子就会越过越富；财富的生产比之财富本身不知道要重要多少倍"。战后日本经济的迅速崛起充分证实了他的这一断言，富于进取精神的日本人，凭借技术创新将财富的生产力发挥得淋漓尽致，让世界看到了今天的日本。不仅日本如此，世界先行国家的发展历程均证明，科技竞争力是人类创造财富、分配财富和积累财富的根本所在。

第三，科技提供开启世界的"钥匙"。1965年的诺贝尔物理学奖获得者理查德·费曼（Richard Feynman）说过，科学是一把钥匙，既可以打开天堂之门，也可以打开地狱之门，但我们要坚信科学本身的价值。科学是人类文明的知识宝藏，能带给人类幸福。现代科学技术无疑带来了生活方式的改变和便利，但它是把双刃剑，在充分认识科技为人类谋得福祉的同时，千万不能忽视科技的误用可能或已经带来的负面作用。科学技术发展在促进社会发展的同时，都要伴随大量弊端的出现，大到可能危害人类生存安全的核武器、生物技术等，小到我们日常应用的网络。这需要科技工作者在研究和宣传科技的正面作用的同时，也要研究和如实说明科技可能带来的弊端。公众要在了解科技的正面作用的同时，也要主动了解科技应用可能带来的负面作用，以防范和消除科技发展带来的负面影响，使科技发展更好地惠及人类、造福人类。

视窗1–6 科技不断改变人类生活方式

技术发明和科技创新，使今天人类的生产生活发生翻天覆地的变化。20世纪40年代以来，以核工业、航天、新能源、新材料、海洋、生命科学、信息等技术为标志，特别是信息技术的广泛应用，开启人类进入信息时代的大门。今天计算机和互联网已经成为人们生活中不可缺少的部分，并直接影响人类的社会结构、政治形态、交往方式、管理模式、经济运行、教育模式等诸多方面。

第一，科技使生活更加便捷。汽车、火车等运输工具的发明、应用，大大减少了人类徒步和肩挑背驮劳动的机会。农业机械的发明和应用，减轻了农民耕种劳动的强度。洗衣机的使用使家庭成员从繁重的家庭劳动中解放出来；微波炉、搅拌器等使家务劳动的时间大大缩短；厨房的抽油烟机使人们不被污浊的空气所侵害。现代物流的发展，北方人在冬季可以吃到大量来自各地的新鲜蔬菜、新鲜水果，现在摆在餐桌上的食品越来越丰富。特别是互联网为人们的生活带来了极大的方便。例如，互联网已经成为现代人工作和学习的好助手，要看新闻、查信息、找资料，一般想到的就是上网。不少人已不习惯再埋头去看一大堆报纸或去图书馆了，只要上网，可以在几秒或几十秒内完成。当遇到什么不清楚的问题，也可以求助互联网。互联网更是通信的好工具，有远在异地的好朋友，想与他联系，可以通过上网与他文字或视频交谈。在互联网上还能实现网上购物、订餐、订票、挂号等。网上购物只需通过互联网检索商品信息，并用电子订购单发出购物请求，然后填上私人支票账号或信用卡的号码，厂商通过邮寄的方式发货，或是通过快递公司送货上门。网上购物采取款到发货（直接银行转账或在线汇款等）、担保交易、货到付款等方式。网上银行使金融服务变得便捷。网上银行又称网络银行、在线银行，是指银行利用互联网向客户提供开户、销户、查询、对账、行内转账、跨行转账、信贷、网上证券、投资理财等传统服务项目，使客户可以足不出户就能够安全便捷地管理活期和定期存款、支票、信用卡及个人投资等。网上银行不受时间、空间限制，能够在任何时间、任何地点、以任何方式为客户提供金融服务。由于互联网的开放性，客户在网上传输的敏感信息（如密码、交易指令等）在通信过程中存在被截获、被破译、被篡改的可能，为此网上银行系统一般采用加密手段传输交易信息。

第二，科技拓宽人们的眼界。科技的发展使人类突破时间、地域、空间的约束，步入自由王国，使人们认识和了解世界的深度、广度大大拓展。如今，现代运输工具可以使人们在24小时之内飞抵地球的任何一个角落，促进人员的交流和交往，公民出国和出游已经变得很平常。互联网可以在几秒内将信息传递到世界的任何一个角落，使人们可以几乎同步了解世界各地发生的事情。但是100多年前，人们要给异地的亲友送去问候，大多要依靠驿差的长途跋涉。例如，从北京到广州2800千米的路程，即使是“加急”，马不停蹄也要32天才能将消息传到。昔日李自成屯兵养马的陕西商洛山区，如今农民已经用互联网把生意做到了全世界，过去销路不畅的生猪、板栗、大豆一时间供不应求。随着科技的发展，人类居住的地球因为信息传递的畅通而变得越来越小，就像是一个地球村，人们了解世界就像了解住在一个村庄里的邻居一样准确和详尽。

第三，科技延长人类的寿命。1900年全世界人均寿命仅45岁，20世纪末世界人口平均预期寿命达到男性63.3岁、女性67.6岁，欠发达国家的平均预期寿命为男性61.8岁、女性65.0岁，最不发达国家人口的平均预期寿命达到男性49.6岁、女性51.5岁。中华人民共和国成立前，我国人口的平均寿命只有40.8岁，现在为71.4岁。随着世界人口寿命的延长，联合国人口署已经把老年人的年龄界限定义在“85岁以上”。这些都得益于科技的发展，一方面提高了劳动生产效率，使人们劳动时间缩短，休闲时间增多；另一方面同科技提高人类食物的生产水平和质量一样，也提高了医疗和保健水平。

农业科技发展，提高了农作物的产量和农产品品质，提高了养殖业的水平和质量，使人类的食物产量不断提高，食物种类不断丰富，食物品质不断改善，进而使人们的营养水平和膳食水平得到提高。20世纪最伟大成就之一是人类基本解决吃饱饭的问题，由此人们必然会想到中国科学家袁隆平。正是他1964年找到一株野生稻植株，从此开始改写世界杂交水稻的历史，仅此就能很好地解决世界上几亿人的吃饭问题。2011年，80多岁的袁隆平将超级杂交稻试验田的亩产提高到920多千克，这是前人根本不可想象的产量。如今，杂交水稻、反季节栽培、工厂化设施栽培、测土配方施肥、无土栽培，以及人工授精、胚胎切割、网箱养殖等农业技术发明得到很好的推广应用，这大大提高了现代农业的生产水平，为人们提供了丰富的食物。在一些高新农业园区，耕地、播种、收割等程序都已实现智能化管理，用农业机械来完成。

医学科技发展使许多过去不能发现、诊治的疾病能够及时发现并得到很好的医治；医药科技发展促使治疗人类疾病的药物不断推陈出新，为人们疾病的治疗提供有力的保障。环顾过去100多年，人类寿命延长的主因除生活环境和营养条件改善外，容易引起大量传染的疾病如天花和肺结核得到有效控制也功不可没。青霉素、乙肝疫苗、心脏起搏器、避孕药、器官移植、人造器官、显微外科、心电检测、超声波诊断、核磁共振诊断、断层扫描成像（CT）等技术发明，已经在疾病就诊中普遍应用。1921年起，进行人体试种卡介苗，赶走了结核病的阴影，现今婴儿出生不久就要被接种卡介苗。1960年，世界第一枚避孕药丸在美国投放市场，为避孕带来方便，促进了全世界妇女的解放。1953年，DNA双螺旋结构的提出，人类已经发现生命的秘密；1990年，启动人类基因组计划，旨在破解人类遗传和生老病死之谜，解决人类健康问题，为30多亿个碱基对构成的人类基因组精确测序，破译人类全部遗传信息。人类的生、老、病、死之谜逐步得到破解，重大疾病基因将被发现，一些危害生命的疾病将有望治愈。

（四）公民科学素质的文化功能

公民科学素质的文化功能的“文化”，是指公民生活中的“文化”，即在公民基本的物质生活和身心基本健康得到保障的前提下，享受高层次精神活动的生活。文化科学素质是比“生存科学素质” 和“生活科学素质”更高层次的科学素质。它是公民在现代社会中享受高素质的精神生活所必需的素质。只有掌握科学精神和科学方法、科学的思维习惯，养成实事求是的工作作风，才能具备理性健全的精神素质，才能破除迷信盲从，才能抵御邪教。它相当于本杰明·沈（1975）公民科学素质三个层次说中的文化科学素质。

公民要在现代社会中享受基本水准的精神生活，所具备的科学素质主要要素包括通过科学理性进行思考、讨论、批判，以及合理地形成信念的能力，利用现代社会公共设施和资源进行学习的相关知识和技能，以及辨别科学与伪科学、科学与迷信的能力。

第三节 公民科学素质建设全球化

自20世纪50年代以来，公民科学素质建设的理论研究和实践行动都得到快速推进。尽管国际社会对科学素质的界定尚未统一，但基于提高公众科学素质的普遍共识，世界各国的科学素质建设实践不仅一刻没有停息，而且正在指向使科学素质建设成为一项全球性的实际行动。

一、国力竞争引爆公民科学素质发展

20 世纪以来，激烈的国际竞争，越来越聚焦到科技领域，聚焦到国民素质特别是国民科学素质的提高上。早在1996 年的世界竞争力报告中就明确

提出，现在国家之间的竞争已从原来的产品竞争、加工竞争和结构竞争，转向国民素质的竞争。当时，人们已普遍认识到，国民素质特别是国民科学素质，已成为现代社会发展进步的最根本的因素，成为21 世纪各国扬帆远航的根基所在[①]。

（一）科技竞争对国民科学素质提出巨大挑战

20世纪中叶以来，现代科技发展以前所未有的速度引起人类社会生产生活方式的深刻变革，科学知识、科学方法和科学精神越来越广泛地影响着人们的生活质量和社会价值观念，国家、社会在进行与科技有关的各种决策时也只有在公众理解的基础上才能实现决策的民主化、公开化并积极得到落实。作为公民素质重要组成部分的科学素质，不仅是决定国家经济可持续发展和社会进步的关键因素，而且对公民个人的全面发展和高质量、有尊严的生活具有深刻而长远的影响。

随着科技的迅猛发展，人类社会进入经济全球化时代。国民素质尤其是国民的科学素质已成为综合国力竞争的基础。公民科学素质的高低，不仅决定了个人的全面发展与生活质量，而且在一定程度上影响着国家的兴衰荣辱。因此，提高全民科学素质已成为国际社会的共识。美国、英国、加拿大、瑞典、澳大利亚、新西兰、印度、韩国、新加坡等国也都结合本国实际，先后采取有力措施提高公民科学素质。

1985年，恰逢哈雷彗星回归，美国科学促进会开始组织全美数百名科学、教育及其他相关领域的专家致力于制定一项长远的、面向生活在能看到哈雷彗星下次回归的全体公民的科学素质建设计划，即“2061计划”。这一计划的提出，极大地推进了美国的科学教育改革和科学普及运动，同时，引起世界范围内进行科学教育改革、提高公民科学素质的改革浪潮。另外，世界上一些主要国家，如英国、加拿大、澳大利亚、印度等也都制定致力于提高国民科学素质的学校科学教育改革和全民科学教育计划；一些国际组织，如联合国教科文组织、经合组织、欧盟、世界银行等也发表宣言或制定行动计划以提高公民对科学技术的理解，促进世界经济和人类社会的发展。我国在新世纪开始进行的基础教育课程改革中，也把培养科

---

① 朱效民. 国民科学素质——现代国家兴盛的根基［J］. 自然辩证法研究，1999（1）：41—44.

学素质作为实施学校科学教育的宗旨。世界上不同的国家和组织的这些做法说明，提高公民的科学素质已成为当今世界科技发展和保持人类社会可持续发展的迫切要求。

视窗1–7　公民科学素质是竞争的焦点

国家要强大，要屹立于世界民族之林，必须要有强大的科技，有众多高水平人才，这是国家发展的力量所在、后劲所在。当今世界，一个科学普及的民族，一个具有科学精神的民族，才是真正有生机、有希望的民族。一个国家，如果没有国民素质的提高和道德的力量，绝不可能成为一个真正强大的国家①。公民科学素质是衡量现代化强国的重要标志，国民强，国家才能强，一个民族的独立自强、生生不息，一个国家的核心竞争力和强大发展后劲，都取决于包括科学素质在内的国民素质不断提升。

1. 公民科学素质是国家和民族竞争力的基本标志。全民科学素质对于国家竞争力具有决定性影响。对各个国家来说，提高全民科学素质是真正有效地提高国民整体素质、提高国民的技能和就业竞争能力、提高国家人力资本水平的基本手段和主要内容②。对我国而言，还是实施创新驱动发展战略的前提，是实现人的全面发展和提高国家竞争力的真正基础。

全民科学素质是国际社会评价国家竞争力的重要指标，利用指标评比来衡量国家竞争力的机构或组织很多。其中，日内瓦世界经济论坛（WEF）和瑞士洛桑国际管理发展学院（IMD）最具规模和影响力③。1996年开始，WEF和IMD各自独立发表自己的竞争力报告——全球竞争力报告（GCR）和世界竞争力年鉴（WCY）。这两大权威机构已经

① 温家宝. 温家宝在科协八大的报告：关于科技工作的几个问题［J］. 求是，2011（14）：3—11.

② 任元彪，任定成，桂质亮，等. 提高全民科学素质的目的和意义［G］//全民科学素质行动计划制定工作领导小组办公室. 全民科学素质行动计划课题研究论文集. 北京：科学普及出版社，2005：285—314.

③ 中国人民大学竞争力与评价研究中心研究组.中国国际竞争力发展报告（2001）［R］.北京：人民大学出版社，2001.

把高科技和国民素质放在国际竞争力研究的突出位置。在2000年WCY中，国民素质竞争力评价由七大领域、44个指标构成。七大领域包括人口、劳动力、就业、失业、教育结构、生活质量和劳动者态度[①]。《2015—2016年全球竞争力报告》显示，中国在全球竞争力排名榜上保持在第28位，领跑金砖国家，保持最具竞争力新兴市场地位，但我国的人均GDP仅是美国的12.3%、巴西的58.3%、泰国的66.2%。报告指出，推行长远的结构性改革，提高生产力，释放人才潜力是当前各国应采取的重要举措，一个经济体培养、吸引、利用和支持人才发展的能力与其竞争力高度正相关。排名靠前的经济体在这方面均表现良好。世界经济论坛创始人兼执行主席克劳斯·施瓦布（Klaus Schwab）认为："第四次工业革命正在加速催生全新的行业与经济模式，与此同时，这也导致一些现有行业和模式的快速衰落。要在新的经济环境中保持竞争力，人们在此时需要特别重视促进生产力增长的关键要素，比如人才与创新"。世界经济论坛还援引美国哥伦比亚大学经济学教授夏威尔·萨拉-伊-马丁（Xavier Sala-I-Martin）的话说："生产力增长放缓已成为新常态，这是对全球经济的严重威胁，并将深刻影响世界各经济体应对重大挑战的能力，如失业或收入不平的问题。对于各国领导者而言，最好的对策则是优先推行改革，重点加大对创新和劳动力市场等领域的投资力度，这将有助于释放创业人才的力量，让人力资本充分发挥作用"[②]。

要提高劳动力竞争力，就必须提高劳动力的科学知识和技术水平；要提高教育竞争力，核心是提高教育质量，其中科学教育是关键。没有一定的科学素质，公民就难以适应现代社会生活、获得较高生活质量；难以形成积极向上的社会价值观和科学文明的生活方式；难以适应竞争社会的需要，形成竞争能力。

全民科学素质的整体水平制约着公民对科技进步重要性的认识程

① 曹远征，孙安琴. 1998年中国国际竞争力评价［J］. 国际经济评论，1998（Z4）：7—8.

② 《2015—2016年全球竞争力报告》及其对我国知识产权工作的启示［EB/OL］.［2015-11-02］. 中华人民共和国知识产权局，http：//www.sipo.gov.cn/zlssbgs/zlyj/201608/t20160811_1285605.html.

度，由此影响他们为科技进步付出热情，投入资本，并最终体现在国家科技政策和战略的制定和执行上。建设创新型国家，需要广大公民具备基本科学素质作为基础，没有热爱科学、关注科技、具有较高科学素质水平的广大公众群体，没有鼓励创新、崇尚科学的良好社会氛围，就不会形成创新型人才辈出的大好局面，自主创新就失去了源泉和动力。只有提高广大公民的科学素质，才能培养出有文化、懂技术、会经营的新型农民，培养出数以亿计的高素质劳动者，使群众性技术革新活动得到蓬勃开展，创新型人才脱颖而出；只有努力营造激励创新、鼓励冒尖、尊重个性、宽容失败的良好氛围，培养独立思考、理性判断的精神，不断增强公众的创新意识和创新能力，才能使增强自主创新能力得到切实保证。

2. 公民科学素质是国家经济发展的基础支撑。现代是一个依靠人力资本时代，全民科学素质根本上决定着国家人力资本水平。人力资本通过教育投资、医疗保健投资和人力流动投资等形成，表现为劳动者的知识、技能、健康素质等。在经济发展中的关键作用表现在以下几方面：提高劳动生产率和生产的经济效益，改善人的精神素质，促进产业结构的调整，促进收入分配平等化，以及增强国家的国际竞争力。美国经济学家肯德里克（J. W. Kendrick）和 E. F. 丹尼森（Denison）通过研究得出了“国民收入增长率大于资源投入增长率”的结论。经济学家认为，在其他因素不变的情况下，产出应与投入同比例增长，导致经济增长快于投入增长的最主要的原因是劳动者素质的提高。据 E. F. 丹尼森计算，美国1929—1969年的40年间人力资本对经济增长的平均贡献率为23.83%，远高于世界平均水平。人力资本的主要含量是知识，包括科技知识和管理知识等，教育投资是人力资本投资的主要形式和主要部分。通过教育可以提高劳动力的知识水平、文化修养及专业技能，增加劳动者自身的人力资本存量[①]。

从实现经济发展的手段看，现代是一个依靠科技的技术创新时

① 任元彪，任定成，桂质亮，等. 提高全民科学素质的目的和意义［G］//全民科学素质行动计划制定工作领导小组办公室. 全民科学素质行动计划课题研究论文集. 北京：科学普及出版社，2005：285—314.

代。技术创新是一个技术发明转化为生产力的过程，是技术要素与其他生产要素的成功组合。增强国家技术创新能力必须提高全民科学素质。公民科学素质的高低，对人们利用知识、进行科学思维和提高技术能力，对社会生产力的发展，有着深刻的影响①。只有具备较好的科学素质，才会更容易产生新观念和激发创新精神，才能有所创新。人的素质直接影响创新质量、速度、传播和创新氛围的营造。

改革开放以来，我国经济持续保持年均增长9%以上，人均国内生产总值已经达到了1700美元，综合国力大幅度提升。同时也要清醒地看到，我国经济增长还存在着一些突出的问题，经济增长严重依赖资金高投入和资源高消耗，部分核心技术和关键技术受制于人，资源环境约束和经济快速增长之间的矛盾日益突出。据有关资料，我国消耗每吨能源实现的GDP仅为世界平均水平的30%，电力、钢铁、有色金属、石化、建材、化工、轻工、纺织8个行业主要产品单位能耗比国际先进水平高40%。我国正处在加快转变经济发展方式的攻坚时期和建设创新型国家的关键阶段，提高公民科学素质从来没有像今天这样重要，面临的任务从来没有像今天这样紧迫。提高公民科学素质是落实科学发展观主题、加快转变经济发展方式主线的有力支撑，我国要从产业链低端向高端跃升，从“中国制造”向“中国创造”转变，实现经济发展创新驱动、内生增长，从根本上说必须依靠具备较高科学素质的大量劳动者和创新型人才。提高公民科学素质是建设创新型国家的坚实基础，只有广大群众掌握科学精神、科学思想和科学方法，创新人才大量涌现，整个社会的创新创造活力不断迸发，自主创新能力不断提升，才能拥有坚实依托和不竭源泉。

3. 公民科学素质是社会文明进步的动力。公民科学素质是社会文明进步的强大动力，只有广大公民能够运用科学知识处理实际问题、参与公共事务，培育理性平和的社会心态，才能提高生活质量，实现人的全面发展，促进社会和谐。

公民科学素质是政治民主的前提和基础。先进的政治文明要以适

① 江泽民. 论科学技术［M］. 北京：中央文献出版社，2001.

应社会发展、具有较高素质的政治主体为保障，提高全民科学素质是政治文明的内在要求。从国家行政人员来看，他们的科学素质对国家政策、制度的制定、实施具有决定性影响。行政官员的组织、判断、应变、决策能力都以科学素质的提高为基础。从普通公民来看，公民科学素质的整体水平决定了他们对政治生活的理性程度、有效参与程度。

公民科学素质决定公民参与国家公共政策法规的制定和执行、推动社会民主、构建社会主义和谐社会的理性和态度。随着政治理性化和世俗化的步伐加快，政府行政透明度的提高，公民参与和监督政府施政的机会日益增多，而社会公民日益倾向根据自身的经常性利益状况来评价政治系统是否具有合法性，这就要求公民必须具备科学理性和基本科学素质。因为现代社会中，各种公共政策议题几乎都涉及科技，公民科学素质的整体水平就直接决定了对政治生活的有效参与程度。公民只有具备较高的科学素质，才能充分理解各项政策法规的内容和意义，自觉地参与制定和执行。具有较高科学素质的公民，有助于形成良好的公共政策法规以及科学与社会的协调关系。通过提高公民的科学素质，能够增强其行使民主权利、参与公共事务和维护自身权益的意识和能力，促进科学地调整、平衡社会利益，维护社会的公平正义与和谐稳定[①]。

公民科学素质是先进文化建设的重要组成部分。全民科学素质是民族文化发展的重要因素，全民科学素质的提高不仅有利于形成崇尚科学、崇尚文明的民族精神，而且还有利于抛弃传统文化中的落后因素，发展适应现代人类社会的现代民族文化，增强民族凝聚力。在与科技相关的公共决策日益增多的今天，提高公民科学素质越来越成为提高公民政治参与水平和能力的迫切需要。提高全民科学素质，有利于公民运用理性思维方式，用辩证的、唯物的、发展的观点分析政治现象，增强对不良思潮的辨识力与免疫力，从而面对纷繁复杂的事实，采取正确的姿

① 任元彪，任定成，桂质亮，等. 提高全民科学素质的目的和意义［G］//全民科学素质行动计划制定工作领导小组办公室. 全民科学素质行动计划课题研究论文集. 北京：科学普及出版社，2005：285—314.

态。“法轮功”事件就反映了我国全民科学素质方面存在的问题。掌握科学知识、科学精神、科学方法有助于识破妖言和抵制错误思潮的影响。

（二）现代化对国民科学素质提出新的要求

随着经济全球化的推进，国际竞争日趋激烈。说到底，这种竞争越来越表现为人力资源和国民科学素质的竞争。国家要真正强大起来，屹立于世界民族之林，必须要有强大的科技，有众多高水平人才，这是国家发展的力量所在、后劲所在。

越来越多的国家认识到，国民科学素质对于国家竞争力具有决定性影响。对各个国家来说，提高全民科学素质是真正有效地提高国民整体素质、提高国民的技能和就业竞争能力、提高国家人力资本水平的基本手段和主要内容。对我国而言，提高全民科学素质还是创新驱动战略、人才强国战略的前提，是实现人的全面发展和提高国家竞争力的真正基础。

视窗1–8　科学素质是现代公民的标配

当今科技与个人的方方面面直接相关，个人了解科技知识、掌握基本的科学方法、具备科学思想和科学精神，以及应用它们处理实际问题、参与公共事务的能力的程度，就直接决定着个人或群体的生活状态和发展潜力。

1. 公民科学素质是现代人生活生产的最基本要求。对公民个人来说，公民科学素质是现代社会人素质的核心，是每位公民生存和发展的最基础性要求。在现代生活空间和社会环境高度知识化和技术化的情况下，不论是生存就业，还是谋取个人的全面发展，都要求公民不断学习科技知识，掌握先进科技方法和技能。在物质生活水平得到明显提高后，人们日益关注健康水平和文化、生活质量的改善，而现代社会科技渗透到日常生活的方方面面，人们的衣食住行都离不开科技。作为一位现代公民，只有具备基本的科学素质，崇尚科学思想和科学精神，才能正确认识世界，解释自然界和社会中的各种现象；才能不迷信任何权威和既有理论，勤于思考、善于提问、敢于怀疑、勇于创新，提高识别和抵制愚昧迷信、伪科学的能力；才能提升精神境界，自觉承担公民的社会责任，积极参与公共事务的决策、管理和监督，将个人的人生价值与国家前途和社会发展更好地融合起来，实现人的全面发展。

公民科学素质是个人在现代社会中求职谋生的基础。在工作车间等工作场所，越来越多的工作需要不断更新工作模式、革新使用的技术，因而要求人们得会学习、会推理、会创造性思维、会做决策、会解决问题。这就要求个人提高科学素质。对于想在职业生涯中寻求突破，在不同生产部门或者职业领域流动的人来说更是如此。知识经济的崛起对个人科学文化水平和知识能力结构的要求就愈加严格了。

现代社会，科学和技术渗透到每一个角落。因此，个人的科学素质很大程度上决定了个人参与经济、社会、文化和政治生活的兴趣、需要与能力①，决定了个人交流的能力、深度和广度。

公民科学素质是现代社会提高生活质量与健康水平的基础。理解和认识科学的能力，决定了“成功地竞争高质量工作和过富裕生活的机会”是否存在②。较高的科学素质包括理解科学方法并应用这些科学方法解决自己生活和工作中的各种问题③。在充满了发明创造、以技术为基础的社会中，科学与技术影响着人们日常生活的方方面面。公民科学素质的高低直接决定他们对生活中用到的许多工具与服务的理解。因而，没有科学素质的民众，美好世界的前景是没有指望的④。

2. 公民科学素质是促进个人现代化的基本要求。公民科学素质是人的现代化进程中最能动的因素。只有个体的人在心理和行为上都发生转变，形成现代的人格，这个社会才能称作是真正的现代社会。提

① 联合国教科文组织. 科学、技术和数学教育者共同体协会服务于人类发展的科学、技术和数学教育—行动框架（2001）［Z］.全民科学素质行动计划制定工作参阅文献，2003.

② 克林顿·戈尔. 科学与国家利益［M］. 曾国屏，王蒲生，译. 北京：科学技术文献出版社，1999.

③ 中国科学技术协会.中国公众科学素质调查分析报告（2001）［R］. 北京：科学普及出版社，2002：3.

④ 美国科学促进会. 面向全体美国人的科学［M］. 北京：科学普及出版社，2001.

高公民科学素质有助于开放的和批判的思维的形成，有助于健全的自我意识和世界图景的形成，有助于对其置身的世界及其发展保持欣赏和理解的态度，有助于他的精神幸福、心理健康和现代人格的形成。英国社会学家吉登斯（Anthony Giddens）认为，由于传统的消失，现代人对于社会行动以及自身行为的反思和判断将不断加强。在高度科技化的社会中，反思的能力与效果与全社会的公民科学素质密切相关。我们有必要自觉加强这种反思的基础，提高全民科学素质，更好地利用自反性现代化的正反馈功能。美国学者布莱克（E. Black）提出了类似的思想，他认为传统世界的稳定性正在失去，不再有固定的行为模式，人们不能再主要向传统学习、向父母学习，而是更多地在生活中学习、向同辈学习，更主动地学习。科学教育成为理解世界、学习新的规则和适应社会的基础。

公民科学素质是适应全球化发展的重要因素。全球化是指在新科技的推动下，通过商品、资本、信息和人才的流动，形成一个普遍联系的、开放的一体化世界的过程。试图孤立于全球化进程之外去寻求独自发展的国家，将被排除在世界现代化进程的行列之外；人类所面临的共同困境和挑战，如环境危机，也将世界各国的命运紧紧维系在一起。全球化要求具有宽阔视野、现代精神和相当科学素质的世界公民，公众的科学素质成为全球化的重要动力、制约因素，是确保全球化正确走向和造福人类的重要因素。只有通过提高全民科学素质，培养公民共同的理性认识能力，才能树立“全球良知”的观念，形成全人类基本的常识、理性和良知的交汇点，扩大共识，加强合作；对全球化的充分理解、适当引导、社会精神及意识形态准备等方面，要求无论是普通公民还是各级决策者都具备充分的科学素质。

公民科学素质是适应人类社会可持续发展的基本要求。可持续发展的主旨是在不损害后代人满足其生存与发展需要的前提下满足当代人的生存与发展需要[①]，是资源、环境、经济、人口、社会五大系统相互协调的发展。个人的科学素质决定自然资源的可持续利用程度。掌握先

① 朱国宏. 通向可持续发展的道路［M］. 上海：复旦大学出版社，1998：28.

进科学技术的高素质劳动者才能提高资源利用中的技术含量，才能提高生产中的知识投入，而不是资源投入，才能开发利用新的替代资源，才能具备创新意识和变革意愿，从根本上改变传统的资源消费模式。个人的科学素质决定生态文明观念和生态文明的实现。生态文明与其说是对社会发展的挑战，倒不如说是对人的科学素质和人文素质的挑战[①]。因为只有科学地把握了自身在生物圈中的地位和作用，人们才会自觉地建立和遵守人与自然的新伦理关系，并主动调整和改善其他有关的各种关系[②]。德国学者贝克指出，由于科学技术的不当应用造成的技术和生态风险，已经超出了现代社会的管理能力，成为一种普遍的社会特征。为了防范这种风险，使人类历史发展顺利向前[③]，要求公民具备更高水平和更为全面的科学素质。

公民科学素质是应对知识社会、信息社会、学习型社会、全民参与型社会的要求。知识社会要求提高公民的科学素质，知识社会以知识为基础、为核心、为其他一切的前提。美国学者贝尔（Daniel Bell）特别强调加强科技教育和对逻辑、创造力和批判性思维的培养[④]。信息技术和网络已经成为另一种意义上的语言文字，没有掌握这种语言文字的人就是信息社会里的文盲。知识的加速老化与更新，要求人们的已不再是在学校学习一生享用的那种知识，而是怎样学习的那种知识。知道学习什么，如何学习，如何有效利用知识，如何保持终生学习，是这种社会的基本要求。第二次现代化的社会是一个公民参与程度更高的民主社会，在一个科学和技术起支配作用的社会，就要求公民有较好的科学素质。"如果民众对科学方法、科学定律和科学语言一无所知或所知甚少，如何能够在一个完全依赖科学和高技术的社会里成为有见识的决策人呢？"[⑤]

① 刘长明. 教育是永恒而崇高的育人事业——兼评教育产业化种种［J］. 山东师范大学学报（人文社科版），2001（2）：66—71.

② 孙抱弘. 人的素质与可持续发展［J］. 上海社会科学院学术季刊，1999（2）：57—63.

③ 孙抱弘. 人的素质与可持续发展［J］. 上海社会科学院学术季刊，1999（2）：200—201.

④ 孙抱弘. 人的素质与可持续发展［J］. 上海社会科学院学术季刊，1999（2）：456.

⑤ 耶范特·特奇安，伊丽莎白·比尔森. 卡尔·萨根的宇宙——从行星探索到科学教育［M］. 上海：上海科技教育出版社，2000：196.

3. 公民科学素质是决定个人全面发展能力的核心内容。1994年，在关于发展问题的国际讨论会上，联合国教科文组织总干事费德里科·马约尔（Federico Mayor）指出："人既是发展的第一主角，又是发展的终极目标"。1995年，各国国家元首和政府首脑在《哥本哈根社会发展问题宣言》中承诺："将人民置于发展的中心"[①]。中国共产党更是把"人的全面发展"写在党的旗帜上[②]，而公民科学素质是决定现代人素质和检验个人发展能力的核心内容。

公民科学素质水平是衡量个人发展能力的根本标志。美国社会学家英格尔斯（Alex Inkeles）通过在不同国家大规模的比较性社会调查，指出现代人的共同特征主要体现在乐于尝试、个人效能感强、独立自主、见闻广博这四个方面[③]。现代人区别于传统人的这些特性无不与公民科学素质有密切关系。

公民科学素质与乐于尝试、乐于接受新观念密切相关。乐于尝试、乐于接受新观念是现代人素质中的首要因素[④]。现代人尝试接受新的观念、新的感觉和新的行动方式的这种基本心理倾向，正是源于科学的求实、求真与创新精神。科学发展的历史就是无止境的尝试、无数次的推陈出新、永远的新旧观念更替的历史。现代人思路开阔、头脑开放，尊重并考虑各方面不同意见，而不盲从于权威，这也是与科学精神高度一致的。因此，学习科学知识、了解科学过程、秉承科学精神、提高科学素质是现代人素质形成的基础。

科学素质与个人效能感密切相关。个人效能感与时间、效率、计划相关。现代人善于在个人所拥有的时间向度上作妥善的规划与经营，他对人和社会都充满信心，办事讲求效率，守时、惜时。这与科学过程，特别是科学实验所必备的素质高度一致。如化学实验，反应时间的

① 社会发展问题世界首脑会议的报告（1995年3月6日至12日，哥本哈根）［R］. 联合国出版物，出售品编号：C.96.IV.8.

② 江泽民. 论科学技术［M］. 北京：中央文献出版社，2001.

③ 根据美国社会学家英格尔斯（Alex Inkeles）于1962—1964年的社会调查得出现代人具有共同特征。

④ 英克尔斯·史密斯. 迈向现代化［M］. 台北：黎明文化事业股份公司，1981：27.

准确把握、反应效率的计算、实验方案的制订都是实验成败的关键，这些与实验者个人效率感密切相关。了解科学过程、掌握科学方法对提高个人效率感裨益良多。

科学素质与人的独立自主密切相关。形成或持有见解，独立自主地处理问题，必须积极地获取形成意见的事实与知识，这就与个人的科学素质密切相关了。获取知识本身即是培养科学素质的重要内容；科学过程本身即为独立自主解决问题的过程；根据事实和知识形成结论继而提出意见、建议，改善生活或者促进生产即为科学在应用过程所要达到的目的。较高的个人科学素质，意味着独立自主的品格会潜移默化、最终固化在个人身上，散发现代人的光芒。

科学素质与人的见闻广博、积极参与密切相关。科学素质帮助个人形成广阔的世界观、分享现代人类思想的丰富宝藏、尊重并欣赏世界文化，科学家所体现的精神气质——公平竞争、无私利性以及团队精神帮助个人正确处理竞争与协作关系[①]。自我实现是人的全面发展的最终目的，它意味着作为主体的个人能力的充分发展、自由个性的发挥以及个人价值的实现。提高全民科学素质有助于适应现代社会潮流。保持与时代相适应的智能与精神状态，吸收和运用新知识，适应社会迅速变革，主要依靠个人的科学素质基础。因为现代社会潮流首先是科学技术潮流。据美国一个民间机构的统计，在20世纪90年代增长最快的10种职业中有8种需要科学或工程教育的背景[②]。"学者、学生、产业界人士、家庭妇女如不懂科学的话，就适应不了时代的潮流"[③]。因为科学素质是"人类发展的核心发动机"[④]。

提高科学素质有利于人自由全面发展。提供宽松的环境，让各种新颖的理念、怪异的念头、天马行空的想法在科学家的头脑中自

① 1986年，英国皇家学会、大不列颠皇家学会和英国科学促进会共同成立了英国公众理解科学委员会，并于成立前夕（1985年）发布了《公众理解科学》长篇报告。

② 中国科协科学普及部，国家科委社会发展科技司. 全国科普工作会议参阅材料［Z］. 1996（2）：133.

③ 朱秋云.让每个人口袋里都有一本科普书［J］. 科普研究，1990（4）：31.

④ 联合国教科文组织汉堡会议. 世界范围内的素质（1997）［Z］. 全民科学素质行动计划制定工作参阅文献，2003.

由舒展，使科学家的自由个性得到充分张扬，是科学研究过程中的内在要求。提高全民科学素质，使人们了解科学过程，理解科学方法和科学的批判精神，对于自由发挥个性，实现人的全面自由发展也非常重要。

提高科学素质有助于个人价值的实现。确立正确的人生观和价值观是实现个人价值的第一步，它决定个人价值实现的目标和方向，科学精神不仅可以激励人们学习、掌握和应用科学，鼓舞人们不断在科学的道路上登攀前进，而且对树立正确的世界观、人生观、价值观具有重要意义[①]。个人价值的实现充满荆棘和波折，需要莫大的勇气、毅力与魄力。无私无畏的献身精神和吃苦耐劳、持之以恒是个人价值实现过程所必备的品格，也是成功的奥秘。为科学事业献身的科学家和整个人类科学的求真之路都体现了这种品格。

（三）公民科学素质建设引起国际社会重视

在激烈国际竞争的背景之下，科学素质行动纷纷兴起。1985年，美国率先推出“2061计划”，由美国科学促进会专门负责推行，旨在提高全体美国人的科学素质；1986年，英国皇家学会、皇家研究院和科学促进会联合组成公众理解科学委员会（COPUS），专门推行公众理解科学运动；1988年，印度实施“国家素质行动计划”，并在此计划之内专门发起全素质运动（Total Literacy Campaign，TLC）；1996年，葡萄牙发起“活科学运动”，强调中学、大学与国家实验室的合作和自然科学与技术科学的实验教学，并建立“活科学中心”，开辟互动讨论空间。在正规教育系统内，科学素质教育目标促进了教育方式的改革和课程标准的调整。从做一日科学家到用以致学，从过程而非结果到所有人的科学，从少即是多到作为求知手段的科学，科学教育口号到20世纪90年代最终集中到了科学素质，各国科学课程标准也加大了培养学生科学素质力度的规定。例如，美国国家科学教育标准，不仅对如何成为具有科学素质的人做出了十分具体的构想，还提供把这种构想变成现

① 江泽民. 论科学技术［M］. 北京：中央文献出版社，2001.

实所应遵循的行动路线[①]。

当时我国国民素质尤其是国民科学素质已经成为严重制约我国社会发展进步的因素。1992—1996年，中国科协连续3次对我国公众科学素养进行抽样调查。调查采取国际通用的测定科学素养的标准，即分为理解基本的科学知识、理解科学研究的一般过程和方法、理解科技对社会的影响3个部分。以这几年来我国公众科学素养的调查数据与美国1990年调查数据进行比较发现，我国具备科学素养的公众比例（0.3%）仅为美国（6.9%）1/23；与1989年欧共12个国家公众科学素养调查结果相比，我国公众具备科学素养的比例仅为欧洲人（4.4%）1/15。1996 年我国公众科学素养调查显示，对分子、计算机软件、DNA这3个最基本的科学术语很了解的中国公众分别只有3.7%、2.2%、3.6%，不了解及未做回答的比例分别高达84.5%、93.5%、90.6%；只有不到半数的中国公众（45.6%）知道肝不是制造尿的器官，答错和不知道的人超过一半（51.7%）；知道激光不是由汇聚声波而产生的人不到1/5（19.4%），回答错误和不知道的人高达77.5%；我国公众对科学研究过程及方法很了解的仅1%，相当高比例的农村公众认为科学研究就是选育优良粮食品种，增加粮食产量；而理解科技对社会影响的我国公众的比例分别只有美国及欧洲国家相应比例的1/14 和1/22。对此，当时中国科普研究所公众科学素养调查课题组评论道：这种状况说明我国公众还不具备基本程度的科学精神和科学意识，也就是说我国公众还不具备分辨科学和伪科学的能力，还不具备基本程度的科学思维方法，还不具备用科学方法思考和解决社会与生活中的各种问题的能力[②]。

国民科学素质的低下，让我国尝到了难言的“苦果”。20世纪90年代初以来，我国出现一些与时代发展不和谐的社会现象，如封建迷信抬头、伪科学反科学现象泛滥，甚至出现“法轮功”这样反科学、反社会、反人类的严重事件。根据我国公民科学素质现状和形势发展需要，借鉴美国“2061计划”等世界发达国家公民科学素质建设的经验和做法，中国科协于1999年11月及时向中共中央、国务院提出实施全民科学素质行动计划（又称“2049计划”）的建议，建议对我国公民的科学素质培养做出总体规划和系统安排，

---

① 陈首. 科学素质建设：国外在行动［J］. 科学学研究，2007，25（6）：1057—1062.

② 中国科普研究所公众科学素养调查课题组. 中国公众科学素养调查报告［J］. 科普研究，1997（5）：26—32.

制定和实施立足我国基本国情，面向全体国民，发挥政府、企业、非政府组织和社区的全社会作用的超长期国家计划，以有效提高我国国民的科学素质，通过50年的持续努力，到新中国成立100周年即2049年时，实现人人具备科学素质的目标。

二、公民科学素质建设发展历程

20世纪50年代以来，全球范围的科学素质建设已成为国际社会共同推行的事业，建设的浪潮正方兴未艾。主要经历科学素质建设的萌芽、广泛兴起、战略推进三个阶段[①]。

（一）公民科学素质建设的萌芽

20世纪50—70年代，从美国开始，把提升公众科学素质作为各国科学普及与科学教育的题中之意，将科学素质作为一项专门主题加以调查与讨论，由此引发科学教育改革。这个时期，科学素质建设并没有成为一项专门的社会行动，它只是学界讨论的一个问题点，并积极探索，力图通过科学教育改革得以体现。

科学素质和科学教育在美国的提出，有其特殊的历史背景。1957 年苏联成功发射第一颗人造地球卫星，使冷战时期正在与之争夺世界霸权、进行军备竞赛的美国顿时感受到前所未有的压力。为此，1958年美国国会通过《国防教育法》，把改善各级学校的教学条件与提高科学研究和科学教育的水平提高到加强国防建设的高度来认识，并将其看作可以使美国在军备竞争中居于领先地位的先决条件。但是，并不是所有人都赞同把增强国家安全作为改进科学教育的唯一理由，也有人曾敦促美国全国教育研究协会在更一般的意义上来重视科学教育[②]。1958年，赫德将科技与社会的关系作为一个重要问题提出，并撰文首次提出将科学素质作为科学教育的目标[③]。此后，科学素质逐渐成为美国科学教育的重大主题。1972年，美国科学委员会出版双年度科学指标，内设公众对科技的态度一章。1979年始，科学指标有关公众科学素养的调查分析都采取米勒测试维度。

① 陈首. 科学素质建设：国外在行动［J］. 科学学研究，2007，25（6）：1057—1062.

② 张增一，李亚宁. 科学素质概念的演变［J］. 贵州社会科学，2008，224（8）：11—15.

③ Hurd P D. Scientific literacy： new minds for a changing world［J］. Science Education， 1993（82）： 408.

伴随着有关科学素质的调查与讨论的升温，美英等国的科学教育出现从精英教育向大众教育转化、从作为学科知识的科学向作为相关知识的科学的转化，综合科学课程开始兴起①，科学素质教育开始受到关注。1964年，美国国家科学教师协会的课程委员会主张科学教学必须培养出具有科学素养的公民；1971年再次明确提出，科学教育的最主要目标是培养具有科学素养的公民。这一时期出现的美国个别化科学教学系统、英国的纳费尔德科学计划，以及澳大利亚的科学教育计划，都在正规教育系统内对科学素质建设做出有益的实践探索。

（二）公民科学素质建设的兴起

20世纪80年代以后，科学素质在这20年里不但成了学术研究的重要内容，更成为各国与国际组织在实践层面积极倡导的一种社会行动。这既是世界经济、科技竞争的产物，也是英美等国率先从事此类活动的示范效应所致，同时还是国际组织有意推广的结果。

各国综合国力的竞争在这一阶段已由单纯的经济竞争转入更为本质的科技与人才竞争，公民的科学素质由此得到高度重视。这种重视往往出于一种对公民科学素质现状并不乐观的判断：无论是美国认为国家处于危机之中，还是博德默报告认为英国公众对科学的理解（而不是态度）并不充分②，无论是日本觉得国民科学素质并不能支持其科学技术立国的目标③，还是爱尔兰见证公众科学兴趣的持续降低④，科学素质建设都被视作解决这些几乎夸大的危机、应对竞争、培植国力的重要途径。

国际组织在此阶段也发挥重要作用。1990年，联合国教科文组织、联合国儿童基金会和世界银行召开全民教育会议，宣言明确强调健全的基础教育对增进高级教育以及科技素质和能力，对自身独立发展，都十分重要；1992年，联合国召开世界环境与发展大会，在21世纪议程中强调可持续发展的实现，在很大程度上依赖于公民科学技术素质的提高；1997年，

① 郭玉英，曲亮生. 世界范围内综合科学课程的发展［J］. 课程·教材·教法，2001（1）：71—72.

② 英国皇家学会. 公众理解科学［M］. 北京：北京理工大学出版社，2004：20—24.

③ 佟贺丰，赵立新，朱洪启. 各国科普政策比较：美国注重青少年科学素养［J］. 科技中国，2006（2）：76—77.

④ William R. New public understanding of science website［EB /OL］.［2006-11-05］. http：//understanding science. ucc.ie /editorials/05_16_06. pdf .

经合组织发表促进公众理解科学技术的报告，倡导成员国为提高公众科学素质而积极行动；1999年，联合国教科文组织、国际科学理事会共同召开世界科学大会，通过《科学议程行动框架》与《科学和利用科学知识宣言》。就实际运作的行动而言，1992年联合国教科文组织和国际科学教育协会理事会（ICASE）发起的“2000+ 计划”格外引人注目，共有11个国际组织与83个国家参与了这一项致力于全民科技脱盲的全球行动。

（三）公民科学素质建设的推进

2000年以后，科学素质建设有一突出特征，就是其推行目标与各国整体发展战略挂钩，其推行方式更加强调科学家与公众进行对话与争论的双向交流模式。

2002年，欧盟在创建知识经济的欧洲与欧洲研究区域这一大的目标框架下，开始推行“科学与社会行动计划”。其宗旨为促进科学与社会关系和谐发展，强化研究人员、企业家、决策者与公众之间的对话。2003年，英国制定国家技能发展战略，对提高国民素质做了大规模的部署和详细规划。而且，英国长期以来从事的公众理解科学运动也开始向科学家理解公众转向，全国推广“科学吧”（Sci. Bars）计划。2003年，爱尔兰企业、贸易和就业部长马哈妮（T. D. Mary Harney）在题为“走向公民科学：21世纪的使命”的演说中，倡导一种负责的公民科学（civic science）。

2000年，联合国《全民教育世界宣言》将科学素质视为像人的生存权那样的天赋权利，是人之发展所必需。2002年，“联合国扫盲十年：普及教育”再次强调全民具备科学素质是全民基础教育的核心。2000年与2003年，经合组织在32个国家中开展国际学生评估项目，该项目依循一套相对完善的指标体系和测评程序对参与国初中学生的数学、阅读、科学素质与问题解决能力进行专项测评，已成为国际重要的科学素质项目。2006年，我国颁布实施《科学素质纲要》。

经过几十年的发展，各国的科学素质建设已从单纯的教育活动上升为国家战略发展的重要行动；同时，得益于英美等国的示范和国际组织的推广，科学素质建设行动从早先英美两国逐渐扩散到西欧、澳洲和东亚，及至今天在非洲、拉美等广大地区也有所出现。它们共同构成一股全球性的公民科学素质建设浪潮。

三、公民科学素质建设国际经验

在科学素质建设的实践中，各国都基于本国国情，创造性地开展工作。他们在科学素质建设的实践中积累了丰富经验，这些经验对别国的科学素质建设实践都有借鉴价值。

（一）公民科学素质建设的制度安排

将公民科学素质行动纳入官方政策或有关法规，并辅以其他配套政策和机构，例如，美国1991年的国家素质法案、1998年成人教育和家庭素质法案、1998年出色阅读法案、2001年素质家庭法案。设立专门的组织实施机构，负责科学素质行动的规划、协调和评估等工作。像美国发起“2061计划”的美国科学促进会，英国推行公众理解科学运动的公众理解科学委员会，加拿大国家素质秘书处以及各国主导此类活动的教育、科技、行政和咨询部门；同时设立测评、激励机制。各国和国际组织在实施计划时，大多建立了一套测评指标体系，如日本的科学技术指标、美国的科学工程指标。在这方面，设置高级别的科普奖励是一种常见的方式，如联合国的卡林加奖、拉丁美洲科技普及奖、美国国家科学基金会公共服务奖、英国朗–普伦斯科学书籍奖、印度国家科普奖等①。

（二）公民科学素质建设的基本途径

从世界各国科学素质建设的探索实践，以及科学素质形成过程看，科学素质建设主要通过科学技术的教育、传播、普及等主要路径②。

一是兴办科技教育。通过正规教育改革，深化科学素质教育。正规教育是科学素质建设最主要、也是最重要的途径，尤其对于未成年人而言，正规教育是其科学素质提高的关键。基于此，大多数国家都调整或制定了与此相适的科学教育机制和标准。例如，1992年8月英国开始实施《国家科学课程教育目标和要求》；1995年加拿大实施《科学教育成果的共同框架》；1996年美国实施《国家科学教育标准》；2004年德国实施《国家教育标准的发展》；1996年南非实施《科学课程评估指南》等，这些文件都对科学素质教育作了较为明确的规定。联合国教科文组织发起的“一体化科教计划”、澳

---

① 姚昆仑. 国外科学奖励一瞥［J］. 中国科技奖励，2005（2）：10—11.

② 陈首，科学素质建设：国外在行动［J］. 科学学研究，2007，25（6）：1057—1062.

大利亚的“国立学校科学教育计划”、芬兰的“LUMA计划”在改革科学素质教育、提高学生的科学素质方面都具有很重要的作用。

二是开展科技传播。通过科技传媒平台，扩大公众覆盖面。各类传媒在科学素质建设的重要作用，不仅仅是指它所负有的适时宣传播报功能，更为重要的是，它本身就可在长时段里推出独立的专题品牌，从而使科学素质建设的社会效应不断扩大。例如，全美发行量第三的《纽约时报》一直开设的《科学副刊》、英国的《了解科学》电视系列片、日本讲谈社从20世纪60年代起就出版的著名科普丛书《蓝背书》[①]，以及形形色色的科普期刊、网站、广播、电影、电视频道、电话热线，都在增进公众科学素质建设中扮演了举足轻重的角色。

三是开展科普活动。通过科普活动，促进公众积极参与。传统的科学普及与传播活动，已经具有了成型的资源渠道、动员网络与基础设施，各国科学素质建设行动并非独立于既有的科普网络之外，而是积极嵌入其中，对其进行理念更新、资源整合与行动协调。许多行之有效的传统科普活动为科学素质行动发挥了重要作用。例如，各国科学节、科学周、科学日的举办，已越来越成为公众在正规教育以外，提升公民科学素质的重要途径。

（三）公民科学素质建设的有效模式

在公民科学素质建设中要确立目标对象。各国在科学素质建设实践中，非常重视细化科学素质建设的对象层次，针对专门群体和区域，进行操作性更强的科学素质建设。各国在科学素质建设这一主题下，对不同对象群体或实施区域，进行专项活动的设计与推行，使科学素质建设更加具有操作性。概览世界各国科学素质建设的方式，推进科学素质建设的主要方式可分为以下模式[②]。

第一，公民科学素质建设的专项行动。通常所指的是科学素质建设行动，这类活动专门为提高公众科学素质而推行，它可能是自成体系的独立行动，也可能是在一个更大的目标行动框架内的主题行动。例如，美国的“2061计划”、英国的“公众理解科学运动”、中国的“全民科学素质行动计划”，以及“知识经济的欧洲”战略计划框架内的“科学与社会行动计

① 朱效民. 国民科学素质：现代国家兴盛的根基［J］. 自然辩证法研究，1999，15（1）：11—14.

② 陈首. 科学素质建设：国外在行动［J］. 科学学研究，2007，25（6）：1057—1062.

划”等。不论是独立行动，还是主题行动，都是专门为了提高公众科学素质、加强科学与公众的关系而施行的行动。其目标专一，具有专门的行动步骤和运行机制，主要由政府或共同体组织推动。

第二，公民科学素质建设的单项计划。针对某一方面的科学素质，推行能力素质建设计划。这类计划或运动的名称，往往不一定具有科学、技术、素质等这些词汇，它常常是一些国家或专门性国际组织为了强调公众应当具有某一类专业科技能力，而倡导推行的能力建设素质建设。例如，2003年，国际电信联盟在“建设信息社会：新千年的全球性挑战”原则宣言中提出，每个人均应有机会学习必要的技能和知识，以便了解、积极参与并充分受益于信息社会和知识经济。这里虽然没有明言科学素质，但信息社会所必需的技能和知识却是科学素质必不可少的内容。

第三，公民科学素质建设的社会动员。各国在科学素质建设实践中，非常重视社会动员，注重发挥大众传播媒体的作用。各国与国际组织在推行各类科学素质建设时非常注意传媒的配合。仅从宣传出版的角度看，几乎所有的科学素质建设行动都有专门的会议论文、调查报告、战略规划、具体计划、实施办法、培训手册、测评反馈等书籍出版；有关科学素质的政府科技白皮书、科技发展规划、领导人讲话、国际组织宣言等，也常常通过正规出版，引发社会各界的参与和支持。

（四）公民科学素质建设的条件建设

各国在公民科学素质建设实践中，非常强调突出科学素质行动推行者的能力培训。科学素质建设有别于传统科普活动，科学素质建设对实施者的科学素质与科学教育能力提出了更高要求，国际社会在促进科学教师培训、改进科学素质教育方面做了大量工作。例如，联合国教科文组织为推行“2000年以后计划：全民科学素质计划”就专门出版了《提高所有人的科学技术素质的培训者的培训手册（2001）》，国际科学联合理事会于2002年出版《为了可持续发展的科学教育和能力培养》，英国于2000年出版《科学教师：支持和发展专业化的小学和初中科学教育》，它们都将关注重点放在了科学素质行动实施者的身上。

提高公众的科学素质离不开必要的基础设施与社会保障，各国在科学素质建设实践中，注重加强科学素质行动的基础建设。各国在推行科学素质建设的过程中，纷纷加大对博物馆、科技馆、动物园、水族馆等科教场馆的建设，并通过政策优惠与各种激励措施保障实施工作的资金投入与人才库存。例如，欧盟“第六个框架研发计划”就拨款84万欧元专门用于“科学与社会行动计划”的实施；而美国国家科学基金会1985—1999年向“2061计划”资助总计450万美元。

第二章　公民科学素质建设的中国化

开展公民科学素质建设，提高公民科学素质是一项长期艰巨的社会工程，不仅需要有理论指导，而且还必须有一套强而有效的行动体系，即包括公民科学素质建设的行动纲要、实施内容、实施标准、行动步骤、监测评估等的行动体系，以确保公民科学素质建设的有效推进。

第一节　公民科学素质建设的行动纲领

公民科学素质建设的行动纲领是指公民科学素质建设的基本主张、奋斗目标、行动路线。我国2006年颁布实施的《科学素质纲要》，就是我国公民科学素质建设的最高行动纲领。

一、公民科学素质建设的国际动向

随着科技的迅猛发展，人类社会进入经济全球化时代。知识的创造、传播、运用和扩散的规模扩大，速度加快，市场竞争日益激烈，科技给人类生产、生活带来巨大而深刻的影响。公民科学素质的高低，不仅决定个人的全面发展与生活质量，也关系到人类社会的可持续发展。提高公民科学素质，日益成为国际社会的共识和行动。

（一）国际社会高度重视公民科学素质建设

20世纪50年代以来，科技迅猛发展，特别是从20世纪90年代至21世纪初，为应对人类社会面临的共同挑战，联合国采取一系列重要举措。2000年9月，由世界各国元首和政府首脑参加的联合国第55届会议依据《联合国宪章》，通过了《联合国千年宣言》，该宣言明确提出的“发展与消除贫困”“保护我们共同的环境”和“人权、民主、善政”等核心内容，都与提高公民科学素质有着十分密切的关系，对推动世界各国关注和加强这些方面的工作达成共识。作为以提高公民科学素质为主旨的联合国教科文组织，也先后制定和发布《科学和利用科学知识宣言》《科学议程：行动框架》《世界范围内的素养》《明天的素养》《全民教育世界宣言》《联合国扫盲十年：普及教育》《达喀尔行动纲领——全民教育：实现我们的集体承诺》《2000年以后计划》等一系列重要文件。这些重要文件，从科学服务于全人类共同利益的角度出发，说明要达到和平利用科学解决人类所面临的经济的、伦理的、社会的、文化的、环境的、性别歧视的和健康的问题，就需要在普及全民教育的基础上，提高公民的科学素质、推理能力与技巧以及伦理价值观，以便社会公众更好地加入与新知识应用有关的活动当中，为人类社会进步做贡献。

欧盟为保持其在经济、科技等方面的领先优势，也先后制定和发布《欧洲的科学、社会与公民》《2000—2005战略目标：塑造新的欧洲》《实现欧洲的终身学习》《科学与社会行动计划》等重要文件，以期使公民科学素质与各国发展战略相适应。此外，经合组织发布《促进公众理解科学技术》《信息时代的素养》《测度学生的知识与技能》《国际学生评估项目》等文件，世界银行也发布《职业教育、技术教育及其培训》《提高生产力所需的技能》等文件，以期促进公民科学素质的不断提高。

（二）发达国家政府着力公民科学素质建设

美国等一些发达国家政府的基本做法是通过改革正规教育和开展公众理解科学活动等举措提升公民科学素质。学校科学教育对提高全民科学素质起着根本性的基础作用，早在1985年，美国就启动著名的基础教育课程改革“2061计划”，针对从幼儿园到高中阶段的技术教育问题，提出一系列重大改革举措，代表着美国基础教育课程改革的趋势。在该计划第一阶段技术专家小组报告里，针对技术教育问题提出一系列重要的观点。报告所提出的建议，意义远远超出现有学校课程中增加一点点技术，而在于这些建议将成为美国基础教育一次重大改革的内容基础。要通过中小学整个学习过程反映技术已渗进我们的生活，要求学生采取实验和亲身体验的方法，从幼儿园到第12年级不断增加其深度。被誉为“教育总统”的老布什任内签署两份重要的教育改革文件：1989年的《全美教育目标报告》和1991年的《美国2000年教育战略》，前者明确提出科学教育的具体目标，“到2000年，美国学生应该在数学和科学成绩上占据世界首位”；后者明确科学教育的主体是“全体国民”，要把美国变成一个终生学习不止的“全民皆学之邦”。在1997年的美国国情咨文中，1/3篇幅涉及教育改革，提出8岁以上儿童必须能读会写，12岁以上青少年必须会用互联网络，18岁以上青年必须接受高等教育，成年人必须坚持终身学习。

近10年来，美国针对青少年开展科学、技术、工程、数学（简称“STEM”）学习的方式发生很大变化，日渐呈现出学校课程学习与校外活动参与相结合、分科式课程学习与综合性项目学习互为补充的发展趋势。美国教育部、美国教育研究所联合于2016年9月发布《STEM 2026：STEM教育创新愿景》报告，引起全世界的极大关注。

视窗2-1　美国“2061计划”的实施

“2061计划”是美国科学促进会联合美国科学院、联邦教育部等12个机构，于1985年启动的一项面向21世纪、致力于科普的中小学课程改革工程，它代表着美国基础教育课程和教学改革的趋势。1985年恰逢哈雷彗星临近地球，而彗星再次临近地球将是2061年，所以取名为“2061计划”。

作为“2061计划”发起单位的美国科学促进会并不是美国政府的机构，而是世界重要的科学团体之一，长期致力于各种学术活动，致力于推动科学的发展和人类的进步。在美国特有的教育体制下，由于发起者的身份，“2061计划”不是一个官方的计划，不是指令性的，而是示范性的、指导性的，但它在美国的影响却是巨大的。“2061计划”得到美国国家科学基金会和其他一些基金会的资助，得到一些企业的资助，也得到来自美国政府的一部分资助。1985年，美国科学促进会在美国首都华盛顿成立“2061计划”总部。

“2061计划”并不只是简单的课程改革计划，而是一个全面的、长远的、综合性的科学、数学和技术教育改革计划，它考虑的是在美国全国范围从幼儿园到高中毕业的整个阶段的科学、数学和技术教育，是对整个教育系统的一种改革，目标是使每一位美国公民在高中毕业时，都能达到某种科学素养的标准，在下个世纪越来越科学技术化的社会环境中，通过直到高中的学习，使学生能够懂得世界是怎样运作的，能够批判性地独立思考问题，能够过一种充满乐趣的、负责任的、有意义的生活。正如美国科学促进会所声称的那样："在下一个人类历史发展阶段，人类的生存环境和生存条件将发生迅速的变化。科学、数学和技术是变化的中心。它们引起变化，塑造变化，并对变化做出反应。所以，科学、数学和技术将成为教育今日儿童面对明日世界的基础"。这也正是"2061计划"之主旨所在。

"2061计划"的进行和实施分若干阶段。首先，是研究教育改革的理论和指导思想，设计总体方案，明确未来儿童和青少年从幼儿园到高中毕业时应掌握的科学、数学和技术领域里的基础知识，包括其主要学科的基本内容、基本概念、基本技能和学科间的有机联系等，以及掌握这些内容、概念和联系的基本态度、方法和手段、教学方法和教学重点等。1989年，这方面最重要的文件"2061计划"总报告和几个分报告正式出版。其次，是从1989年开始，"2061计划"总部在美国的旧金山、圣地亚哥、费城、圣·安东尼奥、麦迪逊近郊麦克伐兰和乔治亚州的2个县等6个有代表性的地区建立分部，根据第一步提出的理论和指导思想，研究其实施所需要的条件、手段和战略，设计不同模式的课程，并进行试验。最后，则是在前两步的基础上，从1993年开始，用10年或更长的时间，从6个分部向外辐射，在更多的州和校区进行教育改革的试验。①

英国议会1988年通过《教育改革法》，将科学列为"核心学科"，并于1989年颁布《国家科学课程标准》，以指导英国中小学科学教育改革。经过几次修订完善，英国政府又于2000年公布面向新世纪的《国家科学教育标

① 2016计划［EB/OL］.［2017-12-21］.http://baike.baidu.com/item/2061计划/5428188?fr=aladdin.

准》来指导科学教育改革。2014年，针对科学、技术、工程和数学人才的紧缺已经成为制约英国未来社会与经济发展的重要因素的现实情况，英国皇家学会颁布了《科学与数学教育愿景》，为英国未来20年教育改革绘制了路线图。该报告建议：将科学与数学教育延长至18岁；培养学生STEM职业意识；课程改革要具有持久性和稳定性；让教师成为教育评价的主体；提升教师地位，促进教师专业发展①。

此外，加拿大、德国、澳大利亚等都在改革科学教育，在提高学生科学素质方面采取许多重要举措。同时，组织丰富的公众理解科学活动提升公民科学素质，如举办科技节、科技周，面向公众开展丰富多彩的活动；推动大学和科研机构成为科普的重要阵地，向公众介绍其科研工作的内容和原理，帮助公众理解科学；大力建设科普设施，利用科普场馆向公众开展科普教育；加大传媒科技传播的力度等，有力推动了公众理解科学，提高了公众科学素质。

（三）科技团体在公民科学素质建设中的独特作用

美国科学促进会（以下简称“美国科促会”）成立于1848年，其主要任务是促进全美民众对科学的认识与普及科学与技术的相关知识。1986年6月，美国科促会组织数百名科技专家和教育工作者，组成美国科技教育理事会及5个学科专家小组，开始一项致力于美国中小学全面普及科技教育的长远计划——“2061计划”。这一计划长达76年，即用几代人的努力，在哈雷彗星下一次回归时，使美国国民人人具备科学素质。1989年，美国科促会发表《面向全体美国人的科学》的报告，对中学毕业生在科学素质方面要达到的目标做出规划。1993年，美国科促会又出版《科学素质的衡量标准》，把《面向全体美国人的科学》中的目标转化为不同年级结束时的学习目标，即衡量标准。1995年12月，又出版《美国国家科学教育标准》，其被誉为“美国历史上第一部科学教育标准”。

英国作为近代科学主要发源地之一，科技团体在促进公众理解科学方面具有悠久历史，发挥了独特作用。成立于1660年的英国皇家学会主要任务是促进公众理解科学、推广科学教育以及提升科学意识水平。1985年，英国皇家学会发布由其组织编写的《公众理解科学》报告，并专门成立公众理解科

① 翟俊卿，阚阅，杨迪. 英国《科学与数学教育愿景》评析［J］. 全球教育展望，2015，44（8）：55—62.

学委员会，推动英国公众理解科学的相关活动。英国科学促进会成立于1831年，其主要任务是在科学家与公众之间建立起联系，促进公众理解科学，推动科学的发展与阐明科学对经济和社会生活的贡献。

二、我国公民科学素质建设的实践

一些发达国家在推进公民科学素质建设中的做法，为我国公民科学素质建设提供了经验。通过制定实施《科学素质纲要》，对我国公民科学素质建设做出全面部署，从而更好地为全面建设小康社会和实现现代化建设第三步战略目标打下雄厚的人力资源基础。

（一）全民科学素质行动推出的背景

改革开放以来，特别是实施科教兴国战略以来，我国公民科学素质建设有了较大的发展，但到20世纪90年代，与世界先进国家相比，我国科学素质建设仍存在巨大差距。

第一，我国公民科学素质水平与发达国家相比差距甚大，且发展不平衡。2003年时，我国公民具备科学素质的比例为1.98%，而美国2000年为17%，欧共体1992年为5%，加拿大1989年为4%，日本1991年为3%。公民科学素质的城乡差距十分明显，农村居民具备科学素质的比例仅为城市居民的1/6。劳动适龄人口科学素质不高，我国劳动人口中75%左右只具有初中或小学文化程度，其中文盲、半文盲占8%。大多数公民对于基本科学知识了解程度较低，在科学精神、科学思想和科学方法等方面更为欠缺，一些不科学的观念和行为普遍存在，愚昧迷信在某些地区较为盛行。超过1/2的人相信求签，超过1/4的人相信星座预测，各有超过1/5的人相信周公解梦和相面。公民科学素质水平低下，已成为制约我国经济发展和社会进步的主要瓶颈之一。

第二，我国人均接受正规教育年限低于世界平均水平，且教学内容、方法陈旧。2000年时，我国人均受教育年限为8.0年，而美国为13.4年，韩国为12.3年，爱尔兰为11.7年；我国人均受教育年限仅相当于美国100年前的水平。同时，因长期受应试教育影响，中小学校综合性的科技教育普遍缺乏，高中文、理分科，造成学生知识结构存在明显缺陷；大、中、小学阶段的科技教育相互脱节，缺乏有机衔接，且教学内容陈旧，脱离实际；能够胜任综合性科技教育的师资严重不足。在教学方法上，多采用灌输式教学，很少采用探究、发现、体验等学习方法。在教育效果评价上，重考试分数，轻实际应用；重结果，轻过程；重检查监督，轻引导和激励。同时，学校课外科技教育没有得到应有的重视，忽视社会资源的利用，课外科技活动的内容和方法普遍缺乏创新性。还有社会教育、成人教育的发展尚不全面和深入，公民缺少接受终身教育的机会。

第三，我国科普的长效运行机制尚未形成，科普设施、队伍、经费等资源不足，大众传媒科技传播力度不够、质量不高。①科普管理体制和运行机制尚不健全。发展科普事业需要充分发挥政府、社会和市场的作用，但当时以公益性科普事业为主体、经营性科普文化产业为重要补充的科普格局远未形成。科普的管理协调体制缺乏权威性和有效性。②科普经费长期投入不足。2003年时，全国31个省、自治区、直辖市的省、地、县三级财政科普经费比2002年增长近40%，但仍有15个省份的人均科普经费不足0.30元。③科普资源匮乏的问题日益突出。科普资源总量少，不能满足需求。我国平均540万人才拥有一个科技馆，其中大多数还因缺少内容，无法发挥科普展教功能。同时，科普资源普遍存在着内容分散、低水平重复建设、利用率低、质量不高等问题。④大众传媒科普功能未能充分发挥。按播出时间计算，我国电视节目中科技类节目所占比例很低，与美国、日本等发达国家相比差距甚大。2002年时，中央电视台科技类节目播出时间所占比例约9%，北京电视台为5%；而美国全国所有电视台约20%，日本全国所有电视台约15%。

对此，我国政府对公民科学素质建设高度重视。1999年以来，党和国家采取了一系列重要措施来提高我国公民的科学文化素质，以适应现代化建设的需要，提升我国的综合国力。这些重大部署和举措为《科学素质纲要》孕育良好的条件和坚实的基础。2002年6月，我国颁布《中华人民共和国科学技术普及法》（以下简称《科普法》），明确规定政府及相关部门在科普方面的职责，明确提出科普是全社会的共同任务，规定了社会各界的责任。国务院组织制定《国家中长期科学和技术发展规划纲要（2006—2020年）》，将提高全民族科学文化素质、营造有利于科技创新的社会环境作为重要政策和措施纳入其中。

（二）全民科学素质行动的形成过程

1999年11月，根据我国公民科学素质现状和形势发展需要，中国科协向中共中央、国务院提出实施全民科学素质行动计划的建议，建议对我国公民的科学素质培养做出总体规划和系统安排，制定和实施立足我国基本国情，面向全体国民，发挥政府、企业、非政府组织和社区的全社会作用的超长期国家计划，以有效提高我国国民的科学素质，通过50年的持续努力，到新中国成立100周年即2049年时，实现人人具备科学素质的目标。中共中央和国务院对此高度重视，及时采纳了这一建议。

视窗2-2 中国“2049计划”的提出

中国科协于1999年11月提出一项为期50年的国民科学素质行动计划，即全民科学素质行动计划，也称“2049计划”。目标是到2049年使18岁以上全体公民达到一定的科学素质标准，使全体公民了解必要的科学知识，并学会用科学态度和科学方法判断及处理各种事务。

中国科协在向中共中央、国务院提出实施“2049计划”的建议中，提出了实施《全民科学素质行动计划》的建议大纲。建议大纲包括6部分内容：第一，提高全民科学素质的指导方针和奋斗目标，围绕未来50年提高全民科学素质的必要性和紧迫性、提高全民科学素质的指导方针、2049年全民科学素质的远景目标、“九五”至“十五”期间提高全民科学素质的奋斗目标等方面提出建议。第二，制订全民科学素质标准，建议围绕科学概念及科学知识标准、科学精神和科学世界观标准、科学探究能力和技术动手能力标准等方面制订标准。第三，制订和实施提高全民科学素质的行动计划，建议推动实施党政领导干部和公务员科学素质行动计划、青少年科学素质行动计划、企业员工科学素质行动计划、城市社区居民科学素质行动计划、农村干部和农民科学素质行动计划、大众传播媒介科学素质行动计划、科学技术教育公共设施行动计划、科学技术教育作品创作出版行动计划。第四，动员全社会力量为提高全民科学素质做贡献，建议对政府部门，科学、教育、文化、卫生机构和科技、教育、卫生工作者，大众传播媒介，企业，社会团体，社区组织，家庭和家长等进行全面动员。第五，建设提高全民科学素质条件保障体系，建议建立完善监测、评价体系，经费投入体系，专职与志愿者队伍体系，政策、法律、法规体系。第六，制订和实施“十五”期间提高公民科学素质的应急计划，建议制定科学技术普及法、繁荣科普创作出版应急计划、科技馆建设应急计划、中小学计算机和网络知识普及应急计划等。

该建议提出的2049年全民科学素质的远景目标是通过全党、全国、全社会的持续努力，使我国各级各类学校的科技教育和全社会的科普工作适应实现现代化建设第三步战略目标的需要，不断提高我国各民族广大公民的科学素质，到2049年中华人民共和国成立100周年时，使全体公民都能达到本计划所要求制订的科学素质标准，即“2049年人人具备科学素质”。

该建议提出要制订全民科学素质标准，在2049年实现人人具备科学素质的目标，首要的工作是将幼儿（3岁起）到高中毕业（18岁）这15年时间分成若干阶段，每一阶段从科学概念和科学知识、科学世界观和方法论、科学能力和技术能力3个方面，制订由低到高、循序培养的科学素质标准，以作为实施科学素质行动计划和监测、评价公民科学素质变化的准绳。到2049年，我国18岁以上全体公民的科学素质都应达到这一标准的要求。

中小学基础教育是培养公民科学素质的主渠道，其他各种教育和社会化的科普宣传教育对提高公民科学素质也具有不可或缺的重要作用。在未来的50年中，一方面，各种中小学校和幼儿园要力争尽早使在校学生达到全民科学素质标准的要求；另一方面，鉴于许多18岁以上公民的科学素质离这一标准有不同程度的差距，要通过职业教育、成人教育、继续教育和科普宣传教育，努力提高广大公民的科学素质，逐步缩小这一差距，为实现2049年全民科学素质的远景目标积极创造条件。

该建议提出要建设提高全民科学素质条件保障体系，在全国建立“2049计划”实施监测网，定期对公民科学素质、“2049计划”实施情况、经费投入情况进行监测、分析和发布；聘请专家组成“2049计划”巡视委员会，对计划实施进行调查研究。[①]

2002年4月，国务院办公厅对中国科协《关于实施全民科学素质行动计划

① 中国科协. 实施全民科学素质行动计划（2049计划）[EB/OL]. [2012-09-12]. http://www.360doc.com/content/12/0912/22/1427567_235799504.shtml.

的建议》复函，责成中国科协会同有关部委，做好全民科学素质行动计划实施准备工作。2003年，成立由中国科协、中共中央组织部（以下简称“中组部”）、中共中央宣传部（以下简称“中宣部”）等14个部门组成的全民科学素质行动计划制定工作领导小组，由中国科协主席周光召院士担任领导小组组长，正式启动全民科学素质行动计划制定工作。

2004年初，中央书记处对全民科学素质行动计划工作做出重要指示。2005年初，中央书记处再次强调“要加快全民科学素质行动计划的制定过程，并把它纳入国民经济和社会发展‘十一五’计划，纳入《国家中长期科学和技术发展规划纲要》，努力把这项有利于促进全民族科学文化素质提高的战略性工程抓紧抓好”；同时，国务委员陈至立同志也做出“科学文化素质是国民素质的重要组成部分。提高全民族的科学文化素质，是全面建设小康社会、贯彻实施科教兴国战略、可持续发展战略和人才强国战略的重要的基础性工作。要以制定、实施全民科学素质行动计划为龙头，推动科普工作上一个新的台阶”的指示。中共中央和国务院的高度重视，有力地促进了制定工作的进行，加快了制定工作的进程。领导小组各成员单位都非常重视《科学素质纲要》的制定工作，积极参与各项工作。在基础研究阶段，派专人参加相关的讨论会、评审会，随时了解研究工作的进展情况，并及时进行指导，对于确保基础研究的质量发挥了重要的作用。在《科学素质纲要》制定过程中，多次对《科学素质纲要》的结构和内容提出修改意见，并提出了许多非常重要的建议。

在全民科学素质行动计划制定工作领导小组的领导下，中国科协等有关部门广泛动员相关领域专家，组织开展基础性研究。在2003—2004年间，采取公开招标和并行研究的方式，开展我国公民科学素质建设的基础性研究，其研究内容涉及中国公民科学素质的内涵与结构，公民科学素质建设的指导思想、目标、任务、途径、手段等各个方面。在《全民科学素质行动计划纲要》起草过程中，吸收国家中长期科学和技术发展规划战略研究第十九专题“创新文化与科学普及”组的研究成果。《科学素质纲要》制定的过程，也是宣传和动员社会参与公民科学素质建设的过程。《科学素质纲要》的制定得到了有关媒体的关注。2004年8月，中央电视台与中国科协联合举办首届“公民科学素质电视大赛”，制作7集电视专题节目，于“十一”黄金周期间在中央电视台一、十频道播出，据央视收视调查，收看该节目的观众达到1亿人次。

（三）科学素质纲要的颁布和实施

经过3年的艰苦工作，国务院于2006年正式颁布实施《全民科学素质行动计划纲要（2006—2010—2020年）》。该纲要明确了实施全民科学素质行动计划的方针是“政府推动，全民参与，提升素质，促进和谐”。该纲要具体明确到2010年的前五年的阶段目标和任务，到2010年的目标是：科技教育、传播与普及有较大发展，公民科学素质明显提高，达到世界主要发达国家20世纪80年代末的水平。该纲要规定在“十一五”期间具体实施未成年人科学素质行动、农民科学素质行动、城镇劳动人口科学素质行动、领导干部和公务员科学素质行动，以及配合这些行动计划，“十一五”期间重点实施科学教育与培训基础工程、科普资源开发与共享工程、大众传媒科技传播能力建设工程、科普基础设施工程。

为接续实施《科学素质纲要》，国务院办公厅于2011年、2016年分别印发《全民科学素质行动计划纲要实施方案（2011—2015年）》《全民科学素质行动计划纲要实施方案（2016—2020年）》，根据新的情况，对公民科学素质建设的目标任务和行动措施做了相应的调整。

视窗2-3　《科学素质纲要》的颁布实施

《科学素质纲要》是《全民科学素质行动计划纲要（2006—2010—2020年）》的简称，2006年2月6日由国务院颁布实施。该纲要指出，公民具备基本科学素质一般指了解必要的科技知识，掌握基本的科学方法，树立科学思想，崇尚科学精神，并具有一定的应用它们处理实际问题、参与公共事务的能力。公民科学素质建设是坚持走中国特色的自主创新道路，建设创新型国家的一项基础性社会工程，是政府引导实施、全民广泛参与的社会行动。全民科学素质行动计划旨在全面推动我国公民科学素质建设，通过发展科学技术教育、传播与普及，尽快使全民科学素质在整体上有大幅度的提高，实现到本世纪中叶我国成年公民具备基本科学素质的长远目标。

该纲要提出了全民科学素质行动计划在“十一五”期间的主要目标、任务与措施和到2020年的阶段性目标。今后15年，实施全民科学素质行动计划的方针是“政府推动，全民参与，提升素质，促进和谐”。到2020年，科技教育、传播与普及有长足发展，形成比较完善的公民科学素质建设的组织实施、基础设施、条件保障、监测评估等体系，公民科学素质在整体上有大幅度的提高，达到世界主要发达国家21世纪初的水平。

到2010年，科技教育、传播与普及有较大发展，公民科学素质明显提高，达到世界主要发达国家20世纪80年代末的水平。围绕公民科学素质建设最关键、最基础性的问题，实现以下目标：促进科学发展观在全社会的树立和落实；以重点人群科学素质行动带动全民科学素质的整体提高；科学教育与培训、科普资源开发与共享、大众传媒科技传播能力、科普基础设施等公民科学素质建设的基础得到加强，公民提高自身科学素质的机会与途径明显增多。根据指导方针和目标，在“十一五”期间实施以下主要行动：未成年人科学素质行动；农民科学素质行动；城镇劳动人口科学素质行动；领导干部和公务员科学素质行动。同时，配合上述行动计划，“十一五”期间重点实施以下基础工程：科学教育与培训基础工程；科普资源开发与共享工程；大众传媒科技传播能力建设工程；科普基础设施工程等。

该纲要提出的保障条件：在政策法规方面，完善有关公民科学素质建设的政策法规，明确政府、社会组织、企业及公民个人在公民科学素质建设中的责任、权利和义务。根据形势发展需要，对现有政策法规进行修订、补充和调整。在国民经济和社会发展计划和有关科学技术教育、传播与普及的法律法规中，体现公民科学素质建设的目标和要求。制定《中华人民共和国科学技术普及法》实施细则。制定鼓励和吸引境内外机构、个人独资或合作兴办科技教育、传播与普及机构的政策。制定表彰和奖励政策。在经费投入方面，强调采取多种措施，加大政府和社会投入，形成多渠道投入机制，为《科学素质纲要》的实施提供资金保障。各级政府根据财力情况和公民科学素质建设发展的实际需要，逐步提高教育、科普经费的增长速度，并将科普经费列入同级财政预算。落实各相关部门实施经费。鼓励捐赠，广辟社会资金投入渠道。在队伍建设方面，培养专业化人才，发掘兼职人才，建立志愿者队伍，加强理论研究，为公民科学素质建设提供人才保障和智力支撑。对在公民科学素质建设中做出重要贡献的个人和组织予以表彰和奖励。增强科技界的责任感，支持科技专家主动参与科学教育、传播与普及，促进科学前沿知识的传播。

该纲要明确，国务院负责领导《科学素质纲要》的实施工作，各有关部门、事业单位和人民团体按照《科学素质纲要》的要求，将有关任务纳入相应工作规划和计划，充分履行相关工作职责，发挥各自优势，密切配合，形成合力，切实推进公民科学素质建设。地方各级政府将公民科学素质建设纳入当地国民经济和社会发展的总体计划，将《科学素质纲要》的实施纳入政府的议事日程，纳入业绩考核。建立和完善实施《科学素质纲要》的工作机制。《科学素质纲要》实施工作办公室设在中国科协，承担日常工作。制定《中国公民科学素质基准》，为《科学素质纲要》的实施和监测评估提供依据。建立公民科学素质状况和《科学素质纲要》实施的监测指标体系，并纳入国家社会发展指标体系。[①]

三、我国公民科学素质建设的纲领

《科学素质纲要》是我国公民科学素质建设的最高行动纲领，明确提出了公民科学素质建设的指导方针和目标，对于统一思想、凝聚力量、共同为提高我公民科学素质而奋斗具有统率作用。

（一）公民科学素质建设的指导方针

《科学素质纲要》明确实施全民科学素质行动计划的方针是“政府推动，全民参与，提升素质，促进和谐”。

政府推动，即实施《科学素质纲要》就是政府履行公共服务职能的一项重要任务，政府负有重要的领导责任。因此，各级政府要将公民科学素质建设作为全面建设小康社会的重要工作，加强领导；将《科学素质纲要》纳入有关规划计划，制定政策法规，加大公共投入，推动《科学素质纲要》的实

① 国务院办公厅关于印发全民科学素质行动计划纲要实施方案（2016—2020年）的通知［A/OL］.［2016-03-14］. http：//www.gov.cn/zhengce/content/2016-03/14/content_5053247.htm.

施。社会各界要各负其责，加强协作。

全民参与，即广大公众中蕴藏着提高自身科学素质的巨大渴求和迫切期望，要积极引导和发挥这种积极性和主动性。要关注公众的需求，根据不同人群的特点，组织开展各种有针对性的教育、培训和科普活动，变单向灌输为双向互动，激发公众对科学的兴趣。政府和社会各界要共同努力，整合各种资源，努力为公民参与科学素质建设提供广泛的机会和多样的途径，在全社会形成崇尚科学、鼓励创新、尊重知识、尊重人才的良好风尚。

提升素质，即提高人的素质，是把我国从人口大国转化为人力资本强国，增强国家竞争力和综合国力，完成全面建设小康社会历史任务的重要保障。党的十六大提出，到2020年全民族思想道德素质、科学文化素质和健康素质要有明显提高，提高公民科学素质成为制定《科学素质纲要》的出发点和落脚点。

促进和谐，即实施《科学素质纲要》，要从构建公平正义的社会主义和谐社会出发，强调认真落实科学发展观，以人为本，实现科技教育、传播与普及等公共服务的公平普惠，将公共服务的资源向弱势群体和落后地区倾斜，满足弱势群体学习提高的需求，实现社会的公平正义，促进社会主义物质文明、政治文明、精神文明建设与和谐社会建设全面发展。

（二）公民科学素质建设的目标任务

《科学素质纲要》明确提高全民科学素质的主要途径。①大力发展科技教育。学校、家庭、社会、网络等是开展科技教育的重要场所和阵地，其中，学校是科技教育的主渠道。青少年是人生的黄金时期和公民科学素质养成的关键时期，提高青少年科学素质在全民科学素质行动计划中占有核心位置。通过科技教育，可以向青少年普及科学知识和科学方法，激发青少年科学兴趣，增强中小学生的创新意识、学习能力和实践能力，培养青少年科学思想和科学精神；引导大学生树立科学思想，弘扬科学精神，激发大学生创新创造创业热情，提高大学生开展科学研究和就业、创业的能力。②大力加强科技传播。大众传媒和新媒体是科技传播的主渠道和公民科学素质建设的主阵地，包括报纸、广播、电视、网络等科技新闻传播，科技类图书、期刊、音响、电子等科技出版传播，科技展示和技术示范等科技展示传播等。③科普活动。科普活动是旨在向公众普及科学技术知识、倡导科学方法、传播科学思想、弘扬科学精神，有主题、有组织、有目的的群体性活动。科普活动的形式多种多样，群众喜闻乐见，是促进公众理解科学的重要渠道。

全民科学素质行动的工作主题。2007年2月，全民科学素质工作领导小组第二次会议讨论决定，要以"节约能源资源、保护生态环境、保障安全健康"作为当年及今后几年的工作主题。2011年1月，刘延东国务委员在听取全民科学素质行动计划纲要实施情况汇报会上，对工作主题进行补充，强调在"节约能源资源、保护生态环境、保障安全健康"的主题基础上，增加"促进创新创造"。

十年树木，百年树人，《科学素质纲要》明确提出公民科学素质建设的远期、中期、近期目标，分阶段滚动式逐步推进。远期目标，即与我国现代化建设第三步战略目标相衔接，实现到21世纪中叶我国成年公民具备基本科学素质；中期目标，即与我国全面建设小康社会目标相衔接，到2020年，使科技教育、传播与普及有长足发展，形成比较完善的公民科学素质建设的组织实施、基础设施、条件保障、监测评估等体系，公民科学素质在整体上有大幅度的提高，达到世界主要发达国家21世纪初的水平；近期目标，即与我国"十一五"规划目标相衔接，到2010年，科技教育、传播与普及有较大发展，公民科学素质明显提高，达到世界主要发达国家20世纪80年代末的水平。

（三）《科学素质纲要》实施进程和成效

2006年，国务院颁布《科学素质纲要》10多年来，在党中央、国务院的正确领导下，在《科学素质纲要》的引领下，各地各部门紧紧围绕党和国家的中心工作，根据《科学素质纲要》的总体部署，坚持大联合、大协作，扎实推动全民科学素质工作，我国公民科学素质建设取得显著成就，公民具备科学素质的比例快速提升。2015年中国公民科学素质调查显示，2015年我国公民具备科学素质的比例达到6.20%，比2005年的1.60%、2010年的3.27%分别提高2.88倍、近90%，超额完成"十二五"我国公民具备科学素质的比例超过5%的目标任务，进一步缩小与西方主要发达国家的差距，为"十三五"公民科学素质建设奠定坚实基础（图3–1）。同时要清醒地看到，虽然我国公民科学素质建设取得很大成效，但各地区之间差距巨大。据2015年全国公民科学素质调查结果，公民具备科学素质比例最高的上海（18.7%），是公民具备科学素质比例最低的西藏（1.9%）的近10倍（图3–2）。

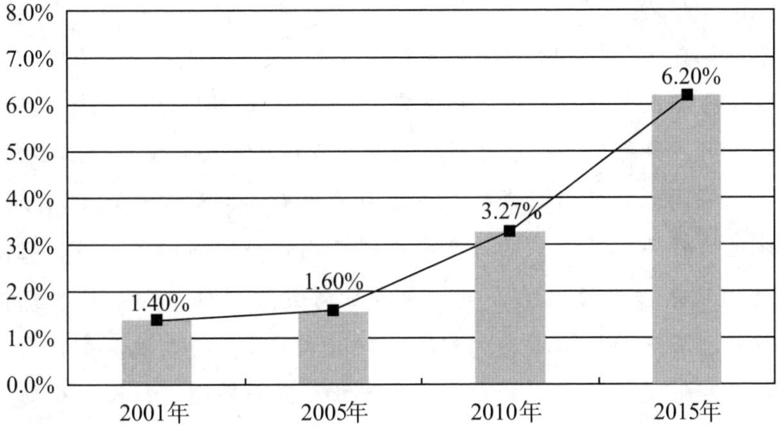

图3-1 我国公民具备科学素质比例持续增长

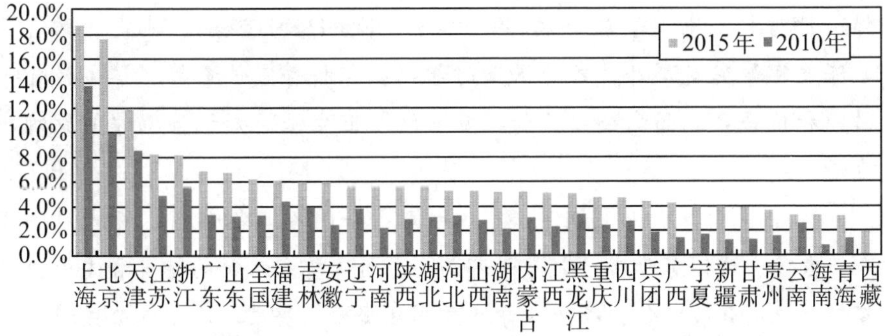

图3-2 我国不同地区公民具备科学素质比例的差异

视窗2-4 我国2006—2010年公民科学素质建设回眸

2006—2010年的“十一五”时期，是我国《科学素质纲要》颁布实施的开创时期，主要任务是打基础、建机制、促落实。在国务院领导下，各地区各部门联合协作，扎实推进科技的教育、传播和普及活动蓬勃开展，各类设施不断完善，公众提升科学素质的途径逐渐增多，2010年我国公民具备科学素质的比例达到3.27%，比2005年的1.60%提高1.04倍，较好地实现了“十一五”全民科学素质工作目标。

1. 社会动员深入广泛。各地各部门围绕“节约能源资源、保护生态环境、保障安全健康”主题，组织动员社会各界广泛开展节能减排、环境保护和安全生产、防灾减灾等主题宣传，使主题更加深入人心，推动科学发展观在全社会的树立和落实。5年间，全国共组织开展各具特色的科技周、科普日等群众性科技活动，直接参与公众突破5亿人次。例如，上海国际科学与艺术展每年都有来自美国、意大利等十几个国家和地区的作品参展；广西每年举办科普山歌会，唱出了品牌、提高了素质；北京、上海以举办奥运会和世博会为契机，向居民推广低碳、健康、文明的生活理念和方式；四川汶川发生特大地震后，有关地区在抗震救灾工作中，向当地群众发放了大量图书、挂图、小册子等宣传资料，中央人民广播电台和四川省广播电台及时播出防震减灾系列广播节目，积极面向灾区开展抗震救灾的科普宣传和心理干预工作；针对禽流感、手足口病、艾滋病、甲型H1N1流感、地震、雨雪冰冻灾害等突发事件，各地区及时组织编印科普宣传资料、举办科普讲座和报告会，面向公众宣传疾病预防、卫生保健知识，倡导健康的生活方式。

2. 公民科学素质提升明显。5年间，全国各地各部门根据未成年人、农民、城镇劳动者、领导干部与公务员等重点人群的特点和需求，有针对性地开展工作，公民科学素质明显提升。据第八次中国公民科学素养抽样调查，2010年我国具备科学素质公民的比例达到3.27%，相当于日本（1991年3%）、加拿大（1989年4%）和欧盟（1992年5%）等主要发达国家和地区20世纪80年代末的水平，实现了《科学素质纲要》提出的“十一五”期间的发展目标。

在未成年人科学素质工作方面，一是在中小学全面实施素质教育，依托课堂主渠道，充分发挥基础教育在提高未成年人科学素质方面的重要作用。各地以中小学为重点，依托科学教育特色学校建设等试点工作，加强教材开发，改进教学方法，加强科学教育特色学校创建和校内外青少年科学实践基地建设，提高学校的科学教育水平。江苏、福建、广东等地制定、出台一系列中小学科技教育政策措施以及工作意见。吉林、湖南组织小学科学学科教学观摩和质量调研等工作，有效促进科学教育教学工作的发展。海南省教育厅制定一系列规范和标准，推动中小学校实验室标准化建设和信息化建设，满足科学实验对于实验室和仪器设备的需求。二是校外科技教育和科普活动丰富多彩，吸引青少年广泛参与。各地广泛组织青少年参与各类科技竞赛和科普活动，大大提高了青少年的创新意识和动手实践能力。上海组织实施的科普网络游戏“青少年玩世博”，将“教育”和“游戏”有机结合，在“玩”中学科技，受到青少年喜爱。三是加强了校内外科学教育资源的整合。各地的科技类博物馆、青少年宫、儿童活动中心、社区青少年科学工作室、科研院所等各类场所都成为青少年开展课外科技活动和学习体验等活动的重要场所，为青少年科学素质提升营造良好社会环境。一些地区通过开展“科技馆活动进校园”和青少年学生校外活动场所科普教育共建共享试点等工作，有效促进了科技场馆的科技资源与学校科学教育的整合。北京启动青少年科技创新“雏鹰计划”，推进将首都科研院所、高等院校、科普基地等丰富的科技资源转化为中小学创新教育课程资源工作。各地妇联积极推动家庭教育在提高未成年人科学素质中的作用。

在提高农民科学素质方面，一是统筹规划，大力推进农民科技培训和科普工作。各地充分利用职业教育和成人教育资源，大力开展农村实用技术培训和农村劳动力转移培训；充分利用高等农业院校、广播电视大学系统远程教育资源，形成覆盖县、乡、村的开放型农民实用技术教育培训网络，方便广大农民就近学习实用技术和科学文化知识。2006—2010年农村劳动力转移培训阳光工程培训农民1.65亿人次。2006—2009年全国教育系统完成农村实用技术培训1.76亿人次。河北利用农村信息服务站整合互联网、手机短信、电话语音等多种手段全方位服务农户。安徽通过顺口溜、示意图等农民群众易于理解和接受的方式传播科技知识。大连利用现代信息通信技术，实现农业专家与农户远距离视频咨询服务。二是农村科普示范体系日益完善，引导和辐射带头作用进一步增强。在“科普惠农兴村计划”的引导带动下，各地结合实际，大胆创新，开展了富有特色的惠农活动。5年间，中央财政通过转移支付的方式安排7.5亿元，各级地方财政累计投入科普惠农专项资金超过3.1亿元，累积表彰1万余个先进集体和个人。三是少数民族农牧民、青年农民、农村妇女等特定群体的科学素质工作得到加强。各民族地区积极成立双语科普宣传工作队，开展双语科普广播、科普演出、科普知识展览、卫生健康义诊等活动，加强针对少数民族群众的“双语”科普资源服务。各地共青团组织通过建立农村青年就业创业见习基地，向农村青年传授实用技能和科普知识。辽宁省科技厅积极选送青年农民上大学进行定向培训。各地妇联依托基层近15万所农村妇女学校，对500万名农村妇女进行农业科技培训和转移就业技能培训；依托双学双比活动、巾帼科技致富工程等，帮助广大农村妇女在最短的时间内了解并掌握到最新的农技动态和先进的农业技术。

在提升城镇劳动者职业技能和科学生活能力方面，一是为应对国际金融危机对我国经济的影响，促进劳动就业，各地各部门全面推进各类职业技能培训，城镇劳动者的职业技能和就业能力明显提升。各地人力资源和社会保障部门积极推动职业技能培训。2006—2009年，新培养技师和高级技师141.6万人，高级技工599.2万名；组织开展再就业培训近2400万人次，再就业率达到68%；实施的“能力促创业计划”共组织近320万人参加创业培训，培训后创业成功率达60%以上，实现平均1人创业带动3人就业的倍增效应。各级工会积极开展技能竞赛活动，引导职工开展科技创新，提升企业科技创新能力。2008—2010年，全国共建设3万多家“职工书屋”，开展多种形式的读书活动，丰富职工的精神文化生活。二是开展重点培训，提高农民工职业技能水平和城市生活能力。各地统筹协调农业、教育、科技、住房城乡建设、扶贫等部门，针对产业结构调整和技术升级的需要，强化农民工专项技能培训。对进城务工青年开展系统化、规范化、“订单式”的岗位技能、安全知识等培训。重点推进煤矿、危化品、建筑施工、交通运输等高危行业农民工安全培训，加强农民工安全生产防范意识。三是社区居民科学素质工作广泛开展，促进了居民科学、文明、健康生活方式的形成。针对社会结构变迁，各地积极探索提升社区居民科学素质新模式，城区科学素质工作的中心逐渐向社区转移。通过社区培训机构、科普画廊、职工书屋、青少年科技活动室等阵地，面向社区居民举办讲座、展览、文艺活动等各类群众喜闻乐见的经常性科普活动。北京通过实施“社区科普益民计划”，加强社区科学素质工作的设施和队伍建设，明显改善了工作条件。辽宁、山东和青海等地通过“社区科普大学”，为社区居民尤其是老年人提供贴近生活、贴近实际的培训课程。广东通过创建示范社区、开发科普读物、创建志愿者服务站，建立城镇居民科学素质的建设平台。

在领导干部和公务员科学素质建设方面，一是把科学素质纳入领导干部和公务员教育培训、评价考核的重要内容。各地组织、人事部门将科学素质内容纳入各级干部教育培训规划和计划，编写教材，在广大干部和公务员中扎实开展各类教育培训。把提高各级领导干部和公务员的科学素质作为建设学习型党组织的重要内容，向他们推荐有关图书。各地依托党校、行政学院和干部学院，将科学素质列入教学计划，加大培训力度，着力增强领导干部和公务员践行科学发展及科学决策的能力。各地在公务员选拔中，都加入了科学素质相关内容的测查，测查方式和手段不断完善。安徽在选调生考试和在职公务员的年度考核中，将科学素质作为重要内容。二是不断创新培训形式，干部学习蔚然成风。国家行政学院、中国浦东干部学院、中国心理学会等联合开展领导干部心理健康教育研究与试点工作。江西省委组织部将“全民科学素质纲要”培训纳入全省地方干部专题培训计划，对各县全民科学素质工作领导小组成员进行培训。一些地方积极倡导领导干部和公务员“读一本科普书、听一次科普讲座、参加一次科普活动”。北京市举办公务员科学素质竞赛，推动公务员深入理解科学发展观，为提高全社会科学素质树立典范。网络培训、在线学习等信息化手段丰富领导干部和公务员的学习形式。浙江每周定期为省管干部和有关人员发送科普短信，全年累计发送短信15.6万条。广东省惠州市开通干部网络大学堂，开设科学技术、业务知识等课程200多门，干部上网学习超过35万人次。

3. 公民参与机会和途径增多。5年间，全国各地各部门以“共建共享”的理念推动科学教育和培训、科普资源开发和共享、大众传媒科技传播能力建设和科普基础设施建设等基础工程的建设和发展，加强了各类社会资源的整合和利用，公民提高科学素质的机会与途径明显增多，科普服务能力明显提升。

在科学教育与培训的基础条件方面，一是科学教师队伍的素质不断提高。湖南、陕西、贵州将中学科学教师培训纳入全省中学教师培训整体规划，加强中小学科学教育教师队伍建设。河北省秦皇岛市出台《秦皇岛市科技辅导员资格认证实施办法》，对中小学校的科技辅导员进行培训、考核和资格认证。二是民族地区和农村地区中小学科学教育基础设施建设大幅改善。安徽、湖南、宁夏等省（自治区）所有城镇和农村中小学校实现了现代远程教育。山西面向全省农村地区开展“科学工作室”建设。浙江根据科学课程的需要，对农村中小学科学教师进行了全员培训，并在农村中小学校建立实验室，充实实验仪器和教学器材。

在科普资源的服务能力方面，一是科普创作环境不断优化，各类科普资源的数量和质量有较大提高。据科技部统计，2009年全国共出版科普图书0.69亿册，比2006年增长40.82%；共出版科普期刊1.46亿册，比2006年增长9.77%。各地围绕新中国成立60周年、改革开放30周年、北京奥运会、上海世博会、节能减排等中心工作，针对南方低温、雨雪和冰冻灾害、“5.12”汶川地震、青海玉树地震等重大灾难，以及探月工程、日全食、食品安全、甲型H1N1流感等重大事件，开发宣传册、挂图、折页、展览、宣传片等科普资源，在服务党和国家的工作大局，服务广大公众对科技知识的需求方面发挥了重要作用。安徽成立科普产品工程研究中心，建设科普产业园，举办中国（芜湖）科普产品博览交易会，积极促进科普产品的研发与生产，探索公益性科普事业与经营性科普产业并举的有效模式。二是科普资源的共享服务能力得到提高。各地根据实际，广泛动员社会各界力量，积极探索交流、交换、捐赠、定制配送等科普资源服务方式。一些地方建立了数字化科普资源库和实体科普资源的配送中心，开发地方特色科普资源，为基层开展科普工作提供服务，缓解了基层科普资源短缺的矛盾。

在大众传媒科技传播力度和能力方面，一是各类媒体科学传播力度加大。电视、广播、报纸、网络等各级各类媒体，围绕党和国家关于科技发展的大政方针、科学发展观、重大科技事件和活动，通过新闻、专栏等形式重点宣传普及节约资源、保护生态、改善环境、安全生产、应急避险、健康生活等观念和知识，指导公众以科学的行为和方式应对公共卫生事件和重大自然灾害等突发事件。据科技部统计，2009年全国广播电台播出科普（技）节目总时长为19.67万个小时，电视台播出科普（技）节目总时长为24.30万个小时，分别比2006年增长了98.29%和113.53%。二是电视、广播、出版物、报纸等传统媒体的科技传播能力有所提升，形成了一批科技传播的品牌。各地广播电视和出版机构开播的科技栏目、科普出版物，都取得了很好的效果。如北京电视台的《魅力科学》、河北电视台农民频道《农科大讲堂》等，成为当地观众喜闻乐见的科普名牌栏目。重庆《电脑报》日发行量达60万份，是中国发行量最大的科技科普类报纸。三是互联网、移动通信等新媒体发展迅速，传播科普信息、服务公众手段更加快捷。据中国互联网协会网络科普联盟的调查，目前全国有各类科普网站（频道/栏目）600多个。这些网站打破时间、空间和人数的限制，开展各类线上和线下的科学传播活动，深受网民欢迎。各地结合信息化建设，积极拓展互联网、移动媒体的科普功能。山西大力开发电子科普杂志、科普手机报、科普短信和彩信，为公众提供高品质、快捷的科普服务。宁夏建立覆盖全区农村的“三农呼叫中心”，提供科技和信息服务，受到广大农牧民的欢迎。贵州数字图书馆等网络科普设施为公众学习科技文化知识和建立学习型社会提供了新的平台。四是与科技界加强合作，大众传媒的科技传播能力日益提高。在重大科技事件的宣传报道中，各类大众媒体认真准备，加强与科技界的合作，大大提高了科技传播的科学性和精彩度。在日全食天文奇观的报道中，江苏、安徽、山东、广西、重庆等地和处于全食带中心线的城市结合当地文化特点，组织各类媒体邀请科学家进行专业点评和解说，引入高端科技观测器材，表现出较强的科技传播能力。甲型H1N1流感期间，各类媒体及时、准确地报道流感疫情及防控措施，有效提高了公众的认知程度，增强了防控意识。

科普基础设施建设取得长足发展，一是科技类博物馆发展迅速，科普服务能力不断提高。科技类博物馆数量由2005年的250座增加到2010年的581座，其中综合性科技馆267座，专业（行业）科技馆121座，自然博物馆193座。中国科技馆新馆建成开放，浙江、广东、广西、重庆、四川、宁夏、新疆等一批省级科技馆新馆相继建成开放。一批地市级科技馆也相继建成，有的实行免费开放。城区常住人口100万人以上的大城市中，已有58%的城市至少拥有1座科技类博物馆。二是科普宣传栏、科普活动室（站）、青少年活动室等基层科普设施覆盖面不断扩大。据科技部统计，2009年底全国共建有10米以上科普画廊21.25万个，比2006年的13.45万个增长了58%；城市社区科普（科技）专用活动室6.8万个，农村科普活动场地37万个；科普宣传专用车1569辆。作为流动科技馆的科普大篷车配发数量达到381辆，累计行驶950多万公里，受惠群众6100余万人。吉林、安徽、江西、广西、云南等省（自治区）科普画廊的建设规模和标准都有了很大提高。山东为全省17个市配发科普车，配备数字电影放映机等车载科普产品，为全省8万多个行政村建设标准化科普宣传栏，每季度定期配发挂图。三是科普基础设施形式不断丰富。全国科普教育基地稳步发展，总数由2007年的261座发展到650座，提前实现《科学素质纲要》提出的2010年目标。各地相继命名了一批消防、环保、气象、国土资源、林业等专业科普教育基地，科普服务能力不断提高。气象台站对外开放已形成制度，全国各地有近1500个气象台站对外开放，2000余万人次走进参观。一批科研机构、高等院校面向社会开放，成为传播科学的重要阵地。据科技部统计，2009年中国科学院所属科研机构和教育部直属大学向社会共开放了430个场所，公众累积参与人数700多万人次。

4. 运作机制日益完善。2010年2月，国务院办公厅部署对各省（自治区、直辖市）人民政府、有关部门和单位实施《科学素质纲要》情况进行督查，并对12个省（自治区、直辖市）进行实地督查，进一步完善工作机制，加强条件保障，落实各项任务。一是组织机构逐步健全。全国30个省（自治区、直辖市）和新疆生产建设兵团都在当地党委、政府的领导下，建立由科协、组织、宣传、教育、科技、农业、人力资源和社会保障等部门组成的科学素质工作领导小组或《科学素质纲要》实施办公室（海南省2009年撤销领导小组后，协调推动科学素质工作的职责由科协承担）。全国90%以上的地（市、州）、80%以上的县（市、区）都建立相应的实施工作组织机构。一些地方积极引导企业等社会力量投入科普事业。专、兼职科学素质工作人员队伍发展壮大。据科技部统计，2009年全国共有科普人员180.84万人，比2006年增长11.39%。科普人员中有专职人员23.42万人，比2006年增长17.16%；兼职人员157.42万人，比2006年增长10.58%。基层的科普兼职人员和志愿者队伍得到大发展。上海组建万人科普志愿者队伍，促使全市科普、学术活动信息能够得到更有效的共享和传播。山东等省围绕落实选聘高校毕业生到农村任职工作，在部分市启动了到村任职高校毕业生兼任科普员工作，在提升农民科学素质、带领群众依靠科技致富方面发挥了积极作用。广东成立科普志愿者协会，充分动员广大科技工作者和社会热心人士投身科普事业。

视窗2-5　我国2011—2015年公民科学素质建设回眸

2011—2015年“十二五”期间，是《科学素质纲要》的深入实施时期，是我国公民科学素质建设进入层层落实和深化实施的重要时期，在党中央、国务院的正确领导下，各地各部门紧紧围绕党和国家的中心工作，根据《科学素质纲要》的总体部署和《全民科学素质行动计划纲要实施方案（2011—2015年）》的要求，各地各部门坚持大联合、大协作，逐步形成中央和地方联合协作、共建共担、层层分解目标责任的矩阵式工作格局，2015年我国公民具备科学素质的比例达到6.20%，比2010年的3.27%提高近90%，超额完成“十二五”我国公民具备科学素质的比例超过5%的目标任务，进一步缩小与西方主要发达国家的差距，为“十三五”公民科学素质建设奠定坚实基础。

1. 促进创新驱动发展战略在全社会深入贯彻落实。5年间，各地各部门深刻领会党中央、国务院对全民科学素质工作的要求，服务全面深化改革，服务创新创造，服务公众民生，广泛开展科技教育、传播与普及活动，推动创新驱动发展战略在全社会的贯彻落实。中宣部联合相关部门先后2次就加强科技宣传工作印发意见，为科普宣传提供有利的政策环境。中宣部、新闻出版广电总局多年来坚持组织媒体对最高科技奖获得者、“最美科技人员”进行宣传报道，广泛宣传科学精神。2011年起，中国科协、教育部等6部门联合开展科学道德和学风建设宣讲教育活动，各地共开展各类宣讲教育活动4.5万余场，接受宣讲教育的研究生达470万人次、本科生430万人次，新上岗研究生导师、新入职教师和科技工作者近50万人次。各地各部门围绕工作主题，依托全国科普日、科技活动周、文化科技卫生“三下乡”、健康中国行——全民健康素养促进行动、大学生志愿者千乡万村环保科普行动、质检科技周、安全科技活动周、平安中国、世界地球日、世界环境日、世界无烟日、世界气象日、防灾减灾日、林业科技活动周、文化遗产日等活动，积极开展创新、创造、创业相关的科技宣传，5年间全国科普日和科技活动周活动累计参与公众突破10亿人次。发展改革委等多部门联合举办2015年全国大众创业万众创新活动周，拓宽创业者融资渠道和科技水平。

围绕社会公众关切的焦点、热点问题，以科学发展、创新发展为指导，及时开展释疑解惑活动，引导广大群众科学理性对待改革中出现的各种问题。中宣部、中国科协围绕雾霾、转基因、PX项目、食品安全、核科学与技术等事关国家经济发展和民生的话题，组织编写《科学解读公众关注热点》，并组织媒体广泛传播。2011年起食品药品监管总局联合16个部门每年举办全国食品安全宣传周活动，参与人次累计超过10亿，同时积极开展全国安全用药月活动，宣传合理用药科学知识。中宣部、新闻出版广电总局、卫生计生委等单位第一时间通过主流媒体回应公众对H7N9、埃博拉病毒等公共卫生问题的关切。环境保护部积极应对雾霾、垃圾焚烧等各类环境问题。在雅安地震、云南鲁甸地震发生之后，地震局、中宣部、中科院等部门及时开展地震应急科普宣传，组织地震专家解疑释惑，有力维护地震灾区社会稳定。

2. 重点人群行动带动全民科学素质显著提高。各地各部门围绕重点人群，加大工作力度，促进全民科学素质整体水平得到较大提升。

稳步推进未成年人科学素质行动，青少年创新意识和实践能力不断提高。5年间，各地各部门通过完善基础教育阶段科学教育，扎实提高学校特别是农村中小学校科学教育质量，广泛开展多种形式的科技教育、传播和普及活动，有效提升未成年人的学习能力、实践能力和创新能力。2011年，教育部出台义务教育科学等学科课程标准，把科学素质的课程理念落实到科学课程的教学中，并对小学科学课程标准进行修订和完善，组织普通高中相关学科课程标准研制；2012年，教育部制定了《3—6岁儿童学习与发展指南》，对加强幼儿科学启蒙教育提出了明确要求。中国科协、教育部、共青团中央等部门联合开展全国青少年科技创新大赛、中学生英才计划、全国青少年调查体验活动、机器人竞赛、挑战杯等系列科普活动，其中全国青少年科技创新大赛已经成功举办30届，每年吸引1000多万青少年参加，成为青少年科技创新展示交流的重要平台；2013年教育部、中国科协和中国载人航天工程办公室共同主办“神舟十号”航天员太空授课活动，全国8万余所中学的6000余万名师生同步收看，社会反响热烈；共青团中央联合有关部委实施“中国少年儿童平安行动”，2012—2014年共开展关注少年儿童心理健康成长的报告会2969场，2015年向少年儿童免费赠送60万份少年儿童平安行动专刊。2004年以来，教育部连续举办11届全国中等职业学校“文明风采”竞赛活动，仅2014年就有4399所学校、228.8万名学生参加；2012—2015年，中国科协联合多部门组织37285名各地优秀高中生参加科学营活动；共青团中央连续16年组织开展“少年科学院”活动，目前每年有20万青少年参加课题研究活动；全国妇联举办“家庭亲子科普周”“书香童年、亲子阅读”和“艺术工坊”等有益于青少年心智成长的公益活动，每年近10万名家长和孩子参加。

突出农民增收致富，农民科学素质得到提升。5年间，各地各部门广泛开展农民科学教育、科技培训、科技传播和普及活动，着力培养有文化、懂技术、会经营的新型职业农民。农业部实施农村劳动力培训阳光工程，大力开展务农农民培训；联合财政部实施新型职业农民培育工程，5年累计投入资金达55亿元，覆盖全国所有县（市、区）。将农民科学素质提升与产业发展紧密结合，大力开展全国冬春农业科技大培训，2011—2013年，累计发放技术资料8.5亿份，对农民开展培训和咨询服务2730万人次。2013年以来，农业部、全国妇联等多部门联合开展农村妇女科学素质网络竞赛，参与农村妇女超过1000万人次。共青团中央联合相关部门实施“青年星火带头人培训工作”“农村青年科技特派员创业行动”“雨露计划·扬帆工程”助学行动等，2011年以来，共培训农村青年1007万余人；2014年，启动实施农村青年创业致富“领头雁”培养计划，计划用5年时间培养100万名农村青年致富带头人。全国妇联与农业部等共同认定巾帼现代农业科技示范基地866个，培训20多万名农村妇女。国家民委等部门于2014年启动边境民族地区双语科普试点工作，帮助少数民族群众提高科学素质，巩固边防安全。气象局通过气象科技下乡、气象灾害防御等方式，使气象灾害应急覆盖99.7%的村庄。2006年以来，中国科协与财政部联合实施“科普惠农兴村计划”，累计投入专项转移支付资金22.5亿元，奖补13872个农村科普工作先进单位和个人，奖补对象辐射带动农户8227万户，共开展各类培训、讲座105.8万次，累计培训农牧民1.4亿人次。

突出职工职业技能和创新创造能力，城镇劳动者的科学素质显著提高。5年间，各地各部门不断开展形式多样的继续教育、职业培训和科技教育、传播与普及活动，提高城镇劳动者就业能力、创业能力和适应职业变化的能力。人力资源和社会保障部、财政部实施国家高技能人才振兴计划，培养造就具有精湛技艺的高技能人才；人力资源和社会保障部制定《专业技术人员继续教育规定》，会同财政部、科技部、教育部、中科院等部门启动实施专业技术人才知识更新工程，每年培训100万名高层次、急需紧缺和骨干专业技术人才，实施1054期高级研修项目，开展急需紧缺人才培养培训和岗位培训，累计培训546.6万人次，设立国家级专业技术人员继续教育基地100个。人力资源和社会保障部初步建立面向城乡全体劳动者的职业培训制度，加强对在校大学生和离校未就业高校毕业生开展创业培训，2011—2014年，全国共开展政府补贴职业培训7967万人次，发放职业培训补贴资金共计280多亿元，劳动者参加就业技能培训后就业率超过70%；全国总工会通过资助职工参加继续教育、举办各类读书活动、开展岗前或在岗培训、举办技术技能大赛、进行重点工程劳动竞赛、开展技术创新攻关等方式，帮助1000万以上职工提高学历层次、2000万以上职工提升技术等级，对1000万职工开展转岗和就业、创业培训，扶持建设500个全国职工教育培训优秀示范点、3500个示范点、7000家职工书屋示范点，带动各级建设10万家职工书屋；安全监管总局通过举办安全生产月、安全科技活动周、安全生产知识培训及比赛等活动，加强职工安全科技意识和水平，每年3000余万人参加；各级妇联针对下岗失业妇女、进城务工妇女、女大学生开展家政服务、电子商务等创业就业培训，每年培训近100万人次。人力资源和社会保障部实施农民工职业技能提升计划——“春潮行动”，5年来全国开展政府补贴性农民工职业培训超过6000万人次；全国总工会深入推进全国职工素质建设工程，帮助城镇劳动者实现就业；财政部2014年安排就业专项资金436亿元，切实保障高校毕业生、失业人员和农村转移劳动力不断提升就业能力。

着力提升科学执政水平，领导干部和公务员科学素质稳步提高。5年间，各地各部门围绕增强领导干部和公务员终身学习以及科学管理的能力，广泛开展科学素质培训、学习和活动，使领导干部和公务员科学素质在各类职业人群中位居前列。中组部将领导干部和公务员科学素质教育纳入《2013—2017年全国干部教育培训规划》，并在新修订的《干部教育培训工作条例》中，强化对领导干部和公务员科学素质教育的要求；研究制定《领导干部和公务员科学素质行动实施方案（2011—2015年）》，明确各部门的职责和任务。在中央党校、国家行政学院等“一校五院”的主体班次，部委举办的地方党政领导干部专题班、中国干部网络学院有关班次和领导干部境外培训班次，中央机关公务员初任培训、中央机关处长任职培训等班次中安排科学素质教育相关内容；各级党校、行政学院和干部学院及各地各部门均把科学素质教育内容列入教学计划，帮助领导干部充实科技知识，树立科学态度，掌握科学方法，提高推动科学发展、创新发展的能力；同时，加强对党政领导干部综合评价、选拔任用及公务员录用考试的科学素质测查。开展“科学与中国”高端科普活动、中央国家机关职工心理健康科普咨询活动、院士专家报告会领导干部专场等各类科学素质相关的活动；中组部牵头先后出版发放第三批全国干部学习培训教材、《科学发展案例选编》、第四批全国干部学习培训教材、《领导干部和公务员科学素质读本》等科学素质相关读物；充分利用建成的68.2万个农村党员干部现代远程教育终端，开展农业实用技术和科技知识的传播，覆盖全国99.1%的乡镇和建制村。

围绕科学生活，城镇社区居民科学素质显著提升。5年间，各地各部门广泛开展社区科技教育、传播和普及活动，完善社区公共服务体系，提升社区居民科学生活能力。据中国公民科学素质调查，社区居民具备科学素质的比例由2010年的4.86%增长到2015年的9.7%，增长1倍。民政部将社区科普工作纳入社区服务体系建设“十二五”规划，与社区建设同部署、同实施，将完善社区科普文化服务设施、开展社区科普工作等内容纳入《全国和谐社区建设示范单位指标体系》；印发《关于推进学习型城市建设的意见》，指导各地广泛开展包括科普、文化生活等在内的城乡社区教育。中国科协印发《关于加强城镇社区科普工作的意见》，推动以社区科普大学为主的社区科普工作，开辟社区科普服务站、社区科普图书室、科普专栏、科普画廊等，不断强化社区科普服务阵地建设；民政部等5部门出台《关于推进社区公共服务综合信息平台建设的指导意见》，实施社区服务信息惠民行动计划，指导各地加快推进社区公共服务综合信息平台建设，以社区信息化建设推动社区科普工作效果提升，截至2014年底，全国共有城乡社区服务设施31.1万个，城市社区综合服务设施覆盖率达81%，农村社区综合服务设施覆盖率达11.3%。2012年以来，中国科协会同财政部实施“社区科普益民计划”，对全国2000个社区进行奖补，吸引地方财政和社会资金投入7亿余元，带动社区科普活动蓬勃开展。

3. 公民科学素质公共服务能力明显提升。各地各部门按照中央的有关部署，紧跟时代发展步伐，创新科普技术和手段，科技传播服务能力显著提升。

科学教育与培训基础条件明显改善。颁布《教师教育课程标准（试行）》，实施中小学教师国家级培训计划，5年间安排专项资金73.85亿元，累计培训科学、数学、物理、化学、生物、信息技术、通用技术、综合实践、地理等科学教育相关学科骨干教师250余万人。实施教师教育国家级精品资源共享课建设计划，完成科学、数学等45门相关课程建设。2014年，启动全面改善贫困地区义务教育薄弱学校基本办学条件工作。5年累计安排27亿元专项资金，实施职业院校教师素质提高计划。

科普资源开发开放与共享程度显著提高。2014年，全国共出版科普图书0.62亿册、科普期刊1.08亿册，发行科技类报纸3.02亿份，在各类科普活动中发放科普读物和资料10.27亿份。2014年，全国有6712个科研机构和大学面向公众开放，831.78万人次参加。国家民委2012年面向武陵山片区组织编发科普手册16万册，推动民族院校学生编印双语科普读物，积极开展双语科普活动；5年间，气象部门累计制作图文类科普作品1万余件、影视动漫1500余部、游戏260个，发放各类科普产品474.6万份。

科普信息化建设取得初步成效。2015年，中央财政安排2.1亿元支持启动实施科普信息化建设专项，基于政府与社会资本合作（PPP）模式探索科普公共服务供给模式创新，通过招投标启动实施科技前沿大师谈等19个子项目，遴选新华网、腾讯、百度、光明网、果壳网、天极网等12家机构承担，在短短3个多月内生产科普信息内容1.4TB，上线3个多月页面浏览量超过14.6亿人次（其中移动端占80%）。同时，秉持开源、众创、分享的理念，大力实施“互联网+科普”行动计划，强化互联网思维，引领和凝聚各方力量参与科普信息化建设，创建“科普中国”品牌；2015年9月14日，科普中国导航（www.kepuchina.org）正式上线运行，开通20个科普频道（栏目）、24个移动端科普应用，汇聚82家全国优秀科普网站（栏目），科普中国品牌影响力逐步凸显。

大众传媒科技传播能力明显增强。中宣部牵头持续加强广播、电视、报纸等各类媒体的科技宣传力度，2014年，全国广播电台播出科普（科技）节目总时长为15.13万个小时，电视台播出科普（科技）节目总时长20.17万个小时，科普网站达到2652个。环境保护部开通环保科普365微信公众号，集中播放以“向污染宣战”为主题的公益宣传片，播出总时长达230万小时。卫生计生委推进12320卫生热线平台建设，全国卫生12320微博影响力与日俱增，12320卫生热线覆盖人群9.6亿。中国气象局努力打造集中国气象频道、气象科普微博群、《中国气象报》、《气象知识》杂志于一体的多元化传播平台，全国气象新媒体粉丝数超过2635万人。旅游局建设12301国家智慧旅游公共服务平台，加强旅游科技及应急服务。共青团中央发动建立认证微博超过12.8万个。

科普基础设施支撑服务能力明显提升。中国特色现代科技馆体系建设取得长足发展，5年间，新建改造实体科技馆42座，全国达标科技馆总数142座，同时另有50多座科技馆在建；开发制作流动科技馆220个，全国科普大篷车保有量1071辆，中国数字科技馆日均页面浏览量超过220万，ALEXA国内排名稳定在200名左右；2015年，中央财政安排补助资金3.46亿元，实现全国92个科技馆的免费开放。科普教育基地建设稳步推进，科技博物馆由2010年的555个增加到2014年的724个；全国科普教育基地由2010年的650个发展到2015年的1045个，2014年，省级以上的科普教育基地年参观人数2.8亿人次；国土、环保、林业、研学旅游、地震、气象等科普基地蓬勃发展。

科普人才队伍发展壮大。2012年，中国科协与教育部启动在清华大学、北京师范大学等6所高校培养高层次科普专门人才试点工作，培养科普专业硕士研究生，2015年，首批98名研究生毕业并实现全就业。2013年以来，中国科协发动全国学会，组建由3951名科技专家组成的341个科学传播专家团队。全国科普人员由2010年175万人增加到2014年

201万人，其中科普兼职人员由152.8万人增加到177.7万人，全国注册科普志愿者从2010年239万人增加到2013年337万人。

4. 公民科学素质建设推进机制进一步完善。党中央国务院高度重视全民科学素质工作，把全民科学素质行动计划纳入国民经济和社会发展第十二个五年规划，把到2015年我国公民具备基本科学素质的比例超过5%的目标纳入中共中央、国务院《关于深化科技体制改革加快国家创新体系建设的意见》，推动各地各部门建立、不断完善公民科学素质建设有效机制。

联合协作机制进一步完善。全民科学素质纲要实施部门从2010年的23个扩大到目前的33个。财政部牵头落实完善公益性科普捐赠税收政策，出台科普单位有关税收优惠政策及科普相关的进口税收优惠政策等系列优惠政策。文化部把科普工作纳入《关于加快构建现代公共文化服务体系的意见》，把开展农民科学素质行动、社区居民科学素质行动等纳入国务院办公厅《关于推进基层综合性文化服务中心建设的指导意见》。国家民委、环境保护部、质检总局、地震局、中科院等部门印发加强科普工作的意见。教育部、环境保护部等部门建立部内的全民科学素质工作联席会议制度。工业和信息化部召开本系统科普工作交流会，林业局设立梁希科普奖，科技部开展在“973”科技计划中增加科普任务的试点工作，国土资源部专门发文要求在科研项目中增加科普任务，社科院将科普工作纳入科研任务的验收评价。除安徽省外，全国各省（自治区、直辖市）及新疆生产建设兵团和绝大多数地（市、州）、县（市、区）都成立全民科学素质工作机构。

创立公民科学素质建设的共建机制。中国科协会同全民科学素质纲要实施部门于2012年启动建立公民科学素质建设共建机制工作，将公民具备科学素质比例的目标合理地分解到各地，与27个省（自治区、直辖市）及新疆生产建设兵团签署共建协议，推动科学素质工作的层层落实，15个省（自治区、直辖市）及新疆生产建设兵团与所辖市区签署共建协议，16个省（自治区、直辖市）及新疆生产建设兵团将全民科学素质工作纳入党委和政府部门的绩效考核体系。

监测评估机制进一步加强。2013年，全民科学素质纲要实施工作办公室对各地区2011年以来《科学素质纲要》实施情况进行检查评估，并对8个地区进行实地检查评估。2015年，全民科学素质纲要实施工作办公室对“十二五”期间各地区各部门实施《科学素质纲要》的情况进行督查，并对13个地区进行实地督查；组织开展2015年中国公民科学素质抽样调查；启动《科学素质纲要》实施工作先进集体和先进个人的表彰工作。

投入保障机制进一步强化。据科普统计，2014年全国科普经费筹集额达到150.03亿元，比2010年的99.52亿元增长51%。5年间，中央财政累计安排资金919.15亿元，支持博物馆、纪念馆、全国爱国主义教育示范基地、文化馆、科技类博物馆建设等公益性文化设施，并推动向社会免费开放。

5年间，全民科学素质工作虽然取得一定成效，但仍然存在不少困难和问题。一是公民科学素质水平差距进一步拉大。公民科学素质调查结果显示，2010—2015年，东部地区公民科学素质水平从4.59%提高到8.01%，西部地区公民科学素质水平从2.33%提高到4.33%；城镇居民科学素质水平从4.86%提升到9.72%，农村居民科学素质水平从1.83%提高到2.43%；男性公民科学素质水平从3.69%提升至9.04%，妇女科学素质水平从2.59%提升至3.58%，我国东西部地区之间、城乡之间和不同性别之间的公民科学素质水平差距进一步扩大。二是基础设施覆盖面不均衡。以科技馆为例，截至2015年10月，西部地区科技馆数量仅占全国的19.7%，而东部地区为50.7%。三是服务手段滞后于信息化发展进程。现在公众特别是青少年都在网上，科普与信息技术发展和社会信息化进程相比，技术、手段、理念滞后，有知有趣的科普内容匮乏，科普传播渠道单一，不能满足公众泛在、个性化的科普需求。四是全社会参与的机制创新滞后。科普发展需要科普机制的创新变革，特别是互联网的发展已经彻底改变科普的动员参与方式，科普的思想观念相对落后、改革创新意识不足，科普的机构设置、资源配置、工作模式、工作习惯等还不适应现代科普发展的要求。

视窗2-6 我国2016—2020年公民科学素质建设任务

国务院办公厅于2016年2月25日印发《全民科学素质行动计划纲要实施方案（2016—2020年）》，对“十三五”期间我国公民科学素质实现跨越提升做出总体部署。

该方案指出，公民科学素质是实施创新驱动发展战略的基础，是国家综合国力的体现。要坚持“政府推动，全民参与，提升素质，促进和谐”的工作方针，围绕“节约能源资源，保护生态环境，保障安全健康，促进创新创造”的工作主题，继承创新、拓展提升，开放协同、普惠共享，精准发力、全面跨越，推动科技教育、传播与普及，扎实推进全民科学素质工作，激发大众创业创新的热情和潜力，为创新驱动发展、夺取全面建成小康社会决胜阶段伟大胜利筑牢公民科学素质基础。

该方案提出，到2020年我国全民科学素质工作的目标是：科技教育、传播与普及长足发展，建成适应创新型国家建设需求的现代公民科学素质组织实施、基础设施、条件保障、监测评估等体系，公民科学素质建设的公共服务能力显著增强，公民具备科学素质的比例由2015年的6.20%提升到10%以上。

该方案强调，要促进创新、协调、绿色、开放、共享的发展理念深入人心，大力宣传普及高新技术、绿色发展、健康生活等知识和观念，以青少年、农民、城镇劳动者、领导干部和公务员为重点，深入实施科技教育与培训、社区科普益民、科普信息化、科普基础设施、科普产业助力和科普人才建设等重大工程，大幅提升公民科学素质建设的公共服务能力，不断完善公民科学素质建设的共建、社会动员、监测评估等机制，建立科研与科普相结合的长效机制，确保我国公民提高科学素质的机会与途径显著增多。

该方案要求，各地各有关部门要将公民科学素质建设相关任务纳入工作规划和计划，加大政策支持，加大投入保障，加强督促检查，推动各项工作任务落到实处。①

---

① 国务院办公厅关于印发全民科学素质行动计划纲要实施方案（2016—2020年）的通知［A/OL］.［2016-03-14］. http：//www.gov.cn/zhengce/content/2016-03/14/content_5053247.htm.

第二节 公民科学素质建设的政府推动

公民科学素质建设的政府推动，主要是指在国家层面将公民科学素质建设作为国家意志，通过确立和设计相应组织体制、行动纲领、政策文件、评价考核标准等多种方式，从不同层面进行有效的行政动员，有力地推进公民科学素质建设。

一、公民科学素质建设的国家体制

公民科学素质建设的国家体制，是指国家行政组织内部的各层级之间、各部门之间的关于公民科学素质建设的权责配置关系和结构体系的各种制度规范的总和。目前，我国全民科学素质工作的组织体系和工作机制不断完善，已基本形成“国务院领导，各部门分工负责、联合协作，社会和公众广泛参与”的工作格局。

视窗2–7　我国公民科学素质建设推进体制的演进

2006年，国务院颁布实施《科学素质纲要》，按照该纲要的要求，国务院随即成立由陈至立国务委员任组长，中组部、中宣部、国家发展改革委、教育部、科技部、财政部、人事部、农业部、劳动和社会保障部、国家广电总局、中科院、社科院、工程院、自然科学基金会、全国总工会、共青团中央、全国妇联、中国科协等18个部委的负责同志为成员的全民科学素质工作领导小组；2007年，又增补国家民委、卫生部、国家环保总局、国家安全监管总局、国家林业局等5个部门，共计23个部门。领导小组办公室设在中国科协，承担具体工作。领导小组的主要职责：负责对实施《科学素质纲要》工作进行宏观指导；研究制定促进《科学素质纲要》实施工作的重大政策措施，协调解决实施中的有关重大问题；对各地区、各部门的实施工作进行督促检查。同年5月，召开《科学素质纲要》实施动员大会，陈至立国务委员代表国务院号召全社会积极参与《科学素质纲要》的实施工作。

2008年3月，按照《国务院关于议事协调机构设置的通知》的文件精神，全民科学素质工作领导小组不再保留。为做好工作衔接，中国科协向国务院上报了请示，温家宝总理和刘延东国务委员高度重视，同意由国务院分管领导同志每年召开一次会议听取《科学素质纲要》实施工作的汇报，研究促进实施工作的重大政策措施，协调解决实施中的有关重大问题，会后印发会议纪要。同年 4月 24日，中国科协会同科技部、中宣部、教育部召开由 23个部门参加的《科学素质纲要》实施工作会议，会议通过《全民科学素质纲要实施工作机制》，实行工作例会制度，由中国科协会同科技部、中宣部、教育部牵头，召集有关部门每年召开一次《科学素质纲要》实施工作会议。会后，中国科协牵头成立由23个部门相关司局负责同志组成的全民科学素质纲要实施工作办公室。2015年，全国《科学素质纲要》实施工作办公室组成部门扩大到33个，包括中组部、中宣部、国家发展改革委、财政部、人社部、教育部、科技部、农业部、工业和信息化部、国家民委、民政部、国土资源部、环保部、文化部、卫生计生委、质检总局、新闻出版广电总局、体育总局、安全监管总局、食品药品监管总局、林业局、旅游局、中科院、社科院、工程院、地震局、气象局、自然科学基金会、文物局、全国总工会、共青团、全国妇联、中国科协。

2008年以来，每年都由中国科协、科技部、中宣部、教育部等《科学素质纲要》实施的牵头部门向国务院汇报年度实施工作和下一年度工作安排，国务院分管领导同志听取汇报并讲话。会后，国办印发《会议纪要》，对下一年度《科学素质纲要》实施工作进行安排部署。

2010年，国务院办公厅牵头对全国《科学素质纲要》实施工作进行督查，总结实施5年来的成果，指出实施过程中存在的困难和问题。2011年8月，国务院办公厅召开《科学素质纲要》实施电视电话会，对《科学素质纲要》实施5年来的工作进行全面总结，对“十二五”的实施工作进行动员和部署，并开展了《科学素质纲要》实施工作先进集体和先进个人表彰工作。这是《科学素质纲要》颁布实施以来第一次全国范围的表彰，对社会各界积极参与全民科学素质工作起到了极大的鼓舞和激励作用。

（一）公民科学素质建设的纵向动员

公民科学素质建设的纵向动员，是与公民科学素质建设相关行政部门之间的权责配置和制度规范。目前，我国已经形成较为完善的从中央到地方的公民科学素质建设行政动员体系，在国家层面，国务院分管领导每年召开一次会议，听取《科学素质纲要》实施工作和下一年工作要点的汇报，研究促进实施工作的重大政策措施，协调解决实施中有关重大问题，会后印发会议纪要。全民科学素质纲要实施工作办公室根据国务院分管领导对科学素质工作的意见，通过印发年度工作要点、召开会议等形式对年度重点工作进行部署和安排。同时，按照国务院安排和要求，全民科学素质纲要实施工作办公室对各部门和地方各级政府的实施工作情况进行检查监督；各级地方政府、科学素质纲要实施工作办公室对本地区实施工作情况自行检查监督，并将检查监督情况及时报告全国的全民科学素质纲要实施工作办公室。全民科学素质纲要实施工作办公室每年根据各地各部门的实际，研究并提出下年度工作要点的建议。

视窗2-8　全民科学素质纲要实施工作办公室职责

2006年，国务院颁布实施《全民科学素质行动计划纲要（2006—2010—2020年）》，成立全民科学素质工作领导小组。2008年，为落实《国务院关于议事协调机构设置的通知》精神，根据《全民科学素质纲要》实施工作会议的议定事项，成立全民科学素质纲要实施工作办公室。

办公室主要职责：筹备《科学素质纲要》实施工作例会；督查落实工作例会议定事项和年度工作计划，推动各部门落实相关任务；提出实施《科学素质纲要》政策和措施的建议；负责部门间的信息沟通和工作协调；负责与地方的联系。

办公室设主任一名、副主任若干名。办公室主任由中国科协书记处书记分管领导同志担任，副主任由中国科协、科技部、中宣部、教育部、中组部、农业部、人力资源和社会保障部有关司局负责人担任。办公室成员由承担《科学素质纲要》工作任务的有关部门司局负责同志担任。办公室设在中国科协，日常工作由中国科协科普部承担。办公室下设联络组，各成员单位确定相关处室负责人担任联络员，负责成员单位之间的沟通与协调。办公室成员和联络员因工作变动需要调整的，由成员单位向办公室提出，批准后由办公室负责通知。

办公室按照《全民科学素质纲要实施工作方案》的总体要求，实施工作采取分工负责、联合协作的工作机制。各牵头部门负责会同责任单位落实各专项工作方案，可根据工作需要成立协调小组。各成员单位要把加强公民科学素质建设作为本部门、本单位的重要任务，纳入工作规划和计划。①

地方各级人民政府负责领导和统筹安排本地区的实施工作，将公民科学素质建设作为一项重要工作纳入当地国民经济和社会发展总体规划之中。地方各级政府及有关部门、事业单位和人民团体的实施工作，与国家整体实施工作保持一致，积极落实全民科学素质纲要实施工作办公室和各成员单位根据各项任务开展的相关工作。到2016年底，全国30个省（自治区、直辖市）和新疆生产建设兵团都在各地党委、政府的领导下，建立了由科协、组织、宣传、教育、科技、农业、人力资源和社会保障等部门组成的科学素质工作领导小组或科学素质纲要实施工作办公室。全国90%以上的地（市、州）、80%以上的县（市、区）都建立了相应的《科学素质纲要》实施工作组织机构。

（二）公民科学素质建设的横向动员

由于公民科学素质建设的工作任务涉及面大，难以由一个部门承担，必须依工作的性质进行分工，由不同的部门和单位来承担相应的工作任

① 全民科学素质纲要实施工作办公室机构简介［EB/OL］.［2016-12-22］. http: //www.kxsz.org.cn/content.aspx?id=9&lid=1.

务，并且相互之间要有协调配合，形成一个系统，才能使公民科学素质建设的各项任务都能落实。我国公民科学素质建设在实践中形成各部门分工负责、协调配合的横向的动员体系，确保公民科学素质建设各项重点工作任务的落实。

2006年，国务院颁布《科学素质纲要》时，中组部、中宣部、国家发展改革委、教育部、科技部、财政部、人事部、农业部、劳动和社会保障部、国家新闻出版广电总局（以下简称“广电总局”）、中国科学院、中国社会科学院、中国工程院、自然科学基金会、全国总工会、共青团中央、全国妇联、中国科协等 18个部门是成员单位；2008年，全民科学素质纲要实施工作办公室成员单位增加到 23个；2015年，进一步增加到33个成员单位。全民科学素质纲要实施工作办公室，各个成员单位根据各自的职能承担《科学素质纲要》中的相应工作任务，分工负责、协调配合。各个成员单位也按照本部门承担的工作任务，在本系统内，自上而下地通过文件、会议等方式进行动员和部署，确保相关的工作任务能在本系统得到落实。

根据全民科学素质工作分解的各项任务，明确每项任务的牵头部门和责任单位。同时，各成员单位把加强公民科学素质建设作为本部门、本单位的重要任务，纳入工作规划和计划。各部门在各项任务中互为牵头单位和责任单位，形成既有分工又有协作的工作机制。牵头部门主要负责对所承担的任务提出总体安排意见；会同责任单位共同研究制定可操作的具体工作方案；整合相关力量，吸纳成员单位以外的有关部门和单位参与《科学素质纲要》的实施工作；推动责任单位以及相关部门共同组织实施，并探索建立整合资源、优势互补、协作配合、综合集成的工作机制。责任单位根据本单位的职能，积极承担推动《科学素质纲要》实施的相关责任；协助牵头部门提出工作总体安排的建议，参与研究制定具体工作方案；制定本系统的实施方案，在本系统内推进实施工作。成员单位以外的有关部门，也结合本部门实际，积极参与《科学素质纲要》相关任务的实施。

（三）公民科学素质建设的组织协调

在国务院领导下，全国科学素质纲要实施工作办公室是我国公民科学素质建设的具体组织协调机构，使中央和地方、部门之间协调配合，从而高效有序地动员体制内的各级政府和有关部门以及体制外的社会各方面力量，积极参与到公民科学素质建设的工作中。

全民科学素质纲要实施工作办公室通过会议、文件、调研、督查等多种形式，协调推动各地各部门落实《科学素质纲要》工作任务，还通过网站、工作简报、工作月刊、年度工作概览巡展等形式加强信息沟通和交流。《科学素质纲要》实施工作办公室广泛开展主题宣传和培训，每年围绕主题系统设计全民参与的科普活动，联合各成员单位和各地方全面开展。

全民科学素质纲要实施工作办公室督促各成员单位将科学素质有关工作纳入本部门的工作规划和计划，每项任务的牵头部门会同有关单位研究制定可操作的具体工作方案。在工作中建立部门内和部门间的工作协调机制，推动相关任务落实，形成适应需要的工作方式与机制。成员单位间加强沟通与联系。建立部际联络员制度、情况通报制度等工作制度，及时反馈和沟通实施工作进展情况。各成员单位间既分工明确，又协同配合，形成整体合力。同时搭建社会化工作平台，加强成员单位与社会各方面的协调，充分整合、利用现有各类资源，促进各项任务完成。

全民科学素质纲要实施工作办公室督促地方政府在工作中加强所属各部门、单位和团体之间的横向联合，形成上下联通、左右协同的工作格局，并出台各种具体政策，加大财政投入力度，建立专职和兼职相结合的工作队伍。

二、公民科学素质建设的规划部署

公民科学素质建设的规划部署，是指国家和各级政府部门通过领导同志讲话动员、发展规划、工作计划等方式，对公民科学素质建设工作做出系统的安排和具体布置。

（一）党政领导同志讲话和指示要求

党政领导同志关于公民科学素质建设的讲话和指示要求，是推动公民科学素质建设中一种非常重要的行政动员方式。领导讲话指示往往涉及公民科学素质建设工作的具体而符合实际的要求，以及推动工作的重要思想和创新思路，具有很强的行政权威性、政治鼓动性和实际可操作性，必然引起各级领导和有关部门的高度重视。2006年以来，国务院有关领导多次对《科学素质纲要》的实施发表重要讲话，对各地和各有关部门贯彻落实提出要求，进行动员部署。例如，2006年5月，《科学素质纲要》发布不久，陈至立国务委员在实施动员大会上发表重要讲话，动员各级政府和社会各方面积极参与到《科学素质纲要》的实施中来；2016年6月22日，全民科学素质行动实施工作电视电话会议召开，中共中央政治局委员、国务院副总理刘延东同志出席会议并作重要讲话，会后及时将刘延东同志的讲话印发各地各部门，对推动“十三五”公民科学素质建设起到积极作用。每年国务院分管领导在听取《科学素质纲要》实施工作和下一年工作要点的汇报后，都会发表讲话，就一年来实施的成绩和下一年实施的重点任务进行动员部署，会后不仅印发纪要，也将领导同志的讲话和指示要求印发各地各部门学习领会，并结合实际予以贯彻落实。

（二）纳入经济社会发展和部门发展规划

发展规划作为一种战略性、前瞻性、导向性的公共政策，在政府动员和行政管理中具有十分重要的引领地位。将公民科学素质建设纳入相应的经济社会发展和部门发展规划，不仅是对公民科学素质建设战略性、前瞻性、重要性的政策认可，而且是公民科学素质建设中获得政策支援、条件支撑保障、社会动员的政策依据。

在国家层面，2006年国务院颁布实施《科学素质纲要》以来，我国公民科学素质建设先后写入党中央、国务院颁布实施的《国家中长期科学和技术发展规划纲要（2006—2020年）》《国家中长期人才发展规划纲要（2010—2020年）》和《国家中长期教育改革和发展规划纲要（2010—2020年）》，从战略和全局的高度为公民科学素质建设提供了政策保障。2016年2月25日，国务院办公厅印发《全民科学素质行动计划纲要实施方案（2016—2020年）》，全面系统提出“十三五”全民科学素质工作任务部署，明确我国到2020年建成现代公民科学素质服务体系，实现公民具备科学素质的比例超过10%，达到创新型国家的水平。同时，到2020年“公民具备科学素质的比例超过10%”的奋斗目标已经纳入《国民经济和社会发展第十三个五年规划纲要》，成为我国建设创新型国家和全面建成小康社会的重要指标，标志着公民科学素质建设作为一项基础性社会工程，在我国国民经济和社会发展全局中摆在更加重要的位置。2015年，中共中央办公厅、国务院办公厅印发的《深化科技体制改革实施方案》也明确提出，要深入实施全民科学素质行动计划纲要，加强科普，推进科普信息化建设，实现到2020年我国公民具备基本科学素质的比例达到10%。2016年7月28日，国务院颁布实施《“十三五”国家科技创新规划》，在《第七篇加强科普和创新文化建设》中明确要求，要深入实施全民科学素质行动计划纲要，以青少年、农民、城镇劳动者、领导干部和公务员等为重点人群，按照中国公民科学素质基准，以到2020年我国公民具备科学素质比例超过10%为目标，广泛开展科技教育、传播与普及，提升全民科学素质整体水平。要完善国家科普基础设施体系，大力推进科普信息化，推动科普产业发展，促进创新创业与科普相结合，提高科普基础服务能力和水平。

在部门层面，2006年国务院颁布实施《科学素质纲要》以来，各部门切实把《科学素质纲要》确立的任务分工，认真落实在部门工作规划和实际行动中。例如，2006年，科技部、中宣部、国家发改委、教育部、财政部、中国科协、中科院等联合颁布《关于科研机构和大学向社会开放开展科普活动的若干意见》，要求各级政府举办的科研机构和高等院校向社会开放开展科普活动。2006年，全国妇联和中国科协联合印发《关于深入开展农村妇女科学素质教育工作的意见》，面向农村妇女开展科技培训和科普宣传的力度加大。2009年，人力资源和社会保障部、财政部印发《关于进一步规范农村劳动者转移就业技能培训工作的通知》，进一步规范人力资源和社会保障系统组织实施的农村劳动者转移就业技能培训工作。2008年，国家民族事务委员会（以下简称“国家民委”）等部门联合发布《关于进一步加强少数民族和民族地区科技工作的若干意见》，推动科普资源向民族地区倾斜，加强少数民族农牧民、青年农民、农村妇女等群体的科学素质工作。2009年，全国妇联等部门印发《关于联合开展百万新型女农民教育培训工作的意见》和《关于做好农村妇女职业教育和技能培训工作的意见》，加强对农村妇女进行农业科技培训和转移就业技能培训。为切实推动城镇劳动者科学素质行动的深入开展，印发人力资源和社会保障部、国家发改委、财政部《关于实施特别职业培训计划的通知》，实施特别职业培训计划，围绕受金融危机影响的各类劳动者的就业需求，开展职业技能培训或创业培训，提高劳动者的科学素质与就业能力。全国总工会发布《中华全国总工会关于全面实施职工素质建设工程的意见》，推进提高职工队伍整体素质工作。国家安全监管总局印发《“十一五”安全生产科技发展规划》，成立安全生产科普工作办公室，加强安全生产领域科学素质工作。中组部、人力资源和社会保障部将树立和落实科学发展观、弘扬科学精神、提倡科学态度、讲究科学方法等内容纳入《2006—2010年全国干部教育培训规划》《关于 2008—2012年大规模培训干部工作的实施意见》和《2006—2010年政府公务员培训纲要》。中组部、教育部、科技部、原人事部、中国科协等联合下发《关于动员和组织广大科技工作者为建设创新型国家做出新贡献的若干意见》，动员和组织广大科技工作者为提高全民科学素质、增强自主创新能力、建设创新型国家做出新贡献。2006年，科技部、中宣部、国家发改委、教育部、国防科学技术委员会、财政部、中国科协、中科院等 8部门联合发布《关于加强国家科普能力建设的若干意见》，为动员全社会加强国家科普能力建设提供有力支撑。《财政部国家税务总局关于宣传文化增值税和营业税优惠政策的通知》《财政部国家税务总局关于继续执行宣传文化增值税和营业税优惠政策的通知》《财政部关于 2009—2011年鼓励科普事业发展的进口税收政策的通知》等相继发布，实施财税优惠政策，支持科普事业的发展，引导社会力量参与科普事业。为促进科普基础设施发展，2008年，国家发改委、科技部、财政部、中国科协制定颁布《科普基础设施发展规划（2008—2010—2015年）》，将科普基础设施的建设与发展纳入政府的工作规划和计划。2007年，卫生部和环保部等印发《国家环境与健康行动计划（2007—2015年）》，开展“和谐我生活，健康中国人”全民健康生活方式行动。2008年，科技部、卫生部、中宣部、国家民委、中国科协等 14个部门联合开展全民健康科技行动，并制定《全民健康科技行动方案》等。2015年，文化部把科普工作纳入国务院办公厅《关于加快构建现代公共文化服务体系的意见》，把开展农民科学素质行动、社区居民科学素质行动等纳入国务院办公厅《关于推进基层综合性文化服务中心建设的指导意见》。国家民委、环保部、国家质量监督检验检疫总局（以下简称“质检总局”）、地震局、中科院等部门印发加强科普工作的意见。2016年3月，中国科协研究制定和印发《中国科协科普发展规划（2016—2020年）》，该规划提出，到2020年建成适应全面小康社会和创新型国家、以科普信息化为核心、普惠共享的现代科普体系，科普的国家自信力、社会感召力、公众吸引力显著提升，实现科普转型升级。以青少年、农民、城镇劳动者、领导干部和公务员等重点人群科学素质行动带动全民科学素质整体水平持续提升，我国公民具备科学素质比例超过10%，达到创新型国家水平。2017年5月8日，科技部、中央宣传部印发《“十三五”国家科普与创新文化建设规划》，提出到2020年科学精神进一步弘扬，创新创业文化氛围更加浓厚，以青少年、农民、城镇劳动者、领导干部和公务员、部队官兵等为重点人群，按照中国公民科学素质基准，以到2020年我国公民具备科学素质比例超过10%为目标，广泛开展科技教育、传播与普及活动，提升全民科学素质整体水平。

在地方政府层面，各地积极将全民科学素质工作纳入相关领域工作规划。例如，北京市颁布《北京市关于加强科普能力建设的实施意见》。广东省委组织部与省科协制定印发《广东省“十一五”农村党员、基层干部科技素质培训工作规划纲要》，大力推动农村党员、基层干部科技素质培训工作。浙江省制定下发《省科协“十一五”科普设施建设指导意见》，对各级科普设施的建设提出明确要求。海南省委、省人民政府颁布了《关于加快科技创新的实施意见》，要求将省科普基地建设纳入省基本建设计划。安徽省政府修订的《安徽省科学技术奖励办法》将科普作为科技进步奖的重要内容。辽宁省在省政府制定的《关于提高科技创新能力加速老工业基地振兴的若干规定》中，专门明确加强科普工作，提高全民科学素质的政策规定。2010年，福建省发布《福建省科普场馆平台建设规划（2010—2012年）》。2016年，国务院办公厅印发《全民科学素质行动计划纲要实施方案（2016—2020年）》后，各地纷纷行动，北京市等20个省（自治区、直辖市）已先后印发本地区《实施方案》，其中山西、新疆、山东、湖南、陕西等省（自治区）还将本地区公民科学素质建设目标值纳入本省、自治区《国民经济和社会发展第十三个五年规划纲要》。

（三）制定实施年度工作要点和计划

公民科学素质建设的年度工作要点和计划，是根据公民科学素质建设的规划，以及国务院的总体部署要求，结合年度实际情况，做出的具体工作目标和任务安排。全民科学素质纲要实施工作办公室每年都向各成员单位，各省、自治区、直辖市、副省级城市纲要办（科协），新疆生产建设兵团纲要办（科协）等，印发年度《全民科学素质行动工作要点》，责成其结合实际认真贯彻落实，确保年度全民科学素质工作任务圆满完成。各地各部门也都制定和实施相应的公民科学素质建设的年度工作要点和计划。

三、公民科学素质建设的督促评价

督促评价是确保公民科学素质建设落在实处、做出成效的关键。公民科学素质建设督促评价主要包括提交工作总结、进行工作考核和工作督察等方式。

（一）公民科学素质建设的工作总结

责成参与公民科学素质建设的各地各部门提交其公民科学素质建设的工作总结，不仅可以汇集公民科学素质建设的总体情况，把握工作进度，谋划下步工作，而且还能督促各地各部门更加重视公民科学素质建设工作，注重工作成效，分享工作经验。全民科学素质纲要实施工作办公室每年都要求各成员单位，各省、自治区、直辖市、副省级城市纲要办（科协），新疆生产建设兵团纲要办（科协）等，报送全民科学素质行动工作年度工作总结和下一年工作计划，在五年规划结束时还要报送五年的工作总结，并将其报送的工作总结和计划作为衡量这些部门和单位工作的主要依据。各地各部门也都相应要求所属单位和地方报送全民科学素质行动工作年度工作总结和下一年工作计划。

（二）公民科学素质建设的工作考核

工作考核是推动工作落实最为有效的手段。全民科学素质纲要实施工作办公室已于2016年10月将2020年各地公民具备科学素质比例的目标值印发各成员单位，各省、自治区、直辖市、副省级城市纲要办（科协），新疆生产建设兵团纲要办（科协）等，并作为考核这些地方公民科学素质建设工作成效的衡量标准。河北、辽宁、山东、湖北、重庆、贵州、江苏、云南等地将《科学素质纲要》实施工作纳入党委、政府部门的目标绩效管理考核。湖北省鹤峰县在全国率先制定颁布《全民科学素质工作目标管理考核办法》。

同时，为了充分体现科学普及与科技创新同等重要，把提高全民科学素质作为科技工作者己任落在实处，充分激发和调动高校、科研机构、企业等创新主体开展科学技术教育、传播、普及的积极性、主动性和创造性，促进公众理解科学，最大化实现科技成果的科学价值、技术价值、经济价值的同时，充分展现其社会价值和文化价值，让科技创新成果惠及最广大的人民群众，全民科学素质纲要实施工作办公室于2017年6月印发《科技创新成果科普成效和创新主体科普服务评价暂行管理办法（试行）》，包括科技创新成果科普成效评价和创新主体科普服务评价。

视窗2–9 我国2020年公民科学素质建设目标分解值

习近平总书记在全国科技创新大会、两院院士大会、中国科协第九次全国代表大会上的重要讲话中强调，科技创新、科学普及是实现创新发展的两翼，要把科学普及放在与科技创新同等重要的位置，没有全民科学素质普遍提高，就难以建立起宏大的高素质创新大军，难以实现科技成果快速转化。刘延东副总理在全民科学素质行动实施工作电视电话会议上的讲话中要求，各级党委和政府要把提升全民科学素质工作摆上重要议事日程，在国家和地方国民经济和社会发展规划、相关专项规划以及有关科技教育传播与普及的法律法规中，体现公民科学素质建设的目标和要求，与经济社会发展其他指标同考核、同奖惩，把科普工作由“软任务”变成“硬措施”，切实增加对科普的投入。

《国民经济和社会发展第十三个五年规划纲要》已将“到2020年公民具备科学素质比例超过10%”列为全面建成小康社会重要发展目标之一。2016年年初，为细化和分解“十三五”公民科学素质建设目标，推动地方公民科学素质建设发展，全民科学素质纲要实施工作办公室向各地发送《关于确定2020年公民具备科学素质比例目标值的函》，请各地确定本地2020年公民具备科学素质比例的发展目标值。截至目前，所有省份都已经确定目标值，山西、新疆、山东、湖南、陕西等省（自治区）已将目标值纳入本省、自治区《国民经济和社会发展第十三个五年规划纲要》。

为深入贯彻落实习近平总书记重要讲话精神和刘延东副总理的指示，广泛动员全社会参与，现将各地2020年公民具备科学素质比例的发展目标值予以公布。希望各地按照“政府推动，全民参与，提升素质，促进和谐”的方针，进一步明确政府在公民科学素质建设中的责任和目标任务，把公民科学素质建设目标任务纳入本地区国民经济和社会发展规划和相关专项规划，将提升全民科学素质工作列入各级党委政府工作考核目标范围，并将本地区公民科学素质建设目标任务进行分解，推动层层落实，确保圆满实现2020年公民科学素质建设目标，为全面建成小康社会、建设创新型国家做出应有贡献。①

2020年公民具备科学素质比例发展目标值

全国	超过10.00%		
北京市	达到24.00%	湖北省	达到10.00%
天津市	超过16.00%	湖南省	达到10.00%
河北省	达到10.00%	广东省	超过10.50%
山西省	超过9.00%	广西壮族自治区	超过10.50%
内蒙古自治区	达到10.00%	海南省	达到5.00%
辽宁省	达到10.80%	重庆市	达到8.00%
吉林省	达到10.00%	四川省	达到8.00%
黑龙江省	达到10.00%	贵州省	达到6.50%
上海市	达到25.00%	云南省	达到8.00%
江苏省	超过14.00%	西藏自治区	达到5.00%
浙江省	超过13.00%	陕西省	达到10.00%
安徽省	达到10.00%	甘肃省	达到6.25%
福建省	达到10.00%	青海省	达到6.50%
江西省	达到10.00%	宁夏回族自治区	超过6.30%
山东省	达到10.50%	新疆维吾尔自治区	超过8.00%
河南省	超过9.38%	新疆生产建设兵团	超过7.50%

（三）公民科学素质建设的专项督察

专项督察对于了解公民科学素质建设的实情、总结经验、查找问题，具有非常重要的作用。公民科学素质建设的工作督察，既要督任务、督进度、督成效，也要察认识、察责任、察作风，确保公民科学素质建设的方向目标不偏离、公民科学素质建设的部署和任务不落空，使公民科学素质的公共服

① 关于公布2020年公民具备科学素质比例发展目标值的通知：纲要办发〔2016〕4号［A/OL］.［2017-05-17］. http：//www.hainanast.org.cn/v_zx.asp?id=3822.

务精准对接发展所需、基层所盼、民心所向。

按照国务院的要求，全民科学素质纲要实施工作办公室分别于每个五年计划的衔接时间节点年，如2010年、2015年，开展《科学素质纲要》实施工作专项督查。专项督查内容主要包括五年期间各地各部门实施《科学素质纲要》的情况，如推进全民科学素质各项任务在本地区的落实情况、贯彻落实《科学素质纲要》和《纲要实施方案》政策支撑、各地区公民科学素质建设目标的实现情况等，以及实施《科学素质纲要》过程中存在的困难和问题、对《科学素质纲要》实施工作的建议。

专项督查采取地方和各有关部门（单位）自查与全民科学素质纲要实施工作办公室组织成员单位对各地区进行实地督查相结合的方式进行。各地区各部门（单位）自查后，要形成《科学素质纲要》实施工作自查报告、调查统计表、典型案例等，报全民科学素质纲要实施工作办公室。全民科学素质纲要实施工作办公室根据自查的情况，组织专门督查组，分赴部分省（自治区、直辖市）进行实地督查。督查主要通过听取工作汇报、查阅相关资料、组织座谈交流和现场考核查看等方式进行。在各地区各部门（单位）自查报告和各督查组的实地督查报告的基础上，全民科学素质纲要实施工作办公室完成督查报告，上报国务院。督查中发现的问题反馈给相关单位，相关单位须根据反馈的意见、建议采取相应的整改措施。

第三节　公民科学素质建设的社会参与

公民科学素质建设的社会参与是指在国家确立的组织体制、行动纲领、政策文件、评价考核标准等框架内，广泛昭示和发动社会各类组织、机构、个人等，以各种有效方式，参与到公民科学素质的建设中。

一、公民科学素质建设的社会动员

公民科学素质建设的社会动员，是一种工作方法，对公民科学素建设来说，非常重要。尤其是根据我国具体国情，进行规模如此之大、时间如此之长、涉及面如此之广的公民科学素质建设，如果没有一个系统的、有效的、合理的社会动员，将难以想象其工作能顺利完成。

（一）公民科学素质建设社会动员的特点

公民科学素质建设的社会动员，是指为公民科学素质建设所做的说明、号召和发动工作，其核心是采取适当的传播、宣传和教育手段，通过改善动员对象的知识、态度、技能和行为，搭建积极有效的工作平台，最大化地集成整合和优化配置各种自然资源、人力资源和社会资源，为公民科学素质建设所用，全员性、全程性和全方位地营造公民科学素质建设的社会物质文化环境，吸引社会各方面力量参与到公民科学素质建设中来①。

第一，公民科学素质建设的社会动员是一种工作方法。社会动员是一种工作方法，是指为某项中心工作所做的说明、号召和发动工作，其核心是采取适当的传播、宣传和教育手段，通过改善动员对象的知识、态度、技能和行为，来促进中心工作的顺利开展，实现具体的社会发展目标。严格地讲，全民动员不是资源的新增，而是资源的重新配置和集中，以便为中心工作的顺利展开创造有利的物质文化平台。所以，可以发现，为一个项目所做的动员工作往往比公民科学素质建设所辐射的对象和其涵盖的内容更加广泛。具体言之，社会动员工作不但要受公民科学素质建设本身所约束，还要受社会大环境的制约。前者决定应该动员什么，后者决定可以动员什么①。

第二，公民科学素质建设社会动员具有开放性。我国现在处于由总体性社会向后总体性社会过渡的时期，这一时期的特点是各类资源不再由国家全部垄断，而是有相当一部分资源流入市场。仍然被国家控制的那部分资源渗透了巨大的政治因素；而游离在市场里的资源可以自由流动，具有一定的自主性。作为一项非营利性的社会工程，公民科学素质建设具有相当的政府背景，但在操作层面又具有民间性质，这就决定其社会动员与实施工作必须是同时面向体制内外，充分利用组织化动员（即利用政治体制的力量去动员国家垄断的那部分资源）和市场化动员（即面向市场和社会对自由流动的资源进行媒体和竞争动员）去整合各种资源，为达到预定的动员和实施目标而服务。

第三，公民科学素质建设社会动员具有平等协商性。公民科学素质建设的社会动员不同于此前各类科普活动或其他政治文化活动的动员，其主要原因在于公民科学素质建设是一个具有平等协商、共同参与特点的科学传播活

---

① 王骏，赵万里，陈首，等. 公民科学素质建设的社会动员规划和行动建议［G］//全民科学素质行动计划制定工作领导小组办公室. 全民科学素质行动计划课题研究论文集. 北京：科学普及出版社，2005：661—684.

动。我们为此所作的社会动员更是如此。各类动员对象在整个动员过程只是互动网络中的一个个对象点、一个个实施点。它淡化了主体与客体、领导者与被领导者、传播者与传播对象、计划制定者与计划实施对象之间的区别。互动是其最为明显的特征。它不再仅仅是对计划的实施对象而言，也不再是那种自上而下的政治宣传和任务分配，而是一种参与性的网络系统。每个团体、每个组织、每个地域、每个人在这个动员过程中都成了平等的参与者，要么都是受众，要么都是实施者①。

第四，公民科学素质建设社会动员具有细分性。公民科学素质建设的社会动员，就是要面向体制内外，针对不同层次的动员对象，采取政策动员、组织动员、媒体动员和竞争动员的方式，通过合理的动员机制，不断整合、调配与集中各种自然资源、人力资源和社会资源，全员性、全程性和全方位地营造良好的社会物质文化环境，为公民科学素质建设的顺利实施提供积极有效的工作平台，使之成为公众长期关注的社会焦点，并吸引他们持续参与到此项社会工程中来。同时，公民科学素质建设的社会动员就是把公民科学素质建设计划的制定、执行和评估过程转化为一个社会发动过程，在这一过程中，其意图和计划都要力图传递到各个行业的人群中去，让他们明白公民科学素质建设的意义和自己在其中所承担的责任和义务，并吸引他们参与其中。

（二）公民科学素质建设的社会动员目标和对象

公民科学素质建设的社会动员旨在为公民科学素质建设计划的顺利实施创造条件，其动员具有明确的目的性和指向性，有明确的公民科学素质建设社会动员目标和动员对象。

第一，公民科学素质建设的动员策略。公民科学素质建设的动员有整体动员与分项动员①。整体动员，即把公民科学素质建设的实施作为一个整体来看待，把公民科学素质建设整体推向公众层面，从整体上对公民科学素质建设进行宣传、策划与包装，全程性参与公民科学素质建设的实施。分项动员，即把公民科学素质建设的实施分解成不同类别的多项工作，其动员工作分类进行，针对不同对象，设计专项方案，实现具体的动员。

第二，公民科学素质建设的动员目标。公民科学素质建设的社会动员，

---

① 王骏，赵万里，陈首，等. 公民科学素质建设的社会动员规划和行动建议［G］//全民科学素质行动计划制定工作领导小组办公室. 全民科学素质行动计划课题研究论文集. 北京：科学普及出版社，2005：661—684.

其目标必然服务于公民科学素质建设的总体目标，需要从总体上提供一幅公民科学素质建设的社会动员图景，同时不排除每个具体动员阶段和事件中的具体目标。公民科学素质建设的社会动员需要达到3个目标：①全员性参与的目标，旨在强调动员的广泛性，着重于“人人参与，人人受益”，其动员对象既是公民科学素质建设的各种实施群体，也包括公民科学素质建设的各种组织部门、管理部门和相关支持单位。②全程性参与的目标，旨在强调动员的长期性，着重于“时时动员、事事动员”，其动员效能的最终表现为，公众的自觉参与意识不断强化，可供利用的资源不断增多，社会支持的力量不断壮大。③全方位参与的目标，旨在强调动员的系统性，着重于“优化组合、科学动员”，其动员图景的整体展示为，多层性的动员对象、多样化的动员方式和科学化的动员机制。

第三，公民科学素质建设的动员对象。公民科学素质建设的社会动员对象是全体公众。但是，面对如此庞大的对象群体，显然不能简单地泛泛而谈，必须要有针对性和可操作性。要将动员对象做进一步的适当区分并有重点地突出某些群体，既是有效执行公民科学素质建设的要求，也是把社会动员工作做到实处的关键。例如，根据地区间经济发展水平的不同，公民科学素质建设的动员对象可划分为东部及沿海的发达地区、中部欠发达地区和西部落后地区；根据城乡二元结构的社会存在，公民科学素质建设的动员对象可划分为城市的社区动员和农村的家庭-集体动员；根据不同的职业群体具备科学素质比例的高低，公民科学素质建设的动员对象可划分为青少年、农民、城镇劳动者、领导干部与公务员、社区居民等不同的动员人群；根据不同的组织类型，公民科学素质建设的动员对象可分具有发挥管理或行政协调功能的党政机构、具有管理或社会沟通协调功能的专业社会团体、具有人力资源和科技教育资源等的企业事业集团（单位）。

（三）公民科学素质建设的社会动员方式

公民科学素质建设遵循政府推动、社会参与的基本方针，因此其社会动员是一种多元性、复合式的动员方式，即既不能完全摆脱体制束缚而完全面对市场，也不能完全在体制内循环而不去利用市场。公民科学素质建设的社会动员是体制化（或组织化）动员与市场化（或社会化）动员的高度契合，这种契合的程度事关其动员的成败和成效。

无论是公民科学素质建设的组织化动员，还是公民科学素质建设的社会化动员，其基本方式和方法都具体表现为：政策动员、组织动员、传媒动员、竞争动员。政策动员表现为发布重要文件、领导讲话指示和颁布政策法规等。组织动员分为：组织机构的动员，它表现为纵向层次的动员、横向部门的动员和组织体制的动员；资金动员，其表现形式为中央财政投入，地方财政投入，各级组织、社会团体和事业单位的经费投入，企业投入与资助，国际有关机构的科普项目资助，国内外人士的个人捐助，设立专项资助制度，设立基金会；人力动员，其表现形式为科普从业人员的配置、科普志愿队伍的建设和大众参与动员；物力动员，主要包括科技馆、科普画廊、社区科普设施和科普教育基地的建设和使用。传媒动员表现为传统的大众媒体动员、互联网等新兴媒体动员等。竞争动员主要通过个人参与竞争和集体参与竞争来实现。

二、公民科学素质建设的组织动员

公民科学素质建设的组织动员，是指通过行政命令，采取自上而下的方式，在组织各部门各层次之间进行动员，最大限度地利用体制内的资源，整合各种政治效能，为完成公民科学素质建设的目标服务。公民科学素质建设组织动员的主要对象是政府部门、科教文卫机构、社会团体、大众传播媒介、企业、社区组织和家庭等这些与公民科学素质建设密切相关的组织。

（一）科研机构参与公民科学素质建设的动员

我国已成为世界研发大国，政府财政投入增长迅速，每年立项的国家科技计划项目达数千项，一批批优秀的科技人员在政府资金的支持下从事各类科技研发活动。科技工作的目标不仅是出科技创新成果、科技人才，同时也应兼顾社会需求，满足公众需要，解决公众生活和工作中遇到的科技问题，从而提高公众理解科学的水平，激发其科学兴趣[①]。

一是科研工作者要将科普视为天职。科普是科研工作者的天然使命，科研工作者有义务向公众说明这些科研经费投入之后产生什么样的成果，科研场所、科研装备、科研过程等都是为公众做科普非常好的场景和道具。科研资源的科普创意开发，不仅可以更好地为公众所接受，而且还将使科普更生动、更有场景性、更有吸引力、更有生命力。

---

① 上海市科技传播学会. 科研成果科普化的若干对策与建议［EB/OL］.［2011-10-20］. http：//www.duob.cn/chuanbo/c/912/151972.html.

二是科研工作者要把科普由被动做变主动去做。例如，在科研工作之外，结合自己从事的科研课题，可经常到科技馆、大中小学做科普讲座，在各类科普杂志和公共媒体上发表科普文章，做一些科普著述等。科研机构、课题组或科研工作者也可以主办微信公众号，每天主动推送丰富多彩的科普文章，让公众特别是青少年关注自己所从事的科研，增长见识，大开眼界，产生兴趣。科研单位可以设立"公众开放日"，定期面向公众开放实验室、大型科学装置、展览室（馆）、标本馆等科研场所，拉近公众与科学的距离，促进公众对科学的理解与信任。科研机构或课题组要发布科研报告，这其实也是一种高级科普，还可进一步碎片化和通俗化，形成科普文章、科普书籍或科普视频，就能发挥更大的科普传播作用。科研工作者特别是著名科学家、科技专家可以把自己丰富的科研经历写成传记，也可以让公众分享和感悟到科学的思想和精神。科研管理部门可以把科研人员开展科普活动、参与科研成果科普转化纳入评价考核中，激发科研人员参与科普的积极性。

三是科研工作者要借助专业力量做科普。科普是一项越来越专业化的工作，科研、科技创新由专业从事科研的科学家承担，而与之同等重要的科普，也越来越需要由专业人才承担。科研团队组成中可以吸纳科学传播专业人员参加，在科研的同时同步开展科普。科研团队也可以与科技社团合作，借助社团的科普团队力量和平台，开展科研资源的科普创意开发，把科研成果转化为科普产品，如科普文章、科普图书、科普视频节目等，联合开展面向公众的科普活动。科研团队和媒体或者和专业做科普的人士结合起来，科普效果会更好，新媒体和新的传播手段在科学传播中扮演着重要的角色，如长征七号火箭在海南文昌发射场成功发射等一些科学事件，通过网络直播，远超过传统媒体的受众人数，因为新媒体能呈现科学真实的图景，让大家身临其境感受科学。同时，科普专业力量、新媒体科学传播也需要并期待着科技专家团队的参与，如某项科研成果是否具有转化成科普成果的可行性、科普内容是否能回应公众关心的那些议题等，实际上只能请科技专家来解决。

四是科研工作者要把青少年科普作为重点。青少年科学教育是科普中普遍重视的方面，随着我国素质教育的发展，已经分年龄段制定了科学课程标准，在义务教育的中小学阶段开设科学启蒙课将成为常态。但很多中小学校却面临高水平师资不足、教案教材教具匮乏等问题。科研团队可以与中小学的科技教育课结合，把科学启蒙课开到学校。

视窗2–10 美国航天局（NASA）独到的科普

“理解并保护我们赖以生存的行星；探索宇宙，找到地球外的生命；启示我们的下一代去探索宇宙。”这是美国国家航空航天局（NASA，简称“美国航天局”）自己定义的使命。对于理解地球、探索宇宙和科普启迪三项工作来说，NASA都是这个星球上最优秀的[①]。

北京时间2012年8月6日，NASA史上耗资最多的火星探测任务进入高潮，“好奇”号探测器成功着陆火星表面，而后开始它搜寻火星生命的任务。在这斥资25亿美元的工程中，NASA同时建立了完备的科普体系，力图通过公众可以接受的方式，使得每位渴望融入火星探测的人都能理解这个计划的意义和了解一些科学知识。

NASA将太空图片视为由纳税人所贡献的公共资源，所以民众可以免费共享。50多年来，在“水星”与“双子星”载人航天任务、“阿波罗”登月任务、航天飞机和国际空间站等诸多太空项目中积累了大量影像以及视频、音频、文字资料。这些资料，全球的教育者和传播者都可以通过其网站免费下载使用。

为让公众持续关注太空计划，还聘请太空画家绘制航天影像，供媒体和公众免费传播使用。例如，“好奇”号登陆火星全过程的模拟3D动画是提前制作的。为让民众参与到太空探索中，“好奇”号的名字就来自堪萨斯州的6年级华裔小学生马天琪（Clara Ma）。NASA还热衷于将民众的私人物品送上太空，如绕土星轨道飞行的“卡西尼”（Cassini）号飞船就曾经带着有81个国家数十万人签名的数字光碟进入土星轨道。

2015年9月28日夜里，有多少人在被窝中举着手机刷屏，怀揣着各种新奇想象，等待地球那一端的最新消息。消息来了：在火星表面发现了有液态水活动的“强有力”证据。虽然没有带给大家“惊喜”，但却是一次成功的科普行动。在此次新闻发布会前3天，NASA便在其官方

① NASA. 探索火星和科普同样出色［EB/OL］.［2012-08-07］. http：//news.xinmin.cn/rollnews/2012/08-08/15783391.html.

网站预告，并广邀媒体和感兴趣的公众参与，这是NASA发布重大科学发现的常规做法，有“卖关子”的嫌疑，在这3天里，这一信息被广为传播。在网民想象力和专业媒体传播力的聚焦放大下，最初那条简短的新闻发布会预告，演变为一场自发的火星知识科学传播。火星存在生命吗、移居火星是否现实、火星还有哪些未解之谜……短短3天，关于火星的种种知识在网络、报端集结，公众对于火星的关注被极度提升。虽然这些猜测最终被验证与此次发布会无关，但更多人因此凝望头顶那颗红色行星，那颗遥远的行星也在人们脑海中变得更加具体。

对青少年的科技教育一直被NASA视为一项重要的工作，他们会为老师和学生提供精确到年级的科普资料。在NASA网站上，针对不同受众对提供的信息进行分类，而且每个大的类别下还包括不同的小类。大的类别上，NASA根据不同群体的需要，分为公众、教师、学生和媒体，而在教师和学生类别下，又分别针对学龄前儿童和小学低年级（Grades K—4）、小学高年级和初中（Grades 5—8）、高中（Grades 9—12）甚至大学生及研究者（Higher Education）提供适合阅读的材料或者教材。NASA还对作家进行科学训练，推动科幻小说的发展，以引起年轻人对科学的兴趣。①

（二）教育机构参与公民科学素质建设的动员

教育机构特别是高校，肩负着人才培养、科学研究、社会服务、文化传承创新的重要任务。截至2016年底，全国普通高等学校共计2198所，专业教师130万人以上、在校学生超过3700万人；高校承担了50% 以上国家重大计划和重大科研项目，承担国家自然科学基金面上项目80%以上，获得国家自然科学奖、技术发明奖、科技进步奖的数量占总数的65%，发表论文占全国总数的85%。高校蕴藏着优质教育资源，在面向社会公众开展科普服务方面具有不可替代的优势，是科普工作的重要载体和支撑力量。科普本质上也是教育的组成部分，是教育工作者的天然使命，教育机构有义务面向公众开放教

① 又一次成功的科普：不妨学学NASA［EB/OL］.［2015-09-29］. http：//tech.qq.com/a/20150929/03455/.htm.

学场所、科研装备、科研过程等优质教育资源，同时利用自身的科技专业人才优势和学科资源优势，组织开展面向公众的科普服务。

一是动员和组织专家教授开展科普服务。高等学校拥有丰富的科技人力资源优势，拥有一批长期从事教学、科研工作的院士、教授、专家与学者。他们积累了雄厚的知识，掌握着先进的科学成果，是丰富的创新智力源。同时，大学生群体除具备一定的科学知识外，还具有积极向上、活泼开朗的性格，关心社会的发展，社会责任感和实践能力强。要把科普列入人才培养、科学研究、社会服务与文化传承等重要工作范畴，将科普指标纳入到高校、院系、教师科技工作的评价体系中，促进教育与科普、科研与科普有机结合。同时，通过设立科普相关专业、开设科普相关课程、开展科普专业技术继续教育培训等多种方式，培养大批专业化、职业化的科普人才。

二是广泛开展学科特色的科学传播活动。高等教育经过长期的发展与探索，特别是“211 工程”和“985 工程”的建设，已经形成一批雄厚的学科基础，决定了高校在国家发展战略体系中的重要牵引作用。同时，高校科学研究与教学的相互促进与相互补充都有利于滋生新的学科生长点和创新灵感，是进行科普工作的重要支撑。要充分发挥高校科技处、教研室、科协、学生科技社团的组织优势，组织高校教师、学生、科技工作者开展科普创作和传播。

三是面向公众开展高校开放日活动。要充分利用高校科技类博物馆、标本馆、陈列馆、天文台（馆、站）和植物园，以及实验室、工程中心、技术中心、野外站（台）、仪器中心、分析测试中心、自然科技资源库（馆）等教育科研基础设施，开展面向公众的科普活动，如可以配合全国科普日、科技活动周、国际气象日、世界卫生日、世界环境日、世界地球日、国家节能宣传周等重要科普活动节日，围绕科普主题，结合高校自身特点，采取“请进来、走出去”的科普活动方式，组织高校师生走出校园，走进广场、社区、街道等公众场所，组织专家教授与百姓面对面活动，开展具有高校特色的科普活动，面向中小学生群体开展高校科学营、“大手拉小手”走进校园等活动，开展高校与中小学“1+1”科普对接活动。

视窗2–11　全国青少年高校科学营的组织实施

为贯彻落实《全民科学素质行动计划纲要（2006—2010—2020

年）》，发挥高校在传播科学知识、科学思想、科学方法和提高青少年科学素质方面的作用，激发青少年对科学的兴趣，引导青少年崇尚科学，鼓励青少年立志从事科学研究事业，培养青少年的科学精神、创新意识和实践能力，为培养科技创新后备人才打下坚实基础，自2012年起，由中国科协和教育部共同主办，中科院、国资委、铁路总公司等支持，开展青少年高校科学营活动。科学营活动充分利用科研单位、企业的科技教育资源，让广大青少年了解科研单位、企业在国家经济发展和国防建设中的重大作用，感受科技魅力、科学家精神，进而培养对科学研究的兴趣，并增进海峡两岸及港澳地区不同民族青少年间的友谊。每年在暑期资助海峡两岸及港澳地区万余名对科学有浓厚兴趣的优秀高中生走进重点高校、企业、科研院所，参加为期一周的科技与文化交流活动，有机会走进国家重点实验室和企业研发中心，聆听名家大师精彩报告，参加科学探究及趣味文体活动等。

科学营分常规营、专题营、西部试点营等。常规营主要体现承办高校的学科特点、专业特色和人文传统，通过组织学生与名家大师对话交流、参观重点实验室和科研场所、参加科技社团活动、体验校园生活等方式，帮助学生了解前沿科技知识，品味大师成长历程，感悟科学精神，立志勇攀高峰。专题营主要体现行业特点及企业、科研单位和高校特色，营员吃住在高校，活动在企业、科研单位和高校，通过参观企业、科研单位和高校的科普场馆，与院士专家或优秀科技工作者交流座谈，参观生产流程、科研设施，参加互动性、体验性科学教育项目等活动，帮助学生了解企业、科研单位和高校发展历程及其在国家经济发展和国防建设中的重大作用，感受科技魅力，体验创新文化，从小树立科技强国、实业报国的远大志向，培养对科技研究的兴趣。西部试点营主要体现行业特点和科研单位特色，营员吃住、活动均在科研单位，活动形式和内容参照专题营活动安排。

每年招募包括来自内地、香港、澳门、台湾的中学生营员共计1万名以上，按10：1的比例配备带队教师。科学营活动统一安排在7—8月，具体开（闭）营时间由承办高校自主安排，同一地区的承办高校可协商统一的开（闭）营时间。港澳台营员和内地营员混合编组，同吃同住，共同活动。

营员招募工作由省级管理办公室负责，营员招募名额和营员参加分营由主办单位统一安排。须精心选拔品学兼优、学有余力、热爱科学、有科技特长的普通高中学生参加科学营活动。营员名额应适当向老少边穷地区、农村地区倾斜。全国管理办公室对各省营员招募、营前培训、活动组织管理工作进行抽查。全国管理办公室设在中国科协，日常工作由中国科协青少年科技中心负责。①

视窗2–12 “英才计划”的提出和组织实施

中国科协、教育部于2013年启动开展中学生科技创新后备人才培养计划（简称“英才计划”），旨在充分发挥高校和科研机构科技教育资源优势，选拔一批品学兼优、学有余力、具有创新潜质的中学生走进大学，在自然科学基础学科领域的著名科学家指导下参加科学研究项目、科技社团活动、学术研讨和科研实践等。在为期一年的培养过程中，感受名师魅力，体验科研过程，激发科学兴趣，提高创新能力，树立科学志向。

中国科协和教育部成立由国内知名专家和学术带头人组成的“英才计划”专家咨询委员会，负责对计划实施提供指导、建议、评估。专家咨询委员会下设数学、物理、化学、生物、计算机等5个学科工作委员会，负责确认导师名单并对学生培养工作进行调研、督导，组织学科交流活动和学科论坛，对本学科培养工作进行评估。2013—2014年度“英才计划”试点在全国15个城市的19所重点高校实施，培养583名优秀中学生；2015年后试点高校增加到20所，培养576名优秀中学生。在试点基础上，“英才计划”与中学教育改革、拔尖计划、大学教育进行衔接，进一步探索建立高校与中学联合发现和培养青少年科技创新人才的有效模式，为青少年科技创新人才不断涌现和成长营造良好的社会氛围。

① 关于印发《2012年全国青少年高校科学营试点活动实施方案》和《2012年全国青少年高校科学营试点活动实施管理办法》的通知［A/OL］.［2014-09-24］. http://www.ndkx.cn/index.php?m=content&c=index&a=show&catid=15&id=1886.

“英才计划”导师从两院院士、“千人计划”国家特聘专家、长江学者特聘教授、国家杰出青年科学基金获得者、国家级教学名师中推荐。参与高校根据工作计划上报导师人选，经学科工作委员会审定后确定。导师可组建培养团队，团队成员原则上应具备博士学位或副高以上职称。导师及培养团队应保证必要的时间和精力投入，采取多种方式对学生进行培养；导师原则上应每月至少与学生面谈一次，对学生进行当面指导，可视情况在团队中设立中学指导教师，与中学指导老师协商学生培养时间和进度安排，共同督促学生，积极参与培养。培养团队至少每两周联系指导一次学生。

中学负责推荐品学兼优、学有余力、对基础学科具有浓厚兴趣的高中一年级和高中二年级学生参加申报。学生根据个人兴趣爱好及高校导师的研究领域选报导师，并提交相应材料，通过网上初审、面试等程序后进入培养环节。入选学生应按照导师要求到高校学习，每两周至少参加一次培养活动；至少每月在网络平台提交一篇成长日志。培养周期原则上为一年。

进入“英才计划”的导师与学生，应对计划的目的和意义有正确认识，摒弃一切功利因素，完全从中学生的兴趣爱好出发，遵循因材施教原则，尊重科技创新后备人才成长规律，不断探索优秀学生培养的方式方法。“英才计划”学生培养方式有三类：兴趣导向型、项目导向型和联合培养型。学科工作委员会每年组织优秀学生参加学术会议、培训班、大师报告、夏（冬）令营、论坛、交流会等多种学科交流活动。

（三）企业单位参与公民科学素质建设的动员

企业是技术创新的主体，自主创新是企业发展不竭的动力，科普是企业的责任。企业尤其是科技企业，科技人员众多，企业研发的设施设备、企业生产的车间、企业的产品陈列展览和企业文化博物馆（遗址）等，都是最好的科普内容资源。这些优质企业资源经过科普创意开发，不仅能满足公众的科普需求，也会给企业带来巨大的社会效益和经济效益。

企业的研发成果，尤其是科技企业的创新成果，蕴含着客观世界的奥秘，凝聚着科技工作者的智慧，反映着企业科学研究的实力。企业的最新科技产品，不贴商标、适当做科普展示加工，本身就是一件完美的科普展品。如果以科普的理念来创意设计企业的展览，用科技与艺术相融合的手段来诠释创新成果的原理，让公众在互动体验的过程中感悟科技的神奇和科技工作者的探索精神，在走近科技的同时自然地提升对企业的认同感，进而理解创新成果的社会意义和企业存在的社会价值，有效地拉近公众与科技的距离，有效地缩短公众与企业的距离，可谓社会、公众、企业多赢之举。

企业是创新驱动发展的主体，同样也是推动科普供给侧改革的重要力量。当企业参与科普的潜力充分展现时，科普必将更有活力、更有魅力——这是社会的呼唤，也是公众的期待。2015年4月13日，中国科协与国务院国有资产监督管理委员会（以下简称“国资委”）联合印发《关于加强国有企业科协组织建设的意见》，开放科普资源。充分发挥国有企业在产品研发、科普设施、宣讲人才等方面的优势，将企业经营活动与科普活动有机结合起来，面向公众开展开放式科普；整合科普资源，建立区域合作机制，逐步形成一定范围内科普资源互通共享的格局，提高企业科普资源的利用率。要把开展科普活动与履行企业社会责任结合起来，将开展具有企业特色的科普活动作为企业社会形象展示的重要窗口，把企业产品和服务的社会附加值充分挖掘出来，使企业能够享受科普活动带来的经济价值和社会价值的双丰收。

视窗2-13　山东青岛海尔科技馆

国内第一座由企业出资兴建的现代化产业科技馆——海尔科技馆坐落在青岛市高科园东部，于1999年6月1日正式开放并对外纳客。海尔科技馆建筑面积1万平方米，与美丽的海尔工业园交相辉映，以展示未来社会生活为主题，成为青岛独特的文化科技旅游景观。

海尔集团出巨资从日本、美国、韩国引进大量先进设备，创建这座科技馆，目的是推广高新技术，促进科普教育事业，繁荣青岛的区域文化。科技馆在回顾世界家电发展历史的同时，展示海尔最新产品、创新信息及海尔文化，内设世界家电发展史厅、海尔家电发展史厅、21世纪未来家庭、未来社会、三维动感电影院、网络教室及高科技展馆，有近30个展示项目。集科技性、教育性、娱乐性于一身，融家电产业历史、文化、科技于一体，并运用高科技手段，为您开启一扇通向未来的大门。

海尔科技馆是全国青少年科普教育基地和青岛市青少年科普教育基地，国家旅游局正式评定的AAA级旅游区。团体参观提供导游讲解，但因接待量过大，需提前一周预约。

视窗2–14　上海通用汽车开放日活动

2014年12月，上海通用汽车首次举办开放日活动，向社会开放其上海、沈阳、烟台、武汉四大基地以及泛亚汽车技术中心。向公众开放上海通用汽车“大本营”，是该公司成立17年来的首次，他们期待借开放日，让消费者更直观、深入地了解上海通用汽车所拥有的世界级研发和制造体系，以及全方位的卓越质量体系，增加对其产品的信任和对企业未来发展的信心，同时也能提升广大车主的自豪感。

上海通用汽车创立之初，借鉴国际经验，建立了精益生产、精益管理体系以及前瞻的研发设计体系。随着全国布局的生产基地不断扩充，又将整套管理模式和精益生产体系在各个基地复制、延伸，以确保每一款产品品质。开放日活动，不仅让消费者零距离了解汽车设计与制造的流程，而且也感受到上海通用汽车“不接受缺陷、不制造缺陷、不传递缺陷”的质量文化。这种与普通消费者的沟通形式，一方面展现了车企日益开放的心态，另一方面也是对生产管控、产品质量、技术实力有足够信心的表现。活动在全国范围内公开招募参观公众，可通过上海通用官方微信、官网活动专区报名。

2014年11—12日，上海通用汽车金桥整车南厂和泛亚汽车技术中心率先开放。上海通用汽车金桥整车南厂是上海通用汽车的第一个生产制造基地，拥有中国第一条柔性生产线，拥有车身、油漆、总装三大生产车间。通用汽车全球共有11个获得通用全球制造质量最高等级BIQ4级认证的工厂，金桥南厂是其中之一。参观者在金桥南厂可亲身体验高自动化生产线的工作流程，看到以暗灯看板、激光检测等为代表的精益生产体系的管理细节。

泛亚汽车设计中心，在全球范围内都被视为一个高度机密的汽车研发机构，位于上海市浦东新区，是中国第一家中外合资汽车设计开发中心，是国内最大的汽车研发中心，也是通用汽车全球六大研发机构之一，拥有模拟碰撞实验室、噪声震动实验室和风洞实验室等。参观者在这里可了解其研发环节的质量管理步骤，并近距离地体验“好车是设计出来的”的造车理念。

视窗2–15 内蒙古蒙牛乳业开放日活动

蒙牛乳业（集团）股份有限公司成立于1999年8月，总部在呼和浩特市和林格尔盛乐经济园区，是国家农业产业化重点龙头企业、乳制品行业龙头企业。2007年以来，该公司持续开展“蒙牛开放日”活动，“访客”不仅有普通消费者，还有NBA巨星及乒乓球世界冠军。蒙牛乳业通过这种开放日活动，积极地与消费者近距离沟通，既为自身发展创造了好的社会环境，也很好地满足了公众对乳品生产的好奇和对安全的高度关注。

“蒙牛开放日”活动中，以透明开放的姿态，邀请大众到蒙牛牛奶工厂参观。例如，在蒙牛牛奶通州生产基地，可参观蒙牛乳业通州工厂的生产车间，近距离感受蒙牛牛奶的生产设备及生产环境，之后蒙牛的工作人员会回答一些大家最关心的问题，让公众和网友对蒙牛牛奶的印象大为改观。参观完蒙牛工厂，有网友说整个人都变得milk了！牛奶是流动的“白色血液”，润滑如脂，营养充沛，穿越身体，醇香生活，携带着遥远的草原风光，浓缩进点滴幸福。蒙牛工厂，见证一杯奶的专注，探秘品质生活的诞生。

除“蒙牛开放日”外，蒙牛工厂平常也可以预约参观。同时，开通了蒙牛乳业官方微博，它还是蒙牛乳业微客服，实时与消费者保持迅速、直接的沟通，特别是很多消费者提出的一些问题，很快就能得到反馈。

除科研机构、高校、企业外，社会其他方面，如医疗机构、大众媒体、科技团体、公共服务机构等还有大量的科普优质资源可以用于科普，这些优质社会资源的科普创意开发，对丰富科普产品、提升科普服务品质至关重要。

三、公民科学素质建设的社群动员

驱使人类行为的动力是人的一些基本需要，这些需要是实施科普社会动员的社会文化基础。我国《科普法》规定，科普是全社会的共同任务，社会各界都应当组织参加各类科普活动。互联网络的发达，为公民科学素质建设的动员提供了前所未有的生态条件，为整合、集成、调度分散在各个角落、细小的参与公民科学素质建设的动机和需求，提供无限可能。公民科学素质建设的微动员，是指基于驱使相关者从事公民科学素质建设的基本需要，为实现其发展目标，通过宣传、发动和组织行动，促使全社会成员形成公民科学素质建设共同的观念与情感，获得广泛认同、参与和支持的社会发动过程。新时期公民科学素质建设的社会动员，主要基于其相关者的名誉、利益、权力、情感等社群驱动机制来实现。

（一）公民科学素质建设的名誉驱动

名誉指名望、声誉、荣誉、光荣，集中体现人格尊严。名誉可以使人们得到精神上的满足，有良好名誉者不仅可以获得社会的更多尊重，还可获得实际利益。从人的动机看，人人都想获得名誉，千方百计维护好自己的名誉。由此，无论是通过精神激励还是物质奖励手段，对于一些科普中表现突出、有代表性的先进人物、先进集体给予必要的肯定、赞誉、褒奖，都能很好地激发和调动社会参与科普。

基于荣誉动机的科普社会动员，实质上就是对科普荣誉的管理。即利用荣誉管理的原理设计合适的荣誉激励制度和荣誉奖励规则，并通过宣传手段不断强化，使荣誉感持续长效激励目标群体做出科普期望的行为。科普荣誉与行政荣誉一样，具有道德评价、道德激励和利益激励、内外监督等功能，对社会起到导向、示范的作用，并能最大限度地增进公共利益，有益于社会[①]。基于名誉动机的科普社会动员方式非常多，如颁发科普荣誉证书、树立科普正面典型、科普排名点赞、表彰奖励等。

（二）公民科学素质建设的利益驱动

利益就是指好处，基于利益动机的科普社会动员，就是要让参与科普的

---

① 朱晓红，伊强. 行政荣誉机制的三重功能［J］. 山东行政学院山东省经济管理干部学院学报，2004（4）：10—12.

个人和集体从中受益、得到好处。即利用互利多赢的原理设计合适的利益联结制度和利益分享规则，并通过营销手段不断强化，使这种好处持续长效激励目标群体做出科普期望的行为。基于利益动机的科普社会动员，关键在于建立科普的利益联结机制。

基于利益动机的科普社会动员方式也很多，如政府购买社会化科普服务、政府与社会合作提供科普公共服务产品（PPP模式）、建立科普利益共同体组织等。

（三）公民科学素质建设的权力驱动

权力是影响力和控制力的大小、支配资源的内容与多寡的体现。基于权力动机的科普社会动员，就是对参与科普的个人和集体进行科普权力的赋予和配置管理。即利用权重赋予的原理设计合适的科普影响和科普资源支配规则，并通过认定、授权、许可等手段不断强化，使这种权力持续长效激励目标群体做出科普期望的行为。基于权力动机的科普社会动员，关键在于建立科普的权利与义务、责任的对应机制。

基丁权力动机的科普社会动员方式也很多，如委以科普机构职务、授予科普特定身份、授以科普特权等。

视窗2–16　科普中国·科学百科建设工程

科普中国·科学百科建设工程由中国科协与百度公司联合实施，秉承“让科学没有门槛”宗旨，采取人人可参与、专业认证、通俗易懂、便捷分享、持续迭代的词条编撰方式，力图通过3—5年，携手10万以上科技工作者、100万以上编撰志愿者，共同打造权威准确、接地气、实时更新、海量词条、云端存储的覆盖所有自然科学及其工程技术应用等的网络科学百科全书。这是中文互联网世界里基础性的科普建设工程，每一个中文用户只需要一部手机或者一台电脑打开百度百科，就可以获取经过科学性把关的科普知识。

科普中国·科学百科建设工程充分承载百度百科的新使命，用科技让复杂的世界更简单，以技术创新驱动优质科普资源的开放，提升科普服务能力，提高公众科普获得感，全面增强科普的受益面和实效性，让科学触手可及。

科普中国·科学百科建设工程是信息化条件下公众获取科学知识行为习惯需求和适应智能化社会科普发展新需要的必然要求，将打造出一部生生不息、动态更新、权威易用的网络科学百科全书。①

（四）公民科学素质建设的情怀驱动

情怀意指某种感情的心境，科普情怀就是对科学、科普事业、对公众和社会的思想感情。基于情怀动机的科普社会动员，就是对参与科普的个人和团队进行科普情怀的激发和疏导管理。即利用人本需求的原理设计合适的科普情怀激发和科普情怀资源支配规则，并通过激发、认同、张扬等手段不断强化，使这种情怀持续长效激励目标群体做出科普期望的行为。基于情怀动机的科普社会动员，关键在于充分尊重每份科普情怀的个性，提供个性化的自我实现途径和平台。

基于情怀动机的科普社会动员方式也很多，如提供科普志愿服务平台、支持成立科普志愿组织、开展奖励表彰等。

视窗2–17　欧阳自远院士的科普心路

欧阳自远是我国天体化学学科的开创者，中国科学院院士，第三世界科学院院士，我国月球探测工程首席科学家，被誉为“嫦娥之父”。

欧阳自远从事科普，从偶然到自发，经历50余年。早在20个世纪60年代，即从天外来客与天人感应，小天体撞击地球与物种灭绝，月球与火星的传说与真实情况，外星人是否真的造访地球等开始，进行科普活动。

到1993年，经过30多年的积淀，欧阳自远认为中国探月时机已经成熟，满怀希望地向国家提出中国探月的设想。然而迎接他的是迎头一盆凉水。“地球都没搞清楚，还去搞什么月球？”“人家搞了几十年月球，我们再去搞有什么创新和特色？”“我们中国人地球上的事情都做不完，还要去探什么月球？哪有精力搞探月？先把地球上的事情搞好再说。”

对此，欧阳自远决定要真诚和实事求是地给这些人介绍中国探测

① 科普中国·科学百科［EB/OL］.［2017–10–14］. http://baike.baidu.com/item/科普中国·科学百科/18137309?fr=aladdin.

月球的必要性与可行性，人类对月球的认识，月球探测对推进高新科技进步、促进经济发展、增强综合国力、支撑社会持续发展和培养科技队伍的重大作用。科普的效果出奇地好。彼时起，致力科学传播成为欧阳自远的自发行为，渐渐地，他的科普对象范围逐步扩大起来，上到国家领导，下至中小学生。每次科普报告，欧阳自远都要根据对象调整报告内容，“每一张PPT都经过反复思考和推敲，图应该在哪里，文字应该如何表述，都要仔细琢磨。各种内容的科普报告一共有30种版本，每种针对不同的对象”。一张张饱含着他心血的科普幻灯片也记录着他的科研生涯，在他的科普中，最新的研究进展会在第一时间反映出来。“听他的科普就像赴一场盛宴，色香味和营养俱佳，是精神上的极大享受。”一名听过欧阳自远报告的学生说。

在欧阳自远看来，做好自己的研究是科学家的天职，做科普也是科学家的使命。“科学家需要反哺社会，一方面要做出高水平的研究成果，另外一方面让公众更好地理解科学，提高国民素质，支持科学的发展。科普是文明国家、强大国家的基础。”①

视窗2–18 青年科学家徐颖的科普情怀

我是一名青年科研工作者，简称是“青稞”，跟青椒是一个物种体系的。青稞是一个比较尴尬的年纪，在这个年龄段呢，尊称为科学家太早，要假装科研小白呢又太老，和硕士、博士一起聊人生理想呢有点不着调，和老科学家一起坐而论道呢又容易被小瞧。

青稞的科研之心才刚刚开窍，就开始跌跌撞撞地走上了科普之道，大家在严谨与活泼之间摇摆、在逻辑与有趣之中取舍、在努力学习把话说得谁都听得懂和把话说得谁都听不懂之间来回切换技巧，是因为我们特别精分吗？也不是，只是因为青稞也有不得不做、非得要做和心甘情愿做科普的理由。

首先，我们的科研工作包括很多国家的重大项目，比如嫦娥、天

① 王玲. 欧阳自远的科普心路［J］. 科学新闻，2012（5）：76—78.

宫、蛟龙，以及我们在做的北斗系统等。国家给了经费，公众作为纳税人就有知情权，对我们而言，也有一种分享的快乐，你做了一个特别好的东西你不会藏着掖着自己半夜关着门关着灯偷偷乐的，你会恨不得昭告全天下，快来看看我们各种光芒四射的大国重器啊。

在科学中发现问题、解决问题所带来的成就感，做出来的东西国家需要、人民有用所带来的归属感和荣耀感，实在是非常美妙、值得分享的体验。

此外，其实做好科普对我们的生活都是有直接益处的，相信很多青稞都有过一种困扰叫作“爸妈的朋友圈”，因为在他们的年代，媒体代表着权威，自媒体时代让媒体的门槛低了很多，但他们依然固守着对权威的信任，这就造成了传说中的中老年科普重灾区。如果把这部分科普做好了，相信不少青稞能够长出一口气，至少不用再吃生茄子了是不是，那玩意儿真心很难吃啊，加麻酱、加辣椒油都拯救不了啊。

平时我们有很多感觉很无奈的社会现状，当然从个案来讲有太多的偶然因素，但是归根到底还是教育问题。少年强则国强，少年智则国智。

但就现状而言，在科学素质教育或儿童科学传播上，我们做的远远不够。科研工作跟娱乐文化比起来，不管是在国民度还是推广度上都是远远不够的，娱乐很好，但是没有任何一个国家能够靠娱乐撑起民族的希望。是什么能够铸就民族的脊梁，毋庸置疑是科技。

还记得我上小学的时候，老师布置写“我的理想”，班上的同学大部分的理想是科学家。但是据调查，现在的孩子们60%以上想当明星，这是社会的发展，更是科学精神的一种缺失。科学家的理想铸就了现在的“80后”“90后”这一批年轻的科研力量，但是如果今天我们放任这种科研价值导向的流失，也许30年后、40年后从老一辈科学家手里传递过来的接力棒我们将无处可放，国家科研人才断代的悲剧不能因为我们今天的不作为和不努力而重演。

每个青稞的力量都很小，但如果有成千上万的科研工作者加入进来，那么星星之火当然可以燎原，这也是每一个科普工作者的理想。

有人说理想刚开始很浪漫，中间很痛苦，最后很平淡。但我们更想说，念念不忘，必有回响，科普工作不仅是青稞的社会责任，也是每一个科学工作者、每一位教育工作者、每一位文化传播者责无旁贷、义无反顾的使命。[①]

视窗2-19 科普志愿服务的组织实施

志愿服务是指任何人志愿贡献个人的时间和精力，在不为任何物质报酬的情况下，为改善社会服务、促进社会进步而提供的服务。它具有志愿性、无偿性、公益性和组织性的特征。

科普志愿者也叫科普义工、义务工作者，是指具有相应的科学背景和科普服务能力，不计报酬或无偿地为公众提供科普服务的人员。科普志愿者的工作是指一种助人、具组织性及基于科普公益责任的社会自发参与行为，对于开展科普宣传、科技咨询、科技培训、科技下乡等科普活动，具有巨大的帮助。科普志愿者参与科普活动可以使科普志愿者本人获得深入接触社会实际、真实了解与认识公众科普需求的极好机会，这不仅丰富他们的生活阅历，而且增强他们的感性认识，强化社会责任感，改善社会风气，增强协作精神、团队精神。

科普志愿者队伍建设需要把握以下关键：第一，加强科普志愿者队伍的组织建设。建设与完善县级各类科普志愿者协会、科普志愿者服务站等组织，加强对科普志愿者的培训，为科普志愿者成长和服务提供交流平台。第二，发展学会等科技社团的科普志愿者队伍。充分发挥学会等科技社团的科普人才资源优势，大力营造科技工作者做科普、带头做科普的氛围，搭建科技工作者做科普的工作平台和活动平台，给科技人员履行科普责任提供机会、帮助和服务。鼓励和支持学会等科技社团开展丰富多彩的科普活动，组织会员积极参加科普工作。第三，发展离退休科普志愿者队伍。发挥各级科普组织、科技社团的组织动员作用，吸引离退休科技人员尤其是老专家、老科技人员参加科普志愿者队伍，积极参加科普活动，在科普场所担任科普讲解员。第四，广泛开展科普志愿服务活动。以科普场馆、社区为依托，利用举办大型主题科普活动

① 徐颖."青稞"的科普之路［J］. 科技生活周刊，2017-01-11.

的契机，积极搭建科普活动平台，为科普志愿者提供科普实践和服务的机会。第五，建立科普志愿者激励机制。充分发挥已有相关奖项的激励作用，不断创新奖励机制，吸引广大科技工作者和其他专业人才加入科普志愿者队伍，壮大县级科普工作力量。

科普志愿者队伍建设可从以下几方面展开：一是志愿者招募。志愿者招募是组建稳定、高素质志愿服务队伍的基础性工作。设立规范的志愿服务岗位、明确招募选拔标准、建立规范的招募机制是做好志愿者招募工作的前提。科普志愿服务岗位的设立和招募标准应根据本场馆的实际，兼顾长期性工作和短期项目工作的需要来考虑。在志愿者选拔上，一些重要的常设岗位应更多地考虑使用退休后能发挥余热的有志之士。二是志愿者培训。志愿者培训工作是否到位会直接影响志愿服务的工作质量。科普志愿者的培训除要做好科普专业知识的培训外，还要注意做好服务意识、服务技巧的培训。培训工作可采取授课式和互动交流相结合的形式。三是志愿者权益保障与激励。志愿者权益保障与激励是志愿服务工作可持续发展的重要保障，也是最容易忽略、最难做好的工作。要做好这项工作，首先要在财力上给予支持，可设立科普志愿服务的专项资金，为志愿者提供必要的权益保障。建立完善的激励机制则有利于科普志愿者自觉地提高个人素质，进一步激发其参与科普志愿服务工作的热情，保持志愿服务队伍的稳定和促进志愿服务队伍整体素质的提升。权益得到保障、激励措施到位才能更好地保护和引导志愿者参加志愿服务，激发他们的工作热情，发挥他们的主观能动性，促进科普志愿服务活动持续健康发展。①

① 宋晓阳，梁丽明. 浅议科普志愿服务工作创新［J］. 广东科技，2012，21（5）：199—200.

第三章　公民科学素质的标准与测度

公民科学素质作为公民所修得和具备的内在科学品质和科学涵养，是一个个体、群体的客观存在，有其内在的结构和客观的衡量标准，是可以度量的。

第一节　公民科学素质的基本结构

公民科学素质的基本要素包括科技知识、科学方法、科学思想、科学精神、科技与社会。其中，科技知识素质是公民科学素质要素结构的基础，而科学精神素质是公民科学素质要素结构的灵魂[①]。

一、了解科技知识的程度

要掌握科学方法、具备科学思想和科学精神，必须具有相应的科技知识。科学是反映自然、社会、思维等客观运动规律，并经过实践检验和逻辑论证的知识体系。传播科技知识，主要是指传播自然科学知识和工程技术知识。

科技知识是人类在改造世界的实践中所获得的，正确认识自然的知识体

---

① 刘立，蒋劲松，等. 我国公民科学素质的基本内涵与结构［G］//全民科学素质行动计划制定工作领导小组办公室. 全民科学素质行动计划课题研究论文集. 北京：科学普及出版社，2005：29—67.

系和发展物质生产的技术体系。科技知识作为一个整体，包括各种各样的知识，如陈述性知识和程序性知识、人类共享的科学知识和非共享的技术专利知识等。科学知识多以文字和符号记载而存在，一旦被用于达到人类自身目的的手段时，便成了技术。技术可作为生产工具，也可融入劳动者的体力和智力中，通过劳动实践表现其价值。

科技知识是公民科学素质的最基本组成部分，也是决定职业技能的主要因素。同时，它还是其他科学素质要素的基础和赖以存在的基本载体。知识就是力量，科学知识不仅能够帮助人们形成智力、能力、生产力，同时能形成新的思想道德和精神品格，促进人的全面发展。科技知识是人类活动的定向工具，科技知识一旦被人们掌握，就会参与有关活动的调节，指导有关活动的进行。科技知识是个人能力的构成要素，是能力基本结构中不可缺少的组成成分。科技知识制约人类解决问题的水平，任何领域问题的解决都涉及大量专门知识的应用。

科技知识缺乏的人不了解自然现象的本质及其运动变化的规律，往往表现为认识上的愚昧。人们若缺乏科学知识的武装，不能运用科学知识的力量来掌握自己的命运，就只能寄希望于自身以外的力量，这就会产生迷信。人类不能洞察许多难以理解的现象，常常容易产生对这类现象的歪曲说明，做出关于超自然的“神灵”等具有神秘色彩的解释。科学越发展，广大劳动者掌握科学知识越多，科学文化素质越高，愚昧、迷信就越没有市场。

不同的人群或一个人群处在不同的发展阶段，其科学素质对其具备的科技知识的要求不同。公民科学素质中科技知识主要包括以下几个方面。

第一，日常生活和劳动技能所必需的科学知识应用。这是实用性的知识把握，主要应以满足实际需要为其掌握的标准，但为了更好地应用，也要求对相关的知识有一定程度的本质理解。应该包括：衣食住行的科学知识及其应用；卫生保健（包括计划生育、心理健康）的科学知识；基本职业技能相关的科学知识及应用；对整个社会及民生发展产生重要影响的基础科学常识。

第二，基本科学概念、定律和过程的把握。这种知识的把握更注重科学本质的理解，强调系统性和准确性。其中包括最基本的科学现象和科学事实，最普遍和常见的科学常识、惯例、法则等。所涉及的学科及主要知识点有以下内容：①数学与逻辑。掌握基本运算能力、基本的数字与几何形状的特性、基本数学关系的特性，理解并掌握基本数学定理证明、基本推理规则，掌握基本的数学抽象与符号表述；掌握基本的逻辑知识。②物质科学。理解物质结构、物质运动、力、能量及其守恒与转化、四种基本相互作用、分子运动与热、电磁与光、时空不可逆性、无机与有机、元素与元素周期律、化学反应本质等相关知识。③生命与心理科学。理解生命起源与进化、生命的统一性与生命特征、生物多样性、基因与遗传、人在生物界中的地位、人体生理与心理活动基本规律。④地球、宇宙与环境科学。理解宇宙的演化、大爆炸假说、地球在宇宙中的地位、地球构造与演化、地理与人的生活之间的关系、大气层、气候、生态环境、海洋等相关知识。⑤信息科学与技术。理解信息、人工智能、虚拟技术、计算机及网络使用技能。⑥人文社会科学基本知识。掌握哲学、历史、经济学、管理科学等基本知识。

第三，现代科技的新发展以及未来趋势。这方面知识主要是要能理解新的成就及其产生的巨大影响：信息科学技术、生物医药工程、纳米科技、新材料、航天科技、新能源、海洋、空间、遥感等。

日常生活和劳动技能所必需的科学知识应用是基础，所有人都必须要掌握。基本科学概念、定律和过程的把握是主体，应该为公民素质教育的主要任务。现代科技的新发展以及未来趋势是更高一级的要求，是科学素质提高的努力方向[①]。

二、掌握科学方法的程度

科学方法的确立，科学思维方式的形成，比掌握具体的科技知识更为重要。一旦掌握科学方法，就能指导人们更有效地学习科技知识，更有成效地进行科学思维，解决社会生活中的实际问题。科学方法是建立在科学理论基础之上的系统化、条理化、理论化的科学知识。科学方法可从两个方面来理解。一种是把“科学”作为名词来解释，科学方法是指人们在科学实践活动中研究问题、解决问题的手段和工具。另一种是把“科学”作为形容词来解释，这就把科学方法从自然科学领域推广到技术实践领域，推广到人文社会科学。倡导科学方法，就是要求人们在日常生活中也能以严肃认真的科学态

---

① 刘立，蒋劲松，等. 我国公民科学素质的基本内涵与结构［G］//全民科学素质行动计划制定工作领导小组办公室. 全民科学素质行动计划课题研究论文集. 北京：科学普及出版社，2005：29—67.

度来思考和行动。

中国有句古话叫作“授人以鱼不如授人以渔”，意即掌握科学方法，让思维方式科学化、研究方法科学化，比普及具体的知识更为重要。做任何事情都存在一个方法的问题，方法也历来为人们所重视。中国唐朝唐太宗有句名言流传千古：“取法于上，仅得为中；取法于中，故为其下。”意思是做事要用有实效、高标准的上等方法，以保证结果的有效实现。这里包含一个重要的思想，就是方法的选择和效法问题。俄国生理学家巴甫洛夫也曾说过，我们头等重要的任务乃是制定研究法，他认为方法是最主要和最基本的东西。历史上，无论政治家还是科学家，普遍都十分重视方法问题，深刻体验到方法在工作和生活中的重要性。这说明，不论是自然科学，还是技术实践或者社会科学、人文科学，都会有适合其学科、领域的科学方法。

在掌握知识的学习阶段有行之有效的方法，运用科学技术知识解决实际问题也有相应的各具特色的科学方法。方法好，多快好省事半功倍；方法不好，少慢差费事倍功半。对此毛泽东更形象地说：“我们不但要提出任务，而且还要解决完成任务的方法问题。我们的任务是过河，但是没有桥和船就不能过。不解决桥或船的问题，过河就是一句空话。不解决方法问题，任务也只是瞎说一顿。”

作为公民科学素质的组成部分，科学方法应该是最基本的一般科学方法。公民对科学方法的掌握和了解，应该达到这样两个功能：①了解科学结论是以什么样的方式获得的。这样公民对科学知识的掌握就会更加深刻，更加理性，而不是简单的相信。②公民可以应用科学方法解决日常生活和工作中的问题，并能够根据相关的科学方法来识别伪科学。

公民科学素质中的科学方法主要包括以下内容①。

第一，经验事实的方法。主要包括：①观察方法，即观察的结果要具有可重复性。要认识到“眼见不一定为实”，认识到观察的复杂性和易谬性。②实验方法，即实验应注意符合要求，注意分析干扰因素，必要时应进行对照实验、双盲实验等。要认识到“表演不等于实验”。③调查方法，即注意调查样本的选取应具有代表性，在对人群进行调查时应该力求

---

① 刘立，蒋劲松，等. 我国公民科学素质的基本内涵与结构［G］//全民科学素质行动计划制定工作领导小组办公室. 全民科学素质行动计划课题研究论文集. 北京：科学普及出版社，2005：29—67.

客观中立，避免诱导、暗示影响调查结果、调查问卷。④测量与统计方法，注意测量方法的有效性，注意测量精度及其影响因素，注意数据的加工处理的合理性。

第二，理论思维的方法。主要包括：①归纳，即从大量个别事实上升到一般结论。同时，要认识到归纳的不确定性，在归纳时要注意归纳范围的合理性，避免越界归纳。②演绎，即从大前提、小前提逻辑推演。同时，要注意避免演绎过程中偷换概念。③类比。④分析。⑤综合。⑥假说及其检验，即假说要建立在科学事实和理论基础上，要具有可检验性，对假说的检验最终是靠实践。

三、具备科学思想的水平

科学思想是客观现实在人们意识中的正确反映，它影响着人们的思维方式和世界观。科学思想可以理解为科学的思想、科学的思维。科学思想是科学家群体在长期科学实践中所形成的共同思想观念和思维方式，是科学原理的思想结晶，科学活动的思想指南。其本质的特征是它的创新性和革命性，它以事实为依据，以科学的精神和方法，探索规律，认识事物的本质，严格按照规律办事，不断追求真理。

科学思想来自于现实和有关知识，但是现实和知识并不就是思想，只有经过人脑的思维，即经过抽象和概括，才能将现实和知识提升为理性认识，形成科学思想。科学思想是客观现实在人们意识中的正确反映，它影响着人们的思维方式和世界观。

科学思想一般可分为两个层次。第一个层次是人们在各种科学理论的基础上进一步提炼出来的关于自然界和人类社会存在与发展最一般规律的合理观念，如关于自然界万物构成和发展规律的种种唯物主义的思想、发展变化的思想、普遍联系的思想、尊重规律的思想等。第二个层次是人们在科学研究、技术发明和产业创新活动中体现出来的科学意识和科学精神。科学思想的第一个层次是一些具体的科学思想，多数可以包含在科学技术的具体知识之中，常常以文本化的知识形态表现出来，内容很多。科学思想的第二个层次，是公众普遍需要培养的思想，并需要内化为个人素质，体现在日常生活和社会行为中，这是科学思想较为抽象但却在现实生活中处处左右和影响人们言行的力量。

公民科学素质中的科学思想建设，就是要用科学思想武装广大公民，战胜迷信和愚昧，树立正确地对待自然、社会和发展的观念。例如，能量守恒及转化定律，说明不同运动形式的统一性，说明物质运动的永恒性，永动机是不可能实现的幻想。宇宙起源和演化的大爆炸理论、恒星起源和演化的星云学说、地球起源和演化的学说、生命的起源和演化的理论，说明世界是物质自身运动的结果。

生物进化的达尔文理论，说明了适者生存、生存竞争的道理；人类的起源和演化的理论，说明人是自然的一部分，也是自然演化的产物；遗传的理论，揭示了生物遗传的奥秘，也说明了人类生男生女的奥秘。生态学的相关知识，说明了人类与环境是休戚与共的协调关系，为了人类的幸福生活，应该保护生态环境和生物多样性。人与自然关系的科学和哲学理论，揭示了人类对自然的依赖关系，以及人类认识自然和改造自然的能动作用，揭示人类与自然必须协调发展，必须走可持续发展的道路，“先污染后治理”的道路是行不通的。

社会发展的理论，揭示生产力是社会发展的决定性因素；社会发展的基本矛盾是生产力和生产关系的矛盾；社会发展理论还揭示，人类经历着农业社会到工业社会再到知识社会的过程。市场经济是资源分配的有效形式；民主、法制、人权在现代社会政治中具有重要作用；精神文明、政治文明与物质文明必须统筹发展。

四、崇尚科学精神的程度

科学精神是公民科学素质的灵魂。科学发展的成果，不仅仅表现为科学知识、思想和方法，更宝贵的是贯穿于科学知识、思想和方法之中的、经过长期科学实践形成优良传统的科学精神。科学精神作为公民科学素质的灵魂，它不仅可以激励人们学习、掌握和应用科学，鼓舞人们不断在科学的道路上登攀前进，而且对树立正确的世界观、人生观、价值观，掌握科学的工作方式和方法，具有重要的意义。

科学精神就是实事求是、求真务实、开拓创新的理性精神。公民科学素质中的科学精神主要包括以下几点。

第一，批判和怀疑的精神。科学精神要求人们不能盲从，不能神化，不能绝对化，不要迷信。科学否定所谓的“终极真理”，否定不可知论。科学工作者在科学研究中通过观察、实验、理论推导，对客观世界的一切未知现象进行探索性研究，并对一些传统的理论、学说、观念进行批判，往往在科学上产生重大发现。

第二，创造和创新的精神。世界的发展、变化是无穷尽的，因此认识的任务也是无穷尽的。科学精神倡导以探索未知、创造知识为己任，通过认真、严谨、艰苦、实事求是的科学劳动，揭示客观规律，造福于人类社会。科学创造的内容是广泛的，如普遍规律的揭示、自然现象的发现、新科学理论的创立、新的科学方法的确立、新科学实验的构思和设计等。科学认为具体的真理都是相对真理，都有适用的条件和范围，因而是可以突破的，新的发现将拓广原有的真理，使之适用于更大的范围和更少的条件。

第三，实践和探索的精神。科学来源于科学实践，实践是科学的基础。生产实践提供大量的经验资料和研究课题，科学实验提供研究的工具和方法。离开科学实践，科学成果和科学原理就不可能产生和发展。在科学实践的基础上，科学不断地揭示事物的本质和规律，并寻求事物的最佳解决办法和合理答案，从而推动科学本身的发展和人类进步。科学发展过程中，科学理论必须经过科学实践的检验才能确立。在科学研究中，判断“设想”“假说”等是不是科学，关键是看它是否反映并揭示了客观事实和规律。唯一的判断标准就是要经得起实践的检验，经得起反复的论证和试验。任何经不起实践检验的东西都不是科学。最后，科学还要回到实践，应用于实践，从而产生巨大的物质力量和精神力量。

第四，平权和团队的精神。在科学实践中，在探索真理面前人人平等，任何人都不能以其权力、权威、经验等凌驾于别人之上，或将自己的观点强加于人；同时每一位科学工作者也要认真继承和吸收别人的科学知识、实践经验、科学观点。科学已成为社会主要实践活动之一，是社会有组织的实践活动。在科学活动中，个人的力量和能力是很有限的，科学活动离不开科技工作者的互相配合与合作，离不开广大劳动群众和广大科学工作者的参与和支持。

第五，奉献和人文的精神。科学不仅要认识世界客观规律，创造新的技术和新的知识，而且要参与社会的变革，促进社会的进步。科学精神提倡的人文精神是现代科学（自然科学和社会科学）意识的人文精神，人文精神提倡的科学精神是充满高度人文关怀的科学精神。古往今来，科学界的优秀分子为真理、为科学、为人类进步而斗争，充满着献身精神，甚至不惜牺牲生命。他们意识到自己从事的科学工作对社会、对人类的责任，在科学研究中孜孜不倦、自甘淡泊、不求闻达，把精力倾注在事业中，而不是花费在享乐上。科学发展本意是为人类创造幸福、反对侵略战争、维护世界和平、保护生态环境等。这是科学精神与人文精神高度结合的体现。

视窗3–1　科学探究仅靠"痴迷"不够

2011年2月的一期《非你莫属》节目找了几位来自民间的"发明达人"，其中有一位背着展板、拿着一张写满公式的大纸的大叔走到台前，他就是后来在2016年因为"引力波"事件一夜成名的"诺贝尔哥"郭先生。郭先生彼时上台的第一句话就非同凡响：我的发明是几个有实力争夺诺贝尔物理学奖的新理论和新发现……这些理论合在一块就会成为新科学，使得未来的各种车辆都不需要有车轮，人的生命可以无限延长，成为活神仙……直到节目结束，郭先生也没有对自己的"理论发现"做进一步阐述。后来，看到了郭先生的个人博客，原来郭先生对UFO很感兴趣，据说曾亲眼目击UFO，之后便长期醉心于UFO的相关研究。经过多年钻研，自称已成功用周易八卦、阴阳太极来解释UFO的飞行原理。甚至说相关原理不仅足以支撑他获得好几个诺贝尔物理学奖，还发展出"反引力"技术和"长生不老"技术。看到这些理论，感觉不是太靠谱。

有一个民科吧，拥有超过3万的关注人数。吧里有很多与郭先生经历类似的人，发表的帖子中有各种"吓人"的理论，不过这些理论并非都很深奥，不少民科的理论还停留在中学物理的范畴。有一位资深吧友，外号"雷神"，可谓民科吧的大红人，也是民科群体中的一位代表性人物。他长期高频率地在各个物理或科学相关帖吧，甚至包括不少中学生来答疑的"中学物理吧"，发表自己的理论。虽然雷先生的兴趣广泛，热情十足，但基础知识并不扎实，经常闹出笑话。比较著名的是"分子分母同时约掉d"，即牛顿第二定律为$F=ma=m\mathrm{d}v/\mathrm{d}t$，雷先生认为分子分母中的"d"可以约掉，那么便是$F=mv/t$。然而具备高中物理水平的学生都知道，雷先生所提到的分子分母中的"d"并非一个物理量，而是微分的表达方式，并不能“约掉”。雷先生最具代表性的“理论”便是“运动力定理”，他自称该理论可以解释一切运动现象。运动力理论的基础公式是$F=MV/$秒，其中F为运动力大小，单位是以其个人姓氏命名的“雷”，V为物理运动速度，单位为米/秒。他还强调：为了与经典力学统一，运动力的单位仍然是“牛顿”，1雷=1牛顿=1千克米/秒^2。

民科并不是敌人本身，而是敌人的思维方式。民科有很多解释，往往被认为是“民间科学家”的缩写，具有体制外、非官方的属性。现在“民间科学家”却被这些民科污名化成了伪科学和放弃治疗的代名词，几乎和“伪科学”画了等号。为什么“民科”形象会日益降低呢？这和该群体的一些自身特点关系颇大。民科群体的最大问题不在于其理论的错误或者是不具备价值，而是民科非常非常难以被说服。民科之所以难说服，主要原因是很多民科没有受过完整或长期的正规教育，文化水平有限。

有一个科学术语叫作“范式”，意思是“开展科学研究、建立科学体系、运用科学思想的坐标、参照系与基本方式，建立科学体系的基本模式、基本结构与基本功能”。然而我接触的一些民科，大多数都没有遵循这种范式，这就使得与他们沟通非常困难。

有位ID为徐姓的民科吧的吧友，研究兴趣为“生命的来源”。他自称可以利用空气演化出昆虫，他将几个切开的香瓜放入一个完全密封的玻璃箱，然后等待数日后，发现玻璃箱里出现了昆虫（可能是果蝇）。于是，便得出一个“气体变成昆虫”的神奇结论。显然，徐先生对自己的理论相当看好，颇具自信地把实验结果写成了“论文”，并自费找人翻译成英文，向知名期刊《自然》投稿。结果显而易见，投稿直接被拒，来民科吧发帖，吐槽《自然》的编辑是“狗眼看人低”。

虽然包括徐先生在内的很多民科，理论充斥着各种谬误，不存在任何科学价值，但这些民科利用自己的业余时间，自学相关知识，这绝非坏事，也绝非错事。即便他们的理论错误，只要不刻意去误人子弟，也不应该被指责。双方彼此讨论，真理本当越辩越明。可惜的是，大部分民科根本不接受他人合理的质疑，甚至认为这些质疑是学术界“官科”对他们的打压。有位李姓民科吧吧友，长期研究自称为“统一理论”的物理理论。他认为，学术界“官科”的打压和不公平的游戏规则迫使他的新思想没有发表的途径。为了引起重视，李先生曾赴北京砸了中科院的大门，并因此被拘留15天。更令人震惊的是，李先生又发布一段视频，悬赏10万元人民币请人推翻他的理论，随后为了证明其诚意，他挥刀切下自己左手小拇指的第一个指关节……这些疯狂的行径，已对他和他的家人，甚至是社会产生实质性的伤害。自称是李先生家人的网友曾发帖哭诉，令人唏嘘不已，可惜都没有能力令李先生迷途知返。从接触到的典型民科身上可以发现一些民科的典型特点，包括基础知识不扎实，科学素养欠缺，急功近利，甚至容易走极端。

“英雄不问出处”是民科群体的心声，即使没有受过太多教育的人，自学成才也能做出了不起的科学成就，但可能性却极小。所有像牛顿和爱因斯坦这种举世闻名的科学家，无不是付出了辛勤的汗水和苦心的钻研，才在科学研究道路上取得了丰硕成果。科研不是简单的脑洞大开或者是另辟蹊径就能做好的。科学虽然对任何人敞开大门，但也是有门槛的，而且随着科学的进步，门槛也越来越高。想被科学界接纳，必须要树立科学的态度，并且脚踏实地，一步一个脚印地认真钻研。没有专业知识，幻想着一步登天的那些民科们，无异于用沙子堆建出高耸入云的摩天大楼。

诚然，“民科”中存在少数成功的案例。例如，初中肄业的郑先生，倾尽自己的全部财力，花费3.6亿元人民币收购多达39万件古生物和矿物标本，建立了全世界最大的恐龙博物馆。在接受果壳网采访时，郑先生特意强调：我这个“民科”和他们不一样，你得根据你的实际问题来设立研究的课题，做之前你得做大量的调查和论证，不是不负责任地乱想。

感觉跟民科辩论，从说服民科的结果角度看收效甚微。这让我更加明白科学精神的重要性，也让我对科学精神越发尊重。通过这些民科的故事，明白做学问和搞科研一定要踏踏实实，要讲求科学精神和方法，以事实说话，以证据说话。不然，科学的大门会永远对我们紧闭。①

视窗3–2 从“韩春雨事件”看科学的严谨

科学上任何一件事情都是严谨的，都须可重复、可验证和同行认同。2017年8月3日，河北科技大学韩春雨教授所谓“需要高超的技术”的基因编辑技术NgAgo再度刷屏，他发表的基因编辑方法因其他科学家无法重复，韩春雨及其论文其他作者主动提出撤稿。从韩春雨事件可以看到科学界的严谨，任何一个理论、方法的提出，都必须受到严格的检验。

2016年5月2日，《自然–生物技术》杂志刊发韩春雨与浙江大学医学院研究员沈啸等人合作的论文，提出一种新颖的基因编辑技术NgAgo，一时间为学界热议，但不久后很多实验室无法根据韩春雨提供的实验方法重复这一结果，从而要求撤稿之声不绝如缕。2017年8月3日，这篇文章被《自然–生物技术》标识“已撤稿”。不过，韩春雨等似乎仍然认为还可能出现“优化的实验方案”，并未完全放弃。

根据《自然–生物技术》提供的信息，韩春雨等人表示“由于科研界一直无法根据我们论文提供的实验方案重复出论文中的关键结果，我们决定撤回这项研究。虽然许多实验室都进行了努力，但是没有独立重复出这些结果的报告。因此，我们现在撤回我们的最初报告，以维护科学记录的完整性。不过，我们会继续调查该研究缺乏可重复性的原因，以提供一个优化的实验方案”。

在发表韩春雨等人撤稿说明的同时，《自然–生物技术》发表一篇社论。《自然–生物技术》表示，去年12月，韩春雨和同事以及其他数

① 韩迪. 一位“反民科吧”退役吧主的独白［EB/OL］. 微信公众号：知识分子，2017–06–04.

个独立的研究小组联系该杂志，提供声称重现NgAgo基因编辑活动的新数据。不过，编辑和一位外部的审查人员认为这些数据太过初步，不能发表。“我们决定给原作者和新的研究小组更多时间收集更多的实验证据来支持他们的主张”。“现在，在原始论文发表1年多后，我们了解到，之前报告已经成功重复结果的独立研究小组，无法将其初步数据提升到可发表的水平。同样，在征求专家评审员的意见后，我们得出结论，韩春雨以及同事的最新数据不足以反驳与其初始结果矛盾的大量证据。我们现在相信，韩春雨和同事决定撤回该论文是支持其已发表记录完整性的最佳方法。”

《自然-生物技术》的社论表示，NgAgo论文的出版并不是科学进程的结束，而是开始。“与文献中出现的任何其他报告一样，需要更广泛的研究团体测试其方法，识别潜在的错误来源，验证试剂，优化实验。”“在复制研究方面，我们知道的就是它需要时间。然而对于NgAgo的复制研究来说，时间已到，数据给出说明。”

对于韩春雨在撤稿声明中强调“会继续调查该研究缺乏可重复性的原因，以提供一个优化的实验方案”，魏文胜向《知识分子》评论道：“如果一个论文是关于方法学的，肯定别人能够重复出来，这是科学的（真与伪）问题。目前在科学上的调查可以说已经告一段落，结论明确”。浙江大学教授王立铭表示：“很重要的一步，让我对科学共同体有了些信心。期待下一步动作，现在没有解决的问题是，是否存在学术不端，例如造假，或者是单纯的错误。”①

五、科学处理问题的能力

科技对人类的生产生活影响越来越大，理解科技与社会的互动关系，是现代公民科学素质的重要内容。现代公民应该了解科技是不断发展的，了解科技的历史、现状、趋势和特点。认识社会需求是推动科技发展的强大动

① 叶水送，陈晓雪. 韩春雨撤稿，同行科学家如何评论？［EB/OL］. 微信公众号：知识分子，2017-08-03.

力；了解科技是社会中的科技，是人类的活动之一，它必然受到经济、政治、文化、教育、宗教等诸多社会因素的影响。认识科技对人类社会发展的重要作用，是最高意义上的革命力量。认识科技对于生产力发展的重要作用，科技是第一生产力，是先进生产力的集中体现和主要标志。认识科技对于促进精神文明建设的重要意义，了解科学与人文的相互依存关系。了解科技在解决资源、生态、环境、社会问题中的重要作用，认识科技在可持续发展中的重要作用。认识科技的不当使用也会带来一些负面的效应，包括引发伦理问题，因此应统筹科技与社会的协调发展。基本了解国家重大发展战略和国家科技政策对社区及个人的影响，并能参与有关讨论①。

（一）处理科学与技术的关系

科学知识着重于理论，而技术知识着重于应用，二者相互联系、互为依存，又有着较大的区别。在科学技术飞速发展的当今世界，很难说是科学理论先诞生还是技术实践先出现，科学理论被作为实现目的的工具时，技术的力量便凸现出来。科学上的进步必然带来技术上的创新和突破，人们在追求掌握各种技术的同时也必然促进了科学的发展。现在从一项新的理论成果到技术实现的时间周期已经越来越短，技术带给社会的影响往往是立竿见影的，而且具体、深刻得多，常常能够引发理论科学的思考，支持和推动理论科学的发展，并带来科学界的革命。另外，科学和技术之间的界限也不是绝对的，更不会一成不变，它们在互相促进的同时，还在相互渗透和转化。技术给科学的发展提供研究手段、经验资料，科学理论研究工作中常常需要借助先进的仪器和手段。例如，电子显微镜的发明，就为生物学的研究提供了一只功能强大的“眼”。技术的需要还为理论科学研究提出了新的课题，成为科学进步的动力。技术实践活动中包含着知识成分或知识要素，如软件、配方、图纸、技术诀窍等，都可称为知识形态的技术。技术的发展离不开理论科学的指导，理论科学的思维方式和科学理论知识积累在技术实践中也相当重要。只有正确掌握和理解科学与技术的辩证关系，才能避免在应用科学和技术中陷入误区。

① 刘立，蒋劲松，等. 我国公民科学素质的基本内涵与结构［G］//全民科学素质行动计划制定工作领导小组办公室. 全民科学素质行动计划课题研究论文集. 北京：科学普及出版社，2005：29—67.

（二）熟知科技对社会发展的影响

人类社会已经进入21世纪，这是一个经济全球化、创新驱动发展国际化的世纪，是一个科学和技术迅猛发展、信息发展为主流的信息化时代，是一个要求人与自然协调、实现经济和社会可持续发展的世纪，是一个科学精神与人文精神交融的世纪。推进人类社会进入21世纪并且仍将在未来社会发展中起主导作用的因素，这就是科学和技术。了解科学、技术与社会的互动关系，是现代公众科学素质的重要内容。现代公众应该知道科学和技术是不断发展的，以及它的历史、现状和未来趋势、特点；了解社会需求是科学和技术发展的强大动力；知道科学和技术对经济社会的发展起着重要的作用；了解科学和技术不仅推动物质文明的进步，而且促进精神文明的建设与发展；了解科技创新对民族和国家发展的作用，它是一个民族进步的灵魂，是一个国家兴旺发达的不竭动力；了解技术的使用也会对自然、人类生活和社会产生某些负面的影响；了解科学和技术与资源、环境的关系，认识科学技术在可持续发展中的重要作用；了解科学和技术是人类的活动，是社会中的活动，受到经济、文化、政治、宗教等因素的影响；了解科学家和工程师，以及自身的社会责任。

视窗3-3　转基因的“科普之痛”

转基因堪称当代中国观感最差的公共话题之一，不仅争论持续时间久、参与范围广、激烈程度深，而且各种谬误大行其道，甚嚣尘上。转基因名字让人恐慌，准确的名称应叫分子杂交育种。我国科学家群体在转基因科普方面真正发挥的作用很有限，一些专家学者说转基因是安全的，专家越说，一些老百姓越不买账，越做科普，疑虑越多[①]。

2004 年，16 名院士专家向国务院提交推进转基因水稻产业化的建议，经《南方周末》披露引发舆论关注，转基因是否有害的问题迅速成为社会关注的焦点；2005 年 4 月，国际 “绿色和平组织”公布湖北非法种植的转基因大米可能流出的调查，引发社会极大的恐慌；2009 年，我国首批转基因水稻获颁安全证书，再次引起针对转基因的广泛争

① 吴跃伟，樊雨轩. 中科院院士：转基因争论20年后看会是一场笑话［EB/OL］. 微信公众号：知识分子，2016-07-13.

论，其中审批程序上的瑕疵以及公众知情权受到“无视”的问题，成为传播关注的一个新议题；2012 年，美国科学家汤光文发表在中国湖南衡阳组织“黄金大米”营养学实验的研究报告，该研究2008 年开始，在未告知实情的情况下让参试儿童食用了转基因大米，报告被媒体披露后，引起一场旷日持久的关于实验伦理等问题的争论。

2014 年 3 月，崔永元在美国走访调查形成的纪录片在网上发布，“披露”部分美国民众反对转基因食品的观点。尽管纪录片存在不少科学“硬伤”，但并不影响网上形成新的“反转”浪潮。这一年围绕转基因的舆论争议终于发生逆转，科学家及科学共同体开始强势发声，旗帜鲜明地予以反击。10月在武汉召开的“全球转基因农作物发展现状和未来展望国际研讨会”上，形成基于8项内容的《武汉共识》指出“用于特定的做改良的转基因方法对人和动物没有任何负面影响”，并呼吁有关转基因的争论应该放在科学和理性的基础之上。

2015 年伊始，转基因争论的硝烟再起。1月，凤凰网组织转基因辩论会，邀请部分“挺转”和“反转”的代表人物以及从事科学传播研究的学者“对簿公堂”，尝试开诚布公的对话，议题设置由过去的科学层面转向体现公民基本权利的社会层面；3 月，崔永元参加复旦大学“新闻大讲堂”，与生物学家卢大儒爆发一场“口舌之争”，掀起舆论风潮，催生崔永元思考已久的决定，他支持转基因科学研究，但依然关注转基因的非法种植、扩散以及转基因食品标识的问题。

转基因问题的焦点，很大程度上转变成科学家与公众之间如何有效沟通的问题。一是2003 年SARS之后，中国社会正经历公共安全领域空前的信任危机，2004 年的“院士上书”建议加快转基因发展，以及2005 年的国际非政府组织关注转基因水稻非法种植的问题，及时填补当时的舆论真空，这或许是转基因话题成为此后科学传播领域热点议题的重要原因之一。二是围绕转基因的争议，可以发现许多反转者和社会公众的某些行为已经在把科学推向迷信的一边，即他们往往以科学的名义对科学寄予无限的希望，以至于不能容忍没有结果的科学。三是科学家在与公众沟通时，存在科学家的圈子不开放、科学家急于表达的“科学”的傲慢、公众积极的不合作或者口服心不服的“任性”、媒体的无序、管理者慎重甚至谨小慎微或“先上船再补票”的拘谨等，使转基因科普的成效大打折扣。

科学界关于转基因的主流观点目前已经明确，即经过严格科学评价和规范管理最后批准生产应用或进入国际贸易的转基因产品，与非转基因产品一样安全。2015 年 8 月，农业部公布对“加强转基因食品安全管理”提案的答复函，这被媒体惊呼为“中国农业部终于说话了”[①]。转基因的争论，20年后再看，会是一场笑话[②]。

转基因科普现象，对中国科技界特别是科研工作者是一种特别的警示和提醒，为中国研究者带来帮助公众了解科研的压力和动力[③]。

（三）理性参与科技政策的制定

人类社会的未来发展是高度参与型的民主社会。参与既是公众的一种权利，也是一种能力，在科技高度渗透的现代社会中，了解科学、技术与社会的关系是公众参与社会的权利能得到保障和拓展的基础。如果公众对科学方法、科学定律和科学语言一无所知或所知甚少，如何能够在一个完全依赖科学和高技术的社会里成为有见识的决策人呢？如果科学只属于少数人，那么大多数人如何去认定那少数人所负担的责任呢？当今社会，几乎全部公共政策议题都涉及科学或者技术的方面。科技影响着很多有重要影响的国际政策和国家政策事务。公共政策的质量，取决于决策人员及其顾问以及他们最终对其负责的公众，对于各种科技问题的理解程度。好的公共政策，只有有效运行后才能真正体现它的效用，才能促进社会的发展和国家竞争力的提高。

公共政策的执行依赖公众对科学、技术与社会关系的了解。要想顺利执

---

① 陈鹏. 从转基因、PX项目等公众议题看互联网时代的科学传播［EB/OL］. 微信公众号：中科院院刊，2016-08-02.

② 吴跃伟，樊雨轩. 中科院院士：转基因争论20年后看会是一场笑话［EB/OL］. 微信公众号：知识分子，2016-07-13.

③ 张悦悦. 转基因给了中国科学家帮助公众了解科研的压力［EB/OL］. 微信公众号：Nature自然科研，2017-05-25.

行政策，要虚心倾听广大公众的意见，考察目标的确立和方案的选择是否符合公众的心愿和他们的根本利益。许多真知灼见蕴藏在广大公众中，他们是推动历史前进的动力，没有公众的支持和帮助政策很难运行。

公共政策的追踪问效、反馈调整有赖于公众对科学、技术与社会关系的了解。政策制定后要在社会运行中考察其效用。社会不断发展变化，当某一决策的主客观条件发生重大变化，或者方案在实施过程中遇到某些问题，这都需要对决策目标和决策方案进行调整、修改和补充。这对于与科学和技术相关的决策特别重要。在科学、技术与社会关系越来越紧密的今天，任何一个国家、组织要想在竞争中取胜，都必须依靠"畅通"的公共政策运作为保障，而提高公众科学素质又是畅通的公共政策运作的内在要求。

公众的参与对科技的健康发展具有重大影响，而公众对科学、技术与社会关系的了解程度影响他们的参与能力。如今具有重大社会影响、贴近公众日常生活的科技事件层出不穷，如转基因作物、基因治疗、人工智能等。科技政策的多元参与成为民主国家普遍发展的趋势与过程，全面提高公众理解科学、技术水平，可以明显地改善公众决策的质量。这种改善不在于人们从此就可以做出正确的决策，而是在于根据对科学、技术的恰当理解所做出的决定往往比缺乏这些理解所做出的决定要好。公众对科学、技术理解和支持的程度，取决于公众科学素质的高低。必须有足够数量的公众专注于某个领域，并能够理解政策制定者对问题的辩论，才能有效参与到公共管理当中。足够数量公众对政策的兴趣，取决于他们对问题的理解和做出明智的抉择。因此，提高公众自身科学素质和增强科学判断力非常必要。事实上，科学技术已经渗透到生活的各个领域，具有一定科学素质的公众才能在更广泛的科学政策方面做出明智的决定，在公共管理中发挥真正的作用。

视窗3–4　"邻避效应"透视的非科学理性

从PX项目屡屡下马，到垃圾焚烧厂被迫流产，再到火葬场放弃建设，近年来，多地反复上演"上马—抗议—停止"的剧情，有的地方还做出"永不再建"的承诺。一概反对，成了群体过敏反应的本能姿态；一闹就停，成为一些地方应对抗议的自然选择。这种困局，不仅消损着政府的公信和权威，也浪费着不菲的社会成本和发展机遇。

如果说“闹也不停”是漠视民意，自然不可取，那么“一闹就停”貌似尊重民意，却未必符合公众利益和长远利益。例如，垃圾焚烧厂如果不抓紧建设，“垃圾围城”的困局将加速到来；如火葬场，正如网友所言，“连火葬场都反对，那人去世了到哪儿火化呢？”

不能说，反对没有道理。趋利避害，是人之常情。如在小区附近建学校、托儿所、疗养院，居民都会举双手赞成；而倘若是建设垃圾场、核电、化工等项目，就很可能引发各种担心。因此，人们虽然认同这些项目的必要价值，却希望“不要建在我家后院”，甚至会采取激烈的集体抗议行为。这就是所谓的“邻避运动”，并非只是中国独有，而是各国共同面临的挑战。

许多时候，个体的理性，可能形成公共的非理性；一时的利益，可能造就长久的困局。没人同意建在“自己的后院”，那建到谁的后院去好呢？每个人都寸步不让，公共利益又如何达成呢？从这个角度，不管是“政治正确”，还是“道德正确”，都应该回到事物本身、回到常识上来。公众需要涵养理性，媒体需要捍卫常识，政府则需要提高能力。

从近年来一些邻避设施上马的过程看，一些地方政府的程序说服能力的确有待提升。当公共利益遭遇部分群体的反对时，为何一些地方手忙脚乱甚至束手无策？一个重要原因，就是程序不透明，决策“千里走单骑”，导致民众不知情、不认可，最终丢掉自己的解释权和公信力。事后解释，不如事前说明；替民做主，不如与民协商。只有“重大情况让人民知道，重大决策让人民讨论”，从“决定—宣布—辩护”模式走向“参与—协商—共识”模式，在充分考虑人们利益焦虑的基础上因势利导，并建立起一定的利益补偿和平衡机制，邻避设施建设才能有广泛的民意基础，从而减少潜在的冲突压力和下马风险。同时，对于那些着眼公益、计之长远的正确决策，地方政府也要敢于坚持，勇于担当。要认识到，政府的意义在于维护公众权益，但权益有大有小，满足个人权利的诉求固然重要，捍卫公共利益的责任同样不容推卸，否则就会发生“公地悲剧”，侵害社会的长远福祉。

而从公众视角观之，那种“鸡屎拉在我家后院，鸡蛋却下在别人家里”的激愤心态，有时也有失偏颇。生活在现代社会，不可能既要求交通便捷，又希望谁都不住在喧嚣的马路边；既要求环境整洁，又不希望小区里建垃圾站；既要求手机信号总满格，又不允许设电信基站。每个人的利益合起来叫作公共利益，而公共利益的维护，来自每个人在合理范围内让渡一部分个体利益，这就像交税、上保险一样，是一种必要的付出和妥协。这些年来，呵护权利的意识增强了，这是社会进步的表现。但是，“我为人人，人人为我”的观念不仅没有过时，还应该得到强化，毕竟，它是社会正常运行的客观要求。只有认识到这一点，才不至于永远生活在“吃亏”的焦虑之中，让个体的利益诉求极端化、绝对化。

走出“一闹就停”的困局，需要加大科普力度，让公众理解工程，让公众看到政府建设公共项目中的科学性和安全性以及良好初衷，政府也应该理解公众焦虑的现实根源，想方设法释疑解惑。只有平衡好个体诉求与公共理性、多数利益和少数权益，共同涵养现代社会的公民素质，共同完善治理方式和治理能力，将公共治理的目标与过程更好地统一起来，才能让每个人都能从发展中受益，让每个人都能成为支持发展的一分子。①

第二节　公民科学素质的基本标准

公民科学素质建设监测与评估作为公民科学素质建设管理的起点和重要工具，是公民科学素质建设绩效考核和决策的依据，是公民科学素质建设基本公共服务资源配置的基础。公民科学素质的基本标准是公民具备科学素质监测评估的基本遵循依据，是确保公民科学素质建设成功实施与推进的关键。

① 范正伟. 靠什么破解PX项目等“一闹就停”难题［N］. 人民日报，2014-04-15.

一、公民具备科学素质的可度量性

公民科学素质是一个与时俱进的概念，无论是其内涵还是外延，都是随着社会科技和文明的发展而变化的，是随着人们认识的不断深入和社会形式的变化而发展的。但公民科学素质是可度量的，只要确立其基本标准，就可进行比较。

早期的科学素质概念主要体现在美国20世纪50年代高中物理课本的编制上，其强调科学的统一性、自主性，强调公众科学素质主要是能够理解科学术语和科学过程，能阅读报纸或杂志上有关科学技术方面的报道和争论。到20世纪70年代，对科学素质的理解进一步拓展，强调科学素质应包括科学和社会、科学道德规范、科学的性质、科学概念的知识、科学与技术、科学和人类等方面。20世纪80—90年代，科学素质从单纯的学术研究发展到全面实践阶段，其内涵进一步丰富、深化，强调应包括科学世界观的性质、科学事业的性质、头脑中的科学习惯以及科学和人类事务等[①]。对科学素质的理解还有更为深入、广泛的领域，包括从文化角度、人与自然角度等理解。2016年，美国科学院科学教育委员会发布“科学素养报告”，对于科学素养的概念和情境进行重读，报告从社会层面、群体层面、个人层面对科学素养问题进行了考察，并指出，科学素养问题的重要价值和意义包括其经济价值、民主价值、文化价值、个人价值。

与此同时，对公民科学素质的认识还经历一个从“缺失模型”到“民主模型”的转变。美国学者米勒早期提出科学素质的定义——科学素质指个人具备阅读、理解以及表达对科学事务的观点的能力，并设计一套三维度测定体系：对科学规范或过程的理解和对主要的科学概念知识的理解，以及对科学技术作用于社会的影响及伴随出现的政策选择的理解。概括起来就是公民的科学素质包括科学知识素质、科学方法素质、科学对社会的作用认知。经过近20年的实践之后，米勒（1998）又将这三个维度进一步归纳总结为，公众应：具有足以理解报纸和杂志上各种不同观点的基本的科学概念词汇量；对科学探究的过程和本质的理解；对科学技术对个人和社会的影响有一定程

---

① 张增一，那日苏，武英，等. 面向全体公民的科学素质标准［G］//全民科学素质行动计划制定工作领导小组办公室. 全民科学素质行动计划课题研究论文集. 北京：科学普及出版社，2005：511—546.

度的理解[①]。米勒把科学看成连贯、客观、正确的知识体系，并且把科学与社会中存在的问题归结为公众对科学的无知和误解，由于这些缺陷，他的模型常被认为是“缺失模型”。

米勒以后的学者对“缺失模型”作了修改，提出“民主模型”，即科学知识是实验室成果，与日常生活有距离，有时民众的理解能更好地解决问题；民间和科学家看问题的不同可能源于理解差异，不能简单地指责公众缺乏科学素质；问题的关键在于公众对科学决策是否满足自己利益持怀疑态度，硬向他们灌输科学可能适得其反。这种对科学素质的理解从“缺失模型”到“民主模型”的转变，一方面说明学者对科学本质理解的变化，另一方面是他们对如何使公众理解科学，消除对科学怀疑的一种努力。

不同国家对于公民科学素质的要求是不同的。发达国家和发展中国家由于发展程度不同，对公民科学素质的理解或偏重也有所区别。总体来看，发达国家理解的科学素质更强调科技知识、科学方法及思维习惯，并利用其对社会问题进行判断、决策和解决的能力，强调用历史去阐明科学探究、社会中的科学各方面的不同点，因此要求公民对科技知识与方法的系统化和理论化的掌握和理解，强调公民对科技政策的理解和参与能力，成为一个具有独立判断能力并支持和理解科学的健全的公民。发展中国家则更加关注农业、健康、环境、基本技能和实用技术等，因此对“具有科学素质的人”的期待是掌握基本的科学技术知识与方法，重点强调解决个人和社会生活中紧迫的问题，摆脱愚昧。

要了解公民具备科学素质的水平和程度，就需要进行公民科学素质测评。测评包含监测和评估两层意思。监测的基本含义是监视检测[②]，指依据一定目的，在一定时空范围内，对特定对象的某些特征进行详细、周密的测定，以反映对象的现有状态，检查是否达到目的要求，以便及时采取对策进行处理调控。监测本质上是一种动态跟踪，其基本特征是动态、定量、定期和长期。评估则是指对特定对象的价值、意义或程度进行估计。评估是有选择性的、时段性的，通过定性的和定量的方法对被评估对象进行空间对比或与某种规范、标准比较，从而做出价值判断。监测活动更多关心对象是否达

① 任福君. 中国公民科学素质报告（第一辑）[M]. 北京：科学普及出版社，2010.

② 王素，等. 公民科学素质建设的监测与评估 [G] //全民科学素质行动计划制定工作领导小组办公室. 全民科学素质行动计划课题研究论文集. 北京：科学普及出版社，2005：685—725.

到了目标要求，注重诊断性与终结性目标，重视监测指标体系的准确性与全面性，强调采取合适的监测方法与技术；评估活动则更多关心对象如何能够达到目标要求，注重形成性与发展性目标，重视分析对象状态的影响因素，以采取合适的干预与促进手段。监测是评估的前提和基础；评估依赖于监测的量化数据，同时也校验监测的准确性和合理性，分析监测结果产生的原因。

从国内外开展监测评估的情况看，主要有这样一些特点：①监测评估既是制度化的工作行为，又是专业性很强、技术含量很高的研究活动；②监测评估活动的基本宗旨是为决策服务，要求具有独立性、客观性；③监测评估目标的明确化是确保评估质量的关键要素；④是监测评估要坚持决策导向与重视评估理论方法的创新。

开展公民基本科学素质测评，一方面可以为公民提高自身科学素质提供衡量尺度和指导，另一方面可以为公民科学素质建设的实施和监测评估提供依据。通过公民基本科学素质测评，可以反映公民科学素质建设的成效，发现公民科学素质建设中存在的问题，对全民科学素质工作的组织管理、运行程序、方式方法、工作质量、人员素质、资金使用、设施设备和环境条件建设等方面提出有价值的指导性意见，为公民科学素质建设提供决策依据和咨询服务。同时，也可以起到激励、引导社会各界参与公民科学素质建设的目的，有利于凝聚和动员社会各方面力量投入全民科学素质工作。

公民科学素质建设的监测评估实际上包括两个方面，一方面是对“人”的测评，即对公民具备科学素质的状况进行动态、定量、定期、长期的测定与评价，以反映公民具备科学素质的水平以及是否达到了提高科学素质的目标要求；另一方面是对“事”的测评，即对公民科学素质建设的状况进行跟踪监测和评价，以反映公民科学素质建设工作在一定时间、空间和条件下的具体状态和进展情况以及是否达到目标要求。

二、公民科学素质标准的国际经验

公民科学素质基本标准是国家社会经济发展、科技发展以及公民个人发展对公民科学素质要求的具体反映，是公民基本科学素质监测评估的依据。近年来，随着各国对提高公民科学素质的重视，其越来越多地出现在相关政策性文件中。科学素质是一个历史的和社会的概念，在不同历史时期有着不同的内涵，在不同的社会文化环境下，对科学素质内涵的认识和理解也不同（表3–1）。确定公民科学素质基本标准，需要围绕国家战略目标以及公民科学素质建设的总体目标，借鉴现阶段公民科学素质基本内涵的理论研究成果，综合考虑具体国情。

表3–1 国外有关学者和组织对公民科学素质构成要素的理解[①]

1. 佩拉（1966）	2. 肖沃尔特（1974）	3. 艾金（1974）
（a）科学与社会的关系 （b）科学家的道德 （c）科学的本质 （d）科学概念知识 （e）科学与技术 （f）人文中的科学	（a）科学的本质 （b）科学中的概念 （c）科学方法 （d）科学中的价值 （e）科学与社会 （f）科学中的利益 （g）与科学相关的技能	（a）科学和社会（科学和人类） （b）科学的道德规范 （c）科学的性质 （d）科学概念的知识 （e）科学与技术
4 NSTA（1982）	5. 米勒（1983）	6. 摩恩（Murnane）和雷曾（Raizen）（1988）
（a）科学和技术的方法 （b）科学和技术的知识 （c）决策的科技技能和知识 （d）科学和技术的态度、价值 （e）科学技术与社会	（a）科学知识 （b）科学过程 （c）科学与社会	（a）科学世界观的性质 （b）科学事业的性质 （c）头脑中的科学习惯 （d）科学和人类事务（科学与社会）
7. 杜兰特（Durant）	8. PISA	9. TIMSS
（a）基本科学观点 （b）科学方法 （c）科学研究机构的功能（科学与社会）	（a）科学概念 （b）科学过程 （c）科学情景（科学与社会）	（a）科学知识（数学、地球科学、生命科学、化学、环境与资源问题） （b）科学研究（科学过程） （c）科学的本质

① 张增一，那日苏，武英，等. 面向全体公民的科学素质标准［G］//全民科学素质行动计划制定工作领导小组办公室. 全民科学素质行动计划课题研究论文集. 北京：科学普及出版社，2005：519.

美国和印度分别代表公民科学素质标准的两极，反映发达国家和发展中国家根据国家目标和国情状况，对公民科学素质的不同要求。从两个标准涉及的知识领域看，两者并没有多大差别，只是呈现方式和侧重点有明显的区别。

美国《科学素养基准》不仅在知识和技能方面起点很高，而且加入大量诸如数学、历史、思维、社会、科学本质等方面的深层内容。具体而言，首先，具有科学素养的人要掌握物理、化学、生物等学科中的传统概念和原理，还要掌握数学、技术和社会科学中的概念和原理。其次，应了解人类的努力，正是科学、数学和技术的联盟，才使得人类的认知取得如此的成功；要了解科学的世界观、科学研究的方法、科学事业的本质、数学和数学过程的特征、科学与技术的联系、科学—技术—社会的联系，以及跨越学科界限的通用概念。最后，把价值、态度和技能等内容也纳入科学素质的内涵之中，如思维习惯。

印度《全民基础科学》强调“基础科学”必须具备一些基本要求，例如，特定科学原理和事实所要求的知识；科学方法的内在化应用；继续学习所要求的能力。主要是通过解决与公众生活和工作关系密切的问题来体现的，并且把标准的起点定得较低。它实际上是从最低限度的要求出发，认为全民最低限度的科学指每个公民都需要具备的某种最低限度的、基本的科学或技术知识，以及对科学方法有一个操作性的、实践性的熟悉和理解，对关系到日常生活和安全、关系到家庭、社区城市、省和国家的科学技术，有较好的理解。

开展公民基本科学素质测评，重点和难点是根据国情和公民特点确定公民科学素质的基本标准，以及依据标准制定一套科学有效的公民基本科学素质状况的监测评估指标体系[①]。确立标准的制定原则，目的是保证标准的科学性，使标准更加符合国情和公民科学素质的现状。我国2006年颁布的《科学素质纲要》指出，制定《中国公民科学素质基准》，根据社会主义现代化建设的战略目标，结合我国国情，借鉴国外相关经验和成果，围绕公民生活和工作的实际需求，提出公民应具备的基本科学素质内容，为公民提高自身科

---

① 张增一，那日苏，武英，等. 面向全体公民的科学素质标准［G］//全民科学素质行动计划制定工作领导小组办公室. 全民科学素质行动计划课题研究论文集. 北京：科学普及出版社，2005：511—546.

学素质提供衡量尺度和指导，并为《科学素质纲要》的实施和监测评估提供依据。也就是说，公民科学素质基准是以政策文件形式呈现的公民应具备的基本科学素质的衡量标准；我国公民科学素质标准应充分考虑我国的社会经济发展、科技发展和人的发展对公民科学素质的要求。因此，公民科学素质基准的制定要考虑4个方面的因素，即国家战略、具体国情、国内外经验和公民实际需求。

三、公民科学素质基本标准的制定

公民科学素质标准是一种以文件形式发布的统一协定，其中包含可以用来为某一范围内的公民科学素质建设活动及其结果制定规则、导则或特性定义的技术规范和准则，其目的是确保公民科学素质建设活动过程及结果能够符合需要。公民科学素质标准文件的制定都经过协商过程，并经一定公认机构批准。

（一）公民科学素质基本标准的设计

公民科学素质标准作为判定公民是否具有科学素质的根据，是确保公民科学素质建设活动过程以及结果能够符合需要的技术规范和精确准则。从这个意义上来理解，公民科学素质标准应主要包括公民科学素质的内容范畴和公民科学素质所要达到的程度范畴，并以文件的形式予以发布。

公民科学素质的内容维度，即公民科学素质建设应该包括哪些方面。公民科学素质的内容组成应做到国际化和本土化的统一。所谓国际化，就是标准的内容应该充分吸纳和借鉴国际上关于公民科学素质建设的成果，可以满足国际比较研究的需要；所谓本土化，就是标准的内容要符合一个国家和地区的实际情况。要做到两者的统一，既不能不切实际地照搬国际通用标准的指标而忽视其现实性，也不能过分强调国情而使设立的指标难以进行国际比较。公民科学素质基本标准的内容主体框架可以借鉴国际标准，而其中的具体问题应该更加关注本国公众面临的社会现实问题及其相关的科学内容。要具有实用性，贴近大多数人的生活水平。要注重不同学科领域知识、技能之间的融通与连接。根据国内外公民科学素质建设的成果，公民科学素质一般应该主要包括科技知识（科学概念和原理）、科学思想（科学的世界观和方法论）、科学方法（科学探究的过程、方法与科学思维能力）和科技与社会相互关系4个方面。

公民科学素质的程度维度，即公民在上述科学素质的内容方面应该达到的程度。公民科学素质所达到的程度，可以借鉴本杰明·沈的三层次科学素质功能性框架，即实用科学素质、公民科学素质和文化科学素质，从“了解与理解”“掌握与运用”“情感、态度与价值观”（科学精神）3个方面来衡量公民具备科学素质的水平。例如，考虑到我国人口众多，农村人口基数大，经济、文化发展水平不平衡的现实状况，在确定我国公众科学素质基本标准时，必须充分考虑主要公众群体的接受能力，不能把标准定得过高。要立足现实、着眼未来，一方面要与我国公众科学素质现状、受教育程度以及主要公众群体的知识需求等相适应；另一方面要注意处理好现实性和前瞻性之间的关系，将标准设计成一个开放的标准，可以随我国社会经济、文化、科技等的发展以及公民科学素质水平的提高而进行调整。

（二）公民科学素质标准的内容维度

关于公民科学素质的内容结构，尽管中外学者提出许多不同论点，但大多数论点是参照米勒模型或对其改进的结果[①]。米勒认为，公民科学素质的内容应该包括基本的科学概念，科学探究的过程和本质，科技对个人和社会的影响。我国国家科学课程标准把科学素质的内容分为：科学探究；科学知识与技能；科学情感、态度和价值观；科学、技术与社会的关系。我国科普工作经常使用到的“四科”（科技知识、科学方法、科学思想、科学精神）以及《科学素质纲要》关于公民具备基本科学素质的定义（了解必要的科技知识，掌握基本的科学方法，树立科学思想，崇尚科学精神，并具有一定的应用科学处理实际问题、参与公共事务的能力）等，也可以归结为米勒改进型，不过更加突出强调了“科学精神”，没有把“科学技术与社会”作为一个独立的部分予以强调。

（三）公民科学素质标准的程度

关于公民科学素质的结构，不同的学者从不同的角度提出许多论点，归结起来比较有代表性的主要是两类[①]：一类是“KAP”改进型，即知识（knowledge）、态度（attitude）、技能（practice）、习惯（较传统的KAP模型增加了“习惯”）；另一类是本杰明·沈改进型，即生存科学素质、生活

① 张增一，那日苏，武英，等. 面向全体公民的科学素质标准［G］//全民科学素质行动计划制定工作领导小组办公室. 全民科学素质行动计划课题研究论文集. 北京：科学普及出版社，2005：511—546.

科学素质、参与公共事务的科学素质、文化科学素质。

本杰明·沈提出的三层次科学素质功能性框架，对后人的研究产生较大影响。他认为，科学素质包括实用科学素质、公民科学素质和文化科学素质。其中，实用科学素质是指掌握某些科学知识和技术知识，直接来解决实际问题；公民科学素质是指能够理解科学决策和与科学有关的政策及其背后的科学问题，以参与和影响公共政策；文化科学素质是能把科学作为人类文化的结晶来学习和理解[①]。

我国学者李亦菲认为，公民科学素质应该体现为科学和素养两个维度："科学"维度，主要指科学素质的内容，包括科学知识、科学工程与方法、科学应用成果等3个方面；"素养"维度，主要指公民具备科学素质的程度，包括读（理解）、写（表达与实践）、悟（情感态度）等3个层次。

（四）公民科学素质基本标准的文本

公民科学素质基本标准作为公民科学素质建设的指导性政策文件，一般应包括以下几部分内容：①总论，主要明确公民科学素质基本标准的性质、基本目的和价值，制定标准的上位依据、原则、方针和宏观目标以及重要概念的解释。包括什么是科学素质，我国公民基本科学素质的定位与作用，制定标准的理念，标准的设计思路和结构等。②原则和目标，指出制定标准所遵循的基本原则，提出通过"标准"确定提高公民科学素质方面所应达到的总目标和阶段性目标。③内容结构，从"主要内容"和"达到程度"的角度，具体明确科学素质所包括的诸多方面以及所应达到的相应程度。④实施和评价，对推动"标准"的实施以及实施效果的评估做出原则性的安排。⑤保障条件，对实施标准所需的政策、制度、经费、人力等资源做出安排。

2016年4月18日，科技部、中宣部联合印发《中国公民科学素质基准》，为建立、完善我国公民科学素质建设的监测指标体系，定期开展中国公民科学素质调查和全国科普统计工作，为我国公民提高自身科学素质提供衡量尺度和指导。同时，也引起学界和社会各界对公民科学素质建设的再次关注，以及对我国公民科学素质基准的激烈讨论。

---

① Bybee R. Achieving scientific literacy［M］. Portsmouth： Heinemann USA.， 1997.

视窗3–5　中国公民科学素质结构与基准点

科技部、中央宣传部于2016年4月18日正式印发《中国公民科学素质基准》，建立《科学素质纲要》实施的监测指标体系，定期开展中国公民科学素质调查和全国科普统计工作，为公民提高自身科学素质提供衡量尺度和指导。

《中国公民科学素质基准》（以下简称《基准》）是指中国公民应具备的基本科学技术知识和能力的标准。公民具备基本科学素质一般指了解必要的科学技术知识，掌握基本的科学方法，树立科学思想，崇尚科学精神，并具有一定的应用它们处理实际问题、参与公共事务的能力。制定《基准》是健全监测评估公民科学素质体系的重要内容，将为公民提高自身科学素质提供衡量尺度和指导。《基准》共有26条基准、132个基准点，基本涵盖公民需要具有的科学精神、掌握或了解的知识、具备的能力，每条基准下列出了相应的基准点，对基准进行解释和说明。《基准》适用范围为18周岁以上，具有行为能力的中华人民共和国公民。测评时从132个基准点中随机选取50个基准点进行考察，50个基准点需覆盖全部26条基准。根据每条基准点设计题目，形成调查题库。测评时，从500道题库中随机选取50道题目（必须覆盖26条基准）进行测试，形式为判断题或选择题，每题2分。 正确率达到60%视为具备基本科学素质。

《中国公民科学素质基准》结构表

序号	基准内容	基准点序号	基准点
1	知道世界是可被认知的，能以科学的态度认识世界	1—5	5个
2	知道用系统的方法分析问题、解决问题	6—9	4个
3	具有基本的科学精神，了解科学技术研究的基本过程	10—12	3个
4	具有创新意识，理解和支持科技创新	13—18	6个
5	了解科学、技术与社会的关系，认识到技术产生的影响具有两面性	19—23	5个
6	树立生态文明理念，与自然和谐相处	24—27	4个
7	树立可持续发展理念，有效利用资源	28—31	4个

续表

序号	基准内容	基准点序号	基准点
8	崇尚科学，具有辨别信息真伪的基本能力	32—34	3个
9	掌握获取知识或信息的科学方法	35—38	4个
10	掌握基本的数学运算和逻辑思维能力	39—44	6个
11	掌握基本的物理知识	45—52	8个
12	掌握基本的化学知识	53—58	6个
13	掌握基本的天文知识	59—61	3个
14	掌握基本的地球科学和地理知识	62—67	6个
15	了解生命现象、生物多样性与进化的基本知识	68—74	7个
16	了解人体生理知识	75—78	4个
17	知道常见疾病和安全用药的常识	79—88	10个
18	掌握饮食、营养的基本知识，养成良好生活习惯	89—95	7个
19	掌握安全出行基本知识，能正确使用交通工具	96—98	3个
20	掌握安全用电、用气等常识，能正确使用家用电器和电子产品	99—101	3个
21	了解农业生产的基本知识和方法	102—106	5个
22	具备基本劳动技能，能正确使用相关工具与设备	107—111	5个
23	具有安全生产意识，遵守生产规章制度和操作规程	112—117	6个
24	掌握常见事故的救援知识和急救方法	118—122	5个
25	掌握自然灾害的防御和应急避险的基本方法	123—125	3个
26	了解环境污染的危害及其应对措施，合理利用土地资源和水资源	126—132	7个

基准点（132个）：

1. 知道世界是可被认知的，能以科学的态度认识世界。

（1）树立科学世界观，知道世界是物质的，是能够被认知的，但人类对世界的认知是有限的。

（2）尊重客观规律能够让我们与世界和谐相处。

（3）科学技术是在不断发展的，科学知识本身需要不断深化和拓展。

（4）知道哲学社会科学同自然科学一样，是人们认识世界和改造世界的重要工具。

（5）了解中华优秀传统文化对认识自然和社会、发展科学和技术具有重要作用。

2. 知道用系统的方法分析问题、解决问题。

（6）知道世界是普遍联系的，事物是运动变化发展的、对立统一的；能用普遍联系的、发展的观点认识问题和解决问题。

（7）知道系统内的各部分是相互联系、相互作用的，复杂的结构可能是由很多简单的结构构成的；认识到整体具备各部分之和所不具备的功能。

（8）知道可能有多种方法分析和解决问题，知道解决一个问题可能会引发其他的问题。

（9）知道阴阳五行、天人合一、格物致知等中国传统哲学思想观念，是中国古代朴素的唯物论和整体系统的方法论，并具有现实意义。

3. 具有基本的科学精神，了解科学技术研究的基本过程。

（10）具备求真、质疑、实证的科学精神，知道科学技术研究应具备好奇心、善于观察、诚实的基本要素。

（11）了解科学技术研究的基本过程和方法。

（12）对拟成为实验对象的人，要充分告知本人或其利益相关者实验可能存在的风险。

4. 具有创新意识，理解和支持科技创新。

（13）知道创新对个人和社会发展的重要性，具有求新意识，崇尚用新知识、新方法解决问题。

（14）知道技术创新是提升个人和单位核心竞争力的保证。

（15）尊重知识产权，具有专利、商标、著作权保护意识；知道知识产权保护制度对促进技术创新的重要作用。

（16）了解技术标准和品牌在市场竞争中的重要作用，知道技术创新对标准和品牌的引领和支撑作用，具有品牌保护意识。

（17）关注与自己的生活和工作相关的新知识、新技术。

（18）关注科学技术发展。知道“基因工程”“干细胞”“纳米材料”“热核聚变”“大数据”“云计算”“互联网+”等高新技术。

5. 了解科学、技术与社会的关系，认识到技术产生的影响具有两面性。

（19）知道解决技术问题经常需要新的科学知识，新技术的应用常常会促进科学的进步和社会的发展。

（20）了解中国古代四大发明、农医天算以及近代科技成就及其对世界的贡献。

（21）知道技术产生的影响具有两面性，而且常常超过设计的初衷，既能造福人类，也可能产生负面作用。

（22）知道技术的价值对于不同的人群或者在不同的时间，都可能是不同的。

（23）对于与科学技术相关的决策能进行客观公正的分析，并理性表达意见。

6. 树立生态文明理念，与自然和谐相处。

（24）知道人是自然界的一部分，热爱自然，尊重自然，顺应自然，保护自然。

（25）知道我们生活在一个相互依存的地球上，不仅全球的生态环境相互依存，经济社会等其他因素也是相互关联的。

（26）知道气候变化、海平面上升、土地荒漠化、大气臭氧层损耗等全球性环境问题及其危害。

（27）知道生态系统一旦被破坏很难恢复，恢复被破坏或退化的生态系统成本高、难度大、周期长。

7. 树立可持续发展理念，有效利用资源。

（28）知道发展既要满足当代人的需求，又不损害后代人满足其需求的能力。

（29）知道地球的人口承载力是有限的；了解可再生资源和不可再生资源，知道矿产资源、化石能源等是不可再生的，具有资源短缺的危机意识和节约物质资源、能源意识。

（30）知道开发和利用水能、风能、太阳能、海洋能和核能等清洁能源是解决能源短缺的重要途径；知道核电站事故、核废料的放射性等危害是可控的。

（31）了解材料的再生利用可以节省资源，做到生活垃圾分类堆放，以及可再生资源的回收利用，减少排放；节约使用各种材料，少用一次性用品；了解建筑节能的基本措施和方法。

8. 崇尚科学，具有辨别信息真伪的基本能力。

（32）知道实践是检验真理的唯一标准，实验是检验科学真伪的重要手段。

（33）知道解释自然现象要依靠科学理论，尊重客观规律，实事求是，对尚不能用科学理论解释的自然现象不迷信、不盲从。

（34）知道信息可能受发布者的背景和意图影响，具有初步辨识信息真伪的能力，不轻信未经核实的信息。

9. 掌握获取知识或信息的科学方法。

（35）关注与生活和工作相关知识和信息，具有通过图书、报刊和网络等途径检索、收集所需知识和信息的能力。

（36）知道原始信息与二手信息的区别，知道通过调查、访谈和查阅原始文献等方式可以获取原始信息。

（37）具有初步加工整理所获的信息，将新信息整合到已有的知识中的能力。

（38）具有利用多种学习途径终身学习的意识。

10. 掌握基本的数学运算和逻辑思维能力。

（39）掌握加、减、乘、除四则运算，能借助数量的计算或估算来处理日常生活和工作中的问题。

（40）掌握米、千克、秒等基本国际计量单位及其与常用计量单位的换算。

（41）掌握概率的基本知识，并能用概率知识解决实际问题。

（42）能根据统计数据和图表进行相关分析，做出判断。

（43）具有一定的逻辑思维的能力，掌握基本的逻辑推理方法。

（44）知道自然界存在着必然现象和偶然现象，解决问题讲究规律性，避免盲目性。

11. 掌握基本的物理知识。

（45）知道分子、原子是构成物质的微粒，所有物质都是由原子组成，原子可以结合成分子。

（46）区分物质主要的物理性质，如密度、熔点、沸点、导电性等，并能用它们解释自然界和生活中的简单现象；知道常见物质固、液、气三态变化的条件。

（47）了解生活中常见的力，如重力、弹力、摩擦力、电磁力等；知道大气压的变化及其对生活的影响。

（48）知道力是自然界万物运动的原因；能描述牛顿力学定律，能用它解释生活中常见的运动现象。

（49）知道太阳光由七种不同的单色光组成，认识太阳光是地球生命活动所需能量的最主要来源；知道无线电波、微波、红外线、可见光、紫外线、X射线都是电磁波。

（50）掌握光的反射和折射的基本知识，了解成像原理。

（51）掌握电压、电流、功率的基本知识，知道电路的基本组成和连接方法。

（52）知道能量守恒定律，能量既不会凭空产生，也不会凭空消灭，只会从一种形式转化为另一种形式，或者从一个物体转移到其他物体，而总量保持不变。

12. 掌握基本的化学知识。

（53）知道水的组成和主要性质，举例说出水对生命体的影响。

（54）知道空气的主要成分。知道氧气、二氧化碳等气体的主要性质，并能列举其用途。

（55）知道自然界存在的基本元素及分类。

（56）知道质量守恒定律，化学反应只改变物质的原有形态或结构，质量总和保持不变。

（57）能识别金属和非金属，知道常见金属的主要化学性质和用途。知道金属腐蚀的条件和防止金属腐蚀常用的方法。

（58）能说出一些重要的酸、碱和盐的性质，能说明酸、碱和盐在日常生活中的用途，并能用它们解释自然界和生活中的有关简单现象。

13. 掌握基本的天文知识。

（59）知道地球是太阳系中的一颗行星，太阳是银河系内的一颗恒星，宇宙是由大量星系构成的；了解“宇宙大爆炸”理论。

（60）知道地球自西向东自转一周为一日，形成昼夜交替；地球绕太阳公转一周为一年，形成四季更迭；月球绕地球公转一周为一月，伴有月圆月缺。

（61）能够识别北斗七星，了解日食月食、彗星流星等天文现象。

14. 掌握基本的地球科学和地理知识。

（62）知道固体地球由地壳、地幔和地核组成，地球的运动和地球内部的各向异性产生各种力，造成自然灾害。

（63）知道地球表层是地球大气圈、岩石圈、水圈、生物圈相互交接的层面，它构成与人类密切相关的地球环境。

（64）知道地球总面积中陆地面积和海洋面积的百分比，能说出七大洲、四大洋。

（65）知道我国主要地貌特点、人口分布、民族构成、行政区划及主要邻国，能说出主要山脉和水系。

（66）知道天气是指短时段内的冷热、干湿、晴雨等大气状态，气候是指多年气温、降水等大气的一般状态；看懂天气预报及气象灾害预警信号。

（67）知道地球上的水在太阳能和重力作用下，以蒸发、水汽输送、降水和径流等方式不断运动，形成水循环；知道在水循环过程中，水的时空分布不均造成洪涝、干旱等灾害。

15. 了解生命现象、生物多样性与进化的基本知识。

（68）知道细胞是生命体的基本单位。

（69）知道生物可分为动物、植物与微生物，识别常见的动物和植物。

（70）知道地球上的物种是由早期物种进化而来，人是由古猿进化而来的。

（71）知道光合作用的重要意义，知道地球上的氧气主要来源于植物的光合作用。

（72）了解遗传物质的作用，知道DNA、基因和染色体。

（73）了解各种生物通过食物链相互联系，抵制捕杀、销售和食用珍稀野生动物的行为。

（74）知道生物多样性是生物长期进化的结果，保护生物多样性有利于维护生态系统平衡。

16. 了解人体生理知识。

（75）了解人体的生理结构和生理现象，知道心、肝、肺、胃、肾等主要器官的位置和生理功能。

（76）知道人体体温、心率、血压等指标的正常值范围，知道自己的血型。

（77）了解人体的发育过程和各发育阶段的生理特点。

（78）知道每个人的身体状况随性别、体重、活动以及生活习惯而不同。

17. 知道常见疾病和安全用药的常识。

（79）具有对疾病以预防为主、及时就医的意识。

（80）能正确使用体温计、体重计、血压计等家用医疗器具，了解自己的健康状况。

（81）知道蚊虫叮咬对人体的危害及预防、治疗措施；知道病毒、细菌、真菌和寄生虫可能感染人体，导致疾病；知道污水和粪便处理、动植物检疫等公共卫生防疫和检测措施对控制疾病的重要性。

（82）知道常见传染病（如传染性肝炎、肺结核病、艾滋病、流行性感冒等）、慢性病（如高血压、糖尿病等）、突发性疾病（如脑梗死、心肌梗死等）的特点及相关预防、急救措施。

（83）了解常见职业病的基本知识，能采取基本的预防措施。

（84）知道心理健康的重要性，了解心理疾病、精神疾病基本特征，知道预防、调适的基本方法。

（85）知道遵医嘱或按药品说明书服药，了解安全用药、合理用药以及药物不良反应常识。

（86）知道处方药和非处方药的区别，知道对自身有过敏性的药物。

（87）了解中医药是中国传统医疗手段，与西医相比各有优势。

（88）知道常见毒品的种类和危害，远离毒品。

18. 掌握饮食、营养的基本知识，养成良好生活习惯。

（89）选择有益于健康的食物，做到合理营养、均衡膳食。

（90）掌握饮用水、食品卫生与安全知识，有一定的鉴别日常食品卫生质量的能力。

（91）知道食物中毒的特点和预防食物中毒的方法。

（92）知道吸烟、过量饮酒对健康的危害。

（93）知道适当运动有益于身体健康。

（94）知道保护眼睛、爱护牙齿等的重要性，养成爱牙护眼的好习惯。

（95）知道作息不规律等对健康的危害，养成良好的作息习惯。

19. 掌握安全出行基本知识，能正确使用交通工具。

（96）了解基本交通规则和常见交通标志的含义，以及交通事故的救援方法。

（97）能正确使用自行车等日常家用交通工具，定期对交通工具进行维修和保养。

（98）了解乘坐各类公共交通工具（汽车、轨道交通、火车、飞机、轮船等）的安全规则。

20. 掌握安全用电、用气等常识，能正确使用家用电器和电子产品。

（99）了解安全用电常识，初步掌握触电的防范和急救的基本技能。

（100）安全使用燃气器具，初步掌握一氧化碳中毒的急救方法。

（101）能正确使用家用电器和电子产品，如电磁炉、微波炉、热水器、洗衣机、电风扇、空调、冰箱、收音机、电视机、计算机、手机、照相机等。

21. 了解农业生产的基本知识和方法。

（102）能分辨和选择食用常见农产品。

（103）知道农作物生长的基本条件、规律与相关知识。

（104）知道土壤是地球陆地表面能生长植物的疏松表层，是人类从事农业生产活动的基础。

（105）农业生产者应掌握正确使用农药、合理使用化肥的基本知识与方法。

（106）了解农药残留的相关知识，知道去除水果、蔬菜残留农药的方法。

22. 具备基本劳动技能，能正确使用相关工具与设备。

（107）在本职工作中遵循行业中关于生产或服务的技术标准或规范。

（108）能正确操作或使用本职工作有关的工具或设备。

（109）注意生产工具的使用年限，知道保养可以使生产工具保持良好的工作状态和延长使用年限，能根据用户手册规定的程序，对生产工具进行诸如清洗、加油、调节等保养。

（110）能使用常用工具来诊断生产中出现的简单故障，并能及时维修。

（111）能尝试通过工作方法和流程的优化与改进来缩短工作周期，提高劳动效率。

23. 具有安全生产意识，遵守生产规章制度和操作规程。

（112）生产者在生产经营活动中，应树立安全生产意识，自觉履行岗位职责。

（113）在劳动中严格遵守安全生产规定和操作手册。

（114）了解工作环境与场所潜在的危险因素，以及预防和处理事故的应急措施，自觉佩戴和使用劳动防护用品。

（115）知道有毒物质、放射性物质、易燃或爆炸品、激光等安全标志。

（116）知道生产中爆炸、工伤等意外事故的预防措施，一旦事故发生，能自我保护，并及时报警。

（117）了解生产活动对生态环境的影响，知道清洁生产标准和相关措施，具有监督污染环境、安全生产、运输等的社会责任。

24. 掌握常见事故的救援知识和急救方法。

（118）了解燃烧的条件，知道灭火的原理，掌握常见消防工具的使用和在火灾中逃生自救的一般方法。

（119）了解溺水、异物堵塞气管等紧急事件的基本急救方法。

（120）选择环保建筑材料和装饰材料，减少和避免苯、甲醛、放射性物质等对人体的危害。

（121）了解有害气体泄漏的应对措施和急救方法。

（122）了解犬、猫、蛇等动物咬伤的基本急救方法。

25. 掌握自然灾害的防御和应急避险的基本方法。

（123）了解我国主要自然灾害的分布情况，知道本地区常见自然灾害。

（124）了解地震、滑坡、泥石流、洪涝、台风、雷电、沙尘暴、海啸等主要自然灾害的特征及应急避险方法。

（125）能够应对主要自然灾害引发的次生灾害。

26. 了解环境污染的危害及其应对措施，合理利用土地资源和水资源。

（126）知道大气和海洋等水体容纳废物和环境自净的能力有限，知道人类污染物排放速度不能超过环境的自净速度。

（127）知道大气污染的类型、污染源与污染物的种类，以及控制大气污染的主要技术手段。能看懂空气质量报告。知道清洁生产和绿色产品的含义。

（128）自觉地保护所在地的饮用水源地。知道污水必须经过适当处理达标后才能排入水体。不往水体中丢弃、倾倒废弃物。

（129）知道工业、农业生产和生活的污染物进入土壤，会造成土壤污染，不乱倒垃圾。

（130）保护耕地，节约利用土地资源，懂得合理利用草场、林场资源，防止过度放牧，知道应该合理开发荒山荒坡等未利用土地。

（131）知道过量开采地下水会造成地面沉降、地下水位降低、沿海地区海水倒灌；选用节水生产技术和生活器具，知道合理利用雨水、中水，关注公共场合用水的查漏塞流。

（132）具有保护海洋的意识，知道合理开发利用海洋资源的重要意义。①

视窗3-6　中国公民科学素质基准引发讨论

2016年4月18日，科技部、中宣部联合印发《中国公民科学素质基准》，不曾想一石激起千层浪。4月23日，陈学雷等8位学者在科学网上发表署名文章，提出《中国公民科学素质基准》存在一些不妥之处，随后讨论愈加热烈。“阴阳五行”等进入《中国公民科学素质基准》是否合适？《中国公民科学素质基准》存在哪些概念上的混乱？学者提出的科学上的错误是真的错误还是表述问题？中国需要不需要全民科学素质调查？这样一场争论会带来什么样的结果？

中国科学院大学教授李大光认为，要有符合中国国情的调查，其实在做调查之前，首先应当弄清楚科学素质是什么。这个问题曾在欧美等国家有过长达50年的讨论，到20世纪80年代中期，有价值的相关论文达到300多篇。学者们比较一致地认为，科学素质调查要从自己国家的性质和所处的发展阶段出发，设计出适合测度本国科学素质的测试题。也就是说，各个国家要根据国情形成一套符合自己国家和社会发展程度的调查指标体系和测试问题。然而中国明显缺了学术讨论的重要的环节。20世纪90年代初，选择米勒的体系，一方面是米勒对科学素质调查有自己的思考，内容也比较全面，他的调查为世界40多个国家采纳。另一方面，当时国内研究机构非常渴望对中国公众素质有个调查，就“饥不择食”地采用了。引进到国内，只作了小的改动。中国应当研究出一套符合当下中国国情的科学素质基准，因此从这个角度来看，支持制定适合中国国情的《中国公民科学素质基准》，先不谈好与不好、对与错，单说这种做法是值得肯定的，有价值的。李大光虽然没有参与这次科技部组织的《中国公民科学素质基准》的工作，但在争论发生后，也在思考其中存在的问题。

① 科技部　中央宣传部关于印发《中国公民科学素质基准的通知》［A/OL］［2016-04-18］.http://www.most.gov.cn/mostinfo/xinxifenlei/fgzc/gfxwj2016/201604/t2016042/_125270.htm.

李大光认为，这里有个很重要的问题，也是公众理解科学最核心的问题。制定各种科学素质基准，参与制定的应该多数是科学家和政策制定者。首先要搞清楚的是，公众的科学素质基准应该是“科学家的科学”还是“公众的科学”？从西方国家的讨论中大家得出比较一致的观点是，普通百姓对科学有基本的了解就可以了，而不是科学家的科学素质基准。那么，什么是公众科学素质的基准呢？这又回到刚才的话题，那就是必须有一套与这个国家经济发展、教育程度等相符合的调查，这才是适合的，也是值得调查了解的。从这方面再去考察这次争论，虽然《中国公民科学素质基准》中有些表述不是特别准确，但出题的思路是没有问题的。一定要把握这个度，这就是界线问题了。科学家在参与讨论之前最好要了解公众的科学是什么。此次引发的争论是好事，因为此前中国还没有过一次长时间的、成规模的对公众理解科学的讨论。此外，他希望这个讨论能够持续、理性地展开，最终达成共识，并形成一套符合中国国情的科学素质基准。

北京大学科学传播中心教授刘华杰认为，全民科学素质调查不符合国际趋势，近些年倡导复兴博物学，这与他多年在科学哲学、科学传播、科学社会学上的研究不无关系。有些科学注定不容易传播，也不必面向普通百姓传播，比如量子力学、基本粒子物理学、引力波之类。媒体、普通百姓大谈引力波，纯属起哄。相反，科学当中涉及博物的内容，需要传播，也能传播，国家应给予重视。对于批判性思维、科学方法的传播，应当成为重点，而现在的正规教育和科普对此重视不够。对于《中国公民科学素质基准》，总体印象是有进步的，应当充分肯定。不可否认，《中国公民科学素质基准》也有若干小问题，人们已经指出一些，但不宜夸大。首先是整体上看标准比较高，令人想起不久前网上热议的中国小学生守则。另外，有些内容不属于科学素质考察范围，比如公众要理解创新还要支持创新，这有些过分。公众是否支持科学创新属于素质之外的价值判断，有的人可能理解科技，素质也不错，但是基于别的原因而不支持创新，或者不支持某一类创新，这是可能的、可以理解的，公民有这个权利。有些人恰好是因为深入了解了某些科技的风险和不人道（如杀人武器研发）而采取抵制的态度。不支持创新不等于说没有科学素质。类似的提法在《中国公民科学素质基准》中还有一些，意思相当于说：因为科技是好的，公众就应该支持，这在逻辑上讲不通。即使都是好的，也未必都要支持，况且有些明显不好。另一个是科学素质与科普的关系问题。从《中国公民科学素质基准》的通知可以知道，其内容是针对全体公民的。实际上百姓科学素质的高低基本上是由其所受正规教育的程度决定的。简单说，接受正规教育较好科技素质也就高，这与课外的教育关系不很大，虽然有一点点关系。这是显然的事实，但是此结论与某些利益部门的主要诉求矛盾，因而有的人经常掩饰这一点。《中国公民科学素质基准》比较重视各门知识，甚至还分科作了强调，这样做不必要。相对于各种知识，批判性思维、科学方法的掌握程度，应当是判别公众科学素质高低的重要方面。对于当下争论比较大的将"阴阳五行"等列入《中国公民科学素质基准》，非常好，表明起草人的科学观有了改进。阴阳五行是中国那时标准的科学，极富智慧，现在它虽然不能算作科学，但是从继承传统的角度看让公众了解阴阳五行是应当的。把它说成是伪科学，相当于否定了科学在历史上的动态发展。如果说此《中国公民科学素质基准》有较大不足的话，恰好是对科学的可错性、演化性的强调不够。按波普尔（Karl Popper）的看法，可错性是科学的优良品质，是科学的一个重要特征。《中国公民科学素质基准》中应当有专条来强调科学在历史上是演化的，应当指出科学知识、科学结论的暂时性和人为性，它们以一定历史阶段科学共同体的集体信念为基础。这与科学的客观性并不矛盾，科学的客观性也同样体现于主体性，是集体信念的表征。

刘华杰认为，对科学素质调查本身，面向全体公民这种调查已过时，不符合现在国际的流行趋势。现在国际趋势是PISA（国际学生评估项目），只针对完成义务教育的15岁的学生进行测试，不做全社会的调查。PISA是测试学生在完成了一个阶段的义务教育后的水准，中国曾参与过一年。这种测试有一个好处，全世界只对一个年龄段的人测试，容易进行比较，而不是对不同年龄、不同程度的人测试。平时人们很少这么关注科学的事，能讨论的确是一件好事。讨论的视角越多元越好，大家畅所欲言，不要急于强行达成共识。只要大家积极讨论，就成功了。

上海交通大学科学史系主任江晓原认为，科学素质不是科学百科常识竞赛，在粗读了《中国公民科学素质基准》后，认为除了8位科学家批评的科学硬伤外，还有更多的硬伤。比如有一个基准点“知道核电站事故、核废料的放射性等危害是可控的”，这明显不符合事实。因为全世界都没有找到妥善处理核废料的方法，如何能叫“风险可控”呢？如果改为“认识到核电中核废料是一个棘手的问题”，这才叫科学素质。类似的问题还可以找出一些。然而被很多学者所诟病的是“阴阳五行”，现在也有一些学者出来为之辩护。在这个基准点的设置上，我是赞成的，但设置技巧性有问题。因为这样设置跟公众过去被灌输的观念冲突太大。以前告诉我们“阴阳五行”是迷信，现在又告诉我们这是“科学素质”，当然让人接受不了，当然会被人挑毛病。

江晓原认为，132个基准点里有一个基准点涉及了中医，即“（87）了解中医药是中国传统医疗手段，与西医相比各有优势”。今天一个有科学素质的人，肯定会面临一个问题：你怎么看待中医？中医就是用阴阳五行作为理论支撑的，用这个理论支撑的医疗体系呵护了中国人的健康数千年，是卓有成效的。中医有效性不可否认，那它的理论支撑体系就不能以封建迷信一以概之。除了点上的问题，《中国公民科学素质基准》最主要的问题还出在指导思想的局限性，对科学素质的理解有偏差。过多地把基准点设置成科学常识的基本点，把科学素质变成科学百科常识竞赛。其实科学常识只是科学素质的一部分，科学素质还有许多非常重要的部分，包括怎么正确地对待科学，包括要认识到科学的局限性、科学的负面价值，包括认识到当今很多科学争议的背后都是有利益维度的，包括认识科学共同体同时也是利益共同体，等等。如果设置成这样，可以想见，那也是会被拿出来挑刺的。

中国科协—清华大学科技传播与普及研究中心主任刘兵认为，应从基础教育理念的国际共识考量《中国公民科学素质基准》，这次争议的焦点，有的是科学性的错误，最典型的是力的问题，肯定是失误。但还有一些争论却是可以讨论的，首先要清楚一个背景——制定《中国公民科学素质基准》，它面向的是公民而不是科学家，它面向的是国别公众而不是全世界公众。正因为面向公民，属基础教育范畴，基础教育需不需要全面展现科学前沿？能不能严格、全面地展现科学前沿？一般来说，无须做成“中国人应该知道的西方前沿科学知识”。

刘兵认为，一些科学家所质疑的一条，“（45）知道分子、原子是构成物质的微粒，所有物质都是由原子组成，原子可以结合成分子”，“这一条应该说在面向公众的要求上是可接受的，公民也没有必要在最基本的素质要求中都要去了解连科学家都还在讨论并且解释不清楚的暗物质、暗能量”。另一个争论的焦点，是关于“阴阳五行、天人合一、格物致知”的，争论主要反映了对于科学的不同看法、不同立场。曾有国外学者从八种面向基础科学教育的国际科学标准文献中总结出对科学本质的共识性看法，其中有这样几条：科学知识是多元的，具有暂时特征；来自一切文化背景的人都对科学做出贡献；科学是社会和文化传统的一部分。在这样的理解中，《中国公民科学素质基准》能把“阴阳五行、天人合一、格物致知”放入基准点，考虑到了中国文化的因素，没有照搬西方科学的基准，我倒认为这是一个进步。作为中国人，应该了解西方科学只是科学的一种类型，在历史文化中，中国是有独特认识自然的传统的。

北京师范大学科学与人文研究中心主任刘孝廷认为，需要厘清科学素质的范围，其中有几方面的问题确实值得商榷。一是过于强调和突出意识形态，比如“（6）用普遍联系的、发展的观点认识问题和解决问题”。刘孝廷说：“谁能达到这么高的标准？”还有“（32）知道实践是检验真理的唯一标准”。“这些是一种观念或意识形态，而不是科学素质的基准，与科学也没有关系”。二是把伦理的、人文的内容列入科学素质里。例如，节约使用各种材料，少用一次性用品。不往水体中丢弃、倾倒废弃物。“这些是道德和修养的问题，而像‘定期对交通工具进行维修和保养’这样的是把规范性要求列入进来，都是泛化了科学素质。”刘孝廷说。三是排序上的混乱。26个基准内容，（6）和（7）是有关生态文明、有效利用资源相关内容，到（26）又有环境污染、合理利用土地资源和水资源的内容。

刘孝廷认为，对于学者意见中提出的“日常生产、生活应该具备的常识或技能，但其中许多内容与一般所说的科学素质并没有直接的关系”，这一点我倒觉得可以不必较真，因为科学素质也包含了实践能力。至于争论比较大的“阴阳五行”，这段话表述不准确，如果改成“知道阴阳五行、天人合一、格物致知等中国传统知识内容和方法，它们与现代科学知识和方法可以相互协调”可能更好，只要不把话说太满就可以了，因为谈论的其实是彼此的相互关系。最关键的是最后一句下了不准确的结论，这是问题所在。与其过于关注《中国公民科学素质基准》本身，不如问一问，这样的《中国公民科学素质基准》究竟是怎样出台的。现在，《中国公民科学素质基准》问题讨论得这样热烈，却没有一个机构或人员出面解释和担责，那他们为什么推出《中国公民科学素质基准》，初衷何在？类似“国家科学素质基准”这么大的事情，应当广泛地征求意见并进行充分讨论。像现在这样以顶层下降的方式编制《中国公民科学素质基准》，然后贸然出台，既不够严肃，也是一种不合时宜的表现。①

第三节　公民基本科学素质的测度

科技全面渗透并深刻影响人类生活的当今社会，公民具备科学素质水平成为决定一个国家整体素质的重要因素。为客观、准确反映公民具备科学素质的程度，从20世纪60年代开始，许多学者和研究组织对科学素质的要素和测评进行研究和探索，对我国公民科学素质基准和测评有重要的借鉴与启示意义。

① 温新红，李芸. 中国公民需要什么样的科学素质基准［N］. 中国科学报，2016-04-29.

一、公民科学素质的测评要素

据对国外有关学者和组织对公民科学素质构成要素的分析，尽管不同学者或组织给出了公民科学素质的不同要素，但是出现频率最多的分别是科技与社会、科技知识、科学过程或方法、科学的本质。由此可以认为，公民科学素质的构成要素主要包括科技与社会、科技知识、科学过程和方法、科学的本质这4个方面，在国外学者和组织中得到比较普遍的认同。

美国是世界上最早进行公民科学素质测量和调查的国家，最早可以追溯到20世纪50年代，但真正形成制度化则是在20世纪70年代。主要经历三个发展阶段①：第一阶段，1957年开始的第一次全国性调查，其主要目的并不在于对公民的科学素质进行调查，而是在于测量主要媒介的科学公众的规模，并指出影响公众科学新闻消费的一些因素，但是这次调查的部分内容如公众对科学的态度，对之后的调查产生重要的持续性影响。第二阶段，1972—1976年开展3次调查，被认为是美国政府进行制度化公众理解科学调查的开始，调查目的在于了解公众对科学和技术的广泛的普遍性态度，以及可能存在的对政府投资的政策偏好。具体调查内容包括公众对科技的看法（对科技影响人们生活的看法，对科技的一般态度，对科技职业地位的看法等），公众对科技产生的影响的看法（对科技的利弊看法，科技产生的问题，科技是否需要控制等），对科技的期望（期望科技解决的问题，希望所纳的税费在科技哪些方面应加以使用等）。以1979年米勒提出的测度体系为标志，美国公众科学素质调查进入了制度化的阶段。此后，米勒体系在美国乃至世界各国得到长期的实践与应用，同时，针对这一测度体系的批评和修改意见也一直存在。米勒设计了一套对公民科学素质的三维测定体系，主要是公众应具有足以理解报纸和杂志上各种不同观点的基本的科学概念词汇量，对科学探究的过程和本质的理解，对科技对个人和社会的影响有一定程度的理解。在这种情况下，大多数科学素质调查均重点研究公众科学素质与既定目标相比的缺乏状况，因此也被称为“科学素质缺乏研究”。第三阶段，从1980年开始，在美国国家自然科学基金会（NSF）的支持下，在全美每两年进行一次公民科学素质调查。结

① 任福君. 中国公民科学素质报告（第一辑）[M]. 北京：科学普及出版社，2010.

果收录在《美国科学与工程指标》中，其调查理论、调查指标体系、调查方法、调查数据处理与应用等方面已趋成熟。

欧盟也是较早开展公民科学素质调查的地区。1989年，在英国学者杜兰特博士（Dr. Durant）的指导下，由欧盟调查委员会主导开展了第一次欧盟范围内的公众对科技发展的态度和理解状况的调查（此前在1977年、1979年和1988年都进行过相关调查），取得了重要的数据和研究结果。此后，1992年在杜兰特的指导下，以米勒体系为蓝本进行第二次全面调查（“欧洲人、科学和技术”），2001年、2005年分别进行第三次、第四次全面调查。这些调查是欧洲目前最大的跨国调查项目，获得数据不仅用来做欧洲比较研究，而且为欧盟成员国提供基本数据用于各国研究。4次调查的内容有所不同：第一次调查的内容主要包括对科技的兴趣，科技信息的获取方式，对科技的理解，关于科技的知识（从掌握基本的科学事实与知识和理解科学的方法与过程2个方面进行测量）和对欧洲研究的观点等4个方面；第二次调查的内容主要包括对科技的理解程度，对科技的知识的了解程度（从掌握基本的科学事实与知识、理解科学的方法和过程、对学科包括占星术或活动的科学性程度的判定等3个方面进行测量），对科技的态度，对欧洲研究的状况，对欧洲研究政策的关注度等5个方面；第三次调查的内容扩展为7个方面，包括信息、兴趣和知识，价值、科学与技术，科学家的责任和义务，转基因食品问题，信任水平，年轻人和科学职业危机，欧洲科学研究；第四次调查的内容为6个方面，包括欧洲公众的兴趣和信息水平，科技图景和知识，对科技的态度，科学家和政策制定者的责任，科学研究及女性在科学中的地位，欧洲的科学研究。

除美国和欧盟外，日本、加拿大等发达国家和印度、巴西、马来西亚等发展中国家也先后开展了对公民科学素质的调查和测量。日本采用的科学素质指标和测试内容与美国基本一致，分别在1987年、1991年、1995年、1998年、2001年开展过不定期调查。印度于2004年进行了第一次全国范围的科学素质调查，调查的问卷设计、数据分析等借鉴了米勒体系，但是也结合本国国情进行了改进，调查主要内容为公众对科技的理解（包含科学知识、兴趣等），技术在日常生活中的应用，公众对自然现象的态度。巴西的调查使用的是“公众理解科学”一词，并且只是在3个州进行，调查的内容主要是公众对科学的理解、公众对科学知识内容的理解、公众参与科技的情况等。

此外，一些国际组织开展基于项目的未成年人科学素质测评活动。例如，由经合组织发起并组织实施的国际学生评估项目（PISA），以15岁学生为取样年龄，通过对阅读素质、科学素质和数学素质3个领域的测试进行各国比较。2000年进行第一次测试，此后每三年进行一次；2000年的测试重点是阅读素质，2003年是数学素质，2006年是科学素质，以后依次循环。关于科学素质的调查维度主要是科学情景、科学知识、科学能力和科学态度等4个方面。再如，由国际教育成就评价协会（IEA）从1995年开始实施的国际数学和科学测评项目（TIMSS），每4年举行一次，调查对象选取四年级（9岁）和八年级（13岁）2组学生。其科学测试的框架包括认知方面和内容方面2个领域，科学认知领域包括事实知识、概念理解、推理分析；科学内容领域包括生命科学、化学、物理、地球科学和环境科学。

在我国，从20世纪90年代初开始，中国科协借鉴国外公众科学素质调查的做法，开始中国公民科学素质调查工作，到目前已经开展9次全国范围的调查（1989年中国科协组织一次非官方的中国公民科学素质调查，此后经国家统计局正式批准，基本上每2年进行一次全国范围的中国公民科学素质调查，分别是1992年、1994年、1996年、2001年、2003年、2005年、2007年、2010年）。调查参照国际通行的方法并结合我国的实际情况，对我国公民科学素质水平从3个方面进行测度，即公民了解必要的科学知识、掌握基本的科学方法和崇尚科学精神的程度。调查结果基本反映了我国公民的科学素质状况、公民获取科技信息和参与相关活动的情况及公民对科技的态度。调查结果均发布在《中国科学技术指标》（科技黄皮书）中。同时，建立一个全国规模的中国公众科学素质变化观测网，确立若干客观、敏感的科学素质观测指标，积累大量的数据与分析结果，为公民科学素质建设的监测评估提供了宝贵的基础。调查的对象是18—69岁的中国公民。前3次调查，按照规模大小成比例的概率抽样（以下简称“PPS抽样”）的方法进行了简单的抽样；以后几次调查采用分层四阶段或三阶段不等概率PPS抽样。其中，前7次的调查样本量在10000人左右或以内，第8次调查的样本量达到了创纪录的68416人①。调查的指标和问卷基本上沿用了米勒体系及美国关于科学素质的调查问卷，期间根据中国国情进行过多次修改和校正。调查指标和问卷主要包括3个部分：①关于公民科学素质（包括公民了解科学术语和基本观点、科学方法和科学与社会关系的程度）；②关于公民获取科学信息的渠道和手段；③关于科技对个人和社会的影响。与此同时，全国有超过一半的省（自治区、直辖市）也独立开展了本地区的公民科学素质调查，特别是2015年开展第9次中国公民科学素质调查，全国32个省级行政单位（含新疆生产建设兵团）全部参与了调查，所得到的调查数据为全国以及各地的《科学素质纲要》实施工作提供了重要的参考依据。

公民科学素质调查的整套实施方案主要包括指标体系、调查问卷和调查的具体组织实施方案等。公民科学素质调查是公民科学素质测评的一种比较常用的方式，是由专业监测评估机构按照国际通用的标准和程序，根据公民科学素质测评指标体系设立公民科学素质调查的指标及开发相应的调查问卷，运用科学、可行的调查方法获得相关数据，对公众科学素质状况水平进行测度的一种活动。公民科学素质调查可以从一个方面反映出一定时空范围内公民科学素质的状态。调查的指标一般是根据调查对象的特征，有选择地从《公民科学素质测评指标体系》中选取最基本的指标（足够反映对象特征的指标量）。问卷则是根据所选取的基础指标，以公众易于理解的方式设计的相关问题，通过对问题答案的分析，可以评判出公众是否具备某一方面的科学素质以及所达到的程度。

根据测评活动获得的相关数据，对照公民科学素质标准和公民科学素质测评指标体系，通过定量与定性相结合的方式，对一定时空范围内公民的科学素质状况和水平做出判断和评价。评估的重点是公民是否达到了科学素质提高的目标要求，以及公民科学素质状态变化的影响因素，并对公民科学素质建设的相关领域提出干预或改进的建议。

二、公民科学素质的测评设计

公民科学素质测评指标体系是推动实施公民科学素质标准的具体实践

---

① 任福君. 中国公民科学素质报告（第二辑）［M］. 北京：科学普及出版社，2011.

应用，一个科学、系统、有效、便利的公民科学素质监测评估指标体系，是进行公民科学素质状况测评的前提和基础，是测评公民科学素质水平的重要工具。

（一）建立公民科学素质测评指标体系的原则

建立公民科学素质测评指标体系是进行公民基本科学素质测评活动的前提和基础。建立公民科学素质测评指标体系的方式，是将公民科学素质标准中的相关要求体现在具体的、可量化、可测量的统计指标中。由此，提出建立公民科学素质测评指标体系的原则：

一是国际化和本土化相结合的原则。公民科学素质测评指标体系，应根据国际通用的测试方法并结合中国的具体国情设计，综合考虑国家地域、民族与经济发展水平等因素，兼顾科学合理性与实际可操作性，以使测评结果不仅能够反映我国公民科学素质的水平状况，同时也能够与国际各类科学素质监测指标进行交流和比较。

二是科学性和可行性相结合的原则。我国公民科学素质标准的内容主体框架可以借鉴国际标准，而其中的具体问题应该更加关注我国公众面临的社会现实问题及其相关的科学内容。要具有实用性，贴近大多数人的生活水平。要注重不同学科领域知识、技能之间的融通与连接。

三是既定性和发展性相结合的原则。要立足现实、着眼未来。一方面，要充分考虑主要公众群体的接受能力，不能把标准定得过高，要与我国公众科学素质现状、受教育程度以及主要公众群体的知识需求等相适应。另一方面，要具有发展的眼光，设计成框架基本固定、指标可随时调整的开放式的标准，随着国家社会经济文化科技等的发展，具体指标的内涵和要求有调整的余地和空间。

（二）公民科学素质测评指标体系的设计维度

测评公民科学素质的指标体系的设计，可从“内容”和“程度”2个维度来建立。“内容维度”，主要包括科技知识（科学概念和原理）、科学思想（科学的世界观和方法论）、科学方法（科学探究的过程、方法与科学思维能力）、科技与社会相互关系4个方面。“程度维度”，主要从“了解与理解”“掌握与运用”“情感、态度与价值观”（科学精神）3个方面来衡量公民具备科学素质的水平（表3–2）。

表3-2 我国公民科学素质测评指标体系设计模型[①]

程 度	科学技术知识	科学思想	科学方法	科学技术与社会关系
了解与理解	了解必要的科学概念和原理	理解科学的世界观和方法论	掌握基本的科学方法	理解科学技术与社会的相互关系
掌握与运用	具有一定的综合运用所掌握的科学技术知识、科学思想、科学方法以及对科学技术与社会关系的理解的能力，并将其运用于处理个人实际问题、参与社会公共事务			
情感、态度与价值观	能够把科学作为人类文化的结晶来学习和理解，并能够充分享受科学所带来的精神文化层面的乐趣；具有科学精神，理解科学方法，具备独立思考、科学思维的习惯和能力；内化为自身科学的人生观、价值观和世界观			

（三）公民科学素质测评指标体系的框架

公民科学素质测评指标体系设计可分为三个层级，其中一、二级指标相对稳定，三级指标可以是开放式的和动态的（表3–3）。

表3–3 公民科学素质测评指标体系框架[①]

一级指标	二级指标	三级指标
了解与理解科学技术	—	基本科学概念、定律和过程
		日常生活和劳动技能所必需的科学知识
		现代科学技术的新发展以及未来趋势
	理解科学的世界观和方法论	具体的科学思想
		在科学研究、技术发明和产业创新活动中体现出科学意识和科学精神
	掌握基本的科学方法	经验事实方法
		理论思维方法
	理解科学技术与社会的相互关系	科学与技术关系
		科学技术对社会发展的影响
		科技政策

① 楼伟. 公民的基本科学素质及其测评［J］，科普研究，2014（4）：29—37，77.

续表

一级指标	二级指标	三级指标
掌握与运用科学技术	处理个人实际问题	进行知识的再学习和再生产
		在思考的基础上提出科学问题，在证据的基础上得出结论
		正确认识自然界，认识人类活动给自然界带来的变化并做出与之相关的决策
		能够科学描述、解释和预测自然现象，能够更好地分辨封建迷信、伪科学和反科学现象
		能够读懂通俗报刊刊载的有关科学的文章
	参与社会公共事务	理解科学决策和与科学有关的政策及其背后的科学问题
		能够本着科学态度参与公共事务
具有科学的情感、态度与价值观	享受科学	享受科学所带来的乐趣
	思维习惯	具备独立思考、科学思维的习惯和能力
	人生观和价值观	具有科学的人生观、价值观和世界观

（四）公民科学素质测评指标体系的应用

我国已经连续开展多年的公众科学素质调查主要采用国际标准，从对基本科学知识的了解程度、对基本科学方法的了解程度、对科学与社会之间关系的了解程度3个方面进行调查。在教育部组织制定的科学课程标准中，则将科学素质划分为4个基本要素：科学探究（过程、方法和能力），科学知识与技能，情感、态度与价值观，以及科学技术与社会。

这2个指标体系的主要区别在于，后者更多考虑情感、态度与价值观层面的指标；同时，后者还进一步将科学素质按照年龄层次进行了划分，例如3—6年级科学课程的内容包括科学探究、情感态度与价值观、生命世界、物质世界与地球宇宙；而7—9年级科学课程的内容则包括科学探究，生命科学，物质科学，地球、宇宙和空间科学，以及科学、技术与社会的关系。

公民科学素质测评指标体系，可以用于指导具体的公民科学素质测评活动，如公民科学素质调查、学生科学素质评价等。但指标体系的指标要素还不能被直接用作调查的指标及问卷，需要根据调查的目的和方案将指标要素的要求转化为具体的调查问题。调查问题的设计，应该更适应公众的思维习惯和理解力。

三、公民科学素质的测评方式

国内外在公民科学素质测评方面采用的方法很多。常用评价方法，除了传统的纸笔测验和标准化测验外，还有行为观察评定、结构化面试、自评估、口头报告、概念地图、课题研究等评价方式。其中，各类实证评价方法，如表现性评价、作品法评价、档案评价等，已是广泛采用的评估方法[①]。公民科学素质的测评可用以下几种方法。

（一）问卷调查

用问卷收集数据是公民科学素质测评常用的方法。问卷主要由一系列的问题构成，分为结构性和非结构性两种。结构性测评具有很强的指向性，对于要了解的信息有非常明确的定向，问卷的答案也往往是封闭的；非结构性测评则无论在问题上还是答案上都具有明显的开放性。用问卷收集信息非常简便，在较短的时间内能够收集到大量的信息，尤其适用于大面积评估。甚至可以采用邮寄或网络的方式施测，可以节省大量的人力和物力。但是问卷调查也有其局限性，运用问卷往往难以触及非预计、生成性的、深层次的信息，也无法承载评估者和评估对象之间的互动。

（二）入户访谈

入户访谈即通过评估者与评估对象面对面的交谈收集信息。与问卷法一样，根据话题和回答的开放程度，分为结构性和非结构性两种。其优势在于能够在访谈的过程中跟踪、挖掘有价值的话题，从而得到更为丰富和有价值的信息；同时，访谈过程中评估对象的表情、停顿、语气等都可能成为重要的评估信息。访谈法也存在局限性，对访谈者的素质要求很高，必须接受严格的培训；同时，运用访谈法还存在费时、费力的问题。

（三）标准化测验

标准化测验由一套结构良好、有高度针对性和特异性的试题组成。在公民科学素质测评中，运用标准化测验对测查公民的科学概念、科学过程、科学应用、科学态度、科学创造和对科学本质的理解是不可或缺的，因为它高

---

① 康长运，等. 公民科学素质建设的监测与评估［G］//全民科学素质行动计划制定工作领导小组办公室. 全民科学素质行动计划课题研究论文集. 北京：科学普及出版社，2005：728—758.

效、针对性强，更由于其答案是标准化的，能够通过机读的形式大批量集中施测。但是，标准化测验也不是完美的，由于其命题和答案都是封闭和固定的，因此不易考察主观、性质、开放的内容。

（四）表现性评价

表现性评价与标准化测验正好相对立，是在真实的情景中给被评估者一个真正的问题（真正的任务），要求评估任务是有丰富意义、挑战性且能够实施的，评估应尽可能地发生在与被评估者生活息息相关的现实情境中。所以，表现性评价能够最为真实、深刻地评估公民的科学素质。评估的过程，首先需要设计一个高质量的任务，要求其不但能够测出想要测查的科学素质，而且应具有可行性；其次需要高质量的管理评估过程，收集有价值的信息，在这个过程中明确的评估标准和高素质的评估者是非常关键的；最后，还要对所获得的信息和数据进行合理、深入的解释，这是一个高度专业化的过程。

开展公民科学素质调查，是各国测评公民科学素质的主要活动方式。在我国目前比较成熟的调查活动主要有两类：一类是由科协系统组织开展的全国层面及各地区层面的公民科学素质抽样调查，已经连续开展多年，主要采用基于米勒体系的公民科学素质测评标准，从对基本科学知识的了解程度、对基本科学方法的了解程度、对科学与社会之间的关系的了解程度3个方面进行调查；另一类是由教育部门组织开展的中小学生科学素质调查，只是在个别时间、部分地区开展，依据国家科学课程标准，从科学探究（过程、方法和能力），科学知识与技能，情感、态度与价值观，以及科技与社会等方面进行测评。选择什么样的测评方式，要根据评估的目的与评估内容的要求。

四、公民科学素质调查的实施

开展公民科学素质调查，是测评公民基本科学素质状况的有效、实际、实用的方法。采用得到各方面的认可，易于国际通行的调查方法，更有利于开展国际比较和国际学术交流。

（一）把握公民科学素质调查的关键

国内外公民科学素质调查的经验表明，公民科学素质调查方案制定中必须处理好以下几个关键问题：①调查指标体系和问卷的科学化和本土化问题，必须考虑本土化；②调查结果的呈现问题，不能仅用一个数据来代表整体的科学素质状况和水平，应有一个综合指数来全面、客观、科学地反映我国公民科学素质的状况；③调查对象的问题，目前我国公民科学素质调查的对象是18—69岁的中国公民，为体现全民性，应该将调查对象扩展到涵盖未成年人的全体国民；④调查采用的方式问题，如目前调查主要采取问卷方式，应随着调查的深入，综合使用访谈、标准化测试、表现性评价等方式，从不同层面、各个角度来反映公民的科学素质状况；⑤全面调查与分人群调查的问题，目前调查主要采用PPS抽样方法，调查数据出来后再划分人群、年龄、性别、职业等作进一步的分析评估，应进一步设计开展针对不同人群的专项科学素质调查活动，并采用符合人群特点的测评方式。这些问题都需要专业机构和专业人员更为全面深入的研究工作来解决。

（二）确立公民科学素质调查的目标

调查目标是公民科学素质调查活动的关键，直接决定调查对象、内容、方法、工具和过程。开展公民科学素质调查的目标，就是要按照公民科学素质标准，具体测度和衡量公民的科学素质水平，分析影响公民科学素质的具体因素，提出改进全民科学素质工作的政策建议，为公民科学素质建设提供依据。通过分析调查数据，可以反映出公民科学素质建设的成效，发现公民科学素质建设中存在的问题，对全民科学素质工作的组织管理、运行方式、基础设施和环境条件等方面提出改进或增强的指导性意见。

（三）确定公民科学素质调查的对象

公民科学素质调查的对象应是全体国民，这是由调查的目标所决定的。我国公民科学素质调查的最主要目标是要为我国正在实施的全民科学素质行动计划服务。全民科学素质行动计划旨在尽快从整体上提升全体国民的科学素质，采取的策略是立足当前、着眼未来，更关注于提高当前公民科学素质，这与美国“2061计划”很不相同。因此，我国公民科学素质调查须重点关注当前各类群体公众的科学素质现状，同时也要考虑未来的公民（即现在的未成年人）的科学素质发展。

尽管我国现在已经有两类调查，即公民科学素质调查主要针对18—69岁的成年公民，中小学生科学素质调查专门针对在校中小学生，但中小学生科学素质调查并没有在全国普遍开展，也没有涵盖所有的18岁以下的未成年人（主要针对9—15岁的在校学生，其他年龄段和非在校生并不包括在内）。因此，非常有必要将公民科学素质调查对象的年龄段扩展到学龄后的未成年人，即7—17岁。目前我国公民科学素质调查对象类型划分见表3-4。

表3-4　我国公民科学素质调查对象类型划分

划分类型	划分内容
民族	汉族，其他民族
性别	男性，女性
城乡	城镇居民，农村居民
群体	未成年人，领导干部和公务员，城镇劳动者，农民，社区居民
年龄	7—17岁，18—29岁，30—39岁，40—49岁，50—59岁，60—69岁
文化程度	小学以下，小学，初中，高中或中专，大专，大学及以上
职业	国家机关和党群组织负责人，企事业单位负责人，专业技术人员，办事人员与有关人员，农林牧渔水利业生产人员，商业及服务业人员，生产及运输设备操作工人，学生及待升学人员，失业及下岗人员，离退休人员，家务劳动者，其他
区域	东部，中部，西部

（四）设计公民科学素质调查问卷

制定科学、合理的调查指标体系以及简洁、方便的调查问卷非常重要。我国目前公民科学素质调查参照国际通行的方法，对我国公民科学素质水平从3个方面进行测度，即公民了解必要的科学知识、掌握基本的科学方法和崇尚科学精神的程度。调查的指标和问卷基本上沿用米勒体系及美国关于科学素质的调查问卷，期间根据中国国情进行过多次修改和校正。调查指标和问卷主要包括3个部分：①关于公民科学素质（包括公民了解科学术语和基本观点、科学方法和科学与社会关系的程度）；②关于公民获取科学信息的渠道和手段；③关于科学技术对个人和社会的影响。调查结果基本反映了我国公民的科学素养状况、公民获取科技信息和参与相关活动的情况及公民对科学技术的态度。

例如，2015年中国公民科学素质调查沿用以前的调查指标体系，仍然包括3个方面内容，即公民对科学的理解程度、公民的科技信息来源和公民对科学技术的态度。其中，公民对科学的理解程度部分是公民科学素质的核心指标，用于测度公民的基本科学素质状况。分级指标包括3项一级指标、12项二级指标和37项三级指标（表3-5）。

表3-5 2015年中国公民科学素质调查指标体系

一级指标	二级指标	三级指标
一、公民对科学的理解	1.基本科学知识	（1）对科学术语的了解
		（2）对科学基本观点的了解
	2.基本科学方法	（3）对“科学研究”的理解
		（4）对“对比试验”的理解
		（5）对概率的理解
	3.科学对个人和社会的影响	（6）迷信的相信程度及行为
		（7）科学对个人行为的影响
	4.对公共科技议题的理解	（8）对全球气候变化的理解
		（9）对核能利用的理解
		（10）对转基因的理解
二、公民的科技信息来源	5.公共科技议题的信息来源	（11）纸质媒体
		（12）影视媒体
		（13）声音媒体
		（14）网络
	6.获取科技发展信息的渠道	（15）纸质媒体
		（16）影视媒体
		（17）声音媒体
		（18）网络
		（19）人际交流
	7.参加科普活动的情况	（20）专门的科普活动
		（21）日常的科普活动
	8.参观科普设施的情况及原因	（22）科技类场馆
		（23）人文艺术类场馆
		（24）身边的科普场所
		（25）专业科技场所
	9.参与公共科技事务的程度	（26）自己关心
		（27）和亲友谈论
		（28）热心参加
		（29）主动参与

续表

一级指标	二级指标	三级指标
三、公民对科技的态度	10.对科学技术信息的感兴趣程度	（30）对科技新闻话题的感兴趣程度
	11.对科学技术的看法	（31）科技与生活
		（32）科技与工作
		（33）对科技的总体认识
	12.对公共科技议题的看法	（34）对公共科学议题信息来源的信任度
		（35）对全球气候变化的认识和看法
		（36）对核能利用的认识和看法
		（37）对转基因的认识和看法

该套指标体系最大限度地保持与以往调查指标的连续可比性，并尽量靠近测度《科学素质纲要》中定义的公民科学素质的要求。对于一些无法定量测度和描述的部分，将采取对特定人群进行深度访谈和小组座谈的形式做深入的定性调查。尽管公民科学素质调查在中国已开展多年，但关于调查指标体系和问卷的科学化和本土化的争议一直存在，由于受到米勒体系的影响，主要侧重对科学知识、科学方法、科学与社会的了解和理解，而对于“掌握和运用科学技术处理个人实际问题、参与公共事务的程度”以及“具有科学的情感、态度与价值观”，并没有设计出合适的指标来反映，或许是因为指标的设计者认为这两个方面无法定量测度和描述。目前，该体系中“公民对科技的态度”这项指标，更多的是体现公众对科技与社会关系的理解，而不是衡量公众达到“具有科学的情感、态度与价值观”的程度；“公民的科技信息来源”，则是对公民科学素质影响因素的调查，应属于“公民科学素质建设”的监测评估范畴。为此，现有的中国公民科学素质调查指标体系还有进一步修改完善的空间。

调查问卷的设计需要讲究技巧，基本原则是“化繁为简”。要将调查指标的目标指向转化成通俗易懂的问题，便于公众理解和回答。要避免设计问题的学术化，尽量贴近公众的实际生产和生活。评估者应该通过公众对问题回答的倾向，来判断公众是否具备了某一方面的科学素质，而不是让公众自己直接选择是否具备科学素质。

（五）选择公民科学素质的调查方法

数据收集的方法和工具是由测评采用的方式所决定的。目前我国公民科学素质调查采用的主要是编制问卷、入户调查的测评方式。因此，数据收集的关键是问卷调查的抽样方式与抽样方案的确定。如果今后的测评涉及18岁以下的年龄群，这部分人群以正在接受正规教育的在校学生居多，那么利用学校较完备的组织体系可以考虑采用标准化测验、行为评定表和问卷调查相结合的方式。

由于公民科学素质测评的对象数量非常庞大，因此我国公民科学素质调查采用的抽样方法是PPS抽样，能很好地保证所选样本的代表性，能够对不同属性群体的科学素质进行对比分析，提高了评估的针对性，也有助于对评估数据进行更为深入的分析。

视窗3–7　2015年中国公民科学素质调查

为深入推动《科学素质纲要》实施，及时跟踪检查全国“十二五”公民科学素质目标完成情况，按照国务院的统一部署，经国家统计局批准，中国科协于2015年3—8月开展第9次中国公民科学素质抽样调查。调查范围覆盖中国大陆（不含香港、澳门和台湾地区）31个省、自治区、直辖市和新疆生产建设兵团的18—69岁公民，调查以全国为总体、各省级单位为子总体进行抽样，设计样本70400份，回收有效样本69832份。本次调查依托中国科普研究所自主研发的公民科学素质数据采集与管理系统和专业调查团队，使用平板电脑进行入户面访，采用互联网实时上传数据、远程定位监控、电话复核等多种质量控制手段，

调查结果显示，我国公民科学素质总体水平大幅提升，圆满完成了“十二五”我国公民科学素质水平超过5%的目标任务。2015年我国具备科学素质的公民比例达到了6.20%，比2010年的3.27%提高了近90%，进一步缩小了与西方主要发达国家的差距。其中，上海、北京和天津的公民科学素质水平分别为18.71%、17.56%和12.00%，位居全国前三位，分别达到美国和欧洲世纪之交的水平；江苏（8.25%）、浙江（8.21%）、广东（6.91%）和山东（6.76%）四省的公民科学素质水平超过了全国总体水平；福建（6.10%）、吉林（5.97%）、安徽

（5.94%）等13个省、自治区的公民科学素质水平超过5%。与2010年相比，北京和上海的公民科学素质水平增长幅度较大，安徽和河南的公民科学素质水平排名进步较快，海南和新疆的公民科学素质水平增长率较高。

在不同分类群体科学素质水平普遍提升的同时，相关人群的科学素质水平提升幅度更大。城镇劳动者的科学素质水平提升幅度较大，从2010年的4.79%提升到8.24%；从城乡分类来看，城镇居民的科学素质水平提升幅度较大，从2010年的4.86%提升到9.72%，而农村居民仅从2010年的1.83%提高到2.43%；从年龄分类来看，中青年群体的科学素质水平较高，18—29岁和30—39岁年龄段公民的科学素质水平分别达到11.59%和7.16%；男性公民的科学素质水平达到9.04%，明显高于女性公民的3.38%。

调查结果显示，互联网已成为公民获取科技信息的主渠道。公民利用互联网及移动互联网获取科技信息的比例达到53.4%，比2010年的26.6%提高了一倍多，已经超过了报纸（38.5%），仅次于电视（93.4%），位居第二；在具备科学素质的公民中，高达91.2%的公民通过互联网及移动互联网获取科技信息，互联网已成为具备科学素质公民获取科技信息的第一渠道。

电视仍是我国公民获取科技信息的最常用渠道。作为传统的大众媒体，电视仍是公民获取科技信息的最主要渠道。利用电视获取科技信息的公民比例为93.4%，比2010年（87.5%）略有增长，远不及公民通过互联网获取科技信息人群比例的增长速度。

公民通过科普设施获取科学知识和科技信息的机会增多，对科普设施的利用率较高。在过去的一年中，公民参观过各类科普场馆的比例依次为：科技馆等科技类场馆（22.7%），自然博物馆（22.1%）。参观身边的科普场所的比例依次为：图书阅览室（34.3%），科普画廊或宣传栏（20.7%）。与《美国科学与工程指标（2014年）》非正规科学教育场所参观率的数据对比，我国公民对科普设施的利用情况与美国大致相当（2012年美国公民参观科技馆等科技类场馆的比例为25%，参观自然博物馆的比例为28%）。

调查结果显示，我国公民高度关注并积极支持科技事业的发展。我国公民支持科技事业发展并对科技的应用充满期望，超过80%的公民赞成“现代科技将给我们的后代提供更多的发展机会”和“科技使我们的生活更健康、更便捷、更舒适”的看法；超过75%的公民赞成“尽管不能马上产生效益，但是基础科学的研究是必要的，政府应该支持”和“科学和技术的进步将有助于治疗艾滋病和癌症等疾病”的看法。公民对科学新发现、新发明和新技术、医学新进展感兴趣的比例分别为77.6%、74.7%和69.8%。高达83.3%的公民对环境污染与治理感兴趣。

科技类职业在我国公民心目中的声望较高。职业声望较高的职业有：教师（55.7%）、医生（53.0%）、科学家（40.6%）、工程师（23.4%）。公民最期望子女从事的职业依次为：医生（53.9%）、教师（49.3%）、科学家（30.6%）、企业家（29.9%）、工程师（27.4%）等。

具备科学素质的群体更加关注并积极支持科技事业发展。70.4%的人认为延缓全球气候变化比促进经济发展更重要，95.3%的人赞成每个人都能为减缓全球气候变化做出贡献；94.9%和81.8%的人支持低碳技术和核能技术的应用；77.3%的人认为转基因食品存在不可预知的安全风险，这一群体对转基因技术的应用持支持态度的占34.3%、既不支持也不反对的占42.2%、反对的占22.1%、不知道的仅占1.4%。

调查结果显示，我国公民科学素质水平发展不平衡，公民科学素质建设任重道远。过去5年中，农民和妇女的科学素质水平提升较慢，农民的科学素质水平仅由1.51%提升至1.70%；妇女的科学素质水平与同期男性公民相比差距进一步拉大。①

① 中国科协发布第九次中国公民科学素质调查结果［EB/OL］.［2015-09-19］.http：//education.news.cn/2015-09/19/c_128247007.htm.

第四章　全民科学素质系列行动

科学素质是决定公民思维方式和行为方式、实现美好生活的前提，是国家发展抢占先机赢得主动的核心竞争力，是全面建成小康社会、建成世界科技强国、奋力实现中国梦的群众基础和社会基础。在我国决战建成全面小康社会和创新型国家的“十三五”时期，全民科学素质的提高既是基础工程，又是发展的短板。

第一节　青少年科学素质行动

提高青少年科学素质需要学校、家庭、社会等共同努力，其中以学校为主、社会参与的科技教育是培养青少年的科学思维和科学精神，提高青少年的科学素质，引领青少年建构适应社会发展的科学文化知识体系的重要途径。

一、青少年决定国家未来

科技决定社会前进的方向，教育决定国家未来的命运，以我国2.6亿名在校学生为主体的青少年代表时代繁荣的希望。少年智则国智，少年强则国强。青少年是祖国的未来、科学的希望，国民科学素质提高基础在青少年。只有加强科学普及，提高青少年科学素质，才能为创新驱动发展和建成世界科技强国厚植深厚的科学文化土壤，带动全民科学素质整体水平跨越提升。

青少年是国家的未来，青少年科技教育直接关系未来的国民科学素质。

学校是培养青少年的主要场所，是实施科技教育的主阵地，学校应担当起青少年科技教育的主体责任。同时，青少年生活的周围社会环境、家庭环境也在起着潜移默化的科技教育作用，社会、家庭、学校要携手形成一个立体的科技教育网络。

视窗4–1　青少年时期是科学素质养成黄金期

对青少年的年龄划分，目前没有统一标准。联合国教科文组织在1982年墨西哥圆桌会议上，提出青年包括14—34岁年龄组人口。联合国《到2000年及其后世界青年行动纲领》中青年为15—24岁的年龄组。美国科学促进会将科学教育的对象设定为从幼儿园至高中。我国《宪法》《未成年人保护法》和《预防未成年人犯罪法》都规定不满18周岁为未成年人；共青团的主要工作对象界定为10—29岁。中共中央办公厅印发的《中共中央国务院关于深化教育改革全面推进素质教育的决定》提出“实施素质教育应当贯穿于幼儿教育、中小学教育、职业教育、成人教育、高等教育等各级各类教育，应当贯穿于学校教育、家庭教育和社会教育等各个方面”。《全民科学素质行动计划纲要实施方案（2016—2020年）》在实施青少年科学素质行动的措施中，提出“推进义务教育阶段的科技教育”“推进高中阶段的科技教育”“推进高等教育阶段科技教育和科普工作”等措施。由此，我国青少年科技教育中的青少年，可以界定为幼儿教育至高等教育的年龄范畴。

青少年是人生介于童年与成年的特殊过渡时期，是身心经历快速改变和转化的时期，是为成人角色的转换做准备的时期。青少年时期有着不同于其他年龄段人群的特点，主要体现为：一是在年龄上处于未成年阶段，具有特殊的生理和心理特征，他们的实际需求、思维方式、接受能力和社会经历与成年人大不相同；二是处于学校学习阶段，他们的主要任务是按照教学计划，学好学校规定的各门课程，学习方式主要是课堂听讲和做练习、实验等作业；三是不同学段的青少年在认知水平上存在较大差异，同一学段青少年因性别、家庭文化背景、社会经济发展状况的差异也会导致学习科学技术知识时的某些差异。因此，青少年是一个同质性较强的群体，青少年科技教育有着自身的特点和规律。开展青少年科技教育工作，要了解和遵循他们特有的生理和心理发展规律，在关注相关影响因素的基础上，其内容、方式与情景等方面要与成年人有所不同。

二、激发青少年科学兴趣

兴趣和爱好，是最好的老师。从小培养青少年的科学兴趣和爱好，是青少年科技教育的最基本使命与重要责任。20世纪末以来，青少年的科技兴趣普遍下降，受到国际科技界和教育界学者的广泛关注和热烈讨论。例如，在澳大利亚，学生们对科学和技术的兴趣低迷，而且科学和技术常常被本土人士看成是不相干的东西；在英国，年轻人漠视科学和技术；在韩国，年轻一代伴随着拒绝科学的潮流而成长，并没有表现出多少对科学的兴趣等。

造成青少年科学兴趣下降的原因，普遍认为有三点：①科学形象被歪曲，大大减弱了青少年对科学的兴趣。科技不像其他领域那样是一个吸引人的职业选择，英国年轻人往往把科学视为乏味、无关的东西，韩国年轻人常常把科学视为仅仅对科学家而不是青少年有用的东西。②学校课程的糟糕设计和错误的科学教育理念，导致他们的科学兴趣越发减弱。学校课程过分关注科学知识的课程设计，导致学生没有机会去体验科学的本质、发展他们的创造性和培养尝试了解未知世界的能力；尽管年轻人仍然信任科学和技术，但并未参与到自然科学和技术中，因为学校没有抓住年轻人的兴趣；课堂书本的内容过于理论化，过多强调记忆性的知识而不是对知识的理解，使得学生无法发展他们的情感和社会竞争力等。③物质障碍在青少年科学兴趣的减弱中起了影响作用。例如，许多处在偏远、农村地区的青少年很难有更多的机会参加科普活动和受到良好的科技教育[①]。

在我国，当“60后”“70后”还是孩子的时候，被问及长大想做什么，多数会毫不犹豫地说想当科学家。如果问八九十年代出生的孩子长大想做什么，则很少人说想当科学家。据2015年的一项调查显示，我国青少年对科技

① 珍妮·梅特卡夫，李曦. 以人为本的科学传播——科学传播的国际实践［M］. 北京：中国科学技术出版社，2012：33—35.

的兴趣和爱好呈下降趋势，在青少年未来愿意从事供选择的11类职业中，仅有7.3%的青少年表示愿意将来当科学家，排在11种职业中的第7位；在青少年的心目中，经理或老板（14.8%）、军人或警察（13.4%）以及教师（9.6%）和医生（9.5%）是他们较为向往的职业，其余是工程师（6.2%）、政府官员（4.5%）、农民（0.6%）和工人（0.5%）[①]。

激发青少年的科学兴趣，对于促进他们选择科学作为未来的职业，以及培养未来的创新者、决策者、新知识型劳动者等具有启蒙性、先导性、基础性和根本性的作用。新时代的科普服务中，我国青少年科技教育必须将培养青少年的科学兴趣和爱好、重新唤起和点燃青少年的科学梦，作为首要的使命和重要的责任。

视窗4–2 兴趣是科学探索的源泉

童年尝过的甜头，长大以后会念念不忘。如果父母、老师从小就能培养孩子对事物细心观察、追根到底的习惯，长大后他们就会在学习和工作中不断地找兴趣，保持学习和探索的动力。培养孩子的兴趣，不等于是让他们去上兴趣班。

理查德·费曼（Richard Feynman，1918—1988），美国物理学家，1965年诺贝尔物理学奖得主。费曼是20世纪最重要的物理学家之一，他对任何事物都拥有强烈的好奇心，除研究物理学，还有很多传奇经历，如破解保险柜密码、演奏手鼓、破译玛雅象形文字、绘画，甚至调查航天飞机失事事件，是少数几个在大众心目中形象生动鲜活的前沿科学家之一。

费曼讲，在他出生前，他的父亲对母亲说，“要是生个男孩，就把他培养成科学家”。当费曼还坐在婴孩椅上的时候，父亲有一天带回家一堆小瓷片，就是那种装修浴室用的各种颜色的玩意儿。他父亲把它们叠垒起来，弄成像多米诺骨牌似的，然后让他推动一边，它们就神奇地一个接着一个全倒了。过了一会儿，他父亲又帮着把小瓷片重新堆起来。这次变出了些复杂点儿的花样：两白一蓝，两白一蓝……他母亲忍

① 石长慧，赵延东. 重新唤起中国孩子的科学梦想［N］. 光明日报，2017–05–04.

不住说："唉，你让小家伙随便玩不就是了？他爱在哪儿加个蓝的，就让他加好了。"可他父亲回答道，"这不行。我正教他什么是序列，并告诉他这是多么有趣呢！这是数学的第一步。"他父亲就是这样，在费曼还很小的时候就教他认识世界和它的奇妙。

费曼讲，他家有一套《大英百科全书》，父亲常让费曼坐在他的膝上，给费曼念里边的章节。有一次念到恐龙，书里说，"恐龙的身高有 25 英尺，头有 6 英尺宽"。父亲停止念书，对费曼说，"唔，让我们想一下这是什么意思。这也就是说，要是恐龙站在门前的院子里，那么它的身高足以使它的脑袋凑着咱们这两层楼的窗户，可它的脑袋却伸不进窗户，因为它比窗户还宽呢！"就是这样，他父亲总是把所教的概念变成可触可摸、有实际意义的东西。费曼想象，居然有这么大的动物，而且居然都由于无人知晓的原因而灭绝了，觉得兴奋新奇极了，一点也不害怕会有恐龙从窗外扎进头来。

费曼讲，他们常去卡次基山，那是纽约人伏天避暑消夏的去处。他父亲常在漫步丛林时，给费曼讲树林里动植物的新鲜事儿。其他孩子的母亲瞧见了，觉得这着实不错，便纷纷敦促丈夫们也学着做。可是这些丈夫们不理她们，她们便来央求费曼的父亲带他们的小孩去玩。费曼的父亲没有答应，不想让别人夹杂进来。于是，其他小孩的父亲也就只好带着他们的小孩去山里玩了。周末过去了，父亲们都回城里做事去。孩子们又聚在一起时，一个小朋友问费曼，"你瞧见那只鸟儿了吗？你知道它是什么鸟吗？"费曼说，"我不知道它叫什么。"这位小朋友说，"那是只黑颈鸫呀！你爸怎么什么都没教你呢？！"

其实，情况正相反。费曼的父亲是这样教费曼的，"看见那鸟儿了吗，那是只斯氏鸣禽，在意大利，人们把它叫作'查图拉波替达'，葡萄牙人叫它'彭达皮达'，中国人叫它'春兰鹈'，日本人叫它'卡塔诺·特克达'。你可以知道所有的语言是怎么叫这种鸟的，可是终了还是一点也不懂得它。你仅仅是知道世界不同地区的人怎么称呼这只鸟罢了。我们还是来仔细瞧瞧它在做什么吧——那才是真正重要的……瞧，那鸟儿总是在啄它的羽毛，看见了吗？它一边走一边在啄，它为什么要这样做呢？”费曼说：“大概是它飞翔的时候弄乱了羽毛，所以要啄着把羽毛再梳理整齐吧。”……“那让我们来观察一下，它们是不是在刚飞完时啄的次数多得多。”费曼说，“得啦，我想不出来。你说道理在哪儿？”费曼的父亲说：“因为有虱子在作怪，你看，只要哪儿有食物，哪儿就会有某种生物以之为生。”费曼知道鸟腿上未必有虱子，虱子腿上也未必有螨，但在原则上是正确的。费曼很早就学会了“知道一个东西的名字”和“真正懂得一个东西”的区别。[①]

视窗4–3　为什么人们会有好奇心

人要吃饭、要喝酒、要繁衍，有这样那样的需求。卡内基梅隆大学的经济学、心理学教授乔治·洛文恩斯坦（George Leowenstein）说，好奇心和这些需求并没有什么不同。我们的求知欲是无限的，要不断地去发明创造、去探索、去研究学习，这和其他需求一样重要。

对于“好奇心”，我们好奇的是：它似乎并没有和任何实际的奖励或回报联系在一起。洛文恩斯坦曾经写道：“好奇心将一个理论难题摆在了我们面前：为什么人们会受一类信息的强烈吸引？从好奇心的定义来看，这类信息并不存在外在的利益。”

好奇心不在于你不知道什么，而在于你已经知道了什么。我们会对特定的事物感到好奇，不同的人对不同的事物感兴趣。有的人执迷于兴趣爱好、追求神秘，还有的人涉猎广泛，什么都喜欢接触一下。兴趣上的这种差异告诉我们，某个目的性因素必然在引导着我们痴迷于每一个独特爱好。

19世纪的德国哲学家亚瑟·叔本华（Arthur Schopenhauer）认为，生命的首要任务是“存在”，紧随其后的是“避开无聊”，无聊“就像一只巨鸟盘旋在我们头顶，只要它从你的需求中看到了安逸的生活，它就会立马俯冲下来”。满足就意味着无聊，好奇心正是我们挣脱出去的通行证。但仅仅是无聊还无法完全解释好奇心。洛文恩斯坦说：“很古

---

① 费曼. 小时候父亲这样教我［EB/OL］.［2016-02-02］. http://learning.sohu.com/20160202/n436777921.shtml.

老的观点认为，好奇心和无聊是同一个东西的两端。”新的观点提出：无聊和好奇的关系，并不像饥饿与饱腹、干渴与润泽之间的关系。无聊和好奇心的关系不像饿了就要吃一样，它是“大脑的一个信号，告诉你没有充分利用大脑的某个部分”，就像你坐得太久的时候脚会麻一样。无聊提醒我们，我们需要锻炼我们的思维。但是除了好奇心之外，还有其他可以治疗无聊的东西，比如食物或性。更重要的是，即使我们不感到无聊，好奇心也会时不时冒出来。事实上，我们很容易为了学习新的东西而放弃我们想要或喜欢的东西。只有当参与者能猜到答案却又不太确定的时候，他们的好奇心才会达到顶峰。

洛文恩斯坦在1994年的一篇文章中提出了一种理论，认为好奇心的方向取决于“信息差距”——突然意识到你不了解的内容并迫切想要填补这一空白的渴望。这种认知差距可以存在于物质世界和精神世界中。但是，信息差距要吸引人的注意，就不能太大或太小。在2009年的一项研究中，参与者对他们认为自己已经知道的答案最不好奇，但对自己完全不知道的问题也不感兴趣；只有当参与者能猜到答案却又不太确定的时候，他们的好奇心才会达到顶峰。好奇心的“甜蜜点”似乎是信息的游离状态：不太多也不太少。想要预测甚至控制好奇心，就要有更加有效的教导，好奇心是无穷无尽的，我们几乎不可能真正去引导它、控制它。[①]

视窗4–4　是谁偷走了青少年的科学梦

国际经合组织（OECD）公布的2015年国际学生能力评估（PISA）结果显示，中国的中学生期望将来进入科学相关行业的从业者的比例仅为16.8%，明显低于美国的比例（38%），不及国际经合组织国家的平均比例（24.5%）。如何让中学生爱上科学？中国科技发展战略研究院对全国23个省（自治区、直辖市）的小学五年级、初中二年级和高中二年级学生进行了抽样调查。

① 杨睿. 我们为什么会有好奇心？［EB/OL］. 微信公众号：利维坦，2017–08–24.

调查询问了青少年未来愿意从事的职业，并提供包括工人、农民、政府官员、科学家、工程师、医生、教师、军人/警察、记者/律师/作家等、歌星/影星/体育明星、经理或老板等11类常见职业供选择，结果仅有7.3%的青少年表示将来愿意当科学家，排在11种职业中的第7位。在青少年的心目中，经理或老板（14.8%）、军人或警察（13.4%）以及教师（9.6%）和医生（9.5%）是他们较为向往的职业，接下来是工程师（6.2%）、政府官员（4.5%）、农民（0.6%）和工人（0.5%）。

青少年中想当科学家的比例随着年龄增长而不断降低，小学生（五年级）中想当科学家的比例是12%，而到了初中（二年级）和高中（二年级）阶段则减少为6.0%和4.5%。从性别来看，女生想当科学家的比例（3%）显著低于男生（11.5%），其中初中和高中女生想当科学家的比例分别只有1.5%和1.9%。

青少年与科学家的人际接触能显著地提升青少年对科学技术的兴趣，同时也明显提升了他们从事科学技术职业的意愿。数据显示，在那些日常生活中接触过科学家的青少年中，表示对科学感兴趣的比例高达88%，而在那些不认识科学家的青少年中，表示对科学感兴趣的比例为77.3%。接触过科学家的青少年中，将来想当科学家的比例为15.6%，而未接触过科学家的青少年的相应比例只有6.8%。

遗憾的是，青少年中有机会与科学家直接交往的人的比例太低，小学仅有4.8%，初中和高中也分别只有6.6%和7.7%。对那些来自偏远农村地区和较低社会地位家庭的青少年来说，接触科学家的机会更是微乎其微，农村地区青少年认识科学家的比例仅有3.2%，而城镇青少年的相应比例为9.9%。家庭收入位于最高的20%家庭中的青少年有11.4%的人认识科学家，而家庭收入最低的20%家庭中的青少年认识科学家的比例仅为3.5%。

当前的学校教育和科普工作通常“见物不见人”，比较重视科学知识的讲授、科技及产品的普及和宣传，忽视向青少年介绍科学家群体的相关信息，尤其忽视人际交流在科学教育和科普中的重要性，无法为青少年提供在现实生活中与科学家直接接触的机会。近年来有关部门对这一问题已有所重视，在科普活动中开始注意加强科学家、工程师与青少年的直接互动，开展了诸如“万名‘科学使者’进校园（社区）”“科普教育基地进课程”和“流动科技馆进基层”等活动。但这些活动一是持续时间比较短，通常仅月余；二是覆盖范围窄，仅在几个省市地区开展，更多情况下主要针对经济发达地区的学校。既有科普活动还远不能满足广大青少年，尤其是偏远地区和困难家庭的青少年的需求。

从科学家的角度来说，多数科研人员自身的科研工作压力比较大，没有时间和精力走进校园与青少年直接交流。我国当前对科研人员的评价体系中，没有充分体现科普工作的价值，降低了科学家参与科普活动的积极性。另外，科学家缺乏与公众尤其是青少年进行沟通的技能，不擅长深入浅出地为青少年讲解科学发现，也阻碍了科学家与青少年的直接交流和互动。为提高青少年对科学职业的从业意愿，建议大力发动科学家进校园，同时为青少年“走进科学实验室”提供更多机会，促进科学家与青少年的直接接触和互动。①

视窗4–5　“大手拉小手”点燃科学梦

科普报告又称科普演讲或科普讲座，是科学家、科技工作者向公众进行科学传播的一种方式，它以生动浅显的语言，来普及科学知识，宣传科技成果，讲述科学人生，以增进公众的科学兴趣、培养公众的科学思想。中国科协“大手拉小手”科普报告希望行活动于2000年设立，旨在以科学家的大手拉青少年的小手，搭起科学家与青少年之间的沟通桥梁，以科普报告的形式面向青少年开展科学传播，激发青少年的科学兴趣、点燃青少年的科学梦想。

科普报告不仅突出知识性、科学性和通俗性，而且强调趣味性和新颖性；采取演讲、演示方式，并与现场讨论交流相结合。演讲者利用一线工作获得的丰富知识、图片和资料，以浅显、通俗、幽

① 石长慧，赵延东. 重新唤起中国孩子的科学梦想［N］. 光明日报，2017-05-04.

默的语言，讲授深奥的科学、技术知识，介绍最新的科学、技术成果和未来发展趋势，同时通过讲述一些科学事件和知名科学家的拼搏、创新故事，展示科学思想、科学精神和科学人生。科普报告的对象是公众尤其是青少年，报告的内容包括信息科学技术、生命科学和生物技术、生物多样性、生态与环境保护、地球科学、核科学技术、天文、航天、航空、激光、微电子、遥感、新材料、新能源、现代磁学及应用技术、公共安全等。该活动17年来，足迹遍及全国32个省、自治区、直辖市的近千个市、县，举办科普报告5000多场，受益青少年约200万人。

该活动的核心团队——中国科学院老科学家科普演讲团成立于1997年，主要由中国科学院离退休研究员组成，也有高等院校、解放军和国家各部委的教授和资深专家，还吸收了一些热心科普事业的优秀中青年学者。在老团长钟琪和继任团长们的带领下，演讲团严谨务实的精神和深入浅出的讲座、演讲中生动活泼的讨论和热烈互动的气氛，化解了科学与百姓之间的隔膜，使听众在和谐、轻松的氛围中，真切地体会到“科学就是力量”“科技就在身边”。演讲团的辛勤耕耘受到社会广泛关注和高度评价，2002年时任副总理李岚清同志亲切接见了演讲团的领导和代表，2003年演讲团被评为全国科普先进团体，2007年荣获全国科普教学银杏奖，2011年被评为首都市民热爱的品牌科普团。

三、教会青少年科学思考

每一个教育对象都有智慧的潜质，通过知识的获取、思维的培养，人人都能发展智慧。在笔者看来，当今教育最为深刻的危机之一，就在于知识在教学过程中占据了至关重要的位置，培养和塑造“知识人”成为根深蒂固的教育理念。然而，在知识与思维之间，知识本身并无价值，知识的价值存在于“解决问题”的过程中。唯有当知识被用来开启心智，知识被用于解决实际问题的时候，知识才真正找到了通向美德的通途，才能够转化为人生智慧的力量。因此，走出传统教学阴影的出路在于对知识和思维要有一个合理的态度，只有善于思考的人，才能将知识灵活地运用于实际问题的解决，才能实现知识向智慧的转化。一个成功的教育者，不在于他教会学生多少知识，更在于他教会学生思维，为思维而教①。思维、思考是把人和动物区别开来的机能，是人的智慧的集中体现。思考开始于某种模棱两可、不确定的状态，试图寻找某个立足点去审视补充的事实，以便寻找某些证据，从而判定这些事实彼此之间的关系，人类生活和学习的质量取决于思维的质量②。激发青少年对科学的好奇心、教会青少年进行科学思考，是科技教育的重要使命和责任。

在现实科技教育中，科学思维教学往往荒芜。很多科学教师、科技辅导员认为学生只要记住科学课本、科技场馆解说词中的内容，能在测验中取得高分就说明他已经掌握了，记住科学术语就等于概念内化了，还把科学讲解等同于科学理解。他们固执地认为在培养学生的科学思维能力上，科学内容更加重要。尽管很多教师赞同发展学生的科学思维能力，但他们的教学仍以记忆（内容）为中心，记忆式的限制性学习在当前的科学课堂实践中占据优势，牢不可破。教师关注的是内容和效率，在学生出错后，并不会探索学生是如何形成错误答案的，只是简单推断学生的想法可能是什么，然后告诉他正确答案以节约时间，对如何让他们生成合乎逻辑的答案也不关心，教学目标不是思考由概念和推理得出的结论，而是提供教师认为正确的答案。教师丝毫没有关注学生怎样想、怎样建构概念为己用，对正确与错误的关注其实是在强调内容比发展和运用个人认知能力更重要。对内容的关注，使讲授法理所当然得到青睐，而其助长思维的被动性，不仅表示缺少判断和理解，也表示好奇心的减弱，使科技教育成为一桩苦差事而索然无味。

科技教育要为思维而教，新课程的全面实施，素质教育特别是科学素质教育的全面推进，已经成为这个时代脉动的最强音，而科技教育模式创新、提高教师的专业素养和水平，正日益成为教育界备受关注的课题。教会青少年怎样科学思考，而不是去教青少年思考什么。科学思维起源于疑惑，是一个不断提问、不断解答、不断追问、不断明朗的过程。在科技教育过程中，要通过教师的提问、激励与引导，学生自由思考、自由表达而获得知识技能、发展能力，教师不断询问，学生对某个问题的解释，使学

① 郅庭瑾. 为思维而教［M］. 北京：教育科学出版社，2007.

② 吕星宇. 对话教学：为思维而教［J］. 教育学报，2008（4）：31—35.

生处于思维的应急状态并迅速地搜寻解题的策略。这个过程中，还应鼓励学生主动提问并学会提出好问题，这本身就是一个主动思考的过程，也是思考习惯养成的过程。

视窗4–6　不会学习未来何以生存

不知道从什么时候开始，“学霸”“学渣”“学弱”（有学霸的心，但总取得学渣般的成绩）等一些名词开始流行。那些年，你认为高考分数将决定你一生的命运，于是你拿着自己的高考成绩寻找自己梦想的大学，把分数当作赌注，与梦想一决高下。可是后来，怎样了呢？

清醒的没有发呆的多，发呆的没有睡觉的多，睡觉的没有玩手机的多；下课时，自修的没有吃零食的多，吃零食的没有看连续剧的多，看连续剧的没有打游戏的多。如此这般，就业时的失败怎能不比成功多？

考试时，不给范围就不会考试，给了范围也只是复印同学准备的答案。你如果是老板，会雇用你自己这样的员工吗？上大学前填报志愿，你说不知道自己的兴趣特长，好吧，大学毕业找工作了，同样不知道自己的兴趣特长。自己都不认识自己，还有谁能认识你？

专业课，学技术不肯动手，学理论不肯动脑。等待你的除了失业还能是什么？你说，你修完了“计算机基础”，但真实水平却连个PPT都做不好。你的竞争力在哪里？你说，你修了两年英语，然而，你的水平却连与外国人日常对话都打怵。有哪家用人单位需要你？你说，你修了“思想修养”，但你根本就没听。你敢说，除了课堂上睡眠的抗干扰能力得到提升外，在思想修养和道德品德方面，得到了应有的提升吗？你说，你修过“阅读与写作”，但你读的是手机，你写的是微信。对语文，自己都没信心，你还想指望别人对你有信心？实习要让父母开假证明，评先进要让父母找关系，补办证书要父母跑学校。找工作的时候，你能有一分坦然和自信吗？双休日你起来吃早饭吗？连吃饭都不会，还有谁会相信你会干活？军训的时候叠过被子，军训过后还叠过几次？唯一投入的是游戏，耗时最多的是游戏，而你的自荐信对此又只字不提。自己做的连自己都不认可，世界上，还有谁会认可你？

讲大道理的时候你口若悬河，伸手要钱的时候你撒娇耍赖。你可以欺负你的父母亲，世界也能任由你欺负吗？离开了电脑你还能做什么？离开了游戏你还喜欢什么？离开了家你还能到哪里去？离开了父母还有谁会给你送水端饭？对于这些问题，你都找不到答案，你还想找到前程吗？图书馆里没有你的人影，运动场上没有你的人影，公益场上更没有你的人影。你退化的不是肌肉，你退化的不是责任感，你退化的是最基本的生存能力。

找工作时，在工作岗位上的最大价值在于不可替代。责任心、吃苦精神、写作水平、做事能力、专业修养、操作技术、学问素养、人际处理，有哪一方面是你的看家本领？有哪一点是他人不可替代的？你不失业谁失业？①

视窗4–7 教育要远离功利不忘初心

中国学生普遍被认为基础扎实，勤奋刻苦，学习能力——特别在数学、统计等学科领域——超乎寻常，在国际大赛中屡屡摘取桂冠，将欧美发达国家的学生远远甩在后面。但为什么我们的学校总是培养不出杰出人才？

美国基础教育质量在世界上被公认为竞争力不强，就连美国人自己也承认这一点。和其他国家——特别是和中国、印度——相比，美国学生在阅读、数学和基础科学领域的能力和水平较差，在各种测试中的成绩常常低于平均值。但美国的高等教育质量独步全球，美国科学家的创新成果层出不穷，引领世界科技发展的前沿。一个水平很低的基础教育却支撑了一个水平最高的高等教育体系，这也许是世界教育史上最吊诡的现象之一。

在通常情况下，就整体而言，优秀学生的基数越大，未来从中涌现出优秀学者的可能性就相应越大。然而，当下的中国教育正在验证我们的担忧：优秀的学生和未来优秀学者之间的相关性似乎并不显著。如

① 人民日报、团中央痛批：沉睡中的大学生：你不失业，天理难容！［EB/OL］.［2017-07-10］. http://news.ifeng.com/a/20170710/51403891_0.shtml.

果事实果真如此，我们就不禁要问：我们的教育是有效的吗？到底什么才是有效的教育？

教育是否有效要看它是否帮助人们实现教育的目的。然而，今天越来越多的教育者和被教育者已经渐渐忘记了教育的目的。教育似乎正在变成我们日常生活中不得不去完成的例行公事：教师上课是为了谋生；学生上学在义务教育阶段是国家规定，在非义务教育阶段是为了通过上一级的考试；校长看上去像是一个企业的总经理等。凡此种种，无不显示出教育的有效性正在慢慢消失。

古代中国的教育实质上是一种关于社会和人生的伦理学训练。教育固然有其功利化的一面，但也有其超越性的一面：学生们通过反复阅读经典的经书来完善自己的道德、管理家族和宗族事务，进而服务于国家和天下苍生。科举制废除后，中国教育走上向西方学习的道路，由此形成一整套语言、学制和评估体系。这一源于特殊历史环境下的教育体系尤其强调功利性的一面，即教育是为了解决现实中的某种问题而存在的：教育为了救国；教育是实现现代化的工具和基础等。

到了当代，教育更加呈现出相当显著的工具性特征：学生们希望通过教育获得一些“有用”的技能，使他（她）们能够通过竞争激烈的考试，增强他（她）们在就业市场上的竞争力，进而获得更高的社会地位和物质财富。如果教育不能帮助他（她）们实现这些目标，他（她）们就会毫不犹豫地抛弃教育——这就是为什么近年来“读书无用论”渐渐开始抬头的思想根源。

反观美国，其教育也有功利性的一面，但其功利性不肯直接示人，而是附着于公民教育背后的产物。越是优秀的教育机构，越强调教育对人本身的完善。即使是公立教育机构，也依然把提高本州人民素质作为最根本的教育目标。因此，实用主义哲学最为盛行的美国，在教育领域却非常“不实用主义”：越是优秀的教育机构，教给学生的越是些“无用”的东西，如历史、哲学等；越是优秀的学生，越愿意学这些“无用”之学。

美国学生之所以基础差，和美国中小学的教学方式有直接关系。

美国教育界深受古希腊苏格拉底“产婆术”教育思想的影响，强调教育是一个“接生”的过程，教师就是“接生婆”，人们之所以接受教育是为了寻找“原我”以不断完善自身。也就是说，他们认为，知识非他人所能传授，主要是学生在思考和实践的过程中逐渐自我领悟的。所以，在美国课堂里——无论是大学、中学还是小学——教师很少给学生讲解知识点，而是不断提出各种各样的问题，引导学生自己得出结论。学生的阅读、思考和写作的量很大，但很少被要求去背诵什么东西。

美国学校教育是一个观察、发现、思考、辩论、体验和领悟的过程，学生在此过程中，逐步掌握了发现问题、提出问题、思考问题、寻找资料、得出结论的技巧和知识。虽然他们学习的内容可能不够深、不够难、也不够广，但只要是学生自己领悟的知识点，不仅终身难以忘记，而且往往能够举一反三。

与之相比，中国学校教育深受孔子“学而时习之”思想的影响，老师把知识点一遍又一遍地教给学生，要求学生通过不断的复习背诵，使之成为终身不忘的记忆。这种教学方式对于传统的人文经典教育是有效的，但对于现代自然科学和社会科学的教育而言，其弊端显而易见：学生的基础知识普遍比较扎实，但也因此束缚了思想和思维，丧失了培养创新意识的机会。

从教育的目的和教学方式出发，中国和美国关于“教育有效性”的理解可能存在相当大的差异。对于当代中国而言，提高教育有效性的关键在于如何把价值观教育自然而然地融入教育的全部过程之中。这是一个巨大的挑战。因为统一的高考录取体制对基础教育的制约和影响，以及社会外部环境的变化，教育的过程正在逐步被异化为应付考试训练的过程。目前，这个过程正在向低龄化阶段发展。由于“不能输在起跑线上”的比拼心理，对儿童的早期智力开发正在进入历史上最狂热、焦躁的阶段。越来越多的孩子从教育中不能享受到快乐，不快乐的时间一再提前。教育提供给人们的，除了一张张毕业证书外，越来越难以使人感受到精神的愉悦和心灵的平和。

我们之所以送孩子上学，并不是因为孩子必须要上学，而是因为他（她）们要为未来的生活做好充分的准备。上学最重要的也是首要的一件事是：认识到你未来会成为一个什么样的人。教育的价值就在于唤醒每一个孩子心中的潜能，帮助他们找到隐藏在体内的特殊使命和注定要做的那件事。一旦孩子认识到自己未来将成为什么样的人，就会从内心激发出无穷的动力去努力实现自己的目标。无数的研究结果已经证明，对于人的成长而言，这种内生性的驱动力要远比外部强加的力量大得多，也有效得多。认识到自己未来会成为一个什么样的人，就像是远方的一座灯塔，能够不断照亮前方的道路。①

四、激励青少年科学探究

学习能力、探究能力是创新能力的重要方面。探究能力作为人们探索、研究自然规律和社会问题的一种综合能力，通常包括提出问题的能力、收集资料和信息的能力、建立假说的能力、进行社会调查的能力、进行科学观察和科学实验的能力、进行科学思维的能力等。

在青少年科学探究学习能力培养方面，我们已取得很大进步，对于青少年学习科学知识、掌握科学技能、实践科学方法、进行科学创新等起到积极的引导、促进作用，但是也存在一些问题。例如，科学知识学习与科学探究学习的失衡，有学者对部分省市的6356名中学生的调查发现，我国青少年的科学态度具有科学知识学习兴趣度高、科学方法实践意愿不足、科学职业选择意愿不高等特征②，反映了我国科技教育对科学方法实践、科学探究学习的重视不够。又如，青少年接触校外、课外的实际科学知识、深度参加科学活动等的机会偏少，理解科学与自身、科学与社会之间的关系等程度很不够。由此，新时代的科技教育必须强化青少年科学方法与科学技能的锻炼，通过科技的实践活动来培养学生探究能力，突出玩中学、想中学、做中学、用中学，加大青少年科学探究学习能力培养。

---

① 为什么美国低水平的基础教育，却能支撑世界一流的高等教育？［EB/OL］.［2017-08-26］. http：//www.sohu.com/a/167495564_108293.

② 袁洁，陈玲，李秀菊. 我国青少年科学态度现状调查［J］. 上海教育科研，2015（1）：45—48.

五、培养青少年创新能力

创新是民族进步的灵魂，国家竞争力的核心。当今社会的竞争，与其说是人才的竞争，不如说是人的创造力的竞争，是青少年创新意识和创新能力的竞争。一个青少年缺乏创新意识和创新能力的民族，将是一个没有希望的民族。通过科技教育手段，培养学生的创新意识，提高学生的创新能力，从而培养适应时代发展的学生，是科技教育的又一重大使命和责任。

创新是人类特有的认识能力和实践能力，是人类主观能动性的高级表现形式，是推动民族进步和社会发展的不竭动力。创新，即更新、创造、改变，以新思维、新发明、新描述、新产品等为特征。创新意识是指人们根据社会和个体生活发展的需要，引发创造前所未有的事物或观念的动机，并在创造活动中表现出的意向、愿望和设想。创新意识是创造性思维和创造力的前提，是人类意识活动中的一种积极、富有成果性的表现形式，是人们进行创造活动的出发点和内在动力。创新能力是运用知识和理论，在特定环境中，在科学、艺术、技术和各种实践活动领域中不断提供具有经济价值、社会价值、生态价值的新思想、新理论、新方法和新发明的行为能力。

随着科技教育的加强，我国青少年科技创新意识和创新能力不断提高，但与世界发达国家相比，仍然存在较大差距，不能适应建设世界科技强国的需要。有学者抽取我国10个大城市中的9720名青少年作为研究对象，对其创新能力进行研究，中国都市大学生平均创新能力得分36.65分，而基于同一量表的美国南部地区大学生平均得分为42.43分，差异十分明显[①]。该研究还认为，美国研究生在创新潜力因素，如思维流畅性、原创性、精致性等方面高于中国研究生。有创新力的青少年，通常富有想象力、有原创性、有好奇心，愿意尝试新事物。有创造性的科学家，具有更高的外向性和开放性。

---

① 陆烨. 我国都市青少年创新能力发展状况及其主要特征［J］. 中国青年研究，2016（12）：98—103.

视窗4–8　创新靠知识积累远远不够

创新人才的教育，仅仅靠知识积累是不够的，教育必须超越知识。对于创新人才的教育，有3个十分重要的因素：知识、好奇心和想象力、价值取向。

第一，教育必须超越知识。中国的教育有它的特点，这个特点中隐含我们的长处。一是，个人、家庭、政府、社会对教育的投入很大，这个投入不仅是金钱、资源的投入，也包括学生、教师时间的投入。这是由我们的文化传统，由我们对教育的重视程度所决定的。二是，教师对知识点的传授、学生对知识点的掌握，不仅量多，而且面广，所以中国学生对基本知识的掌握呈现“均值高”的特点。

在了解中国教育长处的基础上来反思教育存在的问题，可能更有意义。中国教育的最大问题，就是对教育从认知到实践都存在一种系统性的偏差，这个偏差就是把教育等同于知识，并局限在知识上。教师传授知识是本职工作，学生学习知识是分内之事，高考也是考知识，所以知识就几乎成了教育的全部内容。

“知识就是力量”这句话深入人心，但是创新人才的教育仅仅靠知识积累就可以吗？我的答案是否定的，教育必须超越知识。这是我对创新人才教育的一个核心想法，也是我们提出教育改革建议的出发点。

爱因斯坦的一句话给我留下深刻印象。他在1921年获得诺贝尔物理学奖后首次到美国访问，有记者问他声音的速度是多少，爱因斯坦拒绝回答，他说，你可以在任何一本物理书中查到答案。接着，他说了那句特别有名的话：“大学教育的价值不在于记住很多事实，而是训练大脑会思考”。

在今天，很多知识可以上网查到。在未来，可能有更多的知识机器会帮你查到。所以爱因斯坦的这句话在当前和未来更值得我们深思。我们知道，人工智能就是通过机器进行深度学习来工作，而这种学习过程就是大量地识别和记忆已有的知识积累。这样的话，它可以替代甚至超越那些通过死记硬背、大量做题而掌握知识的人脑。然而死记硬背、大量做题正是我们目前培养学生的通常做法。所以，一个很可能发生的情况是，未来的人工智能会让我们的教育制度下培养学生的优势荡然无存。不久前，人工智能机器人参加了高考数学考试。报道说，有两台机器人得分分别是134分和105分（满分150分）。这只是开始，据说人工智能机器人的目标是到2020年能够参加全部高考科目。所以，经济发展需要“创新驱动”，人工智能发展势头强劲，这些都让我们认识到对现有教育体制和方法进行改革的迫切性。

第二，知识越多未必创造力越强。在教学实践中强烈地感受到，创造性思维的来源之一，是好奇心和想象力。创造力确实需要知识的累积，但除了知识，还需要什么呢？爱因斯坦说过，“我没有特殊的天赋，我只是极度好奇”“想象力比知识更重要”。他说的好奇心和想象力，我觉得是我们过去比较忽视的。

受此启发，可以提出一个简单的假说：“创造性思维=知识×好奇心和想象力”。这个简单的公式告诉我们，知识越多未必创造力越强。因为人接受的教育多，知识积累多了，但好奇心和想象力可能减少，所以创造力并非随着受教育时间的增加而增加。儿童时期的好奇心和想象力特别强，但是随着受教育程度的增加，好奇心和想象力通常会逐渐递减。

为什么？因为人们后来学的知识都是有框架和设定的，不管什么知识都是这样。在学习这些知识的时候，你的好奇心、想象力往往会挑战这些知识框架，但在绝大多数情况下，你的挑战是错的。因为经常受到打击和否定，所以客观上压制了你的好奇心和想象力。连爱因斯坦都曾经感叹，好奇心、想象力能在正规教育中幸存下来，简直就是一个奇迹。

这就形成了创新人才教育上的一个悖论：更多教育一方面有助于增加知识而提高创造性，另一方面又因压抑好奇心和想象力而减少创造性。所以两者的合力让我们判断教育对创新人才产生的作用变得困难，但可以部分解释为什么有些辍学的学生反而很有创造力。因此，并不是学校培养不出杰出人才，而是我们的学校在增加学生知识的同时，有意无意地减少了创造力必需的其他元素。

第三，功利主义扼杀了创造性思维。创造性思维的来源之二，是有更高追求的价值取向。创造性思维不仅取决于好奇心和想象力，而且与价值取向有关，所以当讨论创新人才教育时，它不仅仅是一个知识和能力问题，也是一个价值观的问题。

现在面临的是一个比较急功近利的社会，盛行短期功利主义的价值取向，这对创造性思维是很有害的。不久前扎克伯格（Mark Elliot Zuckerberg）在哈佛大学2017年毕业生典礼上的演讲，主题是讲人要有追求，要有更高的追求，就是要超越短期功利主义的价值取向。

创新的动机分为三个层次，分别代表三种价值取向：短期功利主义；长期功利主义；内在价值的非功利主义。后面的比前面的有更高的追求。对短期功利主义者而言，创新是为了发论文、申请专利、公司上市；对长期功利主义者而言，创新有更高的追求，为了填补空白、争国内一流、创世界一流；而对内在价值的非功利主义者而言，创新有更高的追求：追求真理、改变世界、让人变得更加幸福。

现实情况是，具有第一类动机的人很多，具有第二类动机的人也有，但是具有第三类动机的人就少了，甚至可以说是寥寥无几。之所以缺乏创新型人才，除了缺乏好奇心和想象力之外，就是在价值取向上太急功近利，太功利主义。急于求成的心态、成王败寇的价值观，导致更多的抄袭、复制，而较少真正的创新，更不太可能出现颠覆性创新、革命性创新。

第四，创新人才的教育需要创新的教育模式。基于以上的反思，可以认为创新人才的教育需要创新的教育模式。一是教育应该创造更加宽松的、有利于学生个性发展的空间和时间；二是在教育中要更好地保护学生的好奇心、激发学生的想象力；三是在教育中要引导学生在价值取向上有更高的追求，避免短期功利主义。

这就对教育改革提出了更高的要求。因为目前学生培养方案的设计多以学生掌握知识的深度、广度为出发点和考核点，总觉得学生学得不够多、不够深，学得不够实用、不够前沿。但是如果更关心学生的好奇心和想象力，更关注学生的价值取向，那么教育模式就应该有较大的改变。改革是很不容易的，传统的观念、市场的压力、社会的环境都是制约因素。但对学生好奇心、想象力的关注，在社会上得到越来越多的共鸣；学生的个性发展也被上升到越来越高的高度。这些都是令人鼓舞的变化。所以，相信随着中国经济进一步发展，随着社会对创新人才需求的增加，创新人才教育将会发生深刻的变化。[①]

六、实施青少年科学素质行动

要按照《全民科学素质行动计划纲要实施方案（2016—2020年）》的要求，深入实施青少年科学素质行动。要宣传创新、协调、绿色、开放、共享的发展理念，普及科学知识和科学方法，激发青少年科学兴趣，培养青少年科学思想和科学精神。要完善基础教育阶段的科技教育，增强中小学生的创新意识、学习能力和实践能力，促进中小学科技教育水平大幅提升。要完善高等教育阶段的科技教育，引导大学生树立科学思想，弘扬科学精神，激发大学生创新、创造、创业热情，提高大学生开展科学研究和就业创业的能力。要充分发挥现代信息技术在科技教育和科普活动方面的积极作用，促进学校科技教育和校外科普活动有效衔接。要巩固农村义务教育普及成果，提高农村中小学科技教育质量，为农村青少年提供更多接受科技教育和参加科普活动的机会。

第一，要推进义务教育阶段的科技教育。基于学生发展核心素养框架，完善中小学科学课程体系，研究提出中小学科学学科素养要求，更新中小学科技教育内容，加强对探究性学习的指导。修订小学科学课程标准实验教材。增强中学数学、物理、化学、生物等学科教学的横向配合。重视信息技术的普及应用，加快推进教育信息化，继续加大优质教育资源开发和应用力度。

第二，要推进高中阶段的科技教育。修订普通高中科学与技术领域课程标准，明确对学科素养和学业质量的要求。修订普通高中数学、物理、化学、生物、地理、信息技术、通用技术课程标准实验教材，鼓励普通高中探

① 钱颖一. 中国教育优势或将被人工智能超越［EB/OL］. 微信公众号：知识分子，2017-07-07.

索开展科学创新与技术实践的跨学科探究活动。规范学生综合素质评价机制，促进学生创新精神和实践能力的发展。积极开展研究性学习与科学实践、社区服务与社会实践活动，提高学生的探究能力。深入实施中学生“英才计划”，促进中学教育和大学教育互动衔接，鼓励各地积极探索科技创新和应用人才的培养方式，加强普通高中拔尖创新人才培养基地建设。强化中等职业学校科技教育，发挥课程教学主渠道作用，推动科技教育进课堂、进教材、列入教学计划，系统提升学生科学意识和综合素养。

第三，要推进高等教育阶段科技教育和科普工作。组织开展大学数学、物理、化学、生物学、计算机等课程改革，推进高校科学基础课建设。加强科学史等科学素质类视频公开课建设。深化高校创新创业教育改革，引导大学生转变就业择业观念，支持在校大学生开展创新性实验、创业训练和创业实践项目。推动建立大学生创新创业联盟和创业就业基地，大力开展全国青少年科技创新大赛、“挑战杯”全国大学生课外学术科技作品竞赛、“创青春”全国大学生创业大赛等活动，为青年提供将科技创意转化为实际成果的渠道、平台。深入实施基础学科拔尖学生培养试验计划，完善拔尖创新人才培养机制。

第四，要大力开展校内外结合的科技教育活动。充分发挥非正规教育的促进作用，推动建立校内与校外、正规与非正规相结合的科技教育体系。广泛组织开展学校科技节、科技周、科普日、公众科学日、红领巾科技小社团、“科技之光”青年专家服务团等活动，普及节约资源、保护环境、防灾应急、身心健康等知识，加强珍爱生命、远离毒品和崇尚科学文明、反对愚昧迷信的宣传教育。充分利用重点高校和科研院所开放的科技教育资源，开展全国青少年高校科学营、求真科学营等活动。拓展校外青少年科技教育渠道，鼓励中小学校利用科技馆、青少年宫、科技博物馆、妇女儿童活动中心等各类科技场馆及科普教育基地资源，开展科技学习和实践活动。开展科技场馆、博物馆、科普大篷车进校园工作，探索科技教育校内外有效衔接的模式，推动实现科技教育活动在所有中小学全覆盖。

第五，要充分利用信息技术手段，均衡配置科技教育资源。推进信息技术与科技教育、科普活动融合发展。推进优质科技教育信息资源共建共享。加强信息素养教育，帮助青少年正确合理使用互联网。大力开展线上线下相结合的青少年科普活动，满足青少年对科技、教育信息的个性化需求。面向农村学生特别是农村留守儿童，开展科技辅导、心理疏导、安全健康等方面的志愿服务，帮助他们提高科学素质、丰富生活阅历、增长见识。加强各类家长、学校和青少年科普阵地建设，开展科技类亲子体验活动，搭建传播科学家庭教育知识的新平台，提高家长特别是母亲的科学素质。

第二节 农民科学素质行动

小康不小康，关键看老乡。我国已经确立到2020年实现公民具备科学素质比例超过10%的奋斗目标，农民科学素质是我国公民科学素质提高的短板之一，必须采取强力措施、千方百计推动我国农村科普公共服务的创新提升，进而带动我国农民科学素质整体的跨越提升。

一、推动农民科学素质跨越提升

农民科学素质是整个国民科学素质不可分离的重要组成部分。农民作为社会主义新农村建设的主体，其科学素质高低决定着全面建成小康社会和建设创新型国家进程，也决定着新农村建设的成败。自2006年国务院颁布实施《科学素质纲要》以来，特别是“十二五”期间，我国农民科学素质明显提高。但是农民科学素质与整个全民科学素质的差距在进一步拉大，已经成为我国公民科学素质提升中的极短板。据中国公民科学素质抽样调查，2015年我国公民具备科学素质的比例为6.20%，其中城镇居民9.72%、农村居民2.43%，农村居民仅相当于我国公民整体水平的39.2%、城镇居民的25.0%；与2005年相比，我国公民具备科学素质的比例在1.60%基础上提高2.88倍、城镇居民在2.37%基础上提高3.10倍，而农村居民仅在0.72%基础上提高2.38倍。目前，我国农民科学素质仍处于较低水平，而且提升不快，差距进一步拉大；不少农村地区一些不科学的观念和行为普遍存在，科学生产水平低；封建迷信严重，甚至在某些地区盛行；农村环境污染、资源浪费严重，生态环保意识不强等。农民科学素质水平不高，已成为制约我国全面建成小康社会和建设创新型国家的最大瓶颈。

我国农民科学素质提高受困于诸多因素。客观上受到农民群体数量大、分布广、基础差、流动性强，以及科普信息化程度低，科技信息闭塞，科普手段落后，农民科普教育和科普产品供给不足等制约，也存在农民科学普及认识不到位，科普工作机制不健全，人才缺乏，投入不足，农民科普教育培训特别是新型职业农民培育缺乏法制保障等问题。目前我国总人口约14亿，2015年我国城镇化率达到56.1%，城镇常住人口约7.8亿，农村人口约6.2亿。农村和农民的全面小康，不仅体现在物质文明方面，也体现在包括科学素质在内的精神文明方面，农民科学素质的高低直接关系到全面建成小康社会的成效，关系“两个一百年”奋斗目标的实现。由此，必须把我国农民科学素质提升作为全民科学素质工作的当务之急和重中之重，下大力气、聚焦重点、精准施策，采取各种行之有效的措施跨越提升农民科学素质，力争实现到2020年我国农民具备科学素质的比例超过5%。

视窗4–9　我国农业迈入3.0时代

中国农业正处于一个大变革、大转型的关键时期，从农业2.0时代，全面迈向农业3.0时代。所谓农业3.0时代，是相对农业1.0、2.0时代而言。农业1.0时代，对应于传统农业社会，其特征是一家一户分散经营、自给自足，技术水平较低，耕作主要依靠人力和畜力，对风调雨顺、地力水源等自然因素依赖度高。农业2.0时代，开启于近代以来的工业社会，其特征是工业革命的成果逐渐反哺于农业，机械、化肥、农药等工业品广泛使用，农业基础设施全面改善，“靠天吃饭”的局面得到较大改观，农产品“量”的问题基本解决。

农业3.0时代，则发端于后工业社会和信息化社会，它既是对农业2.0时代的继承，也是对农业2.0时代的超越；它的技术水平更高、生产效率更高，同时也更加个性化、更具丰富性；它不仅满足“量”的需求，也能很好地满足“质”的要求。总之，这是一种完全不一样的、颠覆性的农业。当下，农业3.0时代的图景正在中国大地展开。这是一个大变局，这是一片新蓝海，这里有惊喜，也有忧伤；有新生，也有死亡；有“风正一帆悬”的畅快，也有“云深不知处”的迷惘。

农业大变局，新蓝海：扣启农业3.0时代。从农业2.0到农业3.0，中国农业正在展开“惊人一跃”。这是顺应时代潮流的一跃，因其规模之大、变化之巨、时间之急，所以惊人；这也是面对考验的一跃，社会需求的压力、资源环境的约束、内外市场的夹逼，容不得半点闪失，故而惊人；这更是创造明天的一跃，新模式涌现、新农人壮大、新生活流行，因此惊人。2015年，中央提出农业供给侧结构性改革，“惊人一跃”与此正相呼应。

农业新挑战、新方位。对于中国农业而言，当下的挑战显而易见。城镇化的快速发展，吸走了农村年轻的、高素质的劳动力，农村“空心化”“老龄化”日益严重，“未来谁来种地”这个问题的求解已迫在眉睫；农业生产成本，包括人力成本、土地成本、农资成本等近年来快速提升，而农产品价格受国际市场影响，上涨有限，甚至有所下滑，两相夹逼的形势短期内难有改观；我国粮食产量虽然实现十余年连续增产，但付出的资源环境代价太大，地下水超采、地力退化、面源污染、化肥农药超量使用，已经难以为继；随着生活水平的不断提升，民众对农产品的品质、健康、安全性、丰富性提出了新的要求，而我国农业生产体系并不能与之完全对接，社会诟病不断……挑战催生变革，巨大的挑战催生巨大的变革。当然，变革还需要催化剂。

政策的调整是重要的催化剂之一。正是基于上述形势，中央作出了农业供给侧改革的部署，改革农产品收储制度、改革农业补贴制度，不再一味强调产量，引导第一、二、三产业融合发展，明确在“谷物基本自给、口粮绝对安全”的基础上适度放开进口等。技术的应用是另一个重要的催化剂。尤其是不断普及的信息技术，为改造农业体系、适应社会需求提供了强大动力。

总体来看，中国农业挑战与机遇并存，困难与希望同在。看待中国农业，需要多个维度，经济的维度、民生的维度、政策的维度、技术的维度……这些维度考察下来，就明白了中国农业所处的历史方位：一个必须转型、正在转型且转型大有可为的关键时期。

农业新取向、新趋势。观察农业大转型，我们会发现几个大的取向和趋势。在目标取向方面，从主要追求数量转向数量、质量并重。2015年中央农村工作会议首提农业供给侧改革时，就强调要提高农业供给体系质量和效率，使农产品供给数量充足、品种和质量契合消费者需要，真正形成结构合理、保障有力的农产品有效供给。这是中央的要求、市场的需求，也是实践中农业发展的热点。在生产方式方面，更加依赖技术的支撑，更加注重可持续的导向。技术水平的升级，是农业3.0时代主题中应有之义。技术对农业生产方式的改造是全方位的，我们已经看到很多“黑科技”的应用。同时，资源环境的约束则以底线、红线的形式，对生产方式的变革提出要求，轮作休耕、秸秆还田、化肥零增长、滴灌微灌等生产方式方兴未艾。在经营体制方面，“适度规模经营+社会化服务”成为必然选择。中国城镇化率即使达到70%，人多地少的现实也不会根本改变，这决定了我国规模经营必须是适度的；适度规模经营如何提高生产效率、提升农产品竞争力，靠的是规模可以做到很大的社会化服务。这两者的结合，是中国农业应对竞争挑战的关键所在，也是中央倡导的农业现代化方向。在产业链条方面，从产销一体到以销定产，农业大规模定制将逐渐普及。以往是种什么吃什么，将来是吃什么种什么；以往的农业产业链条——生产、加工、运输、批发、零售、消费，基本以生产为起点、围绕生产来进行，将来依托信息技术，整个产业链条在很大程度上要倒过来，以消费为起点、围绕消费来构建。在模式业态方面，注重农业功能的多样化开发，强调第一、二、三产业的融合发展。农业不仅可以提供农产品，还是农业文明的载体、田园生活的依托、乡村风貌的内核，农业还有体验、休闲、教育、养生等功能，以这些功能为基础的农业新模式、新业态正在蓬勃兴起。

农业新特征、新样态。在这些大趋势之下，3.0时代的农业可谓百舸争流，一幅波澜壮阔的画卷正在徐徐展开。总体来看，这些农业都追求高质量、高效率、高效益，追求个性化、多样化、丰富化；这些农业的经营主体更年轻、更好学、更懂管理和市场；他们也不再是一个人在战斗，而是依托合作社、背靠社会化服务组织、灵活运用政府的各种扶持资源……

至于农业3.0时代的农业样态，更是林林总总，琳琅满目，比较重要的就有智慧农业、绿色农业、定制农业、品质农业、有机农业、循环农业、体验农业、休闲农业、养生农业、观光农业等，以及由这些农业样态交叉融合而来的新样态。比如智慧农业，它把信息技术引入农业的生产、流通、销售、管理等环节，依托物联网、移动互联网、云计算以及智能农业装备，依托大数据，实现农业的精细化种植和智能化生产，实现农业全产业链的升级再造。又如绿色农业，它把农业可持续发展的要求，与民众对高品质、安全健康农产品的需求相对接，采用农药减量、生态循环、施用有机肥等绿色生产方式，生产市场认可的绿色农产品，实现经济效益和环境效益的双赢。类似这样的农业样态不断兴起，“农业+”“+农业”，农业正在抛弃单纯的“地里刨食”，告别简单粗放、整齐划一，迈向一个新时代——农业3.0时代。[①]

二、强化农村重点人群科普服务

跨越提升我国农民科学素质，关键在农村干部这个重要的极少数，重点是职业农民、农村妇女、进城务工人员，难点是农村留守人群和贫困人群。要突出重点，分类施策，着力培养具有科学文化素质、掌握现代农业科技、具备一定经营管理能力的新型职业农民，全面提升农民的生活水平，协力提升流动人口的科学素质，大力提高农村妇女、农村留守人群的科学素质。

（一）加强农村干部科普教育培训

据中央组织部最新党内统计数据显示，截至2016年底，中国共产党党员总数为8779.3万名，其中57.73万个建制村中，57.72个已建立党组织，农牧渔民党员2593.7万名。要组织在职村支部书记、村委主任、后备优秀骨干干部、大学生村干部、入党积极分子、高中以上返乡人员、农村实用技术人才、产业化发展带头人等农村干部，深入持续开展农村实用人才技术和科普教育培训，以及农村经营管理、信息技术应用等，提升他们的科学素质和领导带动能力。

（二）加强职业农民科技教育培训

实施新型职业农民培育工程和现代青年农场主计划，全方位、多层次培养1000万以上的各类新型职业农民和农村实用人才。充分发挥党员干部现代

---

① 宋晓东，郭强，等. 中国农业“惊人一跃”：扣启农业3.0时代［EB/OL］.［2017-07-11］. http：//www.banyuetan.org/chcontent/jrt/2017711/231322.shtml.

远程教育网络、中央农业广播电视学校（以下简称“农广校”）、农村社区综合服务设施、农业综合服务站（所）、基层综合性文化服务中心等在农业科技培训中的作用，面向农民开展科技教育培训。深入实施农村青年创业致富“领头雁”培养计划，通过开展技能培训、强化专家和导师辅导、举办农村青年涉农产业创业创富大赛等方式，促进农村青年创新创业。深入实施巾帼科技致富带头人培训计划，着力培养一支综合素质高、生产经营能力强、主体作用发挥明显的新型职业女农民队伍。

（三）加大农村转移人群的科普服务力度

国家统计局发布数据显示，2015年全国农民工总量2.77亿人，其中外出农民工1.69亿人。随着我国城镇化的推进，到2020年我国将有数以亿计农民走向城市，农民的市民化、人的城镇化，科学素质是基础。要顺应新型城镇化发展大势，在农村为即将进城的农民、村转居等人群开展预期城镇化公共科普服务，在城镇社区为已进城的农民、新市民开展继续城镇化公共科普服务。

（四）加大农村留守人群的科普服务力度

据推算，我国农村留守儿童已超过6000万，留守妇女达4700多万，留守老人约5000万，“三留守”问题日益凸显。要加大对“三留守”等困难群体的科普服务力度，推动全民科学素质行动实施的重心下移，大力开展巾帼科技致富工程、巾帼科技特派员、巾帼现代农业科技示范基地建设等工作，组织开展“智爱妈妈”活动，努力提高农村妇女科学素质。

三、增加农村科普公共服务供给

农民科学素质的差距，从本质上讲是农村科普公共服务能力不足的问题，因此农民科学素质跨越提升，农村科普公共服务能力要先行。

（一）创新提升农技协农技推广服务

以创新提升中国农村专业技术协会（以下简称“农技协”）农技推广服务为重点，强化农村基层科普服务能力。全国现有农技协13万多个，要着力提升农技协的产业聚合和引领能力，充分发挥乡镇农技协联合会的桥头堡作用，充分发挥好互联网等现代信息技术在农技服务中的强力引擎作用，加速推进农技协服务品质的创新提升，推动农技协由技术示范推广型协会向产业服务型协会转变、由封闭粗放服务向协同精准服务转变、由传统手段向现代信息化手段转变，实现农技协2.0升级版。要认真落实中国科协、农业部《关于支持农村专业技术协会开展农技社会化服务的实施意见》，积极推动乡镇农技站和当地农技协有效对接，将农技协纳入基层农技推广体系建设范畴，建立、健全乡镇农技站和农技协分工明确、各有侧重、联合协作的农技推广新机制。要把农村科普组织纳入政府购买公共服务范畴，采取订购服务、定向委托、公开招标等方式，优先支持农村科普组织开展农技社会化服务，切实发挥好自己的专业技术优势，积极承接政府转移交办的农民科技培训、农业科技推广等社会化农技推广服务工作，在示范基地建设、科技示范户认定、技术人员培训、信息化服务手段改善以及主导品种、主推技术遴选发布等方面发挥主导作用。要积极推进银会合作，加强与农商银行（农村信用社）、邮政储蓄银行等金融机构的合作，积极探索建立银会合作对接平台，筛选推荐优秀农技协、科普示范基地、科普带头人，银行创新产品和服务与之对接，实现农技协资源和银行服务网络资源、资金资源的深度融合，形成资金和技术整合运用、优势互补的“银会合作”模式。

（二）提升农村科普服务基础支撑能力

我国科普法明确规定，各级政府应当将科普经费列入同级财政预算，逐步提高科普投入水平。目前，我国农村科普经费投入普遍不足，农村科普经费投入严重不足，科普工作所需的必要物质基础得不到有效保障。由于县、乡级财政普遍较困难，近些年来虽然对科普工作的投入有所增加，但离经济社会发展的同步投入还有十分大的差距。据调查了解，我国中西部地区不少县的科普投入每年人均不足0.30元，捉襟见肘，严重影响和制约着农村科普工作的有效开展。各级政府要加大对农村科普经费投入，保证县（旗）、地（市、州）、省（自治区、直辖市）、全国科普人均经费各为半根冰棍钱（至少1元人民币）。要将科普设施纳入农村社区综合服务设施、基层综合性文化中心等建设中，提升农村社区科普服务能力。开展科普示范县（市、区）等创建活动，提升基层科普公共服务能力。深入开展文化科技卫生“三下乡”、科普日、科技周、科技文化进万家、世界粮食日、健康中国行、千乡万村环保科普行动、农村安居宣传、科普之春（冬）等各类科普活动，大力传播创新、协调、绿色、开放、共享的发展理念，围绕农业现代化、加快转变农业发展方式、粮食安全等，贯彻党和国家强农惠农富农政策，普及高效安全、资源节约、环境友好、安全健康、耕地保护、防灾减灾、绿色殡葬等乡村文明知识和观念，传播科学理念，反对封建迷信，帮助农民养成科学、健康、文明的生产生活方式，提高农民健康素质，建设美丽乡村和宜居村庄。

（三）补齐科学素质服务薄弱地区短板

按照年人均纯收入2800元以下的贫困标准，目前我国有14个贫困片区、592个贫困县、12.8万个贫困村，到2020年必须实现7000万贫困人口脱贫，任重而道远。实施科技助力精准扶贫工程，加强革命老区、民族地区、边疆地区、集中连片贫困地区科普服务能力建设，加大对农村留守儿童、留守妇女和留守老人的科普服务力度。广泛动员广大科技工作者和各级科普组织大力开展“创新争先行动”，以集中连片特殊困难地区和国家扶贫开发工作重点县为主战场，以帮扶、建档立卡贫困村、户尽快实现脱贫致富作为首要目标，依托乡镇农技协联合会、农技协、农村科普示范基地、农技推广站、农技专家服务团等基层脱贫攻坚的重要力量，大力提高贫困户劳动生产技能和科学素质，大力提高贫困户的劳动生产技能，创造更多就业岗位、提供更多就业信息、帮助他们实现就业，大力推广应用农业新技术、新品种、新模式，大力发展特色产业，为贫困户生产销售、生活改善提供便捷服务。实施科普援藏援疆工作，加大科普资源倾斜力度，加强双语科普创作与传播。

视窗4–10　科技助力精准扶贫工程

为贯彻落实中央脱贫攻坚重大决策部署和习近平总书记在全国科技三会上的重要讲话精神，组织动员各级科技组织和广大科技工作者广泛开展“创新争先行动”，助力各级地方如期完成脱贫攻坚任务，中国科协、农业部、国务院扶贫办在“十三五”时期联合实施“科技助力精准扶贫工程”。该工程旨在围绕脱贫攻坚总目标和扶贫先扶智的根本要求，广泛开展“创新争先行动”，积极投身脱贫攻坚，加大科技供给和支撑，大力增强贫困户依靠科技脱贫致富的积极性和主动性，大力提高贫困户的科学素质和生产技能，为实现脱贫攻坚目标做出新贡献。

通过工程实施，到2020年，在贫困地区支持建设1000个以上农技协联合会（联合体）和10000个以上农村专业技术协会，实现农技协组织和服务在贫困县全覆盖；组织10万名以上来自各级学会、高校和科研院所等科技专家参与脱贫攻坚，实现科技服务在贫困村全覆盖；引导优质科技资源和服务向基层集聚，大幅提高贫困地区公民科学素质和生产技能。

支持每个贫困县建立1个农技专家服务站；配备1辆科普大篷车；流动科技馆巡展2次；至少建设1所农村中学科技馆；贫困家庭的青少年接受科技教育，参与科普活动的机会明显提升；为每个贫困县制定科技脱贫攻坚规划和产业发展政策提供决策咨询。支持有产业发展基础的贫困乡镇建立1个乡镇农技协联合会（联合体）；培育1个乡镇特色产业；建立各级学会，特别是农科、医科和工科学会对接乡镇产业发展科技信息与人才帮扶机制。支持适合发展“一村一品”的贫困村建设1个农技协；培育1个以上新型经营主体；打造1个特色品牌；建设1个科普中国乡村e站。通过培训使每个有劳动生产能力的贫困家庭至少掌握1—2项脱贫致富的实用技术和技能，至少能够参与1项农业增收项目，提高农民依靠科技致富的能力。

实施中，要围绕地方党委、政府脱贫攻坚中心任务，集聚科技资源优势，加大对贫困地区的支持力度，助力脱贫攻坚。始终瞄准贫困地区建档立卡贫困户，坚持扶持对象精准、项目安排精准、资金使用精准、措施到户精准、脱贫成效精准的要求，帮助建档立卡户提升科学素质、实现增收脱贫。建立东西对口帮扶、各级科技组织和专家与贫困村户结对帮扶机制，每年对做出突出贡献的科技组织和专家给予资助支持，实现东西互动、上下联动。

工程的主要任务，一是服务科学决策，促进特色产业发展；二是推广农村先进实用技术，提升科技帮扶含量；三是培养乡土人才，夯实人力资源基础；四是培育新型经营主体，不断完善农技服务体系；五是完善科普设施建设，提升科普能力；六是广泛开展科普活动，提升贫困地区公民科学素质。①

四、开启农村科普服务的新引擎

当今世界，以数字化、网络化、智能化为标志的信息技术革命日新月异，互联网日益成为创新驱动发展的先导力量，深刻改变着人们的生产生

---

① 中国科协、农业部、国务院扶贫办关于联合印发《科技助力精准扶贫工程实施方案》的通知［A/OL］.［2016-11-25］.http://kx.cqszx.gov.cn/html/tzgg/16/11/218.html.

活，有力推动着社会发展。大力推动农村科普公共服务信息化，缩小和填补农村科普信息服务“鸿沟”，是跨越提升我国农民科学素质的有效途径和必由之路。

（一）增加农村科普服务信息供给

要充分依托现有企业和社会机构，借助现有信息服务平台，统筹协调各方力量，融合配置农村科普信息资源，建立、完善优质科普信息内容生产体系和服务机制，细分农村科普对象，提供精准的科普服务产品，泛在满足公众多样性、个性化获取科普信息的要求。实施科普信息建设专项，采取“统一品牌、分栏制作、互联互通”的政府与社会资本合作模式（PPP）运作方式，强化农村科普内容生产，统筹制作科普内容并进行传播，形成强大的互联互通的科普中国内容生产和公共传播方阵，显著增强优质农村科普信息内容有效供给水平和能力。要建立科学性把关机制，建立农村科普舆情监控机制，建立快速纠正机制，充分发挥广大科技工作者、科普工作者的作用，借助先进信息技术手段，贴近实际、贴近生活、贴近群众，充分运用虚拟现实、人工智能、全息仿真等技术，在科普的多媒体、动漫、游戏等表达和呈现形式、传播方式等方面取得突破，增强农村科普的体验性和时效性。

（二）构建农村科普服务云网端体系

紧紧依托科普中国服务云的共享式服务平台，基于云计算、大数据等技术，发挥零边际成本优势，实现农村科普公共服务的信息汇聚、数据挖掘、应用服务、实时获取、精准推送、决策管理等。要借助科普中国信息服务“云网端”体系，在包括科普中国服务云、科普中国网、科普中国相关频道等“一云一网多频”，科普中国微信、微博、科普中国微信方阵、科普中国QQ方阵、科普中国手机软件（APP）及科普中国相关移动端应用等“两微两群多端”，科普中国e站、科普中国服务基站、科普中国V视快递等“两站多屏”，构建、完善农村科普公共服务的云网端体系，采取精细分类、精准推送等有效方式，洞察和感知农民科普需求，通过公众主动获取、定制推送、精准推送、线上线下活动结合的方式，实现农村科普信息落地服务最广大的农民群众。

（三）推动科普中国乡村e站建设

科普中国乡村e站是面向农村居民，开展科技推广与服务、农村创新创业、购销服务，以及健康生活、科普文化活动等线上线下相结合的农村科普服务的新阵地，是农村科普公共服务的信息化基础设施。要按照有网络、场所、终端、活动、人员等五有要求，与农村科普活动站、科普宣传栏、科普员（站、栏、员）等紧密结合、深度融合，建好和用好科普中国乡村e站。要通过登录到科普中国网、科普中国各频道、科普中国移动端应用等，主动获取各类所需要的科普内容信息资源，实时传递给属地公众；要通过登录科普中国网的相应开放入口进行注册，根据实际需要定制科普中国服务云的科普内容信息，通过属地的传播渠道（平台）和移动端应用实时向公众进行推送；要通过服务云数据接口，入驻科普中国服务云，科普中国服务云根据用户行为数据，利用云技术服务方式，个性化地向公众精准推送科普中国的科普内容信息；要利用科普中国服务云线上内容信息资源，开展科普教育培训、展览、咨询、竞赛等线上线下结合的科普活动，推动科普中国信息在乡村的落地应用。

（四）提升科普服务公共服务品质

积极开展信息技术培训，加大对循环农业、创意农业、精准农业和智慧农业的宣传推广力度，实施农村青年电商培育工程，鼓励和支持农村青年利用电子商务创新创业。发挥科普中国乡村e站作用，大力开展农民科学素质网络知识竞赛、新农民微视频展播等线上线下相结合的科技教育和科普活动。加强与电视台、广播电台等大众传媒机构的合作，充分发挥广播、电视等现有覆盖面广、影响力大的传统信息传播渠道作用，面向农民传播丰富多彩的科普内容。鼓励有条件的地方组织科技专家编印农民科学素质读本、农业技术手册、科普常识口袋书等。要高度重视乡村科普宣传员队伍建设，积极争取党委、政府和组织部门支持，将乡村科普宣传员队伍纳入基层群团工作队伍，力争为本辖区内的所有行政村配齐科普宣传员，同时要加强乡村科普宣传员培训，建立以科普员为核心的农村科普传播社群，发挥他们在提升农民科学素质中的基础性作用。

第三节　城镇劳动者科学素质行动

企业是创造社会财富的经济实体，是专业技术人员和城镇劳动者的主要聚集地，是技术创新的主体。城镇劳动者一般是指在我国城镇就业的劳动群体，与在农村就业的劳动群体相区别。农村劳动者长期持续进城就业，就自然成为城镇劳动者。劳动者是生产力中最活跃的因素，只有劳动者素质得到全面提高，生产力水平提升才有保证。推进经济转型升级，必须高度重视劳动者素质特别是科学素质的提升，促进人口资源优势转化为人力资源优势。

一、城镇劳动者科学素质建设的新形势

当前，我国经济已经进入新常态，具有良好科学素质的劳动者，是增强自主创新能力、推动经济社会发展不竭的智力源泉。加强公民科学素质建设，要进一步深化教育改革，提升优质科普内容资源的供给能力，满足公众个性化获取科普信息的需求。

（一）劳动和创造离不开知识的浸润

当今时代，科技以前所未有的力度重塑着劳动形态和劳动观念，彰显人才价值、重视创新驱动是时代的要求。在冲刺全面建成小康社会的关键一程上，我们比以往更加需要知识和知识分子；知识分子、技工技师、海归人才等各类人才也比以往拥有更加宽阔的舞台。广纳英才，汇聚众志，实干为先，加快形成有利于干事创业的体制机制，让各类人才把才华和能量充分释放出来，决战决胜全面小康就能早日成为现实。广大知识分子胸怀大局、心有大我，多为推进党和人民事业发展献计出力，多面向经济社会发展主战场、面向人民群众新需求创新攻关，必能在时代的洪流中绽放人生的华彩。

中国制造需培养“工匠级”产业工人。当前中国制造业面临创新能力不强、核心技术薄弱和共性技术缺位、资源浪费和环境污染等三大突出问题。实施创新驱动、提升制造业从中低端向中高端发展，中国要想从制造大国转变为制造强国，需要进一步培育具备高素质、高技能的产业工人。不仅仅是把人（用机器）换掉，更重要的是提升工人的素质。我国制造业企业中仍普遍缺乏高素质的产业工人，如果没有高素质的产业工人群体，就难以成为世界制造强国。制造业不仅需要领军型人才，也需要大批技能高超的技工队伍，两者缺一不可。建设制造强国离不开一流产业工人群体的支撑。除培育研究型人才，还要强调培育“工匠级”的技术工人。

创新时代更需创新精神，时代赋予劳动群众新的伟大使命，也提供了施展创造才华、成就劳动伟业的广阔舞台。未来要实现新一轮引领型发展，还

需切换动力，依靠创新驱动。创新驱动发展的核心是科技创新，最重要的是掌握自主核心技术。面对日趋激烈的全球化竞争，推进从制造大国向制造强国转变，作为新时代的劳动者，必须将劳模精神融入创新驱动发展潮流，深化学习，以全新知识提升自己的科技素质；深化创新，继续在技术工作的实践中，打造自主核心技术竞争力，成为带动创新驱动发展的新引擎。

（二）新常态需要高素质的劳动者大军

当前，我国经济已经进入新常态，具有良好科学素质的劳动者，是增强自主创新能力、推动经济社会发展不竭的智力源泉。否则，谈创新驱动就是无源之水，大众创业、万众创新也难以为继。“十三五”时期是实施创新驱动发展战略的关键时期，也是全面建成小康社会的决胜阶段，我们比以往任何时候都更加需要强大的科技创新力量。

劳动是一切成功的必由之路，劳动是创造价值的唯一源泉。纵观国际格局，一个国家的发展能否抢占先机、赢得主动，越来越取决于国民素质特别是劳动者素质。放眼国内大势，落实新发展理念，推进供给侧结构性改革，实施创新驱动发展战略，孕育一支宏大的高素质产业工人队伍至关重要。改革发展召唤知识型、技术型、创新型高素质劳动者，社会进步也需要劳动精神、工匠精神、创新意识的引领带动。学习新知识、掌握新技能、增长新本领，在推进供给侧结构性改革中发挥主力军作用，唯有如此工人阶级和劳动群众才能奏响“劳动光荣、创造伟大”的时代之歌，谱写劳动托举中国梦的新篇章。

经济社会发展后劲的大小，越来越取决于劳动者的知识水平和创新能力；在国际竞争中抢占先机、赢得主动，越来越需要不断提高广大劳动者的综合素质。习近平总书记在全国劳动模范和先进工作者表彰大会上强调“始终高度重视提高劳动者素质，培养宏大的高素质劳动者大军”，着眼的是推进伟大事业的战略全局。

木有所养，栋梁之材成；水有所养，灌溉之利溥。知识越丰富、技能越娴熟，劳动者的创造能力就越强，我们参与全球竞争就越有力。改革开放30多年来，我国高素质劳动者规模不断扩大，结构逐步优化。据统计，截至2013年底，全国技能劳动者达1.5亿，高技能人才3762万人，占技能劳动者的25.2%。在中国经济转型升级、爬坡过坎的进程中，高素质劳动者大军是最重要的优势，是迈向中高端水平的决定性因素。

视窗4–11　信息时代急需技能人才辈出

当今时代，各国普遍把壮大实体经济、推动制造业转型升级、发展现代服务业，作为促进经济发展的重要举措，我国也制定了“中国制造2025”等战略，这些都需要一支高素质的技能人才队伍作支撑。

技工教育是与制造业和服务业联系最密切、与就业创业更是无缝对接的一种教育类型，是培养产业工人、技术工人的主阵地。截至2016年底，全国共有技工院校2526所，在校生323万人，毕业生就业率一直保持在97%以上，技校学生在毕业前一两年甚至入学时就被企业早早预定。我们耳熟能详的那些大国工匠：雕刻火药的航天人徐立平、火箭焊接大师高凤林、数控革新专家鲁宏勋、工人发明家李斌等，都是技工院校的毕业生。2016年表彰的30名中华技能大奖获得者，有20人来自技工院校。尽管如此，由于受“重学历、轻技能”“学而优则仕”等传统观念的影响，我国技工教育并不为社会普遍认可和重视，长期面临“招生难”困境，与毕业生“就业旺”形成鲜明对比。然而在德国，学生完成义务教育后，70%的学生将接受技工教育，这些人中90%以上毕业后将直接就业，这在欧美等发达国家已不是个别现象。

当前，各国普遍把壮大实体经济、推动制造业转型升级、发展现代服务业，作为促进经济发展的重要举措，我国也制定了“中国制造2025”等战略，这些都需要一支高素质的技能人才队伍作支撑。如今，我们欣喜地看到，社会各界对发展技工教育的重要性认识不断提高。习近平总书记指出：“作为一个制造业大国，我们的人才基础应该是技工”，“要大力培育支撑中国制造、中国创造的高技能人才队伍”。2017年以来，国务院印发的《“十三五”促进就业规划》和《关于做好当前和今后一段时期就业创业工作的意见》，都明确提出“大力发展技工教育”的要求。

2016年底，人社部印发了《技工教育“十三五”规划》，这是我国首个技工教育五年规划。要加快制定提高技术工人待遇的政策措施，让更多年轻人看到上技校、学技能的“红利”；要进一步服务脱贫攻坚等国家战略，让更多贫困家庭的孩子走技能成才、技能就业之路，实现技能脱贫；要不断完善生均拨款等支持性政策，深化校企合作，加大资金投入，更好地提升技工院校的办学水平和条件，进一步提高学生的职业能力和就业质量；要把弘扬和培育工匠精神贯穿技工教育全过程，使之成为技工教育的鲜明特征，培养全面合格的后备产业工人和高技能人才；要加大宣传力度，让更多的人了解技工教育、认同技能成才、投身技能报国。希望全社会都关心、关注和支持技工教育，各行各业都大力弘扬工匠精神，将“三百六十行，行行出状元”的理念播撒到全社会，让“新青年、新技能、新梦想”成为时代风尚。①

（三）新一轮产业变革迫切需要劳动者科学素质的提高

放眼世界，新一轮科技革命和产业变革孕育兴起，世界各国都在加快争夺未来制高点、争创产业新优势的步伐，谁拥有人才上的优势，就会拥有实力上的优势。审视国内，中国经济动力转向创新驱动，经济结构发生深刻变化，新产业、新业态、新模式纷纷涌现，对知识型、技术型、创新型人才需求迫切。这一切都对劳动者素质提出了更高要求，也在昭示我们，要以人才“第一资源”的优化提升，进一步解放科学技术“第一生产力”，高质量、高效率地推动发展这个“第一要务”。

提高包括广大劳动者在内的全民族文明素质，是民族发展的长远大计，也是紧迫的现实课题。为此，我们必须深入实施科教兴国战略、人才强国战略、创新驱动发展战略，把提高职工队伍整体素质作为一项战略任务抓紧抓好；必须努力挖掘劳动力资源新优势，通过提升劳动技能、提高劳动生产率，实现人口红利从“数量型”向“质量型”的转变。实现这样的目标任务，离不开新知识的学习、新技能的掌握、新本领的增长，离不开中国特色社会主义理想信念教育、社会主义核心价值观和优秀传统文化的熏陶，离不开思想政治工作方式方法的创新、人文关怀和心理疏导的加强。

劳动者素质的提升，归根结底要靠自身努力。竞争中的各种难题，只要肯学、肯干、肯钻研就能破解；生命里的一切辉煌，只有勤勉奋发多干

---

① 张立新.发展技工教育是时代的呼唤［N］.人民日报，2017-07-13.

事才能铸就。能让卫星上天的是人才，能让马桶不漏水的也是人才。形成“三百六十行，行行出状元”的制度机制，形成“崇尚一技之长、不唯学历凭能力”的社会氛围，让练就一身真本领、掌握一手好技术的劳动者都能立足岗位成长成才，知识型、技术型、创新型的劳动者必会汇成江海[①]。

视窗4–12　迎接第四次全球工业革命

第四次工业革命并不改变人们所做的事情，它改变的是人类自己。1998年柯达有17万名员工，在全球销售了所有相纸的85%，随后在短短几年里其商业模式就消失了，并破了产。在未来10年，很多行业将会经历柯达所发生的事。这样的事情其实正在发生，如人工智能、健康、自驾车及电动车、教育、3D打印、农业和就业等。当今世界，全球迎来第四次工业革命、迎来指数发展时代。

在人工智能方面，2016年以来计算机击败世界上最好的棋手，比预期提前10年。在美国年轻律师已找不到工作，由于有了IBM沃森（超级电脑），人们几秒钟内就可以得到法律咨询，虽然到目前为止，多少还只是基本的法律服务，但精确率达90%，而面对面咨询的正确率只有70%。IBM沃森已经帮助护士诊断癌症，比医生准确率高4倍。脸书（Facebook）可识别人脸，比人类的识别准确程度更高。到2030年，计算机将变得比人类更智能。

在智能汽车方面，在2018年将向公众提供第一辆自驾汽车。2020年左右，整个行业将被颠覆，那时人们可能就不想拥有自己的汽车了。人们需要用车会通过手机叫一辆车来，它会出现在你所在的位置，并自动送你到目的地。你不需要停放车辆，只需支付路程费，你可以一边开车一边赚钱。孩子们可以永远不需考驾照，也不需要拥有自己的车。它将改变每座城市，因为未来只需要现在5%—10%的汽车。现在的停车场可改造成公园。目前全世界每年死于车祸的人为120万，每10万千米就有一次事故。随着智能驾驶的发展，将会改进到1000万千米一次事故，

① 人民日报评论员. 培养高素质的劳动者大军——三论学习贯彻习近平全国劳模表彰大会重要讲话精神［EB/OL］.［2015-05-03］. http：//opinion.people.com.cn/n/2015/0503/c1003-26938718.html.

每年拯救100多万人的生命。2020年前后，电动车将成为主流，城市将更清洁和更少嘈杂，且更便宜。大多数传统的汽车公司试图改进及建造更好的车，可能会导致破产；而高科技公司如特斯拉、苹果、谷歌则以革命性方法，把电脑建在车轮上成为交通工具。保险公司可能会有大麻烦，因为无事故，保险费将便宜到现在的1%，汽车保险经营模式将消失。基于邻近区域离工作场所近、上学近等因素的房地产价值会发生变化，因为人可以在任何地方有效地工作或即使上下班路上也同样很具有生产力，人们就会搬出城市，住到农村去。

在3D打印（增材制造）方面，最廉价的3D打印机的价格10年之内将从18000美元降到 400美元。同时打印速度加快100倍。制鞋企业将会用3D打印鞋类产品；备用飞机部件在偏远机场已经由3D打印出来；空间站将不再需要大量过去需要飞船运去的零部件。2017年底，新的智能手机可能将拥有3D扫描功能，人们可以三维扫描你的脚，在家打印一双你的完美的鞋子。到2027年，一切产品里面有10%将会由3D打印制作。

在农业方面，未来会有一个100美元的农业机器人。那时第三世界国家的农民可以成为各自农产品领域里的管理者，他们不需整天工作。气耕或雾耕蔬菜种植法需要的水少得多，在培养皿中生产第一块小牛肉现已有了，这将比2018 年奶牛所产的小牛肉便宜。眼下，所有地表产的农产品30%被用于饲养牲畜。不久将带来一个昆虫蛋白市场，它比肉类含更多的蛋白质，它将被标记为“替代蛋白源”。

在教育方面，最便宜的智能手机在非洲和亚洲已经以10 美元单价销售了。到2020年，人类的70%将拥有智能手机，这意味着每个人都有许多相同的手段获得世界级教育。每个孩子都可以利用可汗学院，从第一世界国家的学校学习到他需要学的任何东西。更远的地方，该软件已经在印度尼西亚启动。它会在今年夏天发布阿拉伯语、斯瓦希里语和中文，将提供免费的英语应用程序，让在非洲和中国的孩子在半年内讲流利的英语。[①]

① Gollub. 第四次工业革命：一场席卷世界的大变革［EB/OL］.［2017-07-05］. http：//www.licai.com/juedu/201707-400519.html.

（四）创造与建设质量时代迫切需要工匠精神

经过三十多年高速增长，中国经济步入中高速增长新常态，由追求速度转向追求质量势在必行。解决质量问题不仅是我国经济社会发展的时代要求，也是人民生活水平提升的必然要求。只有追求“质量发展”，才能促进我国经济竞争力的可持续增长，才能极大缓解我国的自然生态危机，并改善人与人、人与社会、人与自然的关系，提升整个社会的文明与和谐程度，使亿万国人过上有尊严、体面、安全的品质生活。

劳动是财富的源泉，是美好生活的保证，是创造幸福未来的基础。没有劳动，就没有生活的财富；没有创新创造，就没有社会的进步。人类的发展就是在劳动创造不断创新中进步的，在劳动中创造，在创造中劳动。劳动创造是一个不断发展进步的过程，在这个过程中，至关重要的是不断提高劳动者素质，使劳动者不仅勤于劳动，而且善于创造，用创造提升劳动的品质，在创造性劳动中实现梦想。在新的历史时期，习近平总书记强调，要始终高度重视提高劳动者素质，培养宏大的高素质劳动者大军。只有高度重视和不断提高劳动者素质，才能为“劳动托起中国梦”强本固基，提供充足的动力和重要保障。

素质是劳动者思想、知识、才能等方面的综合素养和能力的反映。人是生产力的第一要素，在社会发展诸多要素中，人的素质是重中之重，是决定因素。小到一个企业或一个组织，大到一个国家、一个民族，劳动者的素质特别是科学素质如何，决定着发展水平的高低。全面建成小康社会、实现中华民族伟大复兴的中国梦，要求我们必须建立和造就一支高科学素质的劳动者队伍，塑造有时代特点的新型劳动者。

提高劳动者科学素质，很重要的一点是提升劳动者创造性劳动的能力。这种能力至少包括：具有自我自觉创造力，好学上进，技术精湛，自觉从严，一丝不苟。比如，近年来，劳模结构由建国初期的体力劳动实干家，逐步向知识型、科技型、创新型人才方向发展。其中，新型技工的比例在每年劳模评选中都在提高。随着“大众创业、万众创新”和“互联网+”时代的到来，这种趋势会越来越明显①。

---

① 董宏达. 提高劳动者素质为托起中国梦强本固基［EB/OL］.［2015-04-30］. http://www.wenming.cn/wmpl_pd/yczl/201504/t20150430_2588130.shtml.

视窗4–13 质量时代呼唤三种精神

解决质量问题是中华民族走向复兴的本质内容之一。质量时代的创造与建设是中华民族全面复兴的关键标志，也是实现中国梦的重要途径。质量时代涉及经济、社会、文化、环境等领域的全方位转型升级。

第一，催生质量时代的国际国内因素。习近平总书记强调，要以加快转变经济发展方式为主线，切实把推动发展的立足点转到提高质量和效益上来。李克强总理在2017年政府工作报告中指出，质量之魂，存于匠心。要大力弘扬工匠精神，厚植工匠文化，恪尽职业操守，崇尚精益求精，培育众多“中国工匠”，打造更多享誉世界的“中国品牌”，推动中国经济发展进入质量时代。

质量问题最直接地体现在制造业上。中国制造业发展至今，既有改革开放30多年来的开拓之功，又面临着不容忽视的发展危机。这种危机既包括国际竞争因素，也包括我国劳动力素质较低、人口红利消失、产品质量低下、产业空心化、环境难以为继等问题。在国际竞争中，中国的经济总量和产品的质量形成了非常突出的不相称，作为堂堂的世界第二贸易大国，中国的产品质量总体却处在低端国家之列。贸易保护主义的抬头和各国制造业的兴起，让我们面临着较为尴尬的局面，而中低端市场也正在被其他发展中国家分割。

以德国、意大利、瑞士等欧洲国家为代表的传统制造业和以美国、日本为代表的高新技术产业，长期以来一直都是全球的质量标杆。新兴国家或地区，如韩国、新加坡，中国台湾和香港，在某些领域实现了一定程度的质量突破。但总体而言，新兴国家和地区制造业的整体水平和产品质量，其可持续性均不足以与欧美日等老牌质量强国抗衡。在相当长的一段时间里，发展中国家之所以不能迈入发达国家行列，主要是因为其发展基本停留在资源消耗型和来料加工型阶段，而鲜有通过自身努力提高产品质量的先例。没有产品质量，就没有竞争力，导致发展中国家长期处于产业链的低端和世界贸易的末端，一旦面临“中等收入陷阱”，便一筹莫展。如拉美地区陷入“中等收入陷阱”的一个重要原因，就是低端制造业转型失败，低质低价，恶性循环。智利、阿根廷等国在工业化初期实施进口替代战略，但产品质量不高，进入中等收入阶段后，低成本优势逐步丧失，在低端市场难以与低收入国家竞争，在中高端市场又难以与高收入国家抗衡。改革开放以来，我国的制造业持续快速发展，但那种粗放式发展越来越难以应对日趋激烈的国际市场竞争，其中的关键就在于产品质量。

根据波士顿咨询公司（BCG）最新统计数据，尽管目前中国消费增速轻度放缓，但消费增长仍在一个惊人的上升轨道上。国家统计局数据显示，2016年，全国居民人均可支配收入23821元，与2010年相比实际增长62.6%。普通家庭正从物质型消费向服务型、品位型消费跨越。据预计，到2020年，中国消费市场仍将扩大约一半，达到6.5万亿美元的规模。未来5年中国消费市场所带来的2.3万亿美元增量，相当于当下德国或英国消费市场的1.3倍。中国的消费经济是未来经济增长的决定力量，上层中间阶层及富裕家庭将是整体消费的主要驱动者。上层中间阶层、年轻一代和高端服务业人士，将成为中短期内拉动中国消费增长的主要力量，而这些消费者的一个共同特点就是注重产品质量。

据世界贸易组织统计，2016年我国贸易出口额为2.1万亿美元，占全球份额13.2%，已连续8年保持全球第一大货物贸易出口国地位。据世界旅游组织统计，2016年中国出境游客达1.35亿人次，游客境外消费总额2610亿美元，约合1.8万亿元人民币，居世界第一位，其后依次是美国、德国、英国、法国。观察中国游客在境外购买的物品，大部分是生活日用品，如指甲刀、衣服、马桶盖、电饭锅等。其实，国内并不缺乏同类产品，而是消费者尤其是中间阶层追求更高的产品质量和品位。

从速度时代迈向质量时代，是从满足基本需求向满足品质需求转变的过程，是不可抗拒的大趋势。中间阶层的消费特点决定了供给侧结构性改革最终还是要瞄准消费侧，市场因素、消费需求决定了中国经济转型升级的方向。如何满足这批人的消费需求，决定着国内消费拉动及经济增长的盛衰。中间阶层对品质生活的追求，已形成一种社会风尚，其对产品质量的执着追求，正在呼唤质量时代的到来。

第二，创造与建设质量时代的三大精神支撑。一国产品之质量，乃一国之文明程度；一国产品之信誉，乃一国之国民尊严。迎接质量时代，首先需要思考的问题是，中国产品质量为什么上不去？中国的产品质量并不是一直都不行，在农业文明时代，中国曾长期引领人类文明的发展，瓷器、丝绸、茶叶和四大发明都是那个时代中国质量的标志性产品。进入工业文明时代，我们落后了，产品无法做到精益求精。最根本的原因在于长期以来工匠精神、创新精神和企业家精神的缺失。

要有效推动中国迈入质量时代，绝不是仅仅提升产品质量和标准的问题，背后必须要有充分的文化准备。2016年5月30日，李克强总理在全国科技创新大会上的讲话中指出，要把创新精神、企业家精神和工匠精神协同起来，形成社会发展的强大动力。工匠精神、创新精神、企业家精神是真正能够激发中华文明焕发独特魅力和影响力的基本精神。

质量与工匠精神、创新精神、企业家精神是高度关联的，而且总体上来说是正相关的，是相互促进的。其中，创新主要是对传统的突破，打破旧传统，创造新传统，它的取向更偏重于求异、求新、批判、颠覆、突破，在创新具体过程的某些阶段，质量可能并不是它追求的直接目标，但创新最终追求和实现的一定是质量的提升和飞跃。从根本上来说，真正的创新一定是有质量的，迎接创新的一定是质量时代。

工匠精神则直接指向质量，工匠对自己的产品精雕细琢，精益求精，追求尽善尽美，体现的是严谨、耐心、踏实、专注、敬业、创新、拼搏等可贵品质，其直接结果就是产品质量的提升。工匠精神作为人类精良品质的代表，蕴涵着人类共同的价值追求。一讲工匠精神，我们就会想起德国、瑞士、意大利、美国、日本等发达国家。今天的中国，正在由制造大国向制造强国转变，我国制造业只有提高创新设计能力和工艺生产水平， 才能成功迈向价值链中高端位置和掌控产业链核心环节，才能真正实现制造强国目标。工匠精神所蕴含的精细化管理、精品制造理念正是实现中国制造强国的基石。拥有精益求精的工匠精神，我国制造业才能适应国内外消费者更加多样化、个性化、高端化的需求，才能解决供给体系完善和供给结构优化的问题，才能以优质的产品充分占领国内外市场。

质量时代离不开三大精神的支撑。工匠精神是产品之魂，也是一个民族的工作信仰；创新精神则是质量时代维系的根本动力，是一个民族除旧布新的思想之源；而企业家精神则是工匠精神与创新精神的集纳者。以工匠精神为基本，以创新精神为引领，以企业家精神把工匠精神、创新精神凝聚起来，整合起来，必能推动迈向质量时代。

第三，以文化论输赢，以文明比高低，以精神定成败。现在国家之间的竞争，已经从过去的拼经济、拼管理进入拼文化的阶段，迈向“以文化论输赢、以文明比高低、以精神定成败”的时代。要解决质量问题，迈进质量时代，最终拼的也是文化和精神。

首先，需要思考的是，工匠精神、创新精神和企业家精神为什么缺失？三大精神缺失的背后，是严肃的文化问题。在人类共同关心的以人为本问题上，中西方是高度契合的。人文精神的核心是对人的价值和尊严的尊重，体现在产品质量上就是要建立以消费者为中心的价值取向，充分尊重消费者的权利，为消费者提供满意产品，以创造品质生活、幸福生活为宗旨，而不是单纯追求利润的实现。所以，培育工匠精神、创新精神和企业家精神，首要任务就是培育人文精神。

其次，要重视国民素质问题。国民素质决定产品质量。看似是一个产品，实际上它的质量隐含着人的素质；看似是对一个产品的评价，实际上是对一个国家及其国民的评价。以德国和日本为例，它们曾经是第二次世界大战的罪魁祸首，对人类犯下罪行，但就产品质量而言，这两个国家今天却受到各国消费者的尊重，人们购买德国货和日本货时，大都不会怀疑其弄虚作假、以次充好。这与其说是相信德国货、日本货，不如说是相信一个民族的工作态度和国民素质。

诚然，和自己比，我们的劳动力素质是在不断提高，但和发达国家相比，还是有相当差距的。2016年中国人力资本指数显示，1985—2014年，全国劳动力人口的平均年龄从32岁上升到36岁，平均受教育年限从6.38年上升到10.05年，高中及以上受教育程度人口占比从14%上升到了36%，大专及以上受教育程度人口占比从2%上升到了16%。发达国家的人均受教育年限为12年，其中加拿大为14.6年，澳大利亚为14.4年，英国为14年，芬兰为13.5年，美国为13.4年，法国为13.1年，日本为11.1年。我国15岁以上年龄人口的人均受教育年限为9.1年，明显低于上述经济发展水平相对较高的国家。这种受教育程度对劳动力素质或产品质量肯定有影响。美国麦肯锡公司报告显示，中国作为世界工厂，制造了全球70%的手机、80%的空调和91%的个人电脑，但是中国制造业的生产率只有发达国家的1/4。再者就是社会快速发展中的道德迷失，比如浮躁、急功近利、不讲诚信、假冒伪劣等行为。

当今中国，工匠精神、创新精神和企业家精神是创造与建设质量时代的三大动力源泉和力量支柱。唯有大力培养这三种精神，才能实现中国制造向中国创造的转变，中国速度向中国质量的转变，中国产品向中国品牌的转变，才能完成中国制造由大变强的战略任务。①

（五）创新驱动发展核心在人力资本

实施创新驱动战略是推动未来中国发展的现实选择，其实质是经济发展从依靠要素推动转向依靠人力资本质量和科技创新驱动，其根本是建设包括科学素质在内的高素质劳动者队伍。

视窗4–14　建设高科学素质产业工人队伍

在创新驱动发展、经济转型升级的背景下，如何建设高素质产业工人队伍，是一个重要而且迫切的问题。近年来，上海加快创新驱动发展、经济转型升级步伐，第一、二、三产业不断调整优化，产业梯度转

① 王京生. 创造与建设质量时代的三大精神支撑［N］. 中国文化报，2017-07-10.

移持续推进，与之相对应，职工队伍的流向和结构进一步变化调整。

一是产业结构调整进程加快，第二产业职工占比降低。据上海统计年鉴、经济普查数据等资料，上海第一、二、三产业的占比分别由2011年的0.7%、41.3%、58%调整为2015年的0.4%、31.8%、67.8%；从业人员的占比分别由2011年的3.4%、40.3%、56.3%变化为2015年的3.3%、33.5%、62.9%。第二产业比重和从业人员比重呈现“双下降”的趋势。

二是非公经济获得进一步发展，吸纳大量职工就业。上海坚持以市场化导向推进国有经济战略性调整，加快消除非公有制经济发展的瓶颈制约，非公有制经济获得进一步发展；与此同时，非公有制经济在吸纳劳动力特别是新增劳动力就业方面发挥了十分重要的作用。据上海统计年鉴相关资料，截至2014年，全市非公有制经济占全市生产总值已经超过公有制经济，达到51.7%；另据上海市统计局2015年发布的第三次经济普查主要数据公报，以第二产业中的工业为例，截至2013年末，股份制企业、私营企业、港澳台投资企业、外商投资企业等吸纳的从业人员已经超过了90%。

三是外来人口大量涌入，农民工等外来务工人员比重超过本市户籍从业人员。随着城市化进程的不断加快，上海作为国际化大都市，人口总量中外来人口增长迅速。据上海统计年鉴、第六次全国人口普查等相关资料，来沪常住人口近年来大量进入，至2014年已达到986.99万人，占全部常住人口的40.7%；而早在2010年，外来在业人口就已达到672.87万人，占全部1279.22万在业人口的52.6%，首次超过户籍在业人口。

四是战略性新兴产业、先进制造业快速发展，职工就业人数不断上升。近年来，上海加快淘汰落后产能，推进技术改造和产业升级，大力发展战略性新兴产业和先进制造业，推动了传统制造业职工向高新技术和先进制造业流动，使这一领域吸纳了大量新增劳动力。据上海统计年鉴资料，电子信息产业制造、汽车制造、生物医药制造等6个重点发展工业行业的从业人员已从2004年的95.36万人增加到2014年的136.91万人，10年间增长近44%。

但要看到，高素质产业工人结构性短缺。当前，上海推进供给侧结构性改革、加快建设科创中心、推动创新转型的任务十分艰巨，急需一支与之相匹配的高素质产业工人队伍。全市高技能人才占技能劳动者比重虽然从2010年的25.01%提高到2015年的30.17%，但职工高技能人才的用人需求缺口却一直居高不下。特别是在上海培育“四新”经济（新产业、新业态、新技术和新模式）发展的过程中，高素质、高技能产业工人短缺以及后继乏人的问题，已经在一定程度上制约产业结构调整的进程，需要引起高度重视。

随着城市化的推进和农村劳动力向城市、向第二和第三产业转移速度的加快，农民工等新生代产业工人数量持续增长。但与全市户籍职工相比，农民工大多从事的是建筑、环卫、劳动密集型的加工制造、餐饮、物业等工作岗位，收入较低、职业发展前景较差。在加强素质提升、将他们培养成合格甚至优秀的新时期产业工人的同时，在社会保障、住房乃至户籍、子女教育政策等方面进行全方位的关心关注，已经成为一个现实且紧迫的要求。

为此，要大力提升产业工人综合素质。要贯彻落实《上海市公民科学素质行动计划纲要实施方案（2016—2020年）》各项目标任务，充分发挥工会“大学校”作用，不断深化职工素质工程建设，全面提升产业工人群体的思想道德、科学文化、技术技能、创新创业、民主法治、社会文明等各项素质，加快培养与上海建设科创中心要求相适应的知识型、技术型、创新型的高素质劳动者队伍。特别要注重产业工人创新能力和技能素质的提升，广泛深入开展职工创新行动、技能登高行动，通过开展合理化建议、“五小”等群众性科技创新活动，并持续完善“培训、练兵、比武、晋级”四位一体的职业技能发展机制，培养一大批“上海工匠”，为上海创新驱动发展、经济转型升级提供坚实的智力支持和人才保障。

要筑牢产业工人向上、向善、向美的共同思想基础。坚持以社会主义核心价值体系建设为主线，大力发展产业工人等职工群体喜闻乐见、健康向上的先进文化，不断满足职工日益增长的精神文化需求，努力把核心价值内化为职工的自觉追求。大力弘扬工人阶级伟大品格和劳模精神、劳动精神、工匠精神，牢固树立劳动创造幸福、劳动成就梦想的理念，让劳动创造社会财富、劳动体现自我价值成为职工群众普遍的思想共识、价值认同和行为准则。要注重网络思想引领，适应信息技术快速发展的新态势，探索运用网络及微信、微博等媒体平台，弘扬主旋律、传播正能量，不断增强职工思想文化的引导能力和服务效能。积极营造“技术工人有力量、技术工人有智慧、技术工人有地位、技术工人有前途”的社会氛围，同时宣传一批重视技术工人队伍建设、高技能人才培养的优质企业，发挥示范引领作用，以这些企业家的理念和做法来推动更多企业重视产业高技能人才培养。

要确保农民工等新生代产业工人共享改革发展成果。根据所有制结构调整带来的企业经营方式、用工方式以及职工队伍结构的新变化，加强对农民工等新生代产业工人群体的关心和服务，消除工作中的空白点、盲点和“沙漠”地带。推动政府在完善公共政策体系时加强综合平衡，统筹考虑农民工等新生代产业工人的住房、户籍、子女教育等相关政策，逐步实现公共服务统一政策、统一制度、统一管理、统一服务。要把农民工作为重点帮扶对象，纳入职工援助服务体系，着重在就业培训、劳动保护、法律援助、文化生活等方面加强帮扶，帮助他们融入企业、融入城市。①

二、城镇劳动者必备的科学素质

城镇劳动者是指在城镇工作的未退休人员，还包括具有劳动能力但待业的城镇户口适龄公民和“农民工”群体，年龄为男18—60岁、女18—55岁。当前，这部分人群仍是城镇建设和经济社会发展的主体，还担负着转变经济发展方式、加快产业结构调整、塑造“大众创业、万众创新”工作局面、走

① 上海市总工会. 关于建设高素质产业工人队伍的建议［A/OL］.［2017-04-27］. http://shszx.eastday.com/node2/node5368/node5376/node5388/u1ai98830.html.

中国特色自主创新道路的重任。新时期，城镇劳动者必须具备相应的科学素质，才能适应创新驱动发展的时代要求。

（一）城镇劳动者必须具备职业技能

持续提高劳动适龄人口的科学素质，是我国经济建设与社会发展的百年大计。我国是世界上人口最多的国家，也是世界上劳动力资源最丰富的国家。国际上通常用16岁及以上人口来观察劳动力资源的变动及供需情况。相对于自然资源、物质资源而言，人力资源是我国在国际竞争中唯一可能具有比较优势的重要资源。

城镇劳动人口是指在城镇就业的年龄在 18—60岁的人员，他们的职业技能，直接影响我国生产力水平。城镇劳动人口是城镇建设和经济社会发展的主体，担负着我国工业和服务业发展的重任，转变经济增长方式、加快产业结构调整、走新型工业化和中国特色自主创新道路的发展目标都对城镇劳动者的素质提出了更高的要求。同时，城镇劳动者是否具备职业技能也直接影响城镇劳动人口个人的就业、转岗、创业能力。随着经济结构的调整，我国已经出现一方面被市场经济淘汰的企业下岗人员不断增加，另一方面新兴产业和服务业需要大批高技能人才却出现较大缺口的现象。大批低素质劳动人口会成为失业、提前退休的主要群体，给个人和家庭生活带来困难，也将对我国面临的老年社会问题产生更大的压力。他们的职业技能不强、科学素质不高，已经成为制约我国经济发展和社会进步的瓶颈之一。提高城镇劳动人口科学素质是走新型工业化道路和增强国际竞争力的需要，是使我国由人口大国向人力资源强国转变的重要环节，也是创新驱动发展、经济发展动能转换的迫切需要。

伴随着技术创新对社会生产的影响日益广泛，凝聚在劳动者身上的知识、技能及其所表现出来的能力，将更集中地体现在并越来越倚重于劳动者的科学素质，如与职业相关的科学技术知识、与职业相关的科学技术方法、与职业相关的科学精神、具体的职业技术技能等。在今后数十年中，持续有效地提高我国人力资源的质量，特别是提高9亿劳动适龄人口的科学素质，将始终是我国创新驱动发展的迫切需求，亦将始终是我国公民科学素质建设的艰巨任务。

在职业层面的科学素质的各项要素之中，与公民个人的职业地位关联最为直接的，是具体的职业技术技能。这是因为，掌握特定行业的基本职业技术技能，是公民进入该行业的必要条件；而掌握该行业中特定层次的职业技术技能，是公民的职业地位到达相应层次的必要条件。因此，推动公民提升自身科学素质的最直接的个人动力，是源于提升自己职业地位、从而提升自己社会地位的强烈愿望。

强调职业技术技能是公民科学素质的组成部分，就是要调动亿万劳动者提升自身科学素质的积极性和主动性，将中国公民科学素质建设从单纯由政府推进的社会公益事业，转变为由广大社会公众推动并自愿参与的、与经济发展紧密关联的综合社会行动。影响劳动者职业技术技能的因素有很多，包括劳动者在开始其职业生涯之前的受教育状况、劳动者在其职业生涯中所接受的职业培训、劳动者在其职业生涯中的自身努力和工作实践。我们的社会，要为广大劳动者提供足够数量的、高质量的学校科技教育，还要为广大劳动者提供广泛的、持续的、高质量的职业培训[①]。

（二）城镇劳动者必须具备创新能力

创新是多层次的，包括科研院所进行的原始创新和企业进行的技术创新，也包括广大工人、农民开展的群众性创新活动。只有全社会开展全方位的创新活动、多方面创新人才广泛参与、全社会创造活力竞相迸发的国家，才是真正意义上的创新型国家。以企业为主体、市场为导向、产学研相结合的技术创新体系，是这个时代发展的特征。作为这个时代的城镇劳动者，必须积极投身“大众创业、万众创新”的活动中，置身于企业或社会的创新活动，具备相应的创新和开发能力。例如，具备发现和帮助研究解决制约企业发展的重要瓶颈难点技术问题的能力；参与企业技术进步和群众性技术创新活动的能力，在一些小技术革新方面的创见能力；能对降低企业能耗、提高企业产品质量、减少安全事故等方面提出改进方案和建议的能力等[②]。

（三）城镇劳动者必须具备生活技能

城镇劳动者科学素质不仅体现在职业层面，也体现于劳动者的生活层面。在生活层面，城镇劳动者科学素质往往表现为与生活相关的科学技术知识、具体的生活技术技能，如了解和掌握各种科技生活知识、健康生活知识和技能、生活的应变能力、现代文明成果的鉴赏和享有能力、公共事务参与

① 程东红. 提高劳动适龄人口科学素质［N］. 光明日报，2005-06-09.

② 王学健. 企业创新主体地位有赖员工科学素质［N］. 科学时报，2007-05-24.

能力等。

三、大力提升城镇劳动者科学素质和能力

我国经济增长已从高速转入中高速的“新常态”，进入人口红利渐失、简单依靠对原材料加工转口式的生产难以为继、资本流动的国际化趋势明显、服务业兴起、科技创新驱动与制度红利凸显的经济发展阶段。面对新时期的新要求、新变化和新特点，必须以强化劳动者自身素质为突破口，提高和发挥劳动者素质技能，妥善应对人口结构变化和劳动力市场转型所引发的严峻挑战。新时期要着力提升城镇劳动者科学素质，大力宣传创新、协调、绿色、开放、共享的发展理念，弘扬创新创业精神，引导更多劳动者积极投身创新创业活动。要围绕加快建设制造强国、实施“中国制造2025”、推动生产方式转变，以专业技术人才、高技能人才、进城务工人员及失业人员的培养培训为重点，大力开展劳动者的职业培训。要推动职业技能、安全生产、信息技术等知识和观念的广泛普及，提高城镇劳动者科学生产和健康生活能力，促进城镇劳动者科学素质整体水平提升。

第一，加强专业技术人员继续教育工作。完善专业技术人员继续教育制度，深入实施专业技术人才知识更新工程，全面推进高级研修、急需紧缺人才培养、岗位培训、国家级专业技术人员继续教育基地建设等重点项目，开展少数民族专业技术人才特殊培养工作，构建分层分类的专业技术人员继续教育体系。充分发挥科技社团在专业技术人员继续教育中的重要作用，帮助专业技术人员开展技术攻关、解决技术难题，参加跨行业、跨学科的学术研讨和技术交流活动。

第二，大规模开展职业培训。构建以企业为主体、技工院校为基础，各类培训机构积极参与、公办与民办共举的职业培训和技能人才培养体系。面向城镇全体劳动者，积极开展订单式、定岗、定向等多种形式的就业技能培训、岗位技能提升培训、安全生产培训和创业培训，基本消除劳动者无技能从业现象，提高城镇劳动者安全生产意识，避免由于培训不到位导致的安全事故。组织开展技能就业培训工程暨高校毕业生技能就业和新一轮全国百家城市技能振兴等专项活动，深入实施国家高技能人才振兴计划，开展全国职工职业技能大赛、全国青年职业技能大赛、全国青年岗位能手评选等工作，大力提升职工职业技能。

第三，广泛开展进城务工人员培训教育活动。大力开展农民工求学圆梦行动、“春潮行动”——农民工职业技能提升计划、家政培训、城乡妇女岗位建功评选等活动，将绿色发展、安全生产、健康生活、心理疏导、防灾减灾等作为主要内容，发挥企业、科普机构、科普场馆、科普学校、妇女之家等的作用，针对进城务工人员广泛组织开展培训，提高进城务工人员在城镇的稳定就业和科学生活能力，促进常住人口有序实现市民化，助力实现城市可持续发展和宜居建设。

第四，大力营造崇尚创新创造的社会氛围。深入开展“大国工匠”、“最美青工”、智慧蓝领、巾帼建功等活动，倡导敢为人先、勇于冒尖的创新精神，激发职工创新创造活力，推动大众创业、万众创新，最大程度释放职工创新潜力，形成人人崇尚创新、人人渴望创新、人人皆可创新的社会氛围。

第四节　领导干部和公务员科学素质行动

领导干部是社会主义现代化建设的组织者和领头人，肩负着人民的重托和希望，担负着关键的使命和重任。目前我国共有4000多万名各级各类干部，面向他们开展科普教育，不断增强他们的科技意识和创新思维水平，提高科学决策及管理能力，对于全面创新驱动发展战略、全面建成小康社会、建设世界科技强国，实现中华民族的伟大复兴具有决定性的意义。

一、领导干部和公务员科学素质的特殊重要性

提升领导干部和公务员科学素质，对增强其科学认知水平和决策能力，改善科学行为动机，适应现代社会发展的要求等方面具有重要作用。

（一）科学素质是领导干部决策能力的基础

决策是领导工作的核心和关键。决策的及时和正确与否，直接关系到领导工作全局的得失与成败。对任何领导者来说，决策失误是最大失误。在现代社会条件下，科学决策是衡量领导水平高低的主要标志。市场经济体制的建立和发展，知识经济时代的来临，对科学认知能力和科学决策提出了更新更高的要求，也使得科学决策在领导活动中的作用日益显著。

领导决策自古有之，源远流长。古今中外出现的许多杰出政治家和军事

家，他们之所以能运筹帷幄而决胜千里，是因为其具有高超的决策艺术，能够并且善于正确地做出决策。诸如汉高祖刘邦西入关中，约法三章，取信于民，楚汉相争得天下；诸葛亮作“隆中对”，辅助刘备三足鼎立；朱元璋采纳了“广积粮、高筑墙、缓称王”的建议，最终创建了明王朝，凡此事例，不胜枚举。问题在于，在生产力水平比较低下，各种经济和社会生活之间的联系、影响比较简单的情况下，领导人靠个人的智慧或经验以及个别贤士的锦囊妙计能够做出正确决策，而在现代经济和科技突飞猛进、日新月异的今天，特别是信息时代和知识经济时代来临的情况下，单靠个人有限的经验、知识和智慧显然远不能适应现代社会的发展，必须依靠科学的认知和科学决策。

科学决策是在科学理论的指导下，按照科学的决策程序，依靠专家和智囊组织，运用科学方法和先进技术，选择或决定未来行动的活动过程。与传统的经验决策相比，科学决策具有正确的理论指导原则，严格实行科学决策程序，强调集体智慧，重视智囊团的作用，强调运用科学的技术和方法，决策体制健全。科学决策是领导者的基本职责，是贯穿于领导过程始终的最基本活动。作为领导干部，要进行科学决策，必须具备相应的科学文化知识，以及科学方法、科学思想、科学精神。科普可以丰富领导干部的科学文化知识，增强其科技意识，不断提高领导干部的科学文化素质，这无疑对促进科学决策有重要作用。

（二）科学素质是领导干部行为方式的基础

在新的时期，世界在向多极化发展的同时，建立在知识和信息的产生、传播、分配和使用基础上的知识经济时代正向我们走来。信息社会的到来是一个划时代的新事物，是人类文明进步的必然结果。当人类社会进入以信息为真正资本和首要财富的信息时代，对领导干部提出全新的挑战。当今领导活动要做到与当时的工作目标、工作任务和工作环境相适应，也就是要与新时期的时代特点和领导行为相适应。在领导目标导向上，要从单一目标导向转变为综合目标导向，从局部、短期的目标导向转变为整体、长远的目标导向，从定性导向或单纯的定量导向转变为定性和定量相统一的适度导向。在领导任务的确定上，要从习惯领导小生产转变到适应领导大生产、大经济，从领导农业经济、工业经济转变到领导新常态下的新经济，从依靠资源、劳动力发展经济转变到依靠创新驱动发展经济上来。要尽快从小市场转变到走向国内、国际大市场，参与国内、国际经济大循环。在领导方式方法上，要实现从单一化、简单化的方式向多样化、具体化的方式转变，从习惯于单纯运用行政手段向综合运用多种手段转变。要从传统的分析方法、还原方法转变到现代系统方法，从主要依靠经验来营运领导系统转变到主要依靠科学来营运领导系统。在领导主体的优化上，要注意防止和克服唯书、唯上的思维方式，树立解放思想、实事求是的思维方式；反对和避免孤立、静止、片面地看问题，学会用辩证思维的方式看问题，实现向系统思维方式转变；要从习惯于按常规办事转变到善于应变、策变；要从甘于守业转变到勇于开拓创新，敢为人先；要从硬专家的办事行为转变到软专家的办事行为。在领导行为的整体优化上，要从慢速低效型的营运模式向快速高效型营运模式转变；从单向、直线型的开环营运模式，转变为反馈式、螺旋式的闭环营运模式；从满足于领导工作的一般营运绩效，转变到追求高效能营运绩效。在领导决策上，要树立创新、协调、绿色、开放、共享的发展理念，包括决策的战略观、整体观、创新观、超前观、优势观和决策的时效观；要保证决策所需信息的准确和完备；要坚持民主集中的决策制度；要遵循科学的决策程序。

要具备与现代社会发展特点及领导行为转换相适应的能力，要求新时代的领导者必须具备能支撑起这些能力的基础——科学的知识结构。这种知识结构应符合3个基本要求。①知识的全面性，即新世纪领导者熟知和掌握的知识（包括书本的和实际的）要尽可能广博，以便在处理纷繁复杂的领导问题时不当“门外汉”。要构建全新的市场经济体制并做好协调工作，领导者的知识面狭窄是难以胜任的。对外开放，就要了解外国、熟悉外国，有丰富的国际知识。②知识的新颖性，即新世纪领导者要不断进行知识更新，做到缺什么补什么。③知识的专业性，即领导者应掌握基本的专门知识和所属行业的知识。因此领导者在领导活动中，脑子要换，方法要改，本领要硬，职能要转，标准要高，党性要强。要更新观念，在思想上适应；转变职能，在领导方法上适应；加强学习，在素质上适应；注重实绩，在选人用人上适应。要努力提高新世纪的认识水平，努力提高新世纪的管理水平，努力提高新时代的组织领导水平。新时代呼唤领导者向创新型发展，向开放型发展，向复合型发展。

（三）科学素质是领导干部创新发展的基础

大力加强领导干部的科普服务有利于引导领导干部树立正确的世界观、

人生观、价值观，自觉抵制各种愚昧迷信和反科学、伪科学的行为；有利于增强创新意识，激发蕴藏的巨大智慧和创造力；有利于形成科学、健康、文明的生活方式；也有利于提高精神文化生活的品位和质量。科技是第一生产力，是人类文明进步的基石，先进生产力和先进文化的形成和发展，离不开具备科学文化素质的领导干部。

第一，提升领导干部科学素质是面向现代化的需要。市场经济是商品经济发展到一定阶段的必然产物，由完备的市场机制自行调控，以市场为导向实现社会资源合理配置。市场经济是理性的、竞争的、有规则的经济。在市场经济体制中，理性与规则是确保商品经济正常运行、市场竞争公平有序的前提条件。经营活动中的组织、决策、管理、运行等活动均离不开领导者的科学判断和理性思维，更离不开一定的运行规则，否则将陷入混乱与无序状态。

当今世界，市场竞争从根本上说是科技的竞争。在生产经营过程中，谁能更早、更广泛地采用新的科技成果，生产出新的高质量的产品，谁就能在竞争中处于优势地位。从市场经济的运行机制看，它通过自由竞争和各生产要素的合理流动来实现资源合理配置。在这一过程中，科技起着举足轻重的作用。新技术的采用会节约生产时间，减少原材料的消耗，并会降低商品的生产成本。在同等质量的条件下，生产成本越低，就越能在市场竞争中占据有利位置。因此最先采用高新技术特别是拥有高新技术的自主知识产权的企业将比其他同类企业生产出更多、更优、更廉的商品，从而获得超额利润。

第二，提升领导干部科学素质是面向未来的需要。当今世界，科技蓬勃兴起，信息化浪潮席卷全球，科技日新月异，人类已进入信息社会。一个国家，一个民族，一个单位要跟上时代，应对挑战，就必须大兴学习之风。领导干部必须先成为学习型干部，脱离功能性文盲状态，成为科学文化素质较高的群体。早在延安时期，1939年党中央发起学习运动时，毛泽东同志就深刻地提出了发人深省的“本领恐慌”问题，论述了全党特别是领导干部学习的重要性和紧迫性。他指出：“我们要建设大党，我们的干部非学习不可。学习是我们注重的工作，特别是干部同志，学习的需要更加迫切，如果不学习，就不能领导工作，不能改善工作与建设大党。”如果不能通过新的学习和实践提高自己，就会落后于时代，就有失去执政的资格、失去人民的信任和拥护的危险。广大干部特别是领导干部要带头学习科学知识，自觉用科学思想武装自己，树立科学精神，掌握科学方法，做领导经济、科技和其他各项工作的内行，同时要切实抓好科普工作，从根本上提高干部科学素质和领导能力，是建设一支适应未来发展需要的高科学素质干部队伍和学习型领导集团的需要。

第三，提升领导干部科学素质是面向世界的需要。我国将在更大范围和更深程度上参与国际经济合作与竞争。这对领导干部的素质，尤其是科学文化素质提出了更高的要求。领导干部必须加强学习，认真实践。在当前，特别需要加强对自身科学文化素质的提高。在信息化时代，谁拥有规模宏大、结构合理、素质优秀和效能巨大的领导干部队伍，谁就能把握发展机遇，从而赢得主动，赢得未来。在全球化时代，要求领导者从"管理行政"向"服务行政"的理念转轨，以适应节奏越来越快，变革周期越来越短，信息容量越来越大的时代特征，以便提供更公正、更廉洁、更优质、更高效的公共服务。要求领导者采用信息技术，建设"电子政府"，实施数字行政以适应信息化要求。要求领导者实行"阳光政务"，力戒暗箱操作，以适应与国际接轨、提高透明度的需要。要求领导者从注重投入的管理理念转向注重产出的理念，以适应国际竞争国内化、国内竞争国际化的需要。这些都要求领导干部要主动接受科普、与时俱进地提高科学素质、适应经济全球化发展的要求。

经济全球化是伴随着技术革命和资本市场的发展，使各国经济相互依赖程度加深，并逐步实现某种程度的一体化的过程，其趋势不可逆转。科技革命是经济全球化的催产婆，在经济全球化这一历史进程中，科技是其发展不可或缺的物质基础，只有科技不断发展，才能使经济全球化成为可能。同时，经济全球化也有利于科技发展。在经济全球化的趋势下，时空的距离与分割被打破，技术交流与引进成为可能，人才在国际的自由流动促进了科技的交流与科技的发展。

经济全球化的背景要求领导干部必须具备超前的战略眼光，具备驾驭全球化和市场经济的能力。既要熟悉市场经济的生产方式和运行规则，按市场经济的一般规律办事，又要熟悉国际经济运行的普遍规则，按国际惯例办事。在经济全球化时代，难以预料的风险增多，应树立风险意识，增强抵御风险和处理突发事件的能力。领导干部在经济工作中要善于利用国际、国内两种资源、两个市场，随时掌握国际最新科技动态和经济发展趋势。还要提高辩证思维、创新思维能力和科学决策水平，以减少和避免决策失误，这就需要领导干部具备很高的科学文化素质。领导干部不仅应具备较高科学文化素质，还应懂文化，懂历史，了解文化与社会、文化与经济的关系，加强哲学、经济学、管理学、心理学、文学、历史学、语言学、国际关系学等人文社会科学的学习，具备人文社会科学素质。

经济全球化是以信息网络、通信工具、运输工具为物质载体的，经济全球化的关键要素是物质流和信息流，这一切必须依靠相关的信息技术、通信技术、运输技术作支撑。领导干部只有学习这方面的科技知识，在经济工作中掌握和运用这些技术，才能适应经济全球化的发展趋势。同时，在经济全球化的背景下，竞争将越来越集中在科技含量高、附加值高的尖端科技研究开发和生产领域，比如信息产业、生物工程、生物技术、能源、新材料等领域。要在这些领域形成核心竞争力，占有一席之地，就要求领导干部在经济工作中了解和掌握相关的科技知识，把自己变成这方面的内行。

二、领导干部和公务员必备的科学素质

领导干部的职责在于领导，即领人、领策、领力，以及指导、引导、开导、导向等。领导干部作为现代化建设和社会管理的领头人，是现代社会发展中举足轻重的人群，他们所具备素质的高低直接关系到事业发展的成败。作为现代社会的领导干部，必须具备相应的素质，包括具备很高的科学文化素质。在小生产条件下，生产规模狭小，技术落后，联系不广，变化迟缓，与之相适应的领导方式主要是凭借领导者个人的阅历、知识和智慧。人类社会发展到今天，社会生产规模扩大，科学技术飞速发展，信息交换量成亿万倍增加，经济全球化使人们对外界的联系更加广泛，社会变数日益增加，社会发展越来越难以预测。领导干部处于总揽全局、宏观决策的重要位置，必须具有与之相适应的高素质。领导者职位越高，素质要求越高。时代和社会发展要求领导干部既要有坚定的政治立场和信念，又必须具备高瞻远瞩的战略眼光和战略思维能力；既要有相当的科学、人文背景和专业背景，以及宽广的知识面，又必须具备巧妙地进行组织、协调、决策、用人、处事、激励、管理等的能力和艺术。

（一）科学素质

现代领导干部除须具备政治、品德、业务、身心等素质外，最基本的

就是必须具备很高的科学文化素质，其拥有的科学文化知识和实践能力要高于一般公众，才能真正具有推动力、引发力和影响力。科学文化素质是领导干部具备领导作风、领导才能、创新思维的基础，没有科学背景，没有文化基础，领导干部就不可能具备优良的领导作风、出色的领导才能、敏锐的领导思维。作为现代领导干部，必须了解现代科技发展的知识；具备科学思想和科学精神，善于分清科学与伪科学，善于规避技术的负面效应；具备可持续发展思想和避免短期行为的意识，能够妥善处理人与社会、人与自然的关系，具有较强的环保意识和人文意识；具有适应学习型社会所需要的学习能力和学习方法等。

随着经济和社会的发展，以及干部制度的改革，我国领导干部科学素质不断提高。但有三个不容忽视的问题：①知识老化，对传统知识了解较多，对当代前沿科技知识了解少；②使用信息化网络技术的能力较低；③部分领导干部科学精神缺失，盲目决策、弄虚作假、腐败等现象严重，不信科学信迷信。有的领导干部相信占星、卜卦、风水、命相，热衷于求神拜佛，鼓吹伪科学，成为唯心主义的俘虏。

领导干部素质既有先天遗传的一面，如气质、性格、记忆力等，也有后天养成的一面，如科学素质、思想道德素质等。当今世界，科技飞速发展，科技是第一生产力，科学素质对每一个现代领导干部，显得越来越重要，其已经成为衡量现代领导干部水平的重要方面。因此，以提高科学素质为宗旨、目的的科普，对于提升领导干部的素质变得越来越重要和迫切。领导干部必须积极参与和支持科普，同时主动接受科普，以不断提高完成其社会职责所需的综合素质，尤其是科学素质。

（二）领导才能

领导才能是领导者有效开展领导工作所必需的个性心理特征和实际技能，是开展领导工作的前提条件，是提高领导效能的决定因素。领导的形象主要体现在领导才能上。一个才华横溢的领导干部，可以使人们产生一种信赖感和安全感，即使在非常困难和极端危急的情况下，依靠这种影响力，其下属和广大群众也会同心同德地跟着他去战胜困难，夺取胜利。

领导才能作为能力的一种特殊聚合方式，是由多种因素构成的，其核心和基础是科学文化素质。现代条件下的领导才能主要由以下才能构成：①认识才能，表现在观察、分析、综合、想象和判断能力上；②组织才能，表现在规划、指挥、控制和管理能力上；③创新才能，表现在思想解放、求实、科学预见和意志能力上；④决策才能，表现在发现问题、信息处理、决断和组织群体参与决策能力上；⑤政策实施才能，表现在政策制定、政策贯彻和政策执行能力上；⑥知人善任才能，表现在识人、选人和用人能力上；⑦表达才能，表现在语言和文字能力上；⑧人际关系才能，表现在社交、沟通和平衡、协调能力上。

领导干部所具备的领导才能，除了需要健康的心理、适应环境、努力实践外，还要通过学习和掌握科学知识来塑造。知识是领导才能形成的基础，并能促进领导才能的发展，领导才能发展和提高的一个重要方面，就是在掌握和运用知识的过程中完成的。领导者的领导活动，是运用已有知识去分析、思考、解决问题，并获得新知识的过程。领导者的行为规范、价值观念、权变心理都是以知识为前提。如果没有科学知识，领导才能就成了无源之水，就会丧失其本身的活力。知识是提高领导才能的源泉。领导者要学会科学地获取知识，如坚持有目的的知识积累，强化知识的整体效应，注意知识的动态调节，正确选择生活实践道路等。领导者还要弄清知识向能力转化的方法，善于驾驭知识，从理论和实践的结合上寻求领导活动的规律；融会知识，运用知识，丰富和发展独具特色的领导才能；超越知识，有效地开发创造性的领导才能。可见，学习科学文化知识对于领导干部领导才能的塑造非常重要，对领导干部进行经常性的科普是其学习新的科学知识的重要途径，是提高其领导才能的重要方面。

（三）创新思维

创新思维是一种超出常规的认识范围、富有开创性的思维活动。它是运用新的认识方法，开拓新的认识领域，开创新的认识成果的思维活动。创新思维突出的是“新”，如发明新技术、形成新观念、创造新理论、总结新经验等一些探索未知领域的认识过程的思维活动，以及在思考方法和技巧上、在某些结论和见解上有新奇独到之处而又符合客观规律的思维，均属创新思维。领导活动的过程是由思维—调研—咨询—决策—用人—执行—监督—检查总结构成的紧密相连的环节。思维是领导过程的第一个环节，思维的正确与否关系到领导活动的全过程及其成效。思维是人脑对客观事物间接和概括的反映，它是人类智力构成的重要因素。创新是领导活动的永恒主题，而领导思维方式的创新是一切创新的先导，创新思维对领导者开拓工作新局面有着决定性的影响。

创新是领导活动的灵魂，具有创新思维的领导者能够高瞻远瞩、未雨绸缪，可以多视角、多方位、多层面地探索解决问题的办法。领导者如果勤于用脑、善于用脑，思维灵活、敏捷，那么，他处理问题的办法就会多，开展工作出的主意就会好，领导活动的效能就会高。知识经济时代处处都需要创新，唯有创新才是实现我国跨越式发展的出路。创新包括理论创新、制度创新、观念创新、科技创新、产品创新等，而领导观念和思维方式的创新是一切创新的先导。这是因为，思路决定出路，没有创新的方法便没有解决新问题的能力。

当代社会处在一个快速变化的时代，这个时代有3个显著特征：①“赢家通吃”。谁对资源和财富的占有多，谁就可能吸引更多的资源和财富，实质上拥有更强的竞争力。②“快鱼吃慢鱼”。在这个时代唯一不变的就是变化，谁对变化反应更快，谁就掌握先机。③“以小搏大”。规模和数量已经失去光彩，质量和创新决定发展的命运。当今时代，完全打破了原有的游戏规则，传统的思想、习惯，陈旧的知识、技能快速折旧，信息爆炸和知识倍增，已经把更多的人推向无知的边缘。在信息社会条件下，比以往任何时候都需要领导者思想观念、思维方式的变革，创新思维能力是信息时代对领导者最基本的要求。当今社会，领导者尤其需要具备创新思维的胆识和能力。各级领导者必须对创新有时不我待的紧迫感，在领导工作中充分发挥创新智慧和创新思维作用，努力把自己塑造成创新型领导人才。

知识是构成思维方式的最基本的要素，是创新思维的土壤。知识的质量以及知识结构方面如果存在某些缺陷，就会严重影响思维的创造性。阻碍创新思维的除了传统观念的束缚和思维定式外，最主要的就是知识因素的阻碍。①知识贫乏。创新能力与知识关系密切，一个人的知识面和视野与他的联想能力、类比能力、综合能力以至想象能力有很大关系。见多识广、具有广阔智慧的人，在进行思维时就能进行全面的思考，并综合运用各种知识，在不同的知识和实践领域中进行创造。相反，一个知识贫乏的人，视野不会开阔，知识面越狭窄，联想、类比、综合、想象的天地就越小，创新的机遇就越少，创新的成功率也就越低。②知识浅薄。人们在同各种事物打交道的过程中，能够观察和发现什么问题，发现多深的问题，从主体角度看主要取决于他们所具备的知识。知识浅薄的人不可能同时运用多种学科的方法去分析问题，不可能从各种知识的碰撞中发现许多新的设想，不可能把相互关联的知识联系起来，提高解决问题的能力。因此，无论在自然界还是在社会中，存在着许许多多为常人熟视无睹的现象，但在具有深厚知识基础的人看来却深藏着某种奥秘，他们通过努力揭开奥秘，就对人类做出了创造性贡献。③知识结构不合理。人类社会是一个不断从必然王国向自由王国迈进的社会。随着实践的发展，人类的知识也处在不断的形成、积累和发展过程中，无论其质量还是结构都在不断更新，把人们的知识推到了更高的层次和更广阔的时空范围，使人们更能深刻地透过现象把握本质。因此只有及时地、不断地吸收新的知识，调整知识结构，才能适应飞速发展的时代。然而由于种种原因，目前我国有些部门、单位的领导者的总体文化水平还不高，知识比较陈旧，知识结构不合理，尤其是对现代科技知识知之甚少。领导干部只有不断地接受科普，优化知识结构，才有助于培养创新思维能力。

三、大力提升领导干部与公务员科学素质

新时期领导干部和公务员科学素质行动，要着眼于提高领导干部和公务员的科学执政水平、科学治理能力、科学生活素质，大力加强马克思列宁主义、毛泽东思想和中国特色社会主义理论体系，特别是习近平总书记系列重要讲话精神等科学理论的教育，宣传创新、协调、绿色、开放、共享的发展理念，开展科技革命、产业升级等前沿科技知识的专题教育，充分利用现代信息技术，加强科技知识、科学方法的培训和科学思想、科学精神的培养，使领导干部和公务员的科学素质在各类职业人群中位居前列，推动领导干部和公务员更好地贯彻实施创新驱动发展战略，推进国家治理体系和治理能力现代化。

第一，突出“关键少数人”科学素质工作。领导干部和公务员是国家关键的少数，是谋划和引领国家创新发展的中坚力量，必须以深厚的科学素质加以全面武装，全面提高驾驭当代科技革命浪潮的能力，担负起执政兴国的重任。要大兴学习科技新知的风气，了解把握当代科技发展态势、学习掌握新科技知识，使科学思想、科学方法、科学精神有机融汇于领导发展的实践；始终以敏锐的眼光和宽阔的视野，广泛涉猎最新科技知识，丰富知识结构，增强与国内外产业界、科技界的对话能力，增强对事物发展内在规律的洞察能力；跟上时代的步伐，在发展中不落伍、不掉队，以日积跬步、水滴

石穿的精神，厚植科学素质，做到书到用时胸有成竹，真正成为认识辩知科技创新的通才和运用驾驭科技创新的将才，以及服务支持科技创新的“后勤部长”；把创新摆在核心关键位置，全面研判世界科技革命大势，主动跟进、精心选择、有所为有所不为，从创新中找出路、想办法、促发展，提高对本地区本部门创新发展的战略谋划能力，牵住科技创新这一“牛鼻子”，下好科技创新这一先手棋，把创新作为发展的内生动力，不断增强自主创新这一供给侧结构改革的能力，努力破解发展难题，厚植发展优势，形成想创新、会创新的良好局面。

第二，把科学素质教育作为领导干部和公务员教育培训的长期任务。认真贯彻落实《2013—2017年全国干部教育培训规划》有关部署要求，严格执行《干部教育培训工作条例》有关规定。在研究制定领导干部和公务员培训规划时，突出科学理论、科学方法和科技知识的学习培训以及科学思想、科学精神的培养，重点加强对市县党政领导干部、各级各部门科技行政管理干部、科研机构负责人和国有企业、高新技术企业技术负责人等的教育培训。

第三，创新学习渠道和载体，加强领导干部和公务员科学素质教育培训。在党委（党组）中心组学习中，加强对马克思主义基本原理、习近平总书记系列重要讲话精神等内容的学习。把树立科学精神、增强科学素质纳入党校、行政学院和各类干部培训院校教学计划，合理安排课程和班次，引导、帮助领导干部和公务员不断提升科学管理能力和科学决策水平。鼓励领导干部和公务员通过网络培训、自学等方式强化科学素质相关内容的学习。积极利用网络化、智能化、数字化等教育培训手段，扩大优质科普信息覆盖面，满足领导干部和公务员多样化学习需求。在干部培训教材建设中强化新科技内容的编写和使用，持续编发《新科技知识干部读本》等领导干部和公务员应知必读科普读本。

第四，在领导干部考核和公务员录用中，体现科学素质的要求。贯彻落实中央关于改进地方党政领导班子和领导干部政绩考核工作的有关要求，不断完善干部考核评价机制。在党政领导干部、企事业单位负责人任职考察、年度考核中，强化与科学素质要求有关的具体内容。在公务员录用考试中，强化科学素质有关内容。制订并不断完善领导干部和公务员科学素质监测、评估标准。

第五，广泛开展针对领导干部和公务员的各类科普活动。办好院士专家科技讲座、科普报告等各类领导干部和公务员科普活动。继续在党校、行政学院等开设科学思维与决策系列课程。做好心理咨询、心理健康培训等工作，开发系列指导手册，打造网络交流平台。有计划地组织领导干部和公务员到科研场所实地参观学习，鼓励引导领导干部参与科普活动。组织开展院士专家咨询服务活动，着力提升广大基层干部和公务员的科学素质。

第六，加大宣传力度，为领导干部和公务员提高科学素质营造良好氛围。加强科技宣传，充分发挥新闻媒体的优势，增加科技宣传版面和时段，用好用活新媒体工具，推广发布一批优秀科普作品，大力传播科技知识、科学方法、科学思想、科学精神。围绕科技创新主题，选树一批弘扬科学精神、提倡科学态度、讲究科学方法的先进典型。

第五节　城镇社区居民科学素质行动

城镇化是人类社会发展的必然趋势，是人类文明进步的重要特征，是衡量一个国家现代化程度的重要标准。城镇是经济、政治、教育、文化、商贸、人才的中心，随着社会经济的发展，城镇居民科学素质直接关系到一个国家、地区现代文明。

一、发挥科普在人的城镇化中的作用

城镇化以农村人口向城市迁移和集中为特征，现代城镇化从根本上讲是人的城镇化，是科技发展带来的人的科学素质的城镇化，不仅表现在人的地理位置的转移和职业的改变，更主要的是科学观念、生产和生活方式的演变。

（一）城镇社区科普是城市建设的重要内容

随着改革的深化和社会主义市场经济的发展，城市基层社会结构正在发生深刻的变化，城市社区的地位和作用显得越来越重要，居民与社区的关系越来越紧密，加强城市居民科普是城市和城镇社区建设、城市经济社会协调发展的客观要求，是城市社区建设特别是精神文明建设的重要内容。城市社区的教育主要围绕思想、道德、科普，随着现代科技的发展，科技与城市居民的关系日益密切，科普是城市社区教育的基础。经济发展“新常态”对劳动者的知识更新、技能水平、科学素质要求越来越高，劳动者拥有的知识量、知识结构，以及知识更新和创新的能力越来越成为经济发展、结构调整

的决定性因素，城镇居民科普是推动大众创业、万众创新，促进城市人力资源的开发、增加就业、扩大需求、调整城市经济结构、促进城市新经济发展的现实需要。

（二）城镇社区科普是提高市民素质的需要

随着城市居民收入水平的提高，生活消费水平随之提高。特别是住房、医疗、养老、就业等社会保障制度的改革和人们生活方式的变化，城市居民在生活服务、居住环境、科普、文化娱乐、医疗卫生等方面的需求愈来愈高。搞好城市居民科普不仅可以创造科学、文明、健康向上的社会风气，而且可以向居民提供多种有益的科普文化活动，满足其多层次、多样化的生活知识和实际科普服务需求，从而极大地提高城市居民的生活质量、科学素质、精神风貌和文明程度。开展城市居民科普，用健康、正确的科学精神、科学思想、科学方法和科学知识牢固地占领思想文化阵地，可以防止由于一些居民愚昧无知或缺乏科学精神，相信迷信、伪科学，甚至被“法轮功”等一些邪教组织所蒙蔽和毒害的严重事件。

（三）城镇社区科普是新居民市民化的需要

城镇化的核心是人的城镇化，城镇化不是农民进城的简单迁移过程，而是农村转移人口市民化的过程。据国家统计局数据，2016年末我国大陆城镇常住人口7.93亿人，常住人口城镇化率为57.35%，户籍人口城镇化率为41.2%。我国每年有1800万以上农村转移人口进入城镇，或没有落户，或在城镇落户成为新居民，他们都不同程度存在就业无着落、生活不适应、认同感不强等情况。人的城镇化，就是要很好地解决农村转移人口在生存技能、行为习惯、生活方式、价值观念、社会交往和认知等方面向市民化的转换问题。实践表明，对村转居及进城务工人员等城镇新居民，科普教育能帮助他们丰富适应城市就业生活的各种知识，拓展就业领域，提高就业技能，增强适应城市生活的应变能力、现代文明成果的鉴赏和享有能力、公共事务参与能力。

视窗4–15　人的城镇化的国际经验

在推进城镇化过程中，国际社会普遍重视人的城镇化，而在推进人的城镇化中普遍重视教育，特别是科普教育，这为我国科普助力人的城镇化提供了宝贵经验和启示。

在19世纪，大量德国农民进入城市成为产业工人，为使农民更好地在城镇就业和生活，当时德国的政府、企业非常注重这些人群的职业培训，加强对学徒工的技术学习与训练。英国政府19世纪一方面限制农业劳动力的“超常”转移，以防止农村劳动力盲目流失，保证农业劳动力资源，另一方面组织大量的农民、农场工人、园艺工人参加学习培训。20世纪初，美国由农业社会向世界领导地位的工业国进化，大量来自贫穷国家和未受教育人口的移民增加，公众日益强烈要求改变公立教育系统中的农艺教育与手工训练，以便将这些移民吸收进入城镇劳动市场，美国国会通过长达6年的考虑和准备，1917年通过《史密斯-休斯法案》。

日本在19世纪70—80年代颁布《学制》，强制推行“学制令”，向占人口绝大多数的广大农村人口普及教育，为后来的农村富余劳动力转移和人的城镇化提供基础。日本农民进城现象从明治维新时期出现，19世纪末开始活跃，在第一次世界大战期间开始激增。为提高进城农民的科学素质，更好地向非农产业转移，日本政府积极推行职业训练制度，对农民进行职业技能训练，同时鼓励各企业、社会团体积极开展岗前培训，为农村谋职者提供各种学习机会。为了向包括进城农民在内的城镇公民提供教育，1946年开始成立主要开展包括科普教育在内的城镇市民教育场所——公民馆，目前公民馆已在日本社区普及，它经常开设各种内容的定期讲座，举办讨论会、讲习会、讲演会、实习会、展览会等，配备各种图书和资料等，成为社区学习活动的基本场所。

20世纪70年代，韩国通过新村运动，教育、宣传、普及有关技术知识，动员理工科类大学及科研院所的教师、研究员轮流到农村巡回讲授并推广科技文化，对农民进行科技培训，提高他们在城镇就业和生活的适应能力。波兰政府汲取西欧国家在城镇化过程中的教训，防止盲目发展城镇化后出现失地农民无业可做的局面，实行以工业化带动城镇化的发展战略，20世纪90年代初以来成立许多针对失地农民的职业学校，对失地农民进行系统的职业技能培训，使他们获得一定的技能并在城镇工作、生活，更好地融入城镇中去。

同时，一些国家盲目的城镇化，产生贫民窟和城市二元结构的惨痛教训，也值得我们警醒。拉丁美洲和南亚一些国家在第二次世界大战后就开始城镇化，大量农民盲目涌向城镇，由于政府和社会没有针对进城务工人员的教育措施，对失去土地的农民没有进行科学指导，导致他们没有掌握必要的就业技能，没有在城镇就业和生活的本领，从而误入经济发展受社会问题钳制的“中等收入国家陷阱”，贫民窟成为“拉美城镇化模式”挥之不去的阴影。在印度最大的城市孟买，目前市区人口约1400万，贫民窟人口就接近一半，而贫民窟是犯罪、贩毒等的滋生地，给这些国家的社会安定带来很大的隐患。

二、城镇社区科普公共服务供给方略

城市居民科普是整个科普的组成部分。城市居民科普是针对居住在城镇的公众群体，特别是社区居民开展的平民性科普。

（一）聚焦城镇社区的科普服务对象

新时期城镇社区科普服务，要坚持以社区的老年人、进城务工人员和待业人员、学龄前儿童和青少年等人群为主要科普对象，坚持把群众性、社会化作为社区科普工作的主要方式，坚持以建设科普组织、建设科普阵地、开展科普活动为重点，带动城镇社区科普公共服务的整体提升。

城镇社区科普服务要适应我国城镇化高速发展的新形势，高度重视城镇新居民的科普公共服务供给。我国城镇新居民的规模宏大，长期的城乡二元结构造成我国城乡之间的公民科学素质差距极大，近年来我国外出务工经商人员数量达到2.7亿人，这些进城务工人员、进城务工人员子女、村转居人员等流动性大、居住分散、需求多元、科学素质基础各异，要对如此宏大的城镇新居民开展科普工作，需要付出巨大努力。

（二）把科学生活作为城镇社区科普的重点

城镇社区科普要紧紧围绕社区居民的科普需求。城市社区是居民生活、工作、学习、休息等栖息地。城市居民科普以社区为重心，社区科普必须以城市居民的生活需求为中心，科普内容和形式必须贴近城市居民的生活实际。城市居民科普是城市居民的内在需求。城市居民相对于农村居民而言，是一些经济收入较多，生活比较安逸，居住地相对集中，闲暇时间相对较多，科学文化素质较高的人群，其具有参与志愿者活动的行为动机。因此，城市居民一方面对科普具有较大的需求，另一方面具有自己组织起来、开展科普活动的需求。城市居民的科普资源相对比较丰富，为城市的科普志愿者行为提供了外部条件。所以在城市居民科普中，只要有合适的科普组织倡导和有效地组织，科普活动就能很好地开展起来。由此，科普组织必须在城市居民科普志愿活动中，整合和配置社区资源方面的优势和作用，依靠和组织社区居民，依托驻社区的机关、学校、企业、团体等单位，就能开展各种行之有效的科普活动。要充分调动社区群众参与和组织科普活动的积极性，发挥社区科普志愿者的主观能动性和创新精神；争取驻社区单位的支持和参与。社区科普组织的工作必须积极主动，广泛动员，科普内容要贴近社区居民的生活实际，做到科普“进社区、进楼群、进家庭”，满足社区居民对科普的各种需求。

（三）切实做好城镇新居民科普公共服务供给

针对我国城镇化进程和科普助力人的城镇化的实际，根据我国科普推动人的城镇化的实践，参照国际社会经验，切实做好城镇新居民科普公共服务供给。

第一，城镇新居民就业技能科普培训。农村转移人口是目前我国人的城镇化最主要的人群，这些人远离或者失去土地来到城镇，首先面临的问题是生存问题，而解决生存问题的方式就是在城镇就业。然而，城乡之间生产方式与就业方式有很大的不同，由于他们受教育所限，往往接触的是农业生产相关的知识，缺乏城镇企业生产经营所需的职业技能和管理知识，只能适应简单的体力劳动，从事技术含量低的工作，难以在城镇长期发展。根据国务院研究室2016年4月发布的《中国农民工调研报告》显示，目前我国农村劳动力中没有接受过技术培训的高达76.4%。通过开展针对农村富余劳动力、进城务工人员等的城镇就业技能培训，提升农村转移人口在城镇的就业技能，丰富市场经营管理知识，可以增加他们在城镇就业和创业的机会，使农村转移人口得到稳定收入，从而奠定他们在城镇生存发展的物质基础，增强体面生活的信心，有助于他们真正融入城镇新生活、成为留得住的城镇新居民。

第二，城镇新居民科学生活科普教育。农村转移人口进城前长期生活在农村，深受农村文化传统、生活环境及风俗习惯等的影响，进城后往往是人进了城，但思想观念、生活习惯等没有进城，出现把鸡鸭养到楼房、把牛羊养到社区的现象，其生产生活方式没有发生任何变化。这种生活习惯，不仅影响自己的生活质量，也会影响周边居民的生活秩序，以致产生社会矛盾。针对城镇新居民开展科普工作，加强食品、家居、医疗、保健、卫生、环保、能源、交通等方面的知识宣传，加强心理教育和疏导，满足他们获取城镇生活科学常识的迫切需要，帮助他们转变生活观念，科学理性对待社会热点焦点问题，是促进他们形成科学、健康、文明的城镇生活方式、提高生活质量和幸福感、提升对现代文明成果鉴赏和享有能力的重要方式和途径。

第三，城镇新居民心理援助科普教育。农村转移人口进入城镇后，面临着社会环境、文化氛围、人际交往和价值追求等的巨大变化，如果不能很好地适应这种变化，将会遇到他们对城镇的不认同和社会不认同他们的双重矛盾。由于农村是一个基于自然和血缘的熟人社会环境，而城镇是基于职业、地缘的陌生人社会环境，农民进城伊始往往会感到缺乏自信心和归属感，加重进城后的孤立感和无助感，诱发不同程度的认同危机和心理危机。针对农村转移人口开展科普活动，一方面通过科学的疏导和教育，可以增加他们对生活的满足感，丰富对城镇生活和未来发展的信息，树立自我认同感；另一方面组织和引导他们积极参加社区科普文化活动，参与公共事务管理，加强与他人的交流沟通，在社会交往中获得他人的尊重，可以培养自我认同感和社会认同感，实现人生精彩。

三、城镇社区居民科学素质服务创新

我国正在为实现“两个一百年”目标而奋斗，对具有高水平科学素质国民的需求呼之欲出。城镇居民作为我国数量最庞大的群体，对实施我国公民整体科学素质的跨越提升尤其重要，新时期城镇社区居民科学素质服务能力迫切需要创新提升。

（一）创新城镇社区居民科学素质服务理念

宣传创新、协调、绿色、开放、共享的发展理念，普及尊重自然、绿色低碳、科学生活、安全健康、应急避险等知识和观念，提升社区居民应用科学知识解决实际问题、参与公共事务的能力，提高居民健康素养，促进社区居民全面形成科学、文明、健康的生活方式，促进和谐宜居、富有活力、各具特色的现代化城市建设。

（二）创新城镇社区科普活动

围绕“节约能源资源、保护生态环境、保障安全健康、促进创新创造”的工作主题，创造性地开展城镇社区科普活动。

一要办好城镇社区的科普节。充分利用科普日、科技周、世界环境日、世界地球日、世界标准日以及科技、文化、卫生、安全、健康、环保进社区等时间节点，组织开展社区气象、防震减灾、燃气用电安全、电梯安全以及社区居民安全技能、老年人急救技能培训等各类应急安全教育培训活动。面向城镇新居民开展适应城市生活的科技教育、传播与普及活动，帮助新居民融入城市生产生活。

二是善于广泛组织动员城镇社区的科普活动。广泛动员各有关单位及科协所属学会（协会、研究会），高校、科研院所、科普教育基地，面向社区居民开展经常性、阵地化的科普活动，广泛组织驻区单位和居民，围绕社区居民关注的卫生健康、应急避险、食品安全、生态环境、低碳生活、心理关怀、反对愚昧迷信等重点和热点问题，大力普及科学知识，及时解疑释惑，引导社区居民理性对待和处理个人生活及社会生活中的问题。

三是城镇社区科普活动要接地气。城镇社区科普服务要贴近公众、贴近民生、贴近实际，要针对老旧住宅社区、工矿企业所在地社区，城乡接合部（村转居）、城中村、流动人口聚居地社区，新建住宅社区，商务楼宇聚居社区，保障性住房社区，少数民族聚居社区，信教群众集中居住社区等不同情况，根据社区常住居民的组成、文化背景等不同特点，开展针对性强、居民欢迎的科普活动。要注重提高老年人运用科学知识改善生活质量、应对突发事件的能力，丰富科学文化生活，保持身心健康。要注重提高进城务工人员和待业人员的就业技能和生存能力，养成科学文明生活、保持理性平和心态、适应城市环境变化的能力。要结合学龄前儿童特点，以及青少年寒暑假、周末休息等时机，利用社区青少年科学工作室、流动科技馆、数字科技馆、科普教育基地和青少年科技教育基地等场所，积极开展社区科技教育活动，引导青少年正确使用网络资源，激发青少年科学梦想。

（三）创新城镇社区居民科学素质服务方式

推动基层服务中心融合发展，在新建及现有的基层服务中心拓展科普功能。依托社区综合服务设施，深入推进社区科普益民服务站、科普学校、科普网络建设，进一步加强社区科普组织和人员建设。充分发挥科普基础设施作用，面向基层群众开展党员教育、体育健身、文化宣传、卫生健康、食品药品、防灾减灾等各类科普活动。

一是推动建设科普中国社区e站。科普中国社区e站是基于科普中国服务云，依托已有城镇社区的网络、阅读终端、活动场所等科普设施，借助城镇社区传播渠道（平台）和移动应用等，细分公众，广泛开展线上线下相结合的科普活动，实现科普信息服务落地应用的新阵地。科普中国社区e站主要面向城镇居民，开展健康教育、科学生活、创新创业、科普文化活动等线上线下相结合的社区科普服务，切实解决科普公共服务在城镇社区的“最后一公里”问题，实现科普服务对市民群众的精细分类、精准推送，增强科普服务的公众获得感。

科普中国社区e站以现有城镇社区条件为基础，采取众创、众包、众扶、众筹的基本方式，按照有网络、场所、终端、活动、人员等“五有”的基本要求建设，通过主动获取、定制推送、精准推送、线上线下活动等方式，实现科普中国信息落地应用。可通过登录到科普中国网、科普中国各频道、科普中国移动端应用等，主动获取各类所需要的科普内容信息资源，实时传递给属地公众；可通过登录科普中国网的相应开放入口进行注册，根据实际需要定制科普中国服务云的科普内容信息，通过属地的传播渠道（平台）和移动端应用实时向公众进行推送；可通过服务云数据接口，入驻科普中国服务云，科普中国服务云根据用户行为数据，利用云技术服务方式，个性化地向每位公众精准推送科普中国的科普内容信息。

二是建设和完善社区科普学校。社区科普学校是社区科普传播教育的活动平台。要推动社区建立以科普大学、科普讲堂、社区学院、青少年科技辅导学校等为主要形式的社区科普学校，组织社区居民开展科学教育和培训。要制定、完善社区科普学校管理和运行制度，建立长效办学机制。要注重培养社区科普教师和讲师队伍，提高教学质量和水平。要立足实际、贴近居民，采用灵活多样的办学方式，切实满足社区居民学习、交往等多方面的需要。

视窗4–16 社区科普学校及其职责

社区科普学校是根据社区居民的实际需要建立的非正规性、社会化、群众化的科普教育阵地。社区科普学校建在老百姓家门口，学员全部面向社区居民，无进校门槛限制，老师由科普志愿者担任，教材紧贴群众需求，学员们不仅在社区科普学校课堂上学习，而且还能在分校参加丰富多彩的第二课堂活动。

学校坚持面向社区群众普及科学知识，教学内容和课程设置充分征求群众意见，主要挑选一些群众喜欢、简单易学、实用性强的课程，如生理与健康、自然科学、心理健康、营养配餐、食品安全、养生之道、家庭用药、疾病预防、科学健身、法律常识、文化娱乐等多种课程。在课程安排、老师授课等方面，突出实用性、趣味性、互动性，采用播放光盘、科普教师讲科普常识、发放健康教育自学读本，以及组织学员记学习笔记、写学习心得等多种交流互动的教学形式，让社区居民听得懂，不单调、不枯燥，寓教于乐。学校通过社会招募和基层推荐等方式招募科普志愿者充实讲师队伍，定期对老师进行考评。学校既可开办在城区，也可开办在农村、部队、监狱、封闭式小区等群众方便的地方。学校可采取总校与分校的办学形式，各社区的科普学校为分校。在办好第一课堂的同时，学校结合教学开辟第二课堂，如利用科技周、科普日等大型科普活动，开展科普知识竞赛、才艺展示、文体表演等活动，巩固第一课堂的教学成果。

三是建设、完善社区科普益民服务站。社区科普益民服务站是社区科普活动的重要阵地。要支持和推动社区因地制宜，采取多种形式建设和完善科普图书室、科普活动中心、社区科技馆、青少年科学工作室、科普园、科普广场、科普宣传栏（橱窗）等不同形式组合的社区科普益民服务站，特别要注重将社区已有的科技、教育、文化、卫生等活动设施场所拓展和建设为科普活动阵地。要坚持实际、实用、实效的原则，做好社区科普益民服务站的维护和管理，定期对科普设备设施进行检查，及时更新科普展示和活动内容，提高科普活动频率和水平，不断扩大社区居民受益面。

四是加强城镇社区科普志愿者队伍建设。建立一支高素质的、相对稳定的社区科普工作者队伍，确保专人具体负责科普工作，并定期开展工作培训，提高社区科普工作者的服务能力和水平。要有效整合辖区智力资源，充分发挥中小学科技教师、老科技工作者、离退休教师、医务工作者、大学生和辖区学校、企事业单位科技人员的作用，建立和完善一支具备一定专业素质，热心社区科普工作的社区科普大学讲师团队伍和科普服务队。对热爱社区科普工作、群众口碑好的科普志愿者，要进行表彰奖励，采取措施稳定、壮大科普志愿者队伍。

（四）创新城镇社区居民科学素质服务模式

促进形成政府推动、社会支持、居民参与的城镇社区科普新格局，大力提升城镇社区居民科学素质服务能力，促进基层社区科普服务设施融合发展，推动城镇常住人口科普基本公共服务均等化，全面提升市民科学素质，助力以人为核心的新型城镇化发展。

一是把科普纳入城镇公共文化服务范畴。在现代公共文化服务中切实加强城镇社区科普工作，建立、健全社区科普工作领导小组，制订城镇社区科普工作计划，筹集社区科普工作经费，集成社区科普资源；加强与驻区单位的沟通和协调，组织驻区单位参与社区科普工作；激发社会主体参与科普的积极性，面向社区提供多样化的科普产品和服务，动员驻区学校、科研院所、企业、科技社团、科普场馆、科普教育基地等相关单位开发开放科普资源，支持和参与社区科普活动。

二是建设、完善城镇社区科普协会。城镇社区科普协会是组织开展科普活动的中坚力量。要依托城镇社区的管理者和社区工作人员、科学教师、科技人员、科普专家、离退休科技相关人员、大学生社工及社区居民等，推动成立社区科普志愿者协会、科普兴趣小组、科普爱好者协会等社区科普协会。要加强对社区科普协会的指导和服务，引导社区科普协会定期开展科普活动。

三是配备、配齐城镇社区科普员。社区科普员是社区科普工作的核心推动者，要积极动员驻社区的企事业单位以及社区居民中的科技工作者和科普工作者担当社区科普员。要加强对社区科普员的业务培训和工作指导，建立以社区科普员为核心的城镇科普传播社群，为他们开展科普活动提供便利条件，支持他们积极主动开展工作。

四是建立、健全社区科普组织动员机制。驻社区单位是社区科普工作的重要组织资源。要推动社区加强与驻社区单位的沟通和协调，邀请驻社区单位领导进入社区科普工作领导小组，参与社区科普工作和科普活动的规划、组织和实施。要引导、支持建立社区与驻社区单位的科普联动机制，将驻社区单位的设施、场所、器材器具等科普资源面向社区居民开放，动员驻社区单位的专业技术人员面向社区居民开展科普讲座和科普咨询等活动，鼓励驻社区单位支持社区开展科普活动。

第五章　科技教育公共服务供给

中国拥有世界最大的教育规模，截至2016年底，有51.2万所学校、2.65亿在校学生；学前三年毛入园率77.4%，小学净入学率99.9%，初中毛入学率达到104%，已全面普及了九年义务教育；高中毛入学率达到87.5%，基本普及了高中教育；高等教育毛入学率42.7%，接近高等教育普及化水平①。公民科学素质的养成，既涉及公众自身的内部因素，也涉及整个社会大环境，如学校教育、非正规教育、体制机制政策、传统文化习俗、政治经济社会发展等诸多方面。科技教育是基于教育学基本原理，通过校本教育、课本教育、校外教育、课外教育等途径，在科学教师、科技辅导员等指导下，主要针对青少年，开展的普及科技知识、传播科学思想和科学方法、弘扬科学精神的活动。接受科技教育是快速、全面、批量地培养和提高国民科学素质的基本途径。

第一节　科技教育发展的新动向

青少年科技教育作为提高青少年科学素质的重要途径，作为提高国民科学素质和人力资源建设的前提和基础，越来越受到重视。从世界范围看，青少年科技教育呈现出全景化、融合化、乐享化、促成化等趋势。

---

① 胡浩，施雨岑. 解读《关于深化教育体制机制改革的意见》［EB/OL］.［2017-09-25］. http：//www.chinanews.com/gn/2017/09-24/8339092.shtml.

一、科技教育的全景化

国家创新能力和竞争能力，取决于一个国家的教育能否培育和造就出适应时代发展的大批创新人才。实践表明，科技教育有助于培养学生的科学探究能力、创新意识、批判性思维、信息技术能力等未来社会必备的技能和创新能力，并有可能在学习者的未来生活和工作中持续发挥作用。由此，从世界科技教育发展态势看，各国特别是一些发达国家，纷纷聚焦未来社会必备的技能和创新能力，确立一个理想化的全景化教育远景，着力提高全景化、综合性的素质。

近10年来，美国针对青少年开展科学、技术、工程、数学（简称“STEM”）学习的方式发生很大变化，日渐呈现出学校课程学习与校外活动参与相结合、分科式课程学习与综合性项目学习互为补充的发展趋势。美国教育部、美国教育研究所联合于2016年9月发布《STEM 2026：STEM教育创新愿景》报告，引起全世界的极大关注。该报告旨在促进 STEM 教育公平，以及让所有学生都得到优质 STEM 教育的学习体验，对实践社区、活动设计、教育经验、学习空间、学习测量、社会文化环境等6大方面提出全景化的愿景规划，指出 STEM 教育未来10年的发展方向以及存在的挑战。

视窗5-1　美国的《STEM 2026》

2016年9月，美国教育部与美国教育研究所联合发布《STEM 2026：STEM教育创新愿景》（以下简称《STEM 2026》），旨在促进 STEM 教育公平以及让所有学生都得到优质 STEM 教育的学习体验，对实践社区、活动设计、教育经验、学习空间、学习测量、社会文化环境等6大方面提出愿景规划，指出 STEM 教育未来10年的发展方向以及存在的挑战。

各国的教育实践表明，STEM（Science，Technology，Engineering and Mathematics，即科学、技术、工程、数学）教育有助于培养学生的科学探究能力、创新意识、批判性思维、信息技术能力等未来社会必备的技能和创新能力，并有可能在学习者的未来生活和工作中持续发挥作用。

美国的 STEM 教育已有近30年历史的积淀，其特点是由政府顶层设计，并集结各方力量，共同促进 STEM 教育发展。2013年5月，STEM教育委员会颁布《STEM教育五年战略计划》，旨在促进联邦机构合理有效地利用联邦投资，优先发展国家的STEM教育。2015年12月10日，奥巴马总统签署《每一个学生都成功法（ESSA）》，关注可能取得教育进步的关键领域，包括鼓励地方投资和创新以促进STEM教学和学习，确保学生和学校取得成功。

2016年9月，美国政府颁布《STEM 2026》，旨在推进STEM教育创新方面的研究和发展，并为之提供坚实依据。该报告提出网络化且参与度高的实践社区、加入特别设计的游戏和风险的学习活动、包含用跨学科方法解决“大挑战”的教育经验、创新技术支持的灵活且包容的学习空间、创新且具操作性的学习测量、促进多元化且多机遇的社会文化环境等6个愿景，力求在实践社区、活动设计、教育经验、学习空间、学习测量、社会文化环境等方面促进 STEM 教育的发展，以确保各年龄阶段以及各类型的学习者都能享有优质的 STEM 学习体验，解决 STEM 教育公平问题，进而保持美国的竞争力。

《STEM 2026》总结出促进公平的 STEM 教与学的经验和资源、培育参与度高且网络化的实践社区、重新设计课堂活动以提高趣味性和风险性、开展早期教育、打破学科间以及与其他非学科间的分界、重新构想学习空间、开发创新且可操作的学习评价方式、赋予 STEM 新面孔以促进多元化多机遇的社会环境等8大挑战。

《STEM 2026》是专家学者针对美国国情所提出的对未来10年 STEM 教育的展望，对 STEM 教育普及具有非常明确的指向性，强调政府引导和顶层设计、注重学科整合和师资培养、创新课程设计和社区建设、提高社会参与和资金投入。

我国在重视 STEM 教育发展的同时，应该思考如何为 STEM 教育提供创新的、健康的发展环境和机遇。需要考虑在国家层面规划未来 STEM 教育的课程设置方式、师资培养模式和教育创新模式，增加学科融合的正式和非正式探究类课程类型，帮助学生冲破现有分科教学的局限性，学会多学科解决问题的方法，以培养学生解决真实问题的能力、创新思维和科学素质。另外，还需要思考 STEM 教育的推广和规模化，增加社会参与路径、宣传力度和资金投入，将STEM教育和学校教育、创客教育、实践社区等方面结合起来，促进STEM教育的参与性、共享性和普及性。美国经验对我国 STEM 教育发展以及国际竞争力的提高，无疑有着非常宝贵的借鉴意义。①

二、科技教育的融合化

科技教育的结果，是期待今天的青少年今后变成两类人，一类是涉及科学并能理解科学和技术的人，即具备科学素质的公民；另一类是成为从事科学和技术相关的科学家、工程师等，即把科学和技术作为自己的职业。对青少年不同的未来取向，科技教育的方式不同。对此，到底科技教育应该由谁来主导？谁有资格向青少年传播科技？一直没有达成共识。近年来，在科技教育中，充分发挥科学家的榜样作用，教育界与科技界的紧密结合、深度融合成为基本趋势，并由此形成一些科教结合的青少年科技教育实践模式。

一是学校主导型科技教育模式。学校组织各种科技类必修课、选修课、活动课、科技兴趣小组及科技俱乐部，开展各种学习、研究和探索活动。如指导青少年阅读科技书刊，收听、收看广播、电视的科技节目，放映科技电影、录像，参观科技展览，访问科技专家，组织专题讨论会、课题研究、科技竞赛、学科探秘、科技制作、种植养殖、发明创造等活动。美、英等国教育界普遍认识到，科普教育与学校科学教育的融合，有助于解决目前学校教育存在的一些问题，如学生学习科学课的兴趣低，教师教学方法单调死板以及教科书存在的局限性等。美国国家科学基金会（NSF）实施的非常规科学教育计划就非常强调科普与学校科学教育的联系。该计划之一是要使科普项目的有关设计方案和材料能被中小学教师所利用。

二是科教交融型科技教育模式。基础教育课程与科技教育相融合。站在

① 金慧，胡盈滢. 以STEM教育创新引领教育未来——美国《STEM 2026：STEM教育创新愿景》报告的解读与启示［J］. 远程教育杂志，2017，35（1）：17—25.

战略性的高度上，早在1985年，美国就启动著名的基础教育课程改革“2061计划”，针对从幼儿园到高中阶段的技术教育问题，提出了一系列重大改革举措，代表着美国基础教育课程改革的趋势。在该计划第一阶段技术专家小组报告里，针对技术教育问题提出一系列重要的观点。报告所提出的建议，意义远远超出现有学校课程中增加一点点技术，而在于这些建议将成为美国基础教育一次重大改革的内容基础。要通过中小学整个学习过程反映技术已渗进我们的生活，要求学生采取实验和亲身体验的方法，从幼儿园到第12年级不断增加其深度。

三是社会与学校互动科技教育模式。校外教育机构和自然科学学术团体为科技爱好者组织相应的活动，利用假期举办综合的或专业的科技夏（冬）令营，组织青少年进行学科竞赛活动，组织各种科技参观、考察和实验活动，组织短期研习活动等。科技团体组织高校、科研单位与学校建立科技教育方面的合作，使一部分有志于科学技术研究和探索的优秀青少年科技爱好者直接得到向著名科技专家咨询学习的机会，在科技专家指导下进行高层次的科普活动，进一步激发他们对科学探索的兴趣，并掌握初步的科学研究方法。组织社会多种科普资源，使之进入中小学教育教学过程，是国外科普教育值得借鉴的模式。有关部门联合或单独在全国、省、区、市范围内举行较大型的科技竞赛活动，如全国青少年科技创新大赛、全国青少年机器人大赛等，并从中选拔优秀项目参加国际青少年科技交流活动；组织科学家演讲团深入各地中小学巡讲，这种形式能让青少年获得珍贵的与科学家面对面的机会。

四是网络化科技教育模式。信息技术引入学校，运用于教学，会逐步改变传统的老师教、学生听的教学方式，教师的知识传授者角色将日益淡化，学生也将更多地自主学习。在此情形下，政府研究机构、科技团体、大学等开发的各种科普教育资源借助互联网方便地进入学校，学生的科学学习内容和方式也会更加科普化。美国能源部为把计算科学纳入中学科学教育，实施了一项称为“超级计算探索”的计划，该计划支持开发了许多计算科学学习资源，比如让若干名学生组成学习小组，共同登录互联网进行科学探究。华盛顿大学为帮助中小学生科学学习，专门开发了一系列虚拟现实演示项目用于课堂教学，它还帮助学生自己动手设计虚拟生态环境等虚拟现实作品，不仅提高了学生对科学工作的兴趣，而且还培养了学生的独立思考能力。

三、科技教育的乐享化

科技教育的责任和使命之一是培养青少年的创新能力。无数实践证明，唯有自由的人，才有感悟思考的闲暇，创新创造的快乐。制造出金字塔的注定是那些自由的人，而不是那些没有自由的“奴隶”。科技教育注定要让学生获得自由，免于恐惧，才能使他们的灵感自由飞扬，思维自由穿越，微笑和友谊都在自由潜滋暗长。随着互联网的发展，一种基于创新、交流、分享的“乐享化”的科技教育理念和行为迅速萌发，并在世界范围内兴起。例如，美国政府在2012年初推出一个新项目，将在未来4年内在1000所美国中小学校引入“创客空间”，配备开源硬件、3D打印机和激光切割机等数字开发和制造工具；2014年启动“创客教育计划”，并颁布一系列政策措施以支持创客教育发展。创客教育已经成为美国推动教育改革、培养科技创新人才的重要内容。我国教育部2015年9月明确提出探索创客教育等新教育模式，要通过创客教育提升学生信息素养和创新能力，并开始创客教育的尝试，如开设校内创客空间、通过课外社团等形式组织创客活动。

创客是指那些酷爱科技、热衷实践、乐于分享，努力把各种创意转变为现实的人。创客的共同特质是创新、实践与分享，通常有着丰富多彩的兴趣爱好以及各不相同的特长，一旦他们围绕感兴趣的问题聚在一起时就会爆发出巨大的创新活力。创客教育起源于近年来欧美创客运动在教育领域的实践探索，这些教育实践以行之有效的方式继承并践行了杜威（John Dewey）、皮亚杰（Jean Piaget）、派珀特（Seymour Papert）等人的教育理想，赢得越来越多教育研究者的关注[①]。多年来，我们急于培养大师特别是科学大师，然而在现在教育模式下，我们总是没有培养出真正的大师，“钱学森之问”仍然没有破解。将创客文化注入科技教育，将彻底改变科技教育的方式，用这种新的方法鼓励创造和创新——利用新的数字技术来设计、制作、分享和跨时空的学习，是科技教育的重大变革，将会使我国科技教育焕发新枝。

---

① 陈刚，石晋阳. 创客教育的课程观［J］. 中国电化教育，2016（11）：11—17.

视窗5-2　创造源于快乐和自由

“金字塔的建造者，绝不会是奴隶，而只能是一批欢快的自由人。”1560年瑞士钟表匠布克在游览金字塔时，做出这一石破天惊的推断。很长的时间，这个推论都被当作一个笑料。然而，400年后，即2003年，埃及最高文物委员会宣布：通过对吉萨附近600处墓葬的发掘考证，金字塔是由当地具有自由身份的农民和手工业者建造的，而非希罗多德在《历史》中所记载——由30万奴隶所建造。

历史在这里发生了一个拐点，穿过漫漫的历史烟尘，400年前，那个叫布克的小小钟表匠，究竟凭什么否定了伟大的希罗多德？何以一眼就能洞穿金字塔是自由人建造的？埃及国家博物馆馆长多玛斯对布克产生了强烈兴趣，他一定要破解这个谜团，真相一步步被揭开。

布克原是法国的一名天主教信徒，1536年，因反对罗马教廷的刻板教规，锒铛入狱。由于他是一位钟表制作大师，囚禁期间，被安排制作钟表。在那个失去自由的地方，布克发现无论狱方采取什么高压手段，自己无论如何都不能制作出日误差低于1/10秒的钟表；而在入狱前，在自家的作坊里，布克能轻松制造出误差低于1/100秒的钟表。为什么会出现这种情况呢？布克苦苦思索。

起先，布克以为是制造钟表的环境太差。后来布克越狱逃跑，又过上了自由的生活。在更糟糕的环境里，布克制造钟表的水准，竟然奇迹般地恢复了。此时，布克才发现真正影响钟表准确度的不是环境，而是制作钟表时的心情。在布克的资料中，多玛斯发现了这么两段话：“一个钟表匠在不满和愤懑中，要想圆满地完成制作钟表的1200道工序，是不可能的；在对抗和憎恨中，要精确地磨锉出一块钟表所需要的254个零件，更是比登天还难”。正因为如此，布克才能大胆推断：“金字塔这么浩大的工程，被建造得那么精细，各个环节被衔接得那么天衣无缝，建造者必定是一批怀有虔诚之心的自由人。不难想象，一群有懈怠行为和对抗思想的奴隶，绝不可能让金字塔的巨石之间连一片小小的刀片都插不进去”。

布克后来成为瑞士钟表业的奠基人与开创者。瑞士到现在仍然保持着布克的制表理念：不与那些强制工人工作或克扣工人工资的外国企业联合。他认为，在过分指导和严格监管的地方，别指望有奇迹发生，因为人的能力，唯有在身心和谐的情况下，才能发挥到最佳水平。

电光石火，石破天惊，人们不得不想到我们的教育。当前，我们的教育生态就是以束缚、控制、压制、监管为特征，以大负荷、高速度和快节奏为根本，以每节课都是最后一课，每次测验都是最后一考相要挟，把水灵灵的教育业，弄成干巴巴的制造业。只有制造，没有教育；只有教训，没有教育；只有统一模型的产品，没有千姿百态的学生。

金字塔必须由自由人建造，教育，也必须在自由中产生。唯有自由的人，才有感悟的闲暇、创造的快乐。这个时候，我们的灵感在飞扬，思维在穿越，微笑和友谊都在潜滋暗长。制造出金字塔的注定是那些自由的人，教育注定要让学生获得自由，免于恐惧。在现有的教育体制下，我们永远不会培养出真正的大师。真正的大师不会在恐惧和束缚中产生。如果不能给教育真正松绑，“钱学森之问”，会成为天问。①

视窗5-3　乐享科学的创客空间

创客运动是指在全球范围内推广创客理念，培育创客文化，推动大众参与创客实践的一场创新运动。包括创新探索的精神、动手实践的文化、开放共享的理念，以及对技术的极致钻研和对美好生活的不懈追求。

一些学校意识到他们已经失去激发学生主动学习的办法，便尝试把创客精神带到学校教育中。过去几年内，美国高校中的学术性创客空间和制造类实验室迅速多了起来。而且一些K-12（从幼儿园到12年级）学校也纷纷尝试在图书馆设立创客空间，或者改装教室以适应基于项目和实践的学习。创客教育的关键是，如何把创客空间整合到现有的教育项目中；创客空间是创客们制作、交流、共享知识和资源，以及项目协作的场所，而对学校来说还要把创客空间变为课程实施的环境；教师要善于把课堂变成一个充满活力的创客空间，鼓励学生创建物品、发

---

① 奴隶是造不出金字塔的［EB/OL］.［2015-04-06］. http://www.haokoo.com/money/2039484.html.

明工艺、分享创意点子。创客课程最重要的是：动手做、开放和分享，大胆尝试，迭代设计，注重美学，打破年龄歧视，强烈的个性化学习，技术是基本要素，学生自己掌控学习等。创客教育继承并践行了杜威、皮亚杰、派珀特等人的教育理想，赢得越来越多教育研究者的关注。奥巴马政府于2014年启动“创客教育计划”，并颁布一系列政策措施以支持创客教育发展。我国教育部2015年9月明确提出探索创客教育等新教育模式，通过创客教育提升学生信息素养和创新能力。我国一些中小学校已经开始创客教育的尝试，他们自建校内创客空间，主要通过课外社团的形式组织创客活动。[①]

视窗5–4 极致钻研的工匠精神

极致钻研与工匠精神是指工匠对自己的产品精雕细琢、精益求精的精神理念。工匠们喜欢不断雕琢自己的产品，不断改善自己的工艺，享受着产品在双手中升华的过程。工匠们对细节有很高要求，追求完美和极致，对精品有着执着的坚持和追求，把品质从99%提高到99.99%，其利虽微，却长久造福于世。

工匠精神，即精益求精的精神，注重细节，追求完美和极致，不惜花费时间精力，孜孜不倦，反复改进产品，把99%提高到99.99%；严谨、一丝不苟的精神，不投机取巧，确保每个作品、产品的质量，不达要求绝不轻易出手；耐心、专注、坚持的精神，不断提升工作效率、产品质量和服务不平，在专业领域上不断追求进步；专业、敬业的精神，打造本行业最优质的产品，其他同行无法匹敌的卓越产品。例如，英国航海钟发明者约翰·哈里森（John Harrison，1693—1776），费时40余年，先后造出了5台航海钟，其中以1759年完工的“哈氏4号”最为突出，航行64天，只慢了5秒，比当时法案规定的最小误差（2分钟）小很多，完美解决了当时航海经度定位问题。

当今社会心浮气躁，追求“短、平、快”（投资少、周期短、见效快）带来的即时利益，而忽略品质的灵魂，故而亟须极致钻研与工匠精神。

① 创客教育是什么［EB/OL］.［2016-10-31］. http：//sanwen8.cn/p/3a7konT.html.

四、科技教育的促成化

突出科学探究、重视培养学生的科学探究能力是当前国际科学教育改革的核心理念。青少年科学探究是通过竞赛选拔等促成手段、个性化培养等方式，激励学有余力、有科学爱好与特长的青少年，在感兴趣的学科专业领域，去发现与实践、研究与解决现实问题与科学问题。通过青少年科学探究，提升基于现实生活发现问题、应用科学文化知识规律于创新与实践以及应变等诸方面的能力，形成不拘泥于书本知识与规律、质疑客观现象的创新思维、科学精神与价值观，实现培养科技创新、学科专业人才后备力量的作用。

但要看到，在青少年科学探究活动中，由于过分关注、急于求成、以追求培养科学大师为主要目标，而投入过多的热情，注入太多的外部刺激和诱惑（如考试分数、竞赛成绩、表彰奖励、奖金、升学加分等）、过多的选择（如层层选拔）、过多的预设（如人为的标准、程序、管制等）等促成手段，殊不知这些青少年科技活动有些偏离初心和原旨，迎合应试教育，走向功利性、排他性的境地，结果事与愿违。早在2012年，云南省教育厅厅长罗崇敏就曾公布对状元职业发展的调查报告，引起社会极大关注和反思，他曾专门调研过云南近10年来的22名“高考状元”和学科奥赛获奖者，尤其关注他们毕业后的现状。令他吃惊的是，这些“状元”、大奖获得者，在各自的事业上几乎都没有什么大的建树，与当初人们对状元的预期相差甚远。不少状元在国内读完大学后，最终选择去国外继续读研，其中以欧美国家居多，或者留在北京、上海等发达地区工作，回到地方就业的相对较少。其中一些状元本科毕业后就开始工作，并未在相关领域继续学习或研究。他还查阅了1977—2009年32年来全国的124名高考状元，结果他们一个都没有成为所从事职业领域的领军人物。没能成为各行业的领军人物，关键是教育培养机制没有相应保障。中国学生从小的目标是考上理想的中学、高中、大学，一旦成为老师眼里的尖子生，就会被特别关照。自己的希望再加上学校的期盼，双重压力就更加剧了考生的升学决心：争取更高分数，十年寒窗苦，一朝高考时[①]。在这样的情况下，我国青少年科学探究活动亟待进一步改进和创新提升。

---

① 可怜高考状元为中国的应试教育买单［EB/OL］.［2012-07-04］.http：//edu.163.com/12/0704/15/85J48PH900294JD8.html.

第二节　制定和完善科技教育课程标准

青少年科学教育课程标准必须适应时代变化，基于学生发展核心素养框架，遵循青少年成长规律。新时期我国青少年科技教育肩负着建设世界科技强国的使命责任，面临着科技和产业革命对未来人才的新要求，面临着经济化和教育国际化对科技教育的新形势新要求，面临着信息社会发展对科技教育理念和手段时代化的新要求，青少年科学教育课程标准的制定必须借鉴国际先进经验、立足国家实际、面向未来发展。

一、学龄前科学教育课程标准

3—6岁的幼儿期是科学教育发展的关键期和敏感期，世界各国都十分重视这个时期的科学教育。学前科学教育可以利用幼儿的好奇心和求知欲对他们日常生活当中的事物展开积极的探索、发现和实验。幼儿的玩要和探索与科学家的科学探究过程有共同的特点，幼儿通过对周围事物的探究和实验，学会提出问题，弄明白观察的对象，从而构建他们对周围世界的完整认识。在学前教育阶段开设科学课程，既可以让幼儿掌握最基本的科学探究技能，如观察和描述、比较和分类、实验记录，并学会使用相关科学术语，还可以让幼儿们体验发现的喜悦，并企图学会解决问题，提高学习的原动力，使他们成为一位自信的学习者。

我国2012 年10 月颁布的《3—6 岁儿童学习与发展指南》，其中科学课程部分有两方面的内容，即科学探究和数学认知。科学探究部分主要有3个分目标，即亲近自然、喜欢探究；具有初步的探究能力；在探究中认识周围事物和现象，如探究动植物、物体和材料、天气季节变化以及保护环境等。

视窗5-5　我国学龄前科学教育课程标准

我国2012 年10 月颁布的《3—6 岁儿童学习与发展指南》指出，幼儿的科学学习是在探究具体事物和解决实际问题中，尝试发现事物间的异同和联系的过程。幼儿在对自然事物的探究和运用数学解决实际生活问题的过程中，不仅获得丰富的感性经验，充分发展形象思维，而且初步尝试归类、排序、判断、推理，逐步发展逻辑思维能力，为其他领域的深入学习奠定基础。

幼儿科学学习的核心是激发探究兴趣，体验探究过程，发展初步的探究能力。成人要善于发现和保护幼儿的好奇心，充分利用自然和实际生活机会，引导幼儿通过观察、比较、操作、实验等方法，学习发现问题、分析问题和解决问题；帮助幼儿不断积累经验，并运用于新的学习活动，形成受益终身的学习态度和能力。

幼儿的思维特点是以具体形象思维为主，应注重引导幼儿通过直接感知、亲身体验和实际操作进行科学学习，不应为追求知识和技能的掌握，对幼儿进行灌输和强化训练。

（一）科学探究

目标1：亲近自然，喜欢探究。

3—4岁：喜欢接触大自然，对周围的很多事物和现象感兴趣；经常问各种问题，或好奇地摆弄物品。

4—5岁：喜欢接触新事物，经常问一些与新事物有关的问题；常常动手动脑探索物体和材料，并乐在其中。

5—6岁：对自己感兴趣的问题总是刨根问底；能经常动手动脑寻找问题的答案；探索中有所发现时感到兴奋和满足。

目标2：具有初步的探究能力。

3—4岁：对感兴趣的事物能仔细观察，发现其明显特征；能用多种感官或动作去探索物体，关注动作所产生的结果。

4—5岁：能对事物或现象进行观察比较，发现其相同与不同；能根据观察结果提出问题，并大胆猜测答案；能通过简单的调查收集信息；能用图画或其他符号进行记录。

5—6岁：能通过观察、比较与分析，发现并描述不同种类物体的特征或某个事物前后的变化；能用一定的方法验证自己的猜测；在成人的帮助下能制定简单的调查计划并执行；能用数字、图画、图表或其他符号记录；探究中能与他人合作与交流。

目标3：在探究中认识周围事物和现象。

3—4岁：认识常见的动植物，能注意并发现周围的动植物是多种多样的；能感知和发现物体和材料的软硬、光滑和粗糙等特性；能感知和体验天气对自己生活和活动的影响；初步了解和体会动植物和人们生活的关系。

4—5岁：能感知和发现动植物的生长变化及其基本条件；能感知和发现常见材料的溶解、传热等性质或用途；能感知和发现简单物理现象，如物体形态或位置变化等；能感知和发现不同季节的特点，体验季节对动植物和人的影响；初步感知常用科技产品与自己生活的关系，知道科技产品有利也有弊。

5—6岁：能察觉到动植物的外形特征、习性与生存环境的适应关系；能发现常见物体的结构与功能之间的关系；能探索并发现常见的物理现象产生的条件或影响因素，如影子、沉浮等；感知并了解季节变化的周期性，知道变化的顺序；初步了解人们的生活与自然环境的密切关系，知道尊重和珍惜生命，保护环境。

（二）数学认知

目标1：初步感知生活中数学的有用和有趣。

3—4岁：感知和发现周围物体的形状是多种多样的，对不同的形状感兴趣；体验和发现生活中很多地方都用到数。

4—5岁：在指导下，感知和体会有些事物可以用形状来描述；在指导下，感知和体会有些事物可以用数来描述，对环境中各种数字的含义有进一步探究的兴趣。

5—6岁：能发现事物简单的排列规律，并尝试创造新的排列规律；能发现生活中许多问题都可以用数学的方法来解决，体验解决问题的乐趣。

目标2：感知和理解数、量及数量关系。

3—4岁：能感知和区分物体的大小、多少、高矮、长短等量方面的特点，并能用相应的词表示；能通过一一对应的方法比较两组物体的多少；能手口一致地点数5个以内的物体，并能说出总数。能按数取物；能用数词描述事物或动作，如我有4本图书。

4—5岁：能感知和区分物体的粗细、厚薄、轻重等量方面的特点，并能用相应的词语描述；能通过数数比较两组物体的多少；能通过实际操作理解数与数之间的关系，如5比4多1，2和3合在一起是5；会用数词描述事物的排列顺序和位置。

5—6岁：初步理解量的相对性；借助实际情境和操作（如合并或拿取）理解“加”和“减”的实际意义；能通过实物操作或其他方法进行10以内的加减运算；能用简单的记录表、统计图等表示简单的数量关系。

目标3：感知形状与空间关系。

3—4岁：能注意物体较明显的形状特征，并能用自己的语言描述；能感知物体基本的空间位置与方位，理解上下、前后、里外等方位词。

4—5岁：能感知物体的形体结构特征，画出或拼搭出该物体的造型；能感知和发现常见几何图形的基本特征，并能进行分类；能使用上下、前后、里外、中间、旁边等方位词描述物体的位置和运动方向。

5—6岁：能用常见的几何形体有创意地拼搭和画出物体的造型；能按语言指示或根据简单示意图正确取放物品；能辨别自己的左右。①

二、义务教育小学科学课程标准

科学教育是立德树人工作的重要组成部分，在当今时代，科学教育更具有提升全民科学素质、筑牢建设创新型国家根基的基础性作用。如今科学与技术日新月异，正深刻地改变着人们的生产、生活方式，正因为这样，每一位生活在科学技术高速发展时代的人，必须具有科学素质。小学科学教育，

① 中华人民共和国教育部. 3—6岁儿童学习与发展指南［A/OL］.［2012-10-09］. http：//www.edu.cn/xue_qian_news_197/20121019/t20121019_858538.shtml.

对从小激发和保护孩子的好奇心和求知欲、培养学生的科学精神和实践创新能力具有重要意义。科学素质的培养必须从小抓起、从小抓好。

科学教育并不限于理论层面的教育。它所追求的目标不仅仅是掌握科学知识，还要在宏大的自然与社会图景下，把科学知识的学习寓于动手实践的过程之中，寓于科学与社会关系的情境之中。新的课程标准强调，小学科学是一门实践性和综合性都很强的课程，课程把探究活动作为学生学习科学的重要方式，综合运用不同领域的知识和方法理解自然现象和解决实际问题。这些要求对学生的动手能力、科学思维、科学精神的提升是显而易见的。如何因应科学课程标准的新变化？学校和教师作为主力军，需要在教学理念和教学实践上作出转变和创新尝试，推开小学科学教育的引导之门。像高校、科研院所、科普场馆等各类优质的科学教育机构，也应积极行动起来，为保障科学课程实施创造条件，让小学科学教育的天窗直通科学苍穹。

在小学阶段，儿童对周围世界有着强烈的好奇心和探究欲望，他们乐于动手操作具体形象的物体，这一时期是培养科学兴趣、体验科学过程、发展科学精神的重要时期。2017年2月，我国教育部通过官网发布修订后的《义务教育小学科学课程标准》，将小学科学课程由原来的三年级开始提前到一年级，使小学阶段的科学教育具有连续性；同时，课程体系突出“技术与工程”内容，倡导跨学科的综合学习方式，促进学生在科学课程中进行基于STEM教育理念的综合学习，通过“造物”将科学教育与创客教育有机结合，培养科学创新能力。要通过科技教育，使学生体验科学探究的过程，初步了解与小学生认知水平相适应的一些基本的科学知识；培养提问的习惯，初步学习观察、调查、比较、分类、分析资料、得出结论等方法，能够利用科学方法和科学知识初步理解身边自然现象和解决某些简单的实际问题；培养对自然的好奇心，以及批判和创新意识、环境保护意识、合作意识和社会责任感，为今后的学习、生活以及终身发展奠定良好的基础。科技教育目标是培养学生的科学素养，并为他们继续学习、成为合格公民和终身发展奠定良好的基础。学生通过科技教育，保持和发展对自然的好奇心和探究热情；了解与认知水平相适应的科学知识、体验科学探究的基本过程、培养良好的学习习惯，发展科学探究能力、学习能力、思维能力、实践能力和创新能力，以及用科学语言与他人交流和沟通的能力；形成尊重事实、乐于探究、与他人合作的科学态度；了解科学、技术、社会和环境的关系，具有创新意识、保护环境的意识和社会责任感[①]。

2017年秋季学期开始，我国将从小学一年级起开设科学课，此前科学课在小学三—六年级设置。大力提倡科学教育从“娃娃”抓起，让更多科学家走进校园，科学精神将成为每一个家庭重视培养、贯穿人们一生的基本素质。过去，科学课在整个九年义务教育阶段并未受到应有的重视，满足不了国家发展需要以及孩子们和老师们的需求。与2001年颁布的《全日制义务教育科学（3—6年级）课程标准（实验稿）》相比，新版的课程标准将科学课的性质由“启蒙课程”改为“基础课程”，地位更加重要。课程目标除了科学知识、科学探究、科学态度外，还新增“科学、技术、社会与环境”的教学目标，要求学生了解人类活动对自然环境和社会变迁的影响，在科学技术的研究实验中考虑伦理道德的价值取向。在教学内容方面，新修订课标新增“技术与工程领域”的相关内容，更加重视培养孩子的创新能力、动手操作和实践能力。在新修订课标中，来自生活的科学现象，都成为生动的教学案例。新课标要求学生学会通过多种方法寻找证据，运用创造性思维和逻辑推理解决问题，倡导探究式学习。

视窗5-6　小学新课标修订的“大突破”

小学科学课程标准的修订，充分反映了科学性、继承性、国际性等特点，尤其反映了当今国际科学教育改革与发展的新趋势。新颁布的2017年版小学科学新课程标准与 2001 年颁布的 3—6 年级科学课程标准（实验稿）相比，有显著变化。

从开课年级看，科学课程由原来的 3—6 年级变为 1—6 年级，使小学阶段的科学教育具有连续性，也体现了我国对小学科学教育重视程度日益提高。

在课程性质方面，做出更全面的界定。新课程标准强调，小学科学课程是一门基础性、实践性、综合性课程。这对于学校进一步认识小

① 中华人民共和国教育部. 义务教育小学科学课程标准（2017版）［S/OL］. http：//www.moe.gov.cn/srcsite/A26/s8001/201702/W020170215542129302110.pdf.

学科学课程的价值与特征、小学科学教材的设计与开发、教师的专业素质要求等具有重要的指导作用。

在课程目标方面，首次明确提出小学科学课程的总目标是培养学生的科学素养，并为他们继续学习、成为合格公民和终身发展奠定良好的基础。在目标内容方面，增加了“科学、技术、社会与环境”，将以前的“情感态度与价值观”修订为“科学态度”。在目标层次方面，除了分目标的总体描述外，分别给出学段目标，即从1—2年级、3—4年级、5—6 年级分别进行描述，体现了学生学习目标的进阶特征，也符合当前国际基础教育科学课程标准改革的新趋势。

在课程内容标准方面，新增“技术与工程领域”，充分反映了当前国际科学教育倡导的 STEM 教育理念。此外，内容标准的陈述依据课程目标的分段描述，同样也按照 1—2 年级、3—4 年级、5—6 年级的学习进阶进行，有利于教材编写、教师教学以及教学评价，将标准的操作性、实用性增加。

在课程实施方面，倡导基于 STEM 的跨学科学习方式。新课标不仅在内容标准新增加“技术与工程”领域，而且在实施建议中的“学科关联建议”部分，倡导基于 STEM 的跨学科学习方式，即基于科学、技术、工程与数学的一种以项目学习、问题解决为导向的课程组织方式，关注周围技术世界的发展，感受科技对个人生活、社会发展的影响，有利于学生科学创新能力的培养。

新课程标准对小学科学教师的专业素质提出新的更高要求，这也是实施小学科学新课程标准的关键点和难点。例如，教师如何结合小学科学课程内容标准设计和开发合适的 STEM 项目，如何利用数字化信息技术指导学生开展科学探究，如何根据学生不同年龄阶段实施有效的教学策略等。[①]

视窗5-7　影响千万小学新生的科学课

2017年秋季起，全国小学一年级新生的课表上，将出现一门全新的

① 林长春. 新课标带来小学科学“大突破”[N]. 中国教师报，2017-03-27.

必修课程——“科学”。这门课程将影响一千余万即将进入小学一年级的新生，相信这一变化，将成为我国科学教育发展史上的一个重要里程碑。

1. 世界科学教育正发生剧烈、深刻的变革。早在2001年，依据国务院《面向21世纪教育振兴行动计划》建立“21世纪基础教育课程体系”的要求，我国开始了新一轮的课程改革，当时将“自然”课更名为“科学”，起始年级也从一年级变为三年级。

16年过去了，在课程开发、师资培训、教材建设等方面取得一些成果和进步，但坦率而言，“科学课”作为一门独立的新课程，在整个九年义务教育阶段并未受到应有的重视。16年以来，国际科学教育研究的发展速度超出人们的预料。一些非常重要的科学教育文献和著作，比如，《新一代美国科学教育标准》和《K-12科学教育框架：实践、跨领域概念和核心概念》提出一系列科学教育的新思想。这些新思想导致世界各地的科学教育正在发生着一场剧烈的、声势浩大的、深刻的变革。

在这样的情况下，我们中国的课程和教材自然也要随之改变。如果我们的课程和教材再不随着这样的一种变化、这样的一种需求而改变的话，我们真的就要落后于世界科学教育改革的潮流，满足不了国家发展的需要以及孩子们和老师们的需求了，所以教材必须修订。

2. 开设科学课的意义究竟何在。最近，我在微信群中看到一名中国留学生写的文章，里面有一句话引起我的震动。他回忆国内的数学教育，感觉我们数学课的问题不在于难度，而在于我们的数学课堂上压根就没有数学。我们需要思考，我们的科学课上是不是也存在着类似的问题。我们辛辛苦苦带领孩子们进行的科学教学，是不是科学课所需要的，是不是真正体现了科学课程的特点。

关于今年将要启用的新教材，我只有两点对一线教师的教学建议：第一点是“深度理解科学课程的性质”，第二点是“读好读懂我们的学生”。为什么我建议大家要深度理解科学课程的性质呢？ 16年了，难道这个问题还没有解决吗？还需要把它列到第一个要义、第一个问题来解决、来提出吗？我认为，还是需要的。为什么要开设科学课程？学科学到底学的是什么？这两个问题到现在仍然要下大功夫去理解、去研究、去提高我们的认识，因为这关系到科学课程改革的未来，关系到科学课程的发展和进步。

关于“科学”课程性质有三句话，要深入地去进一步理解。第一，小学科学课程是一门基础性课程。基础性难道仅仅指的是它在一年级开设吗？仅仅指它所涉及的学习内容是最浅显和基本的吗？第二，小学科学课程是一门实践性课程。这里的实践难道仅仅是动手操作和简单地加上动脑吗？第三，小学科学课程是一门综合性的课程。这里的综合性难道只是指加强了和其他学科比如数学、语文、品德、艺术的关联吗？

长期以来我们对科学本质理解的缺陷，是中国科学教育面临的特殊困难。经过这么多年以后，我们一直还在向解决这个问题的方向努力。今年，我们终于完成了“小学科学教材编写修订方案”，这是我们16年以来第一次用文字的方式表达教科版科学教材的文化追求，把科学概念和科学探究双螺旋协同发展的思想模型贯穿于编写思路中。

这十几年中我们也一直在探索，科学课如何才能真正成为一门有价值的课程？在义务教育阶段，开设科学课的意义究竟何在？余自强先生在其著作《科学课程论》中写下了一段话：“一种新的课程的价值，取决于是否提出了新的教育哲学思想和新的教育目标体系。”我认为给出了很好的回答。

对于科学课而言，这种教育哲学思想和教育目标体系是什么呢？用学术语言来描述，对这一问题的回答应该是：作为一门新形态的科学课程，将向学生进行科学本体论、科学认识论、科学方法论以及科学哲学等方面的教育，引导学生正确认识人与自然的关系，了解科学家认识和看待世界的观点和方式。

也就是说，科学作为一门综合性的课程，其优势和追求的目标，并不仅仅是要孩子们掌握碎片化的知识，比如植物的组成部分、动物的身体结构等。这些知识固然需要，但更重要的是在更宏观、更接近自然的图景下，让孩子们了解自然科学的概念和理论，以及人们认识自然的方法和过程。

那么很显然，孩子们需要了解科学家的工作，需要学习像科学家那样实践和思考。如此一来，我们的科学教育必须将科学家做科学的方法，融入科学课程中。

3. 我国教师对科学性质的理解有待提高。2002年和2012年，我们协助南京大学教育学院张红霞教授分两次对全国21个省市的近4000名小学教师的科学素养进行问卷调查。通过调查统计分析发现，教师对科学性质的理解，相比于科学知识、科学方法、科学态度等表现出较低的水平，而且历经10年，这种状况没有得到大的改善。

我们认为，对科学性质的理解是对科学的理解的核心。对于普通公众而言，也许懂得事实性的科学知识就够了，而对于教师来讲，不懂得科学的性质，不懂得科学与其他学科的差别，就不能真正上好科学课。这样的教师，不仅存在着将伪科学引入课堂的危险，而且不能做到把科学知识的学习寓于科学实践的过程之中，寓于科学史和科学与社会关系的情境之中，会长期停留在以识记符号为特征的“应试教育”阶段。

因此，在中国小学科学教科书的编写过程中，应该把对科学的理解作为首要问题去解决，因为这是中国所独有的特殊问题，跟中国文化有关，跟现代科学技术没有产生在中国有关。

科学家应加入科学教育的队伍并担当中坚力量，而不只是简单地为其站台。以教科书的编写为例，对科学性质缺乏理解的问题，常常表现在以下三个方面：第一，教科书的内容选择，缺乏现代科学的宏观视野；第二，教科书的活动设计，还不能充分体现科学实践的基本特征；第三，教科书的目标定位还需要不断解决与儿童年龄、认知特点和发展需求相适应的问题。以上这些问题，让我们深深感觉到科学教育中必须有科学家的深度参与，科学教育应该是教育界和科学界联手共同推动的事业。

从科学家为科学教育提供实实在在帮助的角度来说，教师培训和课程设计是两个非常重要的切入点。科学家对教师的培训，不仅仅是为了加深和扩展小学科学教师的科学知识，更重要的是加深他们对科学的理解。科学家对课程设计的参与，主要是提供现代科学的宏观视野，指导课程设计者如何将科学的观点和方法融入课程的结构和活动设计之中。在这个意义上，科学家对科学教育的帮助，绝不仅仅是站站台、当当评委和顾问，而是期待他们能够真正走进课程的建设者行列，从最基础、最宏观的角度同科学教育的从业者一起共同构建科学课程。

中小学的科学课程是构建社会科学文化的基石。科学家是课程建设队伍的中坚力量。希望有更多的科学家在普及科学知识的同时，更加关注科学课程的开发，参与中小学科学课程的建设，共同推进我国中小学科学教育的发展。[①]

三、义务教育初中科学课程标准

初中阶段是青少年科学素质发展的关键时期。我国教育部2011年制定的《义务教育初中科学课程标准》指出，初中科学课程是以对科学本质的认识为基础，以提高学生科学素养为宗旨的综合课程。初中科学课程是在小学科学课程的基础上，引导学生进一步深化对自然和科学的认识，提高学生的科学素养。在初中课堂中实施科学教育就要求教师做到对学生进行问题意识和发散思维能力的培养，在引导学生学习的基础上，鼓励学生进行独立的思考和解决问题，从而提高学生学习的兴趣，只有这样学生对于那些枯燥的知识点才能很好地掌握，教师的教学效率才能得到很好的提高，进而促进学生科学素质的提升[②]。

第一，培养初中学生的问题意识。问题意识也称为思维的问题性心理品质，是指人们在认识活动中，经常意识到一些难以解决的、疑惑的实际问题或理论问题，并产生一种怀疑、困惑、焦虑、探究的心理状态。问题意识实际上是一种“眼光”，它所反映的是一种追求真知的研究取向、探索事物发展的内在逻辑。培养初中学生的问题意识，有利于提高其探究问题、解决问题的能力，促进对问题本质的提炼与研究的深入，也有利于促成其多领域甚

---

① 郁波. 一门影响上千万小学新生的课程今秋开课，到底学什么？［EB/OL］. 微信公众号：知识分子，2017-08-08.

② 陈伟超. 谈初中科学教育［J］. 高考（综合版），2013（9）：71.

至跨学科的学习和团队合作。

一是发现问题意识的培养。学生要在学习的过程中不断地发现问题。在这一阶段，教师在教学的过程中要不断地设计一些问题场景，给学生一定的思考空间，积极引导学生进行问题的提问。教师在教学的过程中可以采用一些学生比较容易接受的教学方法，比如探究式的教学方法，此方法可以引导学生进行独立的思考。比如在学习物理课中的摩擦力时，教师可以在课堂上做一些演示，可以做匀速直线运动与加速运动时的拉力演示和匀速直线运动后继续减速运动演示，让学生在演示的过程中观察各个环节之间的关系，从而更好地理解摩擦力的基本知识。

二是分析问题意识的培养。在出现问题时，教师要带动学生进行问题的分析，而不是教师讲解问题的分析过程，学生对于重点过程进行死记硬背。教师可以运用教学过程中的一些方法，如归纳法、推理法、类比法等积极引导学生进行问题的分析。教师还可先对这一个问题的分析进行必要的引导，让学生进行详细的讲解分析过程，在分析之后提出自己的看法。

三是解决问题意识的培养。在对问题进行解决的阶段，教师要对讲过的内容进行一个整体的概括，并突出难点，对于重点知识进行着重分析，提高学生对重点难点知识的认知度，便于学生对知识点的掌握，从而提高学生自我学习的自信心。教师还要做到对于学生在学习的过程中提出的问题进行总结，讲解不同的解题方法，以提高学生解决问题的能力。在以上环节全部完成以后，教师还要做到对自己教学过程的反思，进一步提高课堂的教学效率。

第二，培养初中生的发散思维能力。著名的心理学家吉尔福特（Joy Paul Guilford）指出，人的创造力主要依靠发散思维，它是创造思维的主要部分。这里所说的发散思维是指与集中思维相对的一种思维方式。发散思维对问题从不同角度进行探索，从不同层面进行分析，从正反两极进行比较，因而视野开阔，思维活跃，可以产生大量的独特的新思想。集中思维是指人们解决问题的思路朝一个方向聚敛前进，从而形成唯一的、确定的答案。发散思维的特点是思维的积极性、求异性、广阔性、联想性等，在科学教育中有意识地抓住这些特性进行训练与培养，既可提高学生的发散思维能力，又是提高科学教育课程质量的重要一环。

一是加强各学科之间的联系，增强学生的发散思维能力。随着各学科之间的联系越来越紧密，对于各个学科的设定逐渐趋于模糊，进行不同学科知识的广泛渗透已经成为目前教学研究的重点。所以，在初中课堂进行科学教育就要求教师将多个学科的不同知识渗透到实际的教学过程之中，让学生养成良好的思维变化模式，增强学生的发散思维能力。例如，在讲授水的知识的过程中，教师可以从动植物的生命与水的关系、地球水循环、水的物理特征与化学性质、水资源的开发与利用等角度分析，展示物理、化学、生物与自然环境等不同学科之间的联系，以使学生形成举一反三的思维模式，推动学生发散思维的形成。

二是在教学的过程中教师要做到不断地变通。对于初中生而言，思维有时会存在一定的局限性，这就要求教师在教学的过程中充分利用课本中的例题，根据学生不同的思维方式，进行习题的讲解，同时贯穿各种解题的方法，教师在变通的同时教会学生进行解题时的变通，能够很好地提高学生的发散思维能力。以数学课堂为例，教师可以根据所学内容给学生设定问题，比如角的换算、求值、各角度之间的比较等，通过这种教学方式提高学生的发散思维能力。

三是教学过程中与实际相结合。教师还需要在教学过程做到理论和实际相结合，同时要给学生以肯定，让学生勇于回答问题。例如，在历史课堂上，教师可以以孔子为例提出一些问题，根据孔子的观点讲解引出一些与之相同或者相反的人物的观点，这样做不仅促进了学生对知识点的掌握，而且有效地提高了学生的发散思维能力，提高了课堂的教学效率。

第三，培养初中生的动手能力。动手能力是学生发展的需要，教师要充分尊重学生的发展权利，理解和重视学生的发展需要，让学生主动地参与，在做中学、玩中学，在做中求进步，从而培养学生终生学习的能力和未来适应社会的能力，这是对学生进行动手能力培养的根本和关键。

一是以发挥学生能动性为目的。在新教材的编写中，出发点就是将探究与实验教学有机地融合在一起。让学生们在获得知识与技能的同时，还掌握了用科学和实践的方法获得和验证所需知识的途径。采用先进的启发式的教育引导，让兴趣成为最好的导师。让学生沉浸在游戏般的动手实践过程中，不知不觉就最大限度地调动了其创造力和主观能动意愿。很大程度上改变了传统教材填鸭式的灌输导致教学效率低下，学生厌学情绪严重等教育中存在多年的掣肘与顽疾。这个独特的来源于生活的教育方式在教学体系中重新焕发出光彩，也恢复了其本来的初衷与真正的意义。

二是以学生为中心。生动的教学过程中以学生自己为主人公来完成，让学生在探索中自己启发自己，自己纠正自己，更充分和直观地认识和理解自然规律。这样得出结论的方式与书本上所灌输给学生的直观体验是不尽相同的。同时更多鼓励学生跳出传统与习惯性的固有思维模式，提出大胆的、扩展性的设想与延伸，并亲自进行验证。也让学生明白，科学和知识就是人类在自然界中生活，又不断发现、研究、总结自然界的过程和结果。科学不只要传承，还要不断创新和探索。

视窗5–8 我国义务教育初中科学课标

我国教育部制定了《义务教育初中科学课程标准（2011版）》，提出要提高每一位学生的科学素养，贯穿面向全体学生、立足学生发展、引导学生逐步认识科学的本质、体现科学探究的精神、反映当代科学成果等五大基本理念。

该课程标准包括4部分：第一部分前言，包括课程性质、课程基本理念、课程设计思路；第二部分课程目标；第三部分课程内容，包括科学探究，生命科学，物质科学，地球和宇宙，科学、技术、社会、环境；第四部分实施建议，包括教学建议、评价建议、教材编写建议、课程资源开发与利用建议等。

该课程标准相比于《科学（7—9年级）课程标准》（实验稿，2001年版）而言，更准确、全面地阐述课程性质、理念和目标。课程内容总量与实验稿基本持平，但部分内容降低了难度或缩小了范围，具体内容的表述更清晰、准确，便于教师理解和实施。实施建议表述更为明确、具有可操作性。①

四、高中科学教育课程标准

高中阶段是青少年科学素质的深入发展时期，科学课按照科学与技术的学科领域，一般分设高中数学、物理、化学、生物、地理、信息技术、通用

① 王耀村.《义务教育初中科学课程标准》（2011版）解读［EB/OL］. http：//www.doc88.com/p–860116821603.html.

技术等课程标准，鼓励普通高中探索开展科学创新与技术实践的跨学科探究活动，促进学生创新精神和实践能力的发展。鼓励开展研究性学习与科学实践、社区服务与社会实践活动，提高学生的探究能力。促进中学科学教育和大学教育互动衔接，鼓励探索科技创新和应用型人才的培养方式。

视窗5–9　我国高中科学教育的思索

“这么多年来，我们为减轻学生负担采取许多措施，中心环节是减少授课内容、缩减课时，其中普通高中物理等科学课程首当其冲。然而，对比一下自己上学的时候和现在的娃娃，谁的负担更重？”2017年7月12日，在中国科学院学部召开的第二届科学教育论坛上，清华大学教授、中国科学院院士朱邦芬提出这个问题，让在场的专家学者陷入思索。

朱邦芬指出：“高中物理学等科学教育最重要的作用是培养影响学生一生的科学素养，对于提高全民科学素养、建设创新型国家极其重要。认为高中科学教学只对未来的科学家或工程师有用，是不对的。因此，目前中学科学教育弱化趋势必须要扭转。”朱邦芬的观点得到了与会专家学者们的赞同。大家对高中科学教育中存在的认识误区进行了辨析，并提出解决建议。

降低课程难度、减少教学内容≠减负。朱邦芬说，目前“不能输在起跑线”上的竞争愈演愈烈，甚至提前到幼儿园报考，而一再提倡“减负”后学生实际学习时间并没有减少。他日前曾到浙江省部分中学进行调研，一位高二学生向他反映：自己参加过一周的补习班，补习内容就是同一类型题目反复做，“后来再看到这类题目都有想吐的感觉”。

“我们必须要澄清一个误区，降低课程难度、减少教学内容并不等于‘减负’。”朱邦芬说，“这对于优秀学生和学习差的学生基本不管用，对于大量学习中等的学生有一些作用，但也使得他们更加努力去‘刷题’，有时候反而是增负。”

学生将大量的学习时间耗费在“刷题”和死记硬背上，这一点让朱邦芬特别担忧。“获取高分的路径更加依赖于学生的细心、勤奋和大量的模拟考试，高三整年都在复习，让不少本来对科学有着浓厚兴趣的学生热情消磨殆尽，产生厌学情绪。这种情绪可能影响大学、研究生阶段，甚至会延续到工作阶段，对我国学生创造力和想象力的发展将产生长远的负面影响。”

日常生活用不上≠公式定理无用。在高中科学教育中的另一个误区，就是认为很多知识将来用不上，例如数学公式和物理定理等，因此没必要学。对于这个问题，清华大学附中校长王殿军说：“我是学数学的，现在很多物理知识的确记不住了。但物理是无用的吗？我在物理学习过程中建立起来的思想、方法已经成为思维的一部分”。

王殿军说，进入大学后，理科不再学文，文科不再学理，大部分人的理科素养或文科素养就到高中为止，“如果我们的老师能够认识到自己将是学生在某个领域的最后一位教师，可能教学就会不一样了”。

朱邦芬对此有同感。他以物理教育为例说，高中物理教育的主要目的不是培养物理学家，除了要使学生掌握一些基本的知识和原理外，还要让他们在学习过程中逐步建立科学思维的准则和方法，“如根据基本原理独立思考判断的能力、认识实验对于检验理论的重要性、在考虑复杂现象时抓主要矛盾的能力、具有数量级的概念等。只有这样，才不会随便听到什么、看到什么就轻易相信”。

培养能力≠基础教育阶段脱离知识学习。只重视知识灌输而忽略能力培养，是教育界早已关注的问题，并已经开始着手改进。但朱邦芬认为，在改进过程中，出现了一些偏差，比如片面强调能力培养，认为很多知识可以通过自学获得。

朱邦芬认为，学习知识和培养能力是一个硬币的两面，“它们相辅相成，在不同的阶段要取得不同的平衡”。对于优秀的大学生和研究生，应更多提高和养成自主学习知识的能力和习惯。但作为基础教育的中小学教育，基本齐全、概念正确的基础知识传授是必要的。朱邦芬说：“知识的传授应该成体系，脱离学习知识、空谈能力和过程，只能培养出只知皮毛的夸夸其谈的空谈家。”

科学教育≠教学生千奇百怪的解题方法。在当校长前，王殿军曾是清华大学数学系教授，他笑言自己的女儿上了几次奥数就被他喊停了。“她问我的题目我都做不出来。”王殿军说，不是因为题目难，而是奥数班解题的方法是“不正常”的。

在王殿军看来，良好的科学教育不是要教给学生千奇百怪的解题方法，这反而会让学生们“思维走歪了、兴趣学没了”。从定位上，在基础教育阶段，科学教育要面向所有学生，解决未来全民科学素质整体水平提升的问题。他说，科学教育要真正做好，必须做到内容丰富、有层次，对学生进行全面评价、全科开考，可以引入平均成绩点数（GPA）的方法。同时，在科学评价的基础上，改变升学方式，让学生的所有时间都成为有意义的学习时间。

朱邦芬认为，高中科学教育要让学生掌握基本知识，对学科主要领域有正确的理解，培养学生对科学的兴趣、树立科学精神。他提醒说，“一刀切”式降低课程要求，不仅达不到减负的目的，而且在学生基本素质培养上无所作为，甚至还有所倒退，而高考毕竟有选拔人才的重要作用，考试要有一定区分度。朱邦芬建议，对报考一流高校、一流学科的学生，增加相应的选考科目，这样既不会增加报考普通高校学生的负担，也有利于有特长的学生脱颖而出。

“谁赢得高中，谁赢得未来。”与会的专家学者一致认为，科学教育承担着提高全面科学素质的任务，更与未来科学家的培养息息相关，“虽然很难，但必须进行全面而深入的改革”。①

第三节　科技教育公共服务的创新

新时期我国青少年科技教育肩负着建设世界科技强国的使命责任，面临着科技和产业革命对未来人才的新要求，面临着经济化和教育国际化对科技教育的新形势新要求，面临着信息社会发展对科技教育理念和手段时代化的新要求，新时期青少年科技教育的创新提升势在必行。

---

① 齐芳. 从四个“不等式”看高中科学教育［N］. 光明日报，2017-07-15.

一、创新科技教育公共服务理念

我国科技教育理论和实践取得很大成绩，但青少年科技教育研究仍然滞后。改革开放以来，特别是20世纪90年代以来，我国科技教育界出现“西学东渐”现象，国外科技教育思潮不断撞倒国内的科技教育实践，一方面促进我国科技教育事业的发展，但另一方面也存在“言科技教育必言美国”，以及简单模仿、邯郸学步的不正常现象，给我国青少年科技教育研究特别是中国特色科技教育的实践探索带来不利影响。建设世界科技强国，科技教育是基础，今天的青少年将是明天国家建设的栋梁。新时期，青少年科技教育研究不能总是跟着美国等一些世界先行国家后面走，要注重国外先进经验与中国实际相结合、科技教育理论研究与中国科技教育实践探索相结合，加强科技教育领域的国际交流，不断创新我国科技教育公共服务理念。

（一）树立“用户为中心”的科技教育服务理念

青少年科技教育的主体是青少年，青少年是科技教育的“用户”，新时期青少年科技教育必须革除旧有思维定式，始终坚持“用户为中心”的青少年科技教育核心理念，以全新的视角、全新的方法和全新的观念，引领新时期青少年科技教育实践。

第一，要把科技教育做成青少年乐享的服务产品。教育，即服务，即产品。青少年科技教育是具有纯公共产品性质的教育服务，是典型的公共教育、公共产品，一般应由政府主导、社会专业机构或组织参与供给，没有排他性。所以，青少年科技教育是由全体青少年享用的，即一位青少年消费科技教育的公共产品，并不排除其他青少年对该种公共产品的消费，甚至也不减少其他青少年对该种公共产品的消费。

把科技教育做成青少年乐享的服务产品，就是让青少年在接受科技教育中不仅引发科技兴趣、科学思考、创新思维，提高科学探究学习和创新发展的能力，而且还要感受到科技教育过程的自由、愉快、享受。要大力营造自由放飞科学梦想、近距离感悟科学真谛、无边无际科学思考遐想、快乐惬意创新创造的科技教育的氛围，大胆引入科技创客等教育模式，引爆青少年科学兴趣、释放创新活力。

第二，要始终把青少年当作科技教育产品的核心用户。科技教育的客户是谁？科技教育的用户是谁？科技教育的客户与用户有何区别？科技教育是以客户为中心还是以用户为中心？这些问题长期以来困扰着我们的科技教育界，很多时候是说起来都明白，可一做起来就完全另一个样。

把青少年当作科技教育产品的终极用户，就是要以青少年为科技教育的中心，因为青少年是科技教育服务产品的最终消费者、用户。无论是作为组织科技教育服务供给方的教育和科技的公共管理部门，还是具体实施科技教育的教学机构、教职人员、传播人员、辅导员等，以及青少年的家长，都只是科技教育的买单者、付费者、付出者，无论是多么地为青少年着想和付出，都不能代表青少年对科技教育服务产品的体验和真实需求，他们都只能算是科技教育的客户，即买单者。“客户”与“用户”是有显著区别的，与之发生交易者即客户，客户的作用是保证事情能做下去；对服务产品有心理依赖者，即为用户，与用户联系不在于钱而在于体验和需求。科技教育服务产品很容易陷入客户心理中，实际上对科技教育来说留住用户也就留住了客户。但如果把客户的需求误当用户的需求，那科技教育的结果就会大相径庭。科技教育必须始终把青少年当作科技教育产品的用户，始终把青少年对科技教育服务产品的体验和需求满足感作为衡量标准。

第三，要把科技教育的需求转化为青少年的自身需求。自律永远是最低成本的管理，物质激励的边际效用是递减的，精神才是激发人性积极进取的最重要力量①。科技教育需求转化的关键是如何激活需求侧（即青少年的内在动机），让青少年积极主动参与到科技教育活动中，成为主角。青少年科技教育要彻底转变以知识为本的教学观念，弱化知识的灌输，立足于激发青少年科学兴趣，积极运用主体教学原则，通过设疑、创设问题情境，开展灵活多样的启发式教学，培养青少年的好奇心、想象力、洞察力、反思和质疑能力。要彻底转变以教材为本的科技教育教学内容观，改变教学内容封闭，教学行为僵化，教学环境沉闷、程式化等现状，教学内容绝不限于教科书本身，要结合青少年的阅历、经验与能力，对教学内容进行超越与重构，使教学内容内化为青少年行为的一部分。要彻底转变注入式的科技教育教学方法观，要采用以青少年为中心的启发式教学方法，要由“授人以鱼”转为“授人以渔”，由教给学生知识转为教会学生学习，注重师生双向互动式教学，

---

① 任正非. 自律永远是最低成本的管理［EB/OL］. 微信公众号：华夏基石e洞察，2017-05-14.

呈现出师生互动、教学相长、生动活泼的科技教育局面。要彻底转变僵化的科技教育教学情景观，借助大自然、科普场所、科技设施等科学情境，促进青少年的观察和思考，学会提出问题、发现问题、提出假设并验证假设，让每位青少年都有机会充分参与教学活动。要彻底转变奖惩性科技教育教学评价观，推动科技教育评价由奖惩性向发展性转变，评价的关注点要由教师转向学生，要凸显青少年自身对自己学习过程、学习体验、学习获得感等的评价，帮助认识自我、建立自信，激发内在的发展动力。

（二）树立“精准供给”的科技教育服务理念

教育的目的是什么？科技教育的目的又是什么？多年来应试教育、素质教育等问题争论不休，但有一点大家没有争议，这就是包括科技教育在内的所有教育都是在育人。但在人的培育方向上，百花齐放，“为教育而教育”“为考试而教育”“为升学而教育”“为工作而教育”等情况都有之。同样，青少年科技教育目的是什么？要不忘初心，让科技教育回归它的本位，让受教育者受益，精准施策，充分挖掘受教育者自身的创新潜能，提升其科学素质。

第一，紧紧围绕提高科学素质的科技教育宗旨。每一个生活在科技高速发展时代的人，从小就明显地感受到了科技所带来的种种影响，青少年科技教育旨在培养青少年良好的科学素质，以具备相应的能力适应这种变化。为此，我国《全民科学素质行动计划纲要实施方案（2016—2020年）》明确新时期提升青少年科学素质的任务是：要宣传创新、协调、绿色、开放、共享的发展理念，普及科学知识和科学方法，激发青少年科学兴趣，培养青少年科学思想和科学精神；要完善基础教育阶段的科技教育，增强中小学生的创新意识、学习能力和实践能力，促进中小学科技教育水平大幅提升；要完善高等教育阶段的科技教育，引导大学生树立科学思想，弘扬科学精神，激发大学生创新、创造、创业热情，提高大学生开展科学研究和就业创业的能力。新时期要紧紧围绕提高青少年科学素质的宗旨，分类实施青少年科技教育。

一是推进义务教育阶段的科技教育。基于学生发展核心素养框架，完善中小学科学课程体系，研究提出提高中小学科学学科素养，更新中小学科技教育内容，加强对探究性学习的指导；修订小学科学课程标准实验教材；增强中学数学、物理、化学、生物等学科教学的横向配合；重视信息技术的普及应用，加快推进教育信息化；继续加大优质教育资源开发和应用力度。

二是推进高中阶段的科技教育。修订普通高中科学与技术领域课程标准，明确对学科素养和学业质量的要求。修订普通高中数学、物理、化学、生物、地理、信息技术、通用技术课程标准实验教材，鼓励普通高中探索开展科学创新与技术实践的跨学科探究活动。规范学生综合素质评价机制，促进学生创新精神和实践能力的发展。积极开展研究性学习与科学实践、社区服务与社会实践活动，提高学生的探究能力。深入实施中学生“英才计划”，促进中学教育和大学教育互动衔接，鼓励各地积极探索科技创新和应用型人才的培养方式，加强普通高中拔尖创新人才培养基地建设。强化中等职业学校科技教育，发挥课程教学主渠道作用，推动科技教育进课堂、进教材、列入教学计划，系统提升学生科学意识和综合素质。

三是推进高等教育阶段科技教育和科普工作。组织开展大学数学、物理、化学、生物、计算机等课程改革，推进高校科学基础课建设。加强科学史等科学素质类视频公开课建设。深化高校创新创业教育改革，引导大学生转变就业择业观念，支持在校大学生开展创新性实验、创业训练和创业实践项目。推动建立大学生创新创业联盟和创业就业基地，大力开展全国青少年科技创新大赛、“挑战杯”全国大学生课外学术科技作品竞赛、“创青春”全国大学生创业大赛等活动，为青年提供将科技创意转化为实际成果的渠道、平台。深入实施基础学科拔尖学生培养试验计划，完善拔尖创新人才培养机制。

第二，紧紧围绕青少年科技教育服务需求精准施策。当今世界，科技突飞猛进，新的科学发现、技术突破及重大创新不断涌现。科技促进了生产力的发展，为人类在更大范围、更深层次上认识并合理利用自然提供了可能，推动了社会和经济的快速发展和繁荣，促进了人们的生产方式、生活方式和思维方式的变革。科技发展不断深刻改变着社会，而社会的发展又不断对科技的进步提出新的要求，进而对青少年科学素质的与时俱进和不断提高提出新要求。因不同时代、不同国别（地区）、不同年龄段、不同个体等背景差异，对青少年科学素质的要求各异，随之青少年科技教育服务的需求也就各不相同。因此，科技教育要精细分类青少年的需求，精确施策，为青少年科学素质提高提供精准服务。

第三，把青少年获得感作为科技教育的评价标准。科技教育的终极目的是让青少年有获得感、让教育者受益。在科技教育供给侧改革的大背景下，继续切实抓好科技教育公平，进一步优化优质科技教育资源和优质科技教育机会的配置，逐步缩小区域、城乡、校际差距，特别是加大对乡村地区、边远地区科技教育的支持力度；积极推进学前科技教育快速发展、义务阶段科技教育优质均衡发展、高中科技教育多样化特色发展；不断促进科技教育发展成果更多、更公平地惠及青少年。

一是把青少年放在科技教育服务的正中央。青少年是科技教育公共服务的最直接和最终体验者，科技教育最终都要归结到满足青少年的真实需要。要大力调整科技教育服务的供给结构，为学生提供丰富、多元、可选择的科技教育资源、教育环境和教育服务模式；要实现科技教育供给端的转型升级，提高科技教育供给的质量、效率和创新能力，使其更贴近学生的科技教育服务消费需求和消费习惯，做到既能满足学生个性发展的需要，又能对准未来社会对人才的要求。

二是科技教育要满足青少年的真实需要。科技教育最核心的内容就是要善于发现，善于发现每个学生的科技禀赋，并进一步保护、支持其成长，这是科技教育的义务。这就需要转变以往科技教育定式，尊重每个学生的个性和成长的权利与尊严，尊重科技教育规律和学生的成长规律，按照学生的发展阶段和个性特征给予相应的科技教育供给，这样才能确保其成长的质量。

三是科技教育要让每位青少年都有实际获得。学生在科技教育中的实际获得，是指每位学生的实际获得，是每类型学生的实际获得。要实现每位青少年在科技教育中都有实际获得，意味着每所学校、每位学生都可以无差别地直接获得科技教育的基本公共服务；意味着每位学生的科技兴趣、个性和选择都得到尊重和支持，每位学生的科技禀赋和潜能都得到保护和开发，每位学生都能实现全面而有个性的科学素质提升。

视窗5–10 跟孩子做科普得蹲下来

如果你要跟小朋友讲一个故事或灌输一点有趣的知识，你得蹲下来，跟他的眼光一样高，看着他的眼睛跟他讲，而不是让他仰着头看着高高在上的你，讲一堆高大上的东西，他也不见得会懂。

2017年5月20日，台湾台中自然科学博物馆馆长、孩子们心中的

“科学爸爸”孙维新应广东科学中心之邀参加广州科技活动周，为市民带来一场精彩的科学表演和一场关于天文科技的讲座。700多人挤满广东科学中心活动厅，台阶和过道上也站满了人。在场的听众，有不到10岁的孩子，有家长，也有天文协会成员。他全程站着，与观众频繁互动。尽管之前已讲过类似主题，但在来广州的路上，孙维新又认真地把内容重新整理了一遍，放进新的东西。他在台湾大学给学生上课，最常讲的一句话就是“只有看见未来，才知道调整现在”。

他热衷向小朋友科普，去各地做科普讲座。他懂得如何抓住小朋友的兴趣，常常在演讲过程中让孩子亢奋得叫起来。此外，孙维新还跨界当起了戏剧演员。2009年到现在，他一共写了4部戏剧，全都与科学有关。每部戏都很壮观，每一次在台湾的户外演出，台下都有近万人观看，气氛好得像演唱会。

天文知识对很多人来说有些高深莫测，想要让观众喜欢听还听得懂，需要下很大的功夫。孙维新说，他自己倒没有刻意去想“火不火”的问题，无论在学校教书还是当博物馆馆长，或是在各地巡回演讲，他的出发点就是分享。

他希望能把在星空下得到的感动和心灵上的满足与更多人分享。他是学天文学的，当他看到满天星斗，他知道星星为什么发光，知道宇宙运行的规律。“在夜空底下，那种感动是多面向、多层次的，而不是单纯欣赏一个漂亮的星空”，孙维新说，文学里说“满天星斗就像天堂地板上的小洞”是很美的描述。作为科普者，分享要有自己的体验，听众和孩子才会受到感染。别人在听懂的时候，眼睛发亮，会有所启发。“我也常说，如果你要跟小朋友讲一个故事或灌输一点有趣的知识，你得蹲下来，跟他的眼光一样高，看着他的眼睛跟他讲，而不是让他仰着头看着高高在上的你，讲一堆高大上的东西，他也不见得会懂。”

博物馆馆长是最好玩的工作。孙维新大学考上物理系，随后出国念了天文学博士，其间在NASA担任研究员。从美国加州大学洛杉矶分校（UCLA）毕业后，孙维新回到台湾当了大学老师。“很高兴念了天文学，天文真的是开拓人的眼界。”当时读天文有两个方向，一是理论，一是观测。很多人受杨振宁、李政道和爱因斯坦的影响，觉得做理论才是最高级的。但孙维新对单纯做理论没有太大兴趣，更想做观测，喜欢在星空下看星星的那种浪漫。

因为观测需要，孙维新走遍世界各地。南美洲国家、澳大利亚、美国、南非都有他的踪迹，所到之处尽是远离喧嚣的地方，因为天文台多在高山大漠里。“在那些地方，晚上不睡觉，在第一线直接观察日月星辰，非常引人入胜。天文学是离我们最遥远的学问，因为星系银河离我们万千光年以外，也是离我们最近的学问，因为你一抬头就看得到星空，它是我们生活的一部分。”

6年前，孙维新从台大借调到台湾台中自然科学博物馆当馆长，也因此打开对不同领域的眼界。他认为，世界上每个国家的大都市都该有一个大型的自然历史博物馆。学物理、看星星的孙维新觉得宇宙星空也是自然史的一部分。于是，他来到台湾台中自然科学博物馆后，努力把天文、太空、宇宙带进来。这样一来，博物馆既有自然馆又有科技馆，再加上一点点天文馆，他觉得更精彩。

“我以前也没有想过自己会当博物馆馆长，但我现在觉得，过了50岁以后，最好玩的工作就是博物馆馆长！50岁以后，知识框架都有了，当你跨越多个领域，慢慢地知识汇聚在一起，你发现它就是一个完整的大学问。当你融会贯通了之后，你会发现它们表里结合，实际上就是一个故事。”孙维新说。

谈及孩子的教育问题，孙维新强调，小孩是独立个体，不属于任何人。孩子想学什么，应由自己去选择。家长唯一能做的就是从旁边辅导和协助，而不是安排一切。[①]

四是要增加青少年科技教育服务的有效供给。在资源配置方面，要以考试招生评价制度改革和优质教育资源整合促进科技教育资源高效治理与应用，最终实现优质科技教育资源总量的增加和科技教育质量的总体提升。在

① 钟丽婷，冯宙锋. 台湾台中自然科学博物馆馆长孙维新：科普得蹲下来，跟孩子的眼光一样高［N］. 南方都市报，2017-05-26.

学生素养方面，要充分尊重学生成长的连贯性，紧紧围绕培育学生科学素养，赋予学生更多的自主选择权，培育学生自尊、自立、自强、自信的品质，培养学生的家国情怀和国际视野。例如，科协组织要扩大和提升青少年科技教育活动的覆盖面和影响力，努力实现所开展科技教育活动在我国中小学的全覆盖；力争每个学校建立至少1个科技兴趣小组；扩大中学生“英才计划”覆盖面，扩大高校科学营覆盖面和营员数。

（三）树立“平台引领”的科技教育服务理念

青少年科技教育涉及教育、科技、社会、家庭等多方面，要适应信息化时代教育发展的趋势，解放思想，强化互联网思维，充分发挥青少年科技教育服务平台的引领作用。

第一，搭建青少年科技教育融合服务平台。要充分利用科研、高校、媒体、社会机构、企业等全社会的内容、场所科技教育资源，搭建青少年科技教育融合服务平台，完善“众创、众包、众扶、众筹、共享”服务机制，将教师、家长、科技界和社会各界力量有机结合起来，形成青少年科技教育合力，共同为青少年科技教育服务。推动把提高青少年科学素质作为教育的重要内容，将科学课列为基础教育阶段的主要课程，用现代科技教育理念指导和促进科技教育的发展。要建立、完善校内外融合的科技教育服务体系，充分发挥社会性科技教育优势，动员、鼓励青少年广泛参加科技类活动，组织在校学生每年参观科技类博物馆（含流动科普设施），参加科技类活动。要动员高校、科研院所、科技型企业等机构面向青少年开放实验室等教学科研设施。

第二，搭建科技教育人力资源服务平台。青少年科技教育与成人科技教育不同，青少年科技教育必须有科技教师的引导和陪伴，要始终把科技教师队伍建设作为青少年科技教育的重点。要搭建科技教育人力资源服务平台，建立一批国家级科学教师和科技辅导员培训基地，完善国家、省级和基层三级培训体系，编制科学教师和科技辅导员教育培训大纲、培训教材，完善科技创新后备人才培养模式和机制。推动所有中小学配备科学教师或科技辅导员，实施科学教师和科技辅导员培训，着力提高我国教师的科技素质，特别要重视对现有科技教师进行岗位培训，使教师具备相应广度和深度的自然科学、社会科学、人文科学和技术应用科学知识，以及正确的科学观。要创造条件，组织和鼓励科技教师开展广泛的科学研究，参与教育科研课题组，对科技教育进行理论与实践的研究，加强国际交流合作。要充分发挥科学家、科技工作者的作用，要为他们面向青少年开展科学传播活动，搭建一个便捷、有效的平台。

第三，搭建科技教育信息化服务平台。要把信息化作为青少年科技教育服务创新提升的新引擎，搭建科技教育信息化服务平台，充分利用信息化技术等手段，畅通青少年科技教育活动的信息渠道，传播渗透到愿意所有参与科技教育活动的青少年人群，扩大覆盖面和参与面。要基于科普中国服务云平台，依托学校现有的网络、阅读终端、活动场所等科普设施，加快科普中国校园e站在城市和农村中小学校的落实，建立、完善线上线下相结合的校园科普服务的新阵地，面向学校中小学生、科技教师和科技辅导员，开展青少年科技创新竞赛活动、科普活动、科技教育，以及科技教师和科技辅导员培训。要充分利用科普中国校园e站，引入中国数字科技馆、STEM云教室等优质科技教育内容信息、课程等，实现科技教育的精准推送服务。

二、大力提升科技教育师资水平

培养具有科学素质的公民一直是科学教育的主要目标。科学素质作为国际理科教育的核心目标，越来越受到人们的重视，并且需要具体落实到科学教育的理念和具体过程中。这其中最关键的因素就是科学课程改革和接受了新的科学教育理念的科学教师。

科学课程改革的目标是增进师生的科学素养。现代学校科学课程的发展起源于20世纪50年代末期，世界科学课程改革出现了三次浪潮。首先，20世纪50年代末至60年代，课程改革的目标是开发以科学基础知识为结构的理科课程如物理、化学、生物等，科学教育要实现的科学素养是注重“概念性知识”“科学的本质”“科学的伦理”。此后，进入20世纪70年代和80年代，课程改革的焦点是理解科学与社会之间的关系，科学素养的内涵增加了“科学与人文”和“科学与社会”。在20世纪80年代末至90年代的第三次改革中，开始意识到科学是“不完美的知识”，课程改革的中心是个人、社会和文化对科学知识形成产生的影响，重视科学与文化、社会之间的关联（STS）的科学素养观。此后，国际科学教育界不断对科学课程的理论和实践进行反思。众多学者认为，“对科学本质的了解”是具有科学素养公民的重要特征。科学本质的作用主要体现在：促进科学内容的学习；帮助理解科学；增强学生对科学的兴趣；加强科学决策能力；有助于科学知识的传授。美国也逐渐重视科学课程中的科学本质教育，1993年美国科学促进会（AAAS）出版的《科学素养的基准》一书中指出，学生正确的科学本质观是成为具备科学素养的要件之一，并将科学本质列为该报告书的第一章。

学校实施科学课程改革的关键是转变科学教师的观念，提升教师的科学素质。在我国新颁布的《全日制义务教育科学（7—9年级）课程标准》（实验稿）中首次提到，“通过科学教育使学生逐步领会科学的本质”“发展学生对科学本质的理解”。新课程改革强调“科学探究”“做中学”“过程和技能”等科学本质的教学策略，旨在提升学生的科学素养。为达到这一教学目标，就需要科学教师提升自身的科学素养，引导学生更好地进行探究学习和做中学，理解科学的本质，注重培养学生求真、求实、理性、创新的科学态度和科学精神。

青少年科技辅导员是开展青少年科技教育和普及活动的重要力量，在提高青少年科学素养、培养科技创新后备人才方面发挥着基础性作用。为加强我国青少年科技辅导员队伍建设，提高青少年科技辅导员的专业素养，促进青少年科技辅导员的专业化发展，根据《全民科学素质行动计划纲要实施方案（2016—2020年）》《中国科学技术协会事业发展“十三五”规划（2016—2020年）》（以下简称《中国科协事业发展规划（2016—2020年）》）的精神，2017年7月中国科协青少年科技中心和中国青少年科技辅导员协会结合青少年科技辅导员工作特点，在广泛调研、充分论证的基础上，组织专家研究制定了《青少年科技辅导员专业标准（试行）》和《青少年科技辅导员培训大纲（试行）》。

视窗5–11　青少年科技辅导员专业标准

中国科协青少年科技中心和中国青少年科技辅导员协会根据《全民科学素质行动计划纲要实施方案（2016—2020年）》《中国科协事业发展规划（2016—2020年）》的精神，特制定《青少年科技辅导员专业标准》（试行）。

该标准以青少年科技辅导员的专业活动为基础、以专业发展为导向、以专业素养为核心，对青少年科技辅导员专业水平等级标准作了明确规定，用以指导和规范青少年科技辅导员的队伍建设和青少年科技辅导员的专业发展。

该标准规定青少年科技辅导员是指致力于提高青少年科学素质与创新能力，指导他们开展科学体验、科学探究、创造发明等科技教育活动的中小学教师，以及高校与科研院所、科技场馆、青少年宫、青少年活动中心、科技教育机构、社会团体、企事业单位中的专业人员。青少年科技辅导员的专业活动主要包括青少年科技教育活动的指导、青少年科技教育活动的组织与实施以及青少年科技教育活动的研究和创新等3个方面。

该标准将辅导员专业水平分为3个等级，分别为高级辅导员、中级辅导员和初级辅导员。高级辅导员是指具有示范带动作用的高水平科技辅导员，中级辅导员是指具有较强业务能力的骨干科技辅导员，初级辅导员是指具有基本业务能力的科技辅导员。其中，高级辅导员的标准包括3个方面15条，即：

在师德修养与专业情感方面：一是热爱青少年科技教育事业，能够从建设创新型国家的高度，认识青少年科技教育事业的重要意义，具有强烈的事业心、使命感，以及奉献和敬业精神。二是尊重教育规律和青少年身心发展规律，为青少年营造自由探究、自主发明、勇于创新的氛围。三是通过开展青少年科技活动培养青少年良好的思维品质，以人格修养和专业水平教育感染青少年，做青少年健康成长的引路人。四是致力于自身专业发展，做终身学习的典范，为其他科技辅导员的专业成长发挥示范与带动作用。

在理论水平与科技素养方面：一是掌握国家的教育方针政策和新的科技教育理念，熟悉国际青少年科技教育的最新发展现状与趋势。二是掌握从事青少年科技教育活动所需的专业知识和技能，具备科学、技术、工程等领域某一学科的系统专业知识和相关技能。三是掌握科学研究的基本过程和方法，掌握创新思维与发明的知识、技能与方法。四是了解科技发展史和国内外科技发展最新动态与趋势。

在业务水平与实践能力方面：一是能够综合运用科学、技术、工程等方法与技能指导青少年开展跨学科的科学体验、科学探究、创造发明等活动。二是能够策划、设计、组织与实施多样化的青少年科技教育活动。三是能够设计与制作科技教育创新作品，主持编写科技教育活动教材、开发科技教育活动资源包。四是能够协调和利用高校、科研院所、科技场馆、企业等各类社会资源，组织和实施各类青少年科技活动。五是能够运用现代教育评价理论与方法对青少年科技活动进行科学评价。六是能够根据国内外青少年科技教育理论和发展趋势，结合工作实际，总结规律、探索创新，撰写科技教育论文。七是能够组织开展初级、中级青少年科技辅导员专项培训，能够指导初级、中级青少年科技辅导员的业务工作，带动和辐射本地区青少年科技活动的开展。

该标准是青少年科技辅导员自身专业发展的基本依据，是青少年科技辅导员队伍建设、培养、培训的基本依据，可有针对性地开展培养、培训，提高他们的专业能力，壮大科技辅导员队伍，为广泛开展各类科技教育活动提供有力支撑。①

三、强化学校科技教育服务供给

学校科技教育是青少年科学素质提高的基础。学校教育是指受教育者在各类学校内所接受的各种教育活动。学校教育是一种制度化的教育，由专业人员承担，在专门机构——学校中进行的目的明确、组织严密、系统完善、计划性强的，以影响学生身心发展为直接目标的社会实践活动。学校教育具有相对稳定的师资队伍，相对稳定的教育场所，相对稳定的教育对象和相对稳定的教育内容、教育方式方法及师生关系、同学关系、班级组织形式等。

① 关于印发《青少年科技辅导员专业标准（试行）》和《青少年科技辅导员培训大纲（试行）》的通知：科协青发〔2017〕43号［A/OL］.［2017-07-07］. http：//www.cacsi.org.cn/Home/Index/articleInfo/articelId/265237/categoryId/3.

（一）学校教育是人生的启蒙教育

学校教育阶段是为人生打基础的阶段。关于学校教育的地位和作用，1996年国际21世纪教育委员会向联合国教科文组织提交的《教育：财富蕴藏其中》报告[①]提出，现代学校教育是要使学习者“学会认知”“学会做事”“学会做人”和“学会生存”。学会认知，即可以使受教育者更多地掌握认识的手段，而不是获得经过分类的系统化知识。学会做事，即教会学生实践其所学的知识，并使其所受的教育与未来的工作相适应。学会做人，即学会共处，学会与他人一起生活。学会生存，即教育的基本作用在于保证人人享有为充分发挥自己的才能和尽可能牢牢掌握自己的命运而需要的思想、判断、感情和想象方面的自由。学校教育要使学习者学会更好地融入群体与社会当中；要使学习者获得终身学习和终身发展的动力、热情和必备的基础；要使学习者在纷杂的事物中学会选择，具有正确的价值判断能力；要为学习者多样化的发展提供可能和条件，使他们具有独立健全的人格和鲜明健康的个性；要使学习者拥有善良的人性、美好的内心和优雅的举止；要使学习者学会清醒而客观地认识自身的价值和在社会上的恰当位置，并养成时时自我反省的习惯，学会自我调整，使自身不断完善；要使学习者逐渐懂得自己所承担的责任，包括对自己、对家庭、对社会、对人类和对后代的责任。总之，学校教育要有助于不断提高人的生命质量，使今天的青少年在未来生活中更加文明、更加科学、更加幸福、更加美满。

（二）学校教育是科技教育的最佳场所

学校教育是学生接受正规科学教育的最重要、最基本的场所，是公民科学素质形成的基础，并影响成人时期继续学习科学技术的吸纳能力[②]。因此，学校教育对于公民科学素质的养成和提高具有关键作用。我国现阶段学校教育包括学前教育、基础教育（小学、初中）、高中（包括普通高中、中等职业）教育、高等教育（大学、高等职业）以及各类职业技术培训教育（职业培训学校、技术培训学校、函授学校、文化补习学校、网络远程教育学校

---

① 教育：财富蕴藏其中——国际二十一世纪教育委员会报告［R/OL］. http：//www.un.org/chinese/esa/education/lifelonglearning/4.html.

② 雷绮虹，陈玲，等. 我国公民科学素质的现状和影响公民科学素质的因素［G］//全民科学素质行动计划制定工作领导小组办公室. 全民科学素质行动计划课题研究论文集. 北京：科学普及出版社，2005：69—114.

等）。学校教育对公民科学素质的影响，主要体现在实施科学教育方面。学校开展科学教育的途径，首先是开设科学课程；其次是组织课外和校外的科学教育活动；最后还包括营造崇尚科学的校园文化氛围。良好的校园文化不仅能创造出良好的教与学的环境，更能潜移默化地影响学生的成长观的形成，激励一代又一代的年轻人健康成长成才。此外，学校还会利用现有的教学人员和物质条件向社会开放，开展社区教育，直接为社会服务，如函授、刊授、扫盲、各种职业训练班、科学报告和讲座等，成为成人提高文化素质和加强科学素质的重要渠道。

强化学校科学教育的重点应该是以探究的教学方法将科学知识教授给学生，要让学生在“实践中学习”，通过活动和探究获得知识，掌握科学的方法，形成对自然的科学态度①。

（三）基础教育阶段和高中阶段的科学教育

在基础教育阶段，学龄前儿童、中小学生学习科学的方式主要是通过参与符合素质教育要求的科学课程教学，掌握基本的科学知识与技能；同时，通过参与课外、校外科学实践活动，以参与、体验、实践和动手制作等方式提高科学素质。在高中阶段，通过开设科学教育选修课，拓宽学生的知识面；通过开设通用技术课程，开展研究性学习、社区服务和社会实践活动，提高学生的探究能力。因此，基础教育阶段加强科学教育的关键是加快实现由应试教育向素质教育的转变，按照“KAP”（知识、态度、实践）理论的基本路径认真处理好课堂教学与科技活动、知识传授与态度培养的关系，并把科学素质培养融入各学科教学活动和各种实践活动中。

在幼儿园和日常教育中融入科学启蒙教育。要结合幼儿年龄特点，利用身边的事物与现象，通过游戏、活动等方式激发幼儿的认知兴趣和探究欲望，养成良好的行为习惯。发挥家庭教育在提高未成年人科学素质中的作用。鼓励中小学校利用家长会、家校联系会议等形式，对未成年人父母或其他监护人的育儿观念、方法给予指导，提高其科学育儿水平。鼓励父母或其他监护人为未成年人进行科学实践活动提供条件，引导其广泛接触自然、社会，培养亲近自然的情感。

---

① 美国国家研究理事会. 国家科学教育标准［M］. 戢守志，金庆和，等译. 北京：科学技术文献出版社，1999.

推进义务教育阶段的科学教育。要着力提升中小学生的学习能力、实践能力和创新能力，使中小学生掌握基本的科学知识与技能，体验科学研究活动的过程，培养良好的科学态度与兴趣。构建符合素质教育要求的课程体系和评价、考试制度，培育学生的创新意识和创新精神。实施科学等课程标准，提高科学课程和数学、物理、化学、生物等课程的教学质量和效果，帮助学生掌握基本的科学知识与技能。加强数字技能学习教育，培养学生运用互联网学习和获取信息的能力。进一步推广“做中学”活动的经验和成果，创新科学教育方法，鼓励学生通过参与、体验、实践和动手制作等方式提高科学素质。

推进高中阶段的科学教育。鼓励普通高中开设科学教育选修课，拓宽学生的知识面。鼓励开设通用技术课程，支持开展研究性学习、社区服务和社会实践活动，提高学生的探究能力。大力发展中等职业教育，推进教育教学改革，着力培养学生的职业道德、职业技能和就业创业能力。

丰富校外和课外科学教育活动。开展多种形式的科普活动和社会实践，引导未成年人形成对科学技术的兴趣和爱好，树立科学意识、崇尚科学精神，养成运用科学知识和方法思考、解决问题的习惯。动员科技和教育工作者开展与青少年面对面的科技交流活动。发挥科技场馆等科普教育基地的作用，开展“大手拉小手”科技传播行动、科技专家进校园（社区）、走进科学殿堂等活动。鼓励学生进实验室、动手做科研、参加科学调查体验。办好青少年科技创新大赛、明天小小科学家、青少年科技创新奖等活动，提高各类科技竞赛的质量。积极鼓励地方和民间公益组织开展普及性科技活动，扩大参与面和影响力。面向乡村学生、农民工子女组织开展学业辅导、亲情陪伴、感受城市、自护教育等各类志愿服务，帮助他们提高科学素质、丰富生活阅历、增长见识。营造崇尚科学的校园文化氛围，开展学校科技节、科技周等活动，鼓励学生进行小制作、小发明、小创造，组织开展防灾避险应急演练，设立科普教育长廊、板报，营造师生自由讨论的文化氛围。

（四）高等教育阶段的科学教育

在高等教育阶段，学生提高科学素质的方式主要是接受相关科学课程教育、参与校园科技活动以及感受校园科技文化氛围。内容和形式丰富多彩的校园科技活动是提高学生科学素质的重要途径，如举办大学生科技节、科技活动周、科技论坛、科技成果展示等，可以为大学生提供提高科学素质、展示创新才华的平台。此外，与科技相关的社会实践活动也是增强大学生科学素质的重要途径，如开展以企业科技攻关、城市社区建设、农村智力扶贫等为内容的社会实践活动，可以增强大学生的社会责任感，提高科学素质和理论联系实际的能力。

（五）成人教育和职业培训中的科学教育

我国的成人教育和职业培训大致涵盖扫盲工作、从业人员培训、职工培训和岗位培训、农村成人文化技术教育、电视大学、继续教育、自学考试等不同的学习和培训形式。这些教育和培训是提高企业职工、农村劳动者科学素质的重要渠道，可以为成人接受继续教育提供有效途径，围绕岗位培训、下岗职工再就业培训和农村实用技术培训等，不断满足公民提高科学素质的需求。

四、丰富校外科技教育服务供给

校外科技教育是指在校外实施的面向青少年的科技教育，它是社会教育的组成部分，与学校教育、家庭教育成为青少年科技教育的组成部分。校外科技教育的发展状况是一国教育水平和国民素质的重要标志，科普场馆和科普设施是面向社会公众特别是青少年进行科技教育的重要校外教育场所，是一个国家科普水平的重要标志。在我国，适合校外学习科学的科普场所主要包括科技馆、自然科学类博物馆、天文馆、专业博物馆、综合性文化教育科技活动中心、青少年科技活动中心（站）、科普活动室（站）、科普宣传栏（画廊、橱窗）、科普大篷车、具备科普教育功能的社会公共场所、对公众开放的科研教育设施和对公众开放的机关和企事业单位内部设施等。这些场所拥有丰富的现实世界的各种设施，可以用于激发公众的科学兴趣，便于他们开展科学调查，以及通过交流反映他们的体验感受。

（一）大力开展校外课外青少年科技活动

校外课外科学教育活动可以充分激发学生学习科学的兴趣，拓宽学生的知识面，培养学生客观、求实、严谨的科学态度。薛海平等对高中生科学素质影响因素的研究表明，竞赛因素对高中生科学素质有显著影响。竞赛因素能解释4.4%的高中生科学素质变异，参加竞赛以及竞赛获奖对学生科学素质有显著正影响。竞赛获奖在普通线性回归模型以及多层线性模型中对高中生科学素质一直有稳定的显著正影响，表明高中生的竞赛获奖经历很可能有助于提高其科学素质[①]。在参与科技竞赛等课外科学教育活动中，学生不仅需要综合运用学过的各种知识、技能，还需要进一步综合其他多方面的专业基础知识和技能，拓宽学生的知识面和提高对其他相关学科知识的了解、学习和应用能力。同时，还可以引导学生逐步养成严肃、认真、细致的态度，提高他们分析问题、解决问题的能力和实际动手操作能力。科技竞赛类活动能更大程度地激发学生的兴趣与热情，使其思维更加灵活和具有创造性，并会主动、积极、执着地去学习与探索。竞赛作为一种方式，还能激发竞争意识、培养竞争能力和拼搏精神。如果是分组比赛，还可以使团队形成团结友爱、互帮互助的氛围，达到实现问题共解，过程共同经历，结果共同分享的合作目标。竞争对手之间在竞赛中也可以互相学习，最终实现共同提高。科技竞赛活动教育虽然为期较短，但影响力很大。

课外科技活动不仅对学生有益，而且对教师也有促进学习和提高业务水平的作用。在活动中难免会遇到教师也不易解决的问题，迫使教师查阅资料、求助专家，这就使教师不得不拓宽自己的知识面，更深入地研究本学科的有关知识。同时还促进教师对本学科先进技术、最新成果的了解，也能使教师更好地了解农业生产现状和实践知识，使教师的业务水平在实践中得到提高，使今后的课堂学习更加生动充实。

科技竞赛等课外科学教育活动可以调动学校实施科学教育的积极性。学校组织学生参加科技竞赛等课外科学教育活动，首先可以在学生中树立榜样，进一步调动广大学生学习科学的热情和积极性；其次可以检验科学教育的效果，有助于改进、完善科学教育的方式和方法；最后还可以提高学校的知名度。

视窗5–12　青少年科学调查体验活动

青少年科学调查体验活动由教育部、中央文明办、广电总局、共青团中央、中国科协等单位共同发起，是一项面向全国中小学的广大青少年群体，以提升青少年的科学文化素质为目标，以科学调查、体验、探究为主要内容和形式，面向全体青少年，具有群众性、基础性、引领

① 薛海平，胡咏梅，段鹏阳. 我国高中生科学素质影响因素分析［J］. 教育科学，2011，27（5）：68—78.

示范性的科学普及传播类科技教育活动。

调查体验活动把学习与巩固、延伸与拓展科学知识作为关键，把调查与体验作为手段。活动过程中，青少年在科技教育工作者的指导下，围绕着活动的主题，结合客观实际，采取项目研究等学习方式，利用所学的科学文化知识，通过实证、实践性的调查体验，理解、巩固所学的基本科学知识与规律，延伸学习科学知识与方法，在体会、感悟过程中提高运用科学知识分析、解决客观问题的能力，提升科学文化素质，实现青少年书本科学知识从感性到理性的升华，巩固、建构青少年适应社会进步发展所需的科学文化知识体系。

视窗5–13　全国青少年科技创新大赛

全国青少年科技创新大赛是由中国科协、教育部、科技部、环境保护部、体育总局、自然科学基金会、共青团中央、全国妇联等共同主办的一项全国大型青少年科技竞赛活动。该活动前身是1982年全国青少年发明创造比赛和科学讨论会，2000年更名为全国青少年科技创新大赛，2002年将1991年开始举办的全国青少年生物百项活动纳入大赛，2008年又将举办七届的全国科技辅导员科教创新竞赛纳入大赛。

大赛旨在激发广大青少年的科学兴趣和想象力，培养其科学思维、创新精神和实践能力；促进青少年科技创新活动的广泛开展和科技教育水平的不断提升；发现和培养一批具有科研潜质和创新精神的青少年科技创新后备人才。每年有1000万名青少年参加不同层次的大赛活动，经过选拔挑选出500多名青少年科技爱好者、200名科技辅导员相聚一起进行竞赛、展示和交流活动。该大赛不仅是国内青少年科技爱好者的一项重要赛事，也是与国际上许多青少年科技竞赛活动建立联系，选拔优秀的科学研究项目，参加国际科学与工程大奖赛（ISEF）、欧盟青少年科学家竞赛等国际青少年科技竞赛活动的平台。

大赛分为国家级竞赛和地方竞赛。地方竞赛包括省级创新大赛及省级以下的竞赛活动。省级创新大赛遵循全国创新大赛的章程和规则。中小学生和科技辅导员根据每年竞赛规则，申报项目参加竞赛；组委会聘请专家评定出优秀项目并给予奖励；组织优秀项目的展示和交流活动。创新大赛奖项分为：主办单位和组委会设立的大赛奖项；社会机构设立的专项奖。

大赛每年举办一届。全国创新大赛终评活动每年在各省、自治区、直辖市和香港、澳门特别行政区等地轮流举办。大赛包括青少年科技创新成果竞赛、科技辅导员科技创新成果竞赛、青少年科技实践活动比赛、青少年科技创意比赛和少年儿童科学幻想绘画比赛等，分别按不同规则组织评审和展示。终评活动期间开展一系列科学主题交流和体验活动。

凡在竞赛申报时为国内在校的中小学生均可参赛。中小学校科学教师、科技辅导员，各级教育研究机构、校外科技教育机构和活动场所的科技教育工作者均可申报科技辅导员科技创新成果竞赛。

视窗5-14　中国青少年科学素质大会

中国青少年科学素质大会由中国科协、中央电视台联合主办，旨在深入贯彻《全民科学素质行动计划纲要（2006—2010—2020年）》和《中国科协科普发展规划（2016—2020年）》，促进青少年科技创新后备人才成长，培养学生学习科学的兴趣，提高青少年科技实践探究和创新创造能力。首期大会于2016年10月至2017年3月举办，通过电视节目的传播方式，展现青少年大胆质疑、探索求知、奋发进取的精神风貌，体现科学的内涵，推动学校、家庭、社会各方面对提高青少年科学素质的关注和支持。拟于2017年寒假期间开始在央视科教频道黄金时段播出，每周播出一集，共13集。

大会参加对象以高二学生为主，吸纳若干名大学生加入，内容涵盖数学、物理、化学、天文、地理、生物、计算机等学科基础及拓展知识、动手实践解决实际生活中的问题、创新创意、语言表达及团队合作等方面。

大会分为各省（自治区、直辖市）学生初选、赛区遴选面试和全国决赛等3个阶段。第一阶段，由各省（自治区、直辖市）科协及新疆生产建设兵团科协牵头组织本省学生初选工作，并推荐10名学生于2016年10月31日前将学生资料及视频短片上传至组委会网盘，组委会将根据提交的学生基本资料，确定各省（自治区、直辖市）参加赛区遴选面试人数，并适时下发有关通知。第二阶段，赛区遴选面试，组委会依据行政区划及交通便利等原则，划分为6个赛区，组委会将赴各赛区进行现场面试和节目录制，面试结果由组委会共同审定，确定40—46名高中生获得参加中国青少年科学素质大会全国决赛资格；组委会还将招募12名大学生（研究生），最终产生选手48人，组成12支代表队参加全国决赛，每支队伍4人，其中大学生（研究生）1名、高中生3名。第三阶段，全国决赛，共举办13场比赛，第一轮共6场比赛，12支队伍两两比拼，6支队伍晋级，同时按照积分排名，复活两支队伍晋级第二轮；第二轮共4场比赛，8支队伍两两比拼，4支队伍晋级；半决赛共2场比赛，4支队伍两两比拼，2支队伍晋级；决赛共1场比赛，2支队伍比拼，决出大会总擂主。

决赛为晋级淘汰赛，每场比赛设定一个科学领域作为主题内容，由2支队伍进行比拼。每场比赛经历3个环节，本场积分高的队伍才能晋级。第一，知识环节，每队队员回答一定数量的题目，涵盖数学、物理、化学、生物、天文、地理、环境等学科。考量选手综合科学知识储备。第二，实验环节，以参赛队为单位，现场完成科学知识测试及STEAM（科学、技术、工程、艺术和数学）相关领域的挑战任务。考量选手通过动手探究解决实际情景中问题的能力、实践技能、创新创造能力和团队合作精神。第三，演讲环节，充分发挥选手创造力和想象力，围绕当期科学主题，结合现有科学原理和知识，进行科学畅想TED（技术、娱乐和设计）演讲比拼。考量选手创造性思维和想象力。在全国决赛前，组委会将对选手进行科学知识、动手操作、演讲等方面的培训。

（二）组织开展科技场馆的科技教育活动

科技馆主要指以科技馆、科学中心、科学宫等命名的传播、普及科学的专门科普场馆。其开展科普教育的方式主要是在场馆内布置经常性和短期的科普展览（参与、体验、互动性的展品及辅助性展示手段），举办科普教育讲座、演出和科学文化交流等活动。科技馆常年对全体社会公众开放，青少年是科技馆最主要的参观群体。

自然历史博物馆（含设有自然科学部的综合博物馆），主要指收藏、制作和陈列天文、地质、动物、植物、古生物和人类等方面具有历史意义的标本，供科学研究和文化教育的机构。收集保存标本、开展科学研究和进行宣传教育是现代自然博物馆的三大基本任务。开展科普教育的主要方式是常设和短期展览、相关科普讲座等。常年对全体社会公众开放，一般位于大中城市中，属于城市公共文化服务基础设施。

天文馆是专门从事传播天文知识工作的科学普及机构。天象仪是其必需的设备，安置在半球形屋顶的天象厅中，可将各种天象投放在人造天幕上进行天象表演，并配合解说词说明各种天文现象。许多天文馆建有进行天文普及活动的小型天文台。天文馆通过天象表演、天文讲座、放映天文科学教育电影、举办天文图片展览、出版天文普及书籍和刊物、组织天文观测活动、辅导制作小望远镜和天文教具等形式从事天文普及工作。常年对全体社会公众开放，青少年是最主要的参观群体。

专业（行业、产业）科学技术博物馆主要指收藏、制作和陈列有关学科领域、行业和产业发展等方面具有历史意义的标本，供科普宣传和文化教育的机构，如地质博物馆、农业博物馆、汽车博物馆、邮电博物馆、铁道博物馆、煤炭博物馆等。其主要任务是收集标本和展示宣传，主要的方式是常设和短期展览。一般常年对全体社会公众开放。

（三）开展文化活动类场所的科技教育活动

文化活动类场所主要指建设在县级行政区域内的兼具科普教育功能的社会相关设施，如县级青少年学生校外活动中心、文化科技中心、科技展览中心、青少年素质教育基地、妇女儿童活动中心、青少年宫以及各类职业培训中心、再就业培训中心（基地）等。这类设施一般拥有完整的场馆及室外场地，具备一定的科普展示和教育功能，可以与科普工作共建共享。开展科普工作的主要方式有开展科技培训、举办临时性科普展览、组织相关科普活动等。

青少年科技活动中心（站）。主要指专门面向青少年开展科学教育活动的专用科普场馆，如青少年科技馆（站）、社区青少年科学工作室等。主要功能是进行展览教育、培训教育、科技沙龙。与传统的博物馆、展览馆不同，其展品按“玩起来”“动起来”的设计理念，集科学性、知识性、趣味性和参与性于一体，把当今前沿科学、新技术以及高科技成果应用到展品上来，力求以简单的形式来揭示复杂或深奥的科学原理，观众不是“你听我说”的被动教育者，而是通过参与、实践、体验来主动接受科学思想和科学方法。青少年科学工作室规模较小，主要分布在社区或学校周边，受场地限制一般没有常设展览，主要的活动形式是机器人工作室、手工技能工作室、网上交流活动室、科幻绘画及数字视频（DV）制作室等。相对于科技馆，青少年科技活动中心的规模普遍较小，内容设置上与校内科学课程结合较紧密。

科普活动室（站）。主要指以科技图书借阅、科普挂图展示、科普录像放映、科普培训等为主要活动内容的中、小型活动场所，包括城市社区的科普（技）活动室和农村乡镇、村的科普（技）活动场地。由于这类设施多分布在公众居住地社区，一般都是与社区的相关设施共用场地，如各部门在乡（镇）、街道和社区（村）等地设立的居委会、村级组织活动场所、文化站、广播站、农技站、农村党员干部现代远程教育终端接收站点、文化共享工程基层服务网络、农家书屋、农民科技书屋等。发挥科普功能的主要形式是为这些场所增加科普设备设施，如配备科普图书成立科普图书室、配备科普影视作品成立科普放映室、设立科普画廊（宣传栏）、组织科普讲座、开展科技咨询等。

（四）开展大众化的科技展览教育活动

开展流动科技馆巡展。为满足对尚未建设科技馆地区的科普公共服务需求，为充分发挥科技馆的辐射和带动作用，探索建立广覆盖、系列化、可持续的流动科技馆公共服务机制，把科技馆服务送到最基层和偏远地区的公众身边，让尚未建设科技馆的地区同样享受到科普公共服务，中国科协决定2013年在全国全面启动中国流动科技馆巡展工作。

开展科普大篷车活动。主要指以车载形式为中小学校、城乡社区，特别是贫困、边远地区提供科普展览和教育服务的流动科普设施。科普大篷车的建造标准和规模形式多样，目前科协系统已经研制定型并配发了大、中、小3种型号的“流动科技馆——科普大篷车”；其他部门也研制了具有类似科普教育功能的科普宣传车、科普放映车、流动图书车、农业科技入户直通车等流动科普设施。这类车辆一般都要经过改装，除保留原有的行驶功能外，都会加装相应的设备和器材，用于举办小型科普展览、播放科普影音资料、提供科普阅读资料等。其主要特点是机动性好，可以有效弥补科普基础设施在空间布局上的不足。

办好科普宣传栏（画廊、橱窗）。主要指那些建设在公共场所，以展示具有科普内容的文字、图片、音像、动画等信息为主要功能的宣传栏、画廊、板报、墙报、电子屏幕等设施。科普宣传栏的建造标准和规模形式多样。近年来，伴随着网络时代的来临，有些地方发展了电子虚拟宣传栏（电子科普画廊），并通过网站建设，将各处的电子科普画廊联网，统一发布科普信息、共享科普资源。为便于群众阅读，科普宣传栏一般都建在小区、社区、村组的出入口，或在文化广场、活动中心、党政办公场所附近，或在公园、商场、机场、车站、码头、公路沿街等地。尽管当今社会已经进入了信息时代，公众获悉信息的渠道可谓五花八门，然而宣传栏的作用仍不可忽视。科普宣传栏已经成为广大群众及时了解科技、文化、卫生等各方面知识以及党的路线方针政策的窗口，成为开展科普工作的重要宣传阵地。

（五）组织开展社会化的科普教育活动

支持推动高校、科研机构、企业等科普设施开发开放。主要针对政府支持的科研单位和大学中的内设实验室、标本馆、陈列室、天文台站以及各类中心等场所。这些设施一般是由政府出资建设，主要是用于科学研究或内部教学。当其对公众开放时，公众通过参观这些实验室、标本馆、陈列室等，可以直接感受到科学技术研究的前沿氛围，并由此激发对科学技术的兴趣，了解相关的科学知识、科学方法和科学思想，因此可以成为很好的科普教育场所。

增加公共场所的科普教育功能。主要针对那些自身具有一定的自然、地质、动物、植物、古生物和人类等方面的科学研究和传播价值，并且配备必要的辅助说明设施或设备（如小型科普馆、展览馆、标识牌、导引说明等）的文化旅游场所，如自然保护区、森林公园、地质公园、海洋公园（馆）、水族馆、标本馆、动物园、植物园等。这类设施是对公众开放的场所，并且场所自身就是一个大标本，具有极好的科学考察、科普宣传和休闲功能。然而，公众并不能直接理解其科学价值和科普内容，需要建设配套的辅助设施来帮助公众理解和学习。一些场所还专门设计了适合公众参与的以野外科学考察、生态与环保科学实验等科普活动为主要内容的野外科学营地等。

动员机关和企事业单位利用自身设施条件开展科普活动。主要针对政府机关、社会团体、企事业单位、农村基层组织等机构中具有科普教育功能的内部设施，如测绘机构、地震台站、气象台站、消防设施、航空航天，企业、农村等面向公众开放的生产设施（或流程）、科技园区、展览馆等。这类设施主要用于日常的行政管理、社会管理、生产经营等，其中蕴含了丰富的科普宣传要素，相关内容对于公众具有科普教育意义。

第六章　科技传播公共服务供给

媒体是无冕之王，是让公众实时了解更多的信息、了解外面的世界的桥梁，媒体掌控着社会的话语扩散权，主导着社会的舆论导向。科技传播是指基于传播学基本原理，以大众媒体、新媒体、融媒体等媒体为载体，通过媒体工作者，面向广大公众开展的科技信息扩散、科技信息众创与分享、科技信息有序推送、科技信息开发与利用等活动。科技传播对普及科技、推动科技创新发展、提高公民科学素质等具有重要作用。要大力增加科技传播公共服务供给，有效推动公民科学素质的跨越提升。

第一节　科技传播对公民科学素质的影响

在当今社会，传播媒体越来越普及，越来越多样化。随着媒体技术的发展，现代传播媒体特别是新媒体不断发展，成为科技传播不可或缺的重要载体。没有媒体，就没有科技信息的呈现，没有媒体，就不可能进行科技信息的传递，大众媒体、新媒体、融媒体等已经成为公众获取各种信息的主要途径，成为公众获取科技信息、提升自身科学素质的重要渠道。

一、大众媒体成为科技信息传播主渠道

大众媒体即大众传播媒体，包括电视、广播、报纸、杂志，仍然是绝大多数成年人了解新事物、进行学习的主要途径，同时互联网及信息技术的高

速发展给公众获取信息的方式带来变革，不同人群也有与自身特征吻合的信息获取路径。

（一）公众获取科技信息渠道的变化趋势

从传播学的角度来看，公众获取信息有较为固定的模式和习惯，通过各渠道获取科技信息的比例会保持比较稳定的趋势。得益于信息技术的快速发展，人们能够通过互联网及移动互联网更加便利地获取信息，从而打破公众获取信息的旧有格局。值得注意的是，由于互联网上的信息传播具有很强的实时性和碎片化特征，与传统媒体中的报纸传播内容具有较强的同质性，因此出现公众通过电视、报纸和互联网及移动互联网获取科技信息此消彼长的关系。

公众通过大众媒体获取科技信息的渠道和途径一直是公民科学素质监测评估的重要指标。2003年以来的可比数据表明：电视一直都是我国公民获取科技信息的最主要渠道；随着信息技术的快速发展，人们通过传统报纸获取科技信息的比例呈现逐渐降低的趋势；与此对应的是，公众通过互联网及移动互联网获取科技信息的比例呈明显的上升趋势，并且在2015年成为我国公民获取科技信息的第二大渠道；公众通过广播、图书获取科技信息的比例在过去十多年中一直都很稳定。据2015年中国公民科学素质抽样调查，电视仍然是我国公民获取科技信息的最主要的渠道，有93.4%的公民通过电视获取科技信息。互联网已经成为我国公民获取科技信息的主要渠道，公民利用互联网及移动互联网获取科技信息的比例达到 53.4%，已经超过报纸（38.6%），位居第二；通过亲友同事获取科技信息的公民比例为 34.9%；通过广播、期刊和图书获取科技信息的公民比例依次为25.0%、13.3%和11.4%。

（二）公众获取科技信息渠道的群体特征

不同群体公民获取科技信息的渠道呈现出较大差异，我国不同年龄段公民获取科技信息的渠道呈现出与该年龄段对应的特点。

各年龄段公民均将电视作为获取科技信息的主要渠道，不同年龄段公民通过电视获取科技信息的比例差别很小。随着年龄段的提升，公众通过互联网及移动互联网、期刊、图书获取科技信息的比例逐渐降低，使用网络的比例下降幅度巨大。年轻一代更倾向于使用新媒体和阅读出版物的方式获取科技信息。随着年龄段的提升，公众通过广播和亲友同事获取科技信息的比例逐渐提升，尤其是 50—69 岁年龄段提升更加迅速。与其他年龄段相比，我国老年人更倾向于通过与亲友同事交谈、听广播来获取科技信息。随着年龄段的提升，公众通过报纸获取科技信息的比例提升后又逐渐降低，40—49岁年龄段的中年公民通过阅读报纸获取科技信息的比例最高。如将 18—39 岁、40—49岁和50—69岁年龄段公众分别定义为中青年、中年和中老年群体，发现这三个群体呈现出明显的代际特征：中青年群体获取科技信息的渠道更加集中，以电视和网络为主，兼有其他渠道；中年群体获取科技信息渠道以电视为主，网络、报纸和亲友同事为辅，兼有其他渠道；中老年群体获取科技信息的渠道以电视为主，但更倾向于通过亲友同事、报纸和广播获取科技信息，利用网络、期刊和图书获取科技信息的比例较低。

受教育程度不同的公民获取科技信息的渠道也呈现出较大差异。随着文化程度的提升，通过电视获取科技信息的比例逐渐降低；而通过互联网及移动互联网获取科技信息的比例迅速提高；通过亲友同事和广播获取科技信息的比例随着文化程度的提升而逐渐降低；通过图书和期刊获取科技信息的比例逐渐升高；在通过报纸获取科技信息的群体中，高中 /中专 /技校学历的比例最高。文化程度较低的公民群体（小学及以下），电视、亲友同事、广播是他们获取科技信息的主要渠道；初中和高中 /中专 /技校文化程度的公民群体，电视、网络、报纸是他们获取科技信息的主要渠道，通过亲友同事和广播获取科技信息的比例降低，通过期刊和图书获取科技信息的比例提升；尽管电视、网络、报纸仍然是获取科技信息的主要渠道，但大学专科及以上文化程度的公民群体更倾向于通过互联网及移动互联网获取科技信息，此外，与通过广播和亲友同事获取科技信息相比，大学本科以上的公民群体更愿意通过期刊和图书获取科技信息[①]。

（三）网民获取科技信息的新趋势、新特点

2015年中国公民科学素质抽样调查选取11种网民经常使用的科技信息传播来源，设计了“经常用，很信任”“经常用，不信任”“不常用，很信任”“不常用，不信任”和“没用过，不知道”5个选项来评估受访者对上述

---

① 张超，何薇，任磊. 中国公民获取科技信息的状况及新趋势［J］. 科普研究，2016（3）：22—27.

信息来源的使用频度和信任情况，受访者如果在大众媒体中选择通过互联网及移动互联网获取科技信息，将会跳转到本项评估，跳转的样本有38826份。调查结果显示，我国公民经常使用的网络信息来源主要分为四类，第一类以搜索引擎（百度、谷歌等）、门户网站（腾讯网、新浪网、新华网等）和微信作为我国公民通过网络获取科技信息使用频度最高的三个来源，受访者经常使用的比例接近和超过70%（选择“经常用，很信任”和“经常用，不信任”之和）；第二类经常使用的科技信息来源是专门网站（果壳网、科学网和百度百科等）和微博，有超过40%的受访者经常使用；第三类经常使用的科技信息来源是电子报纸、电子书和电子期刊，有接近30%的受访者经常使用；第四类经常使用的科技信息来源是数字科技馆、科普类APP和科学博客，有接近20% 的受访者经常使用①。

受访者对科技信息各类来源中，相对信任度较高的依次为：百度、谷歌等搜索引擎（4.9），腾讯网、新浪网、新华网等门户网站（3.6），果壳网、科学网、百度百科等专门网站（3.0）；相对信任度较低的是微信（2.2）和微博（1.8）。其余各项科技信息来源由于公众日常使用较少，相对信任度也较低。需要注意的是，数字科技馆、科普类 APP和科学博客作为专业的科普平台，应当是公众获取科技信息常用的来源，但从调查结果来看不容乐观，这些专业科普平台作为受访者常用科技信息来源的比例较低，仍然有60%左右的受访者表示“没用过，不知道”。互联网信息传播具有很强的路径依赖，一旦用户形成固定的使用习惯，后期将很难扭转格局。如何提升专业科普平台的知晓度，培养公众的使用习惯，更有效地发挥这些专业科普平台的传播效果，是一项重要和富有挑战性的工作。或者顺势而为，与当前用户最常用的微信、搜索引擎和门户网站合作，进行嵌入式科普，双方各取所长，优势互补，应能收到很好的科普成效①。

二、新媒体对科技信息传播的影响日盛

当前，新媒体技术发展迅速，各类新媒体被广泛运用，与人们生活、学习等各方面的关系日益密切。在学习科学知识与了解科技信息方面，新媒体

① 张超，何薇，任磊. 中国公民获取科技信息的状况及新趋势［J］. 科普研究，2016（3）：22—27.

为人们提供了比以往更多的新途径、新模式，给公民学习科技与提升自身科学素质带来深刻的影响。

（一）新媒体及新媒体的信息传播特点

1967年，美国哥伦比亚广播电视网（CBS）技术研究所所长戈尔德马克（P. Goldmark）在一份开发计划报告中，首次提及新媒体一词。1969年，美国传播政策总统特别委员会主席罗斯托（W. W. Rostow）向总统提交报告，其中多次使用到这一词汇，后来新媒体的用法被扩展到世界范围。

联合国教科文组织曾经将新媒体定义为：网络媒体即新媒体。《2006—2007 中国新媒体研究发展报告》中，将新媒体定义为：以计算机技术、通信技术、数字广播技术等为基础，以互联网、无线通信网、数字广播电视网、卫星等为传输渠道，以电脑、电视、手机、视频音乐播放器（MP4）等为终端的媒体。随着科技的发展，也有学者对新媒体进行了新的定义：凡是将手机、互联网，还有户外电子媒体等作为信息传输和显示终端的媒体形态，都称为新媒体。新媒体发展至今，已经不能够单独定位于某一具体的媒介形态，但凡基于数字化、网络化、移动化、智能化等为特征的各种媒体形式或融媒体都可以被视为新媒体[①]。

新媒体可从技术与传播层面归类，可分为两类：一类是各种网络媒体形式，如各类网站、搜索引擎、网络报刊、博客与播客、网络电视等；另一类是移动类新媒体，如移动类数字广播电视、手机短信、手机报刊、手机图书、手机电视等。同时认为，车载移动电视、户外媒体、楼宇电视等，由于不具有互动性特征，因而不属于新媒体范围。

在移动互联网时代，伴随着新的信息载体出现，信息的产生和表现形态也随之发生了变化。新媒体信息传播的特点可归结为以下几个方面。

第一，信息呈现方式的数字化与多媒体化。数字化与多媒体化是新媒体信息传播的典型特点。数字化指的是新媒体传播的信息内容，包括图像、文字、音频、视频等，在采集、加工、存取、管理、传播过程中都进行过数字化转换，在信号传输与播出形式上都采用数字信号模式。多媒体化指的是新媒体消解了报纸、电视、广播和杂志四大传统媒体的边界，聚合了媒体在

---

① 谭霞，关利平，刘芳. 新媒体对公民科学素养影响研究［J］. 山东理工大学学报（社会科学版），2015，31（2）：82—87.

视觉与听觉方面的功能，借助文字、图像、声音、图形、视频等多种媒体形态，使信息的呈现模式更加形象化和立体化，营造生动形象的信息传播情景，增强信息感染力，在向用户传递信息的同时带给用户全感官式的体验，有助于用户形成关于该信息的更加深刻的整体印象。

第二，新媒体信息传播具有明显的互动性。具有互动性特征的并不仅仅是新媒体，传统媒体也具有交互、互动的特点，但传统媒体的互动只是有限程度、有限范围内的互动。新媒体信息传播的互动实现了人机之间或多用户之间，同时进行一对一、一对多、多对多等不同的信息交流与沟通，新媒体用户可同时拥有信息生产者、信息发布者、信息接受者的多重身份，在与其他用户的多方互动过程中，新媒体用户的主体地位得到充分体现。

第三，新媒体信息传播有个性化的特点。新媒体传播的个性化主要指：①媒体选取个性化，用户在进行信息发布、检索及获取时，可以根据自己的个人喜好选取不同的媒体形式；②信息内容个性化，不同用户可以根据自身的需求目标，对信息筛选定位或是对信息内容进行个性化组织加工，然后传播出去；③在网络通信技术支持下，移动新媒体的信息传输系统能够针对用户个性化的信息需要进行精准传送，这是新媒体个性化传播的典型表现。

第四，新媒体信息传播方式具有碎片化特点。这一特征是当前新媒体信息传输形式所独有的，指的是新媒体在信息传播中的时间碎片化与信息内容的零碎性。新媒体传播的碎片化主要体现在：①时间碎片化，用户可以充分利用随机或零散的时间，随时随地获取想要的信息，或进行信息的即时发布；②传播内容的碎片化，新媒体中的微博、博客、手机短信等在技术设定的限制下，信息内容因被分割而变得零碎。

第五，信息传播即时性与超强的地域覆盖性。新媒体传播在互联网支持下，突显了信息传输的无障碍性，尤其是利用移动新媒体，用户可以随时随地发布信息、传递信息、获取信息；新媒体可以把信息瞬间传递到网络中其他节点，对社会事件的实时报道和文字直播尤其便利。互联网把世界连接成一个紧密的整体，网络的范围决定着新媒体传播空间的大小[①]。

① 谭霞，关利平，刘芳. 新媒体对公民科学素养影响研究［J］. 山东理工大学学报（社会科学版），2015，31（2）：82—87.

（二）新媒体应用对公民科学素质的影响

新媒体的发展与应用不仅影响社会的经济与政治活动，还影响人们的思维方式与生活行为方式；新媒体正在以不可抵挡的势头渗透到世界各国政治、经济、思想、文化等诸多领域，改变着人们的生活、改变着世界，也推动着人类文明不断向更高层次发展。研究发现，科学从作为一种人类文明的发展成果到被社会认可、接受，到转化为人的素质内容，最主要的途径有两个：①学校科学教育；②社会性科学普及教育。这两个方面都是科学教育与传播的必要过程。

媒体作为科学传播的媒介手段和重要载体，是科学向社会公民拓展过程中不可缺失的重要组成部分。目前，各类新媒体充分发展、广泛应用，新媒体环境下，互联网、电视、移动手机等各种新媒体已成为科学传播的重要工具。新媒体技术的发展使科学知识与科技信息的传播渠道不断拓展，为公民接触科学、学习科学、理解科学等带来便利条件，在普及科学常识、宣传实用科学知识等方面发挥着越来越重要的作用，对促进我国公民科学素质水平的整体提升发挥积极作用。

一是新媒体为科学传播与科学教育提供便捷途径。传播途径与教育途径的改变是新媒体带给科学传播与科学教育的最显著变化。新媒体传播模式极大地满足了用户随机利用可能的时间，随时随地获取科学知识与科技信息的需要。同时，新媒体大大降低了科学知识与科技信息在传递过程中的时间耗费，保证最新的研究成果、最前沿的科技信息等能够在第一时间流向用户群体，特别是有些现场直播式的科技发明介绍，更是体现了信息传输的时效性与直观性。为社会用户群体补充新知识、接受科学教育、了解科学发展趋向、提升自身科学素质水平提供方便迅捷的途径。

二是自主互动的参与模式加深对科学的理解与认识。新媒体自主参与、平等对话等模式，拉近了科学与大众的距离，使用户获得了更大的自主筛选和获取科学知识与科技信息的机会。普通社会群体在接受科学知识的情况下，通过与其他用户或媒体进行对话，可以获取更多的相关科学内容，并在这一过程中实现对科学知识的进一步整合加工，可能创造出新的知识内容。同时，为专业学者和专家级用户提供信息跟踪及信息传播的监督便利，可以对新媒体中出现的错误信息进行及时纠正，防止误传和误导，对网络科学传播与科学教育起着调整、纠正、规范作用。这些方面对公民形成对科学的正确理解与认识都有很大帮助作用。

三是大量的信息内容及有针对性的信息传递为人们学习科学、提升科学素质提供了条件。在互联网技术支持下，新媒体体现出超强的信息聚合功能，实现了科学知识与科技信息全球范围的聚合与共享，为用户提供了极为丰富的科学知识与科技信息内容，以及大量相关的研究成果等，为公民研究、学习各方面的科学知识提供了帮助。同时，新媒体具有个性化与针对性的传播特点，能根据用户群体的不同需求，对科学知识进行各有侧重的指向性传输，有效解决人们在不同知识程度下，在紧张的工作、生活中，快速获取科学知识、进行科学学习的问题，使利用新媒体成为帮助用户提升自己科学素质水平的便利模式。

四是多媒体的信息呈现方式强化科学传播与科学教育的效果。新媒体将虚拟现实（VR）技术、网页动画设计（Flash）技术、音频（Audio）技术、视频（Video）技术等组合在一起，实现了对科学信息的多媒体贮存与传播，使抽象的科学概念、科学知识、科学理论等变得形象、生动；对科技成果展示、培训及科学实验过程进行动态图形录入和模拟声控交流等技术处理，把科学传播融入身临其境的现场模拟，消解科学知识的抽象性，增加其形象性和直观性，易于公众理解和接受，使科学传播变得更具说服力，增强科学知识的传播效果和教育效果。

同时，新媒体作为科技的发展成果，是在计算机网络技术发展基础上产生的，其形态及功能特征上必然受技术发展条件的制约，同时也受到参与主体多元化因素的影响，新媒体不可避免地存在着阻碍性因素，影响新媒体在公民科学素质教育中发挥作用，阻碍公民科学素质水平的提升。①新媒体发展的自身技术制约。技术方面的制约是影响新媒体在公民科学素质教育中发挥作用的一个重要因素。媒体在网络技术支持下形成的自由参与模式，对各类消息发布与传播的限制功能较低，无法完全杜绝一些虚假信息或是错误信息掺杂其中，这些信息必然影响公民对科学的理解与认识；另外，各类新媒体都具有自身的优点与缺点，不可避免地通过对科学知识及相关信息的定位态度与定位倾向显示出来，无疑对公民的认识与判断等科学行为产生影响和制约作用。②参与者主体的行为多元化影响。媒体行为及新媒体的参与主体的网络行为总是在多种复杂因素共同作用下产生的，在新媒体的信息生成与传播中，受自身因素影响，不同用户对问题或事件的看法、认知、解读会各不相同，从而表现为对同一问题或事务，总会有不同的看法和处理方式，生成不同的信息内容，也不同程度地影响其他用户对其所传递的科学知识、科技信息、科学方法的理解与掌握，进而影响公民科学素质提升①。

（三）充分发挥新媒体对提升公民科学素质的独特优势

新媒体环境下的公民科学素质教育，应该建立在对新媒体的特点及其在科学传播与科学教育中的优势充分关注的基础上，制定与之密切联系的公民科学素质提升措施，以达到有效推进我国公民科学素质水平的目的。

一要发掘新媒体的信息资源优势，扩大公民的科学知识与科技信息量。丰富的网络信息资源在扩大人们的科学知识量、拓宽人们的视野方面有积极作用。目前我国已经建立起许多专业性科学网站，在许多非专业性网站中也设立了与科学相关的版块，这些资源对于发挥网络信息资源优势、整合网络科学信息资源、推进网络科学教育、提高公民科学素质很有帮助。在此基础上，更加关注用户的反馈信息，使新媒体的科学信息建设更有针对性，更具规划性，提高公民对新媒体科学信息的有效利用率。同时，将网络科学信息资源与学校科学教育紧密结合，发掘其中与课程教学相关的具有典型科学价值的内容，使之融合进课堂教学中，扩大学生的科学知识面；学校教育中，做到时时关注网络发布的最新科学知识与科学研究内容。另外，结合新媒体信息内容，鼓励学生积极参与各类科技实践活动，通过营造浓厚的校园科技氛围，激发学生学习科学知识、掌握运用科学方法的主动性。

二要发挥新媒体的多媒体表现优势，强化科学传播与科学教育效果。多媒体的信息呈现方式远比单纯文字的表述更有助于对科学的理解与接受。在科学传播与科学教育中，充分发挥多媒体技术优势，将科学知识的抽象性、科学技术的实用性等结合起来，形成对科学的通俗化解读与趣味性介绍，使科学传播与科学教育工作做到对高层次用户与较低水平用户的兼顾，提升科学教育效果。尤其是在课堂教学中，充分利用课堂新媒体灵活多样的教学形式和信息表现方式，向学生传授科学知识，激发学生学习科学的兴趣，帮助

---

① 谭霞，关利平，刘芳. 新媒体对公民科学素养影响研究［J］. 山东理工大学学报（社会科学版），2015，31（2）：82—87.

学生树立科学的精神、科学的方法、科学的态度。

三要利用新媒体的强大影响力形成学习科学、应用科学的社会性环境。随着新媒体技术的发展，新媒体在社会中的应用可以说是无处不在，带来的社会影响是多方面的。利用一切可能的新媒体终端，宣传科学知识，提倡科学精神，形成社会性宣传科学、学习科学、应用科学的大环境。在加大科学传播与科学教育力度的同时，向人们推出解决实际问题的科学知识、科学方法等，将科学传播与科学教育放在实用性的基点上，并适时推出网络模拟学习体验等，在潜移默化中使人们受到熏陶和教育①。

视窗6-1　我国网民的科普搜索需求

截至2016年6月，我国网民规模达7.10亿。通过搜索方式直接获取科普信息或获取科普信息的解决方案，成为越来越多网民的主动选择和主要选择。目前，通过百度搜索的日均请求达到60亿次，通过网民科普需求搜索行为的大数据挖掘，可以准确地了解网民科普需求的实时动态，精准刻画有科普需求网民的独有特征，为科普信息化建设的宏观决策、科普的精准推送服务提供决策依据。为准确了解我国网民科普需求搜索在“搜什么”“谁在搜”“用什么搜”等情况，中国科协科普部、百度数据研究中心、中国科普研究所于2015年3月共同开展中国网民科普需求搜索行为研究，从2015年起，每季度定期发布《中国网民科普需求搜索行为报告》。

2016年第三季度中国网民科普需求搜索行为报告显示：第三季度中国网民科普搜索指数为11.17亿，同比增长 5.58%，环比增长2.29%。其中，移动端的科普搜索指数为7.64亿，占比为68.40%，比第二季度增长5.23%；PC端科普搜索指数为3.53亿，占比为31.60%，比第二季度下降3.55%。第三季度“应急避险”主题的搜索份额环比增长 3.47 个百分点。在各年龄段中，30—39岁网民的科普搜索意愿最高；40—49岁网民的科普搜索意愿较高；20—29岁网民的科普搜索意愿接近平均；50岁以上网民的科普搜索意愿偏低；19岁以下网民的科普搜索意愿最低，对各

① 谭霞，关利平，刘芳. 新媒体对公民科学素养影响研究［J］. 山东理工大学学报（社会科学版），2015，31（2）：82—87.

科普热点的关注程度普遍低于其他年龄段。

报告显示：30—39岁年龄段的搜索意愿均高于19岁以下及20—29岁年龄段。19岁以下最偏爱的热点包括粒子、细胞、行星、太空、强迫症、抑郁症等；20—29岁最偏爱的热点包括卫星、高温、流感、数据库、高温、3G等；30—39岁最偏爱的热点包括唐氏筛查、天然气、白血病、甲醛、尿毒症等。

报告显示：女性群体的科普搜索意愿比男性群体更高。女性群体关注生理健康，男性群体关注科技新知，女性的搜索特征更为明显。相对于男性，女性群体对乳腺癌（病）、宫颈癌、安全知识、养生、感冒、抑郁症等生理和健康问题表现出特别关注。男性群体的科普搜索兴趣集中于技术、能源和环境领域，对互联网、3D打印、环保、水处理、食品安全、传感器等话题尤为关注。

报告显示：中国网民科学常识搜索行为方面，最关注"生命与健康"类的科学常识，占科学常识搜索的65.50%，排名第一，以下依次为"地球与环境"（18.91%）、"物质与能量"（6.50%）"工程与技术"（5.04%）、"数学与信息"（3.03%）、"自然与地理"（1.02%）。总体看，各级城市的科学常识搜索均集中于"生命与健康"和"地球与环境"两类，城市级别越低，对"生命与健康"类的关注程度越高；城市级别越高，对"地球与环境"类的关注程度越高。

报告显示："大数据"在"数学与信息"热点中排名首位；"尼伯特""妮妲""鲇鱼""莫兰蒂"等系列台风引发大量关注，造成"应急避险"主题搜索量激增；"天空二号"发射引发网民集体关注，相关搜索指数从9月14日起快速上升，在9月15日当天达到高峰78.17 万，至9月19日开始回落，网民的关注兴趣集中于天宫二号的发射时间、直播视频等入口信息。①

① 中国科协科普部，百度数据研究中心，中国科普研究所. 中国网民科普需求搜索行为报告（2016年第三季度）［R/OL］.［2017-02-13］. http：//www.cast.org.cn/n17040442/n17187746/n17187836/n17275000/17538187.html.

三、微传播对公众科学素质的深刻影响

传媒大师麦克卢汉（Marshall McLuhan）说过，媒介是区分不同社会形态的重要标志，每一种新媒介的产生与运用，都宣告一个新的时代的来临。以微博、微信作为传播媒介代表，以短小、精炼作为文化传播特征，以细微的语言和行为反映着人们内心世界变化的“微时代”悄然来临。微传播对科技传播提出新的更高要求，表现在以下几方面。

第一，科技传播者手段要高超。科技传播者要不断提高运用现代化传播手段的能力，通过现代化传播手段的应用，及时掌握公众的思想、行为实际，帮助答疑解惑；运用现代化传播手段为公众提供鲜活、及时的科技信息资料，提高公众的学习兴趣；融入微生活、凝聚微力量，适当使用微语言，关注微世界科技热点，并能及时做出回应。只有“高”于公众，才能对其起到引领作用；只有融入公众，科技传播才能润物无声。

第二，科技传播思路要转变。科技传播者的理念和价值观决定科技传播效果。微时代人人都是“记者”，人们平等意识空前增强，科技传播者要转变以往高高在上、“管公众”、“教公众”的观念，树立与公众平等、为公众服务、与公众共同学习的观念，要给公众提供更多的自我展现、表达机会，积极发现、回应公众在学习、生活中出现的问题，及时答疑解惑，正确引导交流。

第三，科技传播内容要精准。微时代信息短小精干，而科技博大精深，如何在有限时间内向公众传播科技精华，需要科技传播者对其传播内容做出取舍、精心编排，紧密联系公众的思想实际、生活实际。

第四，科技传播语言要新奇。科技传播的语言在准确的基础上力求新。首先，科技传播者要学会运用新的数据分析问题、新的事例说明问题、新的表达方式讲述科技的精髓，用公众喜闻乐见的语言演绎生动的实践，在讲解时适当地加入一些流行语、热点词，往往能拉近与公众的距离，引起公众共鸣，增加公众兴趣，做到寓教于乐，在回答时不打官腔，坚持正面引导、理性分析、就事论事，在了解真实信息的基础上给予公众客观的、较准确的解答。

第五，科技传播方法要多样。微时代互动频繁，科技传播者要改变唱独角戏的状况，变灌输式传播为启发式、案例式、讨论式、专题式等传播，提高公众自主学习、独立思考的能力。

视窗6-2 微时代的科技信息传播

微时代信息的传播速度更快，传播的内容更广，更具冲击力和震撼力。在微时代，微博、微信等新媒体技术的迅速发展和广泛应用，极大地促进了媒体的大众化、信息的碎片化，使科技传播环境发生深刻的变化。面对在无数人的指尖跳动中悄然到来的微时代，把握微时代的基本规律，努力探索适应微时代特征的科技传播方式，才能应对微时代提出的挑战。

第一，科技传播门槛低。微博、微信等新媒体的传播不需要通过权威机构的审核，只要在法律框架内就可以跨越传统媒体的“把关”和限制，通过电脑、手机等设备自由地进行科技信息发布和传播，并可以互动交流和讨论。相对于传统媒体，微博、微信等新媒体具有更大的平民性、开放性、便捷性等特性。微博、微信等新媒体的出现，消解了传统媒体信息发布与传播的特权和垄断，在一定程度上实现了媒体的大众性、平等性、自由性。人们只要用电脑、手机就能通过新媒体表达自己的思想和观点，从而使每个人都有可能、有条件扮演科技评论员或记者等角色。

第二，科技传播速度快。微时代带来信息传输的高效率，传播活动也随之具有瞬时性的特点，信息的传播速度更快、传播的内容更具冲击力和震撼力。由于博文被限制在140 字内，使人们在短时间内完成博文的创作成为可能。微信通过网络快速发送语音短信、视频和文字，支持多人群聊等方式，使用户与好友进行形式上更加丰富快捷的联系。手机 3G 网络的广覆盖，使人们能方便地利用手机将现场采集到的信息（如手机拍照、录像等）迅速传播出去。快速发布信息后，信息以“核裂变”方式传播，一条敏感信息一经发布，就可在短时间内迅速传播蔓延开来，并将现实社会中不同国家、地域、行业、领域、团体中互不相识的利益相关者迅速聚集起来。信息的“裂变式”传播特性，使信息传播蔓延的速度和方向都难以控制。

第三，科技传播“碎片化”。微博、微信可以传送文字、图片、声音等信息，人们可以把大至钓鱼岛冲突，小至个人心情的信息通过微博、微信传播，几乎事事皆可“织围脖聊微信”。加上微博、微信使用者的多元化，信息的传播呈现“碎片化”：各种信息、各种渠道、各种形式毫无关联的信息，会同时出现在同一个人际圈子里；相同信息会被身份、职业、年龄、爱好迥异的人收阅。“碎片化”信息传播，一方面增加人们对于信息筛选辨别的难度，另一方面也给信息的管理和控制带来障碍。最让人担忧的是信息传播的“碎片化”还极易导致信息在传播中失真、变形，产生控制的危机。

第四，科技传播互动性强。互动性强是微时代非常突出的特征。微博、微信等新媒体的高黏合力、活力和影响力，很大程度上来源于微博等新媒体的互动交流性，人们可以快速地知晓圈内关注对象的言行、情感，并予以评论，博主可以便捷地回复，这样的交流模式跨越了时间、距离的限制，做到“天涯若比邻”，从而极大地提高了人们交流的欲望、效率。人们热衷于微博，很大程度源于互动带来的快感，互动性越强，交流越多、越深入，对微博的依赖性就越强。[①]

视窗6-3 科普须跑在谣言的前面

所谓谣言，是指利用各种渠道传播公众感兴趣的事物、事件或问题中那些未经证实、不实的信息。谣言传播因为其不确定性、传播广泛性，对个人或社会造成误传以致巨大危害。例如，2011年3月11日下午，日本发生里氏9.0级地震，地震造成人员伤亡惨重，福岛核电站发生核泄漏等一系列严重后果。这次灾难中，除人员伤亡外，还有一波又一波的谣言给人们带来巨大的惊恐和不安。

谣言生成及其传播有以下主要特点。

一是话语表达模糊，内容来源难以确定。在谣言传播中，出现最多的字眼是“据说”“据传”，一旦有部分群体相信内容的真实性并付诸行动，剩余群体会在短时间内受到极大影响，盲目跟风，信息在深度、广度和力度上不断扩展，也使那些看似毫无逻辑性的谣言在众多民众的实

① 庞丽铷，苏琪．“微时代”高校思政课教学创新路径研究［J］．山西高等学校社会科学学报，2015，27（1）：35—38.

际行动下也变得有说服力，从而给社会的安定带来极大的负面影响。例如，日本地震中影响最大的是“食用盐可以防辐射”的谣言导致人们大量采购食用盐，一时造成超市缺货。在这一事件中，部分受众相信谣言购买食盐储备，另一部分受众也许并不相信这条消息，但因为短时间内无法确定内容来源及其真假，看到别人在抢购时，心理的恐慌感上升，也会参与到抢购的行列中，如此反复，不断扩大谣言的实际影响力。

二是信息内容丰富，话语层次多样。话语体系包括话语表达方式、话语习惯和话语结构。在重大事件的谣言传播中，信息涉及的内容较为丰富，话语层次多样，让人应接不暇，难辨真假。例如，在日本大地震中，谣言分为三种类型。一种是名人遇难型。网民时常毫无根据地爆出某某名人在地震中已经死亡，因为死亡名单尚未公布，大多数受众无从判断传者的信息真伪，迫于名人的影响力谣言得以广泛传播。第二种是有图无真相型。在日本地震后，网友发布了一张巨浪袭击城市的所谓“日本仙台海啸现场图”，图上数十米高的海浪迎面袭来。不过图片传播没多久，门户网站的工作人员就发现这实际上是韩国一部电影的海报图片。第三种是来源捏造型。日本地震后，有条来自BBC的消息通过网络和微博广为传播。信息的大致内容是：日本已经证实核泄漏，正蔓延亚洲区域国家，预计下午4时抵达菲律宾，建议人们在接下来的24小时尽量不要外出。一些人还收到这条信息的英文版。而且传播这条信息的不乏经过实名认证的知名人士，让人感觉这条信息非常可信。后经过BBC官方认证，BBC从未发布过此条信息。

三是信息不对称，话语系统“失衡”。谣言之所以产生，一方面是传者在信息传递的过程中表达不清晰或不全面；另一方面由于传者和受者本身的文化素质、知识水平存在差异，受者往往根据主观意愿进行理解或者对传者信息的理解存在偏差，一旦信息无法通过有效途径辨别真伪时，谣言便会产生。对重大事件的报道中，大众传播往往是信息的主要传播方式，与之不同的是，谣言传播的途径多为人际传播，虽然网络的出现，让谣言的产生方式更为多样化，可人际关系网络的影响在谣言传播中发挥着极为重要的作用，这些信息大多和受众的切身利益有关，却无法得到大众媒体和有关部门的证实。社会大众与精英层面的话语方式、话语习惯及话语结构都存在差异，平民话语系统和精英话语系统的隔阂，扩大了谣言的传播态势，不利于制止谣言的产生及传播。

阻断谣言传播有以下主要途径。

一是让科普跑在谣言的前面。媒介科学素质的普遍提升，保持信息的一致性，加大媒介传播知识的社会功能，在信息传播过程中保证信息的准确、流畅和即时，才能有效地遏制谣言传播。如在"闹盐慌"事件发生后，央视立即进行科技知识普及，更正受众的错误理解，在对预防辐射的科技知识有了明晰的了解后，受众的恐慌情绪得到了极大缓解，事件也在短时间内得以平息。

二是科普话语向平民话语的转变。谣言一旦在一定范围内得以传播，必须通过权威的信息发布渠道向受众公布其真伪性，并及时消除受众的疑虑，安抚其不安的情绪，才能从根源上阻止谣言的传播。要达到这一效果，除了信息的即时传播，还应在话语系统上有所转变，了解受众的用语习惯及理解方式，以受众的话语系统播报相关信息，从专业的知识解答向平民化告知转变，兼顾专业性与大众性，最大限度地降低受众误解的可能，才能在众多信息传播中遏制谣言的滋生和蔓延。如日本地震后有谣言称日本核电站爆炸导致整个日本不适合人类居住，甚至会波及中国。稍微有一些核物理常识的人应该立刻能辨别出这都是100%的谣言，因为核电站不会像核弹一样"爆炸"，而且日本共同社、读卖新闻、产经新闻等权威媒体，美联社、路透等欧美媒体都未见这些消息。大众传播在辟谣的过程中应该将核电站不可能像核弹一样"爆炸"的原理解释得浅显易懂或是直接告知人们这个常识，而不是堆积过多的专业术语，导致受众不理解而不接受。

三是开通与公众实时对话交流平台。全媒体时代，渠道的多元化使谣言出现明显的"钝化"现象。提供尽可能多的传播渠道，打破大众话语和精英话语的隔阂，发挥正确信息的有效性，能够有效地预防谣言的产生与传播。例如，日本大地震后，新浪微博专门开通了辟谣版块，将大地震以来民间和网络中流传的尚未得到证实或已被证实是虚假的信息进行了系统的归纳和整理，获得众多网民的支持和关注。网民了解信息的真实状况后可以通过人际传播影响更多受众，从而大范围地防止谣言的传播。因此提供不同层级的话语交流空间，拓宽信息发布渠道，是谣言传播预防的有效途径之一。①

第二节　信息化引发新的科技传播革命

当今世界，信息技术日新月异，深刻改变着人们的生产生活，有力推动着社会发展，对国际政治、经济、文化、社会等领域发展产生深刻影响。以信息技术为代表的新一轮科技革命和产业变革正越来越深刻地改变世界，智能社会呼之即来，现在群众都在网上，公众获取和参与科技传播的方式等发生巨大变化。

一、科技传播阵地随着公众转移

随着信息化的发展，互联网络特别是移动互联网彻底改变了世界，也改变了科普的途径和方式。手机已牢牢长在人的身上，人们临睡前抚摸的最后物件是手机，醒来第一个摸索寻找的物件是手机。低头族不分年龄，没有代沟，同在地球，都在低头看手机。电脑端（PC）互联网培养出一代宅男宅女，移动互联网让全民变宅。

1994年4月20日中国大陆接入国际互联网，2008年后大陆网民规模保持全球第一。据中国互联网中心发布的《中国互联网发展状况统计报告》显示，截至 2017年6月，中国网民规模达7.51亿，占全球网民总数的1/5。互联网普及率为54.3%，超过全球平均水平4.6个百分点 ；我国手机网民规模达7.24亿，网民中使用手机上网的比例由2016年底的95.1%上升至96.3%，手机上网比例持续提升（图6-1至图6-5）。各类手机应用的用户规模不断上升，场景更加丰

① 王刚. 谣言传播的话语机制研究——以日本大地震中的谣言传播为例［EB/OL］.［2012-03-16］. http：//media.peplo.com.cn/GB/22114/52789/240814/17411275.html.

富。其中，手机外卖应用增长最为迅速，用户规模达到2.74亿，较2016年底增长41.4%；移动支付用户规模达5.02亿，线下场景使用特点突出，4.63亿网民在线下消费时使用手机进行支付①。

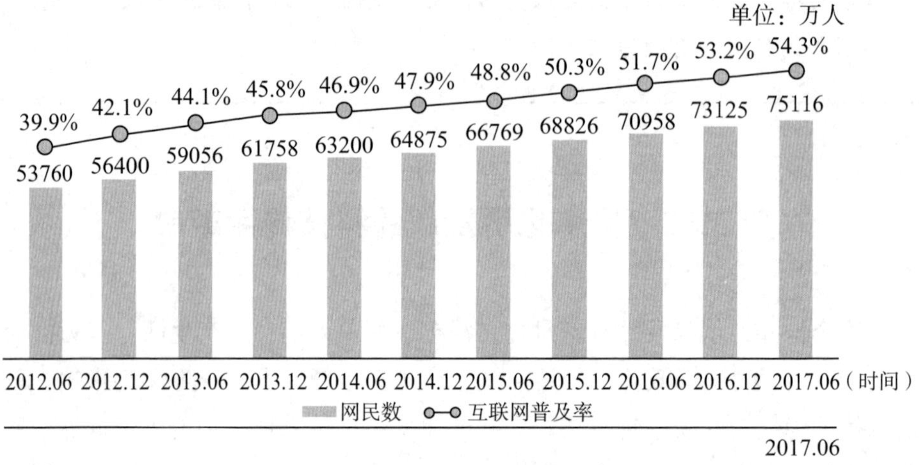

图6-1　我国网民规模和互联网普及率

（来源：CNNIC中国互联网络发展状况统计调查）

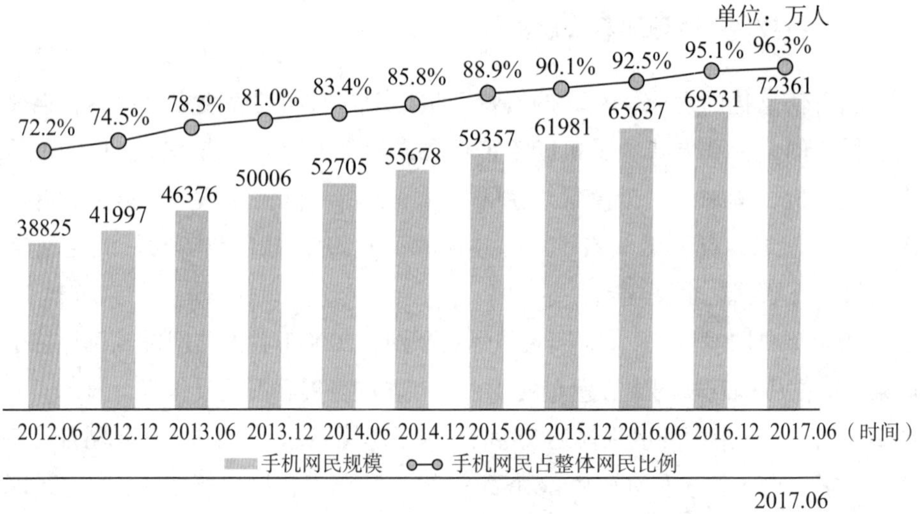

图6-2　我国手机网民规模及占网民比例

（来源：CNNIC中国互联网络发展状况统计调查）

① 第40次《中国互联网络发展状况统计报告》发布[EB/OL].[2017-08-07].http://news.xinhuanet.com/zgjx/2017-08/07/c_136506155.htm/.

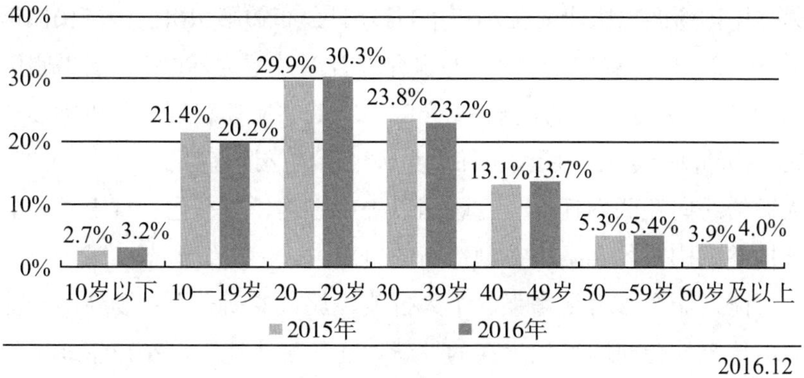

图6-3　我国网民年龄结构

（来源：CNNIC中国互联网络发展状况统计调查）

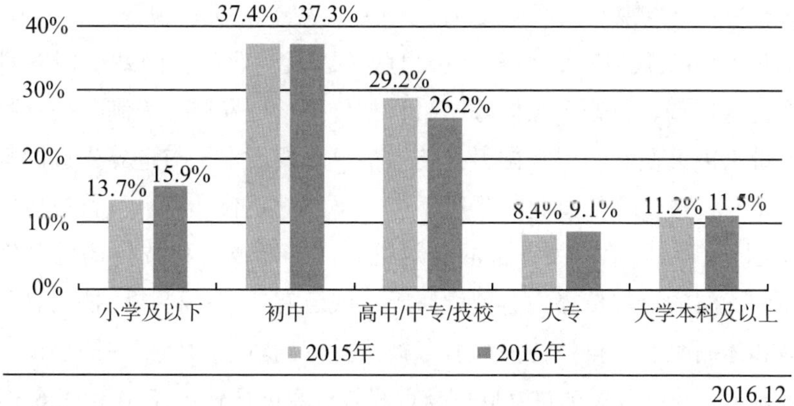

图6-4　中国网民学历结构

（来源：CNNIC中国互联网络发展状况统计调查）

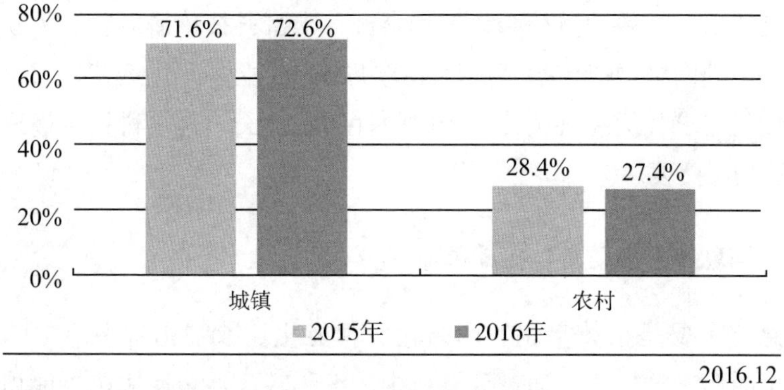

图6-5　我国网民城乡结构

（来源：CNNIC中国互联网络发展状况统计调查）

另据中国新闻出版研究院2017年4月18日公布的第14次全国国民阅读调查报告显示：2016年我国成年国民各媒介综合阅读率为79.9%，图书阅读率为58.8%，数字化阅读方式的接触率为68.2%，数字阅读特别是手机阅读持续快速发展，移动阅读、社交阅读正在成为国民新的阅读趋势。

人们纷纷向互联网迁徙。互联网以去中心化、扁平化、自组织的显著特性，解构并重构着社会结构，创造新的组织方式和组织形态，赋予每一个人无限的可能，让个人力量增强、个人价值释放，催动人类一场新的迁徙，促使人们由传统社会向网络化生存的“新大陆”集体迁徙。2013年北京的报刊亭日均营业额比上年下降50%以上；北京地区电视开机率从3年前的70%下降到目前30%以下，其中40岁以上的公众是收看的主流人群。百度2013年总收入首次超过中央电视台，其收入百度=中央电视台+江苏电视台。

20世纪90年代以来，科普数字出版，以及专业科普网站、门户科技频道、手机客户端、科普自媒体等网络科技传播长足发展，为满足公众科技传播需求带来极大便利。但我国科技传播信息化发展水平与世界先进国家还有较大差距；科技传播信息化的程度不高，不能满足公众需求；科技传播内容资源众创分享和科学把关评价的有效机制尚未形成，科技传播融合创作滞后，原创优质的科技传播内容资源匮乏；缺乏有效推进科技传播信息化的支撑环境和体制机制，科技传播的服务模式亟待创新。2015年中国公民科学素质调查显示，我国公民通过互联网获取科技信息的比例由2010年的26.6%增长到2015年的53.4%；中国网民科普搜索指数由2014 年的27.93 亿增长到2015 年的41.38 亿，同比增长48.19%。由此，科技传播必须信息化，必须充分运用先进信息技术，有效动员社会力量和资源，丰富科技传播内容，创新表达形式，通过多种网络便捷传播，利用市场机制，建立多元化运营模式，满足公众的个性化需求，提高科技传播的时效性和覆盖面，这是科技传播适应信息社会发展的必然要求。

二、信息技术推动科技传播革命

信息化主要是指数字化、网络化、智能化。数字化将字符、图像、音视频等不同形态的信息，通过计算机中的编码转换器转换成机器能识别与运算的二进制数字方式来进行加工处理。网络化主要利用通信技术和计算机技术，把分布在不同地点的计算机及各类电子终端设备互联起来，按照一定的网络协议相互通信，以达到所有用户都可以共享软件、硬件和数据资源的目的。智能化主要是指由现代通信与信息技术、计算机网络技术、行业技术、智能控制技术汇集而成的针对某一个方面的应用。

人类已进入云计算时代。信息技术发展已经历大型机、个人电脑、互联网三个时代，目前已经进入云计算时代[①]。在大型机时代（1945—1980），以数值计算为主要特征；在个人电脑时代（1980—1995），主要以信息处理、单机、局域网为主要特征；在互联网时代（1995—2010），主要以信息共享、广域网、互联网、Web1.0为主要特征；进入云计算时代（2010年以后），主要以信息互动、移动互联网、物联网、大数据、Web2.0为主要特征。

信息化已经成为驱动经济社会的强力引擎。当今时代，信息化呈现四大发展趋势[②]。①信息采集和处理的数字化、标准化。现代信息技术以数字为最重要信息载体，将传感技术、计算机技术等结合，使各类信息迅速地转化为标准化数据，大大提高了信息收集、整理、加工和传递效率，降低了人与人、人和物、物和物之间的信息交换成本。②信息处理和传输的高速化、低成本化。计算机的运算能力呈几何级数飞速增长，同时信息传播的速度快速提高，信息处理和传播的高速化，不仅显著地提高信息交换的速度，扩大信息交换的规模，还大幅降低信息交换的成本。③可用来观察、测度和分析的数据超大规模化。随着技术的发展，感应器、传感器等信息采集设备能够方便地安装到社会的各个角落，实时进行信息的广泛采集和普遍连接，为社会提供规模难以想象的数据信息，为准确地认识经济社会发展规律创造可能，为科学地分析信息提供条件。④信息技术与经济社会各领域深度融合化。一方面信息技术与社会再生产各个环节的耦合关系日益加深，推动着生产方式的数字化、智能化，推动着流通方式的便捷化、扁平化；另一方面人们离不开信息技术，手机阅读、网上社交、移动购物已成为许多人的生活方式。

人工智能正在开启新的时代。随着网络的普及，人类已经步入智能化时

---

① 王柏华. 大数据与社会治理［EB/OL］.［2015-08-11］. http://www.zbsbw.com/show.asp?c/assid=29&ArticlelD=4848.

② 李伟. 充分发挥信息化的关键作用有力推动经济转型升级［J］. 中国发展观察，2016（4）：5—7.

代，移动化、泛在化、数据化、智慧化等正在成为信息化发展的新趋势。由于传感、人机交互技术的发展，可穿戴、家居、车载领域的终端产品交叉创新频繁，泛智能终端将改变人机协同方式，正在成为新的爆发点，泛智能社会正向我们走来。中国科协领导同志2015年10月30日在世界机器人大会致辞中指出，人类正在迎接即将到来的智能社会，机器人是“制造业皇冠顶端的明珠”，更是衡量国家创新能力和产业竞争优势的重要标志。以机器人技术为代表的信息、制造、能源、材料、认知等科技的融合汇聚创新，正启动一场新的变革浪潮。他指出，智能社会是工业社会与信息社会广泛深度融合、技术全面更新换代、产业系统升级、经济社会结构深刻调整演进而成的新的经济社会发展形态，融合、协同、共享、共治是其鲜明特征，将给人类生产、工作、生活方式带来新的深刻变革。

虚拟现实（VR）的交互革命，从界面到空间，契合交互界面的更替规律，成为继互联网、智能手机后人类生活方式的又一次大跨越。VR用在电商平台，你可以“试穿”；在城市规划建模中，你可以造出“实体”模型；在电影院，你可以“进入”场景当中；在演唱会或是体育赛事上，你可以“坐在台下”等。这些产业现有弊端统统都会消失，取而代之的是虚拟现实技术带来的“真实”场景，给你身临其境般的感受。VR在2015年迅速增长，2016年是VR大爆发年，目前这一领域的进入者越积越多①。把VR与科技传播等结合起来，让公众体验到一种身临其境的科技传播真实感。

增强现实技术（AR）是一种同时包括虚拟世界和真实世界之要素的环境，是在虚拟现实基础上发展起来的新技术，是通过计算机系统提供的信息增加用户对现实世界感知的技术，并将计算机生成的虚拟物体、场景或系统提示信息叠加到真实场景中，从而实现对现实的“增强”。AR在科技传播上的应用，将极大增强科技传播的沉浸感、交互体验性，给公众以震撼，提升科技传播的水准。例如，北京理工大学王涌天教授致力于通过增强现实技术完成对于圆明园的虚拟重建，让在园中散步时戴上特殊3D眼镜的用户可以参观当年的皇家园林原貌。

人工智能是信息化发展的增长极，它能够感知，获取感知后的理解，以

---

① 艾媒咨询. 2015年中国虚拟现实行业研究报告［R/OL］.［2015-12-22］. http//www.iimedia.cn/39871.html.

及能在理解的基础上做出决策。移动互联网打开人类社会广泛使用、人人都能享用智能设备之门。智能设备越来越廉价、越来越聪明。 智慧链条会沿着设备泛在化、智能化程度深化等方向发展。除手机、手环、眼镜、手表，未来会有更多智能可穿戴设备，还有智能家居、智慧汽车、智能环境，最让人期待的是智慧城市，包括智慧社区、智慧工作园区、智慧医疗、智能教育、智能交通、智能电网、智能销售服务等。以手机为代表的智能设备会更聪明、更智慧。在人机互动方面，语音识别、机器翻译很快会获得突破，机器学习、计算机视觉、自然语言处理、语音合成等，都会有长足进步，帮助你办好各种“网事”。随着大数据、云计算的广泛应用，手机中会内置许多感应器，各种智慧应用会被下载到手机上，手机将不仅是通信、计算、浏览、拍摄、存储工具，它将成为一台超级电脑，成为让人随心所欲的工具。

三、公众需求引发科技传播变革

当今世界，信息已经成为人类生产、生活的基本元素，人与人之间以及社会运行中的信息沟通不可或缺且作用重大。随着信息社会的发展，公众获取科技信息的偏好、方式、途径等发生根本性变化。呈现出泛在化、个性化等获取科技传播信息的新特点，从而对科技传播表达方式、科技传播服务模式等产生深刻影响。网民科技传播需求发生根本性改变。

（一）科技信息阅读模式的巨变

科技信息阅读模式由注重内容、形式的二要素，向注重内容、形式、关系、场域的四要素转变。随着信息社会的发展，科技传播的权利越来越向公众转移，即科技传播的权利在终端。对此，2014年7月国家副主席李源潮同志在听取中国科协书记处的科普工作汇报后，认真地提出“在信息化条件下，科普到底普什么？怎么普？”的时代性命题。的确，信息化时代的公众，对科技传播的需求发生巨大变化，正如中国人民大学喻国明教授所指出的那样，科学传播模式已经由传统传播内容、形式的二要素，向新媒体传播的内容、形式、关系、场域的四要素彻底转变。因此，坚持需求导向，精准发力是对科技传播服务的最基本要求，在新媒体时代，科技传播、科技传播服务愈加讲究强相关、强情怀、强心物、强体验，这正是信息社会公众对科技传播的企求。

为了精准洞察和感知公众的科技传播需求，亟须强化科技传播的数据思维、互联网思维、计算思维等大数据思维，充分利用公众的信息数据对公众进行精准画像、把握公众需求的实时动态、向公众精准推送科技传播信息。信息化条件下的科技传播，必须“用数据说话、用数据决策、用数据管理、用数据创新”，要将公众在线活动行为和轨迹记录下来，同时观察、感知公众的社会交互和意见情感在网上的表露，利用计算机技术进行分析，发现其中蕴含的规律和模式。挖掘这些规律和偏好，可以为科技传播的个性化服务、为精准推送和开发新服务模式提供技术和理论支持。

（二）获取科技信息的泛在化

获取科技信息由相对固定的时间、地点、途径，向泛在化、随时随地、无时无刻的方式转变。随着信息社会的发展，公众获取科技信息的方式由过去的平面阅读、肉眼阅读、深阅读、宏阅读、完整阅读等，向泛在阅读、体验阅读、浅阅读、微阅读、碎片阅读等转变；获取的途径从可读到可视、从静态到动态、从一维到多维、从一屏到多屏、从平面媒体到全媒体等转变；对科普信息表达，更加偏好科技传播与艺术、人文融合，以及沉浸化的科技传播表达、形象化的科技传播表达、人格化的科技传播表达、故事化的科技传播表达、情感化的表达等。

泛在阅读不欢迎严肃的科技传播作品。有资料显示，情感/语录、养生、时事民生占据公众号关注热点的前三名，而用户每天在微信平台上平均阅读6.77篇文章，每篇平均阅读用时85.08秒，在移动端公众不爱读包括科技传播在内的有深度、有难度的严肃的文章。随时随地、无时无刻进行的轻薄阅读，最重要的变化在于阅读仪式感丧失，阅读的庄重感也就丧失。阅读仪式的轻薄、终端的轻薄，决定内容的轻薄①。

泛在获取时代的到来，在浅阅读下塑造“煎饼人”的知识结构和人格。随着网络和各种信息渠道的发展，很多人都力求在各个不同领域都至少获得一些基本的操作知识，不再将精力专注于某一个感兴趣的领域。由此出现“门门通，门门松”的新一代的“煎饼人” 。在这种情形下，意见领袖盛行就自然而然。因此，浅阅读下容易形成低智商社会，容易陷入“小编决定智

① 艾媒咨询. 2015中国手机网民微信自媒体阅读情况调研报告［R/OL］.［2015-11-06］. http://www.useit.com.cn/thread-10581-1-1.html.

商和眼界”的陷阱。网络上风行的标题党文化、碎片化让更具冲击力的信息满足网民快速获取结论化信息的要求。因为信息铺天盖地，人们希望直接得到结论，也就逐步丧失思考判断和过滤信息的能力。人类一思考，上帝就发笑。在网络低智商时代，也许上帝再也笑不出来，因为人们几乎停止思考。在微信朋友圈有种奇特的现象，就是标题党层出不穷。什么“不转不是中国人”，好像不点个赞就变汉奸似的，什么世界都转疯。2015年5月中国科协主席韩启德院士在中国科协年会致辞中指出，微信有“四多现象”，即道听途说的八卦谣言太多；缺乏理性的极端情绪宣泄太多；故作高深或假托名人的心灵鸡汤太多；违背科学原理的生活常识尤其是似是而非的养生保健知识太多。有网友认为，现在网络新媒体有七种病[①]，即内容克隆化，同质化严重；求快不求真，求时效而忽视真实；迷信点击率，哗众取宠；标题玩惊悚，助推网络谣言，损伤新媒体公信力；广告硬推销，过度商业化，破坏新媒体平台生态；剽窃成重症，随意、恶劣、掐头去尾地嫁接、转载和“洗稿”；媚俗无底线，卖点误解成低俗，“标题党”“鸡汤党”“乌龙新闻”背后是价值观判断的偏离。可见，互联网+科技传播的使命，就是要让科技知识在网上和生活中流行。

（三）对科技传播表达偏好的巨变

随着互联网特别是移动互联网的快速发展，公众获取科技传播信息的日益细分化、个性化、多样化、异质化，网民对科技传播表达方式由无选择性或被选择，向有知有趣有料有用取向、主动选择等转变。公众获取信息呈现碎片化和泛在化，必须满足公众随时、随地、通过任何一种阅读终端、获取他自己想获得的任何形式的内容信息的需要。公众对所获取科技传播信息的有知有趣有用的要求越来越高，视频化、移动化、社交化、游戏化等成为基本偏好取向，为此必须综合运用图文、动漫、音视频、游戏、虚拟现实等多种形式，大力开发创作科普游戏、科普微视频、科普虚拟体验等沉浸性、趣味性、互动性科技传播作品，这是现阶段公众对科技传播创新提出的新要求。当下适合在互联网，特别是移动互联网上传播的科普融合作品奇缺，基于移动端的科技传播融合创作，是科技传播信息化

① 于洋，张音. 新媒体需治“七种病”［EB/OL］.［2015-04-02］. http：//www.chinawriter.com.cn.

的重大难题。

（四）公众参与科技传播方式的巨变

传统科学传播大多只是对科学共同体或同行认同的科技内容（又称形成的科学）的传播普及，而对正在研究、探索的科技问题很少涉及。随着网民科学素质的提高，互联网上信息的丰富，以及“话语平权化、人人都是话筒、人人都是听众”网络氛围的形成，网民由以前的被动听讲、尊重权威，向深度参与讨论、共同探究科技问题、平等对话的科技传播参与方式转变。

现代科技发展很快，同时向着宇观和微观方向发展，学科细分、组织化程度高、投入大、与社会经济发展以及民生日益紧密，必然引起公众关注。特别是科学家、专家正在进行的科研进展、科技发展方向、科技对人类的影响等（又称行动中的科学），更是公众关注的重点。因此，现代科学传播如果仅仅对科学共同体或同行认同的科技内容进行传播普及，而不去涉及正在研究、探索的科技问题，那已经远远不能满足公众的需要。对突如其来类似SARS、埃博拉病毒、地震、气候变化、转基因、核利用、重大工程等，这些与人类生活生存极其相关、越来越变化莫测命题的内容更是公众的科技传播期待。

对行动中的科学的传播，需要应用好“新闻导入、兴趣驱动、科学解读”的传播机制，一旦社会有关注、新闻有报道，科技传播就要同时跟上，科技传播要先入为主。对行动中的科学的传播，获得公众理解，比纠结结果更重要。因此，对行动中的科学的科技传播，最好用对话、讨论的方式展开，因为行动中的科学会有很多问题还没有研究清楚，不能绝对化，只是希望获得公众的理解和支持，而不是一味去告诉公众的最终结果。2016年3月全国两会期间，世界瞩目的5番围棋的“人机大战”在韩国首尔展开，很快机器人“阿尔法狗”领先并最终4：1胜出。很快，网络媒体上“机器战胜人类”的各种议论铺天盖地，大有转基因被妖魔化悲剧将在人工智能重演之势，中国科协从3月11日开始利用“科普中国”能够影响到网络，迅速将“这是人类自己战胜自己”“人工智能是科技创新取得的标志性成果”“机器永远战胜不了人类”“人工智能将为人类带来新的便利和改变”等声音传播出去，很快让媒体和公众回到科学理性看待人工智能发展的轨道。这将是今后对行动中科学传播的常态。

四、科技传播人的跨界和锐变

当今世界，未来已来，唯变不变，信息技术革命以前所未有的速度和强度，深刻改变着世界，也改变着科技传播服务。信息化和经济全球化相互促进，带来信息的爆炸式增长，以及传播表达方式的多样性，使科学传播变得无比高效、方便快捷和充满乐趣，云计算、物联网、大数据、虚拟现实等现代信息技术的应用，使泛在、体验、精准、交互式的科技传播服务成为现实，新时期的科技传播服务必须走信息化的发展道路。

理念决定思路，思路决定出路，出路决定作为。科技传播信息化与现有传统科技传播之间，不是二选一，而是传统科技传播与现代科技传播信息化的有机融合。科技传播信息化更不是做项目、喊口号、搞群众运动那么简单，也不仅仅是信息技术在科技传播实践中的应用，更是科技传播服务的理念和科技传播内容、表达方式、传播方式、组织动员、运行和运营机制等服务模式的全面创新，是科技传播升级换代，是科技传播服务从理念思维到行为的彻底革命，是开创科技传播服务新纪元。信息化时代的科技传播服务，最根本的是“科技传播人”的信息化。

（一）科技传播人须自我革命

科技传播人的自我革命是科技传播信息化的前提，在信息化条件下，科技传播需要实现全方位的根本性和彻底性转变。即从单向、灌输式的科技传播行为模式，向平等互动、公众参与式的科技传播行为模式的彻底转变；从单纯依靠专业人员、长周期的科技传播创作模式，向专业人员与受众结合、实时性的科技传播创作模式的彻底转变；从方式单调、呆板的科技传播表达形态，向内容更加丰富、形式生动的科技传播表达形态的彻底转变；从科技传播受众泛在化、内容同质化的科技传播服务模式，向受众细分、个性精准推送的科技传播服务模式的彻底转变；从政府推动、事业运作的科技传播工作模式，向政策引导、社会参与、市场运作的科技传播工作模式的彻底转变。

目前信息化处在“互联网+”时代，传统科技传播与科技传播信息化之间的界限变得模糊，跨界、跨行业、跨媒体成为科技传播的新常态。在互联网尤其是移动互联网迅猛发展的今天，“互联网+”借助互联网对传统科技传播进行技术改造，带动科技传播的跨界和融合，提升传统科技传播机构的竞争力；利用信息技术手段提升科技传播服务水平和公众体验，加强科技传播产业链上下游的协同，从而促进科技传播提质增效。互联网+科技传播，促使科技传播的开放跨界、边界消融。跨体制、融体制，跨范式、融范式，跨底线、融底线，跨媒体、融媒体，跨创作、融创作，跨终端、融终端，懂得融合创作、懂得全媒体传播、懂得利用大数据等，是现代科技传播人的基本功。

（二）科技传播人须具备互联网理念

互联网理念是科技传播信息化的逻辑起点。科技传播信息化遵循互联网精神和思维，与传统科技传播的“干部思维”格格不入。实践证明，推进科技传播信息化的最大障碍是干部思维，最难的工作是去干部思维，最大的成功是逆干部思维而行。例如，中国科协从2013年开始，加大推进科技传播信息化建设的力度，目前取得初步成效。在科技传播信息化推进过程中，遭遇诸多质问。例如，为什么把那么多项目经费都给了互联网企业？为什么不把项目经费都给科协系统的单位？科普信息化建设留下的是什么资产？科普信息化的浏览量、传播量可信吗？我们也能做科技传播信息化，为什么不让我们做？科技传播信息化就看中国科协在忙，看似与我们无关？抓科普信息化，是不是传统科技传播就不做了？……如此多的为什么，其核心反映的就是干部思维的问题。

第一，科技传播信息化要逆干部思维而行。逆干部思维，其实质是强化科技传播服务的互联网思维。互联网思维一词，最早的提及者应该是百度的李彦宏，2011年李彦宏在一些演讲中，就曾偶尔提到这个概念，旨在基于互联网的特征来思考。如今大互联时代，互联网思维已经成为与信息化、互联网+并列的逻辑起点。信息化条件下的科技传播，特别是移动互联网时代的科技传播人，如果不具备互联网思维，遵循互联网时代的游戏规则，就真的不可思议、不可想象。

视窗6-4　互联网时代的生死规则

规则一：用户比客户重要。最早一些商业精英有一个思路，说是生意离钱越近，赚钱就越近。但在互联网，这个逻辑是错的；不论中国还是美国，这个逻辑都是错的；前段时间周鸿祎借用毛泽东的说法“地在人失，人地皆失；地失人在，人地皆得”，人就是用户，地就是收益，说的是对的。例如，最早推出竞价排名的公司，叫作overture，它的这个生意模式很好，也发展了足够的客户，依赖于与雅虎和谷歌的合作，一度成为市场上最受资本追捧的公司。但是问题是，它只有商业模式和客户，却没有属于自己的用户。突然有一天，google宣布，不再和overture合作，自己建立广告系统，一夜之间，这家公司的业绩下降2/3。祸不单行的是，雅虎也找了过来，要不卖给我，要不我们也学google自建广告系统，overture连还价的机会都没有，只好委身变卖。又如，263免费电子邮局，曾经市场第一，为追求收入，强制升级到全面付费版本，他们的逻辑是，邮件地址类似于手机号码，高端人群不会随意变更邮件地址，结果可笑的是，他们不但丢失了免费用户，付费用户也流失殆尽。

规则二：草根比精英重要。最初，投资圈好说一句话，80%的财富集中在20%的用户身上，所以服务好这些人，就可以赚到大钱。事实证明，在互联网时代，服务好草根用户，才是王道。例如，网址站的奇迹，很多人没搞清楚360怎么赚的钱，他们最大的收入来源就是360的网址导航。百度收购hao123后，一直是低调处理，闷声赚钱，今天hao123已经迅速扩充为独立事业部门，并且拥有了自己的联盟渠道业务，以及非常宽松的预算。百度和360的竞争重心在流量入口，这个流量入口绝大部分集中在网址导航，而网址导航就是草根用户的上网入口，而精英不屑一顾。又如，当年唯品会创业时，信誓旦旦，中国奢侈品消费进入爆发期，赚有钱人的钱才是王道，结果一路烧钱亏钱，后来痛定思痛，决心转型，主打二三线品牌促销，降低用户消费层次，一下子爆发了，钱也赚到了。

规则三：跨界优势及资源副作用。传统的IT行业，一直以为资源是决定成败的关键因素，但实践中发现，资源优势方往往因为资源优势，忽视了用户体验和用户诉求，在竞争中动作迟缓，拼劲不足，往往落败。越有资源越不行，几乎成为互联网铁律，包括百度、腾讯等也出现了这样的现象，行内称这种现象是“富二代思维”，即仰仗资源，反而缺乏竞争力。例如，微信是腾讯爆发的重要产品，但微信并非腾讯嫡系团队的战果，腾讯移动部门几百人，在移动互联网领域屡屡错失良机，广州的电子邮局团队，反而爆发了巨大的冲击力。又如，新浪刚出来时，千龙新闻网也高调出世。千龙新闻网是传统媒体集团的产物，有各大传统媒体的合法授权，是典型的媒体“官二代”，当时一群评论家认为，千龙新闻网的资源优势远胜新浪，新浪将很快被终结。然而事实是，这种叼着金钥匙出生的网站，注定没有竞争力，居然一度沦落为链接农场，成为搜索引擎要格外注意的垃圾链接来源网站。跨界竞争者，不受行业思维局限，敢于求变，一动手就颠覆你的商业模式，往往出其不意。例如，史玉柱搞游戏，当时认为搞保健品的弄游戏纯粹是乱来，多少资深游戏人都给史玉柱的游戏下了不行的结论。结果虽然巨人后续的产品不够好，但游戏行业公认，《征途》颠覆了游戏的传统商业模式，形成被业界称赞的中国模式。

规则四：视野比勤奋更重要。勤奋当然重要，但正确的视野，会让你的勤奋，以n倍增值。例如，2001年俞军说搜索引擎是改变人类知识获取能力的一种革命，与造纸术、活字印刷并列。为什么当初那么多公司做搜索引擎，却只有百度脱颖而出？因为很多人只是把搜索引擎当作一种工具，一种获利手段，一种模式。当时谁会相信，一个搜索引擎公司，可以颠覆如日中天的门户呢，实际上俞军就已经预见到了。

规则五：免费的是最贵的。这个真的是中国特色，史玉柱绝对是一个典型的代表。巨人集团的游戏，不但免费玩，还给玩家付工资。传统游戏人会觉得不可思议，但最后算下来，收益率却高得惊人，这一模式已经成为中国游戏领域的黄金法则。例如《植物大战僵尸2》，在全球都是付费下载，只有中国是免费下载，但只有中国市场，付费道具最贵。360免费杀毒后，收益已经超过之前杀毒行业总和的n倍。纯正的中国特色，免费是最成功的商业模式。周鸿祎说，也许有一天，硬件会免费。[①]

① 中国互联网的5大生死潜规则，免费的是最贵的［EB/OL］.［2017-05-11］. http://www.sohu.com/a/142347317_808029.

第二，科技传播信息化要把握好互联网思维精髓。互联网思维精髓是开放、平权、协作、分享。人类已经进入互联网+时代、创新2.0时代、DT时代、工业4.0时代，互联网的世界海阔天空。互联网最早起源于美国的阿帕网（ARPA net），在1969年投入使用，最初旨在用于军事上传输数据；1983年，美国国防部将阿帕网分为军网和民网，民网渐渐发展为今天的互联网。互联网的兴起有先天不足，即投入不足、尽力而为、不严密、没有商业模式、多漏洞、不被看好等，正是这种“偷工减料”“把责任推给对方”的所谓不足，给网民创造无限的创新空间，从而带来互联网的极度开放、繁荣。众创、分享，人人可创造、获取、使用和分享的平权网状的互联网社会（虚拟世界）的出现，与传统的“金字塔式”、科层制的现实社会格格不入，形成鲜明的对照。“金字塔式”、科层制的现实社会，权力集中在顶端、在上层的精英阶层；平权网状的互联网社会，权力集中在平民草根、在底层的普通阶层。互联网社会的出现，激活草根平民的创造和参与活力，形成对“金字塔式”的现实社会的颠覆性、反叛性、反中心性、逆控制性，人类社会由此发生革命性的改变。互联网以把权力交给终端为核心，形成互联网思维，即万物皆有联系（关联思维）、去中心化（平权思维）、以客户为中心（人本思维）。

第三，科技传播人须具备互联网精神。互联网精神，即开放、平等、协作、分享。这是所有参与科技传播信息化建设的科技传播人，必须具备的最基本精神。

一是科技传播人的开放精神。互联网的特质决定着它既没有时间界限，也没有地域界限，信息无时不在、无处不在。互联网的开放精神不仅仅体现在物理时空的开放上，更体现在人们的思维空间的开放上。不同行业和生活经历、不同地方的人可以共同就某一科学话题展开信息交流和讨论，思想火花的碰撞将极大地拓展人们思维的边界，丰富人们的科技知识。

二是科技传播人的平权精神。在网络面前没有人知道你是谁，互联网的存在方式决定网络是一个平等的世界，在网上人们的科普交流、交往和交易，剥去权力、财富、身份、地位、容貌标签，在网络组织中成员之间只能彼此平等相待，同时网络使世界更加透明和精彩。在互联网的世界里都是网友，不管你有什么需要，不管你遇到什么困难，都会找到属于你自己的一片空间，在网络面前放弃自己现实中的属性和标签，以平等的精神融入互联网的世界。

三是科技传播人的协作精神。互联网世界是一个兴趣激发、协作互动的世界，网民既是科技传播信息的接收者，也是科技传播信息的传播者，有时还是科技传播信息的生产者。互联网的协作精神决定了一方面要共同维护好网络科技传播家园，共同打造“科普中国”，另一方面相互协同，才能共同编制起“科普中国”的网络阵地。

四是科技传播人的分享精神。翻开互联网发展的历史可以发现，开放、分享的精神才是互联网能发展到今天的根本原因。互联网的分享精神是互联网科技传播发展的原动力，技术虽然是互联网科技传播发展的重要推动力，却不是关键，关键是科技传播信息的应用。

（三）科技传播人须树立获得感理念

获得感理念是科技传播信息化的价值导向。科技传播的目的是满足公众科技传播需求，这就如同“捕鱼”“钓鱼”一样。当面对无所适从的科普需求汪洋大海时，唯一办法是布下一张大大的渔网，总能捕获到一些科普需求，这就是传统科普的做法。在信息社会，科普受众高度细分，就如同鱼儿一样，已经不在汪洋大海了，而是进入一条小溪，而且鱼儿很小，渔网根本就施展不开，唯一办法就是用钓鱼竿，这就是现代科技传播的做法。钓鱼就要用鱼饵来钓，鱼饵就应当符合鱼儿的胃口，而不是钓鱼者，这是人人皆知的道理，但很多科技传播人却重复地犯此错误。由此科技传播信息化必须实现由捕鱼思维向钓鱼思维的转变，真正让公众有科技传播服务的获得感和满足感。

第一，科技传播服务的产品化思维。在科技传播信息化建设中，要发现科普需求，聚焦科普需求，精细产品分类，优先需求排序，精确产品定位，精准满足需求。信息化条件下，科普创新要与消费者心智认知相匹配，在互联网时代，科普需求是基础，而公众认知与心智是成功的关键，科技传播作品要与公众的认知相匹配。科技传播一定要做好产品、传播和客户体验，科技传播产品要有知、有趣、有料、有用，还要好玩、好看、好用，要不断给公众带来惊喜、让人尖叫。

视窗6–5　科技传播产品的极简原则

有句话：我们喜欢简单，因为上帝创造宇宙的时候，他定下来的规则也非常简单。当你做到这一点，你就会像上帝一样，你会有上帝的成就感。科技传播产品遵循越简单越好的规则。

第一，你要了解用户的欲望，通过你的产品去满足他们。对于用户，千万不要说对用户很了解，要知道用户心理，并用规则引导他。很多人做产品，开始就做一个复杂的规则，最后没有任何演化的空间。像推特（Twitter）之类的产品非常简单，它的规则简单到你们都瞧不起它，但这样的东西是最有生命力的。一个产品要花一个小时才能看懂，那一定不是好的产品。

要让用户保持饥饿，让他们保持愚蠢。如果你在做一个产品，你没有信心能把握住用户的需求，你没有办法控制用户每一步所要做的方向，你就控制不住这个产品。作为产品经理，自身要保持饥渴，保持一个觉得自己很无知的状态。但是对我们的用户来说，我们要想办法让他们知道他们的饥渴在哪里。

第二，要满足用户的贪嗔痴。贪是贪婪，嗔是嫉妒，痴是执着。因为我们的产品要对用户产生黏性，就要让用户对你的产品产生贪，产生嗔，产生痴。例如，给大家各种钻，其实是抓住人性的这几个弱点：各种黄钻、绿钻，他会贪，他想升级；他会嗔，他会跟人比较，说你的钻比我的等级高，我也要升上去；他会痴，觉得我一定要把所有的钻都收齐。这是人性本身的共同弱点，不是在研究产品的逻辑。

产品要讲究体验，就是“爽”“好玩”。如果问用户为什么喜欢用微信？没有一个人会说它可以帮我省钱，或者是帮我很方便地发短信。他们会告诉你这个东西挺好玩的，或者用起来挺爽的，这个会超出你的预期。用户看的重点和你看到的是不一样的，做产品要找到用户心理诉求的本质。例如，对微博来说，用户上微博的原因是为了炫耀，是因为害怕孤独，不是利群而离群，是用它来享受追求感。微博是构筑另一个自我的地方，爆出来很多人心的缺陷在里面，一个内心强大的人是不需要写微博的。如果做微博的人，对于用户为什么写微博的心理不能够分析得很透彻，那就是在一个很肤浅的层面做产品。微博是一个很有意思的主题，我们自己写微博的时候，观察一下自己的动静也发现挺有意思的。

第三，群体是很难预测的。因为没有人知道这个群体性是从哪儿来的。关于群体反映，我们应该去试验而不是去策划。我们只需找几十号人开发一个东西，会给几千万、几亿人来用，这些用户是一个群体。单个个体的需要，不代表群体的需要。如果有人告诉我，做了一个产品规划，把半年或者一年后的版本都计划好了，那一定是在扯淡。互联网产品不存在能做一个计划，做到半年或者一年之后，知道要做什么。三个月都做不到，更不要说一年以后的计划。同样，如果有一个产品经理信誓旦旦地跟我说，做这个东西，一定会在用户里面产生一个什么样的效果，多半也是不可信的，因为群体的效应是很难预料的。

产品规则越简单，越能让群体形成自发的互动。你想想，如果你把一个复杂的规则放到一起，用户反而不知道怎样用这个规则互动起来。只有设置简单的规则，用户群才能很好地互动。并不是说你规则简单，就一定会传染开，这里存在一个引导的问题。我们要做的工作是在群体里做一个加速器、催化剂，而不是用户进来以后，只能怎么样，一步一步地走。①

视窗6-6 科技传播产品的定位技巧

很多时候产品经理做了一个功能，而不是做一个定位。功能是做需求，定位是做心理诉求，定位是更底层的心理供给。通常来说我们做软件，一个网页，此版本功能更新，把一些技术指标罗列在上面，告诉用户这个性能又增强了……总把用户当作技术专家看待，但用户要的不是这个东西。我们一直坚持一个原则，即尽可能不把技术指标暴露给用户。用户要的不是了解你的参数、特性、技术指标这些东西，用户要的是你给他提供了什么新的体验。

一个科技传播产品只能有一个定位，或者有一个主线功能。做开发的都知道，加的东西越多，维护的麻烦就越大，而且你还去不掉，哪怕只有很少的用户在用，你就去不掉，这挺可怕的。所以有的时候，产品

① 张小龙内部分享：我们只做一件事情，产品只有一个定位［EB/OL］.［2017-05-19］. http：//36kr.com/p/5075664.html?ktm_salrce=feed.

经理经常是在做坏事，不是做好事，因为他拼命引入新的功能进来，带来的问题也越来越多。

用户体验的科技传播产品思路——傻瓜心态。当研究不到用户需求时，就让我们自己用得爽。怎么样让自己用得爽呢？其实是有一个比较简单的方法，就是把自己当作一个傻瓜来用产品。乔布斯（Steve Jobs）也是用这个方法，而且他这方面的功力特别强，他能瞬间把自己变成一个傻瓜。不少产品经理很难达到傻瓜的状态，他们总是太像专家。要知道上亿的用户，没有这么多的背景，用这个东西只是第一眼的感觉或者用一次，一两分钟的体验就决定了。

如果做不到，你就拉一个用户过来，看着他用。当进入到一个很傻瓜的状态，进入到这里的时候，你会问自己问题，我现在干什么？我为什么要进来？我进来想完成什么？有时候，做了很多东西，对用户来说不是他需要的，完全做偏了。如果你能够真的让自己进入一个初级用户的状态，并且进来感受一下，你能感受到那种初级用户的心态，你就能看到这里面的问题所在。

要多感知一些趋势，因为用户只能够对过去的事情产生认知，未来的东西才是趋势，知道下一阶段会流行什么，那才是最重要的。用户是很懒惰的，要针对这些懒惰的人来做设计。因为懒人不喜欢去学习，也不想多花一分钟先去了解一下。如果你的产品需要有一个弹出来的提示来告诉用户该怎么做，那你就失败了，因为用户连一个提示都不愿意去看。

要用以下产品思维去打造你的科技传播产品。

第一，用完就走。用完就走是谷歌（Google）的哲学，但很多产品的考核指标是用户停留的时长有多少。我们的选择是用完就走，而不是一定要让他黏在这里，因为他下次还会回来。当做了第一版产品出来时，应放一部分用户进来，看看这些用户能不能产生自然的增长，是不是会有一些用户口碑、有些用户示范的传播。这才是体现其产品是不是好产品、是否有生命力的表征。

第二，打通整合。在一个点上把两个普通的产品整合起来，让它加分，而不是减分。在某一个点上取得突破，用户会因为这一个亮点而来用。

第三，不把跟随当策略。要尽可能站得比别人更高一些，而不是把跟随当作一种策略。所谓站得更高一些，就是不要在乎这种一时的得失，宁愿不去做它也没有关系。可以去想新的办法来做，否则的话你在气势上就会输给别人。

第四，规划跟不上变化。一个产品如果有半年或者一年的规划，那可能是有问题的。我从来不做超过一个版本的规划，没有规划很重要的一个原因是，这个市场变化实在是太快了，你的任何规划都是跟不上这种变化的。①

第二，科技传播服务的原著民思维。“90后”是网络原著民，一识字即会上网，他（她）们以网络为“长缨”，缚理想的“苍龙”，这种前所未有的环境，造就前所未有的一代人——网络原著民的“90后”，他们有其特殊的人格品质。其一，他们的信息来源渠道多元化，对事物形成认识、形成判断的时候，打破之前代际的单一思维，开始从不同的视角去观察、解决和理解这个社会，使他们的价值观和思维方式变得更加立体、包容和开放。其二，解构权威者，与“60后”遵从权威、“70后”怀疑权威、“80后”挑战权威不同，“90后”正在解构权威，没有人可以主宰自己的生活，别人只能给予建议而不能帮他们决定，他们需要的是顾问而不是指导者，他们遵循规则办事。其三，技术生存者，“90后”善于利用网络工具解决问题，吃饭靠搜索、看电影靠搜索，甚至生病也去搜索，他们促成互联网思维，使所有产品都可能互联网化，所有产品都将被重新设计。懂得“90后”，才能懂得当今的互联网+科技传播如何展开。其四，是遵循自己这一代的话语和言行规则。

视窗6-7　“90后”的言行规则

与“90后”对话、跟“90后”相处，必须知道“90后”在想什么、

① 张小龙内部分享：我们只做一件事情，产品只有一个定位［EB/OL］．［2017-05-19］．http：//36kr.com/p/5075664.html?ktm_source=feed.

要什么，知道“90后”的言行潜规则，知道他们如何表达金钱、消费、亲情、友情、社交、爱情、审美、娱乐。

“90后”的金钱规则：不要赤裸裸谈钱，要有趣地谈。有一篇流传比较广的文章，叫作《所有不谈钱的老板都是耍流氓》，“90后”非常反感老板说年轻人多学习不要在乎钱，意思就是老板不想给钱。“90后”特别直，面试的时候会说我喜欢你发红包、工资给得高，真的很实在。不避讳谈钱，但谈钱的时候要有趣，不要赤裸裸的，装的话“90后”反而会反感。

“90后”的消费规则：对自己更好一点。有篇文章叫作《不能买买买的人生，不值得一过》，这是非常让“90后”有共鸣的一句话。“90后”一个很大的特点是总想对自己好一点，所以在消费时不能说要卖给你一个东西，而要说你买这个东西是为了配上更好的你，这就是“90后”典型的思考方式。想要“90后”买，要给他一个理由，但最好不是性价比，而是给他新的理由，要有超越性价比的优点。

“90后”的亲情规则：愧疚、陪伴。“90后”非常在乎父母，跟父母的感情非常好，只是他们的表达方式不一样。他们喜欢以吐槽的方式表达爱，他常常会觉得我爸妈很烦、谁比较渣，但我真的很爱他们。与“90后”交往要掌握分寸，不是他说他爸渣，你就说他爸渣，他们可以说，我们不能说。这是与“90后”相处的规则。亲情真的很好用，要主打两个词，这就是愧疚、陪伴，因为每一天“90后”都难做到。

“90后”的友情规则：在乎友情。“90后”很在乎友情，一是因为是独生子女，比“70后”“80后”更孤单；二是因为爱情越来越靠不住，友情是永恒的。不管对错，只要你挺我。我不是内向，只是懒得外向，我不喜欢你就不跟你说话；我喜欢你，我才吐槽你。“90后”既不喜欢你谄媚，也不喜欢说教。

“90后”的社交规则：装B。排队买某品牌的茶发朋友圈，花4小时排队，说很划算。自己装B，但不喜欢别人装B，并能非常快地识别谁在装B。做老板，就要有给你的员工优越感让他装B的东西。不管做的是什么东西，只要面向“90后”，都要问一个问题，做的这件事情大家愿不愿意转发到朋友圈。

“90后”的爱情规则：嘴炮加纯爱。“90后”非常向往一生一世的爱情。熟悉“90后”的人都知道，他们是装不正经，因为“90后”的价值观非常正。打纯情专业牌对“90后”是管用的，一辈子只爱一个人，因为这种爱非常稀缺，反而“90后”非常向往。

“90后”的审美规则：颜值即正义。谁好看就喜欢谁，这是他们典型的表达，你长得好看你先说，你丑你闭嘴。颜值即正义，年轻的时候以为金钱至上，等我老了之后发现果然如此；年轻的时候以为以貌取人是不对的，等我老了之后发现它是人间真理。视觉上“90后”追求的是美、酷、潮。

“90后”的娱乐规则：污、有趣、萌、腐。“世界那么污，我想去看看”，这是典型的“90后”语言。不是污“90后”就喜欢，是高级污才喜欢。你有趣你说什么都对，一篇爆款文章就叫《有趣是一辈子的春药》。对“90后”真的不要端着，萌最重要，萌和反差萌、卖萌对“90后”来说就是生产力。“90后”是习惯用表情包向社会对话的一代，市场正在惩罚不懂骚浪贱的你。

“90后”的语言规则：自信、自嘲、自恋、自黑。“90后”有一个非常潜在的共鸣，我可能知道我擅长做什么，我相信我总有一天会很努力，但是我不知道我做什么。要让“90后”的粉丝喜欢，槽点非常重要。①

第三，科技传播服务的碎片化思维。时间是互联网时代的终极战场，移动互联网加剧人们获取科技传播信息的碎片化，即获取和上传信息地点的碎片化；获取和上传科技传播信息时间的碎片化；获取和上传科技传播信息内容的碎片化。碎片时间是科技传播的“金”，是科技传播必须要争夺的战场，科技传播必须要参与公众碎片时间的争夺，须千方百计让公众在碎片时

① 咪蒙. 90后言行潜规则与营销启示［EB/OL］.［2017-04-21］. http：//www.shichangbu.com/article-29434-1.html.

间主动选择科技传播，须让公众在1分钟内爱上科技传播，须在一小段时间里与公众建立起令公众心动的科普对话，须在碎片时间窗口提供令公众尖叫的科技传播信息和服务，须通过全渠道覆盖公众更多的碎片时间。

视窗6-8 时间是科技传播的终极战场

时间的选择，决定人生的底色。时间，是我们这个时代的终极战场。2016年12月31日的新年之夜，全世界都在一片热闹中等待着新年的到来。当晚20：30的中国深圳春茧体育馆，圈粉上亿的《逻辑思维》栏目的创始人罗振宇（自称“罗胖”），在这里做了一场堪称极其精彩的跨年演讲，主题就是“时间战场”。

没错，时间就是未来商业的终极战场。罗胖一针见血地指出，中国互联网人口红利就要结束了，这不是危言耸听，微信日活动用户达7.8亿，总数6.56亿智能手机市场接近饱和，该上网的都上网了。飞速发展的互联网，现在变得收缩了起来，渐渐饱和，信息多得拥挤不堪。再放眼中国互联网，腾讯和阿里两个巨头几乎牢不可破，创业者只希望做一些有前途的项目，然后期盼着被收购和投资。罗胖调侃道，优秀的创业者似乎只能投靠两个“干爸爸”，要么姓马（马云），要么姓马（马化腾）。现实就是这样残酷，新的流量已经没有了，BAT（百度、阿里巴巴、腾讯）已经牢牢占据了中国的互联网。

关于互联网信息的传播，万维钢先生（美国科罗拉多大学物理系研究员、媒体的特约撰稿人）有一个精彩的公式，罗胖将其翻译成人话：以有限的时间除以无限的信息，结果是零。再通俗点讲就是，“一条信息在未来的互联网世界里，它传播出去的命运基本上倾向于传播不出去”。为什么会这样？以前我们觉得互联网多方便啊，一条信息、一个朋友圈、一条微博、一场直播，就可以让天下皆知。但2016年我们发现，你发了也没用，你的声音很快就被淹没在茫茫的信息海洋中，庞大的信息量和快速的更新速度反而让信息无法有效传播。因为互联网让这个世界信息传播得太容易、太快，而我们的时间和流量都已经固定了，我们一天都只有24小时，只有那么一点儿时间和注意力，通过手机和互联网去关注这个充斥着信息的世界。

这反而让罗胖看到新的商机，既然时间是固定的池子，那么时间，就是一个战场。当我们打开自己的手机，你会发现手机里的每一个APP和背后的公司，都在绞尽脑汁、竭尽所能地吸引我们的注意力，占据我们的时间。用户时间，已经是各类公司抢夺的珍惜资源。得不到宠爱、占不到用户时间的APP和公众号，只有接受被卸载、被遗忘的残酷命运。

时间，对于我们个人也成为极为珍贵的资源，而且总是不够用。每天珍贵的几个小时个人时间，会想着陪伴朋友、家人，读书、读新闻，学习、考试，出门旅行，锻炼健身，打游戏，看电影，总有列不完的计划。但每天过去后，我们总会感慨，世界太美好，就是没时间。

罗胖曰："现在所有新兴产业本质上既是要你钱，又是要你命（时间）。"所以未来商业竞争可能再也没有什么明确的行业边界，无论是微信还是淘宝，无论是网吧还是咖啡馆，无论是旅行社还是出版商，每一个商业本质上都在争夺和占据你的时间。

时间，变成了商业的终极战场。越来越多的消费者，在购买和支付某样商品的时候，会越来越多地考虑"时间成本"。支付的商品本质上已经不仅仅是钱，更是时间。理解了这一点，你就能理解中国电影界的迷案，2016年中国电影屏幕数量比上年增加33%，但票房的收入只增长2%。观众们给出了答案：对不起，我们真的没有那么多时间看电影，何况还有那么多烂片呢。毕竟，看一部电影至少要花2个小时，这么大段的整块时间，我们付不起。通过中国电影市场的例子，罗胖给所有行业提出了一个值得思考的问题：你的产品和服务，真的值得你的用户花这么长时间吗？

创业者会问，当消耗时间的商业模式趋于饱和的时候，新的机会会出现在哪里？罗胖给出了他独特的见解：在未来时间的战场上，有两门生意会特别值钱，要么帮用户省时间，要么帮用户把时间浪费在美好的事物上。

时间是战场，时间是货币。当用户抱怨时间不够，不愿意给你的时候，有两个商业套路可以占据他们的时间：让用户上瘾，拖住他的时间；提供最好的服务，优化他的时间。

赌城拉斯维加斯就是第一个套路的典范：不分昼夜的赌场，纸醉金迷的环境，不停供应的饮食，以及人为提高的氧气浓度。所有的设计和服务都是为了让人忘记时间，沉迷其中。游戏业也是这个套路，仅一款《魔兽世界》已经消耗掉了全人类593万年的时间。

未来最大的商机必然出现在第二个套路。互联网让所有的产业都必然向服务业演进，围绕这个服务业的消费升级，会是一个新的机会。随着互联网时代信息量的泛滥，我们越来越难建立稳定的认知。所以争夺、筛选、优化有限的认知，是下一代创业者的机会。最好的服务升级，是主动告诉他他想要知道、需要知道的信息，并让他付出的时间里充满了新鲜感和满足感，留下最好的精神体验和感受。未来的服务业也许只有一个标准：没时间？想学习？交给我，我来。[①]

第四，科技传播服务的粉丝思维。工业经济时代，你只需要有顾客即可；但移动互联网时代，没有粉丝，就像没有空气一样。过去科技传播“得渠道，得天下”，移动互联网时代，科技传播是“得粉丝，得天下”。科技传播要充分利用网络大V开展普创作和传播，要善于培养、推出、呵护网络科普大V。

（四）科技传播人须树立朋友圈理念

朋友圈理念是科技传播信息化的主导方向。科技传播信息化建设需要条件，如人力、顶层设计、内容生产能力，以及必要的基础设施和投入条件等。科技传播信息化建设，就如同玩微信朋友圈，自有群主，有人拉你就一定要进去，如果没能力在圈内做精彩发言或不想发言，那就潜水、分享好了，但不要灌水。因为朋友圈需要有人分享，高兴时点个赞，这也是贡献。由此，在科技传播信息化中，须牢固树立做第一、焦点、迭代等思维。

第一，科技传播服务的第一思维。移动互联网时代，科技传播的生存法则是赢家通吃。如果你只是同质化科普的第二或第三，你只不过是历史车轮

① 柴犬叔叔. 时间，是我们的终极战场［EB/OL］.［2017-01-06］. http://www.jianshu.com/p/e2104e4482bd.

下的那块小石头。但等到你升级成大石头（科技传播的第一）的时候，车轮自然会绕开你。在科技传播信息化建设中，须定位科技传播的焦点需求，找到成为科技传播第一的路径。

第二，科技传播服务的焦点思维。要聚焦一个科技传播的细分需求，窄而深，把它做到一万米深。须找准焦点科普需求，做好科技传播工作的顶层设计和焦点战略，做好科技传播工作的减法，把科技传播焦点战略做到极致。

第三，科技传播服务的迭代思维。传统的科技传播机构喜欢制定五年目标，然后刻舟求剑地执行，往往对世界的小变化视而不见。移动互联网时代，科技传播得到优势的时间和失去优势的时间同样短。实践证明，科技传播信息化规划很难做出来，实际上只要有一个科技传播发展方向就够了，因为即使花费巨大成本做出来的科技传播信息化规划到后来基本上也都是滞后的。要把精力花在最短时间内推出科技传播信息产品，以快来解决问题；要允许科技传播信息产品是有缺陷的，不能求全；谁先推出科技传播产品，谁就有更大机会成功。针对科技传播信息化的快速迭代，要采取边开枪、边瞄准的有效办法。

（五）科技传播人须树立连接器理念

连接器理念是科技传播信息化服务的最高策略。科技传播信息化建设是开放度很大、协调性很强的庞大系统工程，涉及的面宽、影响的因素多、参与的主题多、要求高。例如，“科普中国+内容+云+网+端+线下活动”的科技传播信息化体系中，多数工作科协组织都没有能力自己去完成，也不应该自己去完成。因此，必须做好社会发动、地域安排、统筹协调，即发挥科技传播信息化建设的“连接器”作用。

第一，建立良好的科技传播服务生态。在协同社会方面，科技传播信息化建设必须采取“众创、众包、众扶、众筹、分享”的社会动员建设模式。科普众创，即汇众智，开展科普创作。聚集全社会各类优秀科技传播作品，使每个具有科技传播创作、创意能力的人都可参与。科普众包，即汇众力，参与科技传播。借助互联网等手段，将传统由特定科技传播专业机构（个人）完成的任务向自愿参与的所有机构和个人分工，最大限度利用大众力量，以更高的效率、更低的成本满足科技传播产品及服务需求，促进科技传播方式变革。科普众扶，即汇众能，助科技传播创意创作创业。通过政府和公益机构支持、企业帮扶援助、个人互助互扶等多种方式，共助科普小微和创者成长。科普众筹，即汇众资，促科技传播发展。通过互联网平台向社会募集科技传播资金、科技传播资源，更灵活、高效地满足科技传播产品的开发需求，拓展科技传播资金、资源的新渠道。科普分享，即聚所有，共分享。科技传播信息分享不仅在线上，还要向线下活动延伸，线上线下的科技传播资源融合，使其落地应用，惠及公众。

第二，做好科技传播信息化建设的顶层设计和构架。在政策引导方面，要采取“两级建设、四级应用”的建设模式。实行国家和省级建设为主，国家、省级、地（市）级、县级及县级以下共同应用的“两级建设、四级应用”模式，政府引导、多方参与、开放包容，最大化动员社会各方力量参与科技传播信息化建设。

第三，做好科技传播信息资源的连接和分享。在协同社会和内部安排的基础上，做好科技传播信息化建设的全面统筹协调。要坚持系统考虑，迭代建设，做好与各地各部门、需求与供给、内容与形式、内容与渠道、作品与传播、事业与产业等的连接。科技传播信息化建设“连接器”就如同一个庞大的接线板一样，要灌通科技传播信息化建设的全要素，形成有机整体，确保科技传播服务效能的最大发挥。

（六）科技传播人须树立长板策理念

长板策理念是科技传播信息化建设的聪明之举。面对科技传播信息化建设，任何一个组织、任何一个机构和团队，都会遭遇“短板”“痛点”困扰，所以唯一的办法就是，让自己的优势和长板更强，自己的弱势和短板靠别人来补足。

第一，科技传播服务的木桶理论已经死亡。作者杰里米·里夫金（Jeremy Rifkin）在《零边际成本社会》中讲到，在数字化经济中，社会资本和金融资本同样重要，使用权胜过所有权，合作压倒竞争，“交换价值”被“共享价值”取代。零边际成本、协同共享将主导人类生产发展的经济模式，带来颠覆性的转变。木桶原理曾被普遍地引为经典，即一个木桶能装多少水，取决于最短的一块板，因此木桶原理的重点是关注构建木桶的短板。长期以来，人们沿袭木桶理论，关注短板，设法弥补自己的短板，这在工业化时代非常有效，在行政体制中非常盛行。不少地方科协的科技传播信息化建设仍然陷入这种木桶理论之中。

在信息社会，木桶理论已经死亡。在互联网时代，技术性极强，快速迭代，专业技术细分让你永远无法补齐所有的短板。互联网时代的开放性加快信息流通的速度，让合作的时间、人力、资本等成本变得越来越低，寻找合作的机会和成本都越来越小。科技传播信息化建设不能固守短板原理，而是只需要有一块足够长的长板，以及有一个完整的桶的意识的管理者，就可以通过合作的方式补齐自己科技传播信息化方面的短板。张扬长板原理，即把桶向自己长板的方向倾斜（聚焦优势），就会发现能装多少水决定于你的长板（核心竞争力），而当你有一块长板，围绕这块长板展开布局，就成功了。如果你同时拥有科技传播信息化建设的系统化思考，你就可以用合作、购买的方式，补足你其他的短板。因此，科技传播信息化建设没必要关注一切，一切都自己建，一切从零开始。如果科技传播渠道不够强大，可以去借助比自己更有优势的互联网企业；如果在人力资源上有欠缺，可以借助专业机构的人力资源。

第二，做好科技传播服务的“连接器”。马化腾说，互联网+就是连接+内容。互联网之前，内容互为孤岛，有了网页和浏览器，全世界的内容突然被打通，局势大变。“高速公路”所达之处，所有的内容供应者的利基模式都被全面颠覆，连接者控制了信息的分发权，从而夺取了利益重新分配的能力。科技传播信息化建设要取得成功，必须改变科技传播人看世界的角度，要从内容者角度向连接者调整，把科技传播服务的世界视为平的，而且必须是平的，从而做好科技传播信息服务的连接。

视窗6–9　连接者与内容者属两种角色

从连接者的角度看世界，与从内容者角度看世界，是两个全然不同的景象。在连接者看来，世界是平的——而且必须是平的，由此才可能碾平一切的信息不对称；而在内容者看来，世界是圈层的，唯“不平”才能有差异，连接只是手段而非目的，内容的价值只有构筑城池，才能凸显出来。

一些互联网企业的成功，对内容者来说是致命的诱惑，很多内容创业者死于对他们的仿效和追随。门户崛起的年代，无数媒体自建WWW，如今活下来的一个也没有；电商崛起的时代，无数企业自建平台，如今活下来的一个也没有；移动崛起的年代，又有无数人自建客户端，估计活下来的一个也不会有。

连接者与内容者，是属于两种基因的“动物”，用连接者的逻辑做内容者的生意，战略错了。内容与连接，你只能发力于一端。无数的大小败局，都死于既做内容，又做连接。正确的打法应该是，只专注于内容的核心建设，把连接者的成功视为基础性工具，尽量将连接的成本趋近于零。在这个意义上，连接者与内容者是无缝合作的关系。

社群是一种基于互联网的新型人际关系。能够将人从广场上拉到社群里的只有内容，互联网只是提供一个手段。连接者的互联网是平的，内容者的互联网是有价值观的，这是新世界里的两种玩法。价值观的传播与认可，对于拥有价值观的族群最有效果，也就是说，理性中产及知识爱好者会在未来的社群经济试验中成为最主流的势力，在这个意义上，“得屌丝者得天下”的互联网铁律变成过去式。①

第三，科技传播服务短板让别人来补。在信息社会，有短板并不可怕，可怕的是有没有一块相对的长板。因为只要有一块足够长的长板就足够，同时有一个完整桶的意识和管理者，就足以通过合作的方式补齐自己所有短板。例如，科技传播信息化建设涉及思维观念、传播渠道、内容生产、科学把关、用户洞察等诸多方面。其中，科协组织在互联网思维、传播渠道和平台、用户数据积累和洞察等诸多方面都是短板，相对而言科协组织作为科学共同体，在科技传播看家本领和口碑、组织科技传播内容创作和生产、科学性把关等是优势、是长板。

科技传播组织必须聚焦科技传播内容信息生产、科学性把关等长板，同时对科技传播信息化建设有一个顶层设计和整体构思。在此基础上，通过“赛马”的办法，去寻求与具有互联网思维、强大传播渠道和平台、网络用户巨大、口碑俱佳等的机构或单位合作，找到对方的短板、痛点、痒点，亮出科协组织在科技传播方面的组织、科技传播内容信息生产、科学性把关等长板、优势。此外在科技传播渠道（平台）、科技传播信息化基础条件、互联网思维等都是短板，要采取“开源开放、品牌引领、营造生态、内容为

① 吴晓波.“屌丝经济”的时代已经过去［EB/OL］. 微信公众号：吴晓波频道，2016-02-17.

王、借助渠道”的长板策略。

科技传播信息化建设的合作主要是跨界合作，互联网+科技传播时代，科技传播合作以跨界为主，强强合作是指差异化的强强合作。同质化的强强合作，只会增加内部竞争的程度，永远无法补齐自身在科技传播信息化建设中的致命短板，科技传播信息化建设只会以失败告终。

第三节 开启科技传播深度融合新时代

媒体融合是信息时代背景下一种媒介发展的理念，是在互联网迅猛发展的基础上与传统媒体的有机整合，科技传播媒体深度融合发展是科技传播的基本趋势。科技传播媒体深度融合，是科技信息传输通道的多元化下的新作业模式，是把报纸、电视台、电台等传统媒体，与互联网、手机、手持智能终端等新兴媒体传播通道有效结合起来，资源共享，集中处理，衍生出不同形式的科技信息产品，然后通过不同的平台传播给受众。

一、推动科技传播媒体深度融合

媒体融合是国际传媒大整合之下的新作业模式，媒体和媒介是有区别的，媒介是信息传播所需要的载体、介质或通道；媒体是媒介+内容体系的组合，拥有后端内容架构、生产流程、编读互动等系统支撑，需要多种媒介处理技术，以及内容体系支撑，最终实现内容和通道的良好结合。这种整合体现在两个方面：技术的融合和运营方式的融合。

（一）科技传播媒体融合是一场深刻革命

对传播格局而言，用户最多、传播影响力最大的两类新媒体，一是网络媒体（以互联网为传播介质），一是手机媒体（以手机为用户终端）。新媒体造就了科技信息开放的新局面，造就了全时空科技传播的新局面，造就了一人一媒体、所有人向所有人传播的新局面，造就了信息爆炸和信息迅速更替的新局面。尤其是互联网新技术、新应用的推动，不断使科技传播形态更加丰富，推动了自媒体、私媒体、草根媒体、公民媒体、独立媒体、参与式媒体、社会化媒体等传播形态的形成。

第一，科技传播媒体融合是全方位改变。对传统媒体而言，科技传播媒体融合不仅仅是给传统媒体的内容传播提供了众多新途径，实际上带来的变化是多方面的。在管理机制上，全媒体为制度创新预设了可能性，为向现代企业转型提供了空间；在内容生产上，全媒体是信息整合的具体方式、表达形态，以多媒体素材集成；在传播渠道上，全媒体向各种平台终端强力渗透科技传播的产品和品质，汇聚新一代受众群。全媒体平台提供多媒体产品，通过电视、广播、互联网、手机、户外电子公告牌等多渠道分销这些产品，从而满足用户个性化需求，实现用户价值。

对科技传播工作者而言，媒体融合的进展不断促进科技传播从业者信息获取方式的改变，促进科技传播表达方式的改变，促进科技信息发布方式的改变，促进科技传播理念的彻底改变，甚至促进传统科技传媒从业人员向新媒体领域的转行。有关调查表明，用户获取新闻资讯的途径中，手机占40%，电脑占31%，电视、广播占到了14%，报纸、杂志等纸媒只占到了12%，而且传统媒体的受众以50岁以上的人群为主。传统媒体受众规模出现萎缩，产能分布与受众需求之间的错配问题突出，传统媒体边缘化已经成为不争的现实，特别是伴随着互联网成长起来的年轻一代，与传统媒体渐行渐远。

第二，媒体融合改变了科技传播的范式。长期以来，传统科技传播媒体稳定前行的逻辑起点是：媒体是垄断的，资讯是短缺的，科技信息是自上而下单向传递的，内容是需要专业化生产的。这就是说，在科技信息非对称时代，谁拥有科技资讯，谁就拥有话语权，由于拥有大量的科技信息来源和渠道，从而具有天然的优势。然而，在互联网时代，特别是自媒体日益发达的今天，一方面科技传播呈现人人传播、多向传播、海量传播的特征；另一方面受众需求越来越多样化，参与意识越来越强，思想观念越来越多元。在传媒外部环境发生深刻变化的情况下，很多传统媒体还沿袭一成不变的科技传播范式，生产流程、议题设置、话语体系、表达方式、技术手段、效果反馈等方方面面，没有及时跟上时代发展的节拍，与互联网新兴媒体相比，导致竞争优势逐渐下滑。

第三，媒体融合凸显科技传播技术的巨大进步。从远古到现在，我们经历了文字的发明、古登堡印刷术的应用、电报技术的应用和互联网的应用四次传播革命，每一次传播革命都使得信息的数量和公开程度快速增加：文字发明打破了时间的限制，使代际传播成为可能；古登堡印刷术打破了范围限制，使大范围传播成为可能；电报技术打破了时间和距离的制约，使大范围远距离的传播成为可能；互联网技术打破了为精英所控制的大众传播限制，使及时、互动的自媒体传播成为可能。目前，传统科技传播媒体之所以步履维艰，一个关键因素在于没有核心技术，缺乏以大数据、云计算、机器学习、个性化推荐等互联网技术为驱动的项目，在技术上远远落在了时代后面。

第四，媒体融合对现有科技传播体制提出巨大挑战。多年来，传统科技传播媒体的改革雷声大、雨点小，事业体、企业体纠缠不清，既想固守既得利益又想开拓市场的纠结心态，导致国有传媒行业出现逆势的体制固化，体制障碍成为媒体转型升级的最大束缚。网络媒体的攻城略地，虽然惊醒了传统科技传播媒体的安逸美梦，但并没有完全唤起传统科技传播媒体自我革新的内在动力。从这个意义上来讲，传统科技传播媒体不是被新媒体打败了，而是被自己打败了。的确，一个显性的事实是，传统科技传播媒体的组织架构、用人机制、管理体制、分配制度，在一定程度上束缚和扼杀了内部生产要素活力和能量的发挥，市场意识、竞争意识、创新意识、用户意识的严重不足，造成了传统媒体因循守旧的“路径依赖”。

第五，媒体融合需要科技传播理念的彻底更新。科技传播媒体融合必须从理念和思路上明确媒体融合的“四个不是”和“四个是”。

一是科技传播媒体融合不是传统媒体的互联网化，而是思维方式必须转型。传统媒体的“互联网焦虑症”，二十多年前掀起跟风建网站风潮，现在又催生标配的“两微一端”——微博、微信、APP客户端，手机屏幕成为大家抢占的新终端。有关研究机构统计，目前传统媒体推出的新闻客户端就达231个，但下载量达十万级的新闻客户端仅为15个，万级为38个，其余均为千级以下的新闻客户端。新闻客户端遍地开花、严重同质化、“僵尸”盛行的深层次原因，在于这是一种“+互联网”思维取向的结果，大多数没有按照互联网思维方式，来进行顶层设计和路径选择，导致很多新媒体项目成了披上互联网外衣的传统媒体。当然，需要明确的是，思维方式转变并不是重形式、轻内容，任何时候内容都是根本，只是一定要借助于互联网思维使内容更有吸引力、感染力，从而构筑起媒体真正的入口价值。

二是科技传播媒体融合不是简单的平台相加，而是系统性的深度相融。当前大多数传统媒体在融合发展实践中，没有真正坚持问题导向，没有用“互联网+”“大数据+”来解决痛点，只是与互联网简单嫁接，只是进行数字化“转场”，从而导致只有量变没有质变，只有物理反应没有化学反应，难以实现1+1大于2的协同效应，这不仅仅是资金、资源的浪费，更为重要的是发展时机的耽搁和话语权的旁落。媒体融合是一项复杂的系统工程，是一个不断演进的动态过程，要取得实质性的进展，必须从新闻运作模式、生产方式、操作手法进行根本创新，必须从产品内容、表现形式、生产流程进行系统变革，必须从体制机制、组织结构、盈利模式进行综合转型。

三是科技传播媒体融合不是单纯的传播形态改变，而是产业生态的建构。目前传统媒体的新媒体产品，大多数把重点放在网络平台的搭建和传播形态的转变上，期望通过受众积累后进行流量的二次贩卖，而没有拓展收入渠道、创新盈利模式，往往导致造血功能不足、难以可持续发展。其实，在目前的大数据时代，传统媒体拥有的新闻信息资源已经转化为新闻数据资产，数据是生产资料，算法是生产力，由资源向资产的转变，仅一字之差，却是一个闭环的价值链，是一个完整的生态系统。大数据产业生态系统，就是从新闻资讯数据的生产、采集、加工、汇总、展现、挖掘、推送等方面形成一个闭环的价值链，通过对每个环节的多种技术处理，提供有价值的应用和服务。媒体生态系统的核心不在于掌握庞大的数据信息，而在于对这些含有意义的数据进行专业化处理，即强调对数据的加工能力，从而使数据产生价值，开辟媒体源源不断的“现金流”。

四是科技传播媒体融合不是单向度地加强科技信息中心建设，而是去中心化、多中心化。在融合实践中，很多传统媒体单向度地加强科技信息中心建设，企图通过“一次采集、多种生成、多元传播”这种集权指挥体系的构建，打通内部不同介质传播的障碍。其实，互联网的一个重要特征就是去中心化：在一个分布有众多节点的系统中，每个节点都具有高度自治的特征；节点之间彼此可以自由连接，形成新的连接单元；任何一个节点都可能成为阶段性的中心，但不具备强制性的中心控制功能。开放式、扁平化、平等性是去中心化的基本特征。所以我们认为，以大数据技术为支撑的媒体转型没有严格意义上的新闻信息中心，是去中心化、多中心化。每台电脑都是一个中心，每个人都是一个中心，而指挥和支撑多个中心的是一个基于中文语义联系的大数据基础平台，真正形成一个平台化、开放式、互联性的新兴媒体架构①。

---

① 李述永. 当前媒体融合发展的实践与思考［J］. 中国记者，2016（5）：19—23.

（二）“移动优先”的科技传播媒体融合趋向

随着互联网特别是移动互联网的飞速发展，传统媒体面临新的舆论生态、社会生态和产业生态，其思想理念、内容生产、内容传播、管理体制和运行机制经受着严峻挑战。移动优先代表媒体融合发展的方向，科技传播媒体融合发展必须顺应移动化大趋势，强化移动优先意识，把科技传播客户端建设作为重点，形成载体多样、渠道丰富、覆盖广泛的移动传播矩阵。要集中优势力量，加强技术研发，探索市场化运作机制，在“准”“新”“微”“快”上下功夫，打造自主可控、传播力强的新型科技传播平台，打造与主流媒体品格和气质相一致的移动科普精品。

视窗6–10 《军装照》浏览超10亿说明什么

2017年7月29日晚20点，一个叫《快看呐！这是我的军装照》的H5（利用Html 5技术制作的网页产品）陆续在微信朋友圈出现，网友晒自己“年轻时”的军装照成为潮流。该H5的出品方是人民日报客户端，从确定创意、开始制作到29日晚发布，共花了两周多时间。从7月29日晚发布，到8月1日中午12时，页面总浏览量已达4.67亿，创下人民日报新媒体H5浏览量最高纪录，这个数据还在持续增长中，人民日报客户端准备就此申报吉尼斯纪录。

“军装照”创意，其实也不是很难，军装对很多人来说都是神圣和令人向往的，很多人都有军旅梦，但大多数人没有机会当兵，没有机会穿上军装，所以借助这个机会让大家体验穿军装的感觉。解放军建立至今已有90年的历史，从名称到军装也有很长的历史。传统媒体如果展示，可能就是把一张张照片摆出来，但是这种方式传播度不高。让大家上传图片，生成各自的军装照，是一个挺不错的想法，可以在互动中展现情感、传播知识。

让普通人穿军装是否会有娱乐化倾向？其实也有“既有高度、也接地气”的做法。即将解放军建军90年来不同时代的军装整理出来，保证准确，页面设计庄重大方，让用户“穿上军装”英姿飒爽，不但不是“娱乐化”，反而是帮大家抒发对解放军的崇敬、热爱之情。事实证明，H5推出后，实现了这个效果。不同地域、不同行业的网友都在制作自己的军装照，并配上对解放军的各种褒奖话语广泛转发，网友评论最多的话就是“穿上军装，致敬人民解放军”“解放军的军装，是最美的服装”。

在技术层面，要让生成的照片既自然又保留用户的面貌，这是一个难点，在过去是不可想象的，但最近“换脸换装”的技术也日益成熟。这个产品的幕后总共有这么几支团队。首先人民日报社新媒体中心负责创意策划和执行，主导把控整个开发制作过程，包括从创意设计、脚本撰写、资料搜集到最后的产品测试、部署上线、维护监控。还有新媒体中心的编辑们夜以继日地工作，与各合作方充分沟通，保证产品顺利生产、上线。在H5资料的获取上，有《人民日报》的采访力量做后盾。为保证军服样式的准确权威，通过报社政治文化部的军事采访室，联系了军队院校专门研究军服的专家，专家讲解了解放军军服发展的不同阶段并提供了一些老照片，根据这些资料再来搜集能用于产品中的军装照原始照片。最后搜集了大约200张照片。军服专家一张张来挑选比较，最后经过审定，选定了11个阶段的22张照片。第三支团队是腾讯旗下的“天天P图”，提供图像处理支持和后端服务器支持。“天天P图”首创的人脸融合技术，可以将用户上传的照片与特定形象进行脸部层面融合，让生成的图片效果既有用户的五官特点，也呈现出对应形象的外貌特征，这在本次H5的制作中得到很好的体现，保障了这个H5海量用户需求。第四支团队是第三方供应商“未来应用”，负责完成H5的前端设计开发和前端服务器的维护。后来，前端和后端的服务器一直在增加，尤其是后端服务器的量，30日的数据是申请了800台服务器，31日又紧急扩容[①]。最高峰动态部署了4000台腾讯云服务器，并采用智能分流、柔性策略等办法，确保应对海量的用户请求。

一款H5产品火了，数亿网民把自己或家人不同年代的“军装照”晒到网上。这些“军装照”在手机上刷屏，满满都是“从军”的傲娇和对军人的膜拜。这款H5于2017年7月29日晚一经推出，浏览量迅猛攀升。

① 佘荣华. 幕后‖人民日报浏览量近5亿的H5产品是怎样炼成的？［EB/OL］. 微信公众号：金台新声，2017-08-01.

7月30日24时，浏览次数突破6000万；7月31日上午10时突破1亿，之后呈现井喷式增长；7月31日17时，浏览次数突破2亿；8月1日13时突破5亿，24时达7.31亿；8月2日17时，浏览次数累计8.2亿，独立访客累计1.27亿，一分钟访问人数峰值高达41万；上线10天后，浏览人次超过10亿。

有专家表示，一个H5产品浏览次数能超过500万就很不错了，超过1亿的十分罕见，浏览次数超10亿，很有可能创下全球单条H5浏览量的新纪录。人民日报客户端已与吉尼斯世界纪录驻华机构联系，提交申请。接收材料的吉尼斯世界纪录驻华机构工作人员表示，此前吉尼斯世界纪录的类目没有此类纪录的设置，他们已经上报英国总部。

“军装照”H5传播过程中，出现一个插曲。2017年7月31日上午，正在网友快乐分享的时候，网上出现一些帖子，大致意思是这个H5是冒充人民日报客户端的网络诈骗新手段，服务器位于加拿大，是为获取公民个人信息实施诈骗。人民日报客户端快速响应，针对疑问发布辟谣声明，谣言很快消散。

移动互联时代的新闻传播，除了满足受众的信息需求、观点需求、情感需求，也应充分考虑参与互动，这样才能提高传播的到达率和实效性，也才能赢得受众特别是年轻人的认可。[①]

视窗6-11　传播融合态的中央厨房

人民日报“中央厨房”2014年10月立项，按计划于2017年全部建成。该“中央厨房”分为空间、技术和业务三个层面。

空间层面的“中央厨房”，指的是人民日报全媒体大厅。主要实现媒体融合，即让传统媒体和新兴媒体的人能坐在一起工作，为他们之间的沟通交流、统筹协作创造空间上的便利。人民日报全媒体大厅建筑面积3200多平方米，包含核心指挥区、技术支持区以及面向合作伙伴的自由工位区等。全媒体新闻大厅是“中央厨房”的物理呈现与主要载体，是整个人民日报社的“超级编辑部”——新闻采编与运营管理的指

① 8亿！关于“军装照”H5，人民日报客户端有话说［EB/OL］.［2017-08-02］. http://weibo.com/ttarticle/p/show?id=2309404136361459338098.

挥中枢和中控平台。

技术层面的“中央厨房”，是指从“融合态”的业务场景出发所构建的一套技术体系，既有软件，也有硬件（如无人机、VR设备等），为全媒体平台的业务运行提供强有力的技术支撑。例如，从新闻热点的发掘到选题确定、任务分发，再到现场采集、产品制作，以及后期的产品推送和反馈收集……对这样整体的采编流程，通过技术化的手段使之尽可能地智能化，一方面提高采编效率，一方面配备诸如用户行为分析、社交媒体分析之类的新能力、新手段。目前，“中央厨房”技术平台的1.0版本，由六个功能模块组成，包括内部用户管理系统、互联网用户管理系统、传播效果评估系统、可视化产品制作工具、新媒体内容发布管理系统、报纸版面智能化设计系统。

“中央厨房”经过一年多的试运行，逐渐摸索出一套比较成熟完善的内容生产、协作、分发的机制和业务模式，这是“中央厨房”的业务层面。例如，部门之间、单位之间的分隔不见了，记者、主编、主任的层次减少了。过去的“分灶吃饭”变成现在的“中央厨房”。传统意义上的采编人员被重新定义为指挥员、信息员、采集员、加工员等岗位，增加了技术团队和推广运营团队，他们通过有效的分工合作，最终实现重大报道“一体策划、一次采集、多种生成、多元传播、全天滚动、全球覆盖”①。

“中央厨房”运行机制主要特点：第一，构建适应融媒体生产的策采编发网络，再造策采编发流程。主要是设立总编调度中心，建立采编联动平台。第二，改革采编部门设置，强化各媒体总编室职能。为推进深度融合，对编制体制、机构职能、人员配置做出重大改革和调整。第三，强化绩效考核，创新激励约束机制。依托“中央厨房”形成的新的采编体制机制，需要与之相适应的绩效考核体系来保证。

人民日报“中央厨房”建成并投入使用，围绕“中央厨房”的一系

---

① 杨振武. 人民日报中央厨房怎样做杨振武社长这样讲［EB/OL］.［2017-01-14］. http://politics.people.cn/n1/2017./0114/c/001-29023287.html.

列配套改革措施同步推进，调整采编流程，优化资源配置，统筹采编力量，提升传播效果，壮大了人民日报的整体影响力。我们从阵地拓展上推动融合，人民日报客户端累计下载量已达1.99亿，在主流媒体创办的新闻客户端中保持领先；人民日报微博总粉丝超过9400万，居中国媒体微博第一；人民日报微信关注人数近1300万，影响力居微信公众账号第一；人民网中文及9大外文频道日常传播覆盖超过1.3亿。人民日报海外社交媒体平台的影响力不断扩大，粉丝数和活跃度居全球纸媒之首。①

（三）用“内容+”赢得科技传播新优势

科技传播媒体融合发展前无古人，任何新模式都要经历“破坏性试验”。微信群热传澳大利亚几大主要媒体集团的“中央厨房”熄火，原因是没有盈利能力、商业模式。科技传播融合发展，决定其未来的，不是“商业模式”，而是“价值模式”；检验其是否成功的，不是盈利能力，而是科技价值的引导能力。因此在走向深度融合之时，科技传播须始终围绕一个目的，如何在全媒体平台筑牢主流媒体的“价值模式”。

第一，要让技术成为科技传播的基础设施。一直以来，技术都是科技传播媒体人的软肋，从微博微信客户端，到大数据、无人机、人工智能，媒体一直在踉踉跄跄地跟随。技术大河奔涌，短时间看，科技传播媒体可能要依附于技术的发展，但当技术发展到一定阶段，就会成为科技传播媒体的“基础设施”。

第二，做好内容是科技传播人的“初心”。当技术成为科技传播的基础设施后，科技传播媒体就能够回归本质属性，科技传播的媒体人就能把更多精力投向内容创作，其生产有科学思想、有科学精神、有科学价值内容的能力，就会显现出来。例如，人工智能也能写新闻、做科技传播，但这都只是低端产品、填空式创作。九寨沟地震后，一条机器人写的稿子广泛传播，这是一条震后仅用25秒写成的新闻。一位记者的评价是：“作为记者，我为地震颤抖，为遇难者落泪，但机器人不会。”我们所从事的科技传播，涉及丰富

① 杨振武. 推动深度融合，坚持四个方向［EB/OL］.［2017-08-19］. http：//politics.people.com.cn/n1/2017/0819/c001-29481007.html.

的科学精神、科学思想、科学感悟和复杂的社会认知，这是机器所不能相比的。毕竟，科技传播媒体是价值出口，而不是技术出口。科技传播媒体是内容产业、思想产业，做好内容是科技传播人的初心。不管技术如何演变，科技传播媒体属性不会变化，未来科技传播人还要靠优质内容去引导人、凝聚人、鼓舞人。

第三，科技传播用“内容+”赢得新优势。科技传播媒体阵地被别人跨界打劫了，这让传统科技传播媒体人比较悲观，但反过来想，其实也可以反包围，让科技传播媒体内容反向渗透到各个行业。既然从市场趋势来看，“内容制作”将无处不在，那么好内容就会成为稀缺资源。对于专心做优质内容的传统科技传播媒体而言，科技传播媒体战场不是被挤压变小了，而是更大了。科技传播融合发展或许将经历3个层次：①科技传播媒体内部的融合。②科技传播媒体与媒体之间的行业融合。③科技传播媒体与一切产业的融合。科技传播媒体将迎来“内容+”时代，只要坚定内容定力，用优质内容加到一切端口上，就能让科技传播媒体产业在与各个行业的深度融合中壮大，让主流价值在更多的平台上唱响[①]。

（四）把赢得受众作为科技传播的突破口

在互联网飞速发展的今天，科技传播媒体融合发展已经越来越受到社会的关注和群众的认同。科技传播媒体融合发展是一个动态的过程，不可能毕其功于一役，并且随着互联网的发展和受众阅读兴趣的转移，科技传播媒体融合发展的着力点也会发生改变。但不管方式和内容如何变化，受众永远是科技传播媒体服务的对象，赢得受众才是科技传播媒体融合发展的最终目标、最大突破。

科技传播媒体融合发展要紧盯受众在哪。读者在哪里，科技传播媒体的触角就应该伸向哪里。据最新统计数据，目前中国的互联网用户已经达到了7.3亿人，其中，移动互联网用户占绝大多数。毫无疑问，移动互联网用户已成为最大的受众群体。紧盯受众就是要紧紧地抓住移动互联网用户。因此，不管以前是科技报刊还是科技网站，或者是电视台、电台，在融合发展的过程中，都需要打破传统的思维，建立自己的科技传播“中央厨房”，既

---

① 卢新宁．“内容+”将成为媒体融合关键词［EB/OL］．［2017-08-19］．http：//media.people.com.cn/n1/2017/0819/c120837-29480996.html.

要烹制出传统受众需要的“食物”，更要烹制出适合移动互联网用户的“食物”，牢牢地黏住互联网用户这个最大的受众群体。

科技传播媒体融合发展要弄清受众喜好。在咨询服务匮乏的年代，很多读者为了阅读报纸，常常在邮政所的门外排起长队。互联网的发展让咨询服务匮乏的时代一去不返。咨询服务丰富后，受众有了更加广阔的阅读选择，今天的读者就不会仅仅满足于文字的叙述，丰富的视频信息可以让受众有身临其境的感受，而悦耳的音频信息则可以让受众一边聆听信息，一边干其他工作。在科技的带动下，今天的读者无疑更加喜欢视频音频信息，媒体在融合发展中，也要紧紧地盯住受众的阅读喜好，不仅要为受众送上“食物”，还要让“食物”更加精美，符合受众的“胃口”[①]。

二、实施“互联网+科技传播”行动

“互联网+科技传播”行动，即科普信息化建设，旨在充分运用先进信息技术，有效动员社会力量和资源，丰富科技传播内容，创新表达形式，借助传播渠道，通过多种网络便捷传播，利用市场机制，建立多元化运营模式，促进传统科技传播与信息化深度融合，满足公众的个性化需求，提高科技传播服务的时效性和覆盖面。

（一）科普信息化建设的基本方针

遵循“科学权威、互联互通，内容为王、渠道为重，融合创新、迭代发展”的方针，按照“两级建设，四级应用”原则，着力建设完善“科普中国+信息+云+网+端+线下活动”的现代科普服务体系。科普服务体系建设是一个系统工程，这应是一个有口碑、有内容、有控制、有网络、能落地、惠民生的科普服务体系，是能不断适应当今社会发展、始终保持科普服务的先进的科普服务体系。

科普信息化建设坚持需求导向，强化互联网思维，着力科普服务的开源开放、创新科普体制机制、释放发展潜力和活力，着力科普众扶众筹、做优科普存量、推动科普转型升级，着力科普众创众包、推动科技知识在网上和生活中流行，着力创新科普服务模式、解决好科普“最后一公里”问题、推

① 向旭平. 赢得受众是媒体融合发展的最大突破［EB/OL］.［2017-02-21］. http：//theory.people.com.cn/n1/2017/0221/c409497-29097435.html.

动科普信息落地应用和惠及民生，在我国公民科学素质跨越提升进程中，充分发挥科普信息化的支撑引领和不可替代作用。

（二）科普信息化建设的基本目标

科普信息化建设的基本目标是，以提升全民科学素质为目的，构建与国家科学传播能力发展目标相适应的现代科普信息支撑体系，建立和完善科普开源、众创、分享的新型科学传播体系，形成人人创造、人人分享的互联网科普生态，不断提升优质科普内容生产与汇聚传播能力，缩小科普信息服务的“鸿沟”，提高科普信息服务均等化程度，推动信息化与科普深度融合，不断提升科普服务的感知程度和科普精准服务水平。

一是构建完善融合、迭代、包容的科普支撑体系。推动信息技术在科普中广泛和深度应用，将“开放、共享、协作、参与”的互联网理念有效融入科技的教育、传播与普及，实现科普手段和方式的不断创新，建设完善的适应公民科学素质跨越提升的科普组织体制、基础设施、服务供给、条件保障、监测评估等体系，为提高全民科学素质提供强力支撑。

二是构建完善、开源、众创、分享的新型科学传播体系。以科普的内容信息、服务云、传播网络、应用端（简称“信息、云、网、端”）为核心，形成“兴趣驱动、科学理性、协同参与、创造分享”的新型科学传播体系。实现科普数据资源的开放分享，消除科普信息孤岛。构建、完善科普众创空间，为科普创作创业者提供低成本、便利化、全要素的工作空间、网络空间、社交空间和分享空间。

三是不断提升优质科普内容生产与汇聚传播能力。强化科普与艺术、人文融合，以互联网思维和信息化技术手段带动科普融合创作能力跨越提升，建立、完善科普内容资源众创、分享和科学把关、评价的有效机制，搭建科普内容资源生产与汇聚平台，创作、汇聚、传播海量原创、优质、内容丰富、形式多样的科普内容资源，有效满足公众需求。

四是不断提升科普服务的感知程度和精准服务水平。强化科普大数据建设，深化应用科普大数据，建立、完善“用数据说话、用数据决策、用数据管理、用数据创新”的科普运行服务机制，利用大数据洞察和感知科普需求的能力显著提升，满足公众个性化、泛在化、精准化需求的科普服务能力显著提高。公民通过互联网有效获取科技信息的比例达到70%以上。

五是切实解决好科普服务“最后一公里”问题。科普信息化“成也网络，败也网络”，近年来随着科普信息化建设的发展，原先的纸媒体文字和书面内容都越来越多地数字化、网络化，如今任何人在网上都可以随便查找某个科普内容，于是不少“科普人”容易步入“只要科普信息上了网，便认定地球人都知道了”的误区。其实即使科普信息都上了网，也不意味着这些科普信息就能落地，能为所有科普受众解惑和所用。网络传播的强势地位对传统的科普传播手段（口口相传、报纸、广播、图书等）造成的负面冲击是不言而喻的。一方面现代网络手段的运用极其有限；另一方面传统的科普传播手段一再弱化，科普信息的传播甚至不如以前。这就难免导致：①有限的科普信息资源利用率很低，甚至浪费严重；②大量基层科普需求得不到及时响应和满足。这就是所谓的科普服务“最后一公里”问题。解决方法是充分利用“云+网+端”的新信息基础设施，拓展科普信息传播渠道，缩小地区间、城乡间、代际间等不同人群的科普信息鸿沟，促进科普的公平普惠、便捷高效。

视窗6–12　科普中国引领下的科普信息化

2014年以来，中国科协以科普中国品牌为统领，以科普信息化建设专项为手段，积极实施“互联网+科普”行动，探索与互联网企业合作新模式，采取“选马骑”方式，疾步跨上互联网的“快马”，开辟网络科普主战场，取得初步成效。

第一，顶层谋划，顶层推动。2014年7月，在广泛调研和征求各方面意见的基础上，中国科协制定了科普信息化建设整体实施方案，确立以“科普中国”品牌为统领，突出科普内容建设，依托现有企业和社会机构，借助现有传播渠道和信息服务平台，统筹协调各方力量，融合配置社会资源，细分科普对象，提供精准服务，满足公众泛在化、多样性、个性化获取科普信息的要求的建设路线。在谋划和科普信息化建设工作实践中，强化科普的互联网理念，积极彰显科普中国品牌的价值主张，积极彰显“品牌引领、内容为王、借助渠道、公众评价”核心理念，积极主张“众创、众包、众扶、众筹、分享”科普生态理念，积极采用“两级建设、四级应用”“战略合作”“落地应用”“科普中国品牌认证”“全国科普信息化建设试点”策略，形成具有很强感召力、行业领导力、社会动员影响力的科普信息化建设社会氛围。确立“2014年启动；2015年基本建成、初见成效；2016年丰富科普内容、完善服务功能、提升服务能力；2017年继续奠定持续发展基础、确立持续运营模式；2018年后进入常态高效运营”时间表和路线图。

2014年9月，试验性地开通科普中国微平台，11月在新华网开通《科技前沿大师谈》频道（栏目）；12月印发的《中国科协关于加强科普信息化建设的意见》对科普信息化进行全面部署，成立中国科协科普信息化领导小组和科普信息化专家指导委员会，并设立办公室。2015年，启动科普信息化建设工程项目，加强与一流互联网企业的跨界和深度合作，确立包括科普中国品牌、科普信息内容生成、科普中国云网端（一云一网多频、两微两群多端、两站多屏）、线上线下科普活动等在内的科普中国传播体系框架；2016年，强调科普中国的落地生根，着力解决科普“最后一公里”的问题。

第二，项目推动，服务创新。2014年9月启动科普信息化建设专项申请，2015年专项立项实施，并按照PPP政府和社会资本合作模式启动包括网络科普大超市、网络科普互动空间、科普精准推送服务等建设内容，设立科技前沿大师谈、科学原理一点通等20个子项目。专项设定前期投入以财政经费为主，总体约占总投入的70%，主要用于内容建设；项目实施机构承担科普传播的其他条件，约占总投入的30%，在建设内容的同时通过自有渠道和平台进行科普信息资源的传播推广。两年实践证明，PPP模式对调动项目实施单位的积极性、主动性，增强责任性和时效性，降低成本、用优质科普内容资源吸引大量公众，为项目实施机构带来浏览量和用户，产生潜在的商业价值并获得一定盈利，实现科普公共服务的良性循环和自我发展。

两年多来，在科普信息化建设中大胆引入市场机制和竞争机制、引入社会资本，取得很好的成效。通过招投标遴选的人民网、新华网、光明网、腾讯、百度等10家机构承担项目实施工作，调动自身机构的人力、物力、财力、渠道（平台）、品牌形象等，2015年以来项目承担机构配套的人财物投入累计达1.6亿多元，约占国家财政项目投入的

30%。从2015年8月以来，已陆续开通科普中国网，以及《科技前沿大师谈》等22个科普频道（栏目），并开通科普中国APP等24个移动端科普应用，截至2017年5月下旬，“科普中国”汇聚大批优质原创科普内容12TB，累计浏览量93亿人次，其中移动端浏览量占72%以上。

第三，品牌引领，彰显口碑。科普中国品牌是中国科协为深入推进科普信息化建设而塑造的全新科普品牌，是我国科普服务产品内容可靠性、使命责任担当、价值导向等的标识，旨在以科普内容建设和审核把关为重点，充分依托现有的传播渠道和平台，以公众关注度作为项目精准评估的标准，使科普信息化建设与传统科普深度融合。2015年4月，印发《科普中国品牌使用与维护管理办法（暂行）》，规范科普中国品牌使用，维护科普中国品牌良好声誉。2015年9月，具有科普中国生态圈、门户标志的科普中国导航站上线运行，2016年8月，作为科普中国导航站全面升级改造的科普中国网（www.kepuchina.cn）上线运行，赢得公众认可。通过品牌授权、共建等方式，以及品牌网络传播、科普中国形象大使、典赞科普中国等科普中国品牌推广系列活动，科普中国品牌的影响力和知晓度不断扩大。

同时，充分借助学会专家和智力优势，发挥中国科协科学传播专家团队的作用，推动互联网时代的科普新锐创作传播团队建设，全面加强对制作和传播科普内容的审核把关，确保内容的科学性和权威性。通过专项招投标遴选人民网、新华网、腾讯、百度等10余家机构承担项目实施工作，组建共计近千人的高水平专业创作团队。通过项目支持，聚拢来自科研院校、科技社团、媒体、企业的154家科普团队开展科普融合创作，通过新华网、腾讯网、网易、今日头条等55家主流网络媒体渠道开展科普传播，2015年8月科普中国开通以来，在互联网企业催生和孵化出8个科普专业团队（计600多人）和大批科普融合创新的新锐团队，创作出大批适合在互联网特别是移动互联网传播的科普短视频、微视频、手画、H5、游戏、图文、词条等科普融合精品。

第四，新闻导入，科学解读。2015年以来，按照中国科协书记处要求，在科普信息化中始终强化“新闻导入、科学解读”的科普快速响应机制，对于可预见的重大事件，提前策划和创作，在事件发生30分钟内占领各大媒体平台头条；对于突发性的重大事件，第一时间沟通媒体、组织团队即时创作，可在24小时内推出图文作品、48小时内推出视频作品，科普中国快速响应机制实现了传统科普难以突破的72小时内广泛传播。特别是2016年专门印发《科普重大选题融合创作与传播选题指南》，以国家战略布局、科技发展前沿和社会公众关切为重点选题方向，在量子卫星、长征七号、引力波、北斗导航、人机大战、电信诈骗等重大科技事件中进行全面及时的深度解读，取得极好的效果。

第五，精准推送，落地应用。按照“两级建设、四级应用”原则，把落地应用作为科普信息化的重点，坚持以公众的科普关切为导向，全面推进科普中国云、科普中国网、科普中国APP移动端等落地应用，取得初步成效。

一是依托科普中国云，内容精细分类，初步形成以校园、乡村、社区科普套餐为主的精准推送模式。依托科学普及出版社的科普中国云运营团队，2016年初开始，最大化地汇聚科普中国以及其他在线、线下的各类科普内容数据，进行数据分析挖掘，按照公众便于获取的分类习惯，进行科普内容的细分和打标签，配成校园、乡村、社区等套餐方式，通过科普中国网、科普中国专题栏目（如校园e站、乡村e站、社区e站）、微信、微博等多种传播渠道、获取入口等进行分发和投送。

二是围绕落地应用，开展全国科普信息化建设试点。2016年全面启动试点工作，深入探索优质科普信息建设与汇聚分享、科普信息精准服务和落地应用、科普服务和管理信息化等有效模式。充分考虑不同地区、不同行业、不同类型科普组织的实际，分类确定北京市科协等18个单位为综合应用试点，中央农业广播电视学校等10个单位为专项试点，天津市科协等13个单位为应用试点。

三是统筹传统科普与科普信息化工作。为提升基层科普阵地水平，提升线上、线下相结合的科普信息化服务能力，进一步解决科学传播“最后一公里”问题，增强公众对科普服务的获得感，印发了《科普中国e站建设及使用暂行办法》，依托已有基层的网络、阅读终端、活动场所等科普设施，借助基层传播渠道（平台）和移动应用等，建设基于科普信息服务落地应用的新阵地。强调e站建设以现有条件为基础，采取众创、众包、众扶、众筹的基本方式，按照有网络、场所、终端、活动、人员等“五有”的基本要求建设，与青少年科学工作室、农村中学科技馆、科技教育特色示范校，农村科普活动站、科普宣传栏、科普员（站、栏），社区科普益民服务站、科普大学、科普网络（站、校、网）等紧密结合、深度融合。对一些地方出现科普信息化就是“买大屏、建网站、买电脑”的误区，进行及时纠偏。

科普信息的落地应用，解决科普服务“最后一公里”问题，永远是科普信息化建设的难题。科普信息化建设还需继续坚持借助成熟、有效的信息传播渠道，面向不同地区和科普受众群体，定向、精准地将科普信息资源送达目标人群，满足救灾避险、民族群众等科普信息个性化需求。在继续利用现代互联网络，充分利用科普信息员进行科普信息传播、建立以科普信息员为核心的科普社群的同时，开发好以下渠道，做好科普推送服务。一是利用科普读物电子分发，推荐、集成、编译国内外的优秀科普图书、科普宣传册、科普折页等科普读物，开发数字化的传播衍生品，通过互联网渠道进行定向电子分发。二是利用电影院线推送，推荐、集成、摄制、编译优秀的科普微电影，组织在电影院线播放。三是利用电视推送，根据基层需要，遴选优秀科普电视节目，以及网络科普大超市和互动空间中的优秀科普视频，向基层电视台，特别是农村边远地区推送。四是利用广播推送，根据网络科普大超市和互动空间中的科普文章编撰科普中国广播稿，面向公众播放科普音频节目。五是利用无线定向科普推送，通过短信互动平台推送、WiFi组网、户外互动信息屏推送、蓝牙互动感知网络推送等方式，覆盖全国长途汽车站等公共服务场所、边境民族地区等科普信息匮乏地区。六是利用互联网、移动新媒体、有线电视等传播，在三网融合的试点城市，与运营商合作，通过网络电视机顶盒、有线电视机顶盒、地铁、公交、移动电视、高铁等渠道，将科普游戏、科普移动客户端、科普视频等优质科普内容作为公益性的增值服务提供给公众。

第六，不忘初心，迭代前行。三年多来，科普信息化建设在摸索中前行，在前行中迭代，取得许多宝贵的经验。一是科普信息化成败的关键在科普自我革命。李源潮同志2014年就提出“科普之问”——信息化条件下，科普到底普什么、怎么普？科普信息化不仅体现在技术层面，更关键、更重要的是科普理念到科普供给侧的全面革命，科普信息化建设中必须去干部思维，树互联网思维。二是科普信息化建设的核心是内容建设。在互联网时代，虽然传播渠道非常重要，但内容为王仍然是科普颠扑不破的规律，必须坚持科学性，遵循渠道为先、内容为王的普遍规律。三是科普信息化建设的制胜法宝是用户思维，要从公众的科普需求角度、从科普需求侧角度出发去考虑问题，准确定位科普的用户群，做好科普的产品定位。四是科普信息化建设可以跨越发展，科普信息化不需要一切从头来，而完全可以有选择性地借助信息化建设的现有、先进的团队、渠道、设施等基础条件，高水准起步，低成本投入，快速见到成效。

科普信息化建设永远在路上。虽然科普信息化建设取得很大成绩，但目前科普信息化还存在很多问题和困难。主要是：一是对科普信息化的理解和认识不深，观念落后，互联网思维、用户思维、长板思维、生态思维等有待强化，缺乏名利权情的科普参与激励机制，科学素质纲要实施单位和地方的积极性调动不够。二是科普信息化建设的推进方式过度依赖行政方式，注重形式、注重形象，投入不足，迭代更新跟不上整个信息化发展的步伐，跟不上公众实时变化的科普需求，科普中国云平台建设和服务支撑滞后。三是科普内容信息有效供给不足，内容信息分类不精细，科普数据开放共享和互联互通仍显不足，面向校园、乡村、社区以及科普薄弱地区人群的科普信息化相对滞后，落地应用服务产品仍显能力不足，需求细分和精准推送有待加强，科普信息服务“最后一公里”问题亟待破解。四是科普中国品牌的品质、知晓度和影响力仍须提高，科普信息化的可持续发展模式有待探索确立。

（三）科普信息化建设的品牌战略

品牌是人们对一个产品、服务、文化价值的一种评价、认知和信任。科普中国品牌是我国科普服务产品内容可靠性、使命责任担当、价值导向等的标识。中国科协于2014年开始会同社会各方面，着力塑造科普中国品牌，大力推动“互联网+科普”行动计划和科普信息化建设工程，强化互联网思维，取得很好成效。

科普中国品牌采用品牌授权、共建等方式，联合相关部门，动员地方科协、科技社团、互联网企业、教育科研机构等各方力量，共同参与其品牌的创建、使用和维护。

视窗6–13　科普中国品牌建设及价值传播

科普中国品牌是适应科普与信息化深度融合发展需求，中国科协创立、运营、推广和管理的我国科学传播的科学权威标志。科普中国品牌旨在携同社会各方，利用信息化技术手段，着力科普内容建设，创新表达形式，借助传播渠道，促进传统科普与信息化深度融合，精准满足公众个性化需求，增强科普传播的准确性和科学权威性，提高科普时效性和覆盖面。

科普中国品牌视觉形象由红色、蓝色线条构成，上缘的“S”形状和整体构成的“T”形状，分别象征科学和技术；线条构成的电波形状，象征利用信息化技术手段进行科学传播（图6–6）。任何组织和个人使用科普中国品牌视觉形象须遵照《科普中国视觉形象应用手册》。所有获得授权的机构都应按相关规定使用科普中国品牌，严格执行《科普中国视觉形象应用手册》所规定的各项规范，不得随意更改，以保证科普中国视觉形象的规范性和统一性，避免产生误导。

中国科协对科普中国品牌享有全部知识产权，通过品牌授权方式进行科普中国品牌运营管理和传播推广。品牌授权包括产品授权和活动授权。其中产品授权包括政府购买服务形成的科普传播产品的合同授权和社会生产的科学权威的科普传播产品的认定授权。活动授权采取审批授权。

通过政府采购合同对政府购买服务形成的科普传播产品进行合同授权，科普信息化建设工程各专题频道（子项目）的承担机构在合同约定的建设任务范围内，须在所建设频道（栏目）中适当位置添加科普中国视觉形象，相关产品的画面（页面）中须添加科普中国视觉形象。

通过科普中国创作与传播创建活动评选社会生产的科学权威的科普传播产品，通过认定和品牌授权协议对其进行认定授权，获得科普中国认定授权的科普传播产品，须加注“科普中国认定”字样，并添加科普中国视觉形象。

科普活动授权是指将科普中国品牌授予线上线下相结合、充分利用信息化手段进行传播、预期影响力较大的科学传播活动。活动必须体现科学权威、传播广泛、公益公信的特征。科普活动授权一事一报，中国科协通过正式审批程序，对科学传播活动进行科普中国品牌授权，授权范围以批复为准。获得科普中国品牌授权的科学传播活动须利用自有传播渠道（平台）对活动内容进行广泛传播和精准推送。

获得科普中国品牌授权的产品和活动如未按《科普中国品牌使用与维护管理办法（暂行）》《科普中国视觉形象应用手册》和双方合同规定使用科普中国品牌，中国科协有权责令其改正，并追究其相关责任。[1]

科普中国品牌（图6–6）的塑造：①必须牢固树立科普的精品意识和质量意识，着力打造品牌精神；②必须塑造和张扬科普中国的文化内涵；③必须把科学性作为科普的灵魂，以科普内容的科学性、表达形式的新颖性、科普服务的体验性和良好口碑，赢得公众的青睐和信任；④必须以快速响应、泛在传播、公众的美誉和广泛认可等，增强科普中国品牌的影响力和领导力。

图6–6 科普中国品牌形象

① 中国科协办公厅关于印发《科普中国品牌使用与维护管理办法（暂行）》的通知［A/OL］.［2015–06–09］. 新华网，http://news.xinhuanet.com/science/2015-06/09/c-134309986.htm.

（四）建设、完善科普信息化服务体系

科普进入科普内容信息找科普受众时代，在科普信息化建设中，科普信息服务的落地应用，即科普服务的“最后一公里”是难点。科普信息化建设必须强化科普内容建设，强化科普表达，借助一切可以利用的科普传播渠道，此外还要充分运用大数据、云计算等先进技术手段，建立和完善科普云网端服务体系、开展科普服务衔接和精准推送、建立以科普员为核心的大社群等，最大化地实现科普内容信息与人（科普受众）的连接，解决科普服务的“最后一公里”问题，充分满足公众多元化、个性化、泛在化的科普需求，让每一位公众都有科普服务的获得感。

第一，构建科普中国云网端服务体系。科普信息化建设需要在科普内容和科普传播渠道建设基础上，进一步以云计算、大数据、物联网、移动互联为基础，建设云网端一体化的现代科普服务体系，促进相关科普信息资源的纵向以及横向传播的同时，建立多级反馈机制。科普中国云网端服务体系主要包括：一云一网多频、两微两群多端、两站多屏等（图6–7）。

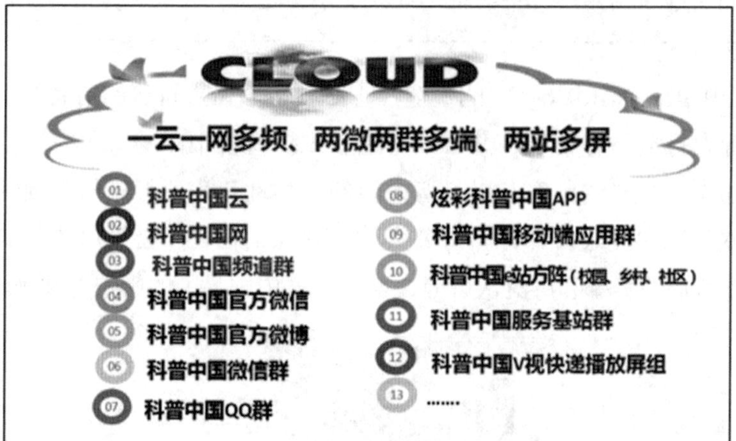

图6–7 科普中国云网端服务体系

视窗6–14 科普中国服务云建设及运营

科普中国服务云是基于云计算、大数据等技术的共享式服务平台，是具有零边际成本优势，具备信息汇聚、数据分析挖掘、应用服

务、即时获取、精准推送、决策支持等功能的现代科普信息服务体系。科普中国服务云建设是适应信息化发展、保持科普先进性的迫切要求，是提高科普集约管理水平、强化科普信息落地应用、提升科普服务品质等的现实迫切需要。

1. 基于云计算、大数据等的云服务，受到世界各国的普遍重视和广泛推行。美国政府2009年推出“云优先”政策，要求美国政府各部门将政府服务迁移至云。英国政府2011年启动“政府云服务G-Cloud”项目，2015年实现50%的政府公共部门信息技术资源通过“政府云服务”购买。澳大利亚、韩国、德国、俄罗斯等在2010年以后也相继提出各自的云计算发展战略或行动计划。在我国信息化建设布局中，特别强调发展云服务，推进网络生态建设，推进数据资源开放，整合信息平台，消除信息孤岛，实现信息的互联互通、开放分享。科普中国服务云建设，对于破解目前科普发展瓶颈、建设科普生态，汇聚科普信息资源、实现互联互通和开放分享，推动科普开源众创、丰富优质科普内容资源，提高科普投入利用效率、降低运营成本，精准洞察感知受众需求、创新和提升科普服务产品，细分科普服务需求、推动落地应用，实时动态监测、科学管理决策，具有非常重要的现实意义。有数据显示，云服务平台可使信息服务的成本下降70%，服务创新的效率提高300%[①]。

科普中国服务云是以科普信息应用为导向的信息服务平台，对于实现科普的全民性、群众性、参与性、体验性、多样性具有支撑作用。科普中国服务云建设将有效汇聚所有能汇集的科普信息，同时通过传播自动积累数据，以及推动地方、行业、互联网及传媒的科普数据开放分享，实现科普信息的海量汇聚、多维度分析挖掘，为公众获取科普信息和用户应用提供服务保障，是科普信息的“集散地”。

科普中国服务云是基于融合性、立体性、跨终端、跨媒体等的云网一体化的信息服务平台，具有超强大的传播能力。科普中国服务云除自身门户网站和应用外，将有效汇聚入驻的所有渠道、平台、应用，形

① 阿里研究院. 解读互联网经济十大议题［EB/OL］. 微信公众号：大数据文摘，2016-02-18

成强大科普传播的立体方阵，实现科普信息的快速实时传播和广覆盖，以及传播的协同效应和倍增效应，满足公众泛在获取的需求，是科普传播的“高速路”。

科普中国服务云是具有“人人可创作、人人可传播、人人可获取、人人可体验、人人可分享”的万物互联的科普“连接器”，全方位满足科普信息落地应用的需要。大数据、云计算等信息技术可以推动科普数据开放共享，促进科普数据融合和资源整合，极大提升科普整体数据分析能力，为科普管理和决策提供新的手段。科普中国服务云建设对于建立“用数据说话、用数据决策、用数据管理、用数据创新”的科普管理决策新机制，实现基于数据的科学决策，将推动科普管理理念创新、科普服务模式创新、科普服务质量和水平提升。

2. 科普中国服务云建设策略。科普中国服务云建设以提升科普服务效能为核心，以科普信息汇聚生产与有效利用为目标，坚持“开源、众创、众扶、分享”的理念，立足现有基础条件，推动科普大数据开发开放，实现科普信息汇聚、数据分析挖掘、应用服务、即时获取、精准推送、决策支持，创新科普产品和服务，提高科普投入效率和科普信息资源的高效利用。

科普中国服务云建设坚持“应用为本、立足现实、开源开放、统筹协调”的基本原则。科普中国服务云建设根本目的在于推动科普信息的落地应用，始终以满足公众的科普需求、用户的科普应用服务需求为导向，让科普最大限度惠及公众。科普中国服务云建设基于科普信息化建设基础，充分发挥科普中国的品牌影响力，立足合作共建，有效汇集各类科普信息资源，拓宽传播渠道和信息应用渠道。科普中国服务云建设坚持互联网理念，强化开放分享，最大限度汇聚科普资源信息、优化科普资源配置，形成“开放、开源、共建、分享”的科普生态。科普中国服务云遵循“两级建设、四级应用”的建设方针，统筹规划和统一建设服务云的基础设施、数据资源中心、应用服务系统等，统一服务云的科普数据、服务接口、应用服务开发等标准，统筹服务云的运营、运维、共建、用户管理、安全管理等。

建成的科普中国服务云，需要全面支撑科普信息化服务，实现PB级的优质科普信息资源的快速生产与汇聚，实现为亿级科普受众提供科普资源获取服务，实现能为所有的科普机构和社会公众提供有效的应用支撑服务，能满足所有公众的泛在获取和移动端用户的精准推送，科普资源的运营管理和决策水平大幅提升。

3. 科普中国服务云建设内容。科普中国服务云建设包括以下四个层级。

一是科普中国服务云应用系统。建设科普中国门户、科普中国APP、科普中国新媒体方阵、科普中国服务应用包、科普中国应用盒子、科普中国活动空间、科普中国创作微基金、科普中国V视快递、科普中国乡村e站、科普中国社区e站、科普中国校园e站、科普中国服务基站、科普中国机构云盘等。

二是科普中国服务云管理系统。科普中国服务云管理系统是对科普内容资源、用户资源等进行管理，并为科普中国服务云应用系统提供支撑的运营管理系统。建设科普中国大数据系统、科普数据融合共享支撑系统、科普创新服务支持系统、用户信息管理系统、科普中国精准推送管理系统、科普中国决策支持管理系统等。

三是科普中国服务云基础支撑系统。采取租用服务或服务托管等方式，满足科普中国服务云基础设施、容灾等服务基础支撑，即科普中国服务云正常运行和服务的基础保障，包括高速网络、海量存储、服务器集群、网络安全设施、分布式数据库、虚拟化软件、云平台软件等软硬件环境，可依据云科普环境的用户规模的增长而弹性扩展，提供安全的运行保障环境。

四是科普中国服务云安全保障系统。根据国家信息系统安全等级保护制度，根据科学传播的特点，统一规划建设科普中国服务云的安全系统。该系统覆盖物理网络、主机、应用、数据和管理等多层次的整体网络信息安全。建立突发事件应急预案和快速反应机制，建立屏蔽、监测、评估、测评等科普信息化安全措施。采取同城双活、异地容灾等方式，建立信息容灾备份系统，构建统一的运行维护与服务体系。

第二，精心细分公众科普需求。科普信息化建设必须与科普受众的需求紧密吻合、衔接，要充分利用云计算、移动互联网、大数据等现代技术手段，深度感知公众的内容需求、表达方式需求、场景需求等，精细分类、精准推送，通过线上与线下、现代科普与传统科普结合等多种有效服务方式，将公众需要的科普服务送达公众。

公众科普需求细分，是科普服务精准推送的前提和基础，没有科普的需求细分，就没有科普服务的精准推送。必须准确了解每一位网民、每一类公众的科普需求，实时了解他或他们想要什么科普内容信息、在什么地方、是什么状况、通过什么途径获得等，并对这些需求进行详细分类和汇集。例如，中国科协科普部、百度数据研究中心、中国科普研究所联合开展的中国网民科普需求搜索行为报告，就是根据网民通过搜索方式直接获取科普信息或获取科普信息的解决方案的情况，通过百度搜索的日均请求达到 60 亿次中的科普搜索行为，通过网民科普需求搜索行为的大数据挖掘，准确地了解网民科普需求的实时动态、精准刻画有科普需求的网民的独有特征，为科普信息化建设的宏观决策、科普的精准推送服务提供科学依据。报告侧重于了解中国网民的科普搜索行为特点、科普主题搜索份额、科普搜索人群的年龄、地域性别等结构特征，并对不同终端上的搜索行为进行分析，以期了解中国网民的科普需求状况。据2015年第二季度中国网民科普需求搜索行为报告显示，2015 年第二季度中国网民科普搜索指数是9.47亿，同比增长106.87%，环比增长49.09%；2011—2015年，中国网民科普搜索指数同比增长238%、日均值同比增长80.88%。女性更关注与生活相关的主题：健康与医疗和食品安全，在健康与医疗主题中女性的占比是 39.94%，食品安全主题中女性的占比是37.97%。健康与医疗依然是最受中国网民关注的科普主题，应急避险超过信息科技排名第二位。前3位的数据为：健康与医疗在 8 个主题的搜索中占比为53.05%；应急避险主题相关的搜索占比为 13.59%；信息科技搜索占比为 10.44%。前沿技术主题的关注度超越能源利用和食品安全。在线下，可以结合科普活动的开展，通过实际调研或公众的自由选题，以及不断试错积累经验，来了解每一位公众的个性化科普需求，为科普服务供给提供依据。

第三，精准细分科普内容信息。科普信息化是通过信息化的手段普及科学知识、倡导科学方法、传播科学思想、弘扬科学精神，提高全民科学素养，引导广大公众理解科学，或者是通过网络科普的形式传播科学知识。科普信息化建设本质上就是实现科普个性化需求与科普内容的契合，实现科普服务的精准化、有效性，解决公众对科普服务的获得感。要实现科普个性化、细分的科普需求与科普内容的契合，必须对科普服务供给进行有效、精准的分类，并标签化。

科普服务内容信息的精准细分维度，必须遵循科普的内在规律，以及科普传播的客观需要、与科普服务对象需求的匹配性等。①要遵循学科分类规律，依据现代科技的学科分类体系，与科学共同体的范式相适应；②要与科普服务对象的情景需求相适应，坚持需求导向，捕捉科技前沿、紧盯社会热点、紧扣公众需求，充分考虑科普服务对象的生长的时代、所处的地点、个性特点等，与科普服务对象的所处环境相适应；③要与科普服务对象的科普表达偏好需求相适应，如可按科普文章、科普视频、科普微电影、科普动漫、科幻、科普微信等多种表达形式，进行形式的分类。此外，还可以从其他更多的维度细分科普服务内容信息。

科普服务内容信息的细分，不是一蹴而就、永不变化的，而是要随着科普自身的创新、科普技术手段的应用、公众科普需求的变化实时变化。科普服务内容信息的细分越细，科普服务的精准推送就越有针对性，科普服务就越有效，公众的体验和获得就越多。

第四，实时精准推送科普服务信息。在科普需求侧的公众需求细分、科普供给侧的科普服务供给细分的基础上，通过供给与需求的高效匹配，通过各种有效的传播和供给服务渠道，将科普服务个性、实时、精准、有效地提供给科普服务对象。

一是建设、完善科普中国服务传播系统。依托科普中国服务云建设、完善包括科普中国门户网、科普中国APP、科普中国传播方阵、科普中国应用包、科普中国应用盒子、科普中国活动空间、科普中国创作微基金等公共服务空间，为数以亿计的公众自助获取科普中国信息提供便捷、界面友好的服务。

二是建设、完善科普中国服务自动推送系统。依托大数据、云计算等技术手段，按照“大平台、小终端、接地气”的基本策略，构建多种形式的科普信息落地应用体系，同时采集和挖掘公众的科普需求数据，做好科普需求的跟踪分析，洞察和感知公众对科普内容、科普信息获取渠道和方式等方面的需求，及时为公众提供所需的科普内容资源和服务，解决科普信息化“最后半公里”问题，让科普信息化成果最大化地惠及公众，满足公众对科普信息的个性化需求。要基于优质科普视频精准推送的科普中国V视快递系统，即充分利用科普中国服务云的科普视频特别是科普微视频内容资源，细分渠道和受众，通过在线定向推送、二级分发、离线分发等方式，将优质的科普中国微视频定向精准地送达城镇社区、乡村、学校，以及公交、地铁、机场等公共场所播放。要建立细分农村科普人群的科普中国乡村e站系统，充分利用科普中国服务云的科普内容信息资源，细分渠道和乡村需求，采取个性化定制、自动推送、线上到线下（O2O）等方式，为乡村科普服务站点、广大农民群众提供精准科普服务。同时，为特殊地区和人群服务的科普中国应用包分发，即采取线上线下相结合等方式，加大对革命老区、民族地区、边疆地区、集中连片贫困地区的科普信息定制化推送服务力度。要建立细分城镇社区科普人群的科普中国社区e站系统，即充分利用科普中国服务云的科普内容信息资源，细分渠道和社区需求，采取个性化定制、自动推送、O2O等方式，为社区科普大学、社区科普协会、社区科普服务站点、社区科普网络以及广大社区居民提供精准科普服务。要建立细分学校师生科普人群的科普中国校园e站，即充分利用科普中国服务云的科普内容信息资源，细分渠道和学校需求，采取个性化定制、自动推送、O2O等方式，为各类大中专院校、中小学校，以及教师、科技辅导员等提供精准科普服务。

三是建立、完善科普中国服务属地应用系统。依托大数据、云计算等技术手段，利用科普中国服务云，为基层科普机构和科普员服务的科普中国服务基站系统，即利用科普中国服务云的内容信息资源和在线的服务应用开源软件，通过入驻的方式，基层科普机构、科普员可以简便、快捷地获得科普应用服务工具（开源软件），生成属地化的个性在线科普活动服务应用，组织开展属地科普信息服务。

第五，借助全媒体渠道提供科普服务。加强与互联网企业等专业机构的合作，充分发挥各种网站特别是移动端应用的作用，拓宽网络科学传播渠道，运用微博、微信、社交网络等开展科学传播。据2016年1月22日中国互联网络信息中心正式发布的第39次中国互联网统计报告，截至2016年12月，我国域名总数为4228万个，其中“.CN”域名总数2061万个；网站总数482万个。我国互联网传播渠道足够支撑科学传播，因此科普信息化建设不主张自建云、网、端等基础设施，而主要是充分借助和利用好已有的互联网传播渠道。

一是要充分利用大众传播渠道。加强与电视台、广播电台等大众传媒机构的合作，充分发挥广播、电视等现有覆盖面广、影响力大的传统信息传播渠道作用，建设科普栏目，传播科普内容。积极组织和动员科技类博物馆、科普大篷车、科普教育基地、科普服务站等传统科普渠道与信息化新媒体深度融合，构建形成线上线下一体化的传播平台。近年来，我国电视台、广播电台等发展很快，为科学传播提供了强大的渠道。2015年9月，国务院发布《三网融合推广方案》，全面推广三网融合，广电、电信业务双向扩大到全国范围，2016年基本实现所有设区城市光纤网络全覆盖，20M以上高速宽带用户比例超过50%，4G用户达到6亿户，实现骨干网互联带宽再扩容500G。在三网融合当中，广电和互联网、通信网是三个同等地位的网络，这是广电行业的战略转型，是一次从节目内容形态到传输、覆盖、服务手段的全面融合。2015年12月26日，“智能电视操作系统TVOS2.0”正式发布，突破对直播、点播、互联网电视和跨屏互动等各种形态和格式的媒体进行统一协同处理的关键技术，可有效支撑机顶盒、一体机、媒体网关等各种智能电视终端形态。

二是要充分利用好跨媒体阅读终端。积极推动与车站、地铁、机场、电影院线等公共服务场所以及移动服务运营商、移动设备制造商的合作，将科普视频、游戏等优质内容作为公益性的增值服务提供给公众。实现科普信息和服务在互联网、移动客户端和室内外电子信息屏的落地应用，建设跨媒体、跨终端、全覆盖的科普传播体系，为公众提供方便、灵活、个性化的科普信息获取渠道。

三是要特别充分应用好移动互联终端。充分利用互联网跨地域、无边界、海量信息、海量用户的优势，同时充分挖掘线下资源，进而促成线上科普信息与线下科普活动的有效衔接。例如，创建社区科普专属服务微信平台，可通过科普微信平台，为百姓提供基于所在位置的实时科普服务信息推送，开拓更加便捷、精准的科普服务与公共事件预警的科普信息传播途径。为社区创建针对本社区的科普专属服务微信平台，用户只需通过扫描二维码的方式即可入驻本社区的科普服务“微平台”，并享受到基于位置针对本社区提供的科普服务产品。一方面，市民可直接点击查询针对本社区的最新科普信息；另一方面如遇大风、降雪、降水等高影响天气，将第一时间得到针对本社区主动推送的科普服务及预警信息，收到气象防灾减灾等科普常识。

科普信息落实应用乃科普信息化建设的终极价值，是科普公共服务信息惠民的时效性和实效性，满足最广大公众的科普获得感的最好体现。要广泛动员政府、科协组织以及社会各方面，大力开展科普中国·百城千校万村行动，推进科普服务进社区、进学校、进农村、进传媒介，解决科普服务的“最后一公里”问题。

视窗6–15 科普中国·百城千校万村行动

为加快推进科普信息化建设，推进社区、学校和乡村与“科普中国”的精准对接，切实提高科普公共服务能力，中国科协决定在全国开展“科普中国·百城千校万村行动”，即在数百个城市、数千所学校和数万个乡村，实现“科普中国”落地应用。

该行动将充分发挥科协开放型、枢纽型、平台型组织优势，以提升全民科学素质为核心，以“科普中国”落地应用为重点，创新科普理念、活动载体、工作抓手和服务模式，积极拓宽科普供给渠道，提高科普供给效率，实现到2020年公民具备科学素质的比例超过10%的目标，为建设创新型国家和全面建成小康社会奠定坚实基础。该行动坚持“示范带动、因地制宜、精细分类、精准推送，协同推进、普惠共享”的基本原则，将于2017—2019年在全国实现数百个城市、数千所学校、数万个乡村的“科普中国”落地应用，辐射带动“科普中国”落地全覆盖，推动科普工作全面创新，实现科普服务精准推送，打通科普工作“最后一公里”，助推公民科学素质跨越提升。

该行动的重点任务：

一是要积极推进主流媒体建立“科普中国”频道（栏目）。进一步推动在县级以上的电视台、广播电台、主流报刊等开设科普频道（栏目）、版面。加强与IPTV网络电视、网站等合作，开辟科普报道的专题、专版、专栏。充分利用“科普中国”优质资源，结合本地特色，发挥地方主流媒体作用，及时追踪、回应热点话题和公众关切，向公众普及最新科技发现和创新成果。已纳入国家智慧城市试点的市（区、县）科协要推动在智慧城市系统中设立科普专区。

二是要着力建设“科普中国”移动端传播体系。整合现有各类优质移动端应用，建立、健全以“科普中国”APP为主的传播体系。建立“科普中国”APP应用激励机制。鼓励公众通过建立微信、QQ、微博等社群，广泛传播分享“科普中国”移动端内容。

三是要进一步加强科普中国e站建设，充分利用现有基础，在基层的政务服务中心、综合性文化服务中心、党员活动场所，街道社区双创中心，大中小学校，村民委员会及农村专业技术协会等，建设科普中国e站。积极推动城乡社区、街道、楼宇、学校、交通场站及交通工具（含汽车、火车、飞机、地铁等）、企事业单位等现有的大屏、PC机、多功能一体机等终端播放“科普中国”优质资源。

四是要发挥传统科普设施传播“科普中国”的作用。充分利用和借助现有科普传播渠道，发挥好基层各类科普宣传栏、科普图书室、科普角、社区科普大学、科普协会等设施场所的作用。围绕公众关切的卫生健康、食品安全、环保治污、防灾减灾等热点、焦点问题，以图书、海报、挂图等形式呈现“科普中国”优质资源。不断拓宽科普大篷车、流动科技馆、农村中学科技馆等流动科普设施服务范围，结合“科普中国”内容深入开发流动科普设施展教资源，实现巡回展览展品和教育活动的专题化和特色化，增强传统科普设施服务能力。

五是要加强“科普中国”优质资源的线下应用，充分利用“科普中国”优质资源，结合全国科技工作者日、双创周、科普日等主题活动，通过文艺演出、讲座、知识竞赛、课外活动、实用技术培训等方式，组织开展各类科普活动。推动“科普中国”落地与创新争先行动、科普文化进万家、科技助力精准扶贫、科普示范县及科普教育基地等工作结合。

六是鼓励探索创新各类落地模式。结合本地特色和工作基础，充分发挥各地现有科普网站、科普传播平台的作用，以公众关心的社会热点问题为切入点，以传播科学知识为目的，探索创新“科普中国”落地模式。广泛动员各类传统媒体产业、新媒体产业以及科普信息化资源开发、设施设备生产机构等社会力量，增强落地应用工作协同力。

七是要加强科普信息员队伍建设，在基层团结凝聚一批熟练掌握信息化手段的科普信息员队伍，积极服务“科普中国”落地应用，为公众提供定向精准的科普服务。广泛动员各级学会专业人才、全民科学素质行动计划纲要成员单位基层从业人员、各类媒体从业者及广大公众加入科普信息员队伍。建立、健全管理培训制度，重点提升科普信息员传播“科普中国”优质资源的能力。[①]

三、推动建立科技传播的网络社群

科普网络社群是网民基于网络平台的科普聚合与科普信息交流，最大化地实现科普内容信息与科普受众的连接，解决科普服务的“最后一公里”问题的有效途径。建立科普网络大社群，将以科普员为社群领导者或核心，推动科普服务在其社群中深度传播分享、在社群与社群间的传播分享，实现科普服务信息的落地应用。

（一）科普网络社群发展的新态势

互联网的普及和深入发展，使得作为人类活动基本组织形式之一的社会群体，也随之发生相应的变化，并催生出一种新的互动模式群体——网络社群。这种全新的互动交往模式，为现实社会中的受众提供新的交往空间和交往途径，并由两个或两个以上的有共识感或兴趣、爱好的人组成人的集合，从而对现实社会发展产生影响。传媒学者喻国明说，网络社群已成为今日中国构造社会议题的一个重要来源，它直接影响着现实社会的判断，影响着社会的价值取向和行为方式，甚至左右着事件的走向[②]。网络社群发展大致分为三个阶段。①社交阶段：以熟人社交为主，以QQ群为代表的社交平台，是现实交往的延伸，主要起到信息传递、情感交流的作用。②社区阶段：以陌生人社交为主，标志是社区类平台如帖吧、豆瓣的出现和发展，主要基于共同兴趣的内容交流，其工具性更强。③社群阶段：基于微信群、QQ群、自建APP等的出现，基于信任感和某一共同点，连接一切，通过标签聚合用户，

---

① 中国科协关于印发《关于开展科普中国·百城千校万村行动的意见》的通知［A/OL］.［2017-04-20］. http://www.sohu.com/a/135362064_507423.

② 李艳艳. 浅析网络社群对公共领域的影响［J］. 新闻传播，2014（5）：139—140.

其特点更加精细化。

网络社群以群体结构展开，强调群体意志，有领袖或组织者，强调网络效应，强调群体的规范。社交，以个人结构展开，强调个人意志，无领袖或组织者，弱化网络效应，不存在群体规范。社区，主要是商对客（B2C），有规模效应，较容易定位营销对象。社群，主要是客对商（C2B），有社群的规模效应，营销对象更为精准，社群内信任度影响转化率[①]。数据显示，到2016年底，中国网络社群数量超过300万，网络社群用户超过2.7亿人，占中国手机网民比例接近40%，网络社群发展仍处于初期扩张阶段。

人和内容是科普网络社群形成、发展并产生价值的两个根本要素，科普网络社群长期健康发展的核心是信任感。与一般的网络社群一样，科普网络社群的信任感建立在成员间共同的兴趣、维持社群的良好氛围、不权属于某位领袖的自组织结构、用户生产内容的持续能力等。

（二）聚集科普网络社群的领导者

科普网络社群主要由社群领导者、核心参与者、活跃用户等组成，其中领导者是关键。科普网络社群必须紧紧抓住其社群领导者，而基层科普信息员或科普员对辖区内公众的科普需求比较了解，联系着一定数量的辖区公众，是科普网络社群领导者的最佳人选。据统计数据，我国基层科普员约有100万人（其中科协组织科普工作者约10万人、农技协的技术人员50万人、乡村科普员30万、社区科普协会负责人及社区科普员10万人），此外还有气象信息员76万人、乡村农技推广人员90万人、乡村医生和卫生员90万人，以及数万大学生村干部、妇委会主任、文化站长等，这些都是很好的科普信息员群体。要加强对基层科普信息员或科普员的培训，提高他们运作科普网络社群的能力和技巧，大力推动建立以科普信息员或科普员为核心或领导者的科普网络社群，并通过这些网络科普社群实时、精准地传播科普服务信息。

随着科普网络社群的移动化，在弱关系基础上科普网络社群能形成强大的科普组织力与号召力，线上与线下联动成为科普动员与传播扩散的常态机制。在特定的科普网络社群中，科普信息的发布和获取与群体成员的价值共同作用，可以提高群体成员的科普组织化程度，进而形成弱关系之上的科普

---

① 艾媒咨询集团. 2016年中国网络社群经济研究报告［R/OL］.［2016-11-14］. http://www.iimedia.cn/14790444823025677 6.pdf.

强动员。但也要看到，科普移动社群信息传播的“把关人”机制如果弱化，也会导致科普传播乱象丛生。移动终端成为互联网上最庞大的科普即时信息节点，公众搜集、散布科普信息的门槛不断降低，海量的用户和科普信息，使移动网络社群成为科普信息资讯的集散地，也可能成为谣言、负面言论的重灾区。所以，基层科普信息员或科普员不仅要成为科普网络社群的领导者，还必须成为科普网络社群的科学把关者。

（三）科普网络社群的运行和维护

科普网络社群的聚合，是一种以兴趣和情感为核心的亚文化传播现象。科普网络社群传播的核心，一边是科普信息及内容，一边是“科普人”的情感及关系，中间起连接作用的是价值观。任何科普网络社群的形成，首先必然是以科普内容为王，有让人们产生浓厚兴趣的科普信息内容，这样人们才会选择加入相关主题的科普网络社群。在科普兴趣驱使下，志趣相投的社群成员围绕相关科普主题进行频繁的社交互动，包括科普信息分享、科普话题讨论及其他层面的科普交流等。

在网络科普社群中，科普信息的分发路径主要包括订阅机制和社会化机制两种。订阅机制以科普内容为核心，个人依循自身科普兴趣进行筛选和关注；社会化机制以“科普人”的关系网络为链路，朋友的转发、推荐成为获取科普信息和知识的过滤渠道，这一路径凸显对某位“科普人”信任为核心的馈赠型传播的逻辑。随着科普网络社群与信息网络的日渐交融，如今人们订阅的不只是科普内容信息，还有“科普人”；人们因兴趣关注科普内容信息，认识更多的人，集结成科普趣缘圈子，进而在趣缘关系中分享科普内容信息，发展科学兴趣。要运行和维护好科普网络社群，必须根据各自科普网络社群的类型和定位，做好以下工作。

一是要确立科普网络社群的特色和定位。科普网络社群一般属于内容型，要区分自己科普网络社群属于内容型的科普产品社群、知识型社群、兴趣型社群、行业垂直型社群中的哪一种，并强化自身的定位和特色。

二是要把握好运营科普网络社群的关键。数据显示，网络社群活跃分布平台排名前五的分别为：微信群、QQ群、微信公众号、自建网站APP与微博。通信聊天与实时资讯类平台最受欢迎，自建APP也受到网络社群越来越多的关注。科普网络社群要采取建立微信群、QQ群、微信公众号、自建网站APP与微博等方式，聚集社群成员。科普网络社群与一般社群一样，其运营要避免运营缺乏体系、社群成员参与度不高和忠诚度低、缺乏外部优质科普资源等难点和痛点。

三是要始终保持科普网络社群成员的活跃度。要通过线下组织科普网络社群成员聚会或活动、在线共享与分享科普资源和信息、为社群成员提供优惠和增值服务、线上定期制作和推送科普服务信息、与社群成员深度互动和科普定制服务等有效方式，激发各自科普网络社群成员参与的积极性和热情，增加黏性和活跃性。

第七章　科技普及公共服务供给

公民科学素质的养成，既涉及公众自身的内部因素，也涉及整个社会环境。科技普及是指基于科学社会学基本原理，由科技专家、科普工作者等通过科普作品（书刊、文章、展品等）、科普讲演（报告、培训等）、科普咨询、大众传媒和新兴媒体等多种公众易于理解、接受、互动、参与的方式，普及科技知识、倡导科学方法、传播科学思想、弘扬科学精神的活动。要大力增加科技普及公共服务供给，有效推动公民科学素质的跨越提升。

第一节　科技普及对公民科学素质的影响

科技是人们认识自然和实现人类与自然和谐共处的武器，是第一生产力，也是人类文明进步的基石。在人类历史上，一些重大科学思想和技术成就的普及，曾对人类社会的进步起了划时代的推动作用。科技普及离不开科技专家的参与，具有科学权威性、形式灵活多样、公众喜闻乐见，对促进公众理解科技、释疑解惑，推动科技创新发展，提高公民科学素质等具有重要作用。

一、科技普及是公众理解科技的有效手段

科技普及往往由科学家和科技专家直接面向公众讲解或咨询，通过现场、实物等方式开展科普展览展示、创客空间、科普游园、科普论坛、科普游戏、知识竞赛等活动，其科学性、趣味性、互动性强，公众参与度高，与

科学家和科技专家、科技场景和科普现场、科技前沿成果等“零距离”接触，对公众理解科技、体验科技产生重要影响。

（一）零距离了解科学家和科技专家

科技普及离不开科学家和科技专家的参与，往往科技普及活动都有众多的科学家和科技专家做科普报告，或现场讲解，或解答公众提出的问题，或参与科学问题的讨论。科技普及活动“见物见人”的特点，使公众有机会直接与科学家和科技专家面对面，与科学家、科技专家零距离接触，聆听他们的科学思想，了解他们的科学创造，知晓世界科学前沿成果。

（二）零距离体验科研场景和过程

科技馆、教学、科研、生产、传媒和服务等科技（科普）场所，面向社会和公众开放，可以让公众零距离了解科研过程，了解科技在生产和生活中的应用。面向公众开放科研实验室（标本馆）、科学装置、教学设施、高科技生产设施、科普教育（示范）基地等，是科技普及活动的常见形式，可以让平日在公众眼中充满神秘感的研究机构纷纷打开科学殿堂的大门，使公众实现与科学实验设施、科研人员的零距离接触，以近距离观摩实验仪器和实验演示等方式，亲身感受科学的神奇和奥妙；同时向公众展示科技创新成果在驱动经济社会发展和服务改善民生方面发挥的重要作用，为公众提供近距离了解科技创新的机会，解析科技工作者为此付出的艰辛努力，增加公众对科技创新工作的直观认识，从而激发公众的求知欲望和支持、参与科技创新的热情。

视窗7-1　参观科普场所是公众的基本选项

科普活动是在一定的背景下，以开发公众智力和提高公众素质为使命，利用专门的普及载体，开展灵活多样的宣传、教育、服务的形式。中国公民科学素质调查综合各部门和机构开展的科普活动，将科技周、科技节、科普日，科技咨询，科技培训，科普讲座和科技展览五类常见的科普活动类别纳入，评估我国公民参加科普活动的状况。

2015年中国公民科学素质调查显示，我国公民对各类科普活动的知晓度较高，经常性科普活动的参与度高于大型群众性科普活动。在过去一年中，我国超过半数的公民参加过或知晓各类科普活动。公民参加过各类经常性科普活动的比例依次为：科技展览（14.6%）、科普讲座（12.4%）、科技培训（11.0%）和科技咨询（8.1%）；参加过科技周、科技节、科普日这种大型群众性科技活动（7.8%）。

调查显示，我国公民利用科普场馆获取科学知识和科技信息的机会增多。在过去一年中，公民参观过的各类科普场馆，依次为：动物园/水族馆/植物园（53.7%），科技馆等科技类场馆（22.7%），自然博物馆（22.1%）；参观过基层科普设施的比例依次为：图书阅览室（34.3%），科普画廊或宣传栏（20.7%），科普宣传车（17.7%）和科技示范点或科普活动站（13.5%）；参观过其他具备科普功能场所的比例依次为：公共图书馆（40.4%），工农业生产园区（27.5%），高校和科研院所实验室（9.7%）。与 2010 年调查相比，在公民过去一年中没去科普场所的原因中，"本地没有"的比例明显降低。以科技馆等科技类场馆的参观情况为例，公民因"本地没有"而未参观过的比例为22.6%，比2010 年的37.6%降低15个百分点。

《美国科学与工程指标（2014 年）》的数据显示，我国公民对于科普设施的利用情况与美国相当，且明显高于欧盟、日本、韩国、印度、巴西等国家和地区。对于科技馆等科技类场馆，按公民的参观率排列依次为：美国（2012 年，25%）、中国（2015年，23%）、欧盟（2005年，16%）、印度（2004年，12%）、日本（2001年，12%）、韩国（2010年，9%）和巴西（2010年，8%）。同时，2012年美国公民参观动物园、水族馆或植物园和参观自然博物馆的比例分别为47%和28%，与我国2015年的情况相当。①

（三）零距离理解最新前沿科技成果

科技普及不仅把科学家和科技专家直接请到活动现场，常常也通过实物、展览演示、面对面讲解等方式，将科技成果生动地展现在公众眼前，让公众在第一时间目睹前沿科技，零距离感受和体验最新创新成果的饕餮盛

① 张超，何薇，任磊. 中国公民获取科技信息的状况及新趋势［J］. 科普研究，2016，11（3）：22—27.

宴，增进对科技创新的理解、对科技成果在生产生活中应用的了解，进而产生对科技创新的支持和参与。

视窗7–2　方兴未艾的科技旅游

科技旅游主要分为三种类型：现代科技园区旅游、人工科技场馆旅游和自然现象景观旅游。

1. 现代科技园区旅游。作为科技园区旅游重要内容的工业旅游，早在20世纪30年代的法国就已出现。例如，法国雷诺、标志、雪铁龙三个汽车制造厂通过安排游客观看录像带，参观汽车装配线、工艺流程、全自动检测和产品陈列室，每年就能吸引超过20万人次的游客。法国电力公司下属的核电站也向公众开放，年接待参观游客亦达30万人次。

这引起众多厂商的效仿，有些厂商在参观时采取对游客收取少额费用的做法，例如美国波音飞机制造公司就通过向前来参观的游客收取5美元的门票费，获得了较好的经济效益。如今，世界著名的空中客车公司和欧洲航天局也向游人开放，使科技园区旅游的层次和范围不断深化和拓宽。西方发达国家正充分利用先进的科学技术和现代化的科技园区，不断推陈出新，纷纷推出各具特色和韵味的科技旅游产品，以满足人们求新、求异、求奇的精神需求。重视吸引游客的兴趣、激发游客的参与性是国外科技园区旅游的一个突出特点。美国造币厂每天吸引了成千上万的游人，造币厂在向游客开放钱币印制流程的基础上，还印制一些经过特殊处理而不能流通的钞票，作为旅游纪念品向游客销售，很受游客欢迎。

在德国奔驰汽车公司，游客可以参观奔驰汽车的总装配线，也能够穿上工作服在车身上拧几颗螺丝钉，最后还可以把刚刚下线的汽车直接买走。超越科技产品展示的局限，将科技与旅游较好地结合起来，使科技园区的各种特征和魅力渗透到旅游的诸要素中，发展一种“大科技旅游”，也是发达国家科技园区旅游的一个重点。他们将科技园区的特色融于“观光、娱乐、饮食、交通、住宿、购物”等旅游的一条龙服务中，与其他类型的旅游组成了“旅游套餐”。

在美国匹兹堡，钢铁大王的酒店是钢铁大楼，玻璃巨头的餐厅是玻璃大厦，在参观科技企业后，到这些地方餐饮娱乐，就能够对科技园区的科技实力和文化内涵形成更加深刻的认识和了解。游客置身于现代科技园区之中，在享受各种科技消费品的同时，亲眼看见现代科技神奇的力量，能够丰富他们有关科技研究、制造和生产方面的知识，开阔视野，增长见识。同时科技园区旅游也能够凝聚旺盛的人气，丰富旅游产品的组合，树立科技园区良好的公众形象，提升企业及产品的知名度和美誉度，还可以直接带动企业园区的经济收入，所以科技园区旅游蕴含的经济价值和社会价值都是无法估量的。

2. 科技场馆旅游。西方发达国家和地区拥有数量众多、种类齐全的科技场馆，形形色色的自然博物馆、地质博物馆、生物博物馆、天文台、科技馆等，是这些国家进行日常科普活动的重要场所，闲暇时到科技场馆参观，在放松身心的同时进行科技知识充电，已经成为很多人生活中的一部分。在这些种类繁多的科技场馆中，不乏一些规模庞大、馆藏丰富、技术先进、影响广泛的特色场馆。例如，美国国家航空航天博物馆，陈列着包括莱特兄弟飞行器、阿波罗11指挥舱在内的上千件飞机、宇宙飞船、导弹、火箭等实物展品；英国约克城铁路博物馆，保存了机车发明者斯蒂芬逊在1825 年驾驶的“旅行号”蒸汽机车；加拿大马尼托巴人类与自然博物馆，为游人提供一次穿越时空的奇妙之旅；比利时的自然史博物馆，收藏了许多远古大型动物的完整骨骼标本；美国底特律的亨利福特博物馆，清晰地描绘了美国汽车工业发展的历史脉络；纽约海登天文馆，令人信服地再现了浩瀚宇宙与神奇地球的运行；英国格林尼治天文台，代表零经度的本初子午线成了“世界时间与空间的中心”；巴西圣保罗布丹丹研究中心的微生物博物馆，展示可以通过显微镜观察的各种微生物和传染病细菌。

事实上，科技场馆不单单是一个个的陈列机构和向游客开放的服务设施，更重要的是，它们同时也是科学技术研究的机构和场所，每一个科技场馆都开展本专业和科目里的尖端研究，和世界有关方面保持着密切的联系，因而他们本身就是当代先进科技研究、科技设备、科技产品的代表。这些科技场馆也是科学文化交流和普及的机构和场所，他们经常组织不同主题、内容和形式的科技展览，包括组织全国性的巡回展览，向各地的科学和文化组织分发展品。它们面向社会发行自己的书籍、论文和有关音像资料，与新闻媒体合作，在广播和电视上传播科学知识和文化。国外科技场馆的利用率也是比较高的，除了各种陈列、展览和科教活动外，它们还组织学术讨论会，放映电影，举办音乐会、舞会等，这样既可以增加科技场馆的收入，又能够使更多人了解这些场馆在现实生活中的作用，充分体现出其贴近社会、服务社会的一面。总之，国外的科技场馆都成了这些国家进行全民科学文化普及教育的骨干力量，也成了公众学习科技文化、体验科技生活无法割舍和不可替代的好去处。

3. 自然景观旅游。依赖自然资源、着重发展自然景观科技旅游，成为一些国家的必然选择，一些优美的自然景观、奇怪的自然现象、独特的自然资源都被囊括到科技旅游的范围之内。例如，美国亚利桑那州的科罗拉多大峡谷，基本保持了岩石经过风化、侵蚀后形成的许多孤峰、石柱、洞穴等千姿百态、造型生动的奇特景观，吸引来自世界各地的大量游客。美国新近开发了一种地震旅游，通过这种旅游形式，游客在经历一场逼真的"地震"以后，不仅能够完整地了解地震的全部过程，知道地震的自然形成原因，还能够学会在紧急状态下保护自己的方法。夏威夷火山群以其宁静式的火山发作和流动性的玄武熔岩，而区别于别的爆炸式火山，成了著名的旅游胜地。美国政府在当地设立夏威夷国家火山公园，建造一座火山观测台，这也为科技旅游者提供了观察和了解火山活动的极好场所。美国国家黄石公园拥有间歇喷泉和温泉达3000多处，在这里，游客还可以看到万年积雪和活冰川、化石森林和石膏山，以及变为熔岩的岩浆和喷出的气柱等自然奇观。事实上，除了欣赏、考察地质和地貌现象之外，观赏野生动植物也是自然现象景观旅游的一部分，了解生物和人类进化发展的历史，了解野生动物的生活习惯，了解珍稀的野生植物和原始森林，不仅可以欣赏到优美的风景，也能学习到许多自然科学知识。西方国家在这方面也取得了突出的成就，他们兴建了许多自然现象景观科技旅游的基地和设施，组织了多种形式的野营、探险、科考活动，成为国际上众多国家学习的典范。

在西方国家，年龄、性别、文化程度等已不是区分科技旅游者与一般旅游者的显著标志，也就是说，科技旅游已不是少数旅游者特有的专项旅游活动，而是一种逐渐被主流市场接受并受到欢迎的大众旅游形式。科技旅游作为科技知识、文化宣传和普及活动的重要途径，受到各国的普遍重视，美、日、法、德、英等国家经常斥巨资建设科学中心和科学博物馆，其中美国每年平均建5座，日本和英国等国家为2—3 座。仅在美、日两国，专门的科技场馆数量就有近1000 座。科技旅游在各个国家都拥有着比较大的客流量。例如，已有240年历史的英国自然历史博物馆，每年吸引200万—300 万名游客；法国在开发工业旅游项目上成绩喜人，平均每年有1200万人次探访工业旅游项目，预计在一两年后将会达到2000万人次；而美国的五大科技旅游基地：迪士尼乐园、好莱坞环球电影城、加州科技馆、华盛顿特区自然历史博物馆和国立航空航天博物馆，每年的参观人数竟然高达4 亿多人次。国外科技旅游的收入相当可观。由于占有了源源不断的游客市场，加上有些科技旅游场所的票价还比较昂贵，例如，迪士尼乐园和好莱坞影城的门票高达人民币300 元和600元，所以，总的来说，国外的科技旅游大都有着较高的营业收入。其中，仅迪士尼乐园一家在1997 年的营业收入就达到54.8 亿法郎。

根据科技旅游资源的不同，其旅游主要内容和发展方向的选择上存在差异。各个国家都在对自身优势和不足进行深刻研究的基础上，挖掘出了具有特色的科技旅游内涵，科学确定了别具一格的科技旅游主题。例如，美国的科技旅游以现代科技发明及其应用的展示为主；英国的科技旅游则以工业革命和产业革命历程和成果的展示为主；历史悠久的工业旅游是法国这一世界第一旅游接待大国的重要支柱；而多种形式的自然探险、野营科技旅游则是加拿大和澳大利亚等国的独特风景。即使是在同一个地区、同一种科技旅游活动中，可以开发的主题和内容也是多种多样的，每个国家和地区，在选择自己科技旅游主攻方向的时候，并没有排斥其他形式的旅游活动，而是将它们较好地结合起来，互相补充，相得益彰。例如，在美国迪士尼乐园，高新技术设施和项目是其最能吸引广大游客的项目，但他们并没有仅仅停留在这一点上而故步自封，相反，开发包括冒险乐园、西部拓荒者、美国大街、幻想乐园等在内的惊险、刺激、魔幻和娱乐的内容，将科技旅游以一种戏剧化和舞台化的形式和效果表现出来，就赢得了更多的游客。国外科技旅游内容的丰富性还表现在，它们并没有单纯依靠自己的旅游资源，仅仅展示本国或本地的科技成果，而是和国外同行联合协作，实现旅游资源共享，从而也丰富了本地科技旅游的内容。例如，1999年，美国华盛顿自然历史博物馆、芝加哥菲尔德自然历史博物馆、匹兹堡卡内基自然历史博物馆和加拿大特瑞尔古生物博物馆为中国辽西鸟类化石举办巡回展，均在当地引起强烈反响[①]。

全球最大射电望远镜正式落户中国贵州省平塘县，这个“500米口径球面射电望远镜”简称“FAST”，2016年被命名为全国科普教育基地、2017年被评为首批中国十大科技旅游基地。远看，它像一口架在丘陵间的巨型大锅；近看，它的镜面足有30个足球场大，据说绕走一圈要40分钟。值得骄傲的是，它是当今世界上最灵敏的单口径射电望远镜，可以接收137亿光年以外的电磁信号。射电望远镜所在的平塘县，原本是国家592个扶贫开发工作重点县之一，又是“滇桂黔石漠化集中连片特困地区”。科学家们选址于此，部分原因是这里人类活动痕迹少，整个大窝凼最初只住了12户人家。天文科普旅游给当地带来数以万计的游客，镇上的房子越建越高，路越修越宽。酒店、宾馆和超市都冒出来了，全国各地的淘金客也来了，此外还有飙升的房价。旅游部门数据显示，2016年国庆节期间，中国天眼景区共接待游客21.2万人次；2017年国庆期间7天接待游客80万人[②]。

科技旅游另外一个突出特点就是，各个旅游项目的设计和建筑都十分精致华丽，采用集声、光、电为一体的高新科技，这些富于高科技含量的项目，趣味性和参与性都非常强，体现出强烈的时代特色和创新意识。高新技术的引进，使科技旅游摆脱了早期静态微

① 李廷勇. 国外科技旅游的发展状况及启示［J］. 中国软科学，2003（12）：100—105.

② 贵州平塘：7天来了80万人看大锅，山区五星酒店最贵一夜4888［EB/OL］.［2017-10-03］. http：//www.sohu.com/a/196122129_479812.

缩、单纯模拟及陈列展示等陈旧模式，进入富有现代化气息的信息技术时代，在全面展现现代科技魅力的同时也极大地满足了消费者求新、求异的需求。[①]

二、科技普及是公众释疑解惑的重要途径

现代科技与公众的生产生活密切相关，公众关注的社会热点问题，多数都与科技有关或需要科学解读。围绕公众关注的热点问题开展科技普及，可以增强公众的科学理性意识，妥善解决好公众处理自己在生产生活、参与社会公共事务等方面遇到的问题。

（一）解读公众关注的科技热点问题

随着科技对人们生产生活影响程度的日益提高，公众对科技领域的重大发现、重大发明，以及每项重大成果的应用等都日益关注。例如，量子纠缠、暗物质、暗能量等的发现，以及转基因技术、核能技术、食品加工技术等的应用，都引发长时间的关注和讨论。随着一些自然灾害、人为事故等的发生，以及新闻热点的出现，经常引发公众在一定时期内集中关注一些与科技有关的热点问题。如果公众对这些问题没能寻求到一种科学理性的解释，社会发酵后极有可能引发社会动荡，对社会稳定和社会秩序造成负面作用。例如，2011年3月11日日本大地震引发海啸、核污染的巨灾事件，引发公众对巨大自然灾害的影响、核能利用与安全等问题的普遍关注，曾经在中国引发“抢购食盐事件”。

在科技普及活动中，常常针对公众关注热点背后的科学问题，组织和邀请相关领域的科学家、知名专家、学者，进行科学解析，与公众、新闻媒体（网民）面对面互动交流，解释和回答、探究其成因与机理，可以求得公众对其关注热点的了解和科学理解，并可以针对一些可能带来的不利影响提出共同应对策略和科学方法。

（二）解释公众健康生活的科技问题

科学、文明、健康的生活方式，是公众的基本追求。随着人民生活水平

---

① 李廷勇.国外科技旅游的发展状况及启示［J］.中国软科学，2003（12）：100—105.

的提高，公众对生活品质提高的要求越来越迫切。在科技普及活动中，通过普及医学科学常识、传播健康科学知识和养生知识、及时解释公众关注的健康问题等，可以帮助公众提高对科学健康方式的认知，提高公众科学、健康生活的能力，抵制伪科学、伪健康，提高全民的健康素养。

视窗7–3　全民健康素养促进行动

健康素养是指个人获取和理解基本健康信息和服务，并运用这些信息和服务做出正确决策，以维护和促进自身健康的能力。健康素养不仅是衡量卫生计生工作和人民群众整体素质的重要指标，也是对经济社会发展水平的综合反映。为全面提高居民健康素养水平，2014年5月9日国家卫生计生委制定和颁布《全民健康素养促进行动规划（2014—2020年）》（以下简称《规划》）。

该《规划》制定背景。世界卫生组织倡导各国大力开展健康素养促进工作，为实现千年发展目标提供保障。我国健康素养从基本健康知识和理念、健康生活方式与行为、基本技能三个维度提出居民应掌握的基本知识和技能。从2008年起，在全国开展健康素养监测，逐步建立起连续、稳定的健康素养监测系统。根据2012年监测结果，我国居民基本健康素养水平为8.80%，还处于较低水平。为科学、规范、有效地开展健康促进工作，建立政府主导、部门合作、全社会参与的全民健康素养促进长效机制和工作体系，全面提高我国城乡居民健康素养水平，国家卫生计生委决定制定专门的指导性文件，以健康素养促进为抓手，统筹协调卫生计生系统健康促进工作。

该《规划》的主要目标。《规划》的目标分两个阶段实现。第一阶段，到2015年，全国居民健康素养水平提高到10%。在全国建设健康促进县（区）180个，健康促进医院、健康促进学校、健康促进机关、健康促进企业、健康社区各400个，健康家庭18000个。第二阶段，到2020年，全国居民健康素养水平提高到20%。在全国建设健康促进县（区）600个，健康促进医院、健康促进学校、健康促进机关、健康促进企业、健康社区各1400个，健康家庭60000个。

该《规划》的工作内容。为实现这些目标，《规划》部署了六项重点工作内容：一是树立科学健康观。正确认识健康的重要性，树立个人健康责任意识，倡导健康生活方式，了解医疗技术的局限性，形成尊重科学、尊重医学和医务人员的社会风尚，建立和谐医患关系。二是提高基本医疗素养。将基本医疗素养促进工作纳入医疗卫生机构综合考核和健康促进医院建设工作之中，采取多种形式切实提高辖区居民获取并利用医疗和基本公共卫生服务的能力。加强医患沟通，开展患者健康教育，普及合理用药和科学就医知识，提高居民防病就医能力。三是提高慢性病防治素养。将提高居民慢性病防治素养作为健康教育工作的重点任务。针对目标人群开展心脑血管病、糖尿病、慢性呼吸系统疾病、肿瘤等重点慢性病的健康教育工作，围绕合理膳食、适量运动、戒烟限酒、心理平衡等生活方式进行干预。四是提高传染病防治素养。依法加强传染病防治健康教育。宣传传染病防治法律和政策，做好艾滋病、结核病、血吸虫病、病毒性肝炎等重大传染病和流感等重点传染病健康教育工作，提高城乡居民传染病防治素养。五是提高妇幼健康素养。各级妇幼保健机构、计划生育技术服务机构以及其他医疗卫生机构要将妇幼健康教育纳入日常工作，普及妇幼保健、优生优育、生殖健康知识和技能，提高妇幼健康素养水平，促进妇女儿童和育龄人群合理利用妇幼保健服务。六是提高中医养生保健素养。将中医养生保健素养作为健康素养促进工作的重要内容，继续推进中医中药中国行——进乡村·进社区·进家庭活动。利用提供诊疗服务时机，普及中医养生保健基本知识和技能。此外，各级卫生计生行政部门要做好突发事件应急处置、食品安全、精神卫生、地方病和职业病等领域健康教育工作。①

（三）帮助公众利用科技破除愚昧迷信

我国封建社会历史长达数千年，封建迷信思想根深蒂固，至今仍然深刻地影响着人们的思想方式和行为习惯，如果不从根本上提高公民科学素质、

---

① 国家卫生计生委宣传司. 国家卫生计生委关于印发全民健康素养促进行动规划（2014—2020年）的通知［A/OL］.［2014-05-09］. http：//www.nhfpc.gov.cn/xcs/s3581/201405/218e14e7aee6493bbca74acfd9bad20d.shtml.

剔除人们的迷信观念，遇到适合的环境和条件，愚昧迷信活动的泛滥蔓延将成为必然。由于各种原因，近年来在一些地方封建迷信活动等有所抬头。在科技普及活动中，捍卫科学尊严，不断用科学破除愚昧迷信、揭露伪科学、深入揭批“法轮功”等邪教组织，对于打击和遏制愚昧迷信活动蔓延势头意义重大，影响深远。

三、科技普及是公众参与创新的重要方式

科技普及活动，以基层为重点，以公众为中心，以公众参与为前提，围绕当前科技和经济社会发展的热点及群众关心的焦点，突出科技服务民生主线，让公众在亲身参与中感受科技创新，在参与中寻求和获得公众所关注问题的理解或答案，在参与中激发对参与创新、支持创新的热情。

（一）聚焦公众关注的科技问题

公众的关注、兴趣，是科技普及最好的入口。科技普及紧紧围绕科技界和公众关注的诸多热点问题，做好选题，并根据被选题目内容的特点，采取公众易于理解、生动的方式，积极面对，开展科技普及活动，可以增进公众对这些科技问题的了解，加深公众对这些科技问题的理解，从而促使公众科学理性地对待随时发生的社会热点问题。例如，当前我国公众集中关注的热点话题，包括医疗健康、 环境污染、食品安全、 科技前沿、信息技术等。

（二）选择便于公众参与的方式

科技普及方式是指向特定内容与目标、受特定科技普及内容制约、为公众所共同遵循和接受的科技普及操作规范和步骤。科技普及是以科技的传播普及为基本目的，面向广大群众开展的形式、内容多样且参与互动性强的活动。以公众易于接受、参与、体验等方式开展科技普及活动，可以最大化地组织和吸引公众参与。科技普及活动往往注重通过网络、报纸、杂志、电视等途径，充分收集和表达公众的科普意愿，向公众广泛征求科技普及活动的建议，持续介绍和宣传科技普及活动及其公众具体参与方式，让公众充分了解和知情科技普及的活动内容及详细安排，同时为公众参与科技普及活动提供包括时间、地点、难易程度等方面的便利和保障，激发公众参与科技普及活动的兴趣和习惯，唤起公众的参与意识，从而形成公众易参与、想参与、爱参与的科技普及氛围。

（三）突出科技普及活动的互动

所谓科技普及的互动，是指在科技普及过程中，科技普及输出主体与接受主体的深度交流、平等讨论、角色互换等过程特点。在当今科技普及过程中，已经由科技普及输出主体向接受主体的单向输出，转向科技普及输出主体与接受主体的频繁互动。只将科技用简单、机械的方式展现出来，甚至只用宣传板或者科普讲座的方式，向受众单方面地展示，让公众被动接受、让听众洗耳恭听、让参观者接受讲解、让网民乖乖地点开信息，这样的科技普及效果甚微，甚至是徒劳。

当今社会，每位接受科技普及的人，其个人阅历和知识底蕴都不同，因此参与科技普及时所需要接受的知识和需要解惑的需求必然不同。即使是一位普通人也会在某一方面有长处，即使是科学家、科技专家也不是万能的，也会有某些方面的不足。随着科技的飞速发展和公众对形成中科技的普及需求日益增长，科技普及中往往难以一时对一些科技问题做出确切的结论，需要求得公众的科学理解。科技普及发展到今天，已将输出主体与接受主体视为一对平等互动的主体，特别是随着互联网在科技普及中发挥出巨大作用，科技普及输出主体与接受主体之间的界限已经很模糊，其角色已经难以区分，往往将他们同时作为科技普及者来对待。

第二节　现代科技馆展教服务供给的创新

科普展览和科普教育活动，是科普服务的最有效方式之一。科技馆是开展科普展览和科普教育活动的主要场所，是人类科学智慧的汇集地，是公众了解科学和感悟科学的殿堂。科技馆作为普及科技知识、倡导科学方法、传播科学思想、弘扬科学精神，向公众特别是青少年展示科技、参与体验科技的重要科技教育、传播和普及的公共设施，是科技发展、国家文明进步的重要标志，是国家科学传播能力和科普公共服务能力水平的重要体现，是创新型国家建设和全面建成小康社会的重要基础。

一、科技馆展教服务的时代使命

科技馆是公众获得新科技知识、产生科学感悟、享受科学探究快乐的殿堂，是科学转变为大众文化的精神工厂，是现代社会中助人顿悟的地方。建设科技馆，是为科学赋予人文价值的创造活动，事关科技的教育、传播和普及，事关国民科学素质的提高。

（一）科技馆演变及其服务功能

科技馆是以展览教育为主要功能的公益性科普教育场所，主要通过常设和短期展览，以参与、体验、互动性的展品及辅助性展示手段，以激发科学兴趣、启迪科学观念为目的，对公众特别是青少年进行科普教育，开展科普教育、科技传播和科学文化交流活动。

科技馆的发展经历自然历史博物馆阶段、科学与工业博物馆阶段、科学中心阶段等3个阶段。第二次世界大战后，全世界科技馆数量增长迅速，不仅发达国家，而且印度、阿根廷等发展中国家也建立了自己的科技馆。据不完全统计，全世界77%以上的科技馆是20世纪50年代之后兴建的，现代科技馆多以科技中心为名，至今发展势头依然强劲[①]。

科技馆（科学中心）与科技类博物馆有所不同。科技类博物馆是指以征集收藏、保存保护、研究、传播和展示自然物以及人类所创造的科学、技术、工程和产业成果的，可供公众参观和学习的，具有公益性质的场馆和场所。

视窗7-4　科技馆的起源及发展

关于科技馆的由来，有两种解释：一种是教育家和科学家在教育思想改革中创造出来的；另一种是为适应科技日新月异的发展而自然产生的。

科学家和教育家在教育思想改革中创新创造出科技馆，最早应算建于1937年的法国巴黎发现宫。当时法国巴黎承办万国博览会（世博会），政府投资兴建了包括漂亮的大宫和小宫在内的一大批建筑，博览会后诺贝尔物理学奖获得者让·佩兰（Jean Baptise Perrin）策划了“技术中的艺术”的展览，并在大宫展出，后大宫不断改造、扩充，发展成为现在的发现宫形式。佩兰产生建发现宫的想法，据说是他与一位英国朋友、也是一位诺贝尔奖得主讨论时说，不应把科学活动局限在科学家范围，应把科学加以普及，让更多的人了解科学。在这种思想引导下，发现宫尝试展出一

① 游云. 科技馆的发展现状与特点［N］. 中国高新技术产业导报，2014-07-28.

些基础科学内容。发现宫是世界上第一个没有像传统科技工业博物馆那样的收藏品的科技馆。

为适应科技日新月异的发展而自然产生了自然博物馆和工业技术博物馆这类科技工业博物馆。如1753年建成的伦敦大英自然博物馆，把自然界本身产生的动植物的标本、化石等收藏起来，进行陈列和研究。随着科技逐渐发达，特别是欧洲工业革命后，出现如1820年建成的德国柏林国家技术博物馆和1857年建成的英国伦敦科学博物馆等工业技术博物馆，其把由人设计制造出来的较为复杂的工具、仪器和设备收藏起来，进行陈列。

随着科技发展日新月异，传统科技工业博物馆难以解决包括科学家在内的所有人的知识都显得局限和贫乏的问题。随之产生如20世纪60年代建成的美国旧金山探索馆、加拿大安大略科学中心以及日本东京科技馆等科技馆，用趣味手段表现科学原理和技术应用，这些馆几乎没有像传统科技工业博物馆那样的收藏品。

科技馆起步虽晚，但发展迅猛。美国和日本大致在20世纪60—80年代，欧洲在20世纪80年代至20世纪末，多数的大中型城市，已经建成现代意义的科技馆，或者在原有科技工业博物馆中融入一定比重的现代意义科技馆的内容和形式。近年虽然仍有新的科技馆建设，但已没有像20世纪60年代至20世纪末那样高速和大规模建设的迹象。在发达国家，科技馆已深入人心，参观科技馆已成为人们生活的一部分，观众量较为稳定，长年不断。相比之下，我国科技馆还远未深入人心，观众量很不稳定。我国人口很多，但参观科技馆的比重很小。

科技馆提倡探索学习，不盲目提倡灌输。国外绝大多数科技馆的主要教育形式是展览教育，而且是常设展览教育，其非正规系统和面对大量各类观众的教育理念，与严格按年龄段进行正规系统教育的学校形成鲜明对照。在开展展览教育的同时，开展其他形式的科普活动，以此作为科技馆教育内容的丰富和扩充。国外绝大多数科技馆的展厅，都不设一般意义的讲解员，因为主动讲解不符合科技馆主动发现、探索学习的现代教育思想，科技馆不盲目提倡灌输式的讲解，而是强调普通大众对科学的感性认识和自学能力。不提倡主动讲解，并不是不需要展厅工作人员，而是说展厅工作人员的主要职责是维持展厅秩序、保养和爱护展品、观察观众的反映、熟悉展品的原理和性能、随时为观众答疑解惑。

不同规模科技馆的教育对象常有区别。发达国家科技馆教育对象多立足于属地公众。国外大中型科技馆，涉及观众对象广泛；而如加拿大的温哥华和卡尔加里、日本的横滨等小型科技馆专门针对少年儿童，内容多为最基本的科学内容的趣味展示。国外发达国家科技馆，多从科技本身的教育特点规划内容，认为科技是世界的，反映科技内容的科技馆也是世界的。国外较大的科技馆多按较抽象的大主题规划，然后再按较具体的小主题划分展区；而小馆内容少，支离破碎，不易构成学科体系，只能按专题直接划分。科技馆展览无论采用哪种方式，都要符合公众的知识基础和文化程度，最好让人看到主题或展区名称，知道其中的展示内容，主题过于玄妙是不应提倡的，那不符合大众教育的原则。科技馆的任务和最大特点就是把复杂、深奥和抽象的内容简单、通俗和形象化。

科技馆展品和展教质量要求较高。科技馆展品，不论美观与否和教育效果如何，都要坚固耐用，展品完好率很高。加拿大安大略科学中心和美国探索馆等有很多展品已连续运行了30—40年。常设展览配以若干精彩、短小的人工表演项目，是科技馆最有生命力的主要教育形式和主要功能。①

视窗7–5 科技博物馆和科学中心

科技博物馆和科学中心经历四个发展阶段。

第一阶段：展示技术发展史。一般认为，现代意义上真正的博物馆是1683年在牛津大学建立的阿什莫林艺术与考古博物馆。最早一批科技博物馆主要出现在工业革命时期。1851年，世界上第一个国际博览会在伦敦举办，展览结束后，为展览搭建起来的建筑物及展品就促成了1857年伦敦科学博物馆的建立；1903年，维也纳技术博物馆也充分利用了1873年维也纳世界博览会的展品。它们所展示的是单纯的技术，同时兼顾科学；

① 黄体茂. 世界科技馆的现状和发展趋势［J］. 2005（2）：3—11.

其目的是教育公众，让他们了解基本的技术原理。它们关注的时段是过去。早期的科技博物馆主要展示历史上的收藏品，尤其注重收藏品的历史价值、新奇性和多样性。展品布置样式多年来保持一成不变。

第二阶段：展示当代科技，提高公众知识水平。这个时期代表性的科技博物馆有1930年纽约科学与工业博物馆、1933年芝加哥科学与工业博物馆、1937 年巴黎发现宫。它们主要展示当时科技的进展情况，对公众进行教育和灌输，让他们了解科学的原理和技术的应用。它们关注的时段不只是过去，更多的是现在。它们不仅展示收藏品，还引入大量的展品，同时为公众提供科学实验演示，展现当代科学的成就。

第三阶段：让公众接触科技，促进知识为民所有。1969年旧金山探索馆、1969年安大略科学中心，真正开启了“科学中心”的时代。1973年国际科学技术中心协会的成立，象征着科学中心从科技博物馆中派生出来。这些科学中心的愿景是让公众理解科学，体验科学方法，了解科学进展；其目的是促进公众积极主动地学习科技知识，鼓励观众参与科技活动。它们关注的时段不再是过去，而是着眼于现在和未来。科学中心尤其重视观众的体验和满意度，推出了可动手操作的展品。

第四阶段：突出科技与社会的互动关系，反映“双刃剑”效应。这一时期新出现的科技博物馆和科学中心，主要有1977年新加坡科学中心、1986年巴黎科学与工业城、2004年巴塞罗那宇宙盒科技馆。它们的展示主题是科学和技术对当代社会的影响；其目的是让公众理解科学，知晓科技的社会影响。它们关注过去、现在和未来三个时段。其主要展示方式是临时展览和举办活动，展品更新频繁，体现科技的新奇性和未知性。它们注重对公众进行科技的社会影响方面的教育，既有正面积极效应，也有负面消极效应。

概言之，第一阶段是技术史博物馆阶段，第二、三阶段的科技博物馆聚焦于当代科学，第四阶段的科技馆则侧重于科技与社会之间的相互作用关系。虽然每一阶段都代表着一种新的发展，但这并不意味着后一个阶段是对前一个阶段的取代；相反，每一新阶段都可以被视作是对科技博物馆和科学中心设计理念、内容建设、展示方式的丰富和发展。

所以，现代科学中心并不排斥甚至积极引入科技史的传统展览，如巴黎科学与工业城举办了“达·芬奇：项目、设计与机器秀”展；而那些侧重收藏品的科技博物馆也并不排斥加入互动的元素，如伦敦科学博物馆开设了面向5—8岁儿童的互动展厅。[①]

视窗7-6 我国科技馆的快速发展

1958年，我国开始筹建中央科学馆（中国科技馆的前身）。经周恩来总理和聂荣臻副总理批准，中央科学馆的建设列入建国10周年首都10大工程之一，并选中清华大学梁思成教授主持的设计方案，现在的北京国际饭店所在地为当时的选址，后因资金、建材等原因，中央决定停建。1978年全国科学大会上，包括茅以升、钱学森在内的一大批科学家向中央提出建设中国科技馆的倡议。1979年2月，国家计委批准兴建中国科技馆，但因未能列入国家“六五”计划，暂缓施工。1983年，茅以升等著名科学家在全国人大会议上提出加速实施中国科技馆建设的提案，得到姚依林、万里等党和国家领导人的支持，7月国家计委批准中国科技馆列入国家“七五”计划。1984年11月邓小平亲笔为中国科技馆题写馆名，中国科技馆一期工程破土动工，1988年9月22日建成开放。2000年底，中国科协组织召开第一次全国科技馆工作会议，明确科技馆以科普展教为主要功能，并公布《中国科协系统科学技术馆建设标准》，之后全国科技馆建设进入高速发展期。2006年初，国务院颁布《全民科学素质行动计划纲要（2006—2010—2020年）》；2007年7月，建设部、国家发展改革委员会正式颁布《科学技术馆建设标准》。

“十二五”期间，全国新增、改建或改造开放科技馆54座，新增建筑面积76.4万平方米。截至2015年底，西部地区科技馆占全国的比例由2010年的13.9%上升为20.6%；中、西部地区科技馆的比例之和由2010年的44.6%上升为49.7%，科技馆区域分布不均衡的局面有所改善。2015年初，中央宣传部、财政部、中国科协开展全国科技馆免费

① 刘立. 国际科技博物馆和科学中心的发展阶段、趋势及对我国的启示［J］. 科学教育与博物馆，2015，1（6）：401—404.

开放试点工作，取得很好效果，观众数量呈现井喷式增长，免费开放前两个月内观众人数总体提升近50%，特别是省级科技馆，观众人数增长2—3倍[①]。

“十二五”期间，科技馆展教特色更加突出，展教水平不断提高。增加如新能源、航空航天、信息技术、生物工程等高新技术等方面的展示内容，一些科技馆充分发掘有中国特色、地方特色、专业特色的展示资源，涌现出以山西省科技馆新馆、青海省科技馆、杭州低碳科技馆、宁波科学探索中心、厦门诚毅科技探索中心等为代表的特色主题展馆或特色主题展区。一些科技馆尝试对教育项目的形式、内容、手段、资源等进行创新，更加强调互动性、针对性、系列性，并尝试引入互联网技术等作为辅助手段。

在推动实体科技馆建设基础上，2012年，中国科协全面启动中国特色现代科技馆体系建设工作，推动在有条件的地方兴建实体科技馆，在尚不具备条件的地方，在县域主要组织开展流动科技馆巡展，在乡镇及边远地区开展科普大篷车活动、配置农村中学科技馆，开通基于互联网的数字科技馆网站。截至2016年底，全国达标科技馆155座，另有在建科技馆138座，中央财政支持2015年3.51亿元、2016年5.51亿元，补贴全国123家科技馆实施免费开放试点；科普大篷车全国保有量1345辆；全国流动科技馆保有量295套；中国数字科技馆注册用户数逾115万，日均页面浏览量（PV）约238.6万，资源总量9.19TB，官方微博粉丝逾400万；建立农村中学科技馆175个。

（二）我国科技馆发展的转型升级

我国正在进入专业科技馆以及地市级、县级科技馆建设的新一轮科技馆建设的热潮，科技馆正在从“以数量增长和规模扩大为主要特征的发展阶段，转向在数量增长和规模扩大的同时，以提高展教水平、改进展教方式、增强展教效果的新的发展阶段”。

① 束为. 着力升级融合服务创新驱动开创中国特色现代科技馆体系新局面，在全国科技馆工作会议上的工作报告［R/OL］.［2015-12-20］. http：//kjg.cdstm.cn/index.php?m=Index&wsid=30&nid=14263&ids=168.

对科技馆建设理念、科技馆教育的基本属性等基本问题的认识和把握，是新的时期我国科技馆发展面临的首要问题。有专家认为，科技馆是人类科学智慧的集散地，是科学转变为大众文化的精神工厂。它的目标是为宇宙画真像，为大众谋幸福，为人类谋未来。科技馆是公众的科学殿堂，不同年龄、不同生活经历、不同文化知识背景的参观者在这里都能获得新知识、产生感悟、享受探究的快乐。科技馆从浩瀚的知识海洋中选择展陈主题，这些主题应当是人类知识体系核心脉络中的节点。科技馆的展陈努力实现与参观者多层次互动，包括感官互动、逻辑互动、情感互动与思想互动。建设科技馆，是为科学赋予人文价值的创造活动，使公众在短暂的参观中感悟科学真谛，在思想史的意义上，科技馆是现代社会中助人“顿悟”的地方。科学是朴素的，科技馆亦然。人们喜爱亲切、自然、朴素的科技馆，朴素寓意深刻、深邃、深沉[①]。

科技馆的发展必须遵循其规律，必须以创新思维建设科技馆。有专家认为，建设科技馆，是为科学赋予人文价值的创造活动，使公众在短暂的参观中感悟科学真谛，萌生探究的激情，思索身处其中的世界，这对科技馆是巨大的挑战。在思想史的意义上，科技馆是现代社会中助人顿悟的地方。人类科学探索活动没有固定的模式，科技馆也一样。每个成功的科技馆都有自己的特点，他们会针对自己的服务对象，根据自己的条件，选择最好的方法。平庸的科技馆大多相似，杰出的科技馆各有各的不同。创新源于深刻的思索，科技馆必须有好的顶层设计。对公众需求做出现实与前瞻分析，确定展陈的科学主题，选择实现目标的途径。在理解事物的时候，人们交替运用形象思维与逻辑思维。中国传统文化习惯形象思维，喜欢比喻、联想。近代科学传统的探索活动与知识体系，则以实证与逻辑为基础。科技馆是这两种思维方式的契合点，这种契合在参观者大脑中实现。契合的媒介，是美与情。缺乏这种媒介的展陈，会令人感到冷漠、乏味[①]。

视窗7–7　科技馆发展的国际经验

从法国巴黎发现宫、法国拉维莱特科学与工业城、意大利达·芬奇国家科技博物馆、英国纽卡斯尔国际生命科学中心、英国伦敦科学博

① 张开逊. 中国科技馆事业的战略思考［J］. 科普研究，2017，12（1）：5—11.

物馆、英国国家自然史博物馆等科技馆发展看，科技博物馆建设与发展受到这些国家政府和社会普遍重视，科技馆教育成为素质教育和市民文化生活的一部分，而且多个科技馆同城共存、功能互补、错位发展，现代科技馆特别突出教育职能的发挥。英国、法国、意大利的科技馆发展给我国科技馆建设发展以重要启示。

“问题比答案更重要”是科技馆展教设计的崭新理念。这些科技馆许多展品没有说明牌，靠观众体验；有说明牌的展品，并非告诉观众科学原理，只是告知操作方法，科学原理需要自己在操作中体会，寻找答案。这就启示我们，在科技馆展教设计时，在理念层面应当坚持“问题比答案更重要”，更多地关注探索的过程，即发现和探索科学的过程，让公众在探索中提出自己的问题，并寻求属于自己的答案，而不是直接把答案告诉公众，以更好地激发公众的科学意识和探究精神。

创造“科学实践场”是科技馆展教设计的核心任务。这些科技馆通过多件展品、多种展示手段的协同作用创设一个完整的“实践场”，展教设计重点解决如何创造“引导观众进入探索和发现科学的过程”的条件。这就启示我们，作为新一代科技馆，展教思想要充分体现“做中学”“探究学习法”和“发现学习法”，无论是展厅展品设计，还是展教活动策划，都应当注重让公众在“动手做”中感受科学魅力、体验科学快乐。

展览与教育深度融合是科技馆展品展项设置的首选因素。这些科技馆许多展品设置均配以人工表演项目、实景体验、小游戏或科普影片，展项的展示台与相关试验、培训台相邻，大量的开放或半开放式实验室就设置在展厅内部，公众参与热情非常高。这就启示我们，科技馆最有生命力的展览教育形式就是展览与教育深度融合。科学技术浩如烟海，在展品展项设置时，不论是一般技术还是高新技术，展品展项开发的同时必须策划相关教育活动，力争达到“展教深度融合”。

了解公众兴趣需求是科技馆常展常新的路径依托。这些科技馆高度重视展区展项方案设计之前的公众需求调研，根据时代发展和形势变化策划展览，特别注重公众对展览的反馈，通过问卷、调查表和随机访谈、网上调查等各种方式获得公众的需求数据。这就启示我们，公众需求分析应当成为科技馆展览设计工作的出发点和落脚点，必须始终注重通过多种方法听取和收集公众对科技的兴趣和关注点，努力满足不同层次公众的需求，才能做到常展常新，增强展览对社会公众持久的吸引力。

拓展延伸服务是弥补科技馆运营经费缺口的有效途径。这些科技馆通过财政拨款、捐赠、营收等多种经费来源渠道保障运营，其中拓展延伸服务收费是其长期良性运转的重要资金保障。这就启示我们，科技馆建成后，可以在免费提供公益服务的基础上，拓展延伸服务并适当收取费用。例如，对常设展览等基础性业务实行免费开放，对一些花巨大成本引入的精品展览适当收费，临时举办的交流展、商业展、个人展等实行收费；对那些经营性项目如球幕、4D影院采取收费政策；还可设置饮食和购物设施如咖啡馆、各种小型和大型商店、网上商店，销售以科学为基础的玩具和书籍。拓展延伸服务以市场化的方式获得收益，按照“收支两条线”管理，将其返还到科技馆的硬件、软件建设中去，可以适当弥补科技馆运营经费缺口，更有效地实现其工作目标和社会公益目标。

建立理事会制度是科技馆管理体系改革的基本方向。这些科技馆均组建理事会，科学家、学者、商人、教育家、企业家等有关方面代表、专业人士参与管理，对场馆发展方向等重大问题做出科学决策，推进理念创新、管理创新、技术创新、经营创新。科技馆管理层作为理事会的执行机构，对理事会负责。这就启示我们，组建理事会是公共文化机构管理权与所有权相分离的一种新的管理理念的体现。科技馆在运行管理中，应当推行和建立理事会制度，进一步推动公众和社会力量参与到科技馆的各项决策和建设中，从而强化科技馆的公共性、增加管理的公开透明度，提高其自身决策管理的科学性，促进其公共职能的深度实现。[①]

（三）科技馆展教服务的时代要求

如何改变科技馆“有展无教”的局面，如何认识和把握科技馆展示教育

① 河南省科技馆. 英法意科技馆观摩报告［R/OL］. 科普传播之道微平台，2016-04-06.

的原则、开发设计、功能内容等，是新的时期我国科技馆发展面临的一个核心问题。有专家认为，科技馆的使命是为宇宙画真像，为大众谋幸福，为人类谋未来。在现代社会，人生 80%以上的知识来自学校之外，科技馆应是这种知识的重要来源。科技馆是公众的科学殿堂，应具有尽可能丰富的科学内涵，不同年龄、不同生活经历、不同文化知识背景的参观者，在这里都能见到新事物，获得新知识，产生感悟，享受探究的快乐①。

第一，科技馆展陈内容应同时符合重要、有趣、可以理解等3个条件。重要是指人类核心知识体系中的核心内容；趣味源于诠释物质世界现象与规律的深刻性，改变物质世界方法的有效性、新颖性与先进性；可以理解指科技馆的叙事应当与公众知识结构衔接，与人类真实的探索活动历程一致，简洁、清晰，符合逻辑。

第二，科技馆科学主题诠释要具备核心、延展、场景等3个内容。科技馆展陈的每个科学主题，都应当包括三部分内容：①以凝练的文字表述的核心科学事实与科学观念。②相关内容的延伸与扩展，如探究的背景、知识产生的过程、探究的细节、对人类活动的影响、前沿活动，以及难点所在等。同时为有兴趣的参观者提供个性化服务，使展项具有丰富的科学信息。可以有更详细的图表、曲线、照片、视频或网络链接。③有助于理解核心知识的模拟场景、模型、实物或可以参与的实验。它们是有助于理解科学的入门道具，使人们获得体验科学的感官实证。不同文化知识背景的参观者，会分别对三部分内容产生兴趣。

第三，科技馆展陈内容要寻求不同领域间的互相关联。在科技馆中着意展现多种联系，包括自然史与文明史的联系；家园与宇宙的联系；经验与科学普遍规律的联系；发现与发明的联系；数学与物质世界的联系；科学与社会的联系；科学与艺术的联系等。思考这种联系，有助于人们理解“不同学科不过是宇宙这部大书不同的章节”。了解不同学科之间的内在联系，有助于人们理解真实的世界、理解科学，使习惯于片段知识的头脑能够以新的方式思考宇宙①。

第四，增强科技馆展教服务的时代性。充分利用现代信息技术手段、面对信息社会发展公众科普需求的变化，实施“互联网+科技馆”，是新的时期

① 张开逊. 中国科技馆事业的战略思考［J］. 科普研究，2017，12（1）：5—11.

我国科技馆发展须立即着手解决的问题。有专家认为，"互联网+科技馆"是互联网全面渗透到科技馆教育、服务、管理等各环节，其核心是通过互联网理念及技术的应用，为科技馆基于体验性实践的科学教育提供崭新的思路和方式，促进展览或教育活动的设计及实施更加开放、协作、共享和精准，更富吸引力，实现科技馆科普模式的创新和改变。未来的科技馆因为互联网的介入，使实体馆、流动馆（巡展）、数字馆（网络平台）形成点网纵横、虚实结合、动静互补、相互支持、协调统一的系统，形成全覆盖、全时空、立体化、多方式的新格局，促进科技馆整体向大众化、移动化、终身化和泛在化发展。"互联网+科技馆"是系统工程，涉及科普教育理念、理论、环境、资源、内容、形式、对象、技术、教育者等要素，要以信息技术与科普教育实践深度融合的理念为指导，用互联网思维方式和工作方式指导教育设计，让技术服务于教育，为大众参与的开放、协作和共享的科技馆建设创造条件①。

二、科技馆展教服务的发展趋势

当今时代，科学无所不在，科技已经对人类活动产生了深远的影响，随着时间推移，这种影响将更加广泛、深刻。国家的富强，经济的繁荣，以及个人的健康、幸福，与科学紧密相关。科技馆是与一个国家时代发展高度契合的科普阵地，随着科技和经济文化发展而发展。

（一）科技馆建设的细分化与集群化

国内外科技博物馆和科学中心林林总总，按强调收藏品还是强调互动性、综合性与专业性等两个维度进行划分，科技博物馆分为四类。第一类是综合性科技博物馆，如柏林科技博物馆；第二类是综合性科学中心，如旧金山探索馆；第三类是专业性科技博物馆，如伦敦自然博物馆、北京汽车博物馆；第四类是专业性科学中心，如北京天文馆②。

在科技馆细分化的同时，科技馆发展走向综合发展。现实中，一些强调收藏品的科技博物馆也引入了科学中心的元素，即互动展品。例如，新建的

---

① 廖红."互联网+科技馆"发展方向的思考［J］.自然科学博物馆研究，2016（1）：35—42.

② 刘立.国际科技博物馆和科学中心的发展阶段、趋势及对我国的启示［J］.科学教育与博物馆，2015，1（6）：401—404.

西藏自然科学博物馆即是科技馆、自然博物馆和展览馆“三馆合一”。我国很多科技馆，虽然英文名称是 Museum（博物馆），比如中国科技馆（China Science and Technology Museum），但其主要还是属于“科学中心”，强调互动性，缺乏收藏品。近年来，不少科技馆都已经或计划引入收藏品，如上海科技馆新建了拥有大量收藏品的分馆，即上海自然博物馆，湖北科学技术馆新馆拟引入科技史收藏品。不光新建科技馆应引入科技史收藏品，老馆也应更新换代，补齐这块“短板”。更广泛地讲，考虑到我国某些省份或地区缺乏科技博物馆，新建的大型科技馆，如河南省科学技术馆新馆，应以综合性科学中心为主体，同时兼顾综合性博物馆（收藏品涵盖多个广泛的领域）、专业性科技博物馆（以某一或某些地域性历史“镇馆之宝”为鲜明特色）、专业性科学中心（以某一专业领域的互动展品为主）。又考虑到我国某些省份或地区缺乏自然博物馆，新建的或扩建的科技馆也可兼顾自然博物馆，如上海科技馆、西藏自然科学博物馆都包括自然博物馆。再加上科技日新月异，不断出现热点话题，新建的科技馆应有较大面积“应急”处理的临时展厅。总之，新建科技馆可考虑综合性科学中心、科学与工业博物馆（收藏品和仿制品）、自然博物馆和临时展览馆“四位一体”[①]。

此外，集群化建设和运行也是科技馆发展的重要趋势。例如，德国柏林的“博物馆岛”集中5个大型博物馆（柏林老博物馆、柏林新博物馆、国家美术馆、佩加蒙博物馆、博德博物馆），充分展示当地的文化品牌和形象。这种现象用经济学、管理学的术语来讲，就是“集群化”。在北京奥林匹克公园的中国科技馆周围也将形成博物馆集群，包括中国国学中心、中国国家美术馆、中国工艺美术馆·中国非物质文化遗产展示馆[①]。

近年来，我国民众对科技馆的参观热情日益高涨，然而逐年增长的科技馆以及观众数量对科技馆的运营管理提出新的挑战。科技馆集群化发展，通过集群形成资源的集聚，实现优势互补和资源共享，形成价值共同体，提升科技馆的整体形象，使科技馆在集群中得到更高效和个性化的发展，从而更好地满足社会对包括科技馆在内的馆群的需求。纵观世界博物馆的发展，

---

① 刘立. 国际科技博物馆和科学中心的发展阶段、趋势及对我国的启示[J]. 科学教育与博物馆，2015，1（6）：401—404.

博物馆群均被视为城市发展的催化剂和文化行销的典型。对于集群内的小型场馆来说，它缺少营销的资源，而大型场馆可以借用先进的管理理念和成熟的营销策略将其整合在自身的战略发展策略中，一并进行营销，一方面提高小型场馆的公众知晓度和参观量，另一方面也使得小型场馆在集群化的过程中汲取先进的营销、管理理念，大型场馆也利用了集群的优势进行资源的整合，提升了整体运营能力和效率，实现群体化运作的规模效应，促进整个城市的文化发展①。

（二）科技馆教育的时代化与人文化

科技馆不断紧紧追赶着时代发展的步伐，我们生活在科学无所不在的时代，科技馆必须以不断丰富人类知识，增长人类能力，改变人类生产方式与生存方式、观念与思维为己任。

第一，让公众通过科技馆及时了解科技前沿、看到世界。现在科技发展日新月异，从基础研究到高技术研究，到其他技术的更新换代，步伐不断加快，科技馆需要及时把最新的、前沿的科学技术及时向公众普及。例如，航天、新材料、生命科学等领域不断有新成果出现，科技馆应该把最新的前沿科技尽快转化为公众普遍能接受理解、易看易懂的展品和内容，通过信息化、虚拟现实等手段体现出来。科幻的发展引起了人们对天体物理、天文学、宇宙学等领域的兴趣。随着《三体》的火爆，公众很想了解什么是黑洞、虫洞，什么是暗物质、暗能量等，如果我们还仅限于展示原来经典物理学的内容就无法满足公众需求。我们要深入研究，加强创新，在内容和形式上不断地紧跟时代的步伐，在现有良好的基础上促进科技馆事业的创新发展。

第二，科技馆展教内容从经典科学到新兴科学。科技馆应该兼顾经典科学与新兴科学的结合。目前在我国科技馆所展示的大多是已经被证明为真理的科学常识，比如牛顿三大定律、DNA 双螺旋结构等。然而科技的发展日新月异，出现了很多新兴的科学技术，还有战略新兴产业，如转基因、纳米科技等。国外不少科技馆已把这些新兴科技引入到展览中，让公众及时了解其前沿动态。

第三，科技馆展教内容从科学成果扩展到科研过程。科技馆应该兼顾

---

① 左焕琛，王小明. 新形势下博物馆集群化运营的探索［EB/OL］.［2015-06-24］. http://public.dha.ac.cn/content.aspx?id=288905065466.

科学成果与科研过程的结合。我国科技馆的展示内容，基本上都是“尘埃落定”的东西，而国际上科技馆早已开始关注科技成果是如何“尘埃落定”的，即科研开发的过程。我国科技馆要扩充展教内容，不仅要展示通常所说的“四科”，即科学知识、科学方法、科学思想和科学精神，也要引入科研过程、科学技术对社会的影响等。科技馆还要承担宣传普及科学发展观以及十八大以来确立的科技创新观、五大发展理念（创新、协调、绿色、开放、共享）的工作。

第四，科技馆展教方式从灌输式到启发式、从讲解型到动手型。从以科技馆为中心到以观众为中心，我国科技馆应兼顾以科技馆为中心与以观众为中心两种理念。科技馆专业人员具有丰富的实践经验，适当坚持科技馆为中心，充分考虑观众对科技馆的多种需求，尤其是对展教主题的需求。考虑到我国国情，尤其是我国公民科学素质总体水平相对较低的现状（2015 年我国具备科学素质的公民仅为 6.20%），我国科技馆应该兼顾灌输式和启发式展教方式，结合两种方式开展科学传播与普及教育，并逐步从灌输式走向启发式。兼顾讲解与动手两种方式开展科学普及教育。实际上，在我们国家，观众特别喜欢听展品的讲解说明，所以我们需要坚持讲解型的展教方式，培养更多优秀的讲解员，同时也要鼓励观众尤其是青少年在做中学。科技馆展教立场从支持辩护型到客观中立型，我国科技馆应兼顾支持辩护型与客观中立型的展教立场。比如科技馆对转基因、核电产业方面的展教，就要站在相对中立的立场上，让公众通过展览所获得的内容、数据和证据，做出自己的判断。当然，由于我国公民科学素质总体水平较低，在展览时要有一定的舆论导向，有所侧重[①]。

第五，科技馆要贯彻STEAM理念。现在的科技馆尤其是展品应该与艺术结合起来。美国的STEM教育指的是科学、技术、工程与数学的教育。近年来STEM教育逐渐转型，开始引入艺术和人文的元素，扩展为STEAM教育。人类最高的价值观是追求“真、善、美”，科学是求真的，人文是求善的，艺术是求美的，这些元素应该有机地结合起来。科技馆要把STEAM理念落地，就要强调展品的设计和布置必须与艺术结合起来，体现科技展品的文化特性。

---

① 刘立. 国际科技博物馆和科学中心的发展阶段、趋势及对我国的启示［J］. 科学教育与博物馆，2015，1（6）：401—404.

要把STEAM理念贯彻到科技馆的建设、运营和实践中去，设立创客空间，让公众尤其是青少年在科技馆感受、体验并被激励发明与创新[①]。

（三）科技馆服务的信息化和情景化

随着互联网特别是移动互联网的普及，信息化技术在科技馆展教和服务中得到广泛应用，延长了科技馆教育和服务的手臂。同时，科技馆展教情景化激发了公众对科学的兴趣，体验科学带来的愉快和乐趣。

第一，科技馆展陈的“虚拟”情景。把现代信息技术应用到科技馆展教中，推动“互联网＋科技馆”，把实体的科技馆与互联网技术结合起来，把“互联网＋”战略思维和行动计划与广义的科学传播事业结合起来，线上线下形成无缝对接。

虚拟科技馆是科技馆信息化或“互联网＋科技馆”的重要形式之一。虚拟科技馆，一般是指以信息技术、虚拟现实技术等模拟真实科技馆的展览，让观众参观具有身临其境感觉的虚拟化科技馆。虚拟科技馆需要制造出虚拟科普展教场景和展品，观众通过鼠标操纵进入科技馆参观，如加入虚拟现实的外设，如头盔、数据手套等，可以实现人-机互动。较好的人-机互动可以调动观众的视觉、触觉等感觉，使人产生较好的科技馆参观“现场感”。

数字化科技馆是比虚拟科技馆更宽泛的概念，是指以数字化的形式全面地管理现实科技馆的所有信息，不仅包含虚拟科技馆的内容，也包含科技馆内部管理网络、观众导览系统、网上信息服务等内容。科技馆信息化突破了实体科技馆时间和空间上的限制，使科技馆服务不受地域的限制，不受开放时间的限制，任何人、在任何地点、任何时间都可以参观“科技馆”。

第二，科技馆展教的“不在场”情景。科技馆里的展项是“在场”的东西，要让人们联想到“不在场”的东西，形成完整的“冰山”图景。正如哲学家海德格尔（Martin Heidegger）通过“壶”，联系到了“天地人神”。在展览的时候应该制造相关的背景，只有在一定背景下才能发现展品丰富深刻的内在意义。瑞士伯尔尼爱因斯坦博物馆的场景制造就做得非常好，令人有身临其境的感觉。又如，清华大学以“两弹”元勋邓稼先校友为主题的

---

① 刘立. 国际科技博物馆和科学中心的发展阶段、趋势及对我国的启示［J］. 科学教育与博物馆，2015，1（6）：401—404.

原创校园话剧《马兰花开》，生动地展现了科学大师的光辉业绩和崇高精神，对于弘扬科学精神、激励青年学子献身中华民族伟大复兴的“中国梦”很有意义。

第三，科技馆展览的“时态”场景。当今社会发展迅速，科技馆要跟上时代，就必须要增加一些临时展览。例如，青蒿素的发现者屠呦呦研究员最近刚刚成为中国本土第一位诺贝尔科学奖获得者，我们的科技馆应该立即跟上，围绕这个主题做一些临时展览。再比如，咸宁要建核电站，湖北科技馆就可以适时、适当地推出相关展览，让公众理性地看待核电站[①]。

三、科技馆展教公共服务供给的创新

新时期，我国科技馆体系建设必须适应全面小康社会和创新型国家的战略部署，服务创新驱动发展和人民科技文化需求，贯彻“创新、提升、协同、普惠”的科普工作理念，大力推动由以数量与规模增长为主要特征的外延式发展，转变为以提升科普能力与水平为主要特征的内涵式发展，从而实现科技馆体系整体的创新升级。

（一）推动科技馆体系的现代化

紧紧围绕我国科技馆以数量增长和规模扩大为主要特征的发展，转向在数量增长和规模扩大的同时，提高展教水平、改进展教方式、增强展教效果的发展，大力促进我国现代科技馆体系的转型升级。

第一，强化现代科技馆发展的先进理念。新时期，科技馆建设要加强科技馆理论的研究，逐步建立符合当代科技馆发展潮流并具有中国特色的科技馆理论体系和先进理念。

一是树立科技馆教育的理念。科技馆虽然是科普教育场所，但其展示教育的方式表明，其主要功能应该是通过直观视觉刺激和体验，来唤醒人们的理性意识、科学理念，激发好奇心，激励人们进行探索和学习的兴趣，并逐渐改变观念，形成科学的世界观和人文的价值观。科技馆的这种科学教育理念，与学校正规教育的科学教育理念是有明显区别的，对此我们应该有清醒的认识。只有对科技馆有了正确的认识和功能定位，才能充分发挥科技馆

---

① 刘立. 国际科技博物馆和科学中心的发展阶段、趋势及对我国的启示[J]. 科学教育与博物馆，2015，1（6）：401—404.

的功能，才能明确建设科技馆的目的，才能依据自身的特点给科技馆注入灵魂，使科技馆焕发出生命力。坚决扭转一些科技馆建设发展中“重馆舍建设、轻内容建设”“重场馆建设、轻运营管理”“重展轻教、以展代教”等现象。

二是树立人本化的科技馆设计理念。在科技馆的发展历程中，现今已经从过去的“以物为中心”发展到基于以人为本的“以人为中心”的理念。当前，科技馆的展示内容虽然已从自然发现和技术发明的“物”（标本、产品等）转变成以教育为目的的“物”（展品），但如果只是通过展品来表达科技知识，就仍然摆脱不了“以物为中心”的印迹。将科技馆建设理念转变为“以人为中心”的建设理念，即要以提高公众的科学素质为主要教育目的；展示内容着重表现人与科技、人与自然的关系；展示方式要适应公众的需求。树立“以人为中心”的理念将有助于克服科技馆展示内容“见物不见人”和“展品中心论”的倾向。

三是树立自下而上的科技馆展览理念。自下而上的展览模式就是假设公众不仅有能力接受新知识，而且有能力创造新知识。科技馆的作用就是要营造一种环境，在这里，参观者能够探索出一条主动改变他自己与科技之间关系的路径。在科技馆，参观者是自主的，并依照个人的意愿决定活动的内容，因此，这样的学习是自下而上的。参观者在离开科学中心的时候都应当有新的能力、新的技能和理解的深化。在这里，参观者是知识创造活动的积极参与者，而不仅仅是接受者。

四是树立“课题中心”的科技馆表达理念。“课题中心”模式是通过一系列科技及应用去认识一个特定的社会课题，或者通过学习社会课题的过程来认识相关的科学原理和技术。它把科技放到社会应用的大背景下，思量科技对社会的影响和社会对科技的影响等，强调的是科技的综合性、社会应用性等。采取“课题中心”模式的科技馆通常以“展区制”展示模式为主，一个展区有一个特定的公众比较感兴趣的主题，展示的内容围绕主题展开，展品的设计围绕内容发展的线索进行，展品与展品之间有明确的关联度，有时是通过几个展品来体验一种方法，有时则通过几个展品来表达一种思想或一种发展的过程。展示的目的不仅是了解某一个展品所表达的概念，而且要通过若干展品了解一个完整的内容体系。它的体验内容主要是综合性的主题或社会课题，体验方式趋于多元化[①]。

第二，加快建设我国科技馆标准体系。标准是现代科技馆体系建设发展的技术支撑，是科技馆管理和服务能力现代化的基础。要推动制定、完善科技馆体系建设标准，加快完善科技馆标准化体系，提升我国科技馆标准化水平。要研究制定科技馆行业国家标准体系，并先行启动我国科技馆行业重要且急需的国家标准的制定工作。要修订《科技馆建设标准》，以适应国家、社会和公众对科技馆建设的新要求，特别是十八大之后建设全面小康社会和创新型国家的新形势以及公共文化服务体系和中国特色现代科技馆体系建设的新任务，对今后的科技馆建设起到更好的指导和规范作用。要研究制定"科技馆内容建设规范"，促使各级政府、科技馆主管部门和科技馆自身高度重视科技馆内容建设，进一步厘清各级各类科技馆在我国现代科技馆体系建设中的功能定位和职责任务，明确科技馆内容建设的主要原则、相关要求和方式流程等，规范和提升全国科技馆内容建设水平[②]。

第三，强化现代科技馆体系建设的统筹协同。我国现代科技馆体系建设基础是在系统化基础上形成体系，以科技馆的规范、统一、目标为核心，推动科技馆建设、展教创新、服务提升。要理顺与创新科技馆体系建设机制，建立一整套立足于国家公共科普服务体系建设的创新型机制和制度安排。要建立科技馆运行效果监测评估机制，建立全国科技馆评级与分级评估制度，定期对科技馆的建设、运行、展教、服务、效益等进行评估。建立、健全全国科技馆免费开放制度，重点是对实施免费开放的科技馆进行绩效考核，将科技馆的综合科普效益与财政投入、免费开放专项补助等经费挂钩。要搭建科普展教资源建设与服务共享平台，在互利共赢的基础上，打破地域和行政级别的限制，通过科技馆联盟、总分馆制、对口帮扶、捐赠互换等方式，加大老、少、边、穷地区科技馆公共服务供给，提高科普资源的利用率和社会效益[②]。

---

① 陈戈. 科技馆建设理念的创新思路［J］. 海峡科学，2013（4）：58—60.

② 束为. 着力升级融合服务创新驱动开创中国特色现代科技馆体系新局面，在全国科技馆工作会议上的工作报告［R/OL］.［2015-12-20］. http：//kjg.cdstm.cn/index.php?m=Index&wsid=30&nid=14263&ids=168.

（二）增加科技馆公共服务供给

聚焦建设适应全面小康和创新型国家、服务创新驱动发展和人民科技文化需求、依托互联网等信息技术的现代科普体系的总目标，大力实施现代科技馆体系提升工程，推动科技馆建设布局的优化，增加科技馆公共服务供给，促进科技馆服务公平普惠，为我国公民科学素质的跨越提升做出应有贡献。

一是推动大中城市科技馆建设。进一步优化布局和结构，加强对新建科技馆的支持，推动中西部地区和地市级科技馆的建设，逐步缩小地区差距；推动展教场地设施不足、科普功能薄弱的中小型科技馆改造或改建，大幅提升科技馆的覆盖率和利用率。到2020年，城区常住人口100万以上的城市至少建有1座科技馆，全国科技馆总数超过260座，全国科技馆年接待观众量突破6000万人次。

二是大力发展专题性科技馆。推动有条件的地方及企事业单位等，因地制宜建设一批具有地方、产业特色的专题科技馆。充分利用城市经济转型遗留的工业遗产，结合城市发展规划，建设行业科技馆。引导、鼓励各地科技馆根据本地情况突出专业和地方特色，逐步形成多样化、特色化的场馆结构布局。

三是促进小型科普设施建设发展。提升小型科普设施展教资源的开发能力与水平，实现展览展品和教育活动的专题化和特色化，丰富内容形式，增强展教效果，加大科技馆展教资源服务基层、服务社区、服务农村的力度和范围。到2020年，实现中国流动科技馆的运行保有量达到300套，力争全国尚未建设科技馆的县（市）每3年巡展1次；科普大篷车的运行保有量突破2000辆，活动和服务范围基本覆盖全国建有科技馆城市近郊以外的所有乡镇；流动科普设施当年服务观众总量突破1亿人次。加快农村中学科技馆建设，力争到2020年全国贫困地区中学拥有1000所科技馆。社区科普活动室、科普画廊等基层公共科普设施获得常态化的科普资源与服务，充分保障其正常运行及科普功能的有效发挥。

（三）提升科技馆展教服务能力

科技馆展教是现代科技馆体系建设的灵魂和核心，要以实体科技馆为依托，科技馆专业人才建设为支撑，大力推动提升科技馆展教服务能力。

一是加快全国科技馆的建设步伐。实体科技馆作为中国特色现代科技馆体系的依托和核心，各地方财政应将科技馆建设纳入当地国民经济和社会事业发展总体规划及基本建设计划，加大对科技馆建设和运行经费的公共投入。落实有关优惠政策，鼓励社会各界对公益性科技馆建设提供捐赠与资助；鼓励有条件的企业事业单位根据自身特点建立专业科技馆；落实有关鼓励科普事业发展的税收优惠政策，鼓励企事业单位及个人参与科技馆建设。加强宏观统筹，合理规划全国科技馆建设发展，推动科技馆新建和改扩建，"达标"科技馆数量不断增长，尽快实现全国科技馆合理布局和功能优化。加快对科普教育功能薄弱的科技馆进行更新改造和改建扩建，推动具有专业、地方、主题特色科技馆的建设。

二是加强科技馆科普展教资源的开发与创新。依托和鼓励全国展教资源研发能力雄厚的科技馆和企业，建设国家级和省级科普展教资源研发与服务中心；同时为流动科技馆、科普大篷车、农村中学科技馆和基层科普设施及其展览展品的运行、维护、维修等提供技术支持和服务，弥补基层相关专业技术力量和人员配备等方面的不足。通过设立展览展品开发及更新改造、科学教育活动开发、网络科普和影视科普作品创作项目，大力提升科普展教资源设计开发能力和水平，不断拓展内容和形式，鼓励创新，形成一批具有自主知识产权、社会影响力和国际竞争力的科普展教资源。促进科普展教资源产业发展，增强与提高企业科普展教资源研发制作的能力与水平，鼓励科技馆与企业的深度合作与优势互补，逐渐形成科普展教资源产业。

三是强化科技馆专业人才队伍建设。通过正规教育、在职培训和进修、国内外交流等多种途径和方式培养科技馆所需的专业人才，逐步建立科技馆专业人才培养体系，造就一大批具有创新意识、高素质的专业化、职业化的专家型和技术型的优秀人才队伍。继续推动中国科协与高校合作培养高层次科普专门人才试点工作，开设科技馆展览、教育相关课程，为科技馆培养理论与实践相结合的适用人才。制定科技馆从业人员的职业标准、资格准入和专业技术职务评聘等办法，切实形成能够激发从业人员不断提高业务水平的良性竞争激励机制[①]。

① 束为. 着力升级融合服务创新驱动开创中国特色现代科技馆体系新局面，在全国科技馆工作会议上的工作报告［R/OL］.［2015-12-20］. http：//kjg.cdstm.cn/inder.php?m=Inder&wsid=30&nid=14263&ids=168.

（四）推动科技馆服务的信息化

跟上信息社会的步伐，充分应用信息技术的手段，全面提升现代科技馆体系服务能力。

一要建设覆盖我国现代科技馆体系各主要成分的网络系统。将中国数字科技馆打造成为中国特色现代科技馆体系内重要的展教资源集散平台、输送渠道和信息中心，为科技馆体系的整体运作提供项目管理与运行、展教资源开发与共享、活动协同与增效等方面的服务。通过线上线下相结合（O2O）的方式，形成实体科技馆、流动科技馆、科普大篷车、虚拟现实科技馆、数字科技馆、农村中学科技馆等有机整体并能良性互动，促进科技馆科普展教资源的虚实结合以及科技馆与公众之间的互动交流。

二要充分应用信息化手段加强用户体验和公众服务。强化用户理念和体验至上的服务意识，充分运用虚拟现实、人工智能、全息仿真等信息化技术，应用多媒体、动漫、游戏、虚拟社区、APP等信息化表达和呈现形式，增强用户体验效果和黏性。建设虚拟现实科技馆，及时生动地向公众再现科技前沿，形象化展现微观、宏观、宇观尺度下的科技内容，增强科技馆展览展品、教育活动的沉浸感、交互性以及观众的想象力。利用信息化技术为公众按需提供科普服务和精准推送，同时在互动中服务、在服务中引导，增强公众对科技馆的参与度、关注度和满意度。

把虚拟现实等信息技术作为科技馆展教的重要手段，以"超现实体验、多感知互动、跨时空创想"为核心理念，生动呈现最新科技前沿，有效促进高新科技成果的传播和转化；直观展示常态下难以直接观察到的科学现象和技术过程，充分激发公众的创造力和想象力。到2020年，集中建设若干个示范性虚拟现实科技馆以及在有条件的科技馆中开辟虚拟现实科技馆专区；在流动科技馆、科普大篷车、农村中学科技馆等中增设虚拟现实相关展教内容，增强对公众的吸引力和最新科技成果的普及。

提升中国数字科技馆平台能力。紧跟科普信息化的发展形势，发挥服务于中国特色现代科技馆体系建设的独特优势，在科普中国的品牌建设中奋发有为。进一步发挥中国数字科技馆在中国特色现代科技馆体系中的科普展教资源集散与服务平台作用，加强互联互通和虚实结合，显著提升影响力和示范性，到2020年，亚利克沙（Alexa）国内网站排名提升到100名以内。

三要以互联网思维推动万众创新。在互联网思维推动下，人人都是科普工作的建设者、参与者和受益者，发动各类企事业单位和公众参与到科普展教资源的开发和创作工作中，形成人人参与、人人受益的科普工作局面和大众创新、万众创业的良好的社会基础。科技馆的建设和运行中坚持“开门办馆”的理念，通过众包、众筹等方式，吸引、鼓励各种社会力量、资金和资源积极投入、多渠道参与中国特色现代科技馆体系建设，促进科技馆事业和产业的协调发展。

（五）创新科技馆公共服务模式

围绕科技馆公共服务供给的品质和效率，创新科技馆公共服务供给模式，引入市场机制，打破垄断，鼓励竞争，多元投入，推动科技馆公共服务的专业化、供给主体的多元化，推动科技馆公共服务供给侧创新提升，充分发挥科技馆人力 、物力 、财力的效能，降低供给成本，提高供给效率。

第一，加强政府购买科技馆服务力度。改革开放以来，我国科技馆公共服务体系和制度建设不断推进，但与人民群众日益增长的科技馆公共服务需求相比，目前我国科技馆的总体数量、分布、展教水平、展教服务和运营管理等都有较大提升空间。需要政府进一步强化科技馆公共服务职能，创新公共服务供给模式，有效动员社会力量，构建多层次、多方式、多元化的科技馆公共服务供给体系，提供更加方便、快捷、优质、高效的科普公共服务。

强化政府向社会力量购买科技馆服务力度，要通过发挥市场机制作用，把政府直接向社会公众提供的科技馆公共服务事项，按照市场竞争的方式和程序，交由具备条件的社会专业力量承担，并由政府根据科技馆服务数量和质量向其支付费用。

加大政府推进科技馆免费开放服务的力度，坚持把推进科技馆免费开放作为改善文化民生、丰富城乡基层人民群众精神文化生活的重要任务，增强科技馆公共科普服务供给。大力推动科技馆管理体制和运行机制创新，改进内部管理模式，创新服务方式，提高运营效率，以免费开放为重要契机，加强科技馆能力建设和制度建设，促进服务能力明显提高，为提高全民科学素质发挥重要作用。

第二，大力推进科技馆教育与学校教育结合的新模式。科技馆在当今社会大中小学生素质教育中起着非常重要的作用，科技馆要加强与学校联系合作，积极探索科技馆与学校科学教育的有机结合途径，将科学的思想和思维方法融入学校教育中去。科技馆是最好的实践教学大课堂，是对学校科学教育的重要补充，有利于激发学生对科学技术的兴趣，有利于推动科学教育的创新。科技馆教育要与学校德育教育相结合，与学校课程设置相结合，与教师改善教学手段、创新教学方法相结合，与推动学校学科整合相结合。学校与科技馆需要建立衔接而有机结合在一起，为教育提供有利条件。开设流动科技馆，将科技馆设在学校，学生可以利用空闲时间随时到流动科技馆参观。科技馆应积极开展各类青少年的科技实践活动，如举办青少年科技创新大赛、科学家专场讲座、科学研究活动等，让学生积极参与进来，体会科研的乐趣。加强校内外科技教育工作者队伍建设，形成一支由科技馆展教人员、科技专家、科技辅导员、学校科学教师和科普志愿者组成的校内外科技教育队伍，共同推进学校教育与科技馆教育的有机结合①。

第三，积极探索流动科技馆常态化与县级科技馆建设结合的新模式。随着经济社会的发展，各地建设县级科技馆的积极性日益高涨，建设县级科技馆确有必要，但县级科技馆极易陷入国际科技馆界公认的科技馆“自衰定律”陷阱。即科技馆新馆开放1年内，观众人数达顶峰，随后由于审美疲劳逐年递减，5年后进入低位徘徊，除非大规模更新改造，否则将丧失科技馆生命力。县级科技馆建设容易，然而由于科普展品、展览的质量、规模、更新速度，交通、互动、场馆环境、讲解及服务水平、配套设施、个人兴趣等多方面的限制，仅凭科技馆内容更新、展教方式创新等往往难以打破公众“审美疲劳”。为此，开展流动科技馆常态化与建设、运营县级科技馆的结合，可能是走出县级科技馆“自衰定律”陷阱的路子。即采取科技馆展品、展厅服务、讲解人员、场地等众筹、众扶模式，借助流动科技馆展品的流动性强、更新快等特点，集成多方力量共同建设和持续运营县级科技馆。县（区）政府负责落实科技馆场地、筹划地方特色展区、招募科普展教人员，以及科技馆日常运维等；全国流动科技馆运营实施单位承担科技馆的布展设计、展品筹划和定期更换，以及培训展教人员等；属地省级科技馆可选派相关展教专业人员驻馆指导或领导管理，并在科普展品更新方面给

① 刘运筑. 论科技馆教育与学校教育的有机结合［J］. 科技资讯，2012（21）：249.

予支持；同时，科普大篷车的运营和科普服务，与科技馆建设与营运统筹安排。

视窗7–8　中国流动科技馆巡展

为增强科普基础设施整体服务能力，促进中国特色现代科技馆体系建设、科普公共服务均等化，中国科协和财政部从2014年开始，在全国实施中国流动科技馆巡展，充分发挥流动科技馆的辐射和带动作用，建立广覆盖、系列化、可持续的流动科技馆公共服务机制。

通过巡展的形式，对全国尚未建设科技馆的县（市）的公众特别是中小学生，实现流动科技馆的基本覆盖，增加公众接触优质科普资源的机会，拓宽公众提高科学素质的途径，促进科普公共服务的公平与普惠，推动全民科学素质的提高。

中国科协和财政部联合实施中国流动科技馆巡展，中国科协主要负责流动科技馆巡展组织实施和业务指导，财政部主要负责中国科协组织的流动科技馆展览资源及展教活动开发经费安排，各省级科协和财政部门负责本地流动科技馆巡展的综合协调、经费保障。各省级科协和财政部门对流动科技馆在本地巡展进行规划，制定巡展方案。中国科协、财政部根据方案有序安排流动科技馆巡展，优先考虑老少边穷地区。中西部地区和东部地区采取不同的展品配发方式，中国科协和财政部对各省级科协、财政部门的流动科技馆巡展组织实施情况统一进行绩效考核。

针对中西部地区和东部地区采取不同的实施方式：中国科协通过政府采购方式为中西部地区研制配发巡展展品，展品产权属于中国科协，各省级科协自行组织巡展。东部地区提交项目巡展计划，自行研制或购买巡展展品，按要求纳入统一的项目实施和管理。

中西部地区根据本地巡展规划制定巡展方案，东部地区提交巡展计划，中国科协综合考虑中央和地方经费安排情况、各地制定方案、项目覆盖面等因素，合理安排流动科技馆巡展。

中国科协统一开发和研制主题为“体验科学”的中西部地区巡展展览，展览由50件展品组成，与科学表演、科学实验、科普影视相结合。展览面积约为800平方米，采取模块化设计，可根据场地条件进行拆分和组合。东部地区可参照执行。

巡展站点选择在尚未建设科技馆的县（市），每县设一站，每站展出时间原则上不少于2个月，每套展览每年至少巡展4站，可根据实际情况调整巡展时间和站数。巡展组织实施工作包括巡展方案制定、站点选择、人员培训、场地落实、展览运输、布撤展、安装调试、日常管理和维护、教育活动开展、观众组织、媒体宣传等。

中国科协和财政部根据每套展览巡展的站点数量、展品完好率、中小学生覆盖率、特色活动开展情况和社会影响力等因素，对各省级科协、财政部门的流动科技馆巡展组织实施情况进行绩效考核。[①]

第四，积极探索建立科技馆服务众创、众包、众扶、众筹的新模式。要建设、完善“互联网+科技馆”的服务平台，鼓励发展科技馆服务的众创、众包、众扶、众筹模式，使科技馆展教资源配置更灵活、更精准，凝聚大众智慧，形成内脑与外脑结合、企业与个人协同的科技馆服务创新格局。通过众创、众包、众扶、众筹等方式，将分散在不特定主体处的优质科技馆展教资源、人力资源、物力财力等展教要素与公众的科普需求进行深入对接，为高效配置各类科技馆展教资源，提升科技馆服务供给，构建强大的技术和服务基础。

视窗7-9　中国特色现代科技馆体系

实体科技馆是科技馆体系的龙头和基础，以展览、教育为主要功能的公益性科普设施，是面向社会公众进行展览、培训、实验等的重要场所。同时，为整个科技馆体系的展教计划、内容选题、展品设计和组织制作、展教活动策划和实施、组织实施、人力资源等提供核心保障。

虚拟现实科技馆。虚拟现实科技馆遵循“超现实体验、多感知互动、跨时空创想”的核心理念，通过虚拟现实技术营造互动参与场景，

① 中国科协、财政部关于印发《中国流动科技馆实施方案》的通知［A/OL］．［2014-06-12］．http：//news.hexun.com/2014-06-12/165635976.html.

使公众能够身临其境地参与互动体验，突破科普的时空局限，充分激发公众的创造力和想象力。建设虚拟现实科技馆，是现代科技馆发展的必然趋势，是保持科技馆先进性、增强科技馆展教活动的沉浸感、交互性、构想性的重要手段；能及时生动地向公众再现科技前沿，破解科学现象再现难、技术过程表现难、科技展品互动难、研究环境体验难等难题；能充分激发公众的创想，增强代入感，让公众深度沉浸在感知科学、体验科学的浓烈氛围中，激发公众探究科学的真谛，追求科学的梦想。虚拟现实科技馆是现代科技馆体系的重要组成部分，可以与实体科技馆、流动科技馆、科普大篷车、农村中学科技馆、数字科技馆等结合，建成实体虚拟现实科技馆、流动虚拟现实科技馆、在线虚拟现实科技馆等。实体虚拟现实科技馆，包括在实体建筑或现有科技馆中开辟虚拟现实科技馆专区，或在建科技馆中增设虚拟现实科技馆专区。通过一定场景设计，配置展示设备，实现观众虚拟现实体验；通过视觉头盔、力反馈手套等装备，实现观众交互体验。流动虚拟现实科技馆，为流动科技馆、科普大篷车等流动科普设施配发虚拟现实科技馆终端设备，通过巡展使更多公众尤其是欠发达地区公众借助虚拟现实设备体验虚拟现实场景，感受交互效果，了解科技发展前沿。在线虚拟现实科技馆，通过互联网平台展示虚拟现实科技馆相关内容，使公众通过互联网或简单的终端设备，泛在享受虚拟现实科技馆的互动体验。

流动科技馆。流动科技馆是近年来科普工作发展创新的新事物，是与固定的、实体科技场馆相对应的一个新概念。与实体科技馆的“展品不流动、观众上门”相比，流动科技馆的理念是“展品送上门、观众就近看”。因此，它以择优配置的观众可参与的互动科普展览、科普教育活动等为核心内容，以可拆装运输、可移动的科普互动展品、科学实验、科普影院等为主要手段，采取科普对象人群地域上的全覆盖、科普主题内容的系列化、流动活动的周期性等方式，让尚未建设科技馆或科技馆未能完全覆盖地区的公众同样享受到科普的公共服务。

科普大篷车。科普大篷车是指包括按照技术要求改造的车辆、车载设备和车载科普展品等的流动性科普设施。科普大篷车以其丰富多彩的展示内容、多种媒体的教育方法、机动灵活的活动方式，深入偏远地区和农村，开展科普展教活动，受到广大公众和科普工作者的欢迎。

农村中学科技馆[①]。农村中学科技馆旨在培养中学生讲科学、爱科学、学科学、用科学的意识，提升农村青少年科学素质、促进教育资源均衡化、促进科技馆展品产业化。筹建农村中学科技馆面向全国特别是中西部地区农村，每所农村中学科技馆建设经费约30万元全部来自社会捐赠，建成后的运行费和更新维护费建议列入当地财政预算。农村中学科技馆须根据现有场地条件，结合初中生对科学技术的兴趣和爱好，配置1000册左右的图书、展示学生的科技创意作品（挂图或展板）、配置多媒体投影设备和适合当地需要的卫星接收设备等。

数字科技馆。数字科技馆是利用现代信息技术手段，开展科学技术教育、传播、普及的科普形式，是现代科技馆体系的科普资源集散与服务的重要平台。数字科技馆作为科技教育、传播、普及机构的工作支撑平台，可为科普机构、科普工作者及社会公众提供不同层次的共享服务；作为公共科普服务平台，可为科普产品开发、创作提供资源支撑，为公众体验科学增强乐趣和服务，为青少年开辟寓学于乐的网上科技教育第二课堂。

第五，探索“互联网+科技馆”服务的新模式。运用互联网思维，实现“互联网+科技馆”公共服务供给模式的创新融合，其本质是实现科技馆公共服务供给由单一的、非智能的传统供给转向多元化、网络化、智能化供给，以提升科技馆公共服务供给的精准性和效率。“互联网+科技馆”服务要充分考虑科技馆参观者的体验，运用互联网思维和市场力量，打破科技馆公共服务供给传统结构中“居高临下”的服务格局[②]。要拓展科技馆的大数据及网络创新的服务功能，满足创新时代公众的需求，助力大众创业、万众创新，激发创新思想、添加创新元素，激发科学兴趣、启迪创新智慧。要拓展科技馆

① 农村中学科技馆公益项目实施方案发布［EB/OL］.［2012-08-30］. http：//gongyi.hexun.com/2012-08-30/14529846.html.

② 闫东玲，游英，刘俊，等.“互联网+”背景下公共服务供给模式创新［J］. 沈阳工业大学学报（社会科学版），2016，9（4）：325—329.

可视化、智能化展示功能，利用大数据处理、精密柔性传感、全球精确定位制导、虚拟展示等技术，将科技馆展教界面图形化、科学计算可视化、插补方式多样化、高性能数控模块化、多媒体技术应用集成化等，既要向受众普及科技基本原理，也要启迪受众的智慧和心灵，更激发人们对科技探索的积极性、创造性，培育他们的超现代思维、创新型思维[①]。

第三节 科技普及活动服务供给的创新

科技普及活动是指科普专业机构、科研教学单位、社会专门机构等科普相关组织或个人联合起来，为普及科技知识、传播科学思想和科学方法、弘扬科学精神而实施的行动。现代科普活动是由其目的、动机和动作构成的，具有完整的系统结构。按照科技普及活动的特点和服务对象不同，科技普及活动可分为大型主题科技普及活动、群众自主性科技普及活动和网络在线科技普及活动等。

一、大型主题科技普及活动创新

大型主题科技普及活动，是有目的、有计划、有步骤地组织公众参与的科技普及开放性、公众性的社会性活动，是有明确的主题、确定的活动时间、活动发动面广、参与活动人数众多、社会影响大的群众性活动。例如，全国科普日、全国科技活动周、科技活动月、文化科技卫生“三下乡”、健康中国行、千乡万村环保科普行动，以及世界粮食日、世界地球日、世界环境日等期间开展的科技普及活动。

大型主题科技普及活动，是科学家、科技专家与公众沟通、交流的重要平台，是公众获取科技信息、了解科技发展前沿、获得科技问题答案和解决生产生活实际问题方案等的重要途径。大型主题科技普及活动有以下主要特点：①明确的目的性。大型主题科技普及活动的目的就是普及科技知识、传播科学思想、倡导科学方法、弘扬科学精神、树立科学道德，以提高公众科

① 湖北省科技馆. 从科技馆发展历程看其未来发展趋势［EB/OL］. 微信公众号：科普中国传播之道，2017-01-21.

学素质。②活动筹备时间长，安排周密，准备充分。③活动的内容和形式丰富多彩，包括科普展览、科技交流、科普报告、专家咨询、科普图书展示，科技馆、博物馆、高校对外开放，科普影视展播，科技游园，实验室对外开放等群众喜闻乐见的活动。④参与组织和支持部门多，社会声势大。从中央到各个省（自治区、直辖市），除政府科技行政部门和科技团体之外，各有关单位、团体、企业都根据自己的特点积极参与。⑤活动的包容性强，充分考虑各个人群的科普需要，参与的公众多。⑥广泛的社会传播性。媒体介入使活动的宣传力度大，社会氛围好，影响广泛。⑦严密的操作性。大型主题科技普及活动是在一定资源的约束下，为开展科技普及宣传而进行的努力，必须做周密性的策划、实施和协同，确保成功。

在大型主题科技普及活动的组织实施中，要创造性采用项目管理的方式，牢固树立科技类社会化公共服务产品的理念，创新活动方式，最大化地满足公众的科普需求。要确定好活动定位；安排好大型活动筹备进度；控制好活动的成本；提高活动的质量和服务水准；开展对活动成效的评价。

视窗7-10　全国科普日活动

全国科普日活动是为纪念我国《科普法》颁布和推动《科普法》实施，2003年起由中国科协组织开展的全国性、群众性科普活动。从2004年开始，每年中央书记处领导集体都与首都群众一起参加全国科普日北京主场的部分活动，全国各级党政领导同志也都参加当地的科普日活动。为便于公众更好地参加全国科普日活动，2005年开始中国科协将全国科普日活动的时间定为每年9月的第三个公休日开始，活动持续一周。平均每年参加全国科普日活动的公众约为1亿人次。

每年的全国科普日活动由中国科协统一部署，组织各级科协及其所属学会和其他社会各方面力量，围绕《科学素质纲要》工作主题和公众关注的热点问题，分别组织本地区的实施工作。主要步骤包括：一是部署动员。每年年初，中国科协启动当年全国科普日筹备工作，确定年度活动主题，并向各全国学会和各省、自治区、直辖市下发《关于开展全国科普日等重点科普活动的通知》，进行总体部署。二是组织筹备。各全国学会和各地科协根据通知要求，开展本地区活动的筹备工作，组织有关力量围绕主题，策划适合本地的特色科普活动。4—7月，各省级科协完成本辖区全国科普日重点活动登记、汇总工作，上报至中国科协。8月，中国科协汇总各地上报重点活动，形成《全国科普日重点活动指南》进行发布，并向基层配发全国科普日活动科普资料（包括科普资源包、科普日宣传海报和为基层提供的科普宣传画、挂图、音像资料等科普资源）。三是实施及宣传。北京主场和全国各地于9月第三周公休日开始启动全国科普日，面向未成年人、农民、社区居民、城镇劳动者、领导干部和公务员等重点人群，开展进农村、进社区、进学校、进军营、进科普教育基地、进厂矿企业等形式多样的科普活动，组织全国科普日活动的各项宣传工作，扩大活动覆盖面，使《科学素质纲要》工作主题更加深入人心，推动形成讲科学、爱科学、学科学、用科学的良好社会风尚。四是总结考核。科普日活动结束后，中国科协将根据各省、各全国学会报送的总结材料，进行工作考核，对活动组织工作扎实、成绩突出的单位和特色活动进行表彰奖励。

视窗7–11　全国科技活动周

全国科技活动周是2001年获国务院批准设立的大规模、群众性科技活动，由科技部会同中宣部、中国科协牵头组织，19个部门和单位共同组织实施，于每年5月第三周在全国同期组织实施。该活动旨在吸引社会公众广泛参与科技活动，丰富群众的科技文化生活，促进科技创新和科技普及。每年年初科技部、中宣部、中国科协联合印发《关于开展科技周活动的通知》，确定年度主题，动员部署活动。活动形式包括举办科技展览、科技下乡、科技咨询服务、科普讲座、科普大集、科普产业博览会等活动，开放科技场馆和实验室，组织科技游园会、科普节目会演等。

视窗7–12　美国剑桥科学节

利用科学节进行科学知识普及与扩散已经成为科技普及的一种重要的途径和方式。科学节的传播方式多种多样，包括讲座、展览、研讨会、现场实验演示、参观以及戏剧表演等，这些方式都可促使公众直接参与到科学中来，提高科技普及效应。

美国剑桥科学节是美国首个影响较大的科学类的庆祝活动，从2007年开始至今，吸引了各界人士的参与。它的理念在于激发青少年和科技爱好者的想象力和创造力，同时展示剑桥大学在科学、技术、工程和数学（STEM）方面的国际领导地位，促进人们之间的科学交流、互动，以及对科学的兴趣，也强调科学、技术、工程和数学对人们生活各个方面的影响。

剑桥科学节每年在4月底至5月初举办，持续9天。包括200多项展出和活动，分别在城内30多处地点进行。剑桥市拥有美国著名大学城，剑桥市中有哈佛大学、麻省理工学院等著名高校和科研机构。有统计显示，至2006年世界上共有780人获诺贝尔奖，其中剑桥市就培养了780人中的130位。丰厚的科技资源使剑桥市成了活动地点的首选。

剑桥科学节的公众科技传播项目囊括航天科技、机器人设计、生物技术、建筑设计、药物科学、信息技术、艺术、环保、科学与宗教等各领域。依据目标群体，活动大致可以分为三类：一类面向儿童和家庭团体；二类面向中小学学生和青少年；三类面向成年学习者和普通公众。依据活动方式的不同，可分为艺术与表演、互动娱乐性活动、博物馆和实验室参观、研讨会、电视广播节目和其他推广展示。

互动娱乐性活动主要是针对儿童、青少年和家庭团体的参观者设立的。活动主要分为两大类，一类是互动娱乐性活动，另一类是竞赛活动，主要是面向中小学生、青少年和大学生，当然有些活动也面向成人。

博物馆与实验室参观活动主要面向成年人。由于“科学城”有着许多著名的科研院所和科研机构，因此剑桥科学节拥有众多一流合作伙伴，如微软公司、辉瑞公司、IBM公司等，近距离接触这些一流的实验室更加令人激动。“科技之夜”是参观类活动中的特色典型，这个活动主要面向对科技有一定了解的成年人。公众除了参观实验室外，还能与研发人员会面，探讨科技经验与想法。

面向大众的群体性科技普及活动主要针对大范围公众，形式多种多样，包括参观、学术讲座、研讨会、科学俱乐部、科学咖啡馆等。其中，比较有特色的活动主要有两个：一是大忙人有大主意。这场大讨论在哈佛大学实验室里举行，汇集10位剑桥优秀的科学家。讨论热烈而尖锐，针对前沿科学问题，每5分钟陈述后就有5分钟的讨论时间，整个活动类似于头脑风暴，令人瞠目结舌。全场讨论都用扬声器进行播放，在短短2个小时活动中，公众可以聆听科学家间的谈话，领略各种思想的撞击和交汇。二是米德尔塞克斯新星之夜。以非正式的科学咖啡馆为目标形式，在活动中没有演讲、没有简报报告、没有科技术语，有的只是欢乐的聚会、美味的食品以及与科学家的尽情讨论。这既拉近公众与科学家的距离，也拉近公众与科学的距离。

谈话类科普活动中值得一提的是“荣誉午餐”活动，在科学节的一周时间内，每天午餐时刻，在麻省理工学院博物馆的演讲厅中都会有一位获得诺贝尔奖的科学家到来，他会带着午餐与公众一同分享科学大餐。公众与科学家一边进餐，一边愉快地交流科学话题，公众和科学家之间进行平等交流，创新了科学普及形式。

电视和广播的科技普及活动中，除了美国媒体对科学节的跟踪报道外，科学节自己也从广播媒体角度对科学知识进行了普及宣传。例如，索尼剑桥广播电台会播出科学知识类的广播节目，也会播出剑桥市著名院校中的高智商的科学家的人物专访节目，听众也能通过网络和电话与上节目的科学家进行交流。

剑桥科学节除政府重视外，离不开科技人员的积极参与。在各类科学活动中，都能看到科技人员的身影，甚至是诺贝尔奖获得者，他们与普通科技人员一样传播科学，甚至与公众一起共进晚餐，这样就拉近了科学与公众的距离。无论政府机构还是学院、企业，一律采用赞助模式。最主要的是活动形式的丰富性，在长达9天的活动中，科学节依据社会群体的不同，为各种阶层、不同文化的公众设计了合适的科学项目，如面向儿童和家庭团体的活动，这类科技活动大大吸引了儿童对科学的好奇心和兴趣，也增进了亲子关系；面向中小学生和青少年的活动，用科技竞赛的形式促进青少年的参与，激发孩子想象力和兴趣，也为想就读著名院校的青少年提供了机会；面向成年人的活动，用有趣的形式加强了公众对科学知识的了解。同时，为了提倡环保，科学节还推出绿色出行、垃圾回收等有关时代主题的活动，活动当天举办方倡导人们身着绿色衣服，手拿绿色宣传单页，用步行、骑车的出行方式在街边进行环保活动，倡导绿色出行和低碳生活。科学节在各高等院校中大力组织志愿者队伍，这些高学识的科普工作人员在活动中为公众解析难懂的科学现象，传输科学理念，从内部提高了科学节活动的质量，也充分利用了当地的科技人才资源。科学节主办方还发起了科学捐赠的活动，倡导大家捐献与科技相关的物品与书籍。剑桥科学节的成功在于展示了科学在当今社会中的重要作用，开展公众科技传播活动，激励青少年学科学、爱科学的热情，促进公众理解科学，让公众体味到科学的乐趣，参与其中。①

二、群众自主性科技普及活动创新

群众自主性科技普及活动，是指在城市、农村的地缘社区，以及企事业单位、学校等单元社区，贴近社区成员、贴近生活、贴近实际，自发组织开展的基层群众性科技普及活动。要广泛组织和推动开展群众性自组织科技普及活动，丰富人民科学文化生活、满足人民科普文化需求，不断推动科技普及活动服务产品创新、增加公民自身科学素质服务供给。

（一）利用基层公共设施开展科技普及活动

公共文化服务设施是开展群众自主性科技普及活动的基础。改革开放以来，我国公共文化基础设施建设取得显著成就，覆盖城乡的公共文化服务体系逐步建立，特别是相关重点文化惠民工程深入推进，全国文化信息资源共享工程已覆盖75%的行政村，乡乡有综合文化站的目标已基本实现，农家书屋已覆盖全国一半行政村，1700多家公共博物馆、纪念馆实现免费开放。要充分利用这些公共设施，积极组织开展各具特色的基层科技普及活动，吸引

① 周婧. 从剑桥科学节看科学普及的有效形式［J］. 科技传播，2011（24）：33—34.

更多群众参与。要统筹规划和建设基层科技普及服务设施，完善覆盖城乡、结构合理、功能健全、实用高效的科技普及服务体系。特别要以农村和中西部地区为重点，充分利用基层文化馆和图书馆、乡镇综合文化站、村文化室建设等文化阵地设施，建设基层科普阵地，结合实施广播电视村村通、文化信息资源共享、农村电影放映、农家书屋等文化惠民工程，加大对革命老区、民族地区、边疆地区、贫困地区科技普及服务网络建设力度，完善面向妇女、未成年人、老年人、残疾人的科技普及服务设施，为群众性科技普及活动开展提供更加广阔的平台。

（二）推动创造性地开展基层科技普及活动

要拓宽渠道，多开展内容健康、形式活泼，群众乐于参与、便于参与的群众性科技普及活动。科技普及植根群众、服务群众、快乐群众、为群众喜闻乐见。群众自主性科技普及要结合实际，依托全国科普日、全国科技活动周、文化科技卫生“三下乡”、科教文体法律卫生“四进社区”、送欢乐下基层、全民阅读、全民健身活动等重要主题日（周、月），以及春节、清明、端午、中秋等民族民间节日，组织群众开展科普报告会、科普培训、读书演讲、知识竞赛等各具特色的科技普及活动，丰富科学文化生活。要抓住这些契机，把活动办成社区群众自己的科技普及节日，让更多群众在丰富多彩的科技普及活动中切身感受科技创新和科技发展的成果。

（三）充分调动群众组织和参与科技普及的积极性

要完善激励措施，鼓励和支持群众在科技普及活动中自我表现、自我教育、自我服务。人民群众具有科技普及活动创造的巨大活力。特别是随着物质生活水平的不断提高、科技普及活动载体的广泛发展，全社会鼓励大众创业、万众创新氛围的进一步浓厚，人民群众直接参与科技普及活动的热情越来越高。要通过支持群众依法兴办科技普及团体，支持社会组织、机构、个人捐赠和兴办公益性科技普及事业，精心培育植根群众、服务群众的科技普及活动载体和模式，鼓励和扶持群众中涌现出的各类科技普及人才和积极分子，吸纳有代表性的社会人士、基层群众参与公共科技普及服务设施管理，壮大科技普及志愿者队伍，广泛开展科技普及志愿服务等政策措施，为广大群众组织和参与科技普及活动提供广阔舞台。要顺应新形势、新变化，积极鼓励和引导人民群众利用网络、手机进行科技普及文学创作，运用书画、摄影等展现美好生活，通过诗歌、散文等抒发真情实感，在主动参与中实现投身科技普及活动的理想，展示自己的科技才华。

家庭教育是国民教育的重要组成部分，是学校教育和社会教育的基础，对科学素质形成起着启蒙和基础性作用。家庭是构成社会最基本的细胞，是由婚姻关系、血缘关系或其他亲族关系所组成的社会的最基本的单位。家庭是人生的第一所学校，家长是孩子的第一任老师，每个人入学以后乃至成年后，仍直接受到家庭的教育和影响。在开展科技普及活动中，要充分发挥家庭的基础性和基本性作用，大力开展以家庭需求为中心、适合家庭集体参与的社区科技普及活动，发挥家庭成员之间在科技普及和互相教育方面的积极作用

三、营造科技创新文化的情境氛围

心理学中把影响人们学习、工作的心理因素分为两大类，一类是智力因素，如感知、观察、思维、记忆、想象等；另一类是非智力因素，即心理因素，如情感、意志、动机、兴趣、性格等。就我国公民的智商而言，据英国的一项对全球60个国家人们的非文字推理能力的调查结果显示，中国内地和香港、台湾，以及日本、韩国、新加坡等环太平洋地区人口的平均智商位居全球之最[①]。智力因素并不是我国公民科学素质较低的原因，而传统文化中的一些负面因素深刻地渗透到整个中国人的价值体系与思想观念之中，对我国公民的科学理念和精神影响甚大。例如，传统的教育体制和方法，只重知识灌输、不重能力培养；只重趋同一致、反对标新立异；只重尊重师长、不重独立创造；只求千篇一律的批量化培养、不重个性风格发扬的教育。这些对于创新思维的熏陶、创新精神的弘扬、创新人才的培养、创新文化的建设都是极为致命的。

视窗7-13　我国创新文化的特点

我国是有5000年历史的文明古国，先人为我们留下了丰富的文化遗产。例如，中华民族具有悠久的无神论传统，充分肯定人与自然的统一

① 张竺鹏，赖立，杨红，等. 我国公民科学素质的现状和影响公民科学素质的因素［G］//全民科学素质行动计划制定工作领导小组办公室. 全民科学素质行动计划课题研究论文集. 北京：科学普及出版社，2005：115—154.

和个体与社会的统一，主张个体的感情、欲望的满足与社会的理性要求相一致。先秦儒家主张“知之为知之，不知为不知”，知人论世，反对生而知之；法家反对“前识”，注重“参验”，强调实行，推崇事功；道家主张“知人”“自知”“析万物之理”。此外，我国传统文化具有发展的观点、自强不息和好学不倦的精神，中华民族的学术传统具有自己鲜明的特点。英国学者李约瑟（Joseph Needham）1964年在《东西方的科学与社会》中提出：“为什么近代科学只在欧洲，而没有在中国文明（或印度文明）中产生？”这就是中国科技发展史上著名的“李约瑟难题”。在21世纪的今天，我国科技史学界仍在围绕这个所谓“难题”深思，其实在东西方文化的比较中，从我国文化的历史传统中很容易就能找到答案。我国历史传统对科学素质产生深刻影响，主要有以下主要方面。

一是致用而治学的文化传统。我国历史上一直未能建立起真正的学术标准，我国治学传统的主流是为致用而治学。许倬云指出：在古代，“在中国知识分子中，没有以研究与追求知识为目的的学者。读书人读圣贤书是要为生民立命，为万世开太平。中国知识分子不以求知识为做学问的目标。西欧的知识分子则是另一类型，教士求学问的目的是尊德行与道问学不分。教士之外，还有一批专业教书的‘教书匠’，他们与木匠、石匠一样构成专业团体。一大群教书匠联合为一家大学，以传授知识为职业。知识是会增长的，于是教书匠也必须兼办专业研究。教书匠的工作是追寻、累积与传授知识”。换言之，西方知识分子的传统是单纯地追寻知识，即“为学术而学术”；而中国知识分子的传统是“学以致用”，即用所学来“经世济民”。

梁启超早在20世纪初，就批评我国学者治学的问题在于“不以学问为目的而以为手段”。王国维则指出“学之义广矣，古人所谓学，兼知行言之，今专以知言”。亦即古代的学术包括实用的学问，而现代的学术不包括实用的学问。因此他强调为了发展学术，“吾国今日之学术界，一面当破中外之见，而一面毋以为政论之手段，则庶可有发达之日欤？”

为致用而治学（即学以致用），从正面来说是一件好事，因此“经世致用”一向被视为我国知识分子的优良传统。但是从另外一方面来说，这也未尝不是我国知识分子的一个弱点。学术探索是非常艰苦的工作，需要“两耳不闻窗外事”，不以求利为目标，排除干扰，全力以赴地投入研究，才有可能做出真正的学术成果。过分注重知识的功利性，必然影响对抽象学理的追求。人的聪明才智是有限的，如果一个人作学术不能全力以赴，那么在真正的学术竞争中自然也就不会有位置。更何况有些人本来就是把学术当作敲门砖，作为争取功名利禄的手段，对于他们来说，要想做出可以称为学术成果的东西，恐怕是不可能的。这种为“致用”而治学的风气发展到极端，就是“活学活用，急用先学，立竿见影”的学风。在这种学风下，也就没有什么学术可言了。

二是学术的非理性。我国古代的四大科学，即天文、农学、中医、数学，它们在最初都含有现代科学的基本成分，但它们最终都没有发展成现代科学。我国古代天文知识发达，但其主要成就领域限于天象观测、历法及观测仪器的制造，除“天圆地方”这样的猜测之外，很少有超出实际应用范围之外的探讨和研究。然而与制造浑天地动仪的张衡几乎同时的古希腊天文学家托勒密则以数学为核心，建立了一套完整的天文学知识体系。不仅如此，我国古代的农学停留在常识的水平上，而我国古代的数学仅仅是精于计算，在知识上升为理论这一关键时刻停步不前。中医学本来具备一些科学的因素，并且是我国唯一系统化的知识，但它却与具有玄学性质的阴阳五行、天人相应学说结合，最终成为集经验、知识、哲学为一体的混沌知识系统。与中医有许多相似之处的阿拉伯医学，却通过与西方科学合流，成了现代医学的基础。我国的炼金术与道家学说结合，发展成迷信神仙的道教，而阿拉伯人的炼金术却最终发展成了化学。

实际上，不仅是李约瑟，也不仅是梁启超，西方有很多人对我国文化都进行过深入细致的观察，并且从中总结出一些独到的见解。例如，19世纪德国传教士花之安博士（E. Faber，1839—1899）就曾总结出儒家学说中很多与我国没有能够产生科学有关的论点。如儒学“没有区分人的灵魂与肉体。无论从肉体上还是生理上，都没有一个关于人的清楚的定义”；儒学“没有解释为什么有的人生来就是圣人，有的人却生来就是凡人”；“据称，人人都有到达道德完美所必需的才情和力量，却没解释与此断言相对立的事实”；“尽管不断强调诚信，但却从未被鼓励过说话诚实这一前提，事实也正相反”；“孔子体系的最终结论，如他自己所总结的那样，即崇尚贤人，例如人的神化”等。这其中指出的，恰恰是中国人喜欢下论断，但却不屑于用事实和逻辑来证明，我国文化中缺乏理性和理性思维。

我国历史上虽然也发生过与外部世界的交流，但中国从来就没有认真地、虚心地学习、吸收外来文化的精华，而是把它们统统改造成为具有中国特色的文化。苏格兰传教士理雅各（James Legge，1815—1897）曾有这么一段论述：“凡是对‘西方’科学已经有某些知识的中国学者士绅都爱说，‘欧洲’物理学的电、光、热以及其他学科的全部真理都已包含在八卦之中了。可是当问到为什么他们和他们的同胞对这些真理一直是而且仍然是一无所知时，他们就说，他们必须先从西方书籍里学到这些，然后再查对《易经》，这时他们发现在二千多年以前孔子已经懂得所有这些了。这样表现出来的虚荣和傲慢是幼稚的。”

梁启超在有名的《劝学篇》里面讲道：“中学为内学，西学为外学；中学致身心，西学应世事。”。他还认为，我国自然科学不发达是因为中国人的“德成而上，艺成而下”观念，它导致人们对自然现象缺乏兴趣。所以，尽管中国自洋务运动起就引进西学，但结果是仅学得西方学术的皮毛末技，这正如翁文灏所言“惟其只知实用不知科学真义……只知读他人之书，不知自己研究”，根本就没有得到科学的真谛。这一学术历史传统，至今仍在继续，也不断在对现在学术交流产生影响。

三是学而优则仕。自古以来，我国绝大多数知识分子的唯一出路是当官从政，也就是“学而优则仕”。其实，按照朱熹的解释，这个“优”并非优秀之优，而是优裕之优，即在学习之余，还有时间和精力，就可以去当官。是乎孔子认为学者应该以学为主，从政为次。但实际上中国的传统观点是学习就是为了当官，所以在中国学者的血液中，一直流淌着对权力和名利的渴望，而对学问的探讨和钻研放在次要位置。即使是一些官僚学者，他们研究的也多是“资治通鉴”之类的学问。

我国学者存在动手能力差问题，以及轻视实验和技术、崇尚清谈和学而优则仕等传统思想。近现代科技发展在于理论与实验结合，实验是理论的基础、依据和检验标准。正如开尔文（Lord Kelvin，1824—1907）所说的那样：“当你不能测量你所说的，当你不能用数字表述它时，你的知识属于匮乏的和不令人满意的那种：这只能是知识的起步，但在思想上你难以进入科学王国”①。学而优则仕使我国止步在传统科学技术。

我国有着两千多年的专制传统，知识分子一直扮演着陪臣侍从的角色。即使在历朝历代的造反派中，知识分子也只能充当军师和谋士，所以我国的学者总是需要依附于某种势力。这也就是所谓的奴性，而奴才的特点就是只知道自己应该干什么来博得主子的欢心，但是从来就不知道自己要干什么。辛亥革命之后，尽管中国在形式上“共和”了，但实际上集权政治却一直占据统治地位。集权政治的必然后果就是腐败，因此一大批有良知的知识分子自觉或不自觉地卷入了政治的旋涡之中。所以，即使是受西方文化影响的中国学者，也摆脱不了自身命运的束缚，他们与政治的渊源无法割裂。这是中国知识分子与西方同类的显著差异，也是中国知识分子的悲哀。然而在西方，民主政治的正常运转，不需要知识分子在这方面分心。②

视窗7–14　西方创新文化的特点

纵观西方历史，现代科学的诞生由五大动力来促成。即古希腊人的爱知精神和对自然现象的好奇和思考；基督教与哲学在中世纪的合流

① 阎康年. 中外科技创新文化环境对比研究初探［J］. 中国科学院院刊，2005，20（2）：158—162.

② 中国科协学会学术部. 现代学术交流概论［M］. 北京：中国科学技术出版社，2011.

产生的理性思维和逻辑推理；经院哲学主张通过观察和实验的方法来研究自然科学；与东西方文化的交流；欧洲人对基督教的信仰，促使他们追求终极真理。概括起来，相对中国而言，西方历史传统对科学素质产生深刻影响，主要有以下方面。

一是爱知精神。在西方，先有科学精神，才产生出近代科学，然后才有近代技术和近代工业。近代科学产生于西方，它在相当大程度上缘于西方文化中的爱知精神。爱知精神是指好奇心，即一种强烈的求知欲。

翻开西方哲学史或科学史人们会发现，古希腊的哲学家几乎全是自然哲学家，泰勒斯（Thales）、毕达哥拉斯（Pythagora）、恩培多克勒（Empedocles）、德谟克利特（Domokritos）、亚里士多德（Aristotle）等就是其中的代表。古希腊人热衷于探索自然界的奥秘，把认识自然界看作是人类最有意义、最有价值的学术活动，是由他们的价值取向决定的。正如亚里士多德所说："他们探索哲理只是为摆脱愚蠢，显然，他们是为了求知而从事学术，并无任何实用目的。"在他看来，"求知是人类的本性"。因而人们为了摆脱对自然现象，尤其是对地震、洪灾、生病、火山爆发、日月星辰、纷繁复杂的物质形态这些常见的和灾难性的自然现象的无知，就必须研究自然界，对各种自然现象进行试探性解释。很显然，这些研究成果就是古希腊繁荣的自然哲学理论。正是由于古希腊人特别重视研究自然界，因而自然哲学或科学就成了整个希腊文化的主向度。从西方文化的发展历史看，"西方文化起源于古希腊的文化。希腊文化起源于米利都学派的自然哲学。这种哲学同时也是科学。所以说，希腊文化起源于科学"。古希腊人的这种仅仅为了"求知"，为了"脱出愚蠢"而从事自由学术研究，并不赋予其任何实用目的的价值取向为整个西方文化所继承。科学史上，法拉第（Michael Faraday）花了11年时间研究磁生电的方法，并最终得到电磁感应原理，他绝没有想到他的这一原理会成为后来改变整个世界面貌的电气技术的基础；麦克斯韦（James Clerk Maxwell）也绝不是为了今天的无线电通信技术才把法拉第的电磁学理论抽象化、数学化，并预言电磁波存在的；普朗克（Max Planck）也绝不是为了今天的量子计算机、激光技术和超导技术才提出量子假说的；孟德尔（Gregor Johann Mendel）、魏斯曼（August Weismann）、摩尔根（Thomas Hunt Morgan）更不是为了今天的转基因技术才去研究生物的遗传现象的。事实上，西方科学几乎所有重大成果的获得都与实用目的无关。当然，其中许多成果后来都变成了技术，有了实用价值，但那只是科学的“副产品”。

科学史家丹皮尔（W. C. Dampier）有过一段发人深省的话：“不幸，科学主要是为了发展经济的观念，传播到许多别的国家，科学研究的自由又遭到了危险。科学主要是追求纯粹知识的自由研究活动。如果实际利益随之而来，那是副产品，纵然它们是由于政府资助而获得的发现。如果自由的、纯粹的科学遭到忽略，应用科学迟早也会枯萎而死的。”从这里不难看出，大多数人把实践看作是推动科学前进的主要动力，把科学的目的看作是完全为了提高生产力和发展经济，实在是对西方科学的一个大误解[①]。遵循“兴趣、平权、自由”的基本原则的无形学院式的学术交流能够在西方形成，其内在动力来自于西方文化中的爱知精神。在无形学院情景下，大家以学术兴趣相聚，彼此之间完全平等，没有等级和权威之分，一切自由，可以质疑和被质疑，可以批判和被批判。我国传统文化中，研究自然、认识自然的求知精神很弱，直到今天这种爱知精神也没有完全树立起来，这是导致学术交流中缺乏争鸣、科学不发达的基本根源。我国鸦片战争后学习西方科学技术是“困而学之”，不是为求知而是为了用。近代以后学习西方科学而未学到其求知精神，把科学仅视为工具，导致科学发展受阻。

二是理性思维。理性思维是一种有明确的思维方向，有充分的思维依据，能对事物或问题进行观察、比较、分析、综合、抽象与概括的一种思维。理性思维不轻易承认“然”，而是要千方百计证明“所以然”，这是怀疑主义，也是实证主义、理性主义，这就是笛卡尔（Rene Descartes）“我思，故我在”的精神所在。

文艺复兴后，古希腊的理性思维传统在西方文化中，尤其在科学

---

① 钱兆华. 西方科学的文化基因初探［J］. 自然辩证法研究，2003，19（8）：53—58.

研究或科学认识中不仅得到了全面继承，而且被进一步发扬光大。古希腊文化的最显著特征，就是其崇尚理性和自由思考的精神。现代世界与古代世界的区别，在于人们事物中理性至上的原则，它就诞生在希腊，而且在整个古代世界中，只存在于希腊一个国家之中。在希腊诞生之前，理性所起的作用是微不足道的。一切重要的东西，都属于人的眼睛所无法看到的那个领域。“希腊人站起身来，理性开始了它的统治。希腊人一个最根本的事实，是他们一定要运用自己的思维能力。”在希腊，思想家是不受约束的。对于他们来说，外部世界是真实的、有趣的，他们从来不肯让事务模模糊糊地存在而罢休，也从来不认为事物是孤立的单独的存在。“他们促使自己寻求事物之间的联系、序列和体系。一个没有经过分析的整体，是他们无法接受的概念。他们不能让自己的理性活动在任何事物上停止工作，一定要对所有事物进行分析和探讨。他们对自己使用的一般的概念和术语都要精确地符合实际。”

对外部世界的强烈好奇心和求知欲，在理性至上原则的驾驶下，使几乎所有希腊大哲学家，都成为当时重要的自然研究学者。他们的哲学体系，都是建立在探索宇宙本质的自然哲学原则之上的。古希腊学者毫不迟疑地相信，自然界的一切规律，都应该能够根据明确规定的公理，以及无懈可击的演绎方法推导出来，并且能够用纯数学的方式加以描绘。正因为如此，从泰勒斯到苏格拉底（Socrates）、柏拉图（Plato），几乎所有哲人都孜孜不倦地埋首于探索逻辑的推理规律问题。亚里士多德的《工具论》一书，集古希腊逻辑思想之大成。在它的影响下，终于产生了一部具体表述演绎逻辑方式的欧氏《几何原本》。正如爱因斯坦说的，整个西方科学的发展，都建立在两大成就的基础之上，这就是欧氏的几何学中的形式逻辑体系，以及文艺复兴所发现的通过系统的实验寻求各种因果关系的可能性。

理性至上的原则，带来了西方的文艺复兴，带来了理性启蒙，带来了科技发展，西方率先在科学技术的推动下走入现代社会。理性思维的最大好处是：看到一个事物或现象，先问一个为什么，不断言它是对的还是错的，而是经过逻辑推理，严密的分析，甚至做试验，最后才得出错或对的结论。这样的思维，冷静客观，尊重事实，尊重公理。

三是逻辑推理和观察实验的方法。科学史上，西方人一贯十分重视对知识的检验和论证。在西方人看来，没有经过检验和论证的知识是不可靠的。因此，西方人把“猜想”和“定理”、“假说”和“理论”分得很清。哥德巴赫猜想之所以仍然叫“猜想”，是因为它还没有被逻辑最终证明，毕达哥拉斯定理、费马大定理、四色定理之所以叫定理，是因为它们已经被逻辑严格证明。万有引力假说、量子假说、热的分子运动假说、光的波动假说之所以现在都叫理论，是因为它们已经被实验所确证。

科学史上运用逻辑方法所揭示的伽利略悖论、无穷小悖论、罗素悖论、麦克斯韦妖佯谬、薛定谔猫佯谬、光度佯谬、引力佯谬等就曾极大地推动了科学发展。人类有些知识，尤其是新知识是无法仅仅用逻辑方法来检验的，如何保证这些知识确实为“真”呢？很显然，实验方法由于能获得定向的、纯粹的、系统的、精确的经验，因此能帮助人们严格地检验它们。实验方法的创立及其广泛运用无疑应归功于伽利略。

运用逻辑和实验方法对所获得的知识进行严格检验和论证确实是西方人获得关于自然界“真知”的两大创举，这两大创举正是西方科学及其技术在几百年来远远走在世界前列的重要原因之一。[①]

① 中国科协学会学术部. 现代学术交流概论［M］. 北京：中国科学技术出版社，2011.

第八章　科普产品创意生产与供给

科普产品是承担科技教育、科技传播、科技普及等内容的功能载体，包括科普视听阅读类、科普信息传播类、科普展教服务类、科普文创类、科普融合服务类等，是科普服务供给能力和科普受众的获得感的集中表现和根本标志。繁荣科普产品的创意创作，不断提高科普产品的质量和水平，增加有效供给和分享，可满足广大公众对提高自身科学素质的需求。

第一节　科学内容是科普产品的灵魂

科普服务的本质是科普内容与人的连接。科普服务要优质、高品位，科普内容必须优质、高品位，无论在哪个时代，科学内容为王是科普唯一不变的铁律。即使在互联网时代，一个科普产品没有科学内容，就像一个人没有灵魂一样，科学性的内容是科普的灵魂。

一、科普始终以科学内容为王

科普的科学内容的价值，是以科普渠道和传播媒介极大发展为基础，以及科普渠道选择的自由化和多元化为前提。随着互联网的发展，垄断科普渠道的成本越来越高，科普内容的重要性更加凸显。科普的科学内容是指科普作品或科普活动中所表达出来的科技知识、科学方法、科学思想、科学精神，以及科学、技术与社会的关系等，科普内容是构成公民科学素质的根本要素[①]。

随着大数据、人工智能的广泛应用，一些商业网站、移动新闻客户端都在运用算法这个“读心术”，为用户量身打造信息。然而，技术往往是一把冷冰冰的双刃剑，一切围着流量转，唯点击量、转发量马首是瞻，“标题党”泛滥，价值取向跑偏，内容沦为附庸[②]。算法决定内容不是科普的王道，只有算法回归到服务科普内容的角色，使科普产品有态度、有深度、有温度，才能使网络科普空间碧波荡漾，激发出源源不断的科学理性和社会正能量。

视窗8-1　内容为王的科普服务模式

在互联网平台的强势背景下，高效的平台只有结合优质的内容产品才能具有竞争力，可以从几个方面来强化内容为王的服务模式。

一是内容定位整体化。思考互联网模式不仅要考虑互联网的新理念，还要找到企业在互联网生存的工具。原先的信息技术（IT）企业都转变为互联网公司，传统的门户网站后来变成了各种网络平台，通过做平台然后又加上内容来影响人们的生活方式。因此，互联网模式必须形成一套能够容纳生活各个方面的有机系统，内容定位必须考虑人们在互联网上整体化的内容需求。

二是创作思维反向化。在互联网时代，内容的生产不是像传统创作方法那样完全是创作者个人的主体活动，现在需要通过聚焦人们的生活方式，找出人们新的需求变化来改造内容。内容须有三个特点：好玩、好看、好用。这三个特征包括体验性和娱乐性的要求。反向化的思维不等于一定要去迎合消费者，发现市场的变动，特别是文化和科技融合带来的新趋势才是最重要的判断标准。

三是内容生产众创化。应该鼓励网络生产的众创性精神，以此创造更多的优质内容资源。如今，年轻创作者的积极性比较高，但其作品在内涵方面是有所不及的，需要有经验的创作者参与到内容创作的领域中。现有平台可以通过多种方式培育自己的优质知识产权（IP）资源，形成年龄大的创作者和年轻人进行合作的创作制度。

---

① 杨文志，吴国斌. 现代科普导论［M］. 北京：科学普及出版社，2004：81.

② 不能让算法决定内容［N］. 人民日报，2017-10-05.

四是内容展播平台化。以前做内容的和做平台的分离，做好内容交给播放平台；现在很多互联网企业作为大平台具有传播渠道功能。现在的发展趋势是，平台做一部分自己的内容，形成小平台，叫作IP平台化的格局，如果内容多可以和平台合作，做平台加平台的统一，也可以做自媒体的小平台。内容平台化的趋势可以通过多种组合，类似连锁经营式，一夜之间形成平台化。

五是内容品位中道化。在互联网时代，大众才是文化消费的主体，而一般大众无法理解专业人员的审美趣味，只有通俗的内容才能实现雅俗共赏。中道化的内容产品具有审美的综合，不同人在里面都可以找到共鸣，保证大众的立场，同时适当增加内涵或者提升品位。不能低俗，但也不能过于高雅。

六是表达方式国际化。今后如何在国际市场做中国人的文化产业，这需要有一种对国际化的表达方式的理解，需要思考中国文化与国际市场的对接点，找到国际市场共有的一般规律，包括内容产品的生产规律。目前有两个不同的文化走出去思路：一个是“一带一路”的战略部署；另一个是对国外文化产品的收购或引入现象，包括引入国外的文化版权、创作人才等，很多民营文化企业开始涉足海外的收购活动。

七是盈利渠道多样化。内容只有一种渠道的收益是不行的，要开发同一种内容资源的多个产业链环节。互联网的产业链纵横交错，各种内容资源可以互相沟通，网络文学的内容可以制作成视频，也可以成为手机游戏的故事背景，而手机游戏的线索也可以被拓展为文学故事，或者拍成网络剧集。以互联网平台为核心的资源可以突破原有的功能特征，在不同的产业链条中发挥市场价值。

八是文化产业聚集化。文化产业和其他的产业最大的区别就是产业链比较长，产业聚集效果比较好。例如，传统的文化产业园可以把微电影、互联网社交、科普教育、线上线下娱乐、餐饮、旅游、衍生品开发等多个领域的产业整合在一起进行线上线下的联合开发，依托互联网平台的整合力量形成跨界的力量。可以利用互联网平台的跨界优势拓展新的产业链，产业链也可以反向延伸，整合全产业链，最大限度地挖掘产业链价值。

内容为王的时代刚刚开始，平台优势仍然十分明显，但最好的模式既不是单一的平台优势，也不是一般的内容优势，而是平台经营加一部分自创内容。①

二、围绕公众需求遴选科普内容

公众的科普内容需求，由低到高分为：第一层次是为了满足基本生存；第二层次是为了满足一般的物质生活；第三层次是在物质生活基础上更高的精神文化生活；第四层次是包括现代公民参与公共事务、参政议政在内的社会生活②。科普内容的选择，要关照最广泛的公众，要切中社会热点和大众的兴奋点，迎合大众的潜在心理需求和趣味，不仅要眼盯着公众想要看什么，喜欢看什么，更重要的是多想想公众还没有看到什么，下大力气做好科普内容选题。

（一）公众生存层面的科普内容选题

生存，是指生命的存在。生命是宝贵的，人类与其他生物一样，维持生命的存在往往需要一些必需的基本条件。例如，需要营养物质、阳光、空气和水，需要适宜的温度和一定的生存空间，需要地球的引力，需要大气层对紫外线等有害射线的隔离。

公众必须首先具备生存科学素质，这是公众在现代社会赖以生存的最基本科学素质，是公民科学素质中要求最为迫切的部分，也是中国社会经济建设所必需的职业劳动素质的必要组成部分。它涉及的更多的是操作性的、实践性的科学知识，不必要求理论化、系统化的认知。

生存科学素质包括两个方面：①现代社会中基本生存所必需的知识和技能，例如，基本的母语读写能力，各种常见标识和标志的理解能力等。利用

① 陈少峰．八个角度深化“内容为王”模式［N］．天津日报，2016-01-24.

② 刘立，蒋劲松，等．我国公民科学素质的基本内涵与结构［G］//全民科学素质行动计划制定工作领导小组办公室．全民科学素质行动计划课题研究论文集．北京：科学普及出版社，2005：29—67.

最基本公共设施的能力，如电信通信、交通设施的能力。日常生活所必需的基本知识，衣食住行所需的基本知识[1]。②各种职业与职业培训所需要的公共的、最低限度的知识和技能。包括基本运算能力；看懂基本图表的能力；基本自然常识，如能够观察和了解常见自然现象、气候变迁、动植物作物生长；能够安全地使用家用电器；理解抽象语言的最低能力；逻辑推理的基本能力。

在公民科学素质的建设过程中，必须高度重视工作技能的提高。我国还有相当大比例的人口，特别在中西部贫困地区、少数民族地区、农村地区及边远地区，其主导需求是生存问题。

（二）公众健康生活层面的科普内容选题

生活是指为了延续生命而进行的所有活动，这些活动往往与其他人交织在一起。公民科学素质生活功能中的“生活”，主要是指现代文明社会中的基本生活，侧重强调的是公民的身心健康和基本的社会参与，它比生存层次的生活水准更高。因此，所要求的公民科学素质的水准和丰富性也高于生存型的科学素质。这是公民在现代社会中保证基本生活品质的科学素质。公众只有具备一定的科学素质，才能适应现代生活方式（健康文明的生活方式）。公民生活所具备的主要科学素质要素如下。

第一，保健基本知识。理解人体生理活动的最基本概念，了解健康的观念（包括生理健康和心理健康），认识健康的重要性以及在不同年龄段保持健康的习惯。能够区分正常的和非正常的生理现象或反应，并在必要时采取相应的对策。对身体各器官和系统有基本的理解，认识到持续使用非自然物质（药物）来维持身体的机能可能带来的消极影响。相信正规医院的医生和医学专家而不是祖传秘方、偏方或街头郎中。认识到搞好清洁卫生和注意劳逸结合对于健康的重要性。理解营养均衡和维生素对身体健康的重要性。了解常见疾病的病因、预防、治疗方法，认识到生病或者遇到紧急事件及时获得医疗帮助的重要性，认识到细菌感染的途径以及与传染病患者接触的危险性。对不同性别或年龄段的生理特点有基本的理解，对性、生殖和避孕等有明确的认识，并了解儿童护理的基本知识。

---

① 刘立，蒋劲松，等. 我国公民科学素质的基本内涵与结构［G］//全民科学素质行动计划制定工作领导小组办公室. 全民科学素质行动计划课题研究论文集. 北京：科学普及出版社，2005：29—67.

第二，心理健康基本知识。理解常见心理情绪变化活动的基本原理，能够在一定程度上自我调节个人心理情绪状态、缓解心理压力。认识到心理健康水平是关系到个人生活质量乃至健康的重要因素，出现心理问题时知道应该向医生或心理咨询的专业人士求助。

第三，环境保护基本知识。了解环境保护的基本理念，知道环境状况对个人健康以及社区和社会发展的影响。知道应该节约用水、不乱丢垃圾，了解垃圾分类回收的意义。在生活中能够做到不破坏环境，能够了解自己所生活的社区的环境状况。知道环境保护是国家基本国策，知道保护环境是每个公民的职责和义务，在生活中自觉保护环境。

第四，其他与个人生活决策相关的技能和知识。具有利用家用电器和公共设施满足基本生活需要的知识和技能，如熟练掌握现代家用电器的使用方法和日常维护。具有利用互联网等手段获取信息、查询、购物、订票等技能。在选择职业、居住地以及个人财务决策时，理解相关的科技问题，从而做出正确的决策。能够在复杂的社会生活中具有判断能力，如可以帮助识别广告中假借科学名义的虚假宣传。

（三）公众文化生活层面的科普内容选题

文化是指一个国家或民族的历史、地理、风土人情、传统习俗、生活方式、文学艺术、行为规范、思维方式、价值观念等。公民科学素质文化功能的“文化”，是指公民生活中的“文化”，即在公民基本的物质生活和身心基本健康得到保障的前提下，享受高层次精神活动的生活。文化科学素质是比“生存科学素质” 和“生活科学素质”更高层次的科学素质。它是公民在现代社会中享受高素质的精神生活所必需的素质。只有掌握科学精神和科学方法、科学的思维习惯，培养实事求是的工作作风，才能具备理性健全的精神素质，才能破除迷信盲从，才能抵御邪教。

公众要在现代社会中享受基本水准的精神生活，所具备的主要科学素质要素包括：①通过科学理性进行思考、讨论、批判，以及合理地形成信念的能力。能够理解社会热点问题中双方的论点和论据。在和别人进行讨论时，能够理解对方的观点和论辩思路，可以有逻辑地参加讨论。具有从事实归纳结论、演绎推理、发现逻辑矛盾的能力。②利用现代社会公共设施和资源进行学习相关知识和技能的能力。能够利用图书馆、博物馆进行自我终身学习并用来教育子女。能够利用互联网获取信息等。③辨别科学与伪科学、科学与迷信的能力。养成独立思考问题和用批判的态度审视问题的习惯，不轻信、不盲从，自觉抵制封建迷信思想的影响，能基本识别法轮功邪教和伪科学的欺骗性。

（四）公众社会生活层面的科普内容选题

社会在现代意义上是指具有共同利益、价值观和目标的人的联盟。社会是共同生活的人们通过各种各样社会关系联合起来的集合。小到一个机构和一个团体，大到一个组织、一个国家，公民参与社会公共事务和民主决策是常态。公民科学素质社会功能中的“社会”，主要是指公民参与社会和国家公共事务的社会生活。参与公共事务的科学素质比生存科学素质、生活科学素质和文化科学素质的要求更高。它是实现公民参政议政权利所必需的能力，也是知识经济时代参与社会公共生活和民主决策的必需的科学素质。

公众要在现代社会中参与社会公共事务和民主决策。①要能理解与公共决策问题相关的科学知识。②要能理解公共决策对自身利益及社会利益影响的知识与能力。③要能理解科技与社会相互关系的相关知识并具备思考能力。例如，科技发展对社会产生的复杂的、多方面的影响；科技发展对社会环境的依赖关系；自然科学和工程技术与包括伦理学在内的人文社会科学之间的相互关系。④具备参加公共决策问题讨论所需的科学推理、论证的能力。

三、围绕科技发展遴选科普内容

随着科技的迅猛发展，一方面公众理解科技的紧迫性日益增强；另一方也为科普提供了日益丰富的内容选题。习近平总书记在2016年5月召开的“全国科技三会”上指出，实现中华民族伟大复兴的中国梦，必须坚持走中国特色自主创新道路，面向世界科技前沿、面向经济主战场、面向国家重大需求，加快各领域科技创新，掌握全球科技竞争先机[①]。“三个面向”既是当前我国科技发展的根本着眼点，也是科普内容选题的战略基点。

（一）面向世界科技前沿的科普内容选题

科技的生命就在于创新，创新就要求引领前沿，慢上半拍就可能被淘汰

① 习近平. 为建设世界科技强国而奋斗——在全国科技创新大会、两院院士大会、中国科协第九次全国代表大会上的讲话［M］. 北京：人民出版社，2016.

出局，就会不仅在科技领域而且在全面发展上陷于战略被动。面向世界科技前沿就意味着开拓、抢占，保守、退缩注定要在科技竞争的战场败下阵来。纵观人类历史发展，人类生活中每次大的变化，总是可以主要归结为科技思维创新、技术创新、发现发明。科学理性和迷信相对而立，现代社会以崇尚科学为荣、以愚昧无知为耻。科技创新决定全球财富分配，一个国家的科技竞争力决定了其在国际竞争中的地位和前途，而科技竞争力的根本标志就是科技创新能力，科技创新是人类财富之源，是经济增长的根本动力，是财富分配的依据。由此科普内容选题，要聚焦世界科技发展前沿，跟踪和瞄准各个领域取得的科技突破性重大进展，实时重新选题开展科普，让公众在最快的时间了解世界科技进展、了解世界科技前沿发展趋势，服务国家重大发展战略需要。

（二）面向经济主战场的科普内容选题

面向经济主战场，就是要积极把握我国改革开放不断深入推进、经济结构全面深入调整的挑战和机遇，坚持把科技作为第一生产力，以科技进步助推经济结构转型、促进经济长期健康稳定发展。从全球范围看，科技越来越成为推动经济社会发展的主要力量，创新驱动是大势所趋也是根本所在，国际经济竞争甚至综合国力竞争，说到底就是创新能力的竞争。从国内情况看，创新能力不强、原始创新不多、科技发展水平总体不高、科技成果转化运用率低、科技对经济社会发展支撑不够的情况还比较突出。虽然我国经济经过短短几十年发展，一跃而成为世界第二大经济体，这是非常了不起的成就，但结构不尽合理、总体发展质量不高的问题却直接制约我国经济未来持续发展。要让我国经济从大到强，突破发展瓶颈，必须依靠科技创新，通过科技创新兼顾发展速度与质量、统筹发展规模与结构、协调发展经济与环境保护，通过科技创新真正实现发展动力转换。由此科普内容选题，要聚焦经济主战场需求，跟踪和瞄准各个领域取得的科技创新的突破性重大应用，实时更新选题开展科普，让公众在最快的时间了解科技进展和高新技术及其应用，服务我国经济发展的新常态，真正实现经济和科技互融共促。

（三）面向国家重大需求的科普内容选题

科技创新要在关系我国国家安全和重大国计民生领域持续用力，使科技为维护我国整体国家利益和长远战略利益提供更加坚实的支撑。新中国成立以来，我们在国力极端贫弱的情况下，全国人民咬紧牙关支持发展“两弹一星”，我们在军事核心领域取得的重大科技突破，极大地振奋了民族精神，极大地提升了我国国际地位。近年来，我国在载人航天、载人深潜、超级计算机和全球定位导航等领域取得较大突破；中国高铁已经成为中国速度的象征，逐步走出国门赢得国际市场；3D打印、新能源汽车、人工智能等新兴科技产业越来越增强了我们在国际战略竞争中的底气。但是应该看到，我国在信息技术、高精密仪器等方面还存在很多短板、缺陷，很大程度上还受制于人，严重影响国防安全和经济社会发展安全。无数的事实说明，这些领域的核心关键技术是靠钱买不来的，只能靠我们自力更生、自主创新，只有靠自己只争朝夕、快马加鞭的拼搏，我们才能告别他人的“卡脖子”，才能拥有自己的“撒手锏”。科普内容选题，要聚焦国家重大需求，适时跟进我国各个领域重大科技攻关项目，及时围绕项目立项、研究过程、突破性重大成果等内容，实时更新选题开展科普，让公众在最快的时间了解我国重大科技进展和科学团队的拼搏奉献精神，激发公众对科技创新的理解和支持，激发广大科技人员对科技创新的激情，为实现中华民族的伟大复兴、为建设世界科技强国营造良好的科学文化氛围。

视窗8-2　现代科研拼的是社会投入

科研的事既是个人的也是国家的。说是个人的，是因为有个人的专业、兴趣和志向在里面；说是国家的，是因为国家在某一个方面的重视、投入和依赖程度不同。为什么有的人或国家能够在科研上取得一项又一项的突破和建树，其中的奥妙在哪里呢？在科研的道路上，个体之间存在着科研之拼，国家之间也存在着更激烈的拼。对于个体而言，从事科学研究，拼的是什么呢？科研拼的是脑力、体力和持久力，如果想在这条大路上走的话，若想在科研的道路上取得更大的成绩或突破，科研应该拼的到底是什么呢？

1. 科研拼的是思想的痴迷和煎熬。科研的确拼的是脑力、体力和持久力。拼脑力是因为科研需要的是不停地思考，需要的是不停的肯定和否定过程。若有所发明、发现和创造，就需要具有很高的顿悟力、领悟力和直觉洞察力。同样，科研拼的不是一朝一夕，而是长年累月的工作，因此需要好的体力和持久力。

在文献的阅读中，在实际工作困境的逼迫下，会面对很多棘手的问题，而这些问题往往没有现成的答案，或是无人涉猎的领域，于是就要寻求解决方案和突破口。往往这些问题的解决并不是一蹴而就的，因此除了脑力、体力的考量外，更多的还需要思想的煎熬：能否领略其中的奥秘，能否抓住问题的核心，能否摸索出好的方法，又如何去验证等，是否费了九牛二虎之力，结果是徒劳、前功尽弃等，这实实在在是一个心理上和肉体上的煎熬过程。

面对自然，很多人都会产生疑惑和发现问题，但只有有心人才能发现其中的端倪。这是因为他能为之不懈地观察和思索，用心专一，是长年累月的自发的、主动的探索，伴随着的是无尽的思想煎熬。有很多这样的故事可以说明这个问题。例如，阿基米德当年面对皇帝的王冠中是否掺了其他金属的问题，如何不损坏王冠而能够解决这个问题摆在了眼前。于是他就痴迷地思考着皇帝交给他的任务，茶不思饭不想。一天，在他进入浴盆洗澡的时候，突然产生了灵感，他想到了答案。那一刻，他忘记了一切，忘记了自己还没有穿衣服，就狂奔了出去，边跑边喊："我找到了，我找到了"。后来，通过实验，他验证了王冠的密度比纯金的低，从而判定王冠中掺了金属银。苯环发现的故事也是一样。

在日常的工作和学习中，不仅要培养发现问题的能力、质疑的精神、发散性的思维、天马行空的想法，还要勇于实践探索出路去解决问题。科研离不开禀赋，科研拼的是百思不得其解之后的顿悟，拼的是一种思想的冲动，是思想不受常规思考的束缚。因为在那一时刻，在四处碰壁无路可走的情况下，思想在煎熬着。科研拼的就是一种思想的煎熬，科研拼的是如醉如痴的迷恋，科研拼的是一股韧性和爱琢磨的劲，科研拼的是放下包袱开动脑筋，科研拼的是主动思考而不是被动思考，科研拼的不是老师布置的作业得过且过，科研拼的是思想的独立性。

2. 科研拼的是底层的深入思考。科研拼的是对问题的一种思考过程和认识深度。是否还有他山之石可以攻玉，是否还有曲径通幽？这就需要从底层思考。针对问题，能否对其物理模型、图像进行把握和理解，能否建立新的物理模型，以及能否理解和运用好数学这个工具？例如，通信中的信号处理方法，如何把信号发射出去并还原回来，就是调制和解调的过程。不仅有调幅的方法，还有调频、调相的方法，不仅有模拟的调制和解调，还有数字的调制和解调等方法。

这些年，国际上许多大公司在硬件和软件的发展上突飞猛进，如计算机的CPU、闪存的发展，计算机操作系统一代又一代的升级。如果没有底层的深入理解和艰苦工作，我们就不能看到每隔一段时间就有新的产品更新换代。空中楼阁固然美丽，但那毕竟是海市蜃楼、浮光掠影。当早晨的阳光照射时，一切都将随风逝去。创新需要从底层做起，底层有很大空间。科研拼的是能否抓住问题的本源，抓住那些原理性的根本问题，然后再由心思缜密的工程师将它们实现。华为公司的一个做法是要把科学家和工程师完美地结合在一起。

科研拼的是想象力和实际操作能力的结合，是物理和数学完美的结合。DNA双螺旋的发现也说明了这个问题。早期人们一直猜测其结构，到底是两个链、三个链、甚至是四个链的问题。作为一个研究人员，你也可能猜测是两个链盘旋在一起构成的，但是只有你拿出数据，拿出X-射线衍射试验的数据，再结合你的模型，相互印证了，你才解决问题了。你也就从根上解决和认识了这个问题。这才是知行合一的境界和完美体现。

3. 科研拼的是心仪的处女地。只有钟情于那片土地，才能深情地播撒种子，才能不断地浇水施肥，为它挡风遮雨、捉虫去害。播种是为了收获，于是你才会挥汗如雨，汗流浃背，你才会面朝黄土背朝天。袁隆平先生心仪的是那片水光潋滟的一波稻米之水，于是才会有他几十年如一日地流连忘我的工作：手把青秧插满田，低头便见水中天。王选先生中意的是那一个个方方正正的汉字，于是才有他不舍昼夜、噼噼啪啪地敲击键盘的工作。

4. 科研拼的是由内向外的拓展能力。早一些时候，科研似乎在拼谁拥有什么样的先进设备和仪器，因为用先进的设备做的东西很容易出成果。例如，原子力显微镜刚一开始出现的时候，写的文章里只要有了原子力显微镜的照片，那么十有八九会被录用。当前的一些科研，似乎在拼文章、拼跟风。只要谁先做出个什么东西，受到追捧，很多人就一窝蜂而上。其实，跟着做也没有什么，但是要在做的过程中不断发现和创造属于自己的东西，这样才不至于亦步亦趋。

科研拼的是拓展力、扩展力和延伸力。扫描探针显微镜（SPM）的发展就是这样。1982年，瑞士苏黎世宾尼希（G. Binning）和罗雷尔（H. Rohrer）等人发明扫描隧道显微镜之后，他们又发明了能够在绝缘体表面上进行分析的原子力显微镜，这极大地拓展了扫描显微镜的应用研究领域。显然，他们并没有一直拘泥于扫描隧道显微镜的领域。如今，许许多多聪明的科研人员发挥主观能动性，又创造了各种各样的扫描探针显微镜，如化学力显微镜、液体中的显微镜等。

5. 科研拼的是上下求索的环境。我们的科研人员不乏聪明才智、身体力行，也做了不少工作，但为什么难以取得大的成果？感觉是个人单打独斗的多，没有承前启后的研究，没有持久的研究作风和干劲。如果在一个单调枯燥的环境下工作时间久了，缺乏前进的动力，就导致难以在科研上取得大的成果。

一个有战斗力、凝聚力的团队就是一个好的系统和环境，在一个良性循环的集体中，人们的工作有条不紊、承上启下，既有继承又有发展，方向和前景是明确的，对问题的解决是不时有灵感的碰撞和智慧的火花在闪耀。

科研的探索是自发的、主动的，自底层的、由内向外的上下求索过程，这种求索不为名所惑、不为利所动，而完全是一种对真理的追求和热爱。从事科学研究不是在象牙塔里找到一个心灵慰藉的避风港，而是不断寻求一个思想、想象力和创造力得到不断的撞击、唤醒和激发之地。例如，学生与师长在一起要营造出一种学术氛围，好的引导和有意义、积极的辩论、讨论等都很重要。创新不是喊出来的，而是在实际工作环境下摸爬滚打中凝练出来的，是工作中迫切需要的改良、提高和待解决的实际问题。研究人员应该不断获得独立的思考能力、洞察能力与交流能力。

从学习和创造的角度来说，是给那些热衷于研究的人员一个思维活跃、开放、自由的学术气氛和环境，在无拘无束的环境下才能受到激发构想出好的想法和创造出更好的东西。学生只有在一个大的开放的环境下，在一个充满了各行各业的人物的集体中，才能得到锻炼，才能使他们的眼界开阔，才能使他们的想法得到实现，才能锻炼他们的思维。相反，我们很多学术环境则是狭隘和封闭的。

科研拼的是梦想的力量，科研拼的是一种痴迷的情怀。在那个过程中，在那一段时间内，在他的心里，在他的学术求索世界里，在他的思想驰骋世界里，他心无旁骛、不舍昼夜，甚至是不能自拔，乃至殚精竭虑，然后才是豁然开悟。

科研是一条艰辛的道路，并不是每个人都能取得成功，但为什么还有人在孜孜以求？我想这是因为他的心中有一份热爱和执着，还有一份挑战，还有一颗孩童的心。科研拼的不只是三板斧的一时痛快，而是一个人毕生的追求、热爱和信仰。

最后一条，也是最最重要的一条，科研拼的是纳税人的理解和全社会的投入。现代科研需要的投入越来越大，几乎很难由科研人员个人或团队自行承担，科研团队、科研人员如果不对自己想要从事的研究题目和工作开展有效的科学传播，就难以得到公众和社会的理解支持，从而想要开展研究就很难得到经费支持，其研究就难以为继。[①]

视窗8–3 做好科普科研才有大格局

好的科普作品，带给人的不仅仅是知识和好奇心，更有缜密的逻辑思维、锲而不舍的科学精神。将所从事的科研活动逻辑清晰地与不同人群交流都是科普，只是层次、角度有别。做科研只是一种能力的体现，而科普则会让年轻科学家更多的能力得到锻炼与发挥。很多人感觉科学家做科普是不务正业，做不好科研才去做科普。然而2017年5月27日获得首届“全国创新争先奖章”的褚君浩院士认为，科普给他带来了更大的天地，可以调动起更多资源。正如他所言，此次获奖不是因为科

① 鲍海飞. 科研到底拼的是什么［EB/OL］. 微信公众号：社科学术圈，2017-10-03.

研，而是基于多年来他在科普领域的杰出贡献。他希望更多科学家重视科普，而科学家对科普的贡献也应体现在科研评价中。

作为院士群体中的一员，投身科普是一份职责。不过，褚君浩对科普的情感从幼年就扎根了。他说，小时候就喜欢看书，高中一年级的时候，为了买上下册的《分子物理学》，他一连三天不吃午饭，省下妈妈给的午饭钱买书看。

褚君浩说，当时他边看书边做笔记，记录下点滴思考，至今他还保留着一本本泛黄的读书笔记。他写道："中国具有悠久的历史文化，但在这么多物理定律中竟然没有一条是以中国人命名的，这真是一种遗憾。中国的物理要发展，今后中国人名出现在物理定律中的数量，应该按照人口比例来达到。"

做科普因材施教，内容因人群而异。曾做过多年中学老师的褚君浩，科普时十分讲究因材施教，科普内容也因人而异。他将科普人群大致分成几类：一类是公务员和领导干部，这类人需要高密度提供前沿科技与社会发展的大趋势和大背景；一类是大中小学生，除了深入浅出地介绍科学知识外，更重要的是励志，引导他们的人生观、价值观；还有一类则是社区大众，他们主要对当下热点蕴含的科学内容感兴趣。所以，褚君浩的科普讲演大多会收获无数好评。

科普与科研相生相长，相互借力。既是中科院上海技术物理研究所研究员，又是华东师范大学教授，曾是第十、十一届全国人大代表，还是上海市政府参事，褚君浩将这些工作都做得十分出色。秘诀何在？他说，如果把这些事情割裂开来做，精力根本不够，但如果将它们统筹起来，就会相生相长，相互借力，调动资源——个中关键就是"科普"。

在褚君浩看来，将所从事的科研活动逻辑清晰地与不同人群交流，都是科普，只是层次、角度有别。"我的科普立足于自己的科研，没有研究过的，我不随便涉及。"他说，这是他坚持的原则，但也会进行发散。比如，他的研究领域主要集中在光电能量转换、光电信息获取，由这两个点，可以拓展到物联网、智慧城市等。

"这是一条从科学发现，到技术发明，到产业应用，最后体现社会发展趋势的拓展线路。”褚君浩说，这样才能把科普的格局做大，眼界做宽，立意做高。

他完全不同意“科普浪费时间”的说法，反而觉得科普为自己带来了更多的机会。比如，他在九三学社提倡院士做科普，与王恩多等一起将院士科普巡讲做得有声有色，带动了很多年轻科学家参与进来。在学科交叉中，他出色的科普能力，帮他打破“隔行如隔山”的壁垒，找到了更多创新交叉的探索课题。

“能做好科普的科学家，科研才可能有大格局。”褚君浩一直这样教诲学生，因为能让别人听得懂专业艰深的东西并对之感兴趣，说明自己对专业的理解一定十分透彻深厚，同时自己的逻辑表达也会受到训练，反过来促进科研能力提升。

改变科普“做再多再好也白干”的情形。这些年来，褚君浩的科普做得风生水起，可他坦言，2005年当选中科院院士前，他用在科普上的时间“十分小气”。原因很简单，因为科普工作并不计入科研工作者的工作量，无法体现在考评体系中，说白了就是“做再多再好也白干”。对于身处竞争激烈环境下的科学家而言，即使有强烈的兴趣，在科普上投入精力也要左右权衡，仔细思量。

他觉得，应该将科普的权重，在科研考评体系中体现出来。“做科研只是一种能力的体现，而科普则会让年轻科学家更多的能力得到锻炼与发挥。”①

第二节　现代科普表达方式的创新

在现代社会，科普产品作为文化商品，涉及图书、报刊、广播、电视、网络、影视、多媒体、展品、文艺等表达形态，以及创意创作过程中所使用的方法手段。新时代的科普，不仅需要在科普内容上推陈出新，也

① 许琦敏. 科学家做不好科研才去做科普？褚君浩：做得好科普，科研才可能有大格局［EB/OL］.［2017-05-27］. http：//www.myzaker.com/article/5928e43f1bc8e02a2a00002d/.

需要在科普表达方式上花样翻新。在这个瞬息万变的时代，没有好的科普表达方式，优秀科普作品也有湮没无闻的危险。从本质上说，科普作品无优劣，但科普的表达方式有高下，科普产品有好坏、有优劣。创新科普表达方式，是科普作品竞争的要求，是科普用户的现实要求，是科普供给侧革命的时代要求。

一、科普表达方式的时代性偏好

科普表达方式，也称科普内容的呈现方式，事关科普产品的成败。随着社会的发展，公众对科普表达方式的要求越来越高，不仅要求科普产品有料、有知、有用、有趣，而且要求科普产品好用、好看、好玩。新时期的科普产品，必须不断创新表达方式，以赢得需求不断变化的公众的认可。随着信息社会的发展，公众对科普的表达方式偏好发生巨大变化，呈现出日益明显的碎片化、可视化、故事化、乐享化等时代性特征。

（一）科普的碎片化表达

科普的碎片化表达，源于科普碎片化的阅读，是适应科普受众的阅读时间碎片化、阅读终端移动化和小型化、阅读信息海量化和泛在化等发展趋势，是实现科普“微阅读”“快阅读”等的现实需要。科普的碎片化表达方式多种多样，如科普图文、微信、微视频、微博、H5、图像与图形、短信等，网民通过阅读终端特别是手机等移动终端接收后，进行不完整、断断续续的碎片化阅读。

在媒介多元和信息泛滥的当下社会里，科普受众的思维注意力和科普阅读耐心，已经被多种力量所消解；以科学性、通俗性见长的科普作品，受到传播渠道、传播技术手段改变，受到科普“微阅读”“快阅读”等新阅读体验的冲击。在与新媒体角力和谋求自身提质发展中，科普必须在保留和发扬自身优势的同时，寻找更加贴近科普受众阅读习惯、新的科普表达方式，以适应科普受众接收和选择科普信息的需求。

碎片化的科普表达，即将科普的内容信息以化整为零方式进行表达，指在一定科普内容选题内，围绕同一科普主题内容，将科普文本进行分解与重组，通过科普内容的梳理与聚合、逻辑的贯通，构建相对独立又有机关联的科普单元，营造层次分明、表意清晰的科普知识模块，提供视觉明朗、筛选灵活的科普阅读体验，在提升科普阅读质量和审美价值的同时，提高科普阅读的便捷度、愉悦感、获得感、满足感，减少科普的视觉疲劳和阅读倦怠，扩大科普作品的传播力和影响力。

在海量信息时代，一切科技信息唾手可得，碎片化表达使科普信息获取显得轻松、容易，促进人们的交流。但科普碎片化阅读缺乏系统性，有太多随意性；同时，因为科普阅读环境的嘈杂和无序，也往往导致阅读者过目即忘，从根本上说不利于科技知识的积累和传承，科普的碎片化阅读，必然会塑造一代“煎饼人”。

视窗8–4　碎片阅读与当代“煎饼人”

不少人每天早上醒来的第一件事，不是刷牙洗脸，而是打开微信朋友圈，看一眼活跃的QQ群，还有查看邮箱。每天阅读杂七杂八的信息，自以为知道很多，然后沾沾自喜。如今，随着各种信息渠道的发展，不少人已不再将精力专注于某一个领域，而是让自己的关注点浅浅地散布在一个很大的范围，如煎饼一样薄而大。这样的人被称为“煎饼人”。2012年5月15日《中国青年报》公布的一项全国调查显示，88.6%的受访者坦言自己身边多是一知半解的“煎饼人”。

“煎饼人”，最拿手的就是浅尝辄止。粗浅的理解，肤浅的关心，在信息传播的过程中进行片段化解读和平面化阅读，只求数量，只讲覆盖面，只知道皮毛，只晓得轮廓，至于结果如何，真相怎样，通常都无关紧要。“煎饼人”作为快餐文化的一个缩影，隐然存在于我们的肌理之中。

对于快餐，人们的感受可谓暧昧难清。它虽然缺乏营养，却能填饱肚皮；虽然缺乏内涵，但能直达目标。快餐逐渐改变了人们的生活方式，成为一种文化隐喻。于是乎，在日常生活中，看名著喜欢精简版，学东西青睐速成班，“求职宝典”一部接一部，“考试秘籍”一本接一本。

乐观者看来，快餐文化是一种文化进化。现代社会讲究效率，追求精准，对技术的依赖和对科技的推崇，在一定程度上导致人们的异化，人们在不知不觉中进入“理性的樊笼”——激烈的社会竞争，沉重的生活压力，让人们不堪重负，而快餐文化，成为人们释放压力、慰藉情感的工具。

忧心者则认为，快餐文化的实质就是文化含量稀薄，恶意炒作，简单复制，膨化发泡。当粗制滥造的文化产品成为人们精神食粮主流的时候，当形形色色的文化赝品将文化空间挤压得水泄不通的时候，“繁华的荒芜”便成了当代人的精神病根。虚假繁荣的“面子”背后，隐藏着精神苍白、创新匮乏的“里子”。

观点对立的双方，总是从功能主义的不同侧面来解读快餐文化。一方面，快餐文化在资讯获取、休闲娱乐方面满足了人们的需求，具有一定显性的正功能；另一方面，快餐文化侵蚀了人们的价值观，加剧了社会心态的功利化和社会结构的碎片化，具有难以估量的隐性的负功能。

在快餐文化的裹挟下，“煎饼人”大行其道，活跃在社会生活的各个舞台上。空有其表的文化产品侵占了人们的精神领地，漫不经心的生活方式损伤了人们的文化家园，层出不穷的文化泡沫带来了精神沙尘暴。①

（二）科普的可视化表达

科普的可视化表达，即将科普内容、科普过程等以视觉形式表达，将科普转化成图像与图形相结合的形式来呈现，以激发公众接受科普的主动性，增强公众的科普兴趣，提高科普效率的一种新的高效科普呈现手段。

21世纪初进入读图时代，科普图片曾经被视为科普表达的较好方式。随着大数据时代的到来，仅用科普图片来呈现科普内容已不能满足科普受众的需求。对于一些相对复杂的时政科普的解读、突发性事件的应急科普、科普服务类信息的说明，以及一些社会事件的科学深度解读与分析，科普图片已难以一步到位地表达清楚，仅用文字又难以抓住“眼球”，并且显得落后死板。

在当今快节奏的生活里，人们用手机刷科普作品或科普信息是机械般快速浏览，看传统科普作品是一页接着一页地跳跃阅读，看到感兴趣的科普内容才会停下来仔细看看。在这样的科普阅读趋势下，冗长的文字表述常常会让科普受众望而生畏，而将科普内容信息进行可视化处理，可以比文字更直

① 杨朝清.“煎饼人”背后的快餐隐喻［N］. 湖南日报，2012-05-18.

观反映科普内容，让科普受众更容易接受也更喜欢。如今普遍采用“一图看懂……”的科普表达方式，将科普内容信息、背景资料和相关科普内容融入一张图或一组图中。科普的可视化图形类型丰富多彩，由外部轮廓线条构成的矢量图，即由计算机绘制的直线、圆、矩形、曲线等，一般有表格、柱形图、曲线图、饼状图、地图等；而图像是由扫描仪、相机存储卡等输入设备捕捉实际的画面产生的数据，包括漫画、动画、插画、图片、视频等多种生动的科普表达手法。这些可视化的图形，既能体现传统科普的优势，使科普复杂枯燥的内容简明化、枯燥内容生动化、抽象概念具体化，又可实现纸媒端、电脑端、移动端三端的统一同时发布，更能吸引年轻的科普受众，成为现在很多科普作品越来越重视的呈现方式。

（三）科普的故事化表达

用讲故事的形式来做科普，就会让科普变得有趣、有情、好看、好听，最后使公众爱看科普、爱听科普。科学本质上是人类不断探寻自身和世界奥秘的故事。讲科学的方式有多种，插科打诨、通俗搞笑是一路，就事论事解读算一种，以及寻根溯源讲历史、图文并茂可视化等不一而足，因时因事而异，各有各的精彩。大多数讲述科学的文章都在追求信息的有效表达，或者说是以信息为主导的讲述方式。这个时代，越来越多的人在谈论科学，但是优秀的科学写作者比大熊猫还要稀有。讲科学故事，不能仅仅停在维护科学本身严肃客观的层面，要改变把科普受众作为“旁观者”的状况，科普创作者要调动更多的共情因素，以故事驱动科普创作，把科普内容有效地嵌入人类生活场景，与时代发生关联，反映个人命运，才能获得更自由的写作状态，写出真正打动人的作品。在有限的视野里，真正优秀的科普写作者是那些有思想的科学家，多数职业写作者并没有真正达到他们应该达到的高度，这与科学狂飙时代对于科学传播的巨大需求形成强烈反差①。

科普要讲与公众有关联的科学故事。科普故事的选题来源无非来自媒体的报道、公众的点题、研究机构的调查、政府部门的安排等。不管科普故事的选题来自何处，都要考虑选题的科普价值，即选题的及时性、冲击性或重要性、与受众的接近性、冲突性、异常性、当下性、必要性等。不讲没有科普价值的故事。

---

① 黄永明. 讲好科学故事——《知识分子》“创作性非虚构”写作项目上线［EB/OL］. 微信公众号：知识分子，2017-05-01.

科普要为最普通百姓讲科学故事。科学故事，最根本的诱惑在于它的悬念和煽情，能极大限度地满足科普受众的心理需求。讲述科普故事，这是最能贴近科普受众心理的科普表达方式。科普故事最核心的要素是什么，就是悬念，悬念用得越好科学故事越吸引人。“科普人”一直有一种善良的科普期望，就是希望社会的中间阶层能成为科普的主力人群。但是遗憾的是，科普真正的参与者主要是普通百姓，他们的科普影响力较弱，二次科普传播的能力不强。

科普要请能讲科学故事的人来讲。我国电视主持人的发展历程大致经历四个阶段。第一阶段是以赵忠祥为代表的政府发言人式的主持人，正襟危坐，字正腔圆，代表党和政府的声音，这种风格一直延续到今天的《新闻联播》；第二阶段是以白岩松为代表的教师型主持人，他所体现的是精英风格，板着脸，皱着眉，忧国忧民地向观众灌输他的感想；第三阶段就是以王志、柴静为代表的朋友式主持人，面对面心平气和地聊天，虽然有时不乏尖锐，但整个氛围充满朋友式的关心；第四阶段就是以阿丘、马斌、孟非为代表的娱乐型主持人，他们好像就是你身边的普通人，注重新闻的故事性表达，即使是评论，也经常把观点附着在幽默和诙谐的语境中。时代在发展，科普受众的眼光也越来越挑剔，在这样一个飞速发展的新时代，要坚守科普的宗旨，更好考虑科普受众的要求，把科普交给能讲科学故事的人来讲，因为手机、电视遥控器毕竟都掌握在公众自己的手里。

（四）科普的乐享化表达

科学与娱乐、享乐，从本质上来说是大相径庭的，然而两者结合起来，却能绽放出奇异的科普光彩。科幻片就是科学与娱乐结合的产物，如《加油！向未来》是央视综合频道在2016年暑期档推出的科学实验节目，节目中将物理、化学、生物等大型室内外科学实验转为益智答题，每期会有经过甄选并具有一定科学素质的加油队（18岁以上）和未来队（18岁以下）进行猜想和比拼，并与主持人共同参与实验验证，通过科学实验来让观众看到视觉奇观，呈现科学之美，受到公众的欢迎。美国科幻片《星际穿越》被称为“烧脑神剧”，把原本只有小部分人能理解的虫洞、黑洞、宇宙维度等高深科学理论形象化地、直观地呈献给大众，使观众经历一次奇幻的太空之旅。再如江苏卫视制作的电视节目《最强大脑》，其口号是“让科学流行起来”，这是国内少见的以科学作为主题词的科普娱乐节目。然而人们对这个节目的看法却莫衷一是，体现出人们对科普与娱乐关系的思考。传统上，科学是严肃甚至神圣的，它和大众娱乐是无法联系在一起的，一旦科学被用于娱乐，就似乎冒犯了科学的尊严，将科学低俗化了。

现代科普应该是娱乐与教育兼容，以游戏、科普剧、科普秀等娱乐的方式传播科学，让娱乐的愉悦感带来科普的主动性和自愿性，更容易使观众接收其中的科学知识，对科学内容的理解也更深刻。但并非所有的科学内容都适合用来娱乐，娱乐只是一种表达方式，得掌握好尺度，过头了，娱乐喧宾夺主，科学反而成为陪衬，达不到传播科学的目的。对于娱乐节目而言，科学不能凌驾于娱乐之上，必须尊重娱乐的规律与内在精神，否则达不到好的娱乐效果，公众也不买账。必须拿捏好科学与娱乐的界限，掌握好两者的平衡，调和好二者的冲突，这需要高超的思想与技巧做指导①。

霍金虽然是个严肃的科学家，但霍金与娱乐圈的关系一直很密切，不仅出现在电影中，还拿流行音乐组合做例子解释高深的物理理论。网友纷纷表示，霍教授这是在亲身示范如何利用娱乐工具搞科普啊。霍金之所以能够成为家喻户晓的科学符号、成为偶像，是因为他生活态度健康积极，他深谙传播理论并积极实践，他没有因为身体条件的限制而蜗居，而是勇敢地参与到各种社会活动中去。此外，他幽默的天性也给他的言行增添了不少娱乐元素。霍金在科普时，常常使用普通人熟悉的方式，既有趣又有干货，让粉丝为之痴迷。例如，2015年一场科学讲座中，身在英国的霍金通过3D全息投影的酷炫方式出现在悉尼大剧院，现场讲述关于黑洞、地球的未来等严肃的科学话题，更经典的是，这场讲座的结尾，霍金又用娱乐元素奉献神来之笔，他借用了电影《星际迷航》中经典台词“生生不息，繁荣昌盛”，之后在几道炫目光芒中，霍金的投影一下子消失在舞台上，粉丝惊呼太酷炫了②。

视窗8-5 现代科普创作的基本把握

现代科普创作是为了普及科技而进行的创造性活动。科普作品内容广泛，形式多样，在表现方法上，创作者可以有自己独特的风格，品种、流派繁多，各不相同。但无论什么样的科普创作和科普作品，都必

① 成励. 科学与娱乐的界限——兼谈科普的困境［N］. 中国科学报，2014-11-28.

② 霍金演示科普的娱乐打开方式：开微博、讲段子［N］. 广州日报，2016-05-09.

须与本国的文化背景相适应。我国是社会主义国家，科普创作和科普作品必须要有益于我国社会主义物质文明、政治文明和精神文明的建设。为此科普创作和科普作品应该具备创造性与科学性、思想性、通俗性与艺术性、浪漫性与发展性、人性化与趣味性、时代性与教育性。

1. 创造性与科学性。创造性是科普创作和科普作品的本质，科普作品没有创造性也就不能称其为创作。但创造并非凭空想象、捏造，而是建立在科学技术知识之上的。科学性是所有科普作品的生命。科学是揭示事物的客观规律，探求客观真理，认识世界和改造世界的指南。科普作品担负着向大众普及科学知识、启蒙科学思想、传授科学方法、弘扬科学精神的职责，要使公众理解科学技术，就更应保证科学性。失去科学性的科普作品也就失去了存在的价值。因此对于科普作品的创作者而言，应尽力发掘自己的专业所长，从自己熟悉的领域开始，用全面发展的观点，把成熟的、切实可行的科学技术内容，介绍给广大公众。

科普作品的科学性不是空洞的概念，它具有丰富的实际内容。一是真实性。科普作品绝不能弄虚作假，无中生有，或者宣扬伪科学。道听途说不能成为科普的材料，也不允许信口开河。二是准确性。科普作品要准确地表现科技内容，对概念、事实、数据、语言等的使用，都要求做到准确。三是成熟性。科普作品要表现经过实践检验和证明是正确的科学理论和原理，推广那些现实可行的技术、方法，对于那些尚处在探索阶段的科学问题将不作为科普创作的主要内容，即使介绍也是有条件的。四是全面性和发展性。科普作品不能回避科学技术的两面性，一方面要宣传科学技术发展对社会经济发展的正面作用，另一方面也要宣传科学技术的误用可能对社会经济发展带来的负面作用；同时科学是发展的，科普作品也要体现科学技术的发展性。

2. 思想性。思想性是体现科普作品内在的科学方法、科学态度、科学作风和科学精神。科普作品在向公众传授知识的同时，也使公众受到科学思想、科学精神、科学态度和科学作风的熏陶，让人们深刻地理解科学的世界观和方法论，即唯物主义和辩证法，这就是科普作品思想性的体现。科普作品的思想性主要包括理想信念、爱国主义、人道主义、科学精神、道德情操等方面内容。科普创作的思想性，是内在的，是从科普作品中自然表现出来的，不仅仅是贴上一些政治标签或外加一些政治术语。

3. 通俗性与艺术性。通俗性就是用明白晓畅的方式介绍科学，使之生动、易懂。不通俗地把科学表达出来，读者理解不了，就没有达到科普创作的作用，科普创作也就失去了意义。科普创作可以运用多种方法使科普作品通俗化，如用文艺形式、形象形式、体验形式等来创作，使之生动有趣，引人入胜。

通俗化不是把科学中一般人不懂的名词、术语、概念、行话，“翻译”成通俗的语言就行了。好的科普作品，不是简单地对专门知识进行“翻译”，而是应当做到吃透科学原理，掌握充分的材料，抓住事物的本质，融会贯通地、精炼地介绍群众所需要的科学，摘掉蒙在科学上的神秘的面纱和深奥的外衣，使它返璞归真，回到公众中间。这个创作过程是一个研究和创造的过程。

艺术性是由通俗性派生的一个特点，科普作品的通俗性常常要求运用文艺形式来表达科学，创作过程中不仅使用逻辑思维来达到以理服人的效果，同时还采用形象思维，使之以情动人。除了某些有特定作用的科普作品，一般的科普作品都应力求加强自己的艺术性。在科普创作中不能用哲学语言来代替科学内容；平铺直叙，即所谓“教科书式”的写法，也不宜采用。现在用散文、故事、童话、寓言、小说、相声、连环画、幻灯、电影、戏剧等文艺形式来介绍科学知识的科普作品大受群众欢迎。

科学内容的文艺化也是一种创造，因为科学家用概念来思考，而艺术家则用形象来思考。在科学实践中应用的是逻辑思维即抽象思维，在艺术实践中应用的是形象思维。要使科学与文艺结合，就得既采用文艺的创作手法，又不违背科学要求，这是科普创作所需要解决的难题，也正是表现创造性的所在。在不少专门的科学著作中，常常是从概念到概念，用名词解释名词，自有一套语言，使未入其门者晕头转向，望而却步。但科学并非只有这种表述方法，即使是专门著作也未必一定得用固有的格式。形象思维并非与科学格格不入，只能排除在科学之外，其实有些著名的科学著作，像赖尔的《地质学原理》，其中不乏用形象的语言来表现抽象的科学原理的事例。要使科普作品具有文艺的特点，必须善于运用艺术的语言、图像来表达科学的内容。其实科学所探讨的客观世界，本来就是异彩纷呈、波澜起伏、气象万千、非常生动活泼的，如果我们能细致而形象地揭示出来，就很引人入胜，无须华丽的辞藻堆砌，也不需要夸张的空话。

4. 浪漫性和发展性。科普创作需要幻想，要有浪漫性，这不仅有利于人们在轻松愉快中得到科学技术的普及，同时也有利于激发人们对未知世界的探索。郭沫若指出："科学是讲求实际的。科学是老老实实的学问，来不得半点虚假，需要付出艰巨的劳动。同时，科学也需要创造，需要幻想，有幻想才能打破传统的束缚，才能发展科学。"自然科学的发展史可以说就是一部从幻想变成现实的历史，人类对自然界的认识在不断发展。科学研究如此，科普创作更应该披坚执锐，勇于开创，不仅科学上的新发现、新成就应该成为科普创作的重要题材，而且还应该通过科普创作激发人们对未知世界的向往，只有这样科学才能发展，社会才能进步。科普创作就是要用科学作武器，崇尚实事求是的科学精神，这是科学技术发展的要求，是时代不断发展的要求。

科学幻想应当是在科学的基础上的幻想，像幻想造出永动机，或者使今天的猿猴变成人，那是不能成立的。但是在大量客观事物都还未被我们认识的今天，要求幻想都是准确的、将来可以实现的，这也不可能。当然对已经被科学和实践证明是荒谬的事情，还要去幻想就违背科学了。同样，对于经过实践检验已经证明了的科学原理，即使是幻想也不应该违背。作为一个科普作者应当紧跟时代步伐，密切注视科学技术发展的动向，增强对新鲜事物的敏锐感，充分发挥想象力，这只有解放思想，开拓创新，用创造性的辛勤劳动才能做到。

5. 人性化与趣味性。科普创作在形式上是科学与文学艺术的结合，在内容上则是自然与人文的结合。在艺术创作中，不能为艺术而艺术，在科普创作中，也不能为科学而科学。对大自然的热爱，在于它提供了人类得以生存发展的环境；对科学的赞颂，在于它能为人类认识自然、利用自然提供武器。在科普创作中，不管以什么自然界的事物为题材，都应该把人作为出场或不出场的主角，把公众的欣赏不欣赏放在首位。对自然的认识和对科学技术的探讨，都应该从对人类的影响来提出问题、思考问题，不能站在自然之外，而应把自然和人文融为一体。由此科普创作必须围绕公众的科学生活、科学生产取材，围绕社会所关注的重点、热点、难点等科学问题选材，围绕科学家的新发现、新创造，围绕未来世界的发展，一切围绕公众的实际需要，充分考虑公众的兴奋点、兴趣点，应该采用人本的、快乐的、非灌输式的创作手法进行创作，以人为本，以公众为本，只有这样科普创作才会不偏离科普方向，这样的科普作品才会得到公众的认同。

6. 时代性与教育性。科普创作不能脱离时代，科普作品不能远离时代。远离时代，就是远离公众。当代社会正向学习型社会演化，公众需要科普，但是在科普创作中必须遵循教育学的基本原理，考虑公众在年龄、知识基础和需要等多方面的个性化特征，考虑现代科学技术发展形成的知识爆炸，要有的放矢、循循善诱、循序渐进，注意不是灌输现成的结论，而是要按照人的认识规律和人的全面发展要求，逐步展开，由浅入深，由感性认识到理性认识，引导公众掌握观察问题、分析问题和解决问题的方法。特别是在少儿科普作品中，不仅要传授科学知识和培养科学思维方法，还应注意品德的熏陶，要符合儿童的特点。课堂教学讲授质量的好坏，影响不过数十、数百人，而一件科普作品则影响多达数千百万人，因此应当十分重视科普作品的教育性。只有科普作者的创作符合教育学的原理和时代发展的要求，才能获到大量优秀的科普作品，这样的科普作品才能真正起到科普的作用。

二、科普阅读视听类作品的创作创新

科普作品具有认识、传播、教育、交流、传承等科普服务功能，是国家综合国力和文化软实力的重要组成部分，是公众对科普获得感的直接体现。

科普作品的表达方式，最终同科普内容一起，以科普产品或作品的形态表现出来。信息化时代，科普阅读习惯、欣赏偏好、审美价值等发生较大变化，科普创作在继承优良表达传统的同时必须创新。

（一）科普阅读类作品的创作创新

科普图书、科普报纸、科普期刊等主要以纸质印刷物作为介质的科普媒体，通常以纸质印刷的科普产品的形式出版发行，通过交通工具传递。

科普图书作为科普的主要载体形式，是科普中最早出现的载体类型。科普图书忠实地反映了近现代科普发展的全过程。无论从史学的角度看，还是从实际的功用看，它一直是不可取代的媒介物。现代电子技术和信息技术的出现，极大地加快了信息的传播。电子图书、互联网络使知识传播的成本降低，容量增大，时效提高，且表现出无限的发展空间。但以传统的纸张为介质的图书业并未因此而发生萎缩，传统形式的图书依然受到人们的喜爱。在知识传播领域，科普图书所占的地位较之以往更加巩固，在未来的时间里，它还将发挥重大的作用。

科普报刊主要包括科普报纸、科普期刊等，是一种定期出版的纸质印刷出版物。科普报刊的类型很多，表现形式多样，主要有信息报、科技报、专业知识报、专业科普杂志、生活科普杂志等。科普报刊与科普图书虽然同为纸质出版物，但在表现形式上有所不同。科普图书往往是一题一书，一本书具有知识体系的系统性，往往篇幅较长，阅读需要一定时间。科普报刊是定期出版发行，连续不断。为了增强读者对象的普适性，往往在报纸、期刊中包含了多种题目的内容，不讲求题目之间的连贯性，而是每一个题目自成单元，每个题目的文字不长，阅读用时较少，适合读者有选择地随时阅读。科普报刊不求知识介绍的系统性，因科普内容刊载量和信息量较大，内容比较丰富，故具有广泛的普适性，读者阅读比较及时，传播的速度较快。科普报刊可以根据适时实地的情况，灵活安排题目，调整内容，满足读者的要求；科普报刊可以图文并茂，增加报刊的可读性和趣味性，满足不同层次读者的要求。但科普报刊由于受到读者对象和版面的限制，与科普图书相比，缺乏知识的系统性和连贯性，往往需要读者具备一定基础知识。科普报刊的创作，主要以文字创作为主，以图片创作为辅。

随着信息化的发展和互联网络的快速普及，具有免费、快捷及海量信息特点的新媒体对传统科普出版产品造成了巨大的冲击。基于新媒体时代的全媒体融合出版传播，成为传统科普图书、期刊等出版领域创新发展、走出困境的不二选择。全媒体，即多种媒介融合，是以内容为核心的多种传播方式和传播途径的融合，不仅包括传统的报纸、杂志、图书等纸质媒体，传统的广播、电视、音像、电影等视听媒体，还包括网络、电信、卫星通信等各类互联网、移动端新兴媒体。

视窗8–6 科普期刊的全媒体融合

随着网络的快速普及，具有免费、快捷及海量信息特点的新媒体对传统科普期刊造成了巨大的冲击。学术期刊由于其办刊经费主要来源于行政拨款和版面费收入，依托于网络的新媒体对其冲击较小。但以发行费和广告费为主要收入来源的科普类期刊和技术类期刊，却面临巨大挑战。以“三大知识”——《航空知识》《兵器知识》和《舰船知识》为例，在其鼎盛时期的20世纪90年代初，三刊的总发行量破百万，在全球军事科普期刊界遥遥领先。但随着网络的普及，成本低、开放度好、保密约束少、传播广的专业化国防类网络平台逐渐兴起，其便捷迅速、全球流动、内容更加丰富的信息获取特点，立即吸引了广大军事爱好者。同时，传统的军事科普期刊并没有针对网络的冲击立即做出内容和形式的调整，导致从20世纪90年代后期开始，各刊发行量急速下滑。很多期刊在10年间发行量下降到高峰时的一二成，“三大知识”最低谷时只达高峰时的三四成。

尽管新媒体给传统媒体造成巨大的甚至是毁灭性的冲击，但在全媒体时代，新媒体并不能代替传统媒体。新媒体在带来极大丰富的信息的同时，也带来信息的泛滥。新媒体使信息过于庞杂、权威性差、缺乏真实性，因而在信息的汪洋大海中，“甄别”“重塑”“深加工”成为受众新的需求。信息的受众迫切需要那些经过筛选、编辑、考证、综合过的让人信赖的信息，而这正是传统媒体最优于新媒体之处。不管媒体传播方式如何更新换代，传统媒体高质量的、稀缺的内容不可取代，“内容”是传统媒体最核心的竞争力，科普期刊的专业素养和科学内容是其在全媒体时代的立足之本。科普期刊在内容方面，不应跟新媒体拼“短”“快”，而要拼“精”“准”。所谓“精”可归纳为“精品化、精益化、精细化”，即做到选题策划精品化——寻求关注度最高的“兴奋点”，但不盲从于网络；编辑加工精益化——高效利用信息渠道，并在专业上紧跟高科学素质作者的步伐；制作环节精细化——让杂志品位渗透在字里行间，以呈现给读者赏心悦目的现代纸媒。所谓“准”就是“准确”，无论何种情况，科普期刊都必须保证内容的科学性、准确性。

全媒体，即多种媒介融合，是以内容为核心的多种传播方式和传播途径的融合，不仅包括传统的报纸、杂志、图书等纸质媒体，传统的广播、电视、音像、电影等视听媒体，还包括网络、电信、卫星通信等各类互联网、移动端新兴媒体。全媒体时代，大部分期刊的运作模式和盈利模式都还停留在较低层次和水平上，产品单一、形式简单，多为内容的二次利用，如出版期刊的合订本、精华本、图书合辑等。即便有些期刊建设了网站，也只是刊物内容的重现和信息的发布。全媒体“迅速、海量、多媒体、互动”的特点，没有得到很好的开发利用。但有些期刊在全媒体环境下也走出了新的路子。

《家庭医生》的全媒体实践。医学科普期刊《家庭医生》在其优秀的品牌和内容支撑的基础上，契合大众对基本医学知识的迫切需要，以中国最专业的健康门户网站为目标，创建了“家庭医生在线”网站（http：//www.familydoctor.com.cn/），并成立“家庭医生在线信息有限公司”对网站进行内容和经营的运营，使其成为具有鲜明专业特色的健康门户网站。其后又组织专业的采编团队，制作和发布系列电子周刊——《家庭医生E刊》。经过多次资源整合及多方合作，最终打造了一个包括《家庭医生》（纸刊）、《家庭医生E刊》（互联网）、手机端（电信网络）、数字和移动电视健康资讯节目（广电网络）、医疗系统数据库、专家在线咨询系统、医院预约挂号系统、健康圈和病友圈论坛、健康调查活动等在内的立体化信息服务全媒体平台。它的成功很重要的一点在于坚守内容为王，优质的内容保障了其网络平台的流量和黏度，从而带来一系列的后续发展。《家庭医生》出版平台突破了传统纸媒的形式，实现了传统科普期刊价值的延伸和拓展。盈利模式从单一的纸刊销售和广告收入扩展到会员费、网站广告、线下活动、产品销售分成等。

《中国国家地理》的全媒体实践。《中国国家地理》侧重于从人文关怀的视角向大众呈现科学知识。从20世纪末发行量2万册的《地理知识》到最高时发行量破百万的《中国国家地理》，最关键的是重新定位读者及市场后的“内容为王”和“内容创新”。李栓科认为，《中国国家地理》最核心的竞争力是有一个强大的编辑部，这正是“内容为王”有力的背书。内容取胜的《中国国家地理》不仅正刊长期位列国内最大发行量的精品期刊之一，其推出的增刊、精华本、合辑等也非常受读者欢迎。时至今日，打开中国国家地理网（http：//www.dili360.com）可以发现，其传统媒体除拥有《中国国家地理》（多种版本）、《博物》、《中华遗产》等纸刊外，还推出由纸刊内容延伸而来的品种繁多的地理类系列图书、自然百科类系列图书等，很好地做到书刊融合发展；新媒体也实现其在2012年提出的发展设想——“四屏”（电脑屏、手机屏、手持客户端和电视屏）业务。目前《中国国家地理》旗下拥有中国国家地理网、中国国家地理官方客户端、官方微博、微信公众号等新媒体。其电子商城可实现各类相关期刊、图书的订阅、邮购等电子商务功能。开设的影视频道，可与杂志、读者进行视频互动，并且还成立国家地理影视公司，制作影像内容。《中国国家地理》是中国科技期刊界的奇迹，是全媒体融合发展的典范，不仅在传统纸媒上超越其他杂志，其全媒体运营也走在大部分科技期刊的前列。

《金属加工》的全媒体实践。相比于前两者，《金属加工》杂志应该算是技术类的科普期刊，其在微信公众平台上成功的运营模式值得所有科普期刊学习。金属加工杂志社下设《金属加工（冷加工）》《金属加工（热加工）》《汽车工艺师》和《通用机械》等四刊，在“互联网+读者”用户思维的指导下，构建纸媒、数字媒体、活动、增值服务四位一体的全媒体产品体系，以及全媒体传播、多维互动、线上线下配合的专业信息服务体系。杂志社的数字化开展得比较早，当大多数科技期刊仅将网络作为宣传阵地的时候，2006年《金属加工》就建立自己的专业网站“金属加工在线”（http：//www.mw1950.com），在短时间内成为机械行业专业门户网站，并以售卖广告、专题推广等形式实现盈利。2013年“金属加工”微信公众号正式创建，依托杂志60多年的品牌影响力、四刊丰富的信息资源和专业化的运营团队等优势，到2014年12月，粉丝数突破10万，2015年5月，粉丝数突破20万，2016年6月，粉丝数突破40万；截至2016年9月，杂志社的微信体系已形成“金属加工”“通用机械”“汽车工艺师”3个领域号，“热处理生态圈”“焊接切割联盟”等细分领域专业号，“金粉商城”服务号等相互呼应、联动配合的布局，总粉丝突破95万。粉丝给金属加工微信系列号带来可观的经济收入，杂志社在微信公众平台上开设“金粉商城”一年来上架图书近万种，累计销售图书1.2万册，成为特定技术人员选择专业图书、掌握和提升专业知识的最优秀、最专业的平台。

《航空知识》的全媒体实践。《航空知识》及其子刊《航空模型》是国内著名的航空类科普期刊，尤其是《航空知识》创刊50多年，读者累计数千万，引领一代又一代青少年加入空军或投身到中国航空航天事业。但受网络冲击，加之无良好的应对措施，到21世纪初期，其发行量和影响力大大降低。从2005年开始，杂志社提出“内容为王，重创科普期刊辉煌”的目标，其后的一系列整改提升措施，使两刊发行量和广告收入在纸媒整体下降的大环境中逆势上扬，全媒体方面更是走出独特的发展道路，传播途径涵盖杂志、图书等传统纸质媒体，广播、电视等传统视听媒体，以及新兴网络媒体。特别值得一提的是，杂志社抓住大众的需求，从2010年开始与广播电视媒体合作，融合发展。从北京交通广播电台《航空在线》栏目开始，直到走入中央电视台《焦点访谈》《面对面》栏目，6 年来《航空知识》在广电媒体中的影响力越来越大。《航空知识》和《航空模型》两刊有8位编辑、记者担任包括央视、凤凰卫视、北京交通广播电台、国际广播电台等知名大众媒体在内的20多家电视台、广播电台700多期航空及军事类节目的嘉宾主持。主编王亚男更是成长为知名航空专家，与中央电视台白岩松、水均益、张泉灵、董倩等知名主持人在节目中合作过。团队其他多名成员也是多家广播电视台的特约航空专家，无论是在马航MH370的航空事故报道，还是神舟飞船载人飞行直播节目中，都能在央视上看到《航空知识》团队的专业解读。这大大提高了杂志在大众和行业内的影响力，带来发行量和广告收益的显著增加。建立于2014年年底的《航空知识》微信公众号，在不到两年的时间里，做到影响力和粉丝数均列航空类公众号前列。微信公众平台不仅克服了期刊内容延时的天然缺陷，对提升期刊的品牌影响力具有巨大作用，而且在航空类产品销售、线下航空活动组织和广告销售方面贡献巨大。《航空知识》杂志与图书出版融合的代表产品——《飞机全书》8个月重印3次，很大程度上得益于微信平台的宣传和销售。这也为期刊更深入地进行图书出版工作打下了良好的基础。每天坚持推出的纯原创微信，不仅得到了广大粉丝的认可，也吸引了网易微刊、今日头条等大网络平台与其开展内容合作。如今，《航空知识》已经在今日头条、网易微刊等大平台上推出了自己的专属品牌。《航空知识》公众号正在探索航空类产品销售、线下航空活动和广告的盈利模式，正在制作基于微信的电子书。

我国科普期刊的全媒体融合还处于摸索阶段，大部分只是不同媒体的复合，在媒体形态、资本运作、数字平台等方面还有发展空间。①

（二）科普动漫影视作品的创作创新

科普影视主要是指科普电影和科普电视，是以视觉和听觉相结合的综合艺术，它可以用生动逼真的直观形象和生动活泼的表达形式，把抽象的概念形象化，把深奥的科学道理通俗化，把枯燥的学理生动化，从而吸引公众、感染公众、说服公众。无论文化程度高低、年龄大小，公众都可以欣赏科普影视，而且其可以重复再演，使形象多次出现，反复刺激人们的视觉和听觉，加深公众的理解。

科普动漫影视节目是否能吸引观众首先取决于节目题材和内容。普通的观众通常没有系统的科技专业知识，与专业科技人员相比他们对科技信息的接受，更多依靠的不是对信息本身的真实性和真理性的理性认识，而是情

---

① 俞敏，刘德生. 科普期刊全媒体融合发展典型案例解析［J］. 现代出版，2017（1）：49—52.

感趋向。要在科普动漫影视节目中注入人的因素，改变以往节目给人的严肃刻板、循规蹈矩和填鸭式的生硬灌输的感觉，从而把科普内容“活生生”地表现出来。要注重科普动漫影视节目中“理”和“趣”的结合，即思想性、哲理性，与情趣性和趣味性的结合，要让观众经常体验到由他们自己“突然间”掌握一个费解的概念时产生的一种“新发现的快感”。

随着科技的发展，科普动漫影视新的表现技术手段层出不穷，已经成为推动科普动漫影视表现方式创新的重要手段。要善于将虚拟现实（VR）技术、全息摄影技术等合理地运到科普动漫影视节目制作中，以增添其节目的奇妙视觉感受，满足观众的好奇心，又使得观众获得身临其境般的感受，提升其观赏和传播效果，起到寓教于乐、审美愉悦的功能。

（三）科普游戏作品的创作创新

科普游戏是用游戏的手段来表现科学的内容，利用公众特别是青少年的好胜心理和强烈的参与意识来吸引公众，在游戏中得到科技的普及。科普游戏往往设置一个模拟的虚拟世界，有一定公众参与空间，对公众特别是青少年有强烈的吸引力；同时公众在参与中将进入一种有胜负的竞争环境中，对参与者有强烈的刺激作用。

科普游戏形象题材和参与内容比较丰富，但往往逻辑思维的运用相对较弱，科学概念的深度不够，知识的容量较少。科普游戏是需要应用虚拟技术、多媒体技术等手段进行的科普创作，要求创作者不仅要有深厚的科学背景和思想修养，而且还要熟练地掌握计算机技术。科普游戏是科普创作领域正在发展的方面，公众特别是青少年有较大的需求。

科普游戏的开发必须首先思考的问题是，在人们消耗时间趋于饱和的情况下，如何让用户把时间花在你的科普游戏产品上？当用户抱怨没有时间接受科普时，有两个套路可以占据他们的时间：①让用户上瘾，拖住他的时间；②提供最好的服务，优化他的时间。赌城拉斯维加斯是第一个套路的典范：不分昼夜的赌场，纸醉金迷的环境，不停供应的饮食，以及人为提高的氧气浓度，所有的设计和服务都是为了让人忘记时间，沉迷其中。游戏也是这个套路，仅一款《魔兽世界》已经消耗掉全人类593万年的时间。显然科普游戏也必须选择第一套路[①]。

---

① 柴犬叔叔. 时间，是我们的终极战场［EB/OL］.［2017-01-06］. http://www.jianshu.com/p/e2104e4482bd.

科普游戏就是要让用户上瘾、忘掉时间，让用户在游戏中汲取科普的“营养”。科普游戏特别是科普网络游戏，往往需要给玩家设置一些难度递增的通关任务，玩家要不停地升级装备、增加经验值。太容易的科普游戏不好玩，好玩的科普游戏才能吊足玩家的胃口。作为玩家，最大的乐趣也许在于成为科普游戏的主角，直接参与、亲身体验。要让未成年人流连甚至“沉溺”于科普网络游戏中，需要为科普游戏营造一个科学幻想的世界，在这个充满科学幻想的世界中无拘无束，让单纯、正处于喜欢幻想阶段的青少年躲避周围压力，暂时脱离现实环境。科普游戏必须注入科学幻想，但这种幻想应有合理的科学基础。要将青少年从痴迷网络游戏转向热衷科普游戏，就必须开出比网络游戏更有吸引力的科普游戏菜单。

三、科普展教类作品的创作创新

科普展品和科普教具是应用直观实物化的手段表现科技内容的科普创作手法，是与触觉、视觉、听觉、感觉、意念等相结合的表现形式。它可以用生动逼真的实物形象和巧妙直观的表达形式，把抽象的概念形象化，把深奥的科学道理通俗化，把枯燥的学理生动化，把僵硬的科学原理活化，吸引公众动手体验、参与思考，从而吸引公众、感染公众、说服公众。科普展品无论公众文化程度高低、年龄大小都可以参与，而且可以反复演示和多次重复体验，反复刺激人们的触觉、视觉、听觉、感觉，加深公众对科学的理解。但是科普展品的制作需要投入较大的财力、人力、物力，成本相对较高，同时需要相应的场馆空间，一般只能安放在科技馆等场所，科普展品的科技容量也较有限。

科普展品和科普教具的题材十分广泛，几乎涉及公众生活和生产的各个领域。如反映自然现象的科普展品、反映科学历史的科普陈列品、反映科学家工作和生活的实物、反映现代高科技的科技展品、反映科学原理的科普展品、反映人体科学的科普展品等。科普展品的创作需要创作者具备深厚的科学背景和艺术修养，同时需要有良好的设计和制造知识。科普展品的创作一般要经历选材、创意、设计、制作等过程。科普展品和科普教具往往是在科技场馆或教学场所使用。

随着科技的发展及社会教育的深化，人们进入科技馆，已不再只是满足浅层次的观摩体验，而对展示的科技内容创新性与形式多样性提出更进一步的要求，对展示蕴涵的教育内涵有更深入的探求。科普展教在展示与教育的形式上采取多元化手段，并且积极运用新兴的高新技术和现代展示方法，着力推动科普展教产品的创新和深化，要突出自然—人—科技的主线，以寓教于乐、生动活泼的展教创作手段和教育活动产品，激发公众对自然科技的好奇心和兴趣。

现在人们获得科学信息的途径越来越多，凭什么吸引公众特别是青少年和家长到科技馆来？关键是要让人们亲近科学、感受科学、乐享科学，通过科技馆的独特情景，让公众通过科技馆了解科技前沿、看到世界，激发奇思妙想，寓教于乐，把抽象、复杂、深奥的科技，通过科技特种影院等通俗、炫酷、形象的展教手段，以及3D打印、虚拟现实等体验方式展现给公众，为观众打造一个从想象到现实、将想象变为现实的科学殿堂，催生青少年探索科学奥秘的好奇心。同时，要遵循"新闻倒入、科技解读"科普展教理念，将实时发生、公众关切的科普题目和活动，搬进科技馆、学校等场所，满足公众对进行中科学的理解和认知。

科技馆组建专业创新研发和创作团队，不断创新科普展教内容和表达方式，延续科普展教产品、科技馆活动的生命力。要积极实施科普展教文化"走下去、走出去"战略，通过巡展、巡演等方式，将优秀的科普展教产品、科普表演节目送到学校和社区；将中国优秀的科普展教产品推到国际舞台，一展风采。

四、科普文创类作品的创作创新

科普文创类作品包括科幻作品、科普报告文学、科普人物传记、科普小说等多种形式，它是将科学与艺术结合的表现形式。科普文创是借助于文学艺术的表现手法，采用演绎的方式来表现科技内容的科普创作方法。科普文创的范围非常广泛，通常包括科普小品、科普相声、科普曲艺等多种形式，适合群众自演、自我欣赏，寓教于乐。科普文创题材和思想内容比较丰富，语言比较艺术化、诙谐、生动，寓意深刻。但往往逻辑思维的运用相对较弱，科学概念的深度不够，知识的容量较少。科普文创作品是深受公众喜爱的科普作品，这不仅需要创作者具有深厚的科学基础，还需要具有较高的文学艺术修养和对公众实际生活的亲身体验。科普文创也是目前亟须引起重视和加快发展的科普创作领域。

视窗8–7　科学与艺术到底有何用

长期以来，艺术在中国只是饭后茶余可有可无的东西。现在很多家长的成功育子经验：只顾学习，孩子的时间表上一切和升学考试无关的东西都去掉，没有艺术、没有游戏、没有交友、没有自由……家长可能认为，这样就能让孩子获得他所希望的人生。

数数、背小九九，甚至背元素周期表，充斥着童年，这样的早教是赢在起跑线，输在终点站。因为，你剥夺了孩子感性素质的发展机会。体验幸福是需要素质的，物质水平提高了，却不一定能懂得感受幸福。人有两大心智能力：一个是理性；一个是感性。理性的代表是科学；感性的代表是艺术。科学征服了世界，艺术美化了世界。

科学与艺术，二者犹如鸟之两翼。重视理想、忽视感性意识发展的结果，会使孩子一生的幸福化作泡影，无意中扼杀孩子一生的幸福。因为一个人想要获得一生的幸福，不仅要拥有获得幸福的生活条件，还要拥有体验幸福的能力与素质。一个人如果感性素质低，他的表现就是忽略甚至放弃对环境感性品质的要求，即不会享受生活。一个人想要获得一生的幸福，首先要拥有幸福的能力，一个细腻、敏感、情感丰富的人比一个枯燥乏味、麻木不仁的人，生命品质要高得多。

未来将是“雅者为王”的时代。如果你不重视艺术素质，就会像如今学识不高却想成功一样难。例如，我们很多企业家，由于他自己的感性素质低，产品的升级换代啥意思吃不透，死磕功能性，不懂审美性，不舍得在感性品质上增加成本。结果是产品换了代，但是并没有升级。高端产品和低端产品的区别不是功能的不同，而是使用体验的不同。苹果的核心竞争力，就是把技术变成了艺术，让产品成为作品，它的核心竞争力是感性的智慧。

21世纪中国开始全面迈入了小康时代。小康时代，是感性需求全面升级的时代！小康经济是感性经济，因此这个时代企业家的感性素质，对整个企业的生存发展生死攸关。华为的高管说：华为是工程师文化，华为员工97%出身理工科，因为工程师和理工科教育，缺少审美和艺术的教育。后来，华为决定把产品设计中心放到法国，把质检中心放到日本。华为能够为了好看而不印商标（logo），把感性品质放在首位。企业家分为三代，每一代都有自己的核心竞争力。第一代，在改革开放时率先下海的这一代人，他们的核心竞争力是勇气，在那个时代，只要敢干，就能挣钱；第二代企业家，是受过良好教育的人，他们的核心竞争力是知识理性；第三代，是以乔布斯为代表的，具有很高艺术修养、审美品质的人，是他们引领了这个时代的未来。

感性素质低的人成功难，缺少艺术教育的人幸福少，缺少艺术教育的人成功难，缺少艺术教育的人破坏大。艺术能够培养我们的感性素质，提升感性智慧，美化我们的生活；艺术能推动人类感性文明发展，在人类生活当中具有不可替代的职能。改革开放初期，“学好数理化走遍天下都不怕”这个口号迅速传播，通俗易懂，让我们国民重视了科学，重视了理性。同理，要想成功、幸福，就要从小热爱艺术，让我们全社会都来重视艺术，重视艺术教育，重视各类艺术素养。①

科学幻想（即科幻）作品是指基于科学文化的超现实图景的创造性想象和这种想象形成的思维结果，是科学性和幻想性融合的结晶。想象是人类从蒙昧走向科学的翅膀，科学幻想是一种特殊的想象，依据科技新发现、新成就以及在这些基础上可能达到的预见，用幻想艺术的形式，描述人类利用这些新成果完成某些奇迹，表现科技远景或社会发展对人类自身的影响。科学幻想根植现实、启迪创新、拓展视野，引导人类不断地从必然王国走向自由王国。例如，颠覆性技术是无法通过外推法获得的创新技术，这些技术往往来自非热点领域、人们的愿望、非逻辑的灵感。从科幻中提取颠覆性技术的创意，是一些国家正在尝试的做法。美国和日本都已经从中获得有价值的经验②。

科幻创作的繁荣是国家创新能力提升的重要标志，科幻文学的兴起意味着中国新一代人生活方式的转变。科幻创作与其他文学创作不同，它

① 周海宏. 艺术到底有什么用？见解没有比这篇更深的了……［EB/OL］.［2017-08-14］. http://www.sohu.com/a/164619465.616577.

② 吴岩. 2016中国科幻创意与创新方向年度报告［R］. 2016中国科幻大会主旨报告，2016-09-08.

更多的不是回顾过去，而是无止境地接近未来，畅想未来可能出现的人和事，畅想科技的发展和人类生活的改变。新时期的科幻创作要打破常规，突破现有物质形态的限制，要把科学幻想、人类情思、社会理想融为一体。科幻创作要与自然科学的发展保持密切的关系，要随时把握自然科学研究方向与最新成果。如果闭门造车，作品多半会沦为某种理念的化身，无法适应读者了解科学前沿的需要。科幻创作要充分考虑文学自身的规律性，结合美妙的语言、创新的结构、跌宕起伏的情节，体现人物的情感与思想。科幻创作要为人类整体树立切实的社会理想，在自由想象的同时肩负起自身的社会责任，弘扬社会正能量，体现人类整体的精神风貌和当代人对未来的追求。

视窗8-8　颠覆现实想象的科幻

科幻是指基于科学文化的超现实图景的创造性想象形成的思维结果，是科学性和幻想性融合的结晶。

西周时期有偃师造人，三国时期有木牛流马等。晚清民国时期，随着西方科学文化思潮涌入中国，儒勒·凡尔纳的《八十日环游记》《月界旅行》《地底旅行》等科幻作品被译成中文。在科幻译著熏染下，1904年中国出现第一部原创科幻小说《月球殖民地小说》。

中华人民共和国成立后，在“向科学进军”的号召下，科幻创作形成热潮。郑文光1954年创作的《从地球到火星》吸引众多北京市民观测火星。1978年全国科学大会召开，科幻创作迎来新的高潮，出现叶永烈的《小灵通漫游未来》、郑文光的《飞向人马座》、童恩正的《珊瑚岛上的死光》、吴岩的《生死第六天》、王晋康的《生命之歌》、星河的《网络游戏联军》等优秀科幻作品。近年来，刘慈欣、吴岩、王晋康、韩松、杨鹏、何夕、星河、凌晨、苏学军、杨平、郑军、江波、飞氘、陈楸帆、夏笳、宝树等新生代和更新代作家，创作《生命之歌》《流浪地球》等短篇科幻小说，《三体》《超星新纪元》《逃出母宇宙》《与吾同在》《天垂日暮》《天意》《荒潮》等长篇科幻小说，深受广大读者喜爱。

2015年8月刘慈欣的小说《三体》获得雨果奖，极大提振了我国科幻电影投资者以及制作、编创人员的信心，引起大众兴趣，科幻电影拍摄成为热点。张番番执导拍摄的《三体》，周文武贝执导拍摄的《蒸发太平洋》，张艺谋执导拍摄的《长城》等国产科幻大片于2016年上映。据统计，2015年有80多部科幻电影剧本在国家新闻出版广电总局电影局备案立项。刘慈欣《三体》获奖和科幻电影的热拍，极大激发了广大科幻作家和创作爱好者的创作热情，近来相关研讨、创作交流等活动频繁举办，科幻制作生产也逐渐得到科技、文化艺术和企业等相关方面关注。

科幻是国家文化软实力、创新能力的重要标志，对激发全民族特别是青少年的民族凝聚力、想象力和创造力具有先导作用。美国、日本、韩国等发达国家将科幻变成庞大的文化产业对外输出。我国科幻作家总数不超过200人，其中持续坚持创作的高水平作家仅30人左右。美国目前持续坚持创作的高水平作家约有1500人。由于科幻创作难度大、图书版税低、销量不高等，我国仅存的科幻作家生存状况堪忧。我国每年出版长篇科幻图书在150—200种，大多为引进作品，国内原创长篇每年仅40部左右。美国每年出版科幻图书达2000种，其中原创作品近70%。部分动漫、游戏、衍生品等虽然是科幻，但极少标注科幻，院线科幻片基本靠进口。我国科幻影视技术研发，科幻电影、电视剧拍摄制作的特效、道具、数字技术等，基本靠租用、合作等方式到国外拍摄制作。美国科幻创意融入漫画、电影、电视剧、游戏等多种产业，特效、数字技术、游戏开发等技术产业能够为科幻创意和影片生产制作提供强有力的支撑。

针对我国科幻发展状况和存在的困难，要加大其支撑发展的力度。一是要将科幻纳入科技文化统筹范围，科协组织要切实担负推动科幻事业繁荣的重任，加强与作协、文联等部门的沟通协作，共同推进科幻事业发展。二是要争取对科幻的特殊支持政策，如免征科幻电影销售电影拷贝（含数字拷贝）收入、转让电影版权（包括转让和许可使用）收入、电影发行收入以及在农村取得的电影放映收入的税负，降低科幻电影拍摄制作发行成本；加大国家对科幻电影制作的投资等。三是要建立全国科幻社团组织，凝聚科幻作家、出版商、动漫影视产业等相关人士和机构，开展科幻创作、培训、交流、奖励等活动，促进科幻产业发展。四是要设立中国国际科幻节，为国内外的企业和消费者搭建交流与贸易平台。

科普文创要由“寓教于乐”转变为“寓乐于教”，要改变长期以来主题先行的科普文艺创作，即先设立一个科普教育目的，然后围绕预先设立的科普主题去搜集素材，设置情节，这一模式很容易导致主题雷同，悬念简单化。“寓乐于教”的科普创作理念，强调科普作品首要的是使读者/观众感到有趣和令人神往。文学类科学创作只有通过可信的叙事、动人的修辞或想象和语言的优美来感染人，使作品的主题性和教育性与娱乐性水乳交融，才能吸引观众，激发公众对科学世界的好奇和探究，从而真正发挥作品的教育作用。

科普文创要面向未来，为公众而创作，要通过预测未来科技发展情景，描绘社会发展的可能方向，寻求对公众所关心的转基因、人工智能、克隆等问题的解决方法，为公众提供参与这些可能性思考的方法和途径。科普文艺作家要将故事情节与科学联系起来，使主题融入其中，从而引起观众共鸣，促进公众参与当代和未来科技问题的思考。

五、科普融合类作品的创作创新

科普融合创作是新媒体传播的基础，是新媒体科普传播的沃土，是新媒体科普传播的支撑。移动互联网的发展，快速推动传统媒体的转型和媒体融合发展，催生媒体运作到内容生产、言语规则、信息表达、个人获取信息方式等的深刻变革，进而对科普创作以及科普产品的塑造与传播提出新的要求。在新的网络环境和全媒体的传播语境下，科普融合作品不仅是科普传播的进步和公众的需要，而且是新的传播模式下科普的创新升级和生存发展的根本所在。传播技术越先进，越离不开科普融合创作。

（一）科普团队与新媒体团队的融合

科普融合创作的关键要素，是有机融合科学家团队、科普团队与媒体渠道。只有这样才能实现多种媒体形式的融合、科学与艺术的融合、传播渠道的融合，以及科普服务模式的融合，所创作的科普作品，才可能带来信息交互方式和呈现方式的创新优势，实现科普内容和形式的相得益彰，以及科普传播方式与服务方式的优化和效果的最大化。

要以科普作品创作为纽带，密切联系科学家团队、创作团队与媒体渠道，利用更大传播影响、更多科学资源和经费支持、更高品质作品的预期，切中其科普传播自身效果、发展团队业务实力和拓展优质内容的痛点，打开各自的界面和接口，在科普作品的选题策划、资源采集、设计制作和传播评估等各环节有机融合，显著地提升作品的质量。特别是针对科普作品的科学性把关和科学资源采集方面，提供充足的投入，聘请具有较高学术造诣和威望、热心科学传播、深刻理解科技发展、敏锐把握时代需求的院士专家，对科普作品的科学性进行审查把关，参与科普作品选题创意、创作过程和成果评审的全过程的监督和指导，有效地保证科普作品的质量①。

（二）科普创作与科普泛在阅读的融合

移动互联网的发展，催生科普的泛在传播，对科普作品的创作提出新的要求，科普创作必须适应科普泛在传播、轻阅读、微阅读等的变化和需求。

第一，科普泛在阅读是快乐阅读。科普信息的获取由注重内容、形式转向注重内容、形式、关系、场域的泛在阅读，是科普的快乐阅读，即好看、好玩、好用。要随时随地、无时无刻都可以进行阅读，科普文章肯定不能太长、不能太深奥，而是要简短、轻松、有趣，无缝对接于人们的每一点点碎片化的时间。与书本的32 开大小、白纸黑字的清晰、一页一页翻阅的“慢速度”不同，手机就在尺幅之间，滚条的滑动迅速，不能都是密密麻麻的文字，必须图文并茂，最好是一小段文字配一张图片的速读文体。应运而生的就是微信的“公号体”，快阅读、轻阅读、易阅读；知识的碎片化，消解了阅读的难度和知识的“系统性”与“深刻性”；反智主义倾向，只需浏览，不必细究，只需相信，无须追问。网民不爱读微信里的科普严肃文章。

第二，科普泛在阅读是轻薄阅读。科普信息获取的仪式感、庄重感丧失，公众阅读转向轻薄阅读。从书本到微信，一个最重要的变化就在于阅读

① 肖云，徐雁龙. 科普融合创作的实践探索［J］. 科技导报，2016，34（12）：49—53.

的介质发生改变：由纸张变成手机。手机自然也改变了阅读。最早是抱着一本书正襟危坐地翻看阅读，到后来可以在电脑端或者kindle上阅读，到现在，小小的手机就可以满足我们的阅读需求。“随时随地、无时无刻”自然是方便快捷，可这种快捷也破坏了阅读的仪式感。尼尔·波兹曼（Neil Postman）在《童年的消逝》一书中写道，“学习阅读不只是一个简单的、学习‘破解密码’的过程。当人们学习阅读时，人们是在学习一种独特的行为方式，其中一个特点就是身体静止不动”。但现在，坐在马桶上的3—5分钟时间里，你都可以打开 10个不同的公众号，简略翻看10篇完全不同类型的文章，不需要顺序，也不讲求逻辑。阅读仪式感丧失，阅读的庄重感也就丧失了。阅读仪式的轻薄、终端的轻薄，决定了内容的轻薄。

第三，科普泛在阅读是随机阅读。科普写作要有料、有趣。移动互联时代的科普写作不仅仅要更快，还要更有趣，更有穿透力。一个用户用手机阅读科普信息，他的手指轻盈一滑，更新了五六条信息，他选择是否点开一条信息阅读的判断时间只有短短几秒钟，如果你的题目不是足够有料或者有趣，意味着白写了。一个科普APP能不能持续让一个用户记得来滑动和阅读，取决于其内容是不是足够品质稳定和上乘，当科普阅读变得越来越容易的时候，也意味着写作越来越难。

（三）科普创作与新媒体传播的融合

科普创作必须懂得和准确把握时代的言语规则和传播路径，无疑新媒体是时代的宠儿。科普创作与新媒体传播的融合是一个很好的方式，这种融合不是单纯的“是”或“非”的关系，两者需要结合，结合也不是简单叠加的关系，科普创作与新媒体的结合总体上要求实现两者的有效融合。

第一，科普创作与新媒体是深度融合。科普创作与新媒体融合≠科普创作+新媒体，而科普创作与新媒体融合=科普创作×新媒体。科普创作与新媒体融合，基于科普创作并与新媒体有效融合的科普活动，两者融合得好，效率和效益就扩增，甚至数倍于叠加的结果。科普创作要边界融合，如果表达生硬、难懂、无趣味，读者和观众就会对该科普作品不感兴趣。要化生硬、难懂、无趣味为熟软、易懂、有趣味[①]。科普创作通过与新媒体的有效融合，

---

① 林一平. 科普创作边界融合与新媒体扩增效应［C］. 经济发展方式转变与自主创新——第十二届中国科学技术协会年会（第四卷），2010.

既强化了科普作品的时代性、趣味性、艺术魅力、吸引力，又扩大了它的辐射面和影响力。

第二，科普创作与新媒体深度融合的关键是移动网络用户。现代公众主要在移动互联网上，要抓住最大的移动网络用户群体，以移动互联网为主要传播阵地，构建与之相适应的科普作品传播渠道，与尽可能多的新媒体渠道建立合作关系，覆盖各大主流媒体的新闻客户端、移动端、电脑端、微博微信公众号等。移动科普阅读方式，短平快、娱乐化、快餐式、碎片化是其最主要特征。艾媒咨询发布的《2015中国手机网民微信自媒体阅读情况调研报告》显示，情感/语录、养生、时事民生占据公众号关注热点的前三名。而用户每天在微信平台上平均阅读6.77篇文章，文章的平均阅读时间为85.08秒，移动端公众不爱读包括科普在内的有深度、有难度的严肃的文章[①]。

第三，科普创作与新媒体深度融合必须改变科普写作方式。科普阅读方便了，科普写作和创作就困难了。网民在移动设备上阅读和获取科普信息，一篇500字的科普文章都已经很长了。微博、微信等的流行，使得碎片化内容的生产变作了人们的生活习惯，人们越来越远离沉浸式思考了，大部分人都没有耐心敲下140个字，而且越来越难将有价值的内容沉淀下来。如果科普文章开头的段落过于冗长、不够吸引人，那么大多网民都会放弃继续阅读的。在电脑端不过4行的段落，放到移动端上就7—8行，所以尽量保持科普写作的内容言简意赅。在科普文章中适当使用小标题可起到在视觉上“缩短文章”的效果，简短的科普信息中只需一个小标题便可，稍长的内容则需适当增加，小标题的长度最好在3个单词以内，得有吸引力。科普文章适当使用配图、动图、视频等也可让读者更有“耐心”，而且图文搭配也有利于提高用户的科普阅读体验。随着信息化技术手段的日益发展，网民对科普信息获取的体验性、互动感要求越来越高，宅男宅女、虚拟环境、可视化、动感徜徉文字里，对科幻、虚拟现实、科普游戏、科普社群等十分青睐，喜欢沉浸式科普阅读，怀揣着美好的憧憬，品味科技的美好，觅得怡心的美景，体验分享科普的乐趣。

（四）科普创作与新闻导入的融合

新闻是引爆公众对科普的兴趣、关注的重要途径，跟随新闻作科普创作

---

① 为何你不爱读微信里的严肃文章［N］. 华西都市报（成都），2016-01-26.

和传播，是产生现象级科普现象的有效途径。要针对社会科技热点，快速响应，灵活且科学有效地组织科学家、科普创意与制作人员和渠道传播人员共同开展创作与传播，对科技热点和社会焦点的科技问题进行及时、权威的解读，以对网友形成正确的引导，取得广泛的传播影响力。

一是新闻导入、好奇心驱动、实时科普创作。要建立科普快速反应机制，充分借助人们对重大新闻和社会热点的关注度和好奇心，借助科普的舆情监测和预警，及时挖掘新闻热点，主动策划科普内容，选准科学选题，充分发挥科普融合创作团队的专业优势和机动能力，充分利用新闻主流网站的强大优势，在新闻报道中附着科普作品，让科普借势新闻的余力进行传播。

二是聚焦关切、科学解读、生动表达。要以新闻为线索，聚焦公众和社会的科普关切，组织专家进行科学解读，用网民习惯和喜欢的科普表达方式，生动有趣地开展科普对话，并制作成科普融合作品。在科普融合作品创作中，将科普内容的准确性和科学传播的趣味性结合在一起，能让大众更好地感受科技的魅力，创新科普内容的表达形式，将动新闻、数据新闻、时空新闻等新闻报道形态应用于科普作品的创作和传播上，有效利用视听、互动等技术，以公众喜闻乐见的形式为受众提供沉浸式的体验，使科学传播真正动起来、活起来，吸引更多的科普受众通过新闻来关注科技。

三是强化科普选题的融合创作、多元分发。秉承开放和融合的科普融合创作理念，突出科普选题融合作品的可跨媒介传播性，充分利用各类网站、微博、微信和客户端等渠道，谋求科普传播效果的最大化。

视窗8-9　健康科普信息生成与传播

健康科普信息是指以健康领域的科技知识、科学观念、科学方法、科学技能为主要内容，以公众易于理解、接受、参与的方式呈现和传播的信息，通过普及这些信息帮助公众形成健康观念，采取健康行为，掌握健康技能，提高健康素养，从而维护和促进自身健康。

健康科普信息生成原则。一是科学性原则。内容正确，没有事实、表述和评判上的错误，有可靠的科学证据（遵循循证原则），符合现代医学进展与共识。应尽量引用政府、权威的卫生机构或专业机构发布的行业标准、指南和报告，有确切研究方法且有证据支持的文献等。属于个人或新颖的观点应有同行专家或机构评议意见，或向公众说明是专家个人观点或新发现。不包含任何商业信息，不宣传与健康教育产出和目标相抵触的信息。二是适用性原则。针对公众关注的健康热点问题；健康科普信息的语言与文字适合目标人群的文化水平与阅读能力；避免在民族、性别、宗教、文化、年龄或种族等方面出现产生偏见的信息。

第一步，健康科普信息生成流程。首先评估受众需求。通过访谈、现场调查、文献查阅等方式初步确定目标受众的重要健康问题；了解目标人群的健康信息需求（他们想知道什么？）；掌握目标人群对健康科普信息的知晓程度（他们已经知道什么？不知道什么？）；了解健康科普信息中所建议行为的可行性；了解影响健康科普信息传播的因素（态度、文化、经济、卫生服务等）；了解受众喜欢的信息形式、接受能力、信息传播的时机与场合等。

第二步，生成信息。信息编写：围绕希望或推荐受众采纳的行为，编制或筛选出受众最需要知道、能激发行为改变的信息，以及为什么这样做、具体怎么做等相关信息。信息审核：在健康科普信息编制过程中，应邀请相关领域的专家对信息进行审核。信息通俗化：要把复杂信息制作成简单、明确、通俗的信息，使目标人群容易理解与接受。

第三步，对信息进行预试验。在健康科普信息定稿之前，要在一定数量的目标人群中进行试验性使用，确定信息是否易于被目标人群理解、接受，是否有激励行为改变的作用。可以选择小部分目标人群，通过个人访谈、小组访谈、问卷调查等形式开展预试验。修改、完善信息：根据预试验反馈结果，对信息进行及时的修正和调整。

第四步，信息的风险评估。在信息正式发布之前，应对信息进行风险评估，以确保信息发布后，不会与法律法规、社会规范、伦理道德、权威信息冲突，导致负面社会舆论；不会因信息表达不够科学准确或有歧义，引起社会混乱和公众恐慌或对公众造成健康伤害。根据工作实际，在专家审核以及预试验阶段可结合风险评估的内容，同时，在信息发布之前可再组织相关专家进行论证确认。

健康科普信息传播原则。一是适用性原则。根据目标受众特点，选择合适的传播形式。传播形式应服从健康科普信息的内容，并能达到预期的健康传播目标。二是可及性原则。健康科普信息能够发布或传递到目标受众可接触到的地方（如公告栏、电视、广播、社交与人际网络等）。健康科普信息可通过不同渠道形成反复多次的传播和使用，并在一定时间内保持一致性。三是经济性原则。健康科普信息传播要考虑节约原则，在满足信息传播内容和传播效果的前提下，选择经济的传播方式和传播渠道。

健康科普信息传播的要求。注明来源：注明信息出处，标明证据来源。注明作者：注明作者（个人或机构）及/或审核者的身份，有无专业资质与经验。注明时间：注明信息发布、修订的日期。注明受众：须说明信息的适宜人群或目标人群。明确目的：须说明出版或发布信息的目的。例如，养生保健类信息须说明其旨在促进健康改善，而不是取代医生的治疗或医嘱。注明依据：对疗法的有效性或无效性的介绍，须附以科学依据。①

第三节　开启现代新共享科普时代

分享经济作为全球新一轮科技革命和产业变革下涌现的新业态、新模式，正在加快驱动资产权属、组织形态、就业模式和消费方式的革新。推动共享科普发展，将有效提高科普资源利用效率，便于更好满足人民群众科普需求，对推进科普服务供给侧结构性改革，提高全社会科普服务供给水平，培育科普发展新动能，具有重要时代意义和现实意义。

一、共享经济将为科普发展注入新动能

共享经济，也称分享经济，是伴随开放源代码、云计算等互联网开放技术的发展而兴起的，以生产资料与生活资源的使用而非拥有为产权基

① 国家卫生计生委办公厅. 健康科普信息生成与传播技术指南（试行）[A/OL].[2015-07-22]. http://www.nhfpc.gov.cn/xcs/s3581/201508/5fe32b5a1a8243e2bd819f9eeebfd8b1.shtml.

础，通过以租代买等模式创新，实现互通有无、人人参与、协同消费，充分利用知识资产与闲置资源的新型经济形态[①]。共享经济有助于解决经济发展中存在的过度投资、产能过剩、低水平重复建设和不公平的招商引资政策所带来的一系列问题。作为互联网时代的标志性产物，共享经济指人们通过互联网把闲置资源分享出去，从而实现实时交易，并以此形成人与人之间的连接。

视窗8–10　迈入现代共享经济新时代

“共享经济”也叫“协同消费”，最早出现于1978年的《美国行为科学家》杂志上，而被广泛传播和接受是在2008年金融危机后。当遇到经济危机时，人类对于自己买了太多“无用”物品会有更深刻的领悟。欧盟关于“共享经济”的一份报告里估计，世界上有10亿辆汽车，其中有7.4亿属于一个人独自拥有和支配，一间房子里有3000美元的东西是闲置无用的。大众的购物瘾本是生产力发展的结果，可越来越让人类不堪重负。

大规模的生产，需要大规模的消费支持。消费的欲望受到广告的鼓励，经过从推销产品、推销品牌到推销生活方式和消费理念的转变，广告成了劝说大众的最重要工具之一。2012年美国广告业收入达到1530亿美元，全球的广告收入是4799亿美元。伟大业绩的背后，是购物的大市场。分期付款打消了量入为出的顾虑，它最早大规模出现在美国的汽车消费领域，通过分期付款提前享受到开车乐趣之后，成为美国的主要消费形式。早在1927年美国人的消费中，85%的家具、80%的留声机、75%的洗衣机都是以信贷形式消费的；第二次世界大战之后，这一数字增长更快，20世纪50年代美国消费者债务增加了55%，分期付款的赊欠增加63%，购买汽车的贷款增加了100%。美国的模式在全球复制，20世纪60年代开始，人类排队进入消费社会，不再追求使用价值和炫耀财富，而是这件物品所带来的符号意义。法国社会学家布迪厄说过，在后现代时期，人们的炫耀性消费发生了转变，从炫耀金钱到炫耀品位。旺盛的购买欲望主要依靠贷款，而不是储蓄，20世纪90年代美国家庭平均储蓄率是8%，10年之后，减少到1%，2007年，许多美国人入不敷

① 姜奇平. 如何推进分享经济［J］. 互联网周刊，2015（22）：70—71.

出。银行又推行了次级抵押贷款，它只需要很少或者不需要现金支付，就可以购买本来负担不起的房地产。2007年，房价暴跌、房地产泡沫破灭；2009年底，美国失业率达到10%。经济的寒冬里，人们清点自己家闲置的房间、汽车、物品，放到互联网的平台上换钱贴补家用或者以物易物省钱。这是“共享经济”的前传。在中国它是个令人愉悦的时髦，可是在初始阶段，它是个伤心的故事。政策制定者和学者之所以对“共享经济”感兴趣，着眼点不全是普通家庭收入的增加，而是这种新经济模式创造社会财富的可能性。

“共享经济”核心价值是使用权。互联网发展到今天，几十亿人突破时间和空间上的限制，在虚拟网络里联系在一起，太多人在寻找机会，有太多的可能性。把所有权分离为支配权和使用权，重视财产利用的权利，财产闲置不用，又不让别人使用，是一种浪费。伴随着以租代买的兴起，实现支配权和使用权的分离。闲置房间可以租用、网络上音乐可以无限复制，放在互联网的背景里，是财产观念已经发生变化。绕过所有权，务实地只重视“使用权”，共享产品和服务，节省金钱、时间、空间和资源。

“共享经济”可行性基础是信任。“共享经济”从理论上和价值观上都像人类经济与环境的一条新出路，可能否落地，结果是开放式的。欧盟的研究报告指出，从客户的角度讲，这种创新最大的挑战是信任。其实比起网上购物、社交网络等“前辈”项目，“共享经济”被网友接纳一点儿困难都没有。电脑和智能手机成了人的延伸，越过障碍连接在一起。陌生人在虚拟空间形成社交网络，分析自己的故事和想法，回复别人的评论。在你来我往的过程中，信任就达成了。信任是一种社会资本，是互联网里的通行证，越分享越丰富，越孤家寡人不与他人分享，越稀少。在这种规则之下，人们有意或者无意地在互联网上留下了大量的痕迹，通过这些信息可以形成对键盘边的人大致的印象。信息传播的速度越来越快，互联网24小时都在活动，要想在网络上隐藏起来不是件容易的事情。

“共享经济”是破坏力还是建设力。理论上，“共享经济”对传统行业的冲击显而易见。《新资本主义宣言》的作者乌玛尔·哈克（Umair Haque）说："如果那些被正式称为消费者的人们的消费减少10%，而对等共享增加10%，那么，传统企业的利润率将受到更为严重的影响。也就是说，某些行业必须转型，否则就会被淘汰。"虽然专车和出租车打得不可开交，可汽车生产商已经开始现实地拥抱"共享经济"，汽车领域的转型是从出售所有权变成出售使用权。

"共享经济"已经不是个陌生的概念，但作为新的经济模式，正在各领域中推进，按照杰里米·里夫金的说法，传统模式和"协同共享"在很长时间里会混合存在。有时候在彼此领域里寻求协同性，以提升相互价值；有时候相互激烈竞争，取代对方。最终结果如何，还是未知的。但是，变革已经到来，它也许会改变世界[①]。

正在兴起的新一轮科技革命和产业变革，作为经济社会发展的核心驱动力，极大程度地推进信息技术在全社会多领域、深层次的创新应用。在"互联网+"等信息技术的引领下，一种以开放、创新、共享为核心价值观，以经济共享、技术共享、资源共享和能力共享为核心要素的"新共享"业态趋于成熟。这种"新共享"形态在加速经济社会发展新态势变革的同时，必然会对企业、政府、家庭等不同社会群体及群体结构带来直接和间接的影响，使组织结构、组织管理、组织领导等要素呈现出新的现象特征和发展趋势，如组织结构的"去实体化"、组织管理的"去结构化"、组织运行的"去中心化"、组织领导的"去权威化"、组织成员的"去忠诚化"。

共享经济和分享经济，其实是同样的模式，只不过说法不同而已。共享经济面对的是如何分配的问题，分享经济面对的是如何再分配问题；共享经济能加强分配物品的公平性，分享经济能提高再分配物品的有效性。

共享经济，是指让渡部分使用权，目的是希望闲置资源能够产生价值（包括公益价值、商业价值等）。如果产生交易对接，那么交易闭

① 杨璐. 共享经济，一个时代来临［J］. 三联生活周刊，2015（26）：14.

环后，需要解决好服务质量、信任机制、约束机制等，来让供需双方都得到利益。

分享经济强调所有权与使用权的相对分离，倡导共享利用、集约发展、灵活创新的先进理念；强调供给侧与需求侧的弹性匹配，实现动态及时、精准高效的供需对接；强调消费使用与生产服务的深度融合，形成人人参与、人人享有的发展模式①。

共享经济中参与主体是地位平等的，分享经济中参与主体地位是有差异的。共享经济中参与主体信息是对称的，分享经济中参与主体信息是不对称的。共享经济基本原则是互助、互利、互惠，分享经济基本原则是真实、真心、真诚。共享经济基本目标是实现分配合理，分享经济基本目标是完善分配漏洞。两者起点不同，但都能够改善当前不合理分配的格局，是未来世界经济发展的主流趋势，如果协调得当，充分开展，对早日实现人类命运与利益共同体将起到无比巨大的作用。

共享科普，即民众公平、有偿地共享一切科普资源，彼此以不同的方式付出和受益，共同享受科普红利。共享科普的内核，在于科普资源共享，即把闲置的科普资源提供给真正需要的人，并由此创造新的科普价值。目前在我国科普服务供给中，由于科普资源配置趋于行政化、信息不对称、科普资源结构和功能单一、供给侧与需求侧失配等，致使一些科普图书资料、科普展品等长期固定在某一社区、科普站点，不能流动和共享，因"审美疲劳"而出现科普资源的价值闲置，形成局部科普资源浪费和整体科普资源供给不足并存的问题。共享科普不仅可以在科普供给与科普需求两端均产生增量，从而建立新的科普流程与科普服务供给模式，充分利用闲散科普资源，创造新的科普服务场景，而且有助于提高科普服务者的收益，从根本上拉动科普服务消费与科普服务投资。可以预言，共享科普的运营模式，将成为未来科普产品生产和服务产能增长的新动力。

① 国家发展和改革委员会、中央网络安全和信息化领导小组办公室、工业和信息化部、人力资源和社会保障部、国家税务总局、国家工商行政管理总局、国家质量监督检验检疫总局、国家统计局印发《关于促进分享经济发展的指导性意见》的通知［A/OL］．［2017-07-03］．http：//www.chinatax.gov.cn/n810341/n810755/c2692736/content.html.

共享科普，就是指科普资源所有者将自己闲置的科普资源拿出来，供那些需要的人有偿使用。这是在互联网技术发展的大背景下所诞生的一种全新科普服务供给模式，不仅可以盘活科普闲置资源，而且会促进科普产品租赁业和科普专业服务市场的发展，逐渐变成许多人的一种生活方式。

二、推动传统科普向共享科普的转型

谁是科普用户，谁是科普服务者；谁是科普资源，谁是科普需求，其间的边界开始变得异常模糊。借助互联网，科普消费者不但可以轻松地找到他们所需的科普产品和信息，还可以将自己闲置的科普资源分享给他人，并从中赚取一些回报。实际上，共享科普作为一种新的服务模式，既能够充分满足科普多元化、个性化的需求，也能够促进科普的“大众创业、万众创新”，推动新型科普产业的发展。

与此同时，传统的科普机构与消费者之间的界限也在不断弱化。如今的消费者，开始自己扮演科普创造者、生产者、财务专家和经营者等角色。人们开始逐渐放弃传统的科普产品购买方式与服务，转而在互联网上寻找科普产品、分享服务，以这种更加方便、高效，而且价格低廉的新方式来满足自己的个性化科普需求。在共享科普时代，科普所比拼的不再只是产品与服务的创新，而是对瞬息万变的科普需求的精准定位与快速反应。当共享科普成为一种新的生活、生产和消费方式时，科普产品“使用”将代替科普产品“占有”，科普“消费者”将变成“使用者”或“分享者”。谁能够更快、更准确地对信息做出反应，谁就能在数字化的共享科普中抢占先机。这种从拥有到分享的科普服务方式转变，将深刻影响科普机构的运作，普通员工与管理者都必须重新思考科普服务的业务流程，并时刻准备分享相互间的科普资源。

共享科普作为一种发展趋势，在信息、通信行业的大力推动下，所涉及的内容越来越丰富多彩，从知识、数据、经验、资源到基础设施等，形成了海量数据管理、移动通信、社交媒介和云计算等关联内容。以共享科技馆为例，科技馆建设一般需要科普展教场地、科普展教品、科技辅导员团队、管理运营团队、经费投入等条件，同时传统科技馆还面临“自衰定律”等问题，如果这些条件仅仅依靠国家财政体制内投入不仅难以承受，而且科技馆特别是基层科技馆，也难以满足公众不断迭代的科普需求。与此同时，许多地方适合做科普展教场地的闲置资源很多，科技馆的不同科普展教品通过不定期地方之间、馆与馆之间等的互换和流动共享，可以走出科技馆“审美疲劳”陷阱，因此共享科技馆更能满足公众科普之需。

通过科普产品拥有与占用来获得享用的传统方式，造成了科普公共投入的极大浪费。到了互联网时代，因为存量的科普资源已经足够多，人们完全可以通过共享科普让更多的人享受到科普服务。互联网可以把科普供给与科普需求方便地连接起来并随时激活。传统科普服务模式很多时候是零和博弈，即一方所得必然是另一方所失，这种科普服务模式将被共享科普模式所淘汰。共享科普模式注重的是科普增量而不仅仅是科普存量，或者叫作构建共享平台，激活闲置科普存量。共享科普模式最大的特点就是做足增量，在科普增量做大以后再来进行分享。

共享科普最大的价值，不在于具体分享了什么科普产品，而是强调合作和参与的科普理念。连接一切，是互联网发展的根本方向与终极目标，连接产生效率，连接产生价值。共享科普正是通过基于互联网的连接，不断提升科普分享价值。较于传统的科普服务模式来说，共享科普基于移动互联网、云计算以及社交网络等技术创新，侧重于科普资源的移动化（流动化）、分散化和分享化，突破了时空限制，可以大幅提升科普资源利用效率。

作为一种基于互联网的新型科普服务模式，共享科普需要建立在理性经济人的基本假设上。如果缺乏价值与利益作为基础动机，共享科普行为就难以持续与推广。以共享科技馆为例，如果只是提倡无偿的科普展教场地、科普展教品、科技辅导员团队、管理运营团队、经费投入等“众筹”，那么这无异于一种公益活动。只有将有偿服务纳入其中，才能使其在共享科普的快车道上逐渐规范发展。

大数据与云计算为共享科普提供了技术推动力与主要技术框架。基于云计算的共享科普，将颠覆现有的科普服务模式，为科普服务提供跨越式发展的创新机遇。从某种意义上说，正是互联网与信息技术的发展，让“共享”“分享”焕发出巨大的发展活力，“云”把所有的同类资源汇总并组织成一个包括网络、服务器、存储、应用软件和服务在内的资源池，用户可以按需索取并为所需的资源付费，用完后再让资源回到池中，留给其他需要的人。这样科普资源在池中被多方案地分割，并通过每一次吞吐获得回报。云模式中所强调的供需关系及其相互的利益分配，足以给共享科普一个有力的支点，或者说是新的起点。

共享科普关注科普资源、信息的交流、汇集和整合，以实现科普资源的最大化利用。由移动互联网带来的本地化共享科普，则是一种新的社交活动形式。共享科普本身的意义在于科普资源、信息的汇集与重新分配，力求做到在地理与时间上有更强的可获取性。

共享科普是科普闲置资源的使用权交易，涉及5个要素，即科普闲置资源、使用权、连接、信息和流动性。共享科普关键在于如何实现最优匹配，需要解决技术和制度问题。

三、建立和完善新共享科普体制机制

共享科普是指将社会海量、分散、闲置的科普资源，平台化、协同化地集聚、复用与供需匹配，从而实现科普资源与社会价值创新的新形态。共享科普强调的两个核心理念是“使用而不占有”和“不使用即浪费”。①共享科普的标的物，主要是闲置科普资源，包括闲置物品、碎片时间、认知盈余和资金盈余、闲置空间与公共服务。海量指科普资源的广泛性及其庞大的数量，分散指多数来自于未被整合协同的个人科普资源或者是信息不对称的沉没科普资源。②共享科普的实现方式，基于互联网、ICT（信息、通信和技术）、云计算、大数据等，构建平台，形成规模，协同发展，以更低成本和更高效率实现剩余科普资源智能化的供需匹配。③共享科普的实现结果，共享科普平台可以使闲置科普资源实现经济价值与社会价值的创新。

共享科普基于5大驱动。①用户驱动。消费者主权得到体现，分享经济由用户意愿、用户需求、用户选择、用户体验、用户价值、用户分享所驱动。②信任驱动。“互联网+分享经济”重构了连接、交互、关系和信任。③平台驱动。社会化资源借助互联网搭建平台，解决信息不对称和资源集聚问题，实现供需匹配和交易为分享经济提供支持，如网约车平台、腾讯开放平台、公共技术服务平台。④数据驱动。开创阶段是信息化、数据化；第二个阶段是聚类、结构化，进行用户画像；第三个阶段是预测、智能化。如滴滴出行已进化到第三阶段，可以预测某时段、某区域的用车需求，甚至预判用户的目的地，为车辆调度、供需匹配、路线优化的精准化提供支持，为利用动态价格机制缓解拥堵提供支持。⑤价值驱动。闲置资源、过剩产能可以参与价值创造，认知盈余、闲暇时间可以价值化，连接本身就具有价值，可以使交互更具意义。

共享经济具有三大基石。①信息对称。降低信息不对称，对资源的聚集、资源配置、供需连接、用户体验、主体协同都会带来正面影响，也会促进交互的有效性。②游戏规则。规则的设计与动态调适对大众参与分享经济模式至关重要。规则的公平、透明、均利是基本原则，让用户、伙伴通过特定的方式参与游戏规则设计也值得尝试。③协同协作。参与者彼此依赖，与平台方共建共享；形成协同消费、协同创新。

视窗8–11　人类进入价值互联网阶段

1. 从信息对称到价值对等。互联网正在经历三个阶段，即信息互联网（PC互联网、移动互联网）阶段、物体互联网（物联网、人工智能）阶段和价值互联网（区块链）阶段。第一个阶段解决了信息不对称的问题，信息不再被区隔，把那些以特殊渠道获得信息并谋利的二道贩子淘汰掉了。第二个阶段解决了物体不衔接的问题，物体由静止不动变成能和人类互动；产品型号和设计由一刀切变成了定制化、个性化。第三个阶段解决了价值不对等的问题，分配方式不再依靠职位、年薪、奖金等，每个人创造的价值都能得到精准记录并随时兑现。

所谓价值互联网，就是让价值互相联通并自由流动。如果有人为性、行政性、第三方性的因素干扰或阻隔，那么都不足以称得上是价值互联。区块链的诞生，可以很好地解决这个问题，它的本质是开创一种精准记录价值的方式，是更加客观的记账方式。区块链既可以实现全民参与记账，还可以实现点对点直接记账，价值互联网正在诞生。

2. 从买卖关系到服务关系。例如，一家传统的菜场，上面有很多家菜贩子在卖土豆，他们的土豆都是从批发市场以2块钱每斤的价格批发过来的，但卖的价格却不同。老实人卖得便宜却不太会吆喝，胆大的人卖得贵却很会吆喝，所以胆大的人赚的钱更多，后来胆大的人还学会包装和营销，赚的钱越来越多，后来干脆承包了菜场。

未来的菜场是这样的：所有的菜贩子依然会以2块钱每斤的价格从批发市场进货，但他们卖的价格是规定好的，不会有讨价还价，拿了就走。菜贩子赚的钱只跟他卖的土豆的多少有关系，由菜场事后统一结算，每个菜贩子那里都有一个记账本，大家都会记账，即使你的账本丢了，别人那里也有你的账。如菜场想除去运营费用外，再多留点私房钱也是很难的，这是一笔公开账目。所以未来的一切生意都是在光天化日之下进行，这就是一种可以分布、各自记账的技术。

这样每一个菜贩子都应该把自己的聪明勤劳放在吸引更多顾客上。这时传统竞争就会升级成一种服务竞争，如有的菜贩子会这样对买菜大妈说：你买了我的土豆，我会帮你削干净。其他菜贩子就不服了：你买了我的土豆，我不仅帮你把皮削干净，还帮你把菜送到家。真正聪明的菜贩子会这样干：大妈，我这里不仅有土豆，还有牛肉，您可以再买一点做土豆炖牛肉，另外我还可以再送您两根葱，送给您一份菜谱，把菜都给您洗干净打包……这就是消费升级。

3. 未来比拼的是深度服务能力。商家和消费者的关系，正在从“买卖关系”升级成为“服务关系”，未来比拼的是深度服务能力。

产品的事交给厂家去完成，售后和客服是另外一块单独的内容，商家要做的是产品的衍生，它决定着你吸引消费者的能力，也是商家最有价值的地方。在这种商业逻辑之下，就不存在暴富的方式和暴利的产品了，这才是一个真正成熟的社会具备的特征。你只管努力，上天会安排好一切。

传统商业是一环吃一环，在产品经过的各环节中，每个环节都会加价，这其实是一种单向的赚“差价”模式。你的上游环节究竟赚了你多少差价，你是不知道的，当然你也不知道你的下游环节究竟能赚它的下游环节多少钱，大家都在互相保密。显然，上下游环节是一种侵吞的关系，此消彼长，你赚得多我就赚得少，你赚得少我就赚得多，所以每个人都尽量使自己的利润最大化。未来，由于互联网的公共性和链接性，消费者有机会直接跟各种品牌方接触，越来越多的消费者能够直接付钱给品牌方（生产方），这就导致现金会不增不减地直接到品牌方手里，不再像以前那样被层层盘剥。

品牌方拿到钱后，再按照事先的协议把价值分配出去，每个环节的价值回报是和其贡献作用直接对等的，大家以契约条款为约束，组成一条新的价值链。你的回报是由你提供的价值决定的，你的服务能力越强大，能吸引的人就越多，得到的回报就越多，而且都是公开透明的，这就是点对点的价值链。

4. 未来的社会变得越来越公正。你只管努力，不求回报，上天会安排好一切的！未来只有现金流，没有利润率。未来的社会只有三种企业角色，即负责国计民生的资源型企业（国企、央企）；负责商品流通的平台型企业（腾讯、阿里巴巴、百度等）；在各种细分领域里有独特产品或深度服务的小公司（价值主体）。此外，就是各种游离在各种平台上的个体，如网店主、自媒体、律师、设计师、会计师等价值个体。

在社会不断向“平台+个体”的结构转变过程中，平台先淘汰掉了一部分人：各级经销商、中介、经纪人、销售等二道贩子。同时，平台又需要很多新人：技术、美工、客服、采购、策划等运营人员。每个平台都需要一个规模化团队去运营，虽然大量中间商不存在了，但大量服务人员出现了。例如，由于产品越来越趋向定制化，所以大量产品设计师出现了；由于产品的后期服务越来越重要，所以大量售后人员和客服出现了。

平台的价值，就是通过运营能够精准地将生产者和消费者对接起来。定制化、个性化产品越来越多，都在千方百计地提升产品的附加值。之前因为生产者和消费者是无法直接对接的，所以只有让大量的中间商去充当，但这些中间商只充当了信息桥梁，并没有提升产品的附加值。原来的投机倒把、囤积居奇、反经济周期、低买高卖等差价思维，正在被一种创新、与众不同的创造性思维取代。

在未来的价值链里，你要想获得价值，自己首先得有存在价值。未来社会，产品、信息、货币、人群的流通会越来越快速，而中间所有的阻碍，也就是传统那些存在却不产生价值的节点，都会被冲击掉，如那些加价的代理商、经销商，利用信息不对称赚钱的商家，囤货的投机者等。按照这个逻辑，社会一定会越来越公正，价值正在变得越来越对等，这才是一个高效运转的社会，中国正在一点点接近。[①]

---

① 不是生意越来越难做，而是做生意的逻辑彻底变了！（深度）[EB/OL]. [2017-09-30]. http: //www.sohu.com/a/195868932-676636.

第九章　开启新时代公民科学素质建设新征程

党的十九大作出新时代中国特色社会主义发展的战略安排，向全世界作出庄严宣誓，从2020年到21世纪中叶新时代中国社会主义现代化建设将分两个阶段来安排：第一个阶段，即从2020年到2035年，在全面建成小康社会的基础上，再奋斗15年，基本实现社会主义现代化；第二个阶段，即从2035年到21世纪中叶，在基本实现现代化的基础上，再奋斗15年，把我国建成富强民主文明和谐美丽的社会主义现代化强国。实现中华民族从站起来、富起来向强起来根本转变，实现社会主义现代化、建成社会主义现代化强国，公民科学素质是前提和基础。新时代中国特色社会主义建设，必须以豪迈的情怀，以更加矫健的步伐，开启新时代我国公民科学素质建设的新征程，更加坚定公民科学素质建设中国模式，为建成世界科技强国、奋力实现中国梦贡献力量，为新时代全球公民科学素质建设发挥表率和引领作用。

第一节　公民科学素质托起中国梦

从全面建成小康社会到基本实现现代化，再到全面建成社会主义现代化强国，是新时代中国特色社会主义发展的战略安排。2020年我国全面建成小康社会指日可待，2049年建成现代化国家、实现中国梦的目标让人期盼，这给我国公民科学素质建设提出新的更高要求。要实现"两个一百年"宏伟战略目标，必须奠定公民科学素质这个群众基础和社会基础。

一、公民科学素质事关中华民族复兴

每个人都有理想和追求，都有自己的梦想，中国梦——实现中华民族伟大复兴，就是中华民族近代以来最伟大的梦想。这个梦想，凝聚几代中国人的夙愿，体现中华民族和中国人民的整体利益，是每一个中华儿女的共同期盼。中国梦的实现，需要我们在方方面面努力，其中包括我国公民科学素质的跨越提升。

（一）愚昧不可能实现中国梦

实现中华民族伟大复兴的中国梦，是随着另一场梦的破碎产生的。长期以来，中华文明以其独有的特色和辉煌走在世界文明发展的前列，为世界文明进步做出过巨大的贡献。然而，随着资本主义生产方式的兴起，随着近代工业革命脚步的加快，中国很快落伍了。故步自封的封建统治者仍然沉浸在往日的辉煌所造就的梦想之中，等待着"万国来仪"。不料，等来的却是西方列强的坚船利炮，等来的却是亡国灭顶之灾。

1840年爆发的中英第一次鸦片战争，不但打开了中国的国门，也打碎"天朝之梦"。从此，中国逐步沦为半殖民地半封建社会。一系列侵略战争接踵而至，一系列不平等条约被迫签订，中华民族遭受的屈辱与苦难世所罕见。这证明一个铁律：落后就会挨打，生存必须自强。在唤醒中华民族萌发出中国梦的过程中，无数仁人志士屡踣屡起，不懈探索奋斗。

从1840年起，中华民族为实现中国梦，整整走过109年，才迈出赢得民族独立、人民解放的第一步。在这100余年的前80年间，中国人民始终在黑暗中探索。只有中国共产党的诞生和奋斗，才把中国从黑暗引向了光明。20世纪下半叶，中国能否发动工业化、城镇化、现代化，能否找到摆脱绝对贫困、摆脱极端落后的面貌，实现小康水平、小康社会、重新崛起和伟大复兴之路，历史给予回答：到2011年中国GDP占世界总量比重达到10.48%，成为世界经济大国，2015年中国GDP占世界的比重为15.5%，显示中国先衰落后崛起、先挨打后自强的历史轨迹，也为实现21世纪中国梦奠定历史的大台阶。

进入21世纪，党中央提出伟大中国"三部曲"：第一部曲，用20年时间，到中国共产党成立100年时全面建成小康社会。党的十八大又围绕这一核心目标系统地设计了经济建设、政治建设、文化建设、社会建设和生态文明建设“五位一体”的目标体系。第二部曲，再花30年时间，到新中国成立100周年，全面实现中国特色社会主义现代化。第三部曲，在整个21世纪一步步实现中华民族的伟大复兴。

贫穷实现不了中华民族复兴，愚昧更实现不了中华民族复兴。一个国家的竞争能力乃至全民族的前途命运，很大程度上取决于人们利用知识和科学思维的能力，取决于国民的整体素质。一个民族如果不具备良好的科学素质，就是一个没有希望的民族，就难以在世界竞争中立足。21世纪中叶，综合国力的提升、实现中华民族伟大复兴的中国梦，越来越集中到包括公民科学素质在内的国民素质的较量上。

视窗9-1 全球格局的历史演变

在历史的循环往复中，全球势力在此消彼长中不断形成新的均衡。1500年，亚洲是全球中心，人口和经济均占世界总量的65%。哥伦布（Christopher Columbus）发现新大陆、达·伽马（Vasco da Gama）绕过好望角抵达东印度群岛，掀起第一波全球化浪潮，也揭开欧洲兴盛的序幕。英国工业革命更是将亚洲引领世界经济方向的局面彻底扭转。1900年，欧洲成为全球的主导，经济占世界总量的47%。1950年，全球主导地位转移至迅速崛起的美国，其经济超越西欧，占到世界总量的27%。冷战结束后单极世界的建立更进一步增强了美国称霸世界的雄心。

如今，美国的主导地位越发受日益崛起的亚洲、非洲及中东地区制衡。这些地区在结束数百年被殖民统治的历史后，开启追赶式发展，“追赶者”同“领头羊”的差距不断缩小。中国在全球格局演变中也经历跌宕起伏。1500年，中国在世界经济总量中的占比高达25%，1900年降至11%，1950年进一步下滑至5%。根据国际货币基金组织（IMF）的最新统计，2016年中国在世界经济总量的占比达到18%，略高于美国的16%。中国已经成功实现追赶。

人类历史证明，亚当·斯密（Adam Smith）对全球化下世界格局终将达到“势均力敌”态势的判断是极富远见的。科技的进步和普及、人口结构的变化正潜移默化地改变着当前的世界格局。未来任何国家或地区都无法在经济、技术和人口方面占据绝对主导，不会步入“中国世纪”“印度世纪”，抑或任何一个国家主导的世纪，而将步入一个“世界世纪”。这一全球格局对这个时代外交政策带来的最大挑战在于，如何在众多相互竞争、科技发达的地区之间开展合作，以及如何共同应对棘手的环境和健康危机。

亚当·斯密的预测已经被事实印证。我们这一代人见证了历史趋势的峰回路转，欧洲（以及随后的美国）在享受几百年的全球主导地位之后，现如今正在受到日益崛起的亚洲、非洲、中东以及美洲的力量制衡。

在哥伦布和达·伽马时代的世界，据已故经济史学家安格斯·麦迪森（Angus Maddison）的估算，1500年，全世界4.4亿人口的区域分布情况为：亚洲地区占65%；非洲地区占11%；欧洲地区（包括东欧和西欧）占20%；美洲地区占4%。全世界经济产出的区域分布情况则为：亚洲地区占65%；非洲地区占8%；欧洲地区占24%；美洲地区占3%。当时的世界很贫穷，各区域都处于乡村状态，实力强大的农业帝国则位于东南亚。

到1900年，全世界约16亿的人口区域分布情况为：亚洲地区占56%；欧洲地区占27%；非洲地区占7%；美洲地区占9%。根据麦迪森的估算，全世界经济产出的区域分布情况则为：亚洲地区占28%；欧洲地区占47%；非洲地区占3%；美洲地区占20%。其中，美洲地区的产出绝大部分来自于美国经济。亚洲地区的经济占比显著下降；欧洲地区的经济产出则飞速上升。

1914—1945年，欧洲几乎是经历了政治自杀：两次世界大战和一场经济大萧条。到1950年，北大西洋的领导地位已经从被战争拖垮的英国转移至美国。为躲避希特勒的屠杀，大批难民涌入美国，并将欧洲在希特勒统治前的先进科技也带入美国。以1950年为例，美国经济占世界经济的比重约为27%，西欧约占26%，苏联占9%，中国占5%。

1945—1991年，美国外交政策的构建背景是冷战。尽管美国在经济领域称霸世界，但由苏联引领的共产主义同盟国家却在意识形态以及地缘政治领域对美国构成威胁。中国的苏醒始于1949年中华人民共和国的成立。

在过去200年里日渐强盛的欧洲霸主地位开始逐渐让位于一种“追赶过程”。最成功的案例确实当属亚洲。首先是日本，从第二次世界大战中很快恢复过来后，日本逐渐成为工业强国。其次是“亚洲虎”，即中国香港、新加坡、中国台湾和韩国。然后就是中国内地，毛泽东去世后，邓小平当政。1978年中国开启市场经济改革。20世纪80年代，亚洲的案例激发东欧和苏联国家开始效仿开启市场改革，1989年，东欧国家和平脱离苏联，1991年底，苏联解体为15个共和国。

1992年，美国“主流派”认为美国的劲敌消失了，曾经的美苏两极权力结构被单极世界所取代。“主流派”曾经预言的“历史终结”近在咫尺。然而他们忽视了另一个重要事实，那就是1992年对中国而言意味着其加速增长的拐点。1992年，美国经济产出占世界经济总量的20%，中国只占5%。在经历25年的加速增长后，2016年中国经济总量在世界经济中的占比已达到18%，略高于美国的16%。中国已经追赶上历史，同时支撑新一代全球经济增长的信息技术浪潮正在世界各地迅速兴起。科技革命将不仅仅为美国，而是为全世界创造更多的财富。中国现在是世界上最大的互联网用户，世界各地的宽带使用数量也是突飞猛进。①

（二）科技梦紧紧连着中国梦

中华民族复兴的中国梦，基础是实现“科技强国梦”和“教育兴国梦”。这两个梦是根本，也是先导。20世纪的“五四”新文化运动，“德先生”和“赛先生”的呐喊，唤起沉睡的中华大地。与之相伴，民主精神和科学精神开始觉醒，并逐步成为民族文化的新生力量，催生自立的中国、开放的中国、创新的中国、科学发展的中国。科学成为历史舞台的主角，主要在这100年。

---

① Jeffrey D. Sachs. 杰弗里·萨克斯：全球格局的演变［EB/OL］.［2017-05-07］. http://www.sohu.com/a/138800996_481741.

中国梦连着科技梦，科技梦助推中国梦。实现中国梦，科技是动力，是支撑，科技要先行，要当先锋。百年来特别是新中国成立60多年来，一代又一代科学家作为新中国科技发展的奠基者和功臣，他们的巨大贡献和科学精神，是新起点上我国科技创新和现代化建设的宝贵财富。老一辈科学家爱国奉献、开拓奋进的理想信念，勇于创新、不懈探索的科学精神，严谨求实、淡泊名利的高尚品德，甘为人梯、提携后学的大家风范，为加快建设创新型国家、全面建成小康社会、实现中华民族伟大复兴中国梦贡献智慧和力量。

新技术的突破日益成为产业变革加速发展的动力，科技创新与产业变革的深度融合，深刻改变着经济社会的发展形态，以科技创新为核心的国际竞争更加激烈。我国在某些领域正在由“跟跑者”向“并行者”“领跑者”转变。在新的起点实现更大跨越，这既是巨大挑战，也是难得的战略机遇。我们将深入实施创新驱动发展战略，充分释放科技体制改革红利，让我们共同努力，为实现中国梦贡献智慧和力量。

要看到，我国科技发展与世界一些发达相比，还有一定差距。例如，中国制造大而不强，中国制造产量非常大，营业收入也非常高，但是产值和利润都非常低。2017年第一季度，中国品牌手机份额占到世界48%，也就是人类每买两部手机，就有一部是中国品牌。但如果论产值和利润，中国手机占不到48%。苹果公司2016年卖了2.15亿部iphone，占世界14.6%；中国三强华为+OPPO+VIVO 2016年卖了3.157亿部手机，占世界21.6%；三星公司2016年卖了3.11亿部手机，占世界21.2%。但在营收方面，2016年苹果来自iphone的营收为1394亿美元；三星移动部门的营收为894亿美元，华为+OPPO+VIVO三家都没有公布单独手机的营收，华为消费者业务收入为1780亿人民币，全部算成手机业务的收入也就约合258亿美元，OPPO和VIVO的营收大约也就是200亿美元左右，三家之和也就是650亿美元。可以看出量比别人大，收入却比别人低，收入都比不过，产值和利润更是比不过，这个就可以称为大而不强[①]。

视窗9-2 “李约瑟之问”的中国答案

英国学者李约瑟曾提出这样的疑问：为什么在公元前1世纪到公元

① 中国哪些产业和世界制造强国差距最大？［EB/OL］.［2017-05-10］. http：/xueqiu.com/3243918379/85252078.

15世纪，中国文明在获取自然知识并将其应用于人的实际需要方面要比西方文明更有成效？然而，为什么近代科学蓬勃发展没有出现在中国？对于这个“难题”，李约瑟和其他中外学者的答案仁者见仁，智者见智。许多学者对中国传统文化进行了反思和批判，指出传统知识体系的缺陷以及古代社会存在妨碍科学发展的各种因素。例如，缺少探索自然的热情和实验科学。近年来，中国实施创新驱动发展战略，增强自主创新能力，破除体制机制障碍，解放和激发科技作为第一生产力所蕴藏的巨大潜能，紧紧抓住新一轮科技革命和产业变革的重大机遇，国家部署一系列重大科技专项，科技创新实践对“李约瑟之问”做出另一种形式的回答。

1. 深入探索自然本质。中国科学家在探索自然的本质和规律方面屡创辉煌，中微子振荡、量子反常霍尔效应等研究成果受到国际科技界的广泛关注。2012年大亚湾中微子实验国际合作组宣布发现第三种中微子振荡模式，并精确测量到其振荡概率。这项科学发现提升了中国相关领域的科研水平，为物理学家们设计下一代中微子实验，测量中微子振荡中的宇称和电荷对称性奠定了基础。中国科学院的实验团队因这项成果获得2016年基础物理学突破奖。

2013年初，中国科学院物理研究所、清华大学物理系组成的实验团队与中国科学院物理所、美国斯坦福大学组成的理论团队在量子反常霍尔效应的实验研究方面也取得决定性的突破。他们克服了薄膜生长、磁性掺杂等多道难关，逐步实现了对拓扑绝缘体的电子结构以及拓扑绝缘体能带结构的精密调控，在极低温输运测量装置上观测到量子反常霍尔效应。

2. 建造世界领先观测装备。现代科学研究通常要借助先进的观测装备和实验设施。随着科技和经济的快速发展，中国有能力建造世界领先的观测装备，从而在探索自然奥秘方面发挥引领作用。中国科学院主持建造了大天区面积多目标光纤光谱天文望远镜（LAMOST，即郭守敬望远镜）和500米口径球面射电望远镜（FAST），这两项重大科学工程可将科学家引向天文观测研究的最前沿。2012年正式巡天观测的

LAMOST是目前世界上口径最大、光谱获取率最高的望远镜，在主动光学、光纤定位等方面达到世界领先水平，用于观测大量天体目标的光谱，以深入认知更多目标天体的物理性质。迄今，LAMOST已获得近700万条光谱，这比国际上其他光谱巡天项目获取的光谱数据总和还要多。借助如此丰富的数据，中国天文学家陆续发现各种各样的特殊天体，构建了一批具有研究价值的恒星样本，为研究银河系的结构和演化奠定了基础，并在恒星演化、银河系化学动力演化和暗物质分布方面取得重要成果。

2016年启用的FAST实现了中国大科学工程由跟踪模仿到集成创新的转变。由于实现了多项重要创新，这个有“中国天眼”之美誉的装置可以进行大天区面积和高精度的天文观测，在射电望远镜口径、灵敏度、分辨率、巡星速度等关键指标上达到国际领先水平。利用它的强大功能，天文学家将进行一系列的科学观测和研究，并且和中国其他5座射电望远镜一起构成“天眼”群，形成主导国际射电领域的低频测量网，以认知天体超精细结构。2016年9月，科研人员在进行FAST试验观测时，就接收到1351光年外的脉冲星信号。可以预期，FAST将为科学家在射电天文学及相关领域的重大科学发现提供机会。

3. 空间科学迈出新步伐。中国的科学探索继续向太空发展。嫦娥三号落月探测器在2013年12月发射成功，实现了中国航天器在地外天体软着陆和巡视勘察的零突破，并且在世界上首先使用月基光学望远镜、极紫外相机和测月雷达。天宫2号空间实验室于2016年9月发射升空，10月17日至11月18日与神舟11号飞船进行对接飞行，完成卫星在轨释放，考核面向长期飞行的乘员生活、健康和工作保障等相关技术，开展航天医学、空间科学实验和空间技术应用。至此，中国载人航天工程已经完成“三步走”发展战略的前两步，实现了发射载人飞船、突破航天员出舱活动技术、空间飞行器的交会对接技术，发射空间实验室，解决一定规模的短期有人照料的空间应用问题。

利用火箭和卫星等先进技术手段，中国科学家在空间科学领域迈出了新的步伐。2015年12月，作为中国空间科学系列首发星，暗物质粒子探测卫星“悟空”在酒泉卫星发射中心升空。它是迄今为止观测能段范围最宽、能量分辨率最优的空间探测器，轨道高度为500千米，其科学目标是通过探测宇宙中高能粒子的方向、能量以及电荷来间接寻找和研究暗物质粒子。到2016年12月，“悟空”已探测18亿多高能粒子。中国科学卫星系列的第二颗，即“实践10”返回式科学实验卫星于2016年4月6日升空，18日顺利返回。这是我国第一颗微重力科学实验卫星，安排了10项微重力科学实验和9项空间生命科学实验。

中国的量子通信研究和应用已处于国际领先水平。中国科学技术大学的科研团队建成国际上首个规模化城域量子通信网络，自主研制的量子通信装备已经为国家重要政治活动提供信息安全保障。2016年8月，中国利用长征2号丁运载火箭发射世界首颗量子科学实验卫星“墨子号”，使量子信息研究又迈出重要一步，即率先探索星地量子通信的可能性。这颗卫星搭载了量子密钥通信机、量子纠缠发射机、量子纠缠源、量子实验控制和处理机等实验设备，还带有两套独立的有效载荷指向机构。

4. 深海科技获得突破。人类对海洋奥秘的探索永无止境。海洋探索和开发对国家的经济社会发展和国家安全十分重要。中央大力支持海洋研究和开发。“蛟龙”号载人潜水器在2002年立项，2012年6月在西太平洋马里亚纳海沟进行了海上深潜试验，最大下潜深度达7062米。“蛟龙”号使中国成为世界上拥有最大潜深作业型载人潜水器的国家，其工作范围可覆盖全球99%以上的海域。4年后，即2016年6月22日至8月12日，中国科学院“探索1号”科考船在马里亚纳海沟开展综合性万米深潜科考活动，船上搭载着国产的“海斗”号万米级自主遥控潜水器、“天涯”号深渊着陆器、“原位实验”号万米级原位试验系统等深海探测和科研设备。在这次科考中，“海斗”号下潜深度达10767米，成功获得深度序列完整的海底沉积物样本和马里亚纳海沟水样及大量数据，并世界上首次在万米深度进行深渊底部氮循环的原位培养实验，单次获取大于100升的海底水样。这些突破有力促进了深海深渊科学研究的发展，标志着中国成为世界上个别具备万米深渊科考能力的国家之一，宣示中国深海科技创新能力正在由跟踪向领先转变，有能力为海洋环境探索和海洋资源开发做出重大贡献。

5. 生命科学“三志”接近完成。中国在生命科学领域也有诸多突破，其代表性工作包括经过长期积累才接近完成的《中国植物志》《中国动物志》和《中国孢子植物志》（简称“三志”）的研究和撰写。《中国植物志》于2013年完成英文版（*Flora of China*）。《中国孢子植物志》在2014年9月已刊出88卷。《中国动物志》到2016年底出版了154卷。“三志”是全国几代生物分类学家不断努力协作的科研成果，收录全国85%以上已知的生物种类及其区系、演化、地理分布、物种生物生态特性和经济价值。它们的问世不仅为中国和世界生物学的发展做出重大的基础性贡献，还为国家生物资源的保护和持续开发及有害生物控制等提供了科学依据，对于解决人类面临的资源、环境、粮食和人口等全球性问题也有十分重要的战略意义①。

6. 中国制造不断取得新突破。中国自主研制的首台400马力（1马力=735.499瓦）无级变速拖拉机，突破重型拖拉机无级变速传动系统、智能化控制管理系统等关键核心技术，能从事深耕、深松、联合整地等重负荷农田作业，满足精准农业、精细农业需求，填补多项国内技术空白，结束我国350马力以上重型拖拉机必须进口的历史。

中国自主研发的“神威–太湖之光”超级计算机全面采用“中国芯”申威26010，是世界上首台运算速度超过100P的超级计算机，已连续三次在世界计算机Top500排名第一，并于2016年首次荣获超级计算应用领域的诺贝尔奖“戈登–贝尔”奖。

国际热核聚变实验堆（ITER）是一个大型超导托克马克聚变实验堆，俗称“人造太阳”，由中国、欧盟、美国、俄罗斯、日本、韩国、印度七方共同出资建造和运行，是磁约束核聚变能商业应用必不可少的关键一步。

嫦娥三号探测器由着陆器和巡视器（玉兔号）组成。2013年12月2日从西昌卫星发射中心升空，准确入轨，陆续开展“巡天、观地、测

① 白春礼. 中国的科学技术与创新——在哈佛大学的演讲［N］. 中国科学报，2015-09-28.

月”科学探测，完成了探月工程“绕、落、回”三步走的第二步战略目标。目前，嫦娥3号探测器仍在继续工作，是国际上月面工作时间最长的探测器[①]。

未来飞机智能驾驶舱核心设计理念简洁、智能、互联。采用超宽超大触摸显示屏，实现驾驶舱的简洁布局；采用触摸和语音控制，并集成增强型态势感知技术，实现驾驶舱的智能控制；集成地空移动宽带通信等技术手段，实现驾驶舱的空地、空空信息互联。

磁控胶囊胃镜系统拥有国内外80余项专利，无须插管，一个胶囊即可完成无痛、无创、无麻醉、无交叉感染的高精度胃部检查，已在国内外广泛应用。结合云平台及人工智能，可有效提高我国胃癌早诊早治率，促进健康产业和服务业发展。

智能制造系统以个性化定制的零部件装配为背景，实现高度个性化定制、生产工艺流程和机器人任务在线自动重组。在第三届世界互联网大会上入选15项“世界互联网领先科技成果”。

7. 中国车、中国桥、中国路、中国港、中国网。让中国奔跑起来的中国车正在给经济换装新引擎。2017年9月21日，“复兴号”中国标准动车组在京沪高铁实现时速350千米运营，标志着我国成为世界上高铁商业运营速度最快的国家。中国桥梁总数位居世界第一，大跨径斜拉桥、悬索桥等先进桥梁建造技术日益成熟，中国桥梁已经成为展示中国形象的新品牌。中国公路对经济社会发展发挥着基础性、先导性、服务性作用，广覆盖的公路网基本形成，高速公路通车里程位居世界第一。

沪昆高速铁路途经上海、杭州、南昌、长沙、贵阳、昆明6座省会城市及直辖市，是中国东西向线路里程最长、经过省份最多的高速铁路，是国家规划的“四纵四横”综合运输大通道和“四纵四横”铁路客运专线网的重要组成部分。中国已建成世界上规模最大、运营速度最快、具有完全自主知识产权的高速铁路网络。一个个超级工程彰显国家

① “砥砺奋进的五年”大型成就展：一个个“世界第一”托起中国梦［EB/OL］.［2017-09-30］. http：//www.ce.cn/xwzx/gnsz/gdxw/201709/30/t20170930_26420805_14.shtml.

发展的“硬实力”，托举着中国崛起。

目前上海港国际集装箱班轮航线连接全球200多个国家和地区的600多个港口，成为中国大陆集装箱航线最多、航班最密、覆盖面最广的港口。中国沿海港口设施的大型化、专业化、现代化水平达到世界先进水平，吞吐量规模稳居世界首位，成为对外开放和贸易往来的重要支撑，内河航运加快建设，长江黄金水道已成为世界上运量最大、运输最繁忙的通航河流。这五年，中国车、中国桥、中国路、中国港、中国网，一个个“世界第一”托举起中华民族伟大复兴的中国梦①。

总之，中国科学技术已经取得举世瞩目的长足进步，在基础前沿领域，在铁基超导、量子通信、中微子、干细胞、高性能计算等方面，先后取得一批原创成果，相关领域方向跻身世界先进行列。美国科学基金会发布的《美国科学与工程指标（2016）》表明，中国在科技论文产出、研发投入等重要指标方面已位列世界第二，某些科技领域甚至居于世界首位。例如，中国发表纳米科技SCI论文数量在2009年就超过美国，跃居世界第一，SCI论文引用次数居于世界第二位。中国古代的众多发明创造和当代的科技成就表明，中华民族并不缺少创新的基因。以“墨子”命名世界首颗量子科学实验卫星，是正视和尊重传统文化的一个表现，也是以一种特殊的方式来回答“李约瑟之问”②。

世界新一轮科技革命和产业变革正在孕育兴起，中国经济发展进入新常态，呈现出速度变化、结构优化、动力转化的新特征，对科技创新的支撑引领作用提出更加紧迫的新要求。中国政府坚持创新发展的基本理念，正在以更大的决心和力度，深入实施创新驱动发展战略，向着建成世界科技强国的目标迈进。③

---

① “砥砺奋进的五年”大型成就展：一个个“世界第一”托起中国梦［EB/OL］. 中国经济网，http：//www.ce.cn/xwzx/gnsz/gdxw/201709/30/t20170930_26420805_14.shtml.

② 张柏春. 世界之问的中国答案（5）：以科技创新实践回应“李约瑟之问”［EB/OL］.［2017-09-22］. http：//ihl.cankaoxiaoxi.com/2017/0922/2234106.shtml.

③ 白春礼. 中国的科学技术与创新——在哈佛大学的演讲［N］. 中国科学报，2015-09-28.

视窗9-3 华为步入本行业无人区

从科技的角度来看，未来二三十年人类社会将演变成一个智能社会，其深度和广度我们还想象不到。越是前途不确定，越需要创造，这也给千百万家企业公司提供千载难逢的机会。如何努力前进，面对困难重重，机会、危险也重重，不进则退。如果不能扛起重大的社会责任，坚持创新，迟早会被颠覆。

人类社会的发展，都是走在基础科学进步的大道上的。而且基础科学的发展，是要耐得住寂寞的，板凳不仅仅要坐十年冷，有些人，一生寂寞。华为有8万多研发人员，每年研发经费中，20%—30%用于研究和创新，70%用于产品开发。很早以前就将销售收入的10%以上作为研发经费。未来几年，每年的研发经费会逐步提升到100亿—200亿美元。

华为这些年逐步将能力中心建立到战略资源的聚集地区去。现在华为在世界建立了26个能力中心，且逐年在增多，聚集一批世界级的优秀科学家，他们全流程地引导着公司。这些能力中心自身也在不断发展中。

华为现在的水平尚停留在工程数学、物理算法等工程科学的创新层面，尚未真正进入基础理论研究。随着逐步逼近香农定理、摩尔定律的极限，面对大流量、低延时的理论还未创造出来，华为已感到前途茫茫，找不到方向。华为已前进在迷航中。重大创新是无人区的生存法则，没有理论突破，没有技术突破，没有大量的技术累积，是不可能产生爆发性创新的。

华为正在本行业逐步攻入无人区，处在无人领航，无既定规则，无人跟随的困境。华为跟着人跑的“机会主义”高速度，会逐步慢下来，创立引导理论的责任已经到来。

华为过去是一个封闭的人才金字塔结构，我们已炸开金字塔尖，开放地吸取“宇宙”能量，加强与全世界科学家的对话与合作，支持同方向科学家的研究，积极地参加各种国际产业与标准组织、各种学术讨论，多与能人喝喝咖啡，从思想的火花中感知发展方向，有了巨大势能的积累、释放，才有厚积薄发。

内部对不确定性的研究、验证，正实行多路径、多梯级的进攻，密集弹药，饱和攻击，蓝军也要实体化。并且，不以成败论英雄，从失败中提取成功的因子，总结，肯定，表扬，使探索持续不断。对未来的探索本来就没有“失败”这个名词，不完美的英雄，也是英雄。鼓舞人们不断地献身科学，不断地探索，使“失败”的人才、经验继续留在我们的队伍里，我们会更成熟，我们要理解歪瓜裂枣，允许黑天鹅在我们的咖啡杯中飞起来。创新本来就有可能成功，也有可能失败。我们也要敢于拥抱颠覆。鸡蛋从外向内打破是煎蛋，从里面打破飞出来的是孔雀。现在的时代，科技进步太快，不确定性因素越来越多，我们也会从沉浸在产品开发的确定性工作中，加大对不确定性研究的投入，追赶时代的脚步。我们鼓励我们几十个能力中心的科学家、数万专家与工程师加强交流，思想碰撞，一杯咖啡吸收别人的火花与能量，把战略技术研讨会变成一个“罗马广场”，一个开放的科技讨论平台，让思想的火花燃成熊熊大火。公司具有理想，就要具有在局部范围内抛弃利益计算的精神。重大创新是很难规划出来的。固守成规是最容易的选择，但也会失去大的机会。

不仅仅是以内生为主，外引也要更强。我们的俄罗斯数学家，他们更乐意做更长期、挑战很大的项目，与我们勤奋的中国人结合起来；日本科学家的精细，法国数学家的浪漫，意大利科学家的忘我工作，英国、比利时科学家领导世界的能力……会使我们胸有成熟地在2020年销售收入超过1500亿美元。

用什么样的价值观就能塑造什么样的一代青年。蓬生麻中，不扶自直。奋斗，创造价值是一代青年的责任与义务。我们处在互联网时代，青年的思想比较开放、活跃、自由。我们要引导和教育，也要允许一部分人快乐地度过平凡一生。

现在华为奋斗在一线的骨干，都是“80后”“90后”，特别是在非洲，中东疫情、战乱地区，阿富汗、也门、叙利亚……“80后”“90后”是有希望的一代。近期我们在美国招聘优秀中国留学生（财务），全部都要求去非洲，去艰苦地区。华为的口号是“先学会管理世界，再学会管理公司”。

国家百年振兴中国梦的基础在教育，教育的基础在老师。教育要瞄准未来。未来社会是一个智能社会，不是以一般劳动力为中心的社会，没有文化不能驾驭。若这个时期发生资本大规模雇佣“智能机器人”，两极分化会更严重。这时，有可能西方制造业重回低成本，产业将转移回西方，我们将空心化。即使我们实现生产、服务过程智能化，需要的也是高级技师、专家、现代农民……因此，要争夺这个机会，就要大规模地培养人。

今天的孩子，就是二三十年后冲锋的博士、硕士、专家、技师、技工、现代农民……代表社会为人类去做出贡献。发展技术的唯一出路在教育，也只有教育。要更多关心农村老师与孩子，让老师成为最光荣的职业，成为优秀青年的向往，用最优秀的人去培养更优秀的人。[①]

（三）科学素质托起中国梦

今天，中国政治进步、经济发展和文化繁荣已经跃上历史新高度，但科学精神的弘扬依然属于“今日之急务”。具有科学知识，不等于拥有科学精神，在创新驱动发展的今天，更需要弘扬不盲从、不轻信的科学精神。当代中国，科技作为第一生产力，已经成为推动文明进步的革命力量；创新驱动发展作为时代的主旋律，正在引领一个创新型国家崛起于世界的东方。但总有一些现象令人困惑：某院士论文抄袭，某学者学术造假，某评审暗箱操作；在本应圣洁的科学殿堂，违背诚实原则，篡改、伪造、剽窃科研数据等学术不端行为层出不穷；行政干预、权力垄断、官学一体、权学交易、学术霸道、流于形式等学术失范现象还在滋生蔓延；丧失科学求实的态度和科研诚信，追名逐利的浮躁学风仍大有市场。有官员热衷求签问卜，有“专家”能让水变油，有“大师”能呼风唤雨等。在科技日新月异的今天，花样翻新的迷信活动仍不时沉渣泛起，伪科学依然此起彼伏，各种骗术还在大行其道。只要金山银山，哪管绿水青山；只求上级满意，哪管百姓利益；形象工

---

① 任正非. 华为已经攻入科技无人区无人跟随感到迷茫［EB/OL］.［2016-06-03］. http://www.chinairn.com/news/20160603/110111644.shtml.

程、面子工程、拍脑袋工程、弄虚作假、形式主义。

在强调切实贯彻创新、协调、绿色、开放、共享的发展理念的今天，不按客观规律办事的现象仍层出不穷。“枪打出头鸟”“木秀于林，风必摧之”；既不敢怀疑、批判，更不思进取、超越；既没有追求真理的信念，也没有坚持真理的勇气；唯书唯上、故步自封；在提倡解放思想、改革创新的今天，许多落后观念仍在左右着人们的行动，许多创新的尝试仍是阻力重重。于是，总有一些现实令人尴尬：我国科技工作者的数量跃居世界第一，但学术风气和学术水平并不令人满意，自主创新能力还在一个较低的水平上徘徊，核心竞争力仍让人牵肠挂肚。我国的干部队伍不断革命化、知识化、年轻化、专业化，但违背科学规律行事的现象仍时有发生，离科学决策、民主决策、依法决策的要求还相距甚远。全民科学素质不断提升，社会的信息鸿沟逐步填平，但解放思想的任务依旧繁重，改革每向前推进一小步，仍然需要解放思想先向前推进一大步。

具有科学知识，并不等于拥有科学精神。尤其是在信息爆炸的今天，就更需要不盲从、不轻信的科学精神来去伪存真。科学精神被视为文明的精华，指引着人类前进的方向。如果一个民族缺失科学精神，那么就无异于一艘没有罗盘的航船，来自任何方向的风都可能是逆风。科技进步和科学素质影响着科学精神的形成，文化环境和制度建设决定着科学精神的传播。

科学精神作为一种正确认识客观事物、探求客观真理的价值体系和行为规范，诞生于科学领域，却不局限于科学领域。尊重科学、反对迷信，探索求知、尊重规律。虽然不同的时空条件下，科学精神有着不同的解读，但其基本要求却始终如一，那就是求真务实、开拓创新。没有科技的进步，科学精神就成为无源之水、无本之木。在科技被视为“奇技淫巧”的年代，不能指望科学精神的出现；在科学价值被扭曲的年代，科学精神的缺失必然不可避免。没有全民科学素质的提升，科学精神将失去重要前提。“五四”运动至今，虽然全民科学素质在逐渐提高，但由于许多人对于基本科学知识的了解程度较低，一些不科学的观念在一些人的思想中依然根深蒂固。公民科学素质水平普遍较低，已成为制约我国经济发展和社会进步的瓶颈之一，也影响着科学精神在全社会的进一步弘扬。要大力推行公民科学素质建设，广泛开展科技教育、传播、普及工作，在全社会弘扬科学精神，普及科学知识，传播科学思想和科学方法，使国民科学素质从整体上得到提高。

二、全面小康亟须补齐科学素质短板

全面建成小康社会是中国人民长期以来孜孜以求的美好梦想，全面建成小康社会公民科学素质是社会基础，需要补齐公民科学素质的短板，需要全面跨越提升我国全民科学素质，这对新时期的科普供给提出新的更高要求。

（一）全面建成小康是中华民族百年梦想

小康是指介于温饱和富裕之间的生活水平，是一种社会生活稳定、丰衣足食、国泰民安的状态。小康蕴含几千年来中国人对宽裕和殷实生活的美好向往。党的十八大以来，以习近平同志为总书记的党中央从坚持和发展中国特色社会主义全局出发，提出并形成全面建成小康社会、全面深化改革、全面依法治国、全面从严治党的战略布局，确立新形势下党和国家工作的战略目标和战略举措，为实现“两个一百年”奋斗目标、实现中华民族伟大复兴的中国梦提供理论指导和实践指南。

全面小康社会是一个更加注重发展质量的社会，是一个更加强调全面协调可持续发展的社会，是一个让广大人民群众共享改革发展成果的社会。全面小康关键是“全面”，不仅要求小康所涉及的领域是全面的，是经济建设、政治建设、文化建设、社会建设、生态文明建设“五位一体”协调发展的社会；而且要求小康所覆盖的人群、涉及的地域是全面的，是包括老少边穷地区在内的所有地区，不让任何一个人、一个阶层、一个民族掉队的全面小康。这样的“全面”就是共享。为此，党的十八届五中全会提出了共享发展新理念，强调人人参与、人人尽力、人人享有，使全体人民在共建共享发展中有更多获得感，增强发展动力，增进人民团结，朝着共同富裕方向稳步前进。

（二）全面小康基础在公民科学素质

当今科技发展与人们的生产生活息息相关，个人了解科学技术知识、掌握基本的科学方法、具备科学思想和科学精神，以及应用他们处理实际问题、参与公共事务的能力的程度，直接决定着个人或群体的生活状态和发展潜力。说到底，我国经济发达地区与经济欠发达地区、东部地区与西部地区的差距，本质上是人的差距，是公民科学素质的差距。

2015年第九次中国公民科学素质调查显示，我国具备科学素质的公民比例达到6.20%，比2010年的3.27%提高近90%。上海、北京和天津的公民科学素质水平分别为18.71%、17.56%和12.00%，位居全国前三位。上海和北京的公民科学素质水平已达到美国20世纪末的水平（美国1999年为17.3%）和超过欧盟2005年的水平（13.8%）。同时还要清醒地看到，地区之间、城乡之间的差距在加大。从城乡分类来看，城镇居民的科学素质水平提升幅度较大，从2010年的4.86%提升到9.72%，而农村居民仅从2010年的1.83%提高到2.43%；从年龄分类来看，中青年群体的科学素质水平较高，18—29岁和30—39岁年龄段公民的科学素质水平分别达到11.59%和7.16%；从性别看，男性公民的科学素质水平达到9.04%，明显高于女性公民的3.38%；受教育程度越高，具备科学素质的比例越高。

造成这种不平衡的主要原因：

一是公众接受科技教育、传播和普及的机会不均衡。我们知道公民具备科学素质一般指了解必要的科学技术知识，掌握基本的科学方法，树立科学思想，崇尚科学精神，并具有一定的应用它们处理实际问题、参与公共事务的能力。公民提高科学素质主要依靠科技教育、传播和普及三个方面的工作，每个公众获得科技教育、传播和普及的机会及成本都不相同，自然也就造成公民科学素质水平的不同。

二是公众所处客观环境的差异。每个公民所处的社会环境不同，所处的经济社会水平，所接受的教育、科技信息都不相同，也就造成公民科学素质水平不同。相对而言，东部地区比中西部地区教育和科技水平高、城市比农村高、中青年获得教育和科技信息的机会比中老人多，再加上，综合素质高的人才、受教育水平高的人才基本一边倒地涌向城市、涌向东部地区，以及农村留守群体科学素质较低、留守农村的妇女多等客观因素的存在，也就必然造成公民科学素质建设水平的不平衡。

三是公众个人主观因素的差异。公民自身的主观愿望、学习动机、学习能力、对知识感兴趣程度等都有不同。在经济社会水平达到一定程度后，自身的需求从物质转向更高层次的精神需求，对科技的需求和满足自我发展的需求更加重视，更加积极通过互联网、电视等各种渠道主动获取科技知识，提高自身科学素质，也就自然造成公民科学素质建设水平的不平衡。

全面建成小康社会，迫切需要补齐我国革命老区、民族地区、边疆地区、贫困地区公民科学素质的短板，跨越提升这些地区公民的科学素质水平，增强就业能力，转变思维观念和行为方式，进而实现美好生活和精彩人生，以自身科学素质的提升，带动思想、道德、身体、心理等各方面素质的提升，普遍践行绿色环保的生产方式和生活方式，以科学理性的态度处理实际问题、参与公共事务。要正确理解公民科学素质不平衡的长期性和艰巨性，进一步加强公民科学素质建设，加大投入，完善政策，加强基础设施建设，提高科普公共服务能力，因为只有建设才能发展。要加强科普服务均衡化和均等化，更加重视薄弱环节的公民科学素质建设，大力加强薄弱环节的建设，推动科普公平普惠。

（三）全面小康须人人享有科学素质服务

全面建成小康社会、坚持共享发展的理念，坚持发展为了人民、发展依靠人民、发展成果由人民共享，使全体人民在共建共享发展中有更多获得感，朝着共同富裕方向稳步前进，实现全体人民共同迈入全面小康社会。全面小康，是每一个中国人共建共享的小康，“一个都不能少”“决不让一个地区掉队”。人人参与、人人尽力、人人享有，身处发展洼地的革命老区、民族地区、边疆地区、贫困地区不能被甩下，身处弱势的农村留守儿童和妇女、老人不能被落下，还有7000多万仍处贫穷困境的群众也不能被丢下。

科普公共服务关系到千家万户的切身利益，关系到广大儿童的健康成长。要坚持问题导向，不断改进工作，提高我国科普公共服务水平，构建起覆盖城乡、布局合理、公平普惠的科普公共服务体系，满足人民群众对科普的需求。要加大对科普公共服务事业的投入力度，进一步完善配套政策体系，扩大科普基础设施建设，推动科普公共服务事业向着公益、普惠的方向持续健康发展。同时，要引导和鼓励社会力量兴办科普公共服务，强化政府购买科普服务力度，满足多元化、多层次的科普公共服务需求。要科学制定科普公共服务目标责任体系，明确各相关职能部门责任分工，强化指标分解落实工作，确保完成科普公共服务规划发展目标。要明确地方政府科普公共服务的主体责任，把科普公共服务摆在更加突出的位置，加大工作力度、强化财政投入，根据本地区人口分布，优化科普公共服务空间布局，方便人民群众。要因地制宜，结合社区改造等工程，采取新建、设施再利用、现有科普设施扩建改造等多种方式，解决部分地区科普公共服务设施不足和服务半径过大等问题，满足科普公共服务发展需求。要提高科普公共服务标准化建设水平，加强科普公共服务规范管理和动态监管，办好人民满意的科普公共服务。要加强督查考核，提高人民群众对科普公共服务的获得感。

三、现代化对公民科学素质的新要求

国家不富强，就会被人欺侮；民族不复兴，就无颜担当龙的传人。实现中华民族伟大复兴，不是简单地重寻昔日的荣光，而是要让曾经饱受列强欺侮、还是发展中国家的中国经济发展、政治昌明、文化繁荣、社会和谐，到21世纪中叶成为富强、民主、文明、和谐的社会主义现代化国家。愚昧实现不了国家现代化，只有公民科学素质普遍提高，国家现代化才会指日可待。

（一）国家现代化基础在人的现代化

人的现代化问题最早是由英格尔斯（Alex Inkeles）在《人的现代化》一书中提出来的。他认为，现代化就是人们在各方面由传统转变为现代的过程，包括思想、心理、态度、行为等。近年来，学术界也开始了对“人的现代化问题”的关注和研究。大体有三种比较具有代表性的观点：人的现代化是指人的修养、素质的现代化；人的现代化是指人的行为方式、生活方式的现代化；人的现代化是指人的思想观念的现代化。国内绝大部分学者都认同“人的素质现代化就是人的现代化”的观点，认为人的现代化就是人的素质的综合提升与全面拓展，其中这种人的素质是适应现代科技水平与生产力水平的，包括生活层面、能力层面、素质层面以及关系层面。

没有梦想的民族是可悲的，对美好梦想没有坚定不移、矢志不渝追求的民族同样没有前途。实现中华民族伟大复兴是一项光荣而艰巨的事业，需要一代又一代中国人共同为之努力。空谈误国，实干兴邦。中国已成为世界第二大经济体，经济实力、综合国力、人民生活水平和国际影响力都已今非昔比，距离民族复兴的目标从来没有像今天这样接近。“中国梦”里，有“强国”也有“富民”，“中国梦”里有期盼也有实干。只要我们胸怀理想、坚定信仰，又脚踏实地、苦干实干，我们就一定能够拥抱美丽的中国梦。

公民科学素质是人的现代化的重要内容，进行公民科学素质建设是实现人的现代化的重要路径之一。科技已经渗透到人类生活的各个角落，科学素质已经成为生活在现代社会中的人生存的必备的基本知识和科学技能，是在现代社会中生存的基础。科学素质还是人们步入社会生活的必要因素，只有具备科学素质，知道如何学习、探究、获得知识和解决新问题的人才能更好地适应时代、应对挑战。科学素质是现代人自我实现的关键，充分发挥个人才能，实现自我价值，离不开科学素质。

（二）国家现代化关键在科技现代化

1840年，中国在西方坚船利炮之下被迫打开国门，清朝政府中的有识之士，如曾国藩、李鸿章、张之洞等人，为了振兴图强，向外国学习，建立枪械厂、购置军舰、建立船坞，向海外派遣留学生，这就是所谓的洋务运动。其中李鸿章是代表人物。最后在1895年，中日甲午战争，以清朝北洋水师的全军覆没为标志，最终洋务运动失败了，究其失败的原因，为落后的封建体制不能容忍现代化因素的产生。19世纪70年代开始的洋务运动，尽管它在“中学为体，西学为用”的体制下，最终以失败告终，但他毕竟是中国人学习西方先进科技的一次尝试，同时也是古老的中国走向现代化的第一次尝试。

时隔80多年后的改革开放，可以理解为在新的社会制度下的第二次现代化运动的尝试。30多年改革开放，中国一直在进行现代化模式的探索，既包括经济模式，也包括政治模式，近年又包括生态模式，即人与自然的关系。正是这三大模式（尤其是经济和政治模式）的探索，使中国在改革道路上步履维艰，种种深层原因再次折射了百年现代化过程中的一贯困惑。但不管怎么说，中国发展了，中国现代化的程度提高了。

21世纪是一个充满着现代化的世纪，科技实力对一个国家、一个民族来说至关重要。一个国家科技如果不够发达，那么就算它的人口再多也无用武之地。当今世界风云突变，各种矛盾还很突出，面对复杂的国际环境，中国面临着一个重大的机遇和严峻挑战；弱国无外交，军事实力体现一个国家的强盛与否，而代表军事实力的最重要的组成就是科技，所以科技强国成了我们的中国梦。

从国内来看，尽管经济发展很快，但也是各种矛盾多发，特别是目前我国处于经济转型的攻坚时期，能不能使我们的经济可持续发展，科技发展就显得很重要。我们国家经济规模很大，但科技实力相对较弱。任何国家的发展，都需要两条腿走路，一个是经济，一个是科技。按世界统计，美国、欧盟和日本等国家和地区的高新科技产业占国民生产总值的比例都远远超过中国；在世界高新科技产业市场当中，美国、欧盟、日本占据了绝大多数的份额，而中国却非常少，这和中国的经济规模很不相称。要想使我们的经济可持续发展，必须要提升我国的科技实力。

中国已成为世界第二大经济体，正处在全面建设小康社会的关键时期和深化改革开放、加快转变经济发展方式的攻坚时期。科技在经济社会发展中的作用日益凸显，中国整体科技实力和竞争力的明显提升在促进经济社会发展和保障国家安全中发挥重要的支撑、引领作用。当前，国际科技竞争与合作不断加强，新科技革命和全球产业变革步伐加快，中国科技发展既面临重要战略机遇，也面临严峻挑战。中国的科技体制与经济社会发展和国际竞争的要求还有不少不相适应的地方，企业技术创新的主体地位没有完全确立，科技与经济没有从根本上结合，原创性科技成果较少，关键技术自给率较低，科技项目、经费管理和评价导向不合理，研发和成果转移转化效率不高，科研诚信和创新文化建设薄弱，科技人员的积极性、创造性得不到充分发挥。这些问题已成为制约科技创新的重要因素，影响中国综合实力和国际竞争力的提升。

（三）国家现代化根基在公民科学素质

改革开放以来，我国国民经济的运行质量和环境发生深刻变化，经济增长越来越依赖科技进步和劳动者素质的提高。科技是第一生产力，但科技只有被劳动者所掌握，并能够自觉运用到生产实践当中去，才能变成现实的生产力。我国有巨大的人力资源，要将这种资源转换成竞争优势，就必须整体提高人力资源的科学素质。

公民科学素质对现代化建设起着根本性的、关键的作用。公民科学素质主要指公民通过学习、实践的积累而获得的科学文化知识，以及由此进一步形成的知识体系和智力结构，包括国民的文化知识、科技水平、劳动技能、经营管理才能等。我国公民科学素质总体不高，这已经成为我国现代化中的严重制约，阻碍着我国现代化的进程。例如，阻滞劳动生产率和经济效益的提高。由于我国职工的科学素质普遍偏低，缺乏岗位所需要的文化知识和专业技能，严重影响科技成果在生产领域中的应用，导致生产成本大、产品质量低、经济效益低下；农民科学素质不高，现代化的生产工具不能在农村广泛使用，新的农业生产技术难以推广，现代化的集约经营方式和规模效益难以实现；生态环境日益恶化，公民科学素质不高，环保意识也差，加上粗放的生产经营方式使我国的环境污染更加严重，生态环境不断恶化；影响社会主义精神文明建设，公民科学素质不高，就难以甄别和抵制社会上一些极端愚昧落后、违反科学常识和原理的伪科学，从而导致其大肆传播。

当今世界，科技发展突飞猛进，创新创造日新月异，科技竞争和公民科学素质在综合国力竞争中的地位更加突出。科技发展一方面是科技创新，另一方面是科技普及。国民强，国家才能强；国民科学素质高，国家的创新能力才会强、核心竞争力才会强。一个科学普及的民族，一个具有科学精神的民族，才是真正有生机、有希望的民族。我国正处在加快转变经济发展方式的攻坚时期、建设创新型国家的关键阶段，公民科学素质建设的地位尤其重要，面临的任务尤其艰巨和紧迫。

四、全球化对国民科学素质的新要求

处于伟大复兴进程中的中国，在追求本国利益时兼顾他国合理关切，在谋求本国发展中促进各国共同发展；处于伟大复兴进程中的中国，坚持把本国人民利益同各国人民共同利益结合起来，以更加积极的姿态参与国际事务，共同应对全球性挑战，共同破解人类发展难题。中国梦的国家化，意味着中华民族将在国际舞台上发挥更大的作用，承担更多的国家责任，这对国民科学素质提出新的更高要求。

（一）中国梦属于中国也属于世界

人类社会正处在一个大发展、大变革、大调整时代，世界多极化、经济全球化、社会信息化、文化多样化深入发展，国际和平发展的大势日益强劲，变革创新的步伐持续向前，全球一体化将对科普服务提出新的更高要求。

中国梦是和谐之梦、和平之梦、发展之梦，这是法国前总理拉法兰（Jean-Pierre Raffarin）对中国梦的比喻，也是世界对中国梦的主流看法。世界历史上，从未有过13亿人口的国家，如此自信、稳健、快速地向着实现民族伟大复兴的梦想迈进。仅仅从这个意义上讲，中国梦的实现将是人类文明发展史的进步，是世界走向现代化进程的跨越。借鉴人类文明一切先进成果，丰富人类物质文明、政治文明、精神文明宝库，中国在同世界积极互动中发展，世界也将在同中国的互动中改变。中国梦属于中国，中国梦同样属于世界。

视窗9-4　大变革时代须要有中国方案

习近平总书记从历史维度作出判断，人类社会正处在一个大发展、大变革、大调整时代。美国战略家亨利·基辛格（Henry

Kissinger）和兹比格涅夫·布热津斯基（Zbigniew Brzezinski）分别呼应说，“当今的国际体系正在经历400年来未有之大变局”“全球力量的中心从大西洋两岸转移到了远东”。当今世界正在发生翻天覆地的大变化，国际秩序和全球治理双双进入“转换期”和“调整期”；世界政治、经济也双双进入动荡起伏的“新常态”。

历史时代变迁必然会产生大发展、大变革、大调整。这主要是因为：

第一，以中国为代表的发展中国家和新兴经济体整体力量上升，从根本上改变世界力量格局。国际货币基金组织2017年数据显示，按购买力平价（PPP）计算，西方发达国家的国内生产总值（GDP）占全球总量之比从1980年的64%下降到现在的42%。全球治理开始从“西方治理”向“东西方共同治理”转变，西方“一统天下”的时代已经一去不返。“东西方”或者“南北方”可能会经历持续时间较长的“战略僵持期”。

第二，随着以美国为代表的西方国家实力相对下降，还产生前所未有的政治制度危机，它们对新兴大国和发展中国家力量上升产生严重的“战略焦虑症”和“不适应症”。美国新保守主义派甚至断定，新兴大国不可能和平崛起，与守成大国必有冲突。美国战略重心转移到亚洲特别是东亚地区，包括亚太再平衡、离岸平衡、在亚太加强对中国军事威慑等一系列战略举措，均由此而起。世界地缘政治的不确定性、不稳定性、发生大国冲突的风险都在增大。

第三，世界经济自2008年金融危机以来长期低迷徘徊，指导思想混乱。原有增长模式动能耗尽，难以推动世界经济未来发展，新旧动能转换期加上第四次工业革命的迅猛发展，正在改变世界经济格局和发展方式。各国都在寻找新的发展道路、发展理念、发展模式。

第四，全球化“新时代”来临，全球化与“逆全球化”博弈加剧，社会矛盾激化、分化加深。不少国家特别是主要发达国家长期以来忽视市场效率与社会公平的平衡问题，导致贫富差距持续扩大，反全球化的民粹主义思潮和政治极端化泛滥，已经开始改变一些国家的政治生态。

全球化进入大发展、大变革、大调整新时期，亟须新思想、新理念、新方案。目前，全球化面临四大严峻挑战：

第一，美国作为现有国际秩序和全球治理体系的主导者，认为全球化偏离“美国化”既定轨道，“不合算”“吃亏了”的思想占据上风，对维护现有国际体系逐渐失去兴趣，推动修改或者重新制定国际规则，特朗普总统上台后种种表现充分说明了这一点。这对国际关系和全球治理未来的发展构成严峻挑战。国际秩序“失序”、全球治理“碎片化”，都处于“自由漂移”状态或“自我驾驶”模式，全球化不确定性增大，前途难卜。

第二，全球化主要参与方——西方发达国家——其资本主义制度内在的资本与劳动矛盾，或者说市场效率与社会公平的矛盾不仅没有及时得到缓解或解决，反而不断激化，引发社会撕裂、精英阶层与百姓阶层对立和对抗。

第三，全球化前景的巨大不确定性给地缘政治带来极大的不稳定性，大国关系更趋紧张，“修昔底德陷阱”等大国冲突的预测不绝于耳，地区热点此起彼伏，世界很不安宁、很不安全。

第四，全球化发展到今天，我们面临文明冲突还是文明交流与融合的困惑。当代出现的许多问题事实上都与文明之间缺乏对话与融合有关，无论是“西方中心论”国际体系中西方文明自以为是的“优越感”，还是中东乱局下叙利亚、利比亚等国政治社会秩序崩溃、难民潮涌现，或是全球化背景下发达国家与发展中国家经济发展差距拉大，从根源上看，都与文明、文化之间没有很好地交流、沟通、融合有着直接的关系。

自中共十八大以来，以习近平同志为核心的党中央从中国自身治理成功经验和全球化的现状出发，从中华文明的深厚积淀中，提出一系列中国思想和中国方案，事实上为未来世界经济发展模式和如何解决全球化和全球治理难题，给出具有中国特色的答案，提供有效的全球公共产品。2013年，习近平主席高瞻远瞩提出“一带一路”倡议；2016年，作为二十国集团（G20）主席国主办具有历史开拓意义的杭州峰会，就世界经济发展和全球治理创新提出系列新的思想和具体方案；2017年初，习近平主席进一步升华了中国对全球治理的思想贡献，在达沃斯世界经济论坛和联合国日内瓦总部提出建设人类命运共同体及其实现路径；2017年9月，习近平主席在厦门金砖峰会的系列讲话中强调“开放、包容、合作、共赢”的金砖精神，又为改革全球治理指明了方向。在世界政治、经济双双进入充满不确定性“新常态”和全球化进入历史新时代的今天，中国的担子更重，责任更大。①

（二）世界一体化对公民科学素质的要求

我国一直坚持对外开放的基本国策，在科技全球化背景下，“引进来”“走出去”的双向开放、互利多赢，是新时代科普强国的必然选择。

在科技全球化背景下，呈现出科学研究的全球化、科普服务的全球化、科技人才流动的全球化、科学承认与评估的全球化的趋势。强大的科普服务能力是我国建设创新型国家、提高综合国力与国际地位的重要一环。科学的知识性和技术的实用性决定科普服务产品没有国界，而技术存在着国际保护壁垒。从科学家、科学成果交流的角度来看，科学本身就是全球化的，但科普服务能力在世界上的分布是不均衡的，不同国家之间的科普服务能力的悬殊，导致其在创新能力上的巨大差距。

我国要积极“引进来”“走出去”。科普“引进来”，就是积极利用和参与科普的国际分工，分享世界最新的科普成果和服务产品，加快提升我国科普服务能力，缩小我国与发达国家之间科普服务的距离。科普“走出去”，就是积极主动地把我国的科普服务产品投放国际市场，让世界分享我国最新的科普成果和服务产品，促进世界各国科普服务的共荣发展。

新时代的科普必须主动开展国际合作。我国对科普服务的投入还不能充分满足社会经济发展的需要，在一定程度上限制了科普服务的规模和深度。尤其是一些需要依靠较大投入、先进的技术手段开展的科普服务产品开发，如科幻片等，与世界一些先进国家还有一定差距。因此，我国应当积极地开展全方位、多层次的科普合作，在合作中，寻找和把握世界科学前沿的科普选题，使国内的科普资源与国际科普资源更好地结合，发挥我国科普服务的比较优势，充分利用国际上的资金、设备、信息和人力资源，来提升我国的

---

① 何亚非. 世界之问的中国答案（8）：中国引领全球化发展新方向［EB/OL］.［2017-09-27］. http：//ihl.cankaoxiaoxi.com/2017/0927/2235454.shtml.

科普服务能力、国际影响力和世界话语权。

要凭借我国独有的国家优势和区域特色，将国际科普合作的智慧与资源注入我国科普创新驱动发展中。要积极搭建国际科普交流与创新合作平台，拓展渠道；积极利用国际国内“两种资源”“两个市场”，全力推进对外科普服务合作与交流，为我国科普服务创新注入新元素，为科普服务创新驱动开启新引擎，为科普服务发展添加新动力，为科普服务腾飞插上新翅膀。

2013年秋天，习近平总书记在哈萨克斯坦和印度尼西亚提出共建丝绸之路经济带和21世纪海上丝绸之路，即“一带一路”倡议。2017年5月14日，国家主席习近平在“一带一路”国际合作高峰论坛开幕式上，发表的题为《携手推进“一带一路”建设》的主旨演讲中指出，古丝绸之路绵亘万里，延续千年，积淀了以和平合作、开放包容、互学互鉴、互利共赢为核心的丝路精神。我们正处在一个挑战频发的世界，和平赤字、发展赤字、治理赤字，是摆在全人类面前的严峻挑战。“一带一路”建设已经迈出坚实步伐，对科普人文交流提出新的更高要求。

“一带一路”国家合作空间巨大，愿望强烈。“一带一路”涉及65个国家，总人口约46亿（超过世界人口60%），GDP总量达20万亿美元（约占全球1/3），90%以上人均GDP在1万美元以下，仅为世界人均GDP的50%。在“一带一路”的建设过程中，面临地域非常广阔，人才的储备、政策配套、企业支持等力度不够问题；国家之间的政策沟通和协调不足，一些问题没法通过共商的方式加以解决；国与国之间的贸易便利化、投资便利化的环境水平较低，基础设施相对滞后；还有一些人质疑中国“一带一路”建设的真正目的等困难。为消除国际上对中国一带一路战略的种种误解，中国提出“五通”的重要策略，即政策沟通、贸易畅通、设施互联互通、资金融通、民心相通，将“一带一路”建成和平之路、繁荣之路、开放之路、创新之路、文明之路。

“国之交在于民相亲，民相亲在于心相通。”科普人文交流是实现民心相通，把“一带一路”建成和平之路、繁荣之路、开放之路、创新之路、文明之路的重要途径。大力开展“一带一路”科普人文交流，可以增进“一带一路”国家人民对世界科技发展的了解，增进彼此之间科技发展的理解和互信，增进对我国高速发展的科技成就的了解和理解，为促成务实的科技合作奠定坚实的民心基础。例如，中国的高铁、北斗导航、航天航空、数字经济、人工智能、纳米技术、量子计算机、大数据、云计算、智慧城市建设、电子商务、现代农业生产技术等取得巨大成就，与“一带一路”国家有巨大的应用合作、技术流动转移空间和潜力。科技合作、技术流动转移建立在对其理解和了解基础上，通过科普展览、科技传播、科普培训等方式，可以促成“一带一路”国家官员、技术人员、普通民众对这些科技成果、先进技术及其应用的了解、理解、支持，从而更好地促成其合作。

我国已经同很多国家达成“一带一路”务实合作协议，其中既包括交通运输、基础设施、能源等硬件联通项目，也包括通信、海关、检验检疫等软件联通项目，还包括经贸、产业、电子商务、海洋和绿色经济等多领域的合作规划和具体项目。我国将加大对“一带一路”建设资金支持，同有关国家的铁路部门将签署深化中欧班列合作协议。此外，我国将加强同各国创新合作，启动“一带一路”科技创新行动计划，开展科技人文交流、共建联合实验室、科技园区合作、技术转移4项行动。将在未来5年内安排2500人次青年科学家来华从事短期科研工作，培训5000人次科技和管理人员，投入运行50家联合实验室。设立生态环保大数据服务平台，倡议建立“一带一路”绿色发展国际联盟，并为相关国家应对气候变化提供援助。这些合作项目的启动、见成效，也同样需要通过科普，促使“一带一路”国家的官员、技术人员、普通民众了解和掌握其中先进技术及其应用。

我国在农村实用技术普及推广、青少年科技教育、科技馆体系建设、科普信息化建设等方面取得较大成就，具有中国特色，并在国际上有一定影响。“一带一路”的科普人文交流中，可以让“一带一路”国家的人民来很好分享中国科普成果。例如，组织中国各地农技协与“一带一路”国家的农民对口技术交流和生产合作；组织中国流动科技馆到“一带一路”国家巡展；将“科普中国”内容翻译成多国文字进行分享；联合“一带一路”国家开展科学传播论坛，分享经验等。通过科普人文交流的方式，不断增进“一带一路”国家人民的理解和互信，夯实多边和双边人文交流基础，推动实现我国与沿线国家民心相通的战略目标。

视窗9–5　推动“一带一路”建设

“一带一路”是“丝绸之路经济带”和“21世纪海上丝绸之路”的

简称。这两条“丝绸之路”古已有之。自从西汉时期张骞通西域以后，就有以长安（今西安）和洛阳为起点，经甘肃、新疆，到中亚、西亚，并连接地中海各国的陆上通道，中国和中亚及欧洲的商业往来迅速增加。通过这条贯穿亚欧的大道，中国的丝、绸、绫、缎、绢等丝制品，源源不断地运向中亚和欧洲，因此，希腊、罗马人称中国为赛里斯国，称中国人为赛里斯人。所谓“赛里斯”即“丝绸”之意。1877年，德国地质学家李希霍芬（Ferdinand von Richthofen）将这条东西大道誉为“丝绸之路”。从此，丝绸之路这一称谓得到世界的承认，在世界史上有重大的意义，它是亚欧大陆的交通动脉，是中国、印度、希腊世界3种主要文化交流的桥梁。

海上丝绸之路的雏形在汉代已存在，目前已知有关中外海路交流的最早史载来自《汉书·地理志》，当时中国与南海诸国就已有接触，而有遗迹实物出土表明中外海路交流或更早于汉代。海上通道在隋唐时运送的主要大宗货物仍是丝绸，所以后世把这条连接东西方的海道叫作“海上丝绸之路”。到了宋元时期，瓷器出口逐渐成为主要货物，因此又称作“海上陶瓷之路”。同时由于输入商品历来主要是香料，因此也可称作“海上香料之路”。海上丝绸之路是约定俗成的统称，到明朝实行海禁之后，海上丝绸之路开始衰落。这两条丝绸之路一直是古代连接东西方的陆上、海上交通贸易要道，也是中外文化交流的象征。

2013年9月，习近平主席在哈萨克斯坦访问时提出，为使欧亚各国经济联系更加紧密、相互合作更加深入、发展空间更加广阔，我们可以用创新的合作模式，共同建设“丝绸之路经济带”，以点带面，从线到片，逐步形成区域大合作。这是一项造福沿途各国人民的大事业。2013年10月，在出访东盟国家时，习近平主席再次强调，中国愿同东盟国家加强海上合作，发展海洋合作伙伴关系，共同建设21世纪“海上丝绸之路”。2014年两会期间，李克强总理在《政府工作报告》中把“抓紧规划建设丝绸之路经济带、21世纪海上丝绸之路”作为2014年的重点工作。2014年11月4日，习近平同志主持召开中央财经领导小组第八次会议，研究丝绸之路经济带和21世纪海上丝绸之路规划、发起建立亚洲基础设施投资银行和设立丝路基金。

2017年5月14—15日，“一带一路”国际合作高峰论坛在北京圆满成功召开，中国国家主席习近平在开幕时做了题为《携手推进“一带一路”建设》的主席演讲。他指出，古丝绸之路积淀了以和平合作、开放包容、互学互鉴、互利共赢为核心的丝路精神。但从现实维度看，我们正面临和平赤字、发展赤字、治理赤字，是摆在全人类面前的严峻挑战。4年来，“一带一路”建设逐渐从理念转化为行动，从愿景转变为现实，在政策沟通、设施联通、贸易畅通、资金融通、民心相通等“五通”方面建设成果丰硕。他倡导，“一带一路”建设已经迈出坚实步伐，要乘势而上、顺势而为，提出将“一带一路”建成和平之路、繁荣之路、开放之路、创新之路、文明之路的五大宏伟远景。

习近平主席表示，中国将深入贯彻创新、协调、绿色、开放、共享的发展理念，在和平共处五项原则基础上，发展同所有“一带一路”建设参与国的友好合作；在已经同很多国家达成的“一带一路”务实合作协议基础上，将继续同有关国家的铁路部门签署深化中欧班列合作协议；加大对“一带一路”建设资金支持；将积极同“一带一路”建设参与国发展互利共赢的经贸伙伴关系，促进同各相关国家贸易和投资便利化，建设“一带一路”自由贸易网络，从2018年起举办中国国际进口博览会；愿同各国加强创新合作，启动“一带一路”科技创新行动计划，开展科技人文交流、共建联合实验室、科技园区合作、技术转移4项行动；将在未来3年向参与“一带一路”建设的发展中国家和国际组织提供援助；将设立“一带一路”国际合作高峰论坛后续联络机制。

来自100多个国家的各界嘉宾围绕“加强国际合作，共建‘一带一路’，实现共赢发展”的主题，就对接发展战略、推动互联互通、促进人文交流等议题深入交换意见，达成270多项具体成果，同中国签署合作协议的国家和国际组织总数达到68个。

（三）参与国际分工对公民科学素质的要求

科普服务产品是科普生产力发展水平的标志。科普服务产品属于知识类产品，很少涉及政治和意识形态，因此与科技发展一样，可以突破国界在世界范围进行分工和合作。伴随着经济全球化，科普服务、科普产品、科普活动可以超越国界，通过对外贸易、技术转移、资本流动、提供服务、相互联系、相互依存而形成全球范围的有机整体。即把全世界连接成为一个统一的科普大市场，各国在这一大市场中发挥自己的独特优势，从而实现科普资源在世界范围内的优化配置。

科普产品的国际分工与合作是当今世界经济和科技发展的产物，促进了各国科普服务能力的较快发展，但也使科普服务的发展蕴藏着巨大的风险。例如，科普产品的国际分工与合作是在不公平、不合理的国际经济旧秩序没有根本改变的条件下形成和发展起来的，科普发展不平衡会更加突出，少数大国一手操纵、独霸科普产品市场，使平等互利原则和国际合作屡遭破坏。

在新时代，我国科普服务不能孤芳自赏、闭门造车，要面向全球，加强与国际科普组织及其他国家和地区科普机构的联系，大力发展对外交流与合作，提升我国科普服务的国际地位和影响力。要大胆引进国外先进的科普理念、科普设备，借鉴国外开展科普工作的有益经验，积极参加国际科普项目的运作，使我国科普服务再上新台阶。推动我国科普专家在国际科普组织任职，加大向国际科普组织举荐人才力度，增强我国科普界的国际话语权。积极争取在华举办高水平国际科普会议，鼓励参与、承办和发起国际科普计划。积极拓展和建立双边科普交流合作新渠道、新机制。加强与发达国家科普战略交流合作，推动与新兴经济体国家科普产业交流合作。

第二节　公民科学素质成就世界科技强国

习近平总书记在中共十九大报告中指出，要瞄准世界科技前沿，强化基础研究，实现前瞻性基础研究，引领原创成果重大突破。加强应用基础研究，拓展实施国家重大科技项目，突出关键共性技术、前沿引领技术、现代工程技术、颠覆性技术创新，为建设科技强国、质量强国、网络强国、交通强国、数字中国、智慧社会提供有力支撑。创新是引领发展的第一动力，而科技创新和科学普及是创新发展的两翼，建成世界科技强国对新时期的科普供给提出新挑战和新的更高要求。

一、科技创新与科学普及同等重要

习近平总书记在2016年召开的全国科技创新大会、两院院士大会、中国科协第九次代表大会上的重要讲话中强调，科技创新、科学普及是实现创新发展的两翼，要把科学普及放在与科技创新同等重要的位置。没有全民科学素质普遍提高，就难以建立起宏大的高素质创新大军，难以实现科技成果快速转化[①]。

（一）科技创新是国家和民族命运所系

国家力量、国家自信的核心支撑是科技创新能力，创新强则国运昌，创新弱则国运殆。我国近代落后挨打的重要原因是与历次科技革命失之交臂，导致科技弱、国力弱。实现中华民族伟大复兴的中国梦，必须真正用好科技这个最高意义上的革命力量和有力杠杆。

科技创新是世界大势所趋。全球新一轮科技革命、产业变革和军事变革加速演进，科学探索从微观到宇观各尺度上向纵深拓展，以智能、绿色、泛在为特征的群体性技术革命将引发国际产业分工重大调整，颠覆性技术不断涌现，正在重塑世界竞争格局、改变国家力量对比，创新驱动成为许多国家谋求竞争优势的核心战略。我国既面临赶超跨越的难得历史机遇，也面临差距拉大的严峻挑战。唯有勇立世界科技创新潮头，才能赢得发展主动权，为人类文明进步做出更大贡献。

科技创新是发展形势所迫。我国经济发展进入新常态，传统发展动力不断减弱，粗放型增长方式难以为继。必须依靠创新驱动打造发展新引擎，培育新的经济增长点，持续提升我国经济发展的质量和效益，开辟我国发展的新空间，实现经济保持中高速增长和产业迈向中高端水平“双目标”。

当前，我国创新驱动发展已具备发力加速的基础。经过多年努力，科技发展正在进入由量的增长向质的提升的跃升期，科研体系日益完备，人才队伍不断壮大，科学、技术、工程、产业的自主创新能力快速提升。经济转型升级、民生持续改善和国防现代化建设对创新提出了巨大需求。庞大的市场规模、完备的产业体系、多样化的消费需求与互联网时代创新效率的提升相

---

① 习近平. 为建设世界科技强国而奋斗——在全国科技创新大会、两院院士大会、中国科协第九次全国代表大会上的讲话［M］. 北京：人民出版社，2016.

结合，为创新提供广阔空间。中国特色社会主义制度能够有效结合集中力量办大事和市场配置资源的优势，为实现创新驱动发展提供了根本保障。同时也要看到，我国许多产业仍处于全球价值链的中低端，一些关键核心技术受制于人，发达国家在科学前沿和高技术领域仍然占据明显领先优势，我国支撑产业升级、引领未来发展的科技储备亟待加强。适应创新驱动的体制机制亟待建立健全，企业创新动力不足，创新体系整体效能不高，经济发展尚未真正转到依靠创新的轨道。科技人才队伍大而不强，领军人才和高技能人才缺乏，创新型企业家群体亟须发展壮大。激励创新的市场环境和社会氛围仍需进一步培育和优化，创新关键在于价值创新。

（二）科技创新是世界科技强国的根本标志

科技强国是现代化强国的主要标志。科技创新既是“硬实力”，又是“软实力”；既是支撑当前市场竞争的“近实力”，又是增强国家长远发展能力的“远实力”。科技是国之利器，国家赖之以强，企业赖之以赢，人民生活赖之以好。一个国家是否强大很大程度上要看科技是否强大，国家之间的竞争归根结底是科技实力的竞争。

近代来，世界各国现代化进程充分演绎从科技强到经济强、国家强的基本路径。每一次科技革命都改写世界经济版图和政治格局，一些欧美国家抓住机遇，一跃成为世界强国。世界经济中心几度转移，其中一条清晰脉络就是科技一直是支撑经济中心地位的强大力量。领先科技出现在哪里，尖端人才流向哪里，发展的制高点和经济的竞争力就转向哪里。

在我国经济发展进入新常态的今天，必须把创新摆在国家发展全局的核心位置，把发展基点放在创新上。要在“五位一体”总体布局、“四个全面”战略布局中思考和谋划创新，使科技创新成为提高社会生产力和综合国力的战略支撑，成为经济社会发展和维护国家安全最重要的战略资源，成为政策制定和制度安排的主要考量因素，成为区域、行业、企业发展评价的关键衡量标准，成为参与全球范围竞争合作的关键内容。随着我国发展水平不断提升，跟踪仿制的路越走越窄，利用后发优势的空间日益缩小，必须依靠自主创新打造先发优势。只有把核心技术掌握在自己手中，才能真正掌握竞争和发展的主动权，从根本上保障经济社会持续发展和国家安全①。

---

① 李萌. 建设世界科技强国［N］. 人民日报，2016-08-10.

视窗9–6　世界科学中心的转移

16世纪的意大利是第一个世界科学中心。意大利是欧洲文艺复兴运动的发源地，文艺复兴运动掀起欧洲思想解放的高潮，终结长达近千年的中世纪黑暗时代。这一时期的意大利，不仅产生像但丁（Dante Alighieri）、达·芬奇这样的伟大诗人和艺术家，还出现一批以哥白尼（Nicolaj Kopernik）、伽利略（Galileo Galilei）为代表的著名科学家，诞生《天体运行论》《星空信使》和天文望远镜等一大批科学名著和科学发明。这些科技成果极大地改变了人们对世界的看法，开创了崭新的实验科学新时代，近代科学第一个中心在意大利形成。但随着1600年布鲁诺（Giordano Bruno）被教会送上火刑柱，1642年伽利略去世，意大利科学中心开始向北欧转移。

17世纪的英国是第二个世界科学中心。17世纪初，在弗兰西斯·培根（Francis Bacon）科学思想的影响下，英国政府和社会普遍重视知识的价值，提倡科学实验，成立皇家学会，研究自然科学。学会周围云集了牛顿（Isaac Newton）、虎克（Robert Hooke）、波义耳（Robert Boyle）、哈雷（Edmond Halley）等一大批科学家，先后诞生牛顿力学、电磁场理论、进化论等一批科学理论。特别是1687年牛顿《自然哲学之数学原理》的出版，宣告牛顿力学的诞生，这是近代科学发展中第一件震撼世界的事件，也成为英国科学革命理论的顶峰。科学上的成就成为技术革命的先导，瓦特在前人的基础上发明、完善了高效蒸汽机，蒸汽机技术和纺织机械技术的完美结合，引起英国第一次工业革命，从而改变了整个生产和社会生活的面貌。1727年随着牛顿的去世，英国科学技术开始急剧衰落。

18世纪的法国是第三个世界科学中心。18世纪初，法国经历一场空前的大革命，以狄德罗（Denis Derot）为代表的一批启蒙运动哲学家形成法国百科全书派。他们竭力提倡科学和民主，进行一次以反封建为主要内容的思想解放运动。同时，在牛顿科学理论的影响下，出现以拉格朗日（Joseph–Louis Lagrange）、拉普拉斯（Pierre–Simon Laplace）、拉瓦锡（Antoine–Laurent Lavoisier）等为代表的一大批卓越的科学家，取得《分析力学》《概率论的解析理论》和《化学纲要》等一批重要科学著作，使法国成为世界科学中心，到19世纪初进入高峰。但法国过分学院式的科研方式以及不重视科学成果的转化和应用，日益动摇法国世界科学中心的地位。

19世纪的德国成为第四个世界科学中心。德国科学的兴起始于19世纪初，首先进行大学改革，把教学与科学研究紧密结合起来，使德国成为世界上第一个创立导师制的国家。德国全新的科研教育体制，吸引许多世界最优秀的科学人才，成为科学研究的乐园，德国科学家不仅创立了细胞学说、相对论、量子力学等重大科学理论和学说，还为世界贡献爱因斯坦（Albert Einstein）、玻尔（Niels Bohr）、欧姆（Georg Simon Ohm）、高斯（Johann Carl Friedrich Gauss）、李比希（Justus von Liebig）、霍夫曼（August Wilhelm Hofman）等一大批顶尖科学家。德国还特别注重科技成果的应用，使德国在19世纪70年代一跃成为世界工业强国。德国先进的电气工业和光学工业，为德国科学家提供世界最先进的科学仪器，使德国科学家在电磁学领域做出一连串惊人的发现。但两次世界大战使德国经济受到重创，人才和资金大量流失，德国科学从此走向衰落。

20世纪的美国是第五个世界科学中心。美国科学的兴起一开始就站在巨人的肩膀上，不但继承英国科学的传统和德国科学的体制，而且特别重视科学人才的引进。在优越的科研环境下，造就发明家贝尔（Alexander Graham Bell）、爱迪生（Thomas Alva Edison），第二次世界大战后又吸引爱因斯坦、费米（Enrico Fermi）、弗兰克（James Frank）、威格纳（Eugene Paul Wigner）、西拉德（Leo Szilard）等一大批世界顶尖科学家，为美国科技发展做出宝贵的贡献。世界各国优秀科学家的云集，使美国在整个20世纪引领世界科技发展的潮流，包括原子能、计算机、空间技术、微电子技术、生物技术、互联网技术等，使近70%的诺贝尔奖被美国科学家领走，至今仍保持着世界科学界领袖的地位。

世界的科学中心，一方面是国家政治、经济的巨变、崛起的结果，另外则是在这个国家出现了世界级科学家群体，引领世界科学的发展方向，具有当时最有影响力的科学话语权。21世纪的中国能否成为第六个世界科学中心？在21世纪的今天，世界科学中心话语权还执掌在欧美国家之中。由于现代科技发展存在越来越大的惯性，目前还没有明显的迹象表明世界科学中心将转移出美国。但随着新兴国家和地区经济、科技迅速发展的势头，世界科学中心可能呈现多中心的局面。因此，对中国来说，既是挑战又是机遇，我们应按照世界科学中心转移的规律，高瞻远瞩，审时度势，制定积极的应对政策，站在全球科学巨人的肩膀上，凭借中华民族的勤劳和智慧，培养高度的中国文化自觉和文化自信，期待在21世纪或者更长远的未来成为下一个世界科学中心。

一个国家要成为世界科学中心，首先是人们的思想得到前所未有的解放，有很高的公民科学素质，科学发展具备浓厚的思想文化基础；其次是要有促使本国人才迅速成长的教育制度和吸引他国人才最优的科研环境；再次是要注重科技成果的转化和应用，实现高新技术产业化，积累雄厚的物质基础，推动经济、社会和文化全面发展；最后是要制定独创的科学发展战略和鼓励原始创新的科技政策，大力倡导自由探索的学术氛围①。新时代的科普，必须紧紧围绕建成世界科技强国的目标导向，大力提升科普服务供给和在全球的引领能力，努力成为世界科普强国和公民科学素质强国。

视窗9–7　世界科技强国的开启方式

2016年5月30日，习近平在全国科技三会上指出："实现'两个一百年'奋斗目标，实现中华民族伟大复兴的中国梦，必须坚持走中国特色自主创新道路，面向世界科技前沿、面向经济主战场、面向国家重大需求，加快各领域科技创新，掌握全球科技竞争先机。"科技创新既要"顶天"，面向世界科技前沿，致力于未来发展；又要"立地"，面向国家战略需求，赢得战略主动；同时还要"惠民"，面向经济发展主战场，为人民创造更多财富。坚持"三个面向"，加快各领域科技创新，

① 探索猫. 世界科学中心的转移与顶级科学家的诞生［EB/OL］.［2017-03-23］. http://mini.eastday.com/a/170323150945462.html.

世界科技强国的建设才能行走在正确而宽广的道路上。

1. 面向世界科技前沿。“虽有智慧，不如乘势。”加快科技创新，建设世界科技强国，必须审时度势，面向世界科技前沿，开展前瞻性的研究，加强对有望成为今后主流科技的研究和开发。习近平指出：“我国科技界要坚定创新自信，坚定敢为天下先的志向，在独创独有上下功夫，勇于挑战最前沿的科学问题，提出更多原创理论，作出更多原创发现，力争在重要科技领域实现跨越发展，跟上甚至引领世界科技发展新方向，掌握新一轮全球科技竞争的战略主动。”

“不谋万世者，不足谋一时；不谋全局者，不足谋一域。”科学技术是世界性、时代性的，发展科学技术必须具有全球视野、把握时代脉搏。历史经验表明，科技革命总是能够深刻改变世界发展格局。一些国家抓住科技革命的难得机遇，实现了经济实力、科技实力、国防实力迅速增强，综合国力快速提升。近代以后，由于国内外各种原因，我国屡次与科技革命失之交臂。当今世界，新一轮科技革命蓄势待发，物质结构、宇宙演化、生命起源、意识本质等一些重大科学问题的原创性突破正在开辟新前沿、新方向，一些重大颠覆性技术创新正在创造新产业、新业态，信息技术、生物技术、制造技术、新材料技术、新能源技术广泛渗透到几乎所有领域，带动了以绿色、智能、泛在为特征的群体性重大技术变革，大数据、云计算、移动互联网等新一代信息技术同机器人和智能制造技术相互融合步伐加快，科技创新链条更加灵巧，技术更新和成果转化更加快捷，产业更新换代不断加快，使社会生产和消费从工业化向自动化、智能化转变，社会生产力将再次大提高，劳动生产率将再次大飞跃。习近平指出：“如果我们不识变、不应变、不求变，就可能陷入战略被动，错失发展机遇，甚至错过整整一个时代。”习近平强调：“抓住新一轮科技革命和产业变革的重大机遇，就是要在新赛场建设之初就加入其中，甚至主导一些赛场建设，从而使我们成为新的竞赛规则的重要制定者、新的竞赛场地的重要主导者。”

科技革命的发生不是偶然的，科技创新的不断出现与发展是科技革命发生的必然前提。科技创新的重大突破和加快应用极有可能重塑全球经济结构，使产业和经济竞争的赛场发生转换。习近平指出：“面对科技创新发展新趋势，世界主要国家都在寻找科技创新的突破口，抢占未来经济科技发展的先机。我们不能在这场科技创新的大赛场上落伍，必须迎头赶上、奋起直追、力争超越。”习近平强调：“我国广大科技工作者要敢于担当、勇于超越、找准方向、扭住不放，牢固树立敢为天下先的志向和信心，敢于走别人没有走过的路，在攻坚克难中追求卓越，勇于创造引领世界潮流的科技成果。”

2. 面向经济主战场。“穷理以致其知，反躬以践其实。”科技要发展，必须要使用。科技水平已经成为影响世界经济周期最主要的变量之一，也是决定经济总量提升的最主要因素。每一次科技革命都会扩大经济总量，为经济发展带来一个黄金发展期。因此，要面向经济主战场，推动科技和经济社会发展的深度融合，打通从科技强到产业强、经济强、国家强的通道。习近平指出：“科学研究既要追求知识和真理，也要服务于经济社会发展和广大人民群众。广大科技工作者要把论文写在祖国的大地上，把科技成果应用在实现现代化的伟大事业中。”

面向经济主战场，加快科技创新，是保持我国经济持续健康发展的必然选择。经过改革开放30多年努力，我国经济总量已经居世界第二。但是，我国经济发展不少领域大而不强、大而不优。新形势下，长期以来主要依靠资源、资本、劳动力等要素投入支撑经济增长和规模扩张的方式已不可持续，我国发展正面临着动力转换、方式转变、结构调整的繁重任务。现在，我国低成本资源和要素投入形成的驱动力明显减弱，需要依靠更多更好的科技创新为经济发展注入新动力；社会发展面临人口老龄化、消除贫困、保障人民健康等多方面挑战，需要依靠更多更好的科技创新实现经济社会协调发展；生态文明发展面临日益严峻的环境污染，需要依靠更多更好的科技创新建设天蓝、地绿、水清的美丽中国；能源安全、粮食安全、网络安全、生态安全、生物安全、国防安全等风险压力不断增加，需要依靠更多更好的科技创新保障国家安全。在中共十八届五中全会第二次全体会议上，习近平指出：“创新发展注重的是解决发展动力问题。我国创新能力不强，科技发展水平总体不高，科技对经济社会发展的支撑能力不足，科技对经济增长的贡献率远低于发达国家水平，这是我国这个经济大个头的'阿喀琉斯之踵'。新一轮科技革命带来的是更加激烈的科技竞争，如果科技创新搞不上去，发展动力就不可能实现转换，我们在全球经济竞争中就会处于下风。"习近平强调："促进科技和经济结合是改革创新的着力点，也是我们与发达国家差距较大的地方。要围绕产业链部署创新链，聚集产业发展需求，集成各类创新资源，着力突破共性关键技术，加快科技成果转化和产业化，培育产学研结合、上中下游衔接、大中小企业协同的良好创新格局。"

服务经济社会发展主战场，必须加快推进科研成果转化。现在，科研成果转化周期越来越短，一项科研成果如果在转化周期内没有转化为生产力，其经济潜能就会很快衰减。科学研究不能仅满足于提出新想法、写出技术报告、发表科研论文、形成专利，更要密切结合到关键技术的研发过程中去，以科研成果快速转化为生产力为使命。习近平指出："科技创新绝不仅仅是实验室里的研究，而是必须将科技创新成果转化为推动经济社会发展的现实动力。"习近平强调："科技成果只有同国家需要、人民要求、市场需求相结合，完成科学研究、实验开发、推广应用的三级跳，才能真正实现创新价值、实现创新驱动发展。"多年来，我国一直存在着科技成果向现实生产力转化不力、不顺、不畅的痼疾。这个问题解决不好，科研和经济始终是"两张皮"，科技创新效率就很难有一个大的提高。习近平强调："要深入研究和解决经济和产业发展亟须的科技问题，围绕促进转方式调结构、建设现代产业体系、培育战略性新兴产业、发展现代服务业等方面需求，推动科技成果转移转化，推动产业和产品向价值链中高端跃升。"

3. 面向国家重大需求。当前，国家对战略科技支撑的需求比以往任何时期都更加迫切。科技创新必须把国家重大战略需求放在首位，为国家发展和民族复兴做出卓越贡献。习近平指出："党中央已经确定了我国科技面向2030年的长远战略，决定实施一批重大科技项目和工程，要加快推进，围绕国家重大战略需求，着力攻破关键核心技术，抢占事关长远和全局的科技战略制高点。”

围绕国家战略需求，实施重大科技项目。习近平指出：“落实创新驱动发展战略，必须把重要领域的科技创新摆在更加突出的地位，实施一批关系国家全局和长远的重大科技项目。这既有利于我国在战略必争领域打破重大关键核心技术受制于人的局面，更有利于开辟新的产业发展方向和重点领域、培育新的经济增长点。”从20世纪上半叶开始，特别是第一次世界大战和第二次世界大战期间，重大科技工程逐渐成为科学的热点。“曼哈顿计划”“阿波罗登月计划”“人类基因组计划”等这些带有“大科学”时代标志的工程，让人们记忆深刻。就我国而言，“两弹一星”、载人航天、蛟龙号等一批耳熟能详、展示中国科研实力的工程已拔地而起。当前，在满足我国固有的重大需求的同时，新一轮科技和产业革命已经催生互联网+、分享经济、智能制造等新产业、新业态，同时也正在创造巨大新需求。日前发布的《国家创新驱动发展战略纲要》指出：“坚持国家战略需求和科学探索目标相结合，加强对关系全局的科学问题研究部署，增强原始创新能力，提升我国科学发现、技术发明和产品产业创新的整体水平，支撑产业变革和保障国家安全。”习近平指出：“2014年8月，我们确定要抓紧实施已有的16个国家科技重大专项，进一步聚焦目标、突出重点，攻克高端通用芯片、集成电路装备、宽带移动通信、高档数控机床、核电站、新药创制等关键核心技术，加快形成若干战略性技术和战略性产品，培育新兴产业。在此基础上，以2030年为时间节点，再选择一批体现国家战略意图的重大科技项目，力争有所突破。从更长远的战略需求出发，我们要坚持有所为有所不为，在航空发动机、量子通信、智能制造和机器人、深空深海探测、重点新材料、脑科学、健康保障等领域再部署一批体现国家战略意图的重大科技项目。已经部署的项目和新部署的项目要形成梯次接续的系统布局，发挥市场经济条件下新型举国体制优势，集中力量、协同攻关，为攀登战略制高点、提高我国综合竞争力、保障国家安全提供支撑。”

突破核心技术，抢占科技制高点。世界正处在科技创新突破和科技革命的前夜，一些重要的科学问题和关键核心技术发生革命性突破的先兆已日益显现，同建设世界科技强国的目标相比，我国发展还面临重大科技瓶颈，关键领域核心技术受制于人的格局没有从根本上改变，科技基础仍然薄弱，科技创新能力特别是原创能力还有很大差距。习近平强调："只有把核心技术掌握在自己手中，才能真正掌握竞争和发展的主动权，才能从根本上保障国家经济安全、国防安全和其他安全。不能总是用别人的昨天来装扮自己的明天。不能总是指望依赖他人的科技成果来提高自己的科技水平，更不能做其他国家的技术附庸，永远跟在别人的后面亦步亦趋。"习近平说："什么是核心技术？我看，可以从3个方面把握。一是基础技术、通用技术。二是非对称技术、'撒手锏'技术。三是前沿技术、颠覆性技术。在这些领域，我们同国外处在同一条起跑线上，如果能够超前部署、集中攻关，很有可能实现从跟跑并跑到并跑领跑的转变。"①

（三）科技创新根基在国民科学素质

没有全民科学素质普遍提高，就难以建立起宏大的高素质创新大军，难以实现科技成果快速转化。建设世界科技强国，必须把科技创新摆在更加重要的位置。推动科技创新涉及诸多方面，是否具备高的全民科学素质是重要基础。世界科技强国都是科普强国、全民科学素质强国，只有大力加强科学普及，跨越提升全民科学素质，培育创新文化，才能大众创业、万众创新，才能真正支撑科技创新，最终实现建成世界科技强国的目标。

科普是提升公民科学素质的基本途径，是激发全社会的创新、创造、创业活力，夯实全面建设创新型国家社会基础的必然选择、强国之举。建设创新型国家和文化强国，必须要有大批具有较高科学素养公民的有力支撑。据2015年7月发布的《国家创新指数报告2014》显示，我国的国家创新指数排名第19位，处于第2梯队，指标得分68.4。2015年我国公民科学素质比例达到6.20%，但是2005年美国公众的科学素养比例就高达27.3%，瑞典更是高达35.1%，我国公民科学素质与发达国家之间的差距，严重掣肘我国

① 习近平指出科技创新的三大方向 建设世界科技强国［EB/OL］．［2016-06-02］．http：//politics.people.com.cn/n1/2016/0602/c1001-28406379.

自主创新发展。

科普水平决定着公民科学素质水平，而公民科学素质决定着国家的创新能力。科学素质的高低，对人们利用知识、进行科学思维和提高技术能力，对社会生产力的发展，有着深刻的影响。我国正处在加快转变经济发展方式的攻坚时期和建设创新型国家的关键阶段，提高公民科学素质从来没有像今天这样重要，面临的任务从来没有像今天这样紧迫。据中国科普研究所的研究，西方进入创新型国家行列的30多个发达国家公民具备科学素质比例都在10%以上。由此，2015年中共中央办公厅、国务院办公厅印发的《深化科技体制改革实施方案》已明确提出，要深入实施全民科学素质行动计划纲要，加强科普，推进科普信息化建设，实现到2020年我国公民具备基本科学素质的比例达到10%。2016年2月，国务院办公厅印发《全民科学素质行动计划纲要实施方案（2016—2020年）》，明确我国到2020年建成现代公民科学素质服务体系，实现公民具备科学素质的比例超过10%，达到创新型国家的水平。

二、厚植创新人才辈出的社会文化土壤

创新人才深深植根于综合素质高、科学素质好的国民群体之中，植根于激励有章、赏罚得法的良好体制机制环境之中，如果没有热爱科学、关注科技、具有较高科学素质水平的宏大公众群体，就不可能形成创新型人才辈出的大好局面。

（一）科技创新根植于社会创新文化“土壤”

创新文化是指与创新活动相关的文化形态，是社会共有的关于创新的价值观念和制度设计。它反映社会对创新的态度，这种态度体现为一种价值取向，映现社会是否对新思想、新变革容许、欢迎乃至积极鼓励。激发创造力是创新文化建设的目的。就科技创新而言，创新文化是影响创造性科研活动最深刻的因素，是科学家创造力最持久的内在源泉。鼓励创新的价值观念是创新文化的核心，而相应的制度设计是创新得以广泛开展和持续进行的保证。因此，从广义上说，创新文化体现在鼓励创新的价值观念和相应的制度设计这两个层面①。

① 李惠国.创新文化是科技创新的重要元素［N］.人民日报，2016-09-25.

作为价值观念形态的创新文化，包括有利于科技创新的思想、态度、信念等。其中，最重要的是科学精神和企业家精神以及由此形成的道德准则、行为规范，如科学共同体内部的科学道德准则和行为规范、科技成果应用于社会所应遵循的科技伦理、科学家的社会责任等。科学精神是在科学漫长的发展历史中逐步积累形成的优良传统、认知方式、态度作风、行为规范和价值取向等，表现为求真务实、诚实公正、怀疑批判、协作开放等精神。技术创新的主要驱动力量是企业和企业家，技术创新呼唤企业家精神。企业家精神的核心价值表现为崇尚竞争、勇于变革、敢冒风险、追求卓越、奉献社会等。在全社会培育创新文化，就要大力弘扬科学精神和企业家精神，在全社会倡导崇尚理性、尊重知识、勇于竞争、鼓励创新、宽容失败。

作为制度形态的创新文化，是指科技创新活动顺利开展应具有的体制机制、管理制度、法律法规等。制度形态的创新文化既包括科学共同体内部的评价、荣誉、竞争、成果共享等各项制度和规则，也包括国家的科技政策、规划等。制度构建了科技创新活动最重要的科研环境和保障机制，调节着创新资源的配置，引导着创新主体的价值取向，规定着相应的评估标准和激励方式。制度形态的创新文化通过持续不断的作用，逐步塑造科技工作者的行为模式，并影响着全社会对科技创新活动的态度和看法。

当今时代是科技创新主导发展的时代，科技创新方式从原来注重单项突破的线性模式，转向更为注重多学科交叉融合的非线性模式；创新组织从以往相对独立的组织形态，转向多机构协同的创新体系；创新活动与人文伦理价值观的联系日益密切。与此相适应，创新文化也表现出许多新的特征：在创新思维模式上，具有更大的发散性和更强的兼容性；在创新组织模式上，具有更大的开放性和激励性；在科技创新管理上，重视创新主体的多元化和互动性；在社会文化氛围上，体现出科学精神与人文精神的深度融合。

当前，我国还存在一些不利于甚至阻碍科技创新的文化因素。传统文化中的某些消极因素、计划经济时代遗留下来的一些不合时宜的思维定式、教育中的一些不足等，都阻碍着我国科技工作者创新意识的培育和创造力的发挥。因此，在全社会培育创新意识、倡导创新精神、完善创新机制，形成宽松、自由、和谐、对创新友好的社会文化氛围，是建设世界科技强国中一项十分紧迫的任务。科技不仅是人类改变自然环境和社会环境的手段，也是完善人类自身的手段。培育创新文化的过程，其实也是社会公众普遍了解科学、提高科学素质的过程。时代要求我们必须把创新文化的价值追求融入我们民族的基本价值追求之中。只有让创新文化深入人心，才能加速科技进步，增强国家创新能力，建成世界科技强国[①]。

视窗9–8　推进大众创业、万众创新

中共十八届三中全会开启中国改革开放的新征程，37年的改革开放不仅推动中国社会生产力的快速发展，使中国成为经济总量居世界第二的经济大国，同时也带来中国社会结构、交往方式和精神世界的深刻变化。当前中国经济进入新常态，中国经济增长的新动能究竟应该在哪里寻找？党的十八届五中全会提出，创新是引领发展的第一动力。李克强总理在2015年的《政府工作报告》中首次将“大众创业、万众创新”（以下简称“双创”）上升到国家经济发展新引擎的战略高度。

“双创”体现人作为生产力系统中最活跃要素的巨大能动作用和深化改革对发展的巨大促进作用，是在当代以互联网、大数据发展为代表的科技大发展条件下，以及在制度变革和政策创新作用下，中国社会生产力的又一次解放。“双创”以其草根性成为普通大众收获新一轮改革开放红利的最直接与现实的实现方式，依托于“互联网+”的创业和创新无处不在，普通大众都可以参与其中，并找到获得成功的机会，让更多的人富裕起来，让更多的人实现人生价值。“双创”顺应了当代社会生产力和生产方式新变革，是对传统经济条件下创业创新的超越，带来创新组织模式的重大变化，使创新呈现出明显的个人化、小规模、分散式、渐进性特征，众创、众包、众扶、众筹等集众人之智、汇众人之财、齐众人之力的创意、创业、创造与投资的空间如雨后春笋般应运而生，使得那些有梦想、有意愿、有能力的人，都找到“用其智、得其利、创其富”的机会和空间。

“双创”反映了当代信息化高度发展条件下技术范式的深刻变化，与工业革命不同，知识经济、大数据的基本特征是知识与数据的排他性约束相对少，与传统工业扩大规模带来边际成本递增不同，同一（同类）数据可以被多个主体同时使用，乃至越用越丰富，其边际成本

① 李惠国. 创新文化是科技创新的重要元素［N］. 人民日报， 2016-09-25.

还会出现不断降低趋势，这对国家治理模式、企业决策、组织和业务流程、个人生活方式产生巨大的影响，催生无数的商业机会和盈利空间，它把人重新组织进新的财富创造体系之中，连接全国乃至全球大市场①。

“双创”是实现创新发展战略的重要举措，是推进新一轮科技革命和产业变革的有效途径，也是我国当前稳增长、促改革、调结构、惠民生、打造经济发展新动能的重要引擎。“互联网+双创+中国制造2025”等将在中国催生一场“新产业革命”，使我国自身的比较优势和潜力得到充分发挥，给经济社会生活带来诸多变化，成为发展的新引擎。除带动就业，“双创”还促进社会发展环境的积极变化，使一批人才脱颖而出。当前，一方面依然要完善政策措施，改善创业创新环境；另一方面也要鼓励和帮助创业者奋发，激励创新者攀登。②

（二）公民科学素质是创新文化发育的基质

公民科学素质是科技创新的“土壤”，是国家竞争优势的基础。科技创新的战略基点在于全民科学素质的持续提升，形成创新人才不断涌现的源头活水。

一个国家的科技创新核心竞争力和强大后劲，都取决于包括科学素质在内的国民素质不断提升。实施创新驱动发展战略，把经济增长方式转移到依靠科技进步和提高劳动者素质上来，需要有数以亿计的高素质劳动者、数以千万计的能工巧匠，具备基本科学素质的广大民众是基础和支撑。没有公民科学素质的普遍提高，就难以建立起庞大的高素质劳动大军，难以将科技成果快速转化为现实的经济实力③。

实施创新驱动发展战略，落实新发展理念、实现经济发展方式转变，需要加快打造一支规模宏大、具有较高科学素质的劳动者大军。发展动力转换和经济转型升级，必须加快提升广大劳动者科学素质，推进以科技创新为核

① 徐晓强，徐占忱. 关于大众创业万众创新的理论思考［N］. 人民日报，2015-11-13.

② “双创”带来诸多变化成为发展新引擎［N］. 经济日报，2017-09-18.

③ 刘延东. 扎实推进全民科学素质行动 为建设世界科技强国奠定坚实的社会基础［EB/OL］.［2016-07-27］. http：//www.sohu.com/a/107913128_464105.

心的全面创新，推动大众创业、万众创新，引领经济发展新常态。

（三）厚植崇尚科技创新的社会文化土壤

创新驱动实质上是人才驱动。谁拥有一流的创新人才，谁就拥有了科技创新的优势和主导权。当代社会，人才资源成为经济社会发展的第一资源，人力资本成为最重要的资本，人才竞争成为综合国力竞争的核心。我国是世界公认的人力资源大国，我国科技人力资源超过8000万人，全时研发人员总量380万人每年，居世界首位，工程师数量占全世界的1/4，每年培养的工程师相当于美国、欧洲、日本和印度的总和。这是我国举世难得的战略资源。必须充分激发各类人才的创造性，形成知识创造价值、价值创造者得到合理回报的良性循环。要强化“人才驱动”的战略思维，把人才资源开发放在科技创新的优先位置，让各类人才的创新智慧竞相迸发。建立、健全符合人才成长规律的制度安排，培育科技领军人才。发挥好国家重大科研项目和基地在发现和培养人才上的平台作用，鼓励各类人才同台竞技、公平竞争，努力造就一批能够把握世界科技大势、善于统筹协调的领军人才。要去除科研管理中的“繁文缛节”，为科研人员松绑助力。要完善人才激励评价机制，让科研人员“名利双收”。要加大科技宣传的力度，推出更多优秀科技人员的典型，加强对重要政策措施的解读，营造包容宽容、有利于创新的良好舆论氛围。要把科学普及放在与科技创新同等重要的位置，创新科普方式，提高科普能力，让科技创新和科学普及两翼振翅齐飞[①]。

创新驱动需要营造崇尚创新的文化环境。大力宣传广大科技工作者爱国奉献、勇攀高峰的感人事迹和崇高精神，在全社会形成鼓励创造、追求卓越的创新文化，推动创新成为民族精神的重要内涵。倡导百家争鸣、尊重科学家个性的学术文化，增强敢为人先、勇于冒尖、大胆质疑的创新自信。重视科研试错探索价值，建立鼓励创新、宽容失败的容错纠错机制。营造宽松的科研氛围，保障科技人员的学术自由。加强科研诚信建设，引导广大科技工作者恪守学术道德，坚守社会责任。加强科学教育，丰富科学教育教学内容和形式，激发青少年的科技兴趣。加强科普，提高全民科学素质，在全社会塑造科学理性精神[②]。

---

① 刘延东. 实施创新驱动发展战略 为建设世界科技强国而努力奋斗［J］. 求是，2017（2）：3—9.

② 国家创新驱动发展战略纲要［M］. 第一版. 北京：人民出版社，2016.

三、适应新科技与产业革命的新要求

科技是世界性的、时代性的，发展科技必须具有全球视野、把握时代脉搏。当前全球新一轮科技革命和产业变革正在孕育兴起，世界主要国家竞相寻找科技创新的突破口。面对科技竞争发展新趋势，要牢牢把握科技进步大方向，瞄准世界科技前沿领域和顶尖水平，力争在基础科技领域有大的创新，在关键核心技术领域取得大的突破。这给公民科学素质提高提出新的要求。

（一）新科技和产业革命发展趋势

当今世界正处于新科技革命的前夜，新科技革命和产业革命初现端倪。一些重要科技领域显现发生革命性突破的先兆。物质科学、能源资源科技、信息科技、材料科技、生命科学与生物科技、生态环保科技、海洋与空天科技等领域，都酝酿着激动人心的重大突破。自世纪之交至今，世界已经进入创新时代，当今的科技革命不再是传统意义上的以某项重大科技突破为标志和某个领域的突起为代表，而是众多学科、领域全面持续系统创新为特征。科技多领域、多学科、全方位的创新风起云涌，百舸争流；重大发现和发明、重大科技成果如雨后春笋竞相涌现；各类创新浪潮此起彼伏，后浪推前浪，汹涌澎湃；新技术、新产品加速更新换代。这将深化对人类自身和宇宙自然的认识，提升人们的科学理性，开辟生产力发展的新空间，创造新的社会需求，深刻影响人类的生产方式、生活方式、思维方式，从根本上改变21世纪人类社会发展面貌，催生以知识文明为特征的新型人类文明①。

实施创新驱动发展战略，推动科技创新、产业创新、企业创新、市场创新、产品创新、业态创新、管理创新等成为基本趋势，形成以创新为主要引领和支撑的经济体系和发展模式。这需要着眼全球产业发展和变革大势，瞄准世界产业发展制高点，加强行业共性基础技术研究，努力突破制约产业优化升级的关键核心技术，为我国加快转变经济发展方式和调整产业结构提供有力支撑。以培育具有核心竞争力的主导产业为主攻方向，发展科技含量

① 白春礼. 新科技革命的拂晓［EB/OL］.［2011-09-21］. http：//www.ce.cn/xwzx/gns2/gdxw/201109/21/t20110921_22710594.shtml.

高、市场竞争力强、带动作用大、经济效益好的战略性新兴产业，把科技创新真正落实到产业发展上。坚持科技面向经济社会发展的导向，围绕产业链部署创新链，围绕创新链完善资金链，消除科技创新中的“孤岛现象”，破除制约科技成果转移扩散的障碍，提升国家创新体系整体效能，打通从科技强到产业强、经济强、国家强的通道①。

（二）产业革命对劳动大军的新要求

要着力清除各种有形无形栅栏，打破各种院内院外围墙，克服科技成果向现实生产力转化不力、不顺、不畅的顽疾，推动科技与经济深度融合。要引导科研人员面向国民经济主战场，把科技创新成果转化为实实在在的产业活动，转化为经济社会发展第一推动力，而不是仅仅落在经费上、填在表格里、发表在杂志上。此外，要充分发挥科技创新在全面创新中的引领作用，推动科研院所、高校、企业深度合作，组建产业技术创新联盟，统筹全创新链协同攻关，促进技术、人才、资金等创新要素合理流动，提高整体支撑和持续引领产业发展的能力，大幅提升科技进步对经济社会发展的贡献率，为供给侧结构性改革和适应引领经济发展新常态注入强大动力。

当前，我国正迈向创新型国家行列，更加需要全民科学素质的提高作为前提和基础。这是因为，一方面，全民整体科学素质的提高能够为创新型国家建设提供强大的舆论环境，进而为科技创新活动提供良好的氛围和动力；另一方面，创新型国家建设需要打通创新链和产业链，科技成果的转化和应用需要大量高素质的科技人才，这都需要以全民科学素养的提高为前提和基础。

视窗9-9　通向未来世界的技术走向

30年后的事，现在可能还一无所知，因为尚处于开始的开始。未来20年的技术走向，把它叫作必然，是一定会发生的。

第一个趋势：形成。即所有的东西都在不断升级，都变成另外的东西，所有的东西都是一种流动的状态，都在不断地改变。下雨时每一

① 白春礼. 按“三个牢牢把握”塑造引领型发展——学习《习近平关于科技创新论述摘编》[N]. 人民日报，2016-03-03.

滴水会如何进入到山谷，这个路线是肯定无从了解的，但你一定知道方向——因为有重力，所以必然向下。在未来，所有的东西都变成另外的东西，都在流动和改变，这样一种流动是时常在发生的。比如，有形的产品变成无形的订购服务，过去在商场才能买到商品，现在可以在网上购买相应的服务，服务的一部分包含你需要的商品；从硬件到软件，现在所有的东西都是软件，这也是流动的趋势；现在名词变成动词，有形的东西变成无形的；还有产品向服务的转型，之前卖成品，是有形的，现在采取订购，订购服务，是无形的。

我们处在一个液态的世界，所有的东西都在不断地流动，不断升级，变得越来越好。这些对我们有什么影响呢？终身学习，不断学习。当你一直处于学习状态时，你永远都是一个新人。所有的东西都是不确定的，你永远都是无知的，不管你多大年纪，处在人生哪个阶段，总会有新的东西出现，所以要永远处于学习的状态。而且所有的东西都是在形成的过程中，之前看到的是产品，现在看到的是过程。比如，以前拿到的是已出版的百科全书，现在的维基百科就不是一本百科全书，它是一个创造百科全书的过程，一直在被改变，一直处在创造的过程中。

第二个趋势：知化。即与人工智能的合作表现决定你的薪酬。未来技术变革的影响是永久性的，技术将和人工智能相关，技术要做的事情是让所有的东西更加智能，这个智化的过程就是技术带来的改变。

未来技术跟人工智能相关，会给社会带来根本性变革，可能就像之前的印刷术一样，很多东西已经变得很聪明了。比如看X光方面的专家会被人工智能所取代；法律方面的人工智能（AI）可以比人类律师助理更高效地阅读文件；还有飞机驾驶员，一趟飞机的航程是12小时，人类飞行员只要工作7—8分钟，剩下的时间都是AI驾驶飞机；比如Google的无人驾驶汽车，不会考虑杂七杂八的事情，只是专注去开车。

让AI做事情，不是让它们比人做得更聪明，而是做的各种各样，让它们有多种思维方式。谷歌训练人工智能玩电子游戏，10年前就开始了，谷歌从来没想过去教AI怎么玩，而是教AI怎么学习，AI与人类的不同只在于思考的方式不同。未来将有数以万计创业公司，他们从事的是人工智能用于某一个领域的工作。使用者越来越多的话，机器会越来越聪明，这是一种滚雪球的方式。

过去我们对智商（IQ）的认知是一维的，这是一般的认知，我们不应该再这样看待智商。我们的智商像不同的乐器弹奏不同的乐曲，不同的人弹奏出的乐曲不一样，所以大家的智商也不一样。动物、人类和机器的节奏不一样，所以智商也不同。

很多人非常担心，机器人会跟我们抢工作。有一些工作实际上是可以直接让机器人来做的，在AI上做的事情不是要让AI更聪明，而是让AI自己去学习，有更多思考和思维。有很多新工作，机器人是可以帮助你完成的。AI帮助人类从电力电气、蒸汽时代到现在多彩纷呈的现代。现在的汽车，人类用手的肌肉力量即可开动250马力，假设将250马力的车转换成250种思想，那么你开的就不是车，而是自动化的电脑。人类未来的目标，是将智力作为一种服务，可以像电力一样传输。所以，对效率要求不高的工作更适合人类，比如要求创造力的工作，因为创造本身就是不讲究效率的，不用考虑正确性，这是人类适合去做的工作。任何看上去特别重复性的、没有意思的、没有什么乐趣的事情，都可以让机器完成。所以阿尔法狗和人比赛，是不公平的比赛，因为AI吸收了过去所有的套路。未来不管是哪个领域，实际上都是最聪明的人加上机器。与人工智能的合作表现决定你的薪酬，你必须要和机器进行合作，而不是和他们对抗。

第三个趋势：屏读。即任何一种平面都可以成为屏幕。这个趋势已经出现，屏幕无处不在。任何一种平面都可以成为屏幕，看的书是一个屏幕，接触的所有平面都可以是一个屏幕，甚至有的衣服都可以成为屏幕。不同的屏幕之间形成生态系统，屏幕可以跟踪你的眼神，知道我们注意力聚焦在哪儿了，重视什么东西，然后改变屏幕上呈现出来的内容。情绪跟踪就是很好的例子，屏幕可以做注意力跟踪、情绪跟踪，可以根据用户的注意力、情绪做调整，知道你什么时候高兴，什么时候困扰。即将进入的屏幕时代，屏幕无处不在，以前是读书，现在是读屏。原来书本给人权威感，现在是流动、开放、杂乱的世界，现在的真相是要不断地自己组装。

第四个趋势：流动。即你做的所有生意，都是数据。计算机发展经历了三个时代，原来是文件夹，之后是网络，现在是数据流动的时代。现在的阶段是流标签，云端组成各种各样的流，通过微信、微博、Facebook等，我们可以听流媒体上的音乐，看流媒体上的电影、电视，所有东西都成为一种流。什么东西在流动呢？数据，不管你是做房地产、医药、化工，还是教育，其实你做的生意都是数据。商业乃数据之商业，你在处理的都是数据，处理数据和处理客户一样重要。

全世界都处于同一个经济脉搏，企业不可能永远增长，但城市不一样，城市永远在增长。互联网像一个城市，而不是一个企业，正因为它拥有着无限增长的特质。比如脸书（Facebook）现在有15亿的社交连接，15亿人相互连接可以做的事情太多太多，可以产生的价值不可估量。很多公司已经意识到这一点，这么多的数据像是形成了超级生物体，远远超过人脑的容量，这样一个巨大的机器星球，其实是全球化的一个运作，全世界的经济好像都以同样的脉搏在跳动，以同样的行为方式在运作。

第五个趋势：重混。即大多数创新都是现有事物的重组。经济学家发现，全新的东西很少，大多数创新都是现有事物的重新组合。这种重组就是重混。做重组或者重混时，首先是要做一个拆解，把它拆解成非常原始的状态，再以另外一种方式进行重组，之后不断进行这样的循环，就像你把乐高拆开后再组装。其实报纸也是一样，报纸不是一个单一的物体，它是一个组合，就是把不同的东西组合在一起，体育赛事、天气情况、书评，包括菜谱等。互联网上也是，不同的信息组合在一起，把之前所有的报纸拆解了，然后组合在一起。同样，我们可以拆解银行，把不同的银行功能分解之后重新组合起来；汽车也是这样，基本上所有的东西都可以这样做。

把化学概念运用到企业当中来，就像一张元素周期表，看一下企业当中的元素周期表，有哪些必要的元素，进行多次拆解重组，会形成新的东西。企业想要升级，需要拆解企业的构成，再进行重组，在重组的过程中产生新事物。

第六个趋势：过滤。即能吸引注意力，就能赚到钱。现在有各种各样的选择，比如，每年会有600万首新歌，不可能听完，电影、书、杂志、文章，也是如此。肯定需要一些人来帮忙，找到我们真正需要的东西，这就叫作过滤。

我们是缺乏注意力的，所有的东西都变得越来越丰富，唯一变得稀缺的是人类注意力，没有哪一种技术可以增加你的注意力时间。金钱是会随注意力走的，你能够吸引注意力，就会赚到钱。只要人们在这个地方花了注意力，肯定需要这方面产生价值，你在这方面做文章，就会赚到钱。既然注意力是世界上最珍贵的资源，我付出了注意力，我就应该拿到报酬。比如，我如果看了广告，就应该拿到报酬。

第七个趋势：互动。即互动的影响将和AI一样深远。为什么现在电视那么有意思呢？过去电视就是一个开关或者直接换一个频道，现在可以和电视互动了，可以搜索了，可以做各种各样的事情。2050年的时候，电脑会变成什么样子？基本上你可以用整个身体没有任何障碍地互动，电脑是全方位可互动的机器。就像交响乐团的指挥家一样，有一些纳米雷达技术，他可以知道你手指动作的意义。

智能手机之后应该是什么呢？一种是虚拟现实（VR），把头盔戴在脑袋上，可以看到一些东西。另一种是MR，就是现实和虚拟混合，如果把眼罩戴上，每一件事情都是以3D的方式存在的，你可以用手控制这些现实，而且你真的是相信这些现实是存在的。

第八个趋势：使用。即所有权价值变成使用权价值。“使用”这个词其实很难去解释，也就是之前我们是拥有一个产品，之后我们去使用某一种服务。优步是世界上最大的租车公司，但它并不拥有一辆车；脸书是世界上最大的媒体公司，但它却不拥有内容；阿里巴巴是世界上最大的零售商，但它没有库存。这种拥有的概念已经不是那么重要了，使用在很多方面比拥有更好，你马上用到一个东西，用完之后马上可以丢掉，肯定比拥有某些东西要更好。因为你的目的是使用，但拥有的话，你要承担很多的责任。拥有的概念发生了改变，使用权优于所有权。很多东西，只需要使用，不需要维护、储存等其他工作。

现在很多软件也是朝这个方向走了，不用购买，而是订阅，不仅是数字行业，在有形的行业也在发生这样的转变，包括汽车，滴滴、优步都是如此。我们不需要拥有汽车，只需要使用这种服务，使用无须拥有，无须维护，无须储存。未来按需提供的服务，比你拥有这件事物的比例要高。年轻人，就会是游牧民族一样的人，在世界各地旅行，但随身什么都不带，你需要什么东西的时候，在哪儿都能够拿到。再过20—30年，新新人类去哪儿都不用带任何东西了，去任何一个酒店，马上提供你想穿的衣服，你穿完后留在那里，酒店会帮你清理好。甚至连手机都不用上，因为你看到的任何一个平板，都可以认出你是谁，变成你的屏幕，任何一个手机都可以认出你来，也就变成你的手机，整个世界都是你的，非常了解你，你需要什么都可以给你提供，想送到哪儿都可以。不需要行李箱，不需要任何东西，都有相应的服务。

第九个趋势：共享。即核心不是分享，而是协作。经常会有人讲分享经济，我想拓展一下这个概念。首先，现在的分享还属于非常初级的阶段，这个世界很大，有很多东西都是可以分享的。对于创业者来说有一个挑战：我们能够做什么，能让分享得越多，价值提升越多？其实在讲分享时，不是一般意义的分享，而是在讲协作，即分享=合作，以一种规模化的方式合作，可以让几十亿的人以合作的方式进行互动，这些人的共同协作可以带来社会的变革。这种规模是之前大家都无法想象的，这就是未来分享的趋势所在，不仅仅是分享设备，这会产生巨大的价值和财富，带来巨大的社会变革。例如区块链，区块链技术就是把一些交易以分布式的方式呈现，所以你可以以合作的方式来进行计算，不是一对一的，而是整个网络上交易都可以计算出来，之前的任何一项交易都会成为之后的网络构建的基础，在这样一个区块链的网络当中，你是无法作弊的。

第十个趋势：开始。即技术的用途，是用出来的。技术在最开始的时候，没有人知道新的发明是最适合用于什么的，比如爱迪生的留声机，爱迪生根本不知道这能用来干什么。后来，留声机慢慢应用于两个场景：一是录下临终的遗言；二是录下教堂里的讲话，包括唱歌，后来留声机主要用于这个用途。所以，用途很多时候就是通过使用来发现的，不断尝试，在发明的时候，可能想不了那么多。新技术出来的时候，不知道可以用来干嘛，只有通过使用。在评估技术的时候，必须要使用技术，而不仅仅是空想，要指引和控制技术发展的方向，必须要使用，然后去调试、优化，使这个技术变得更好。

先去做，去尝试，去探索，然后再思考，再规划，再去重复试验。要先做后想，再做再想。如果没有做就去思考，只是纸上谈兵。所以我们需要不断学习，不断接受新的技能、心得、知识，要迎合这个时代的变化，所有人都是新手。学习是不断创新的，如何去创造新的东西，如何去做创造和引领，不仅仅是学习，还要去思考，勇于试错，犯错和学习进步不能分开。能够容忍持续性的小错误，才能有大的创新的推动。最核心的一点，是需要有思考的原型，然后把它延长下去。

第十一个趋势：提问。即好问题比完美的答案更重要，今天要找到答案很容易，你可以问百度，可以问谷歌，还有各种AI，回答变得越来越便宜。但同时提问变得越来越贵了，我们必须要培训人们去提问，让他们创造问题，一个好的问题，会比一个完美的回答更有价值。必须要有非常好的驾驭问题的思维方式，因为问题本身可以开发一个新领域，是一个能动最好的推送者，像引擎一样，推动人的思维不断去创造。问题比回答更有意义，好的问题是新的领域，问一个好的问题，必须要有一个驾驭问题的能力。必须要有意识去挖掘问题，不管设想是怎样的，问题要提出来。

第十二个趋势：颠覆。即内因从来不是主要原因。颠覆，就是创造性从何而来。在思考颠覆时，有三个规律：

一是不管你在哪个行业，颠覆不是从内部出现的，而是从外部推动的，内因并不是最主要的原因。医药界的创新和发展，并不是医药界推动的；搜索引擎的创新，也不是从搜索开始的。

二是一些一蹴而就的现象和技术，只是看上去很突然，但它其实已经在背后存在了很多年，比如VR已经25岁了，只是因为没有满足成为产品的底线要求，所以到不了大众的视线。

三是创造或者发明，是一个不挣钱的市场。首先大多数发明都是失败的，风险非常高，一开始的质量非常差，也就意味着利润非常低，任何商人都会告诉你，投资这一行是非常不挣钱的。市场小、前途未卜是创业公司的坐标，成功的公司不需要承担这些风险。但是创业公司没有选择，因为他们挤不进那些体量大、很赚钱的市场，只能从这块看起来很差的业务做起。

下一波技术颠覆：航空公司的颠覆者是无人机，现在无人机可以搭载人了，未来还会有更多的发展；而银行的颠覆来自比特币、支付宝等外部公司；电信行业颠覆不是来自手机、移动通信网络，而是来自无线网；汽车的颠覆不是来自汽车，而是特斯拉，带轮子的计算机。物种进化过程中不断思考如何进化来提升适应度，低适应度的物种就会被淘汰，高适应度的物种就会存活下来。所有的企业都在不断追求卓越，也是为了提升适应度，当处于生态圈里卓越的公司，想要攀登到更高峰的时候，需要先下山（降低适应度）再提升来达到顶峰，企业越成功越难下山。①

（三）新科技和产业革命催生科普革命

提高全民科学素质是为了构建创新型国家建设的群众基础、社会基础，为了营造科技创新的良好氛围环境，为了“创新链”和“产业链”的连通，仅仅提高全民的科技知识掌握量是不够的。提高公民科学素质，仅仅普及科学知识是远远不够的，了解科学知识点只是“知其然”，掌握科学过程和方法才是“知其所以然”，而后“深以为然”，才是科学素质达到一定水平的标志。也只有达到“深以为然”的阶段，科学素质才能转化为个人价值观，才能指导个人行为，进而夯实建设创新型国家的群众基础和社会基础。

全民科学素质应该包括四个方面：科学知识、科学精神、科学思想和科学方法。全民科学素质的提高，也不能按图索骥，照搬国外科学素养标准和手册，而应以目的和效用为导向，即在全社会营造科学的氛围，为经济发展

① 凯文·凯利.通向未来的12个必然趋势［EB/OL］.微信公众号：全球创新论坛，2017-07-09.

提供高素质的创新人才队伍，为建设创新型国家和世界科技强国提供创新源泉。只有明确上述目的和意义，才能使未来科普工作走在正确的道路上。因此，提高公民科学素质可以从以下几个方面入手。①用知识的力量武装人，夯实公民科技知识尤其是前沿知识的基础，让人们了解科技的最新成就；②用科学的精神感召人，通过人物、事例等宣传科学家求真务实的科学态度、追求卓越的挑战精神和不怕失败的顽强作风；③用科学的思想升华人，世界观、人生观和价值观是人们思想的总开关，而科学的思想是把好人生总开关的关键要素之一；④推动科学的方法应用于人们的行动，科学的方法是经过实践、检验过的经验总结，是将科学应用于实践的路径和途径，要倡导各类行为实践有科学方法可循。

建设创新型国家进而建成世界科技强国事关“两个一百年”奋斗目标的实现，在此过程中，只有培育好我国国民科学素质的土壤，使科学固化为一种永久的国民科技意识，使创新成为民族的基因，才能为建设创新型国家和世界科技强国提供源源不断的营养和动力。

第三节　公民科学素质引领人民美好新生活

习近平总书记在中共十九大报告中指出，经过长期努力，中国特色社会主义进入了新时代，我国社会主要矛盾已经转化为人民日益增长的美好生活需要和不平衡不充分的发展之间的矛盾。科技就在身边，科技改变生活，科技成就未来。许多伟大的发明和科技创新，使我们今天的生活发生翻天覆地的变化，实际上这都得益于科技的发展进步。科技发展到今天，步伐不但没有停止，而且越来越快。进入21世纪以来，世界科技正处于新一轮革命的拂晓，一些重要的科技领域发生革命性突破的先兆已经初显端倪。科技将不断引领人民美好生活。

一、科学素质决定生活品质

公民科学素质是决定人的思维方式、行为方式、生活方式的重要因素，是人们过上美好生活、提升生活品质的前提。在科技日新月异、迅猛发展的今天，科技深刻地影响着经济社会生活的方方面面，公民科学素质不仅成为国家综合实力的重要组成部分，成为先进生产力的核心要素之一，更是影响社会稳定、国计民生和生活品质的直接因素。

（一）公民科学素质决定财富的分配

科技创新是人类财富之源，是经济增长的根本动力，是财富分配的依据。德国经济学家德里希·李斯特在100多年前就曾说：“一个国家可能很穷，但它若是有创造财富的生产力，它的日子就会越过越富；财富的生产比之财富本身不知道要重要多少倍”。例如，战后日本经济的迅速崛起充分证实他的这一断言，富于进取精神的日本人，凭借技术创新将财富的生产力发挥得淋漓尽致，让世界看到今天的日本。不仅日本如此，世界先行国家的发展历程均证明，科技竞争力是人类创造财富、分配财富和积累财富的根本所在。公民科学素质是科技创新的基石，从根本上决定着一个国家和民族的科技竞争力，本质上是公民科学素质决定了人类财富分配。

一个科学普及的民族，一个具有科学精神的民族，才是真正有生机、有希望的民族。目前我国正处在加快转变经济发展方式的攻坚时期和建设创新型国家的关键阶段。提高公民科学素质从来没有像今天这样重要，面临的任务从来没有像今天这样紧迫。提高公民科学素质是落实新发展理念、加快创新驱动发展的有力支撑，实现经济发展创新驱动、内生增长，从根本上说必须依靠具备较高科学素质的大量劳动者和创新型人才。提高公民科学素质是建设创新型国家的坚实基础，只有广大群众掌握科学精神、科学思想和科学方法，创新人才大量涌现，整个社会的创新创造活力不断迸发，自主创新能力的提升才能拥有坚实依托和不竭源泉。

当今世界，科技比历史上任何时期都更加深刻地决定着经济发展、社会进步、人民幸福。一个国家的科技竞争力决定其在国际竞争中的地位和前途，而科技竞争力的根本标志就是科技创新能力，而科技创新能力竞争的关键是人才的竞争，人才成为第一资源，公民科学素质成为科技创新的文化支撑。提高公民科学素质、培育新的经济增长点、抢占国际经济科技制高点，已经成为当今和未来世界发展的大趋势，科技竞争在综合国力和财富分配竞争中的地位更加突出。

（二）公民科学素质是生存发展的基础

对公民个人来说，科学素质是现代社会人素质的核心，是每位公民生存和发展的基础。在现代生活空间和社会环境高度知识化和技术化的情况下，不论是生存就业，还是谋取个人的全面发展，都要求公民不断学习科技知识，掌握先科技方法和技能。在物质生活水平得到明显提高后，人们日益关注健康水平和文化生活质量的改善，而现代社会科技渗透到日常生活的方方面面，人们的衣食住行都离不开科技。作为一位现代公民，只有具备基本的科学素质，崇尚科学思想和科学精神，才能正确认识世界，解释自然界和社会中的各种现象；才能不迷信任何权威和既有理论，勤于思考、善于提问、敢于怀疑、勇于创新，提高识别和抵制愚昧迷信、伪科学的能力；才能提升精神境界，自觉承担公民的社会责任，积极参与公共事务的决策、管理和监督，将个人的人生价值与国家前途和社会发展更好地融合起来，实现人的全面发展。

（三）公民科学素质是谋得福祉的前提

科技是一把“钥匙”。1965年的诺贝尔物理学奖获得者理查德·费曼说过，科学是一把钥匙，既可以打开天堂之门，也可以打开地狱之门，但我们要坚信科学本身的价值。科学是人类文明的知识宝藏，能带给人类幸福。现代科技无疑带来了生活方式的改变和便利，但它是把双刃剑，在充分认识科技为人类谋得福祉的同时，千万不能忽视科技的误用已经或可能带来的负面作用，这就要求现代公民必须具备科学素质。

科技发展在促进社会发展的同时，都要伴随大量弊端的出现，大到可能危害人类生存安全的核武器、生物技术等，小到我们日常应用的网络，都如同一把双刃剑。在应用领域，科技使用不当会给人类带来危害。例如核能，若用于发电可以解决一部分能源危机，若用于战争它可毁灭地球。像冰箱、空调所用的氟利昂，它可以破坏大气臭氧层，使南北极形成空洞，给地球造成了极大的危害，还有汽车尾气排出的二氧化碳对地球的升温也起着关键的作用。高科技特别是生物科技的发展更给人们带来了恐慌，人们在开发利用生物技术时，有可能出现意想不到的安全问题，各类转基因活生物体环境释放后对生物多样性所构成的危害受到广泛关注，生物技术的误用以及生物技术的非道德应用也可能带来很大的安全隐患，体细胞克隆人的研究更是在世界范围内引起人们的争论。人们必须警醒，人类对地球和太空的破坏和污染、资源浪费、物种灭绝等，超过了现代科技出现前的5000年。由于工业超速发展，对人类生存的环境已带来了危机，如温室效应造成的全球温度升高，冰河开始融化、冻土层逐渐减少。由于工厂所排放的有毒物质污染土壤和地下水，造成含农药残留的农产品、混杂化学物的食品、不可分解的塑料制品、臭氧层破洞增加。这些都是由于科技不当使用而形成的。

科技是中性工具，它本身无所谓善恶，科学对人类之利弊得失，取决于使用者的用心。现代人具备基本科学素质和人文素养，不仅是为了改善自身的生活质量，而且要在使用科技产品时，可以了解其制造过程中的利弊，对生态环境、人类健康是否有害等。1996年克隆羊多利的问世，使全世界更加重视科技发展带来的负面效应。从技术层面讲，人的克隆并不太困难，但人克隆会遇到许多社会伦理道德方面的问题。千百年来，人类一直遵循着有性繁殖方式，而克隆人却是实验室里的产物，是在人为操纵下制造出来的生命。克隆人与被克隆人之间的关系有悖于传统的由血缘确定亲缘的伦理方式，这使克隆人无法在人类传统伦理道德里找到合适的安身之地。

同样，互联网络在给人们带来便利的同时，也带来某些消极影响。例如，海量信息和垃圾信息、无批判性和不理性言论的蔓延，以及互联网络引发的心理障碍、情感冲突和安全焦虑等。科技进步在给人类带来巨大财富的同时，也会打开装有各种灾难和祸患的“潘多拉魔盒”。这需要科技工作者在研究和宣传科技的正面作用的同时，要研究和如实说明科技可能带来的弊端。同时，公众也要在了解科技的正面作用的同时，主动了解科技可能带来的负面作用，以消除科技发展带来的负面作用，使科技发展更好地惠及人类、造福人类。

二、新科技引领人类新生活

当今世界，以信息技术、生物技术、人工智能等为代表的科学技术正在孕育新一轮科技革命和产业变革，给人类社会带来难以估量的作用和影响，将重构人们的生活、学习和思维方式，颠覆现有很多产业的形态、分工和组织方式，重塑国家竞争力在全球的位置，引发未来世界经济政治格局深刻调整。

（一）新科技把人类带进多彩世界

世界已经进入急速变化的时代，一个“新世界”正在猛烈地撞击“旧世界”。从第一台计算机诞生到互联网发明，不过44年；从门户网站到电子商务的崛起，不过5年；从智能手机普及到微商遍地，不过1年。短短的几年，网店革了实体店的命；滴滴革了出租车的命；自媒体革了报纸的命；直播革了电视的命；微信革了移动的命；支付宝还要革银行的命。同时，外地人正在入侵本地人；新城区正在取代老城区；“90后”开始碾压“70后”；平台化正在代替公司化。没有一种商业模式是长存的；没有一种竞争力是永恒的；没有一种资产是稳固的。科技革命、互联网浪潮、经济危机、地区冲突、共享经济等不断加剧，它们争先恐后地给世界洗牌。柯达、诺基亚一夜间倒下去；索尼、松下瞬间在市场上消失；家乐福、沃尔玛说走就走；阿里、百度、腾讯、京东等随时可能沦为传统企业；机器人正在逐步替代蓝领、人工智能正在逐步取代白领。

（二）新科技再次唤醒人本的回归

互联网浪潮下的新世界，就好像文艺复兴下的欧洲。文艺复兴让西方人从宗教的教义和戒律束缚中解脱，发现人不是教会的玩物，而是宇宙的精华、万物的灵长，沉睡的灵魂被唤醒，所以有了“人文主义”。这直接导致了后来的英国资产阶级革命、启蒙运动、法国大革命、美国独立战争等世界性大事件。互联网的本质就是一种自由、共享和协作，它使人们从传统社会秩序的枷锁里解脱，发现人不是社会活动中的零件，而是世界的中心，是万物的价值尺度，于是个体开始崛起，组织开始下沉，这叫“人本主义”。世界正在被推倒重建，我们实在无法预设未来科技发展会给人类社会带来什么、世界会发生什么事情。这是一个伟大的时代，一切都在洗牌、一切都在觉醒！中国正在进入最好的时代！①

几百年来，技术对人能力的替代，从来都是血淋淋的。1945—1980年，计算机的使用成本年均减少37%，从那时起，电话接线员被大批裁员，因为新的电话机已经无须人工中转；1980—2005年，美国高技能/高收入的工作岗位（如数据分析师、程序员）和低技能/较低收入的工作岗位（如家庭看护、维修工）大大增长，而大批中等技术岗位则几乎没有增长。英国剑桥大学弗雷（Carl Benedikt Frey）和奥斯伯恩（Michael Osborne）早在2013年就曾精确测算出，在未来10—12年，在美国的702个工作种类中，大约有47%的岗

① 这就是中国未来的生存法则，再读不懂就晚了！［EB/OL］. 微信公众号：互联网分析师，2017-08-28.

位危在旦夕，包括当下交通、物流的从业大军、制造业人员以及臃肿的办公室行政岗位，还有保险销售、房产中介都将大批消失，被计算机所替代；在接下来的10年，人才的竞争赛道将再次切换，在自动化和人工智能时代，创意／创造性、社交技能／情商，对于劳动者来说最为重要。例如，1993年麦肯锡员工中有67%是MBA，2003年已经降到41%，麦肯锡意识到，客户已经厌烦那些充满各式表格和数据的传统研究报告，要说服客户，得用更加艺术化和更吸引人的方式来表达，于是招聘了越来越多的MFA（艺术硕士），来帮助MBA们润色报告。未来10年，律师助理会大批下岗，但律师会越来越吃香；演员依然独一无二，他们需要把握不同角色关系，通过表情和肢体动作，来展现情感和个性的广度和深度，这些都是人工智能目前所无法企及的；尽管各种自动化写作软件层出不穷，但那些擅长撰写深度报道的记者依然稀缺[①]。

视窗9–10　中国浪潮正席卷全球

最近，越来越多的世界级未来学家、科技作家频繁造访中国。和早些年来华的西方记者、作家不一样，他们来华是试图以中国为标杆，定义世界新的未来。《科技想要什么》的作者凯文·凯利（Kevin Kelly）认为："中国将成为全球创新中心，包括互联网、包括机器人、包括AI。"《未来简史》的作者赫拉利（Yoval Noah Harari）感叹："中国读者对知识的渴望和热情，超过我访问过的任何国家。也许是因为中国正逐渐成为世界经济和政治的领导者，中国人因此感到有责任去更好地了解世界、引领人类。"《大趋势》的作者奈斯比特（John Naisbitt）表示："中国在人类即将到来的新浪潮中取得领先地位，我毫不怀疑2050年中国将成为世界中心。"尽管视角各不相同，第三次工业革命也好，第四次浪潮也罢，大数据论、人工智能论、万物互联论……不一而足，但有一个判断却高度一致：中国将站上浪潮之巅，成为全球新浪潮的引领者。

① 波波夫. 十年后，当47%工作岗位消失了，什么人不会被淘汰？［EB/OL］.［2017-07-18］. http：//www.sohu.com/a/157986281_115207.

不仅是未来学家。新加坡总理李显龙在最近一个月接连点赞中国高铁和移动支付，还谦虚地称自己的部长成了“乡巴佬”；英国《金融时报》、美国《纽约时报》连续抛出“硅谷开始山寨中国”等评论……

倒是中国人自己不以为然。前段时间，20个国家的留学生票选中国新“四大发明”，还被网友吐槽老外“大惊小怪”，因为被选上的高铁、支付宝、共享单车、网购，早已是中国人的生活日常。对于东西方眼下戏剧性的认知反转，硅谷创投教父、《从0到1》的作者彼得·蒂尔（Peter Thiel）感慨中国的经济迅猛增长，“现在其他国家都害怕中国将要统治整个世界，而中国是唯一一个认为自己不会统治世界的国家”。现在的中国，就像时速350千米的“复兴号”，一直坐在车上的乘客感受不到速度的惊人。只有那些坐在普通客车上的乘客，才能体会到“复兴号”从身边呼啸而过带来的——中国浪潮。

为什么是中国？过去几百年，中国接连错过几次科技革命，现在终于把过去落下的课程补上，中国眼下商业创新和科技创新的场景非常丰富。美国的路径是技术驱动新的商业场景，中国的路径则是以商业场景的发现和创新倒逼技术的进步。例如，美国先有了搜索技术，才诞生谷歌的传奇；而中国先出了阿里巴巴的电商和支付宝，后在短短10余年催生引领世界的云计算、移动支付和生物识别技术。此前几次科技革命，最好的场景和技术都集中在一个国家。然而这次，两个“轮子”分道扬镳。这也是为什么奈斯比特坚信，人类这波新浪潮，将由美国和中国并肩引领。西方未来学家们之所以不约而同地提出全球正在或即将经历一场“中国浪潮”，是因为眼下在中国发生的变化，成就有目共睹。

一是人才的集聚。当下，技术精英正大规模涌回中国。截至2014年，中国回国留学生总人数首次超过出国人数；2015年，回国人员达到当年出国总人数的77%，而15年前，这个比例只有23%。美国《麻省理工科技评论》评选出的2017年度全球35位35岁以下青年创新者榜单，中国有6人上榜。此外，奈斯比特在一次采访中还提到，和信息革命时代的美国一样，中国开始密集出现像马云、任正非这样的世界级明星企业家，“让世界开始意识到中国品牌的存在”。

二是技术的突破。中国高铁运行5年，客流量就超过34岁的法国高铁，而建设成本仅是德国、日本等国的1/3—1/2，领先世界；中国航天与美国并肩，中国“天宫”将成未来唯一运行的太空空间站，领先世界。中国超级计算机“神威·太湖之光”登上全球超级计算机500强榜首；中国人工智能应用及杰出研究者喷涌式集体入选全球科技权威榜单，领先世界；中国金融科技弯道超车，2016年中国移动支付规模约是美国的50倍，领先世界。

三是中国人的便利生活让世界向往。5年前的我们，根本想不到今天的生活会变成这样：坐高铁从北京到上海只用四五个小时，是从前的1/4时间；排队成历史，很多要办的事、要买的东西都可以在手机上操作；出门不用带钱包，甚至连手机都不用带了，“靠脸吃饭”时代正在招手……2017年9月，杭州一家肯德基上线蚂蚁金服的刷脸支付，开启“靠脸吃饭”时代。

四是中国的输出能力。每一次浪潮，都是一场从技术到商业模式，再到生活方式的革命。眼下，中国正在成为许多国家学习的对象。在印度，不少餐馆、加油站、飞饼摊、茶叶摊挂上了二维码；在印度尼西亚，人们不仅打车、打摩的用手机，连点餐、预约快递、干洗衣服也用手机；越南、老挝、缅甸、泰国、马来西亚、新加坡、俄罗斯，都纷纷要引进中国铁路技术，坐中国高铁周游世界不再是梦；此外还有泰国版今日头条、马来西亚版淘宝、新加坡版闲鱼……这些都让中国游客有种奇妙的宾至如归感。再看世界，中国人的移动生活正在影响世界，如法国巴黎春天、英国哈罗德百货、芬兰航空、挪威油轮、南非观光巴士，甚至连北极圈都接入了支付宝，“你好”“谢谢”“支付宝”成为老外必学的中国话；在德国柏林、英国伦敦等全球百个城市已经出现共享单车的身影。①

① 马会友，曹磊. 中国浪潮来了！——献给祖国母亲68岁生日［EB/OL］.［2017-10-01］. http：//theory.people.com.cn/n1/2017/0929/c40531-29566409.html.

2017年国庆期间，日本商家发帖求接入支付宝，称最近中国的国庆长假给店里带来很多客人，这些客人常常询问能否使用支付宝。尽管店里已经支持VISA，但不能用支付宝还是让客人感到有些失望，希望通过接入支付宝服务中国游客。中国移动支付确实发达，中国游客出门只要带手机就够了，听说他们给流浪汉施舍零钱都扫码支付①。

“获得感”是最汹涌的中国浪潮。值得一提的是，这波“中国浪潮”有一个此前几次科技革命都没实现的突破。那就是，这波新浪潮从一开始，就让普通人有极其明显的获得感。第一次、第二次工业革命初期，受益人只是技术拥有者及投资人，普通人很难受益，甚至会因为新技术出现而贫困，因为机器抢走了他们的生计，由此导致贫富分化日益严重。无论是蒸汽时代还是电力时代，英国与美国都没有摆脱这个宿命。

然而眼下这波“中国浪潮”，让普通人从中受益的时间前所未有地变短——阿里巴巴的电子商务从上线到供全球人在线购物花了18年；支付宝等移动支付从上线到服务5亿多人花了8年；华为等智能手机从推出到移动生活大规模普及花了4年；打车软件从上线到带动数千万人增加就业机会花了3年；共享单车从上线到每年上亿人使用花了1年……

科技的伟大有两个方向：一个是以基础学科研究催生科技创新与商业落地，不断引领人类向前；另一种是把领先的科技场景化、商业化、普及化，从而改变每一个人的生活。显然，中国将第二条道路发挥到了极致。

“中国浪潮”的背后，站着强大的中国。《第三次工业革命》的作者里夫金曾经感慨：“要想享受技术变革带来的红利，政府必须把基础设施搭建好，为通信、能源和交通的升级变化提供好基础条件。”试想，没有前几年中国政府大规模投“铁公基”项目，物流业不可能以今天这样的速度发展；没有对通电、通网这些基础设施的重金投入，中国移动互联网也不可能有今天的成就。

---

① 日本商家发帖求接入支付宝：不想被中国客人看不起［EB/OL］.［2017-10-03］. http://www.cqcb.com/headline/2017-10-03/507187_pc.html.

> 中共十九大从战略全局上对中国的未来作出新的擘画，更伟大的历程刚刚开始。尽管中国还需为这一历程继续筑牢创新之基，解答好“钱学森之问”，但时代的大势已见端倪，中国浪潮势不可挡。①

（三）新科技激荡最伟大的产权革命

信息技术和工业技术是两种不同的技术。就工业技术而言，产权是不可复制的，资本是专用的。例如，一个砖头和水泥堆砌起的商铺，我来使用，别人就不能使用了。但信息技术不是，信息技术用无形的资产，把软件构成的生产资料，复制1000多万套，就像孙悟空吹汗毛一样，给每人送一套生产资料。我们没有注意到一点：资产不再被禁锢在专用性里，资产没有了专用性时，用支配权赚钱以及用使用权赚钱，不具有本质的区别。

从工业化的角度来理解产权，跟从信息化的角度理解产权是有区别的。这就好比驾照和行驶本。工业化下的产权，相当于把驾照和行驶本当作一回事，过去交通部门就把行驶本和驾照印在一个证上，后来发现这两个是不一样的。行驶本是归属权，但使用这辆车的人，只需要有驾照，这车不一定是他的。

由于互联网的发展，资产变得可以复制，因此房地产受到冲击，互联网公司都在用孙悟空吹汗毛的方式复制资产，建立新的商业秩序。这种资本结构的变动，导致整个产权制度发生变化。

工业革命是产权的核聚变，分享经济是产权的核裂变。法国大革命之前的法律里，支配权和使用权是分开的，古罗马一直把它们分开。古罗马法要求，拥有权和使用权的案件，不能同时在一个法庭上提出诉讼，诉讼须分清是租的官司还是买的官司。直到法国大革命，把这两个合在一起的是《拿破仑法典》，一直到21世纪的全球金融危机时都没有改过。这个法典的背景是，资本出现了，资本利用资本专用性理论来保护资本的利益。

拿破仑时代发生的工业革命是一次产权核聚变，现在分享经济是产权的核裂变。产权制度通过核聚变和核裂变两次革命，产生巨大的经济能量。核

---

① 马会友，曹磊. 中国浪潮来了！——献给祖国母亲68岁生日［EB/OL］.［2017-10-01］. http：//theory.people.com.cn/n1/2017/0929/c40531-29566409.html.

聚变就是支配权和使用权合并成同一种权利。支配权对应的是买的权利，使用权对应的是租的权利。过去我们并没有意识到这两个权利分开了以后有什么不同。

分享经济有一个特点，那就是免费。但口头说的免费和商业意义的免费是两码事。《连线》杂志总编辑克里斯·安德森（Chris Anderson）在《免费：未来的商业模式》中说道，免费有前提：要把业务分成基础业务和增值业务，有一个免费业务必有一个收费业务配对，两者是依存的。免费一定是建立在资本分享基础上的，所有免费的东西都是在分享资本，收费是增值业务，相当于重资产和轻资产分离。

华盛顿特区经济趋势基金会总裁杰里米·里夫金在《零边际成本社会》中预言："到2050年，协同共享很可能在全球大范围内成为主导性的经济体制""资本主义体制将丧失在经济中的主导地位"，"资本主义的没落并非由'敌对势力'所致"，而是由于资本主义"内部架构"中存在的矛盾"加速了它的灭亡"。意思是还没等资本主义"和平演变"社会主义，社会主义反倒把资本主义"和平演变"了。

邓小平一生都在实践"不管白猫黑猫，抓住老鼠的就是好猫"。这是他对共产主义更深的理解。我们拿互联网、拿分享经济来说，就是：不问谁拥有，但问谁使用，这是邓小平的公式。也就是说，不要问姓"社"姓"资"，也不要问国有还是集体所有，这就是资本专有性的话题。20世纪70年代末的农村改革是什么？本质就是不问拥有但求使用。不要问土地是国家所有还是集体所有，要问谁来种这个地，这是第一次拥有权和使用权分离的浪潮——这就是分享经济。城市的承包制也一样，不问资本归国家、集体还是私人拥有，但问谁使用机器制造产品，这是拥有权和使用权分离的第二次浪潮；中国的信息革命，是拥有权和使用权分离的第三次浪潮，不问谁拥有，不问信息归国家、集体还是外资私人拥有，但问谁使用——网商与"双创"人员使用平台虚拟资产。不求拥有（姓什么），但求使用（叫什么），邓小平说出了让中国在世界上再立5000年最核心的问题。

两权的关系很有趣，农业社会是两权分离，工业社会是两权合一，信息社会又两权分离，中间存在着一个明显的否定之否定规律，也就是隔代遗传。满大街的自行车，忽然都变黄了。有人说这是为了挣钱，有人说这是以租代买，其实分享经济是一场产权革命，而且是法国大革命以来最伟大的革命，将给人类的生产和生活产生巨大影响①。

三、紧跟人机同台共舞时代

人工智能技术起源于20世纪50年代，短短几十年中，人工智能的技术已经经历代替体力劳动、提高脑力劳动效率、赋予它学习的能力等阶段，人工智能作为正在发生的革命已经来势凶猛。

（一）来势凶猛的人工智能

2017年7月，高德纳（Gartner）公司发布2017年度新兴技术成熟度曲线，揭示了未来5—10年无处不在的人工智能、身临其境的体验、数字化平台等技术趋势，其汇聚会带来激烈竞争的发展态势。

一是无处不在的人工智能。未来10年，人工智能将成为最具破坏性级别的技术，主要是因为卓越的计算能力、漫无边际的数据集、深度神经网络领域的超乎寻常的进步。插上AI这个"翅膀"，人们基于数据可以解决超乎想象的若干问题。围绕这个主题，考虑以下技术：深度学习、强化学习，通用智能、自动驾驶、认知计算、商业无人机（无人机）、对话用户界面、企业分类法和本体管理、机器学习，智能微尘、智能机器人，智能空间。2017年，美国公布一份长达35页的《2016—2045年新兴科技趋势报告》（图9-1），该报告是为帮助美国相关部门对未来30年可能影响国家力量的核心科技有一个总体上的把握，为国家及社会资本指明科技投资方向，以确保美国在未来世界中的战略优势。报告在美国过去5年内由政府机构、咨询机构、智囊团、科研机构等发表的32份科技趋势相关研究调查报告的基础上提炼形成，通过对近700项科技趋势的综合比对分析，最终明确了20项最值得关注的科技发展趋势，即物联网、机器人与自动化系统、智能手机与云端计算、智能城市、量子计算、混合现实、数据分析、人类增强、网络安全、社交网络、先进材料、先进数码设备、太空技术、新型武器、合成生物科技、增材制造、食物与淡水科技、能源、医学、对抗全球气候变化。从中可以看到，人工智能将是未来的核心发展方向。

二是透明化身临其境的体验。技术强调以人为中心，它将提高人、企业

① 姜奇平. 共享经济是法国大革命以来最伟大的产权革命［EB/OL］.［2017-09-03］. http://www.sohu.com/a/169260655_300763.

和事物之间的透明度。随着技术演变更加适应工作场所和家庭环境，并且与企业和其他人的互动加强，这种关系将变得更加交织。需要考虑的关键技术包括：4D打印、增强现实、脑机接口、互联家庭、人体增强、纳米管电子、虚拟现实和立体显示。

三是数字化平台。大数据、卓越的计算能力和无处不在的技术生态构成了新兴技术的革命性的坚实基础。这种从技术结构向生态支持的数字平台的转换成为人和技术之间的桥梁——新商业模式的基础。在这些充满活力的生态中，企业必须主动理解生态平台并重新定义他们的战略，产生对应的平台商业模式，探索平台内在和外在的构造，从而依靠平台产生更多的价值。需要跟踪的关键技术有5G、数字孪生、边缘计算、区块链、物联网平台，神经形态硬件、量子计算、无服务器PaaS（平台即服务）和软件定义安全①。

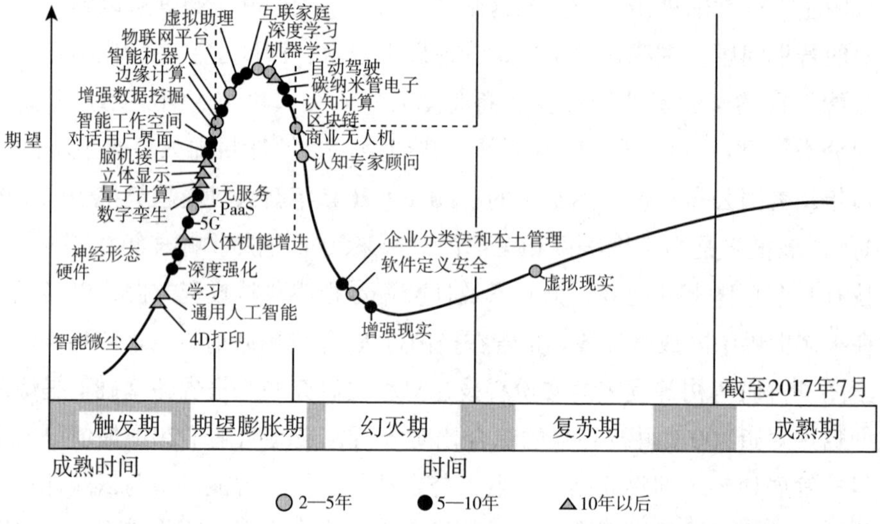

图9-1　2017年度新兴技术成熟度曲线②

（二）人机共舞时代的来临

人工智能对人类的影响将超过蒸汽机、电以及互联网，将开启一个新时

---

① 未来三十年最值得关注的20项新兴科技［EB/OL］.［2017-08-07］. http：//new.wtoip.com/871018167.html.

② 孟海华. Gartner发布2017年度新兴技术成熟度曲线：无处不在的人工智能［EB/OL］.［2017-08-05］. http：//www.vccoo.com/v/1f2qmc.

代，改变社会形态、生活方式和商业模式。再过10年，在出行方面，车将更加智能，更加安全，到了机场车会自动泊车，回来时车自动开到面前接你；在商店里，刷脸变成一个常态，买东西、支付，不要身份证，刷脸就行；在家里，有语音助理，开灯关灯都是靠语音来做，按钮就不需要了。很多这样的人工智能技术正在变得成熟[①]。

在最新曝光的特斯拉的无人工厂里，只有150个机器人，所有流程都是机器人来完成的，难觅人的影踪。特斯拉的这个工厂，号称全球最智能的全自动生产车间，共有冲压生产线、车身中心、烤漆中心与组装中心四大制造环节。从原材料加工到成品组装，所有的生产流程都由150台机器人完成，在车间内根本看不到人的身影。机器人都由电脑控制，按照设定好的程序运作，机器人与机器人之间流水化运营，实现无缝对接。6秒钟完成一个发动机盖的冲压。这还不算，特斯拉还会在美国内华达州的荒漠里建一个更大的汽车工厂"GIGAFACTORY"，2017年底投入使用，这将更大地增加特斯拉的生产效率，而且自动化程度会更高！

不止特斯拉，无人作业已是大趋势！例如，亚马逊使用自动导引运输车（AGV）机器人矩阵。在亚马逊的仓库里，货物的取送、分拣都是由AGV机器人矩阵完成，这一系统比传统物流作业提升2—4倍。橘黄色的小机器人，每小时可跑3万多米，准确率达99.99%，过去人工需要耗费1小时的货物提取工作，它15分钟就能完成。除此之外，还有射频识别（RFID）和抓举机械手臂的使用，虽然令人眼花缭乱却又井井有条。

又如，阿里机械臂拣选系统。这个系统是阿里巴巴的黑科技，根据中国电商特性专门开发，由中间的大手臂和周边一圈箱子构成。大手臂可以360度运行，根据需求取高处、低处的货物，并把箱子放在流水线上。流水线两边有很多吸盘机器人，通过真空吸盘，把周转箱内的商品吸到快递包装箱里，快递箱通过流水线，会自己走向打包区域，贴上面单后就可以发货了。整个流程，根本不需要任何人参与。

再有，青岛无人码头。2017年5月11日，亚洲首个全自动化码头在青岛港启用。船舶还没靠泊，全自动码头就根据船舶信息，自动生成作业计

---

① 张亚勤. 中美将成人工智能发展双引擎——新华社硅谷峰会专访［EB/OL］.［2017-10-03］. http：//www.sohu.com/a/196188778_171093.

划，并下达指令。先是船吊把集装箱吊到转运平台上。接着机器人自动拆锁垫。然后，门架小车会把集装箱吊运到自动导引运输车上，自动导引运输车再把集装箱运送到指定位置。这种无人驾驶的导引车，在整个码头共有30多辆不停来回穿梭，加上集装箱可达70吨，但由于停启位置精确，停车误差不会超过2厘米，所以不会发生碰撞或摩擦。最后，轨道吊把集装箱精准地吊送到堆场。整个过程完全由机器人自动完成，工作人员节省70%，工作效率提升30%，是世界上自动化程度最高、装卸效率最高的码头！

还有东莞无人工厂。2017年初，首家无人工厂在东莞长安镇诞生，工厂里有60台机器日夜无休地打磨一个个手机中框结构件。它们被分成10条生产线，每条生产线由一条自动传送带上下料，这个过程不再需要任何人力，每条线只有3名工人负责看线和检查。以前这家工厂需要650名员工，现在生产同样数量的产品，只需要60人，这意味着将近90%的人不需要在这里上班了。东莞市政府每年会投入2亿元鼓励企业用机器替代人，申请的机器人换人项目达530个，全部投产后将减少用工约3.6万人①。

曾经的调侃，出门吃饭没带钱怎么办？刷个脸呗。没想到这句玩笑话正在变成现实。2017年的武汉站迎来全面“刷脸”时代，国庆期间不少进站旅客一到武汉火车站进站口就发现，这里少了昔日排队的熙攘，东西两个进站口，除各有5个人工进站通道外，16个进站通道是无人值守的。进站乘客，只要在进站通道，通过实名制自助验证系统终端，扫描车票、身份证，并在系统终端刷个脸，“嘀”的一声，就可以完成进站验证，进入站内候车，全过程平均仅需5秒。这种刷脸进站系统，还与公安网相连，犯罪嫌疑人在终端前一露脸就露馅。刷脸进站，武汉站是全国第一个试用的火车站，预示火车站的变革已经开始。变革更不能少了更高端的机场。中国最大机场北京首都机场宣布与百度全面合作，进入刷脸时代！2017年百度机器人已经开始投放，负责机场信息咨询，同时刷脸登机也正全面开始测试，告别身份证、登机牌。未来将同时集成虹膜识别、眼球识别等生物识别。这个时代变化有多快？当你还在惊叹刷手机带来的改变时，一场“扔掉手机”的刷脸时代又开

① 唐一. 目瞪口呆！特斯拉自动化工厂曝光，整个工厂只有150个机器人，看完感觉要失业了...［EB/OL］.［2017-08-21］. http：//www.sohu.com/a/166107343_499208.

始了[①]。

（三）为人机共舞做足准备

互联网发展已经历个人电脑（PC）互联和移动互联两个阶段，而现在进入人工智能时代，从微软到谷歌，从亚马逊到脸书，再到中国的百度，全世界最有影响的高科技公司都将目光投向人工智能。要不断提升公民科学素质，为正在到来的人机共舞时代做足准备。

第一，中国的人工智发展将引领世界。中美两国将在这个时代成为引领世界人工智能发展的双引擎。在PC互联时代，中国无论是技术、产品还是商业模式基本复制美国；在移动互联时代，中国技术创新也并不是很多，技术方面还是美国领先，但中国产品体验已在很多方面超过美国；到了人工智能时代，中国不仅在产品方面有创新，而且在技术方面也将有创新。中国在发展人工智能方面有四个优势。①政府把人工智能作为优先发展重点，有好的发展大环境；②人工智能需要数学基础好的人才，而中国学生有很强的数理基础，中国人工智能专业博士生目前有约 3 万人；③有资金支持，过去几年，中国在人工智能行业的风险投资额超过美国，中国产生的人工智能独角兽公司数量和美国差不多；④有大量数据，中国人多手机多，移动互联产生了很多数据，对人工智能发展有很大帮助。

第二，人工智能将改善生活品质。人工智能确实会导致一些人失业，对某些企业会有影响，但也会催生原来想不到的新行业，带来原来想不到的新工作机会。每一次工业革命，都让生产力提高，都让人的生活品质提高，有些工作没有了，但会有更高品质、更有创意的工作产生。例如，在人工智能的推动下，搜索发展将出现三个趋势：①搜索方式将有很大变化，现在使用关键字，而将来很多时候可能使用语音、图片、人脸搜索，其中语音识别准确率已提升至97%，方言识别准确率甚至超过人类。②现在是万物互联，搜索空间比原来大上百倍。音箱、冰箱、汽车……有传感器传输数据的地方，都可以被搜索到。③搜索模式也不一样，过去是人找信息，但现在信息根据爱好、场景等也可以找到你[②]。

---

① 刷脸时代悄然到来，科技正在颠覆整个世界［EB/OL］.［2017-08-29］. http：//baijiahao.baidu.com/s?id=1577034739648550402&wfr=spider&for=pc.

② 张亚勤. 中美将成人工智能发展双引擎——新华社硅谷峰会专访［EB/OL］.［2017-10-03］. http：//www.sohu.com/a/196188778_171093.

第三，人工智能会带来不可预见的影响。人工智能阿尔法围棋，正在促使人们对人类自身命运的思考。第一代阿尔法围棋仅依靠记忆，完全是人工的产物，而第二代阿尔法围棋已经具有“自己”的分析能力，通过“自我学习”，超出人的控制。那第三代、第四代和第X代呢？如果人工智能演变成“细菌”，那人类就会有大麻烦。细菌具有自我复制、更新、变种的能力，永远在超越人类社会，走在人类之前，而人类社会一直在忙于应付新的变种。所谓的人工智能就是由人类所创造的智能，接受了人类本身所输入的信息。如果人类所创造的技术具备自我学习的能力，能够产生新的信息，超越人类的控制，那就很难叫人工智能了。实际上，人们真正应当忧虑的是人工智能所能给经济、社会、政治、文化等方面带来的多重巨大变化。

一是要做好制造业和服务业中大量工作将被机器人所取代的准备。其结果会产生以下极其负面的影响。首先是收入的不平等，机器人的拥有者（或者资本）获取高额的利润，而那些被机器人所淘汰的则沦落为穷人。发明机器人本来是为了减轻人类的工作负担，但现在演变成和人类抢饭碗，由这种技术进步所导致的社会（收入）不平等正在加速发展。其次是技术使得政府失去大量的税收。从前政府对人（劳动者）收税，但随着劳动者的减少，政府的税收自然减少。在全球化时代，因为资本是流动的，可以去任何一个其想去的地方，如果一地的税收过高，资本可以选择离开到别处去，这更加重政府税收的流失。最后是技术的进步不仅影响就业和税收，也影响人本身。如果社会的大多数人失去工作，或者不用去工作，那他们会干什么去呢？可以从事人们真正想做的事情。

二是要避免人工智能可能带来政治的高度专制和集权。互联网产生之初，西方社会一片叫好声，认为互联网有助于政治民主化、公民社会的成长等，有人甚至称互联网本身是“民主化使者”。不过，至少到现在为止，互联网并不符合人们的期待。尽管互联网也赋权社会，但更赋权权力者。互联网出现后，一些国家可以说是越来越专制，当然这种专制并不是传统的专制，而是当代专制，即有效的管治。管治依赖有效的信息收集，而信息技术赋予统治者收集信息的能力是前所未有的。精英集团（无论是资本、政治精英还是知识精英）可以通过垄断技术，特别是医疗、信息、金融、法律和影视等技术，利用新开拓的市场和政治领域，绕开传统意义上的市场和政府，而实现直接统治。

三是要避免人工智能可能带来对公共服务领域的挑战。在经济领域，技术使得很多人失业，同样，在政治领域，从长远看也会使得很多政治人物失业。社会之所以需要政府，是因为社会的存在需要诸多公共品，包括法律、秩序、公共服务等，这些公共品并非大众本身所能提供，而需要政府来提供。人类社会也是组织的社会，所以通过组织（包括政府）来得到公共品。信息技术已经开始改变这种情况，在一定程度上说，信息社会也可以被视为“后组织社会”，信息随手可得，社会变得越来越小，而非越来越大。今天互联网上的各个“群”之间的交换，无须通过传统的市场或组织，而是通过互联网本身。也就是说，信息技术使社会具有了前所未有的“自组”能力。信息已经大大消减了政府传统的功能，从“大政府”到“小政府”再到“无政府”必然成为一个趋势。

第四，要积极应对人工智能可能带来对人类异化的冲击。随着人工智能的兴起和长足进步，我们无可奈何地要面对一个“活尸人”社会。技术的本来意义是要解放人，但最终使得人类成为自己所创造事物的奴隶。互联网产生以来，一个总体发展趋势是绝少数人（如人工智能的创造者）变得越来越聪明，大多数变得越来越愚蠢了。

一是要避免人工智能可能对人们思考权利的剥夺。正如马克思所言，劳动创造人，人与动物的区别在于人会劳作、会思考。不过，在人工智能世界里，人类无须劳作和思考，大凡所有通过实验室工作、逻辑推演、模型推演等而来的所谓的“科学知识”，都在逐渐被人工智能所替代。在人类社会内部中，除了极少数能够设计、操作并且还能够和人工智能与时俱进者外，其余的大多数人的思维和智力必将退化，成为弱智。

二是要避免人工智能可能使人们格局变小的后果。首先是政府的控制，即政府决定人们可以接触哪类信息，不可以接触哪类信息；其次是资本的供给，资本告诉人们选择什么，不选择什么；再次是我们只选择我们自己感兴趣的信息，而排斥我们不感兴趣的信息，不仅使得人们的世界观越来越小，也因为格局越来越小而变得越来越非理性；最后是技术本身的要求，因为人类有限的记忆力和时间，不得不进行高度的专业化，“只见树木、不见森林”。

三是要积极应对人工智能可能使人们智力退化的危险。在互联网时代，人们不用像从前那样使用大脑追求满意的生活了，信息到处都是，随时抓取就可以达到自己的目的。如果不用太多的思考，甚至不用思考，长久下去，大多数人的思维能力必然衰退和弱化，从而演变成高度依赖外界提供信息而生活的“活尸人”[①]。

① 郑永年. 信息技术让大多数人变得越来越愚蠢［EB/OL］. 微信公众号：瞭望智库，2017-08-04.

主要参考文献

1. 习近平. 为建设世界科技强国而奋斗——在全国科技创新大会、两院院士大会、中国科协第九次全国代表大会上的讲话［M］. 北京：人民出版社，2016.

2.珍妮·梅特卡夫，李曦. 以人为本的科学传播——科学传播的国际实践［M］. 北京：中国科学技术出版社，2012.

3. 任福君. 中国公民科学素质报告（第二辑）［M］. 北京：科学普及出版社，2011.

4. 任福君. 中国公民科学素质报告（第一辑）［M］. 北京：科学普及出版社，2010.

5. 全民科学素质行动计划纲要（2006—2010—2020年）［M］. 北京：人民出版社，2006.

6. 韦钰，P. Rowell. 探究式科学教育教学指导［M］. 北京：教育科学出版社，2005.

7. 英国皇家学会. 公众理解科学［M］. 唐英英，译. 北京：北京理工大学出版社，2004.

8. （英国）上议院科学技术特别委员会. 科学与社会［M］. 张东林，译. 北京：北京理工大学出版社，2004.

9. 国际技术教育协会. 美国国家技术教育标准：技术学习的内容［M］. 黄军英，等译. 北京：科学出版社，2003.

10. 教育部基础教育司. 全日制义务教育科学（7—9 年级）课程标准解读［M］. 武汉：湖北教育出版社，2002.

11. 教育部基础教育司. 全日制义务教育科学（3—6 年级）课程标准解读［M］. 武汉：湖北教育出版社，2002.

12. 丁邦平. 国际科学教育导论［M］. 太原：山西教育出版社，2002.

13. 美国科学促进会. 面向全体美国人的科学［M］. 中国科学技术协会，译. 北京：科学普及出版社，2001.

14. 董玉琦. 信息技术课程导论［M］. 长春：东北师范大学出版社，2001.

15. 周冠生. 素质心理学［M］. 上海：上海人民出版社，2000.

16. 美国国家研究理事会. 国家科学教育标准［M］. 戢守志，金庆和，等译. 北京：科学技术文献出版社，1999.

17. 朱国宏.通向可持续发展的道路［M］. 上海：复旦大学出版社，1998.

18. 赵洪海. 面向21 世纪中小学素质教育论纲［M］. 济南：山东教育出版社，1996.

19. 全民科学素质行动计划制定工作领导小组办公室. 全民科学素质行动计划课题研究论文集［G］. 北京：科学普及出版社，2005.

20. 艾媒咨询. 2015年中国虚拟现实行业研究报告［R/OL］.［2015-12-22］. http//www.iimedia.cn/39871.html.

21. 中国科学技术协会. 中国公众科学素质调查分析报告（2001）［R］. 北京：科学普及出版社，2002.

22. 中国人民大学竞争力与评价研究中心研究组.中国国际竞争力发展报告（2001）［R］.北京：人民大学出版社， 2001.

23. 刘延东. 实施创新驱动发展战略为建设世界科技强国而努力奋斗［J］. 求是，2017（2）：3—9.

24. 金慧，胡盈滢. 以STEM教育创新引领教育未来——美国《STEM 2026：STEM教育创新愿景》报告的解读与启示［J］. 远程教育杂志，2017，35（1）：17—25.

25. 陈刚，石晋阳. 创客教育的课程观［J］. 中国电化教育，2016（11）：11—17.

26. 陆烨. 我国都市青少年创新能力发展状况及其主要特征［J］. 中国青年研究，2016（12）：98—103.

27. 李伟. 充分发挥信息化的关键作用有力推动经济转型升级［J］. 中国发展观察，2016（4）：5—7.

28. 张超，何薇，任磊. 中国公民获取科技信息的状况及新趋势［J］. 科普研究，2016（3）：22—27.

29. 谭霞，关利平，刘芳. 新媒体对公民科学素养影响研究［J］. 山东理工大学学报（社会科学版），2015，31（2）：82—87.

30. 翟俊卿，阚阅，杨迪. 英国《科学与数学教育愿景》评析［J］. 全球教育展望，2015，44（8）：55—62.

31. 袁洁，陈玲，李秀菊. 我国青少年科学态度现状调查［J］. 上海教育科研，2015（1）：45—48.

32. 楼伟. 公民的基本科学素质及其测评［J］，科普研究，2014（4）：29—37，77.

33. 王玲. 欧阳自远的科普心路［J］. 科学新闻，2012（5）：76—78.

34. 宋晓阳，梁丽明. 浅议科普志愿服务工作创新［J］. 广东科技，2012，21（5）：199—200.

35. 张增一，李亚宁. 科学素质概念的演变［J］. 贵州社会科学，2008，224（8）：11—15.

36. 程东红. 关于科学素质概念的几点讨论［J］. 科普研究，2007（3）：5—10.

37. 陈首. 科学素质建设：国外在行动［J］. 科学学研究，2007，25（6）：1057—1062.

38. 黄懿，刘立. 技术素质的定义及内涵初探［J］. 社会科学论坛，2006（8）：137—139.

39. 张大均. 论人的素质［J］. 西华大学学报（ 哲学社会科学版），2004，23（1）：81—85.

40. 刘长明. 教育是永恒而崇高的育人事业——兼评教育产业化种种［J］. 山东师范大学学报（人文社科版），2001（2）：66—71.

41. Laugksch R ü diger C. Scientific literacy： a conceptual overview［J］. Science Education，2000，84（1）： 71—94.

42. 朱效民. 国民科学素质——现代国家兴盛的根基［J］. 自然辩证法研究，1999（1）：41—44.

43. 曹远征，孙安琴. 1998年中国国际竞争力评价［J］. 国际经济评论，1998（Z4）：7—8.

44. 中国科普研究所公众科学素养调查课题组. 中国公众科学素养调查报告［J］. 科普研究，1997（5）：26—32.

45. 朱秋云. 让每个人口袋里都有一本科普书［J］. 科普研究，1990

（4）：31.

46. 齐芳. 从四个“不等式”看高中科学教育［N］. 光明日报，2017-07-15.

47. 张立新. 发展技工教育是时代的呼唤［N］. 人民日报，2017-07-13.

48. 钟丽婷，冯宙锋. 台湾台中自然科学博物馆馆长孙维新：科普得蹲下来，跟孩子的眼光一样高［N］. 南方都市报，2017-05-26.

49. 石长慧，赵延东. 重新唤起中国孩子的科学梦想［N］. 光明日报，2017-05-04.

50. 李萌. 建设世界科技强国［N］. 人民日报，2016-08-10.

51. 温新红，李芸. 中国公民需要什么样的科学素质基准［N］. 中国科学报，2016-04-29.

52. 白春礼. 中国的科学技术与创新——在哈佛大学的演讲［N］. 中国科学报，2015-09-28.

53. 成励. 科学与娱乐的界限——兼谈科普的困境［N］. 中国科学报，2014-11-28.

54. 游云. 科技馆的发展现状与特点［N］. 中国高新技术产业导报，2014-07-28.

55. 范正伟. 靠什么破解PX项目等“一闹就停”难题［N］. 人民日报，2014-04-15.

56. 林一平. 科普创作边界融合与新媒体扩增效应［C］. 经济发展方式转变与自主创新——第十二届中国科学技术协会年会（第四卷），2010.

57. 施一公. 我的认知再度崩塌了，世界可能根本就不存在［EB/OL］.［2017-10-04］. http：//www.shou.com/a/196070424_815101.

58. 胡浩，施雨岑. 解读《关于深化教育体制机制改革的意见》［EB/OL］.［2017-09-25］. http：//chinanews.com/gn/2017/09-24/8339092.shtml.

59. 习近平指出科技创新的三大方向 建设世界科技强国［EB/OL］.［2017-06-02］. http：//politics.people.com.cn/n1/2016/0602/c1001-28406379.

60. 鲁晓，周建中，张思光. 解读2016年美国科学院科学素养报告［EB/OL］.［2017-05-15］.http：//news.sciencenet.cn.htmlnews/2017/5/376127.shtm.

61. 中国科协发布第九次中国公民科学素质调查结果［EB/OL］.［2015-09-19］. http://education.news.cn/2015-09/19/c_128247007.htm.

62. 联合国教科文组织. 科学、技术和数学教育者共同体协会服务于人类发展的科学、技术和数学教育—行动框架（2001）［Z］.全民科学素质行动计划制定工作参阅文献，2003.

声　明

本书中所引用的视窗部分内容，我社负责支付稿酬。由于时间关系和联系不畅，未能及时联系上部分作者，敬请各位作者在图书出版之后联系我社，提供相关手续之后领取稿费。

联 系 人：王编辑

联系方式：010-63581202（工作日），1029760046@qq.com